可靠性技术丛书

扫描电镜和能谱仪的原理与实用分析技术

（第2版）

工业和信息化部电子第五研究所　组编

施明哲　编著

U0281098

电子工业出版社

Publishing House of Electronics Industry

北京·BEIJING

内 容 简 介

本书从应用角度出发，介绍了扫描电子显微镜（简称扫描电镜）和 X 射线能谱仪（简称能谱仪）的基本原理及其在实际工作中的一些具体应用。全书包括上、下两篇和一些相关的附录。

上篇包括第 1～9 章，主要论述了扫描电镜的原理、结构、操作要点和应用中几种常见的图像质量问题，以及改善图像质量的应对方法和措施，列举了多种电子元器件在电应力和环境应力作用下的一些失效案例，介绍了扫描电镜常用的几种维护保养方式、方法。除此之外，还提出了选择安装场地的几点注意事项，供新用户在规划和选择安装场地时参考。

下篇包括第 10～18 章，主要介绍了能谱仪的原理、数据采集和处理及具体的应用技术，包括 Si（Li）与 SDD 新旧两种能谱仪探测器芯片的结构和基本原理，以及能谱仪在定性、定量分析中常遇到的棘手问题及相应的处理方法，还简略地介绍了罗兰圆波谱仪和平行光波谱仪的原理及各自的特点。

附录收录了真空压力单位换算表，以及能谱分析中可能会出现且易被误判假峰的参考表，还加入了部分与扫描电镜和能谱分析有关的标准号。

本书具有较强的实用性，可作为专业的扫描电镜应用和操作人员的培训用书，也适用于从事扫描电镜维护、保养的工程技术人员和科研院所及工矿企业的质量检测人员参考，亦可供理工科院校相关专业的本科生和硕士生阅读、参考。

图书在版编目（CIP）数据

扫描电镜和能谱仪的原理与实用分析技术 / 工业和信息化部电子第五研究所组编；施明哲编著. —2 版. —北京：电子工业出版社，2022.3

（可靠性技术丛书）

ISBN 978-7-121-42877-7

Ⅰ．①扫…　Ⅱ．①工…　②施…　Ⅲ．①扫描电子显微镜②电子能谱仪　Ⅳ．①TN16②TL817

中国版本图书馆 CIP 数据核字（2022）第 021715 号

责任编辑：牛平月　　　　　特约编辑：田学清
印　　刷：北京天宇星印刷厂
装　　订：北京天宇星印刷厂
出版发行：电子工业出版社
　　　　　北京市海淀区万寿路 173 信箱　　　　　邮编：100036
开　　本：720×1000　　1/16　　印张：31.25　　字数：648 千字
版　　次：2015 年 11 月第 1 版
　　　　　2022 年 3 月第 2 版
印　　次：2022 年 8 月第 2 次印刷
定　　价：188.00 元

凡所购买电子工业出版社图书有缺损问题，请向购买书店调换。若书店售缺，请与本社发行部联系，联系及邮购电话：(010) 88254888，88258888。

质量投诉请发邮件至 zlts@phei.com.cn，盗版侵权举报请发邮件至 dbqq@phei.com.cn。

本书咨询联系方式：niupy@phei.com.cn。

前言

  扫描电镜与能谱仪和波谱仪的组合是近几十年才发展起来的一种高效、实用、又基本没有破坏性的表面显微分析设备。它类似于专业的电子探针分析仪，在微观形貌观察方面又胜过专业的电子探针分析仪。它不仅能用于高分辨力的微观形貌观察，也能用于对试样表面和亚表面的微区进行化学组分分析。它能够分析的微区面积大的有十几平方毫米，小的可到亚平方微米，观察图像的几何分辨力可达纳米级。此外，操作者可以选择电子束的激发位置，当扫描电镜与能谱仪和波谱仪组合在一起时，不仅可检测试样激发区的化学组分，还可以检测试样中的夹杂物、镀层的表面和横截面上污染斑的形貌，以及测量微观结构尺寸等。

  由于电子显微分析设备在微观分析中有上述诸多的用途，因此已成为许多行业开展微观形貌和化学组分分析的主要设备及重要的微观分析手段。目前，全国在用的电镜总数保守估计应有 8 000 多台。特别是最近五六年来，每年全国新安装的扫描电镜（包括台式扫描电镜）、透射电镜和电子探针分析仪等相关设备约有 700 台（套）。这些设备中除了少数替代了淘汰的老旧设备，每年净增数量约有 600 台（套）。每年新加入电子显微分析队伍的人员数量也在不断增长，包括操作应用、专业培训、安装维修和销售等相关人员。每年新加入的人员应有近千人（其中有一部分替代退休人员），加上目前在岗的工程技术人员，全国总共约有 2 万人的队伍（目前登记在册的会员有 5 000 多人）。若再加上各大院校相关专业的师生，科研院所和工矿企业的测试、质检和微观失效分析等与电镜行业有关的工程技术人员，应共有 5 万多人。这些工程技术人员都希望能有一些不同层次和特点的显微分析方面的参考书，以便能更好地掌握和了解这类分析设备的工作原理、结构和应用检测的方式与方法。

  本书突出实用性，尽可能适应多种行业及不同专业层次的读者，尽量减少数学推导，在力求用文字阐明基本原理的基础上，尽可能做到基本概念清晰、图例明确，培养读者动手和解决实际分析测试问题的能力。但由于电子显微分析技术的发展十分迅速，产品的更新换代日新月异，行业内的有些新进展、新技术可能还未能及时收编进来，因此恳请广大读者谅解。

本书第1版于2015年11月出版，时隔6年，第2版在第1版的基础上做了调整、补充和修订，增补了部分新技术、新应用的论述和一些典型的图例，并对个别错漏的字句和数据做了纠正、删改和补充，净增幅约20%。上篇主要增添了对几种不同SED和BSED工作原理和特点的评述，进一步介绍了扫描电镜对安装场地的选择和环境的要求等前期准备工作，以及如何选配UPS和配套的蓄电池，也更全面地介绍了扫描电镜及其外围配套设施的维护和保养事项。

下篇增补较多的是定量分析与校准技术，增加了有关新型的氮化硅窗探测器的论述，还对将来可能会用于透射电镜的碲化镉能谱探测器的性能做了展望和评述，并对第1版附录中可能易被误判的假峰参考表格进行了全面修改和增补，使之更加充实。即便如此，由于书中涉及的领域较广，加上笔者经验和学识的限制，有些论述可能仍存有重复、疏漏之处，欢迎广大读者指正，以便下次修订时能得到更进一步的充实。希望本书对于刚步入电子显微分析的新同行能有所启发，对有一定经验尤其是从事电子元器件失效分析、质量检测和材料检验的同行能有所裨益，让本书在人们认识和探讨微观世界方面发挥一点作用，也希望本书能成为一本理论联系实际的实用性参考书。

本书在编写过程中得到了季仲华、王勇、恩云飞和纪春阳等领导的大力支持，在计算机绘画方面曾得到肖庆中、雷志锋、师谦、陈家勇、张景涛和林道谭等同事的帮忙和指点，在资料查询、校准、审核的过程中也先后得到了郝明明、陈义强、李晓倩、方文啸、李沙金和黎恩良等同事的帮助，他们提出了许多中肯的修改意见，还有莫富尧、陈选龙、袁光华、黄文锋等同事也提供了一些有价值的图片、资料。除此之外，为本书提供帮助的还有陈彩霞、叶容等，多位国内的教授和同行也提出了不少好的建议。这些宝贵的建议为本书的出版起了一定的促进作用。为本书的编写提供过帮助的同仁还有很多，在此一并表示诚挚的感谢！

另外，为了能更好地论述一些相关的新技术、新结构，本书有些地方以有关生产厂家的某型号扫描电镜、能谱仪和波谱仪的个别图片和参数为例，仅作为学术上的讨论和评述，除此之外绝无褒贬等其他用意。在这些列举的型号和图例中得到HITACHI、FEI、ZEISS、JEOL、TESCAN、KYKY和聚束科技等电镜厂家和EDAX、BRUKER、OXFORD、NORAN等能谱仪生产厂家的帮助和支持。对此，笔者表示由衷的感谢！感谢这些生产厂家为本书的编写提供了部分精美图片和一些宝贵的数据资料。为了避嫌，对这些友好商家提供的图表暂无标注来源，对此深表歉意，并请多原谅！

本书有些地方还选用了参考文献中的个别图表，笔者在此对这些图表原作者的分享精神表示由衷的感谢！书中还有个别图片是同行好友提供或从网络上转载而来的，有的时间久了，一时找不到出处，在此非常感激原图作者的创作精神和分享，若有热心的读者能发现原图片的出处或拙作中存在的不当之处，欢迎给予指正，以便今后再版时能补上原创作者的名字及出处，笔者的电子邮箱 E：ws_smz@163.com。笔者将会继续虚心听取热心读者的宝贵意见和建议，集思广益、不断修改，使本书在下次修订时能更趋完善。

施明哲

2021 年 6 月

符号和术语的说明

由于书中涉及的内容比较广，使用的符号也比较多，为了能使符号相一致，笔者对引用文献中的个别符号也做了改变，尽量采用已被本行业普遍接受的符号，如电子束加速电位用 E_0 表示而不用 U_0，便于与电子光学学科中常用的电子伏特（eV）单位进行换算，但这有别于一般的电工和物理书籍的习惯用法。"X 射线"一词中的"X"，有的文献中用大写，有的用小写，本书中全采用大写，如写成"X 射线"而不写成"x 射线"。另外，对于个别术语，如国内出版的有些电镜专业文献中常提到的图像分辨能力和能量分辨能力，虽然多数的中文文献和电镜厂家的彩页广告中常采用"分辨率"这一写法，但本书中全采用"分辨力"。因"分辨能力"在英语词汇里用"resolution"表示而非"ratio"，所以笔者认为"分辨能力"简称为"分辨力"，既科学又能通达词意。在周剑雄和陈振宇主编的《扫描电镜测长问题的讨论》中，也多处专门提到"分辨力"这个问题，并专门指出"resolution"不是"分辨率"，而是"分辨力"。我国的电镜计量专家、上海市计量测试技术研究院张训彪教授编写的《测量不确定度的评定与表示的讨论》一文里，在最后的结论中还专门指出："'显微镜的分辨力'，20 年前（指的是 20 世纪 80 年代中期）标准中就改过来，直到现在，教科书中、论文中都没有改"。上海硅酸盐研究所的专家李香庭教授在《扫描电镜、电子探针的分辨力及放大倍率》一文里，也都采用"分辨力"这一术语。更为严谨的有我国最著名的老一代电子光学专家、中科院科仪公司的黄兰友博士和北京大学的西门纪业教授，两位资深专家在他们各自所著的《电子显微镜与电子光学》和《电子显微镜的原理和设计》中，对图像的几何分辨能力采用的是"分辨本领"，而不用"分辨率"。这些都是老一辈专家的正确提议和忠告，再说"分辨力"这种写法也与有关标准中的提法和规范相符，所以在本书中全采用"分辨力"这一写法。这几本书中，其词汇及物理定义都是明确的，具有推荐和指导意义。但需要注意，这里的"分辨力"有别于某图像像素点的比率。

还有电镜镜筒中的汇聚透镜和汇聚束，有的文献中用"会聚"，也有的用"汇聚"，这两种写法都有，本书中全采用"汇聚"。对光栏的写法有的文献采用"光阑"，而有的采用"光栏"，这两种写法都有，本书全采用"光栏"这种写法。依词义"栏"

和"阑"的用法虽有相通之意，但依笔者的初步理解，采用"光栏"更能反映光栏的应有功能与作用。特别用"光栏"更能突显在电子光路中不仅仅是对电子束起通过限制作用，更重要的是用于遮挡和阻拦杂散的电子、限定聚焦电子束的发散角，同时还兼有调控电子束斑大小的功能，所以笔者认为用"光栏"来表达，词义与作用也许会更确切些。

本书涉及的其他专业术语基本上都与国标《微束分析 电子探针显微分析（EPMA）术语》（GB/T 21636—2008）的定义和规范相符。

参考文献

[1] 葛传槼，陆谷孙，薛诗绮，等．新英汉词典[M]．上海：译文出版社，1984：1144.

[2] 周剑雄，陈震宇．扫描电镜测长问题的讨论[M]．成都：电子科技大学出版社，2006：212.

[3] 周剑雄，陈震宇．扫描电镜测长问题的讨论[M]．成都：电子科技大学出版社，2006：206.

[4] 周剑雄，陈震宇．扫描电镜测长问题的讨论[M]．成都：电子科技大学出版社，2006：182-183.

[5] 黄兰友，刘绪平．电子显微镜与电子光学[M]．北京：科学出版社 1991：373.

[6] 中国社会科学院语言研究所．新华字典[M]．11 版．北京：商务印书馆，2012：284.

目录

下篇 能谱仪的原理与实用分析技术

上篇

扫描电镜的原理与实用分析技术

第 1 章

光学显微镜和电子显微镜的发展回顾及其成像方式的比较

1.1 光学显微镜的发展简史及其几个主要基本概念

为了便于读者了解和掌握扫描电镜的原理，在介绍扫描电镜的原理之前我们先简单地回顾一下光学显微镜的发展简史及几个与电镜成像有关的基本词汇和概念。扫描电镜与光学显微镜这两者的基本成像原理有部分是相似或类似的。电子光学中应用的成像理论和概念，有的是从几何光学和物理光学中引申过来的。它们之间的主要区别：首先是照明源和聚焦成像的方式不同，在普通光学中采用的照明源是可见光，所用的聚焦部件是玻璃透镜，而在电子光学中采用的照明源是电子束，所用的聚焦部件是电磁透镜或静电透镜；其次是它们的作业环境不同，可见光的运作一般都是在大气环境中，而电子束的运作大多数是在高真空的环境中，有时也会用在低真空的环境中。

探索微观世界的奥秘是人类几千年来的愿望和追求，更何况随着科学技术的发展，人们更需要深入地研究和了解用于探索微观结构的仪器、设备。光学显微镜是能满足这种需求的主要仪器之一，它突破了人类的视觉极限，将人们的目光延伸到裸眼无法看清的微观世界之中。光学显微镜是利用可见光的光学成像原理，把原来人眼所不能分辨出来的微小物体放大成像，使人们能够看到微观结构和了解其内部信息的光学仪器。

自从有了光学显微镜，人们看到了之前未曾看到的许多微小生物和构成这些微小生物的基本单元——细胞。光学显微镜是继 17 世纪费马（Fermat）确立光线传播的最短光程原理，列文·虎克（A.V. Leeuwen hooke）在最简单的放大镜基础上设计出单透镜的显微镜之后，发展到今天结构十分复杂的复式显微镜。经过人们的不断研究、改进和发展，光学显微镜的结构已比较完善，分辨力也基本接近于理论值。

特别是最近这几十年来，各种测量、相差、荧光、偏光和共焦等用于相应专业的显微镜先后诞生，它们被广泛地应用于医学、生物、材料等学科的科研、教学和生产当中。

1.1.1 光学显微镜的发展简史

早在两千多年前，人们就已发现通过球形的透明物体去观察微小物体可以使物体放大成像，后来逐渐对球形的玻璃透镜能使物体放大成像的规律有了初步的认识。在 1590 年前后，荷兰密得尔堡一个眼镜店的老板詹森已经能造出类似显微镜的放大工具，在 1605 年前后已做出雏形的显微镜。在 1610 年前后，意大利的伽利略和德国的开普勒等物理学家在研究望远镜的原理时，通过改变物镜和目镜之间的距离，得出了合理的显微镜光路结构，使当时的一些光学专家和光学仪器爱好者先后投入了研制和改进显微镜的工作中去。17 世纪中叶，荷兰的列文·虎克和英国的罗伯特·虎克（Robert·Hooke）都对显微镜的发展做出了卓越的贡献。17 世纪 60 年代，列文·虎克不仅磨制出了第一个放大镜，还在之后的显微镜研制中加入了粗调焦机构、细调焦机构、照明系统和载物台，这些部件和结构经过后来的专家们不断优化和改进，都成为现代显微镜中不可缺少的组成部分。列文·虎克用自制的显微镜把物体放大到 300 倍，使人类看到了之前从未见到过的微观世界。罗伯特·虎克用自制的复合显微镜在世界上首次看到了细胞的内部微观结构。

17 世纪 70 年代，列文·虎克制成了单组元放大镜式的高倍显微镜。列文·虎克和罗伯特·虎克各自利用自制的显微镜，在动、植物机体微观结构的研究方面取得了杰出成就，这对后来的生物和医学学科的发展起到了直接的推动作用。图 1.1.1 为列文·虎克的肖像和他早期研制的几台典型光学显微镜之一的外形照片。

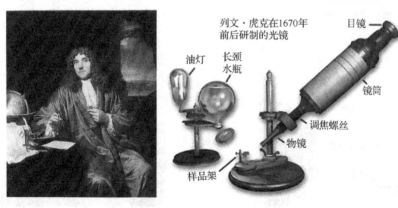

图 1.1.1 列文·虎克及其早期研制的光学显微镜

19世纪，高质量消色差浸没物镜的出现，使显微镜观察微细结构的能力大为提高。1827年米奇（Mickey）第一个采用了浸没物镜。1873年德国人阿贝（Abbe）和赫尔姆霍茨（Helmholfz）分别提出了解像力与照射光的波长成反比的理论，奠定了光学显微镜的经典理论基础。这些都促进了显微镜制造和显微观察技术的迅速发展，并为19世纪后半叶，包括科赫、巴斯德等人在内的生物学家和医学专家发现细菌等微生物提供了不可缺少的观察工具。

在显微镜本身的结构得到发展的同时，显微观察技术也在不断地创新，1850年出现了偏光显微术，1893年出现了干涉显微术，1935年荷兰物理学家泽尔尼克研制出了相衬显微术。1988年商品的共焦显微镜开始推向市场。

古典的光学显微镜只是光学元件和精密机械部件的组合，早期人们只能以眼睛作为基本的接收器来观察放大了的图像，后来显微镜中加入了摄像装置，以感光胶卷（负片）作为可以记录的媒介。而现代显微镜都采用光电元件、电视摄像管、电荷耦合器或半导体芯片等作为显微镜的微观图像的存储接收器，加配微型计算机后，便能构成完整的图像采集、信息处理、储存和转发系统。

图1.1.2～图1.1.5分别为现代的金相显微镜、红外显微镜、偏光显微镜、体视显微镜的外形图。

图1.1.2　现代金相显微镜　　　　　　图1.1.3　现代红外显微镜

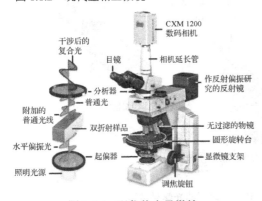

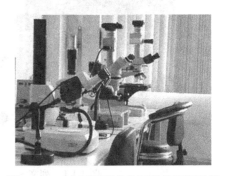

图1.1.4　现代偏光显微镜　　　　　图1.1.5　三台不同型号的现代体视显微镜

1.1.2 光学透镜的特性

1. 光的折射

光线在均匀各向同性介质中的两点之间以直线传播，当通过不同密度介质的透明物体时，则会发生折射现象，这是由于光在不同介质中的传播速度不同而造成的。当与透明物面不垂直的光线（如由空气）射入透明物体（如玻璃）时，光线会在其界面改变方向，并和法线构成折射角。

2. 玻璃透镜的性能

玻璃透镜是组成显微镜光学系统最基本且最重要的光学元件。物镜、目镜及聚光镜等部件均由单个或多个透镜组成，依其外形的不同，可分为凸透镜、平面镜和凹透镜三大类，使用较多的为凸透镜，其中常用的组合是凸透镜和凹透镜的组合。

一束平行于光轴的光线通过凸透镜后会汇聚相交于一点，这点被称为"焦点"。通过焦点并垂直于光轴的平面被称为"焦平面"。焦点有两个，在物方空间的焦点称为"物方焦点"，该处的焦平面称为"物方焦平面"；反之，在像方空间的焦点称为"像方焦点"，该处的焦平面称为"像方焦平面"。光线通过凹透镜后，成正立虚像；而通过凸透镜则成倒立实像。实像可在屏幕上显现出来，而虚像则不能显现出来。

3. 影响成像的关键因素——像差

由于客观条件，任何光学系统都不可能形成理论上理想的像，因各种像差的存在影响了成像质量，下面我们分别简要地介绍各种光学像差的概念。

1）色差

色差是由于透镜使用白（多）色可见光作为光源成像产生的一种缺陷。色差发生在照射光源为多色光混杂的情况下，若用单色光成像在理论上是不会产生色差的。因一般的可见光（白光）是由红、橙、黄、绿、青、蓝和紫七种颜色的光所组成的，由于各种颜色的光波长不同，所以当多色光通过透镜时它们的折射率也不同，这样当物方是一个点时，在像方则会形成一个小圆斑。色差一般由位置色差和放大率色差这两部分组成。位置色差使像在任何位置被观察时，都会带有色斑或晕环，使所成的像模糊不清，而放大率色差会使所成的像带有彩色的边缘。

2）球差

球差是轴上点的单色像差，它是由于透镜的球形表面形成的。球差造成的结果是一个圆点成像后，像方对应的不再是一个边缘清晰的圆亮点，而是一个中间亮、边缘逐渐模糊的亮斑，从而影响所成像的清晰度。由于凸、凹透镜的球差是相反的，所以在光学显微镜中，球差可通过选配不同的凸、凹透镜组合的办法给予消除或矫正。在早期的显微镜中，其物镜的球差有的未能完全矫正好，分辨力就难以提高。它应与相应的补偿目镜配合才能达到好的补偿矫正效果，而新型高级光学显微镜的球差是通过物镜适当组合的方法来减少或消除的。

3）彗差

彗差属于轴外点的单色相差。轴外物点以大孔径光束成像时，发出的光束通过透镜后，不再相交于一点，即原为一个圆点的物，通过透镜后在像方焦平面便会得到一个像逗点状的像，其形状犹如夜空中呈现在天空上运行的彗星，故称为"彗差"。

4）像散

像散也是影响清晰度的轴外点单色像差。当视场较大时，边缘上的物点离光轴较远，光束倾斜大，经透镜聚焦后则会引起像散。像散使原来的物点在成像后变成两个分离并且相互垂直的短线，在理想的像平面上合成后，形成一个椭圆形的斑点。可见光仪器中的像散是可以借助复杂的透镜组合来减少或消除的。

5）场曲

场曲是"像场弯曲"的简称。当透镜存在场曲时，整个光束的交点不与理想的像点重合，虽然在每个特定的点上都能得到清晰的像点，但整个像面不是处在一个平面上，而是处在一个弧形的曲面上。这样在像平面上不能同时看清整个像面，给图像的观察和拍摄造成了困难。因此，现代研究用的高级光学显微镜的物镜一般都是平场物镜，这种物镜已经把场曲矫正过来了。

6）畸变

前面所说的几种像差除场曲外，都会影响到像的清晰度。畸变是另一种性质的像差，光束的同心性不受破坏，因此不影响像的清晰度，但若把它所成的像与原物体比较，可能在某个方向上的放大就不能完全成比例或在形状上造成扭曲、失真，即在同一视场中各处的放大比例不相等。

上述介绍的这几种像差都是在显微镜、照相机、投影仪和摄像机等光学仪器中最常见和最主要的像差，这几种像差的概念也都已被引申到电子光学的学科中。

1.1.3　可见光的衍射

光学仪器中的某个小光栏相当于一个透光的小圆孔。从几何光学的观点来说，物体通过光学仪器成像时，每一个物点都会有一个对应的像点，但由于光的衍射，所产生的像点已不再是一个理想的对应几何点，而会变成一个有一定大小的艾里（Airy）亮斑，测量结果表明对于微小圆孔光栏的艾里斑强度大约84%集中在中心亮斑上，其余分布在外围的亮环上。由于外围亮环的强度比较低，一般人们的肉眼不易分辨和识别出来，只能看到中心亮斑。要想提高光学显微镜的分辨力（分辨能力的简称，亦称分辨本领，分辨能力是指显微镜所能分辨物像上相邻两点间的最小间距的能力），关键是降低照明光源的波长，因此对相邻的两个小物点，其相对应的两个艾里斑就会发生相互重叠，甚至无法分辨出两个物点。可见由于光的衍射现象，使光学仪器的分辨力受到了限制。什么情况下两个像斑刚好被分辨出来呢？瑞利提出了一个判据：当一个艾里斑的边缘与另一个艾里斑的中心正好重合时，此时对应的两个物点刚好能被人眼或光学仪器所分辨出来，这个判据被称为瑞利判据。

在图 1.1.6 中，从上到下，依次表示为物点、透镜、像平面、像平面上的光强度分布和像点。

（1）物点 O_1 和 O_2 经透镜衍射成两个艾里斑，实线为无衍射边界，虚线为衍射边界。

（2）物点 O_1 和 O_2 在像平面上的光强度分布。

（3）图 1.1.6（a）图中的物点 O_1 和 O_2 在像平面上是完全可分辨出来的两个艾里斑。

（4）图 1.1.6（b）图中的物点 O_1 和 O_2 在像平面上是刚好可分辨出来的两个艾里斑。

（5）图 1.1.6（b）图中的物点 O_1 和 O_2 若靠得再近一些，即其光强度相差若小于 26.5%（狭缝形的衍射为 19%），则在像平面上就无法分辨出两个艾里斑。也就是说两个艾里斑的中心光强度为 73.5%作为分辨力的临界判据。

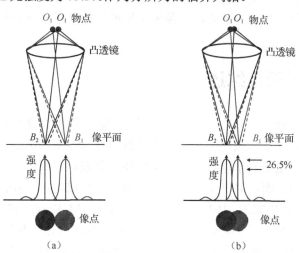

图 1.1.6 光的波动性所造成的衍射现象

光学显微镜一般都是利用波长在 380～760nm 的可见光来照射物体，但由于光的波动性所造成的衍射现象，使得光学显微镜的实际分辨力只有接近入射光波长的二分之一。这是在 19 世纪由德国的物理学家欧内斯特·阿贝（Ernest Abbe）根据衍射

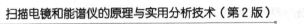

理论推导出来的。衍射效应使得传统的光学显微镜能够检测到的物体最小间距略大于照射光波长的一半。显微镜所成的放大像是否清楚不是取决于放大倍率，而是取决于显微镜的分辨力。大多数人的裸眼视力，在距离目标 250mm 处时能分辨物体的最小间距约为 0.20mm，少数人的裸眼视力可达 0.15mm。英国著名的物理学家——瑞利将欧内斯特·阿贝的衍射理论归纳为一个公式，这是由物理学家瑞利最先提出来的，因而得名瑞利公式，即分辨力 d 用瑞利公式表示：

$$d = 0.61 \frac{\lambda}{n \sin \alpha}$$

式中，λ 是入射光的波长；n 是透镜介质的折射率；α 是透镜孔径半角，在光学透镜中 $\alpha \approx 70°$；$n \sin \alpha$ 称为数值孔径，在空气中其值不大于 1，在油浸透镜中其取值范围为 1.5～1.6。

光学显微镜的分辨力取决于入射光的波长，由于可见光的波长较长，即使采用蓝绿光做照明源，其波长仍为 450～570nm，其分辨力也很有限，$d \approx 250$nm；若采用紫光做照明源，其分辨力 $d \approx 200$nm。这就是光学显微镜的分辨力不能再提高的主要原因。再增大数值孔径是很难的，而且是很有限的，唯有寻找比可见光波长更短的照射光源才能从根本上解决这个问题。提高光学显微镜分辨力的有效方法是改用波长更短的光源，这就只能采用电子束来替代可见光做照明源，这样才能显著地提高分辨力，其他的如采用紫光光源、采用浸没透镜的结构等办法都只能是稍微改善分辨力，很难能明显地提高分辨力，于是采用短波长的电子束作为照明源的电子显微镜便应运而生。

1.2 电子显微镜综述

发明光学显微镜的先辈们为我们打开了一扇认识微观世界的重要之门，但随着科学技术的发展，光学显微镜因其有限的分辨力而已经无法满足人们更深入、更细微的观测需要了。电子光学理论正是在光学和力学理论取得丰硕成果的基础上逐步发展而建立起来的。而透射电子显微镜（TEM）和扫描电镜（SEM）的构想都是在 20 世纪 30 年代初提出来的。1931 年，德国的卡诺尔（M. Knoll）和鲁斯卡（E. Ruska）用冷阴极放电电子源和三个电子透镜改装了一台高压示波器，并获得了放大 12 倍的图像，他们发明的就是透射电子显微镜（简称透射电镜）。这个发明用事实证实了用电子显微镜来对微细的物体进行放大成像是可行的。1934 年，经过波尼斯（Ven Borries）和鲁斯卡的不断努力和改进，透射电镜的分辨力达到了 50nm，突破了光学显微镜的分辨极限，于是透射电镜开始受到科技界的重视。20 世纪 40 年代美国的希尔发明了消像散器，解决了由于电镜中电磁透镜的不完全旋转对称而造成的束斑不够圆的问题，使电子显微镜的分辨力有了新的突破。由于人们的电镜设计能力和机械加工水平的逐年提高，以及科学家们的不断改进，电子显微镜才达到了现在的高分辨水平。但是它的发展主要还是始于 20 世纪 60 和 70 年代，这是因为它刚好搭上了电视、微电子和计算机等相关技术高速发展的时代快车。1965 年，继英国剑桥科学仪器公司推出了第一台商品扫描电镜之后，许多国家也纷纷投入扫描电镜的研制、生产中去，产品经不断地改进、创新和提高，使得扫描电镜迅速地普及开来。现在世界上在使用的各种电镜有十多万台，其中扫描电镜的普及率已远远超过了透射电镜。早期扫描电镜的体积有透射电镜那么大，那是因为当时使用的电子元器件的体积较大。这些年来随着电子技术的快速发展，电镜的分辨力和检测功能也在不断地提高和增多，同功能的机型，其体积越来越小，应用范围也越来越广，性价比也在提高，普及也在日益加快。

　　扫描电镜是继透射电镜之后，又发展起来的另一种大型电子光学设备。扫描电镜的成像过程与光学显微镜不同，与透射电镜也不完全相同。它与透射电镜虽然都是用电子束来做照明源，但扫描电镜是把聚焦得很细微的电子束通过光栅状扫描方式照射到试样表面上的，即用经聚焦后极细微的电子束来扫描试样，激发出试样表面的各种有关信息，即高能的入射电子轰击到试样表面时，受激发的试样部位会发射出俄歇电子、二次电子、背散射电子、特征 X 射线和连续 X 射线等，也会产生吸收电子，若试样足够薄还会产生透射电子，若试样表面存有势垒能带时，还会产生电子-空穴对。把这些产生的信息分别进行采集，经检测后就可以获取被测试样的多种物理和化学性质的表征量，如试样的微观几何形貌、所组成的化学成分、晶体结构和表面电位的分布等。其中，最常用的信息主要是试样发出的二次电子，二次电子能够产生与试样表面细节相关的、最清晰的形貌放大像。这种像是在试样被入射电子束扫描时按时序建立起来的，即使用逐行扫描、逐点成像的方法获得的图像。当对背散射电子进行采集时，不仅可得到有关试样的纯形貌微观像，同时也可以得到不同原子序数组成的信息分布图像；当对特征 X 射线进行采集、检测时，还可得到组成该试样的化学组分的信息。正因如此，人们可按不同的需求研制出功能不同的探测器应用于扫描电镜中，然后分别对不同的信息进行分类检测。

　　扫描电镜的放大倍率范围可从普通光学的放大镜、体视显微镜、金相显微镜，一直覆盖到透射电镜之间的放大区域，图 1.2.1～图 1.2.4 是一组从低倍到高倍，景深深，清晰度好，又有不同放大倍率的扫描电镜照片。日常工作中扫描电镜最经常使用的放大倍率范围为几百至几万倍，但是由于它所得到的视场景深深和分辨力高，所以在光学显微镜中常用的几十至几百倍的倍率范围内，扫描电镜也能充分发挥其特有的成像优越性。

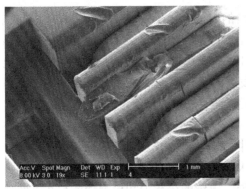

图 1.2.1 电子线路中的微型接插件

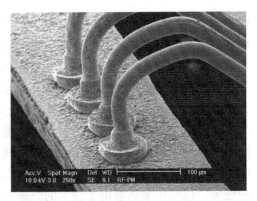

图 1.2.2 混合电路中外引线框上的键合引线

图 1.2.3 陶瓷电容端头长出的硫化银

图 1.2.4 太阳能硅电池表面的氧化锌晶体

　　电子显微镜的分辨力定义与光学显微镜一样，都是以它所能分辨的相邻两点间的最小间距来表示。20 世纪 70 年代透射电镜的最佳分辨力能达到 0.3nm，而今天透射电镜的最佳分辨力可达 0.07nm，约为光学显微镜最高分辨力的 3 500 倍。所以通过透射电镜人们就能直接观察到某些重金属的原子和晶体中排列有序的原子点阵。在最近几十年的时间内，随着计算机技术的快速发展，扫描电镜的发展更是迅速，而扫描电镜又结合了能谱仪、波谱仪、X 射线荧光谱仪、背散射电子衍射（EBSD）、聚焦离子束（FIB）等多种现代电子检测技术而发展成了综合分析型的扫描电镜。现在场发射扫描电镜的分辨力都能优于 1nm，约为光学显微镜分辨力的 250 倍；个别热场发射扫描电镜的分辨力能达到 0.5nm，约为光学显微镜最高分辨力的 500 倍；个别冷场发射扫描电镜的分辨力能达到 0.4nm，约为光学显微镜最高分辨力的 600 倍。最近这几十年来，不仅电镜的分辨力在快速地提高，而且其检测功能也还在不断增多和完善。

　　现代商品扫描电镜的主要特点有：

　　（1）分辨力高，不同电子枪的商品扫描电镜的二次电子像分辨力都能分别优于

1nm（FEG）、2nm（LaB₆）和 3nm（W）。

（2）放大倍率范围广、倍率调节方便，有效倍率多数能从十倍到五十万倍，而且连续或分挡可调。

（3）视场的景深深、立体感强，可观察起伏较大的粗糙面，如金属、陶瓷和塑料的断口等。

（4）电子束对试样的损伤与污染的程度较小，几乎可做到无损检测，而且试样的制备比透射电镜简单、方便，获得的图像更能反映出试样表面的真实情况。

（5）样品仓中可放入大块试样，而且试样可以在样品仓中做 X、Y、Z、T 和 R 等方向移动、旋转，即人们可以从多种角度对试样的感兴趣部位进行观察和分析。其样品仓可容纳的试样体积和运行的空间距离都比透射电镜大几十倍。

（6）在观察形貌的同时，人们还可利用从试样发出的特征 X 射线讯号进行微区的化学组分分析。

1.3 国外研制和发展电子显微镜的相关进程和成就

17 世纪，费马（Fermat）确立了光线传播的最短光程原理。

1834 年，哈密顿揭示了力学和光学的相似性，提出了哈密顿原理。

1873 年，阿贝（Abbe）和赫尔姆茨（Helmholfz）分别提出了分辨力与照射光源的波长成反比的理论，奠定了光学显微镜的理论基础。

1897 年，英国物理学家汤姆逊（J. J. Thomson）发现电子并测定了电子的电荷量与质量之比，指出阴极射线管是物质粒子流，获 1906 年诺贝尔物理学奖。

1897 年，布劳恩（Braun）做出了第一只示波管，它是电子束管的雏形，为电子显微镜的发展准备了关键性的技术条件。

1907 年，斯托莫（Stormer）发表论文，得出旋转对称磁场中电子运动的轨迹方程。

1923 年，法国物理学家德波罗意（L. de Broglie）发现了粒子的波动性，表明了电子的运动与光波的传播相似，获 1929 年诺贝尔物理学奖。

1926 年，德国物理学家布什（H. Brush）提出了关于电子在磁场中的运动理论，发现电子像可见光经过玻璃透镜会产生折射一样，电子也会受到电磁场的改变而产生偏折。他还指出：具有轴对称性的磁场对电子束来说都起着透镜的作用。

1926 年～1927 年，美国的戴维逊（Davission）和革莫（Germer）及英国的汤姆逊（J. J. Thomson）用电子衍射现象验证了电子的波动性，才使后人联想到可用电子束替代可见光来照射试样以制作电子显微镜，从而克服了由于可见光的波长相对较长而使光学显微镜的分辨力受限的难题。

1931 年 5 月 28 日，德国西门子公司的卢登堡（M. Rüdenberg）向德、法、美等国的专利局提出了用电磁透镜或静电透镜制作电子显微镜的专利申请，并分别于 1932 年 12 月和 1936 年 10 月获得法国和美国专利局的批准。德国的专利局虽在 1931 年 5 月 30 日收到申请，但由于德国通用电气公司（AEG）于 1930 年在布鲁奇（Brüche）的主导下开始研究静电透镜成像，并在 1931 年 11 月获得了涂上氧化物的灯丝发射电子像的技术，所以在 AEG 公司的反对下，卢登堡的两个有关电镜的专利申请一直拖到第二次世界大战后的 1953 年和 1954 年才得到西德专利局的批准。若从法律的角度来看，按照专利优先，卢登堡应是电镜的发明人。

1932 年，德国柏林工科大学高压实验室的卡诺尔和鲁斯卡（图 1.3.1）试制出第一台实验室用的电子显微镜。这是世界上第一台的透射电镜，如图 1.3.2 所示。它也是现在透射电子显微镜的雏形，其最高加速电压为 70kV，放大倍率虽然只有 12 倍，但这为后来电子显微镜的研制奠定了坚实基础。

（a）原机　　　　　（b）复制品

图 1.3.1　鲁斯卡（1906—1988）　　　　图 1.3.2　卡诺尔和鲁斯卡研制的透射电镜

1932 年～1937 年，格拉瑟（Glasser）和施尔泽尔（Scherzer）发表了一系列电子光学论文，从而为电子光学学科的建立奠定了理论基础。同时期的伽柏（D. Gabor）完成了带铁轭的磁透镜的研制。

1933 年，鲁斯卡将高压示波器改装成透射电镜，获得了金箔的边缘和棉花纤维 1 万倍的放大像。此时，电镜的放大倍率虽能超过了光学显微镜，但是对电镜有着决定意义的分辨力还未能超越光学显微镜。

1934 年，马顿（Marton）发表了第一张生物电子照片。同年波尼斯和鲁斯卡开始研制实用透射电镜，并把透射电镜的分辨力提高到了 50nm，引起了当时科技界很大的注意。

1935 年，卡诺尔在设计透射电镜的同时，提出了扫描电镜的原理及设计思路。同年德里（Driest）和穆勒（Muller）发表了苍蝇翅膀和腿的电子照片。

1937 年，柏林工业大学的克劳斯（Klaus）和米尔（Mill）继承了鲁斯卡的工作，首台商业样机雏形研制成功。人们用其拍出了第一张细菌和胶体的照片，获得了 25nm 的分辨力，从而使电子显微镜的性能全面超越光学显微镜，这是震惊当时科技界的一件大事，并影响了后来的科技界。

1937 年，鲁斯卡和波尼斯受聘到西门子公司建立了超显微镜学实验室。

1938 年，阿登尼（Von Ardenne，图 1.3.3）在透射电镜中加上扫描线圈制成了最早的扫描透射电子显微镜（S-TEM），并描述了扫描电镜（SEM）的结构。

1939 年，鲁斯卡在德国的西门子公司以第一台实用透射电镜为样机，量产了第一批的商品透射电镜约 40 台，如图 1.3.4 所示。其加速电压为 50～100kV，分辨力达 10nm。1957 年，鲁斯卡应中国科学院的邀请到访我国。

图 1.3.3　1938 年阿登尼试制扫描透射电镜，　　　图 1.3.4　1939 年鲁斯卡在西门子
　　　并描述了扫描电镜的结构　　　　　　　　　　公司生产的商品透射电镜

1939 年～1941 年，荷兰的飞利浦（Philips）公司、美国的无线电（RCA）公司和日本电子（JEOL）等公司也都先后投入人力、物力，开始研制电子显微镜。

1940 年～1942 年，美国 RCA 实验室成功建造了美国第一台 RCA-EMB-1 型的透射电子显微镜，分辨力为 50nm。

1942 年，英国兹沃里金（Zworykin）和伊利尔（Hillier）等人发表了一篇新的扫描电镜的设计文章，第一次阐明可用这种仪器来观察对电子束不透明的试样。这篇文章在扫描电镜的设计构思上有了很大的进步，但其发展前景并没有得到当时的科技界的肯定和重视，导致该项研制工作中途停止。

1944 年，荷兰飞利浦公司设计了加速电压为 150kV 的透射电镜，并首次引入了中间镜。

1947 年，美国的希尔发明了消像散器，并将它用于解决电子束的旋转不对称性问题，使透射电镜的分辨力取得了突破性的提高，达到了 1nm。同年法国设计出 400kV 的透射电镜。

1948年，英国剑桥大学工程系的麦哲马伦（Mc. Mullan）和奥拓莱（C. W. Oatley）等专家进行了实用扫描电镜的创造性研制。

1949年，荷兰飞利浦公司开始向全球正式推出系列的商用透射电镜，如图1.3.5所示。从那时开始，该公司先后推出了EM75、EM200、EM300、EM301和EM400等系列型号的透射电镜。

1953年，英国剑桥大学工程系的麦哲马伦和奥拓莱等人研制成功第一台实用型扫描电镜，分辨力达到50nm。

1954年，德国西门子公司推出了Elmiskop I型透射电镜，其采用了两个聚光镜和三个成像透镜，分辨力达到1nm，共生产了几百台，成为当时最常见的电子显微镜。

1956年，英国的史密斯（Smith）在扫描电镜中首先采用光电倍增管的组合来探测二次电子。后来，埃弗哈特（Everhart）和索恩利（Thornley）两人共同合作对这种探测器进行了改进和完善，他们采取先用10kV的能量让二次电子加速，再打到闪烁体上，并将闪烁体直接贴放到光导管最前端的方法，使信噪比得到显著改善。这种探测器也就成为今天所有型号的扫描电镜都必备的传统二次电子探测器（E-T SED）。

1958年，根据史密斯等人的设计，英国剑桥大学工程系为加拿大纸浆和造纸研究所专门研制了一台实用的扫描电镜。这台电镜对现代扫描电镜的发展做出了很大贡献，该电镜现存放在加拿大渥太华的国家科学博物馆里。

1960年，法国塞姆斯（CEMES）公司研制出1 500kV的超高压透射电镜。

1965年，英国剑桥科学仪器公司制成了第一台商品扫描电镜Mark I，如图1.3.6所示，从此世界各地掀起了扫描电镜研发、制造和应用的浪潮。

图1.3.5　飞利浦公司生产的商品透射电镜　　　图1.3.6　英国剑桥公司生产的商品扫描电镜Mark I

1966年，日本电子公司研制出日本国内第一台商用扫描电镜JSM-1。

1967 年，布罗尔斯（Broers）研制出六硼化镧（LaB_6）阴极。

1968 年，克鲁（Crewe）研制了用场发射电子枪作为照明源的透射扫描电镜。

1969 年，人们研制出电镜用的 LaB_6 阴极电子枪。

1970 年，法国 CEMES 公司和日本 JEOL 公司分别研制出 3MV 的超高压电镜，如图 1.3.7 所示。

1972 年，日立（HITACHI）公司研制成功世界第一台用冷场发射电子枪作为照明源的电子显微镜。

1975 年，位于荷兰阿姆斯特丹的国际权威杂志《超显微学》成功创刊。

1981 年，美国美光（Micrion）公司研发了液体金属离子源（LMI），奠定了聚焦离子束（FIB）的研发基础。

1981 年，国际商业机器公司（IBM）苏黎世实验室的宾宁（Binnig）和卢勒（Rohrer）研发了扫描隧道显微镜（STM），其分辨力约为 0.2nm。这种显

图 1.3.7　JEOL 公司研制的 3MV 超高压电镜

微镜可用来确定表面原子结构。它的出现，使人类第一次能够实时地观察到单个原子在物质表面的排列状态和与表面电子行为有关的物理、化学性质，被国际科技界公认为 20 世纪 80 年代世界十大科技成就之一，宾宁借此获得了 1986 年的诺贝尔物理学奖。

1985 年，宾宁、戈伯（Gerber）和奎特（Quate）又成功地研发了首台原子力显微镜（AFM）。

图 1.3.8　日立公司研制的 3MV 超高压电镜

1985 年，美国美光公司交付第一台 FIB 系统器械。

1987 年，丹尼拉特斯（G. D. Danilatos）与 Electron Scan 公司合作，研制出全球第一台样品仓气压达 2 700Pa 的环境扫描电子显微镜（简称环扫电镜，E-SEM）。

1989 年，美国 Electron Scan 公司开始出售商品化的环扫电镜。

1990 年，荷兰飞利浦公司发布了由 PC 控制的 XL 系列的扫描电镜，成为扫描电镜数字化最早、最成功的先驱。

1993 年，FEI 和飞利浦电子光学部联合发布双束（电子＋离子）工作站。

1995 年，日立公司制成一台 3MV 超高压电镜，如图 1.3.8 所示，分辨力为 0.14nm。

2001 年，美国热电公司推出 MICROLAB 350 型的俄歇电子微探针，也称为俄歇电子谱仪（AES），其外形如图 1.3.9 所示。它可以进行微区形貌观察和对试样表面组分进行定性及定量分析，分析深度为 0～3nm，较佳的采集深度为 0～1nm，几何形貌分辨力可达 7nm；也可以进行微区化学形貌及其化学态分析，扫描俄歇的面分布图的空间分辨力可达 15nm；还可以分析试样表面元素不同的化学态，如对半导体 Si 器件可分析出氧化硅态（Si-O）和纯硅态（Si-Si），既可分辨出 SiO_2 和 Si，也可以分辨出 N 型 Si 和 P 型 Si。

2003 年，FEI 公司推出 V600 型聚焦离子束电镜，图 1.3.10 是它的外形图。

图 1.3.9　热电公司 MICROLAB 350 型
俄歇电子谱仪

图 1.3.10　FEI 公司的 V600 型
聚焦离子束电镜

2005 年，FEI 公司发布了全球第一台具有超高分辨力且带有低真空的 Nova Nano 系列的场发射扫描电镜，其二次电子像分辨力优于 1nm，如图 1.3.11 所示；还发布了带有球差矫正器的 Titan 80-300 透射电镜，分辨力优于 0.07nm，STEM 分辨力不大于 0.1nm，其外形图如图 1.3.12 所示。

图 1.3.11　FEI Nova Nano 系列扫描电镜

图 1.3.12　Titan 80-300 透射电镜

2005 年，日立公司推出型号为 S-5500（2010 年推出 SU-9000）的冷场发射扫描电镜，30kV 的分辨力优于 0.4nm；STEM 的分辨力优于 0.34nm。

2007 年，德国蔡司（Zeiss）公司推出氦离子显微镜（HIM），通过它人们可以得到试样丰富的表面细节和高分辨力的图像，分辨力优于 0.35nm。氦离子显微镜是在场离子显微镜（FIM）的基础上发展起来的一种新型的成像设备。ORION PLUS 是第二代氦离子显微镜。它的原理是利用一根置于高真空中并带有正高压电位，又极其尖锐的金属细丝所产生的一个电场，使充入的氦气被电离并生成约 0.3nm 直径的细微离子束，这种原子尺寸的离子束克服了衍射并减少了能量发散，使其分辨力远远优于扫描电镜，景深更是达到传统扫描电镜的 5 倍，如图 1.3.13 所示。

2008 年，日本电子公司推出 JEM-ARM 200F 配有球差校正器的透射电镜，其分辨力不大于 0.11nm，STEM 分辨力不大于 0.08nm，如图 1.3.14 所示。

图 1.3.13 蔡司公司的 ORION PLUS　　图 1.3.14 日本电子公司 JEM-ARM 200F
　　　　氦离子显微镜　　　　　　　　　　　　　　透射电镜

2010 年，FEI 公司推出 Magellan 400L 型高分辨力的热场发射扫描电镜，在 2～15kV 时的二次电子像分辨力不大于 0.8nm；在 1kV 时的二次像分辨力不大于 0.9nm。

2013 年，FEI 公司推出了高分辨力的热场发射扫描电镜——Verios XHR，其外形如图 1.3.15（a）所示，在 2～15kV 时的二次像分辨力优于 0.6nm；在 1kV 时的二次像分辨力优于 0.7nm；在 30kV 时的 STEM 像分辨力优于 0.6nm。图 1.3.15（b）是 Apreo 热场发射扫描电镜，它是研究纳米颗粒、催化剂、粉末和器件的理想分析平台。传统的高分辨力 SEM 的透镜技术分为两种：磁浸没透镜或静电浸没透镜。FEI 公司将这两种技术结合到同一透镜中。这样做所形成的综合效果远远超过任何单一透镜的个体性能。将磁透镜和静电透镜组合成一个复合透镜能使电子束斑形成更细小的探针，并促使更多的信号电子进入镜筒，这不但可减少像差，还能提高低加速电压下的分辨力，还增加了特有的信号过滤选项。静电-磁复合末级透镜在无启用电子束减速或单色器的情况下，使用 1kV 的加速电压时的分辨力就可达到 1nm。

2015 年 2 月 18 日，日立公司宣布成功地研发出全球分辨力最高的全息电子显微镜，加速电压为 1MV，点分辨力可达 43pm。

2015 年，蔡司公司推出 Gemini SEM 500 型的超高分辨热场发射扫描电镜。它也是采用静电-磁复合末级透镜技术，2018年经过升级后，15kV下的二次电子像分辨力优于0.5nm，1kV的二次电子像分辨力优于0.9nm，1kV背散射电子像的分辨力优于1nm。这也是目前全球热场发射扫描电镜中分辨力最高的机型。

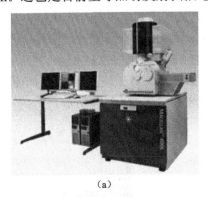

（a）　　　　　　　　　　　　　　　　　（b）

图1.3.15　FEI公司的Verios XHR热场发射扫描电镜和Apreo热场发射扫描电镜

今天，各种显微分析技术都在不断地进步和发展，其更新换代更是十分频繁。它们为我们研究微观世界提供了有力支持，它是人类最敏锐的眼睛，也是人类的电子眼，使人类探索微观世界的视野不断地得到扩展和延伸，为微观失效分析和新材料的研发做出了特有的贡献。

我国研制、生产电镜历程及发展概况

我国最早进口的一台透射电镜是英国大都会-维克斯（Metropolitan-Vickers）公司生产的。其是钱临照教授在中华人民共和国成立前夕，在北平（今北京）民国政府广播事业局的某一仓库里面发现的，至今不知是谁经手购进的。该电镜后来就留在中国科学院物理研究所，经修复后科研人员用它来开展许多微观的科研工作。第二台是德国蔡司公司生产的，是民主德国（东德）皮克总统在1953年赠送给毛泽东主席作为六十寿辰的礼物，由当时的中国科学院院长郭沫若接收并转交给中国科学院物理研究所使用。

中国科学院物理研究所的钱临照教授开创了我国电子显微学事业的先河。中华人民共和国第一项电镜方面的工作就是钱临照教授在铝滑移方面所开展的研究，其文章原刊登于《物理学报》上，并于1956年在东京召开的第一届亚太地区电镜会议上由中国科学院物理研究所的李林教授代为宣读。这是当时中国提供的唯一一篇文章，也是中国电镜学界第一次走出国门参与交流。

1956年，我国在制定《十二年长远科学技术发展规划》时，当时由王大珩、龚

祖同和钱临照等人组成的仪器规划小组就提出研制电子显微镜。随后，长春光学精密仪器所在王大珩、龚祖同两位正副所长的带领下，由王宏义、秦启梁、林太基、朱焕文、江钧基、姚骏恩和负责电子光学设计的中科院电子所的黄兰友等几位专家带领精兵强将开始研制国产透射电镜。他们借鉴国外发展电镜的成果和经验，联合攻关，在不到一年的时间内完成了任务，于 1958 年国庆前夕成功地试制出我国第一台中型透射电镜样机，其加速电压为 50kV，分辨力为 10nm。该电镜曾在北京生物物理研究所展出，并向南京教学仪器厂（后来的江南光学）和上海精密医疗机械厂（后来的上海新跃仪表厂）推广。1959 年，长春光学精密仪器所与上海精密医疗机械厂共同研制出我国第一台大型透射电镜，加速电压为 100kV，分辨力为 2.5nm。1959 年，南京教学仪器厂开始投入试产，1961 年生产出了五台 DX-301 型的透射电镜，其中出厂号为 5901 的电镜被北京钢铁学院（现北京科技大学）的柯俊老师买下，这是我国第一台国产商品透射电镜。第一个专业使用这台透射电镜的是陈梦谛老师。后来陈梦谛老师还把她对金属材料分析所积累的宝贵经验编写成了《金属物理研究方法 第二分册》，留给现在的同行们学习和借鉴。南京教学仪器厂从 1961 年到 1993 年共生产、售出透射电镜 200 多台，它是我国生产透射电镜最多、最好的一个厂家。

1964 年，邮电部（现工业和信息化部）以上海电子光学研究所的 DXA2-8 型电镜为主题发行了一枚 8 分钱的邮票。它是世界上最早以电镜为主题的纪念邮票。

1975 年，中国科学院仪器厂的葛肇生、荣德年、范士荣、姚骏恩和刘绪平等专家成功地研制出 DX-3 型的国产扫描电镜，前后共生产了 65 台，这开创了国产商品扫描电镜的先河，并向北京仪器厂和宝鸡 4503 厂推广。

20 世纪 70 年代中后期，上海新跃仪表厂、南京江南光学仪器厂、上海第三分析仪器厂和云南大学等厂家与院校也分别开始研制和生产多种型号的透射和扫描电镜，其中云南大学是我国唯一一所凭自校的力量研制出透射和扫描电镜的高校。

20 世纪 70 年代后期到 80 年代初，我国开始从日本、荷兰、德国等地购进少量的透射和扫描电镜。

1978 年，4503 厂在中科院科仪厂 DX-3 型电镜的基础上生产出扫描电镜，其在 30kV 的分辨力为 10nm。

1979 年，云南大学物理系研制出 YDXW-1A 扫描电镜，其在 30kV 的分辨力为 10nm。

1980 年，中国电子显微镜学会成立，钱临照教授当选为第一任理事长。

1982 年，钱临照教授发起创办了《电子显微学报》并亲任主编。另外，郭可信、王大珩、龚祖同、李芳华、朱静、姚骏恩等院士和黄兰友、西门纪业、葛肇生、陈尔钢、刘绪平、朱祖福等教授和专家也都为中国前期电子显微学的发展在各自的科研和教学岗位上做出了卓越贡献，培养了大批电镜的制造、科研、教学和应用等技术骨干。

1982年，中国科学院仪器厂与美国 Amray 公司商谈引进扫描电镜的生产技术，于1983年签订合同，1985年开始出产品，型号为 KYKY-Amary-1000B，其钨阴极电子枪的二次电子像分辨力为6nm，前后共生产了100台。1987年，该型号扫描电镜实现了国产化，随后该产品不断地改进和更新换代，在1988年该型号电镜获国家科技进步二等奖。

1985年，南京教学仪器厂引进日立公司的 H-600A 分析型透射电镜制造技术。1993年，H-600A 分析型透射电镜实现国产化并通过部级鉴定，透射图像的几何分辨力达到0.2nm，扫描图像的几何分辨力达到3nm。

1988年，中国科学院科学仪器厂研制出 KYKY-1000B 型 LaB6 阴极扫描电镜，其几何分辨力为4nm。

1993年，中国科学院科学仪器研制中心与化工部冶金研究所合作，研发了 KYKY-1500 型高温环扫电镜，测试样品最高温度可达1 200℃，最高气压为2 600Pa；常温时其几何分辨力为6nm，高温800℃时几何分辨率为60nm，

1993年，上海电子光学研究所研制成 DXS-4 型智能化钨阴极扫描电镜，其几何分辨力为3.5nm。

1995年，中国科学院科学仪器厂研制出 KYKY-2800 型钨阴极扫描电镜，其几何分辨力为6nm。

2004年，中科科仪公司（原中国科学院科学仪器厂）研制出 KYKY-3800 型钨阴极扫描电镜，其几何分辨力为4nm。

2009年，中科科仪公司研制出 KYKY-EM3900M 型钨阴极扫描电镜，其几何分辨力为3.5nm。

2014年，中科科仪公司研制出 KYKY-EM8000F 型热场发射扫描电镜，其几何分辨力为1.5nm，这是我国第一台热场发射扫描电镜。

2015年，中科科仪公司研制出 KYKY- EM6900 型钨阴极扫描电镜，其几何分辨力为3nm。

2018年，中科科仪公司成功地开发出具有自主知识产权的 KYKY-EM8100F 型热场发射扫描电镜，这是我国第一台具备镜筒内加速功能的场发射扫描电镜。KYKY-EM8100F 型热场发射扫描电镜的几何分辨力分别能达到 3.0nm@1kV 和 1.0nm@30kV。

KYKY-8100F 型热场发射扫描电镜和 KYKY-EM6900 型钨阴扫描电镜这两种机型的分辨力也都接近同类型扫描电镜的国际水平，极大地促进了我国电子光学设备的发展，使我国的扫描电镜实现了质的飞越。

2018年，Navigator™-100 高通量热场发射扫描电镜在北京研制成功。它是由聚

束科技（北京）有限公司（FBT）独立开发的全球首款高通量热场发射扫描电镜，其外形如图 1.4.1 所示，图 1.4.1 中的右图为其电子束通道的示意图。该机型得益于专门为低电压、高分辨力、高速成像而优化的全新电子光学镜筒，以及行业内首创的多通道全电子直接探测器系统，使该系统在保持了场发射电镜高分辨力的同时，图像的采集速度更是得到数量级的提升。尤其是在低压背散射电子（BSE）的探测速度和信噪比方面，更是目前中外所有扫描电镜机型中，唯一可以在 1kV 或更低的加速电压下实现视频级（30fps/s，1k×1k）BSE 高速、高清成像的机型。该机型 SEI 的几何分辨力：1.2nm@10kV；1.8nm@1kV。其在获得高分辨图像的同时，仍能保持着非常低的图像畸变和高的线性度（1‰的计量级），因此它非常适用于半导体行业大规模和超大规模集成电路的拼图拍摄，特别适用于对试样进行大面积地图集式的图像采集。高效的 SE 和 BSE 探测机构结合新设计的浸没摇摆透镜（SORIL）成像系统，采用多通道直接电子探测技术和高速 FPGA 采集模式，使该系统在世界上首次实现在 1kV 的低加速电压下可做到 100Mbps 级 SE 和 BSE 的超高速成像。其成像速度在同等条件下比同类机型至少提高一个数量级，使该机型的 SEM 从传统意义的纳米"照相机"变成纳米"摄像机"。除了动态采集能力外，该机型通过矩阵扫描模式还可以对 100mm×100mm 大小的区域进行无遗漏的采集。其综合成像能力能高达 4TB/天，使之具备了跨尺度高通量信息的融合能力。这些高速的运作和优越的性能均得益于硬件系统的高通量设计和软件系统的阵列式扫描支持。这种机型开创了扫描电镜的新设计、新用途、新采集模式，实现了变革性的发展。

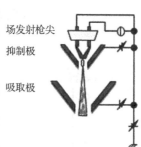

场发射枪尖

抑制极

吸取极

图 1.4.1　Navigator™-100 高通量热场发射扫描电镜的外形及电子束通道图

2020 年，国仪量子（合肥）技术有限公司也分别推出了台式和大型的扫描电镜。SEM3100 是一款性能优良的钨阴极扫描电镜。该型号电镜可快速更换灯丝，维护简便，标配超大尺寸的样品仓，最大可容纳直径 370mm、高 68mm 的试样。放大倍率为 20 倍～30 万倍，SEI 分辨力可达 3nm。

2021 年，纳境鼎新粒子科技（广州）有限公司研制出超高分辨的新境界 3100F 型热场发射扫描电镜，加速电压为 0.1～30kV；SEI 的分辨力为 1.0nm@30kV、

2.0nm@1kV。此型号电镜配备了五轴电动样品台，样品台的移位精度可达到 1μm。该型号电镜还可以加配能谱仪、波谱仪和 EBSD 等分析附件，能对试样进行化学组分分析。该公司也同时研发出了高通量全自动病理切片电子成像仪，这种成像仪也是采用肖特基热场发射阴极作电子源，采用浸没式物镜设计，配备有半导体背散射电子探测器，和明场/暗场透射电子探测器。该成像仪可采集到背散射电子和扫描透射电子的大量信息，所成图像的清晰度好、细节丰富、信噪比高，STEM 电子像的分辨力可达 0.9nm。其配备了四轴电动样品台，样品台的移位精度可达到 2μm。

从 20 世纪 80 年代中期开始，我国进口的电镜开始逐年增多，我国的高校和科研院所曾从日本的日立、日本电子和岛津等公司购进许多的透射电镜、扫描电镜和电子探针分析仪。现在除了国产电镜外，我国每年还从日本、美国、德国、捷克和荷兰等地购进各种电镜和电子显微分析设备，包括台式扫描电镜、电子探针分析仪、FIB、俄歇电镜等约 700 台（套）。这些大型的电子光学设备主要分布在全国各地的理工科院校、科研院所、大型工矿企业、商检部门和分析检测机构等单位。

1.5 几种常见的扫描电镜和小型台式电镜

图 1.5.1 和表 1.5.1 及表 1.5.2 从原理上比较了光学显微镜、透射电镜和扫描电镜的各自成像方式，表 1.5.1 简单地比较和示意了光学显微镜与电子显微镜的分类及照明源的照射方式等方面的不同。表 1.5.2 说明了它们各自的主要性能和特征。

三种不同的显微镜成像方式

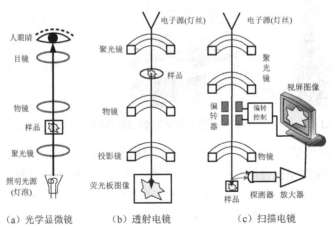

（a）光学显微镜　　（b）透射电镜　　（c）扫描电镜

图 1.5.1　光学显微镜、透射电镜和扫描电镜成像方式的比较

表 1.5.1　常见的光学显微镜和电子显微镜的分类

照明源	照射方式	成像信息	仪器、设备名称	英语缩写
可见光	光源静止照射在试样上	反射光	金相显微镜	M-OM
		透射光	生物显微镜	B-OM
		干涉光	干涉显微镜	C-OM
电子束	电子束在试样上做光栅状扫描	二次电子	扫描电镜	SEM
		背散射电子	扫描电镜	
		背散射电子	背散射电子衍射	EBSD
		透射电子	扫描电镜透射附件	STEM
	电子束静止照射在试样上	透射电子	透射电镜	TEM

表 1.5.2　光学显微镜和透射电镜、扫描电镜的主要特征的比较

种　类	光学显微（OLM）	透射电镜（TEM）	扫描电镜（SEM）
入射光及波长（nm）	可见光 380～760	电子束 0.002～0.01	电子束 0.007～0.039
简易型的分辨力	1.5～5μm	1.2～3nm	8～15nm
普及型的分辨力	0.6～1.2μm	0.3～1nm	3～6nm
高分辨型的分辨力	0.28～0.5μm	0.15～0.28nm	1～2nm
超高分辨型的分辨力	0.12～0.25μm	0.07～0.14nm	0.4～0.8nm
500X 时的焦点深度	浅（约 2μm）	中等（约 50μm）	深（约 500μm～800μm）
透射观察方式	可能	专业透射观察	可选配
背散射观察方式	可能	不充分	可能
衍射观察方式	可能	可选配	可选配
试样的制备	容易	复杂	导电容易，不导电较难
观察种类	多（表面和透射）	少（超薄切片或采用复膜）	多（表面、亚表面或透射）
可放入试样大小	大	小（几毫米）	大（几毫米～上百毫米）
样品仓环境状态	大气中	高真空中	高或低真空中

1.5.1　几种常见的扫描电镜

当前在国内常见的扫描电镜除了国产的 KYKY–EM8100F 型热场发射扫描电镜（图 1.5.2）和 KYKY-EM6900 型钨阴极扫描电镜，还有大量进口的扫描电镜，其品牌和型号多而杂，如 FEI 公司的 Nova Nano 系列的扫描电镜（图 1.3.11）和 Verios 460L-XHR 扫描电镜（图 1.3.15（a））；日立公司的 S-3000 钨阴极系列和 S-4000 系列、Regulus 8000 系列的冷场发射扫描电镜（图 1.5.3）；蔡司公司的 EVO-18 钨阴极和 MERLIN 系列、Gemini SEM 500 等型的高分辨热场发射扫描电镜（图 1.5.4）和 AURIGA 双束扫描电镜（图 1.5.5）；日本电子公司的 JASM-6000 钨阴极系列和

JASM-7900F 型热场发射扫描电镜（图 1.5.6）；还有 TESCAN 公司的 VEGA3 钨阴极和 MIRA3、MAIA3 的热场发射扫描电镜（图 1.5.7）。

图 1.5.2　KYKY-EM8100F 型
热场发射扫描电镜

图 1.5.3　日立公司 Regulus 8000 系列的
冷场发射扫描电镜

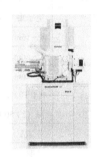

图 1.5.4　蔡司公司的 Gemini SEM 500 型
热场发射扫描电镜

图 1.5.5　蔡司公司的 AURIGA
双束扫描电镜

图 1.5.6　日本电子公司的 JASM-7900F 型
热场发射扫描电镜

图 1.5.7　TESCAN 公司的 MAIA3
热场发射扫描电镜

1.5.2　几种常见的小型台式电镜

现在，国外有几家公司还推出了小型的台式透射和扫描电镜，如 LVSM-5 超小型透射和扫描电镜，也是唯一的低加速（5kV）电压的透射电镜，该机具有 TEM/ED/STEM/SEM 等多种可供选用的模式，如图 1.5.8 所示；Phenom-Pro X G6 台式扫描电镜，所用的发射阴极是 CeB_6，SEI 分辨力为 6nm，如图 1.5.9 所示；COXEM 公司的 EM-30AX 台式扫描电镜，如图 1.5.10 所示。目前，国仪量子（合肥）技术有限公司也研制出了新型的台式扫描电镜，现已上市。

2018 年，日立公司推出 TM-4000 Plus 台式扫描电镜，如图 1.5.11 所示。这种台式电镜有独特的低真空系统，使得试样不需导电处理即可快速进行观察。该机型能提供 5kV、10kV、15kV、20kV 四种不同加速电压，每种加速电压模式下都有 4 挡可调的电流，并配备一个有 4 分割的背散射电子探测器（BSED），可采集四个不同方向的图像信息，可对试样进行多种模式成像。除此之外，该机型还具有全新的 SEM-MAP 导航功能和准确的 **zig-zag** 大范围拼图功能，电镜图片可以报告形式导出。配备大样品仓，可容纳的最大样品 φ=80mm，H=50mm。该电镜有 20kV 的加速电压，非常适合加配能谱仪。

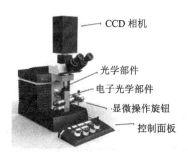

图 1.5.8　LVSM-5 超小型透射和扫描电镜

图 1.5.9　Phenom-Pro X G6 台式扫描电镜

图 1.5.10　EM-30AX 台式扫描电镜

图 1.5.11　日立公司 TM-4000 Plus 台式扫描电镜

2018 年，飞纳公司首推世界第一款台式热场发射扫描电镜 Phenom Pharos。其外形照片如图 1.5.12 所示，这是目前台式电镜中唯一采用肖特基场发射枪的电镜。其 SEI 的分辨力可达 2.2nm@15kV；背散射电子像（BSEI）几何分辨力可达 4nm。该电镜采用差分抽气系统，通过高抽速分流泵与多级压差光栏组合，实现了电子枪的超高真空，所以虽然它小体积，但电子枪中的真空度能优于 10^{-7}Pa。聚光镜又采用了非交叉斑设计，可以将电子光路行程缩短到 200mm，其体积虽小、但五脏俱全，抗振动与抗电磁场干扰的能力强。该电镜还可以加配能谱仪，像大型电镜那样对试样进行化学组分分析。

图 1.5.12　飞纳台式热场发射扫描电镜 Phenom Pharos

1.6　电子的基本参数及其与物质的相互作用

1.6.1　电子的基本参数

电子在一般情况下是指带有负电荷的负电子，其反粒子是带正电荷的正电子。本书中所提及的电子若没有特别的说明，则都是泛指这种带负电荷的电子。电子是构成原子的基本粒子之一，质量极小（$9.1×10^{-28}$g），带负电。电子通常排列在原子核外的各个能量层上并围绕着原子核做高速运动。这些电子在离核远近不同的区域内运动称为电子的分层排布，能量高的离核较远，能量低的离核较近。当电子脱离其原子核的束缚在其他原子中自由移动时，其产生的净流动现象称为电流。当电子与原子互相结合成为分子时，其最外层的电子便会由某一原子转移至另一原子或成为彼此共享的电子。不同的原子拥有的核外电子数目不同，如一个硅原子中含有 14 个电子；一个铁原子中含有 26 个电子。电子的电量 e 和电子的静止质量 m 的比值（e/m）称为电子的荷质比，这是电子的最基本参数之一，在电子光学中经常会用到这个参数。

电子的主要参数还有：

（1）电子的静止质量——电子是最轻的基本粒子之一，其静止质量 m=$9.1×10^{-31}$kg。

（2）电子的电荷量——电子带有最小单位的电荷，其电荷量 e=$1.6×10^{-19}$C。

（3）电子的荷质比——电子的电荷量与其静止质量之比 e/m=$1.76×10^{11}$C/kg。

（4）电磁波在真空中的传播速度为 $2.998×10^8$m/s。

（5）电子的半径为 2.8×10^{-13}cm。

（6）电子具有波粒二相性。

在磁场中运动的电子除了具有粒子性外，还有波动性，在一定条件下也像可见光一样会产生干涉和绕射，其波长与动量的关系满足德波罗意公式。

电子自旋方向是量子化的，当电子通过磁场时，会有两种不同方向的自旋，即顺磁场方向或逆磁场方向的自旋。它决定了电子自旋角动量在外磁场方向上的分量，$m_s = \pm 1/2$。

1.6.2　电子束的波长

1923 年，法国科学家德波罗意发现微观粒子本身除了具有粒子特性还具有波动性。他指出光和一切电磁波及微观运动的物质（如电子、质子等）都具有波粒二象性。电磁波在空间的传播过程是一个电场与磁场交替转换向前传递的规律运动，电子在高速运动时，其波长比可见光的波长要短得多。但是德波罗意的波动学说发表之后，并没有立即得到当时科技界的重视，因为当时的粒子学说仍是主流。1926 年，德国的物理学家布什（H. Brush）提出了电子在磁场中的运动理论之后，1927 年戴维逊（Davision）等人用电子衍射现象验证了电子的波动性，发现了电子的波长比 X 光还短，比如电子经 1kV 的电场加速后其波长为 0.038 8nm。于是当时的科学家们从而联想到用电子波代替光波来做电子显微镜的照明源，用于制作电子显微镜，这样电子显微图像的分辨力将会得到显著提高。这在当时是一个务实而可行的设想，这既是电子显微镜即将诞生的一个前兆，又是今天高分辨电子显微镜的基础和理论依据。

波动性辐射构成的电磁波谱，根据频率和性质的不同可粗略地把电磁波谱划分成为若干个区域，而相邻的区域波段有的会交叉重叠，如图 1.6.1 所示。能为肉眼所看到的那部分电磁波谱称为可见光区，其波长范围为 380～760nm。而 X 射线也是一种电磁辐射，它是由高能电子的减速或由原子内层轨道电子的跃迁所产生的。X 射线的波长范围为 20nm～0.000 1nm，它也比可见光短得多，若用它作为显微成像设备的照明源，则其分辨力也会比光学显微镜高得多，但到现在人们仍找不到能使 X 射线产生真正的偏折和汇聚的物质、场、工具或部件。在波谱仪分析中用到的波长范围为 11.4nm（BeK_α）至 0.013nm（UK_α）。两波峰之间的距离称为波长，如图 1.6.2 所示。

正因为运动的电子具有波粒二相性，这与可见光的性质是相同的，所以后来的科学家们就选用电子束来作为新的照明光源。

根据德波罗意公式，电子束的波长取决于它们的速度，速度又取决于加速电压：

$$\lambda = \frac{h}{mv}$$

$$eE_0 = \frac{1}{2}mv^2$$

$$v = \sqrt{\frac{2eE_0}{m}}$$

$$\lambda = \frac{1.226}{\sqrt{E_0}}$$

式中，h 是普朗克常数，为 $6.625\,6 \times 10^{-34}$J·s；m 是电子的静止质量，为 9.1×10^{-31}kg；v 是电子的速度，单位为 m/s；e 是电子电量，为 1.6×10^{-19}C；E_0 是电镜所用的加速电压，单位为 kV。

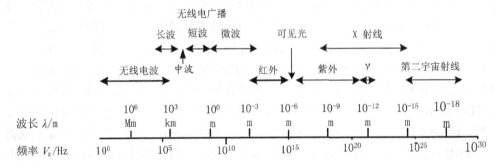

图 1.6.1　电磁波段范围

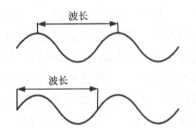

图 1.6.2　两个波峰之间的距离称为波长

上述公式忽略了相对论修正。

若加速电压分别为 30kV、20kV、15kV 和 10kV，当进行相对论修正后，这四个扫描电镜最常用的数值对应的电子束波长分别为 0.006 98nm、0.008 59nm、0.010 01nm 和 0.012 26nm。由此可见电子束的波长比可见光的波长小约 5 个数量级。这表明用电子束作为扫描电镜的照明源，其几何分辨力会比光学显微镜高得多，加速电压越高，电子束的波长越短，波长越短的电子束所成图像的分辨力越高。表 1.6.1 是在扫描和透射电镜中常用的加速电压及其对应的电子束的波长。在扫描电镜中常用的加速电压为 1～30kV，对应的波长为 0.038 8～0.006 98nm。利用电子束来替代可见光作为照明源，可大幅度地提高电镜的几何分辨力和有效放大倍率，这是电子显微镜存在的重要依据。

表 1.6.1　不同的加速电压与对应的电子束波长

加速电压（kV）	电子束波长（nm）	加速电压（kV）	电子束波长（nm）
1	0.038 8	60	0.004 87
5	0.017 30	70	0.004 48
10	0.012 26	80	0.004 18
15	0.010 01	90	0.003 92
20	0.008 59	100	0.003 71
30	0.006 98	120	0.003 34
40	0.006 01	160	0.002 85
50	0.005 36	200	0.002 51

1.6.3　入射电子和试样的相互作用及其产生的信号电子

当一束聚焦的高能电子束沿一定方向射入试样内部时，由于受到试样中晶格位场和原子库仑场的作用，其入射方向就会发生改变，这种现象称为散射。如果在散射过程中入射电子只改变方向，但其总能量基本上没有大的变化或损失不大，则这种散射称为弹性散射；如果在散射过程中入射电子的方向和能量都发生大的改变，则这种散射称为非弹性散射。入射电子的散射过程是一种随机过程，每次散射后都会使其前进方向发生改变。在非弹性散射的过程中，入射电子每次散射后不仅前进方向发生改变，而且还会损失掉一部分能量，并伴有各种其他的信息产生，如热、俄歇电子、X 射线、可见光、二次电子的发射等，如图 1.6.3 和图 1.6.4 所示。试样中发出的电子能量如图 1.6.5 所示。

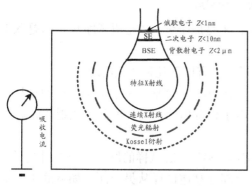

图 1.6.3　入射电子束与试样的相互作用区

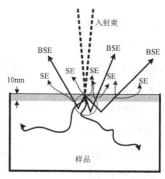

图 1.6.4　入射电子在试样内的散射路径和 SE、BSE 生成示意图

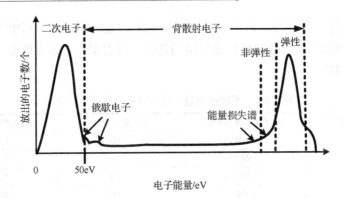

图 1.6.5　试样中发出的电子能量

从理论上说入射电子的散射轨迹可以用蒙特卡罗的方法来模拟，如图 1.6.6 所示，并且推导得到入射电子的最大穿透深度 Z_{max}，可用下式来描述：

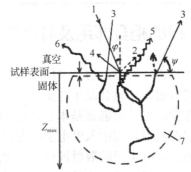

1—入射电子；2—二次电子；3—背散射电子；4—俄歇电子；5—X 射线；6—阴极发光；7—扩散云；

ψ—返回表面的出射角；φ—入射电子的入射角；Z_{max}—入射电子的最大穿透深度。

图 1.6.6　用蒙特卡罗法模拟计算得出的入射电子散射轨迹

$$Z_{max}=0.001\ 9(A/Z)^{1.63}E_0^{1.71}/\rho$$

式中，ρ 是试样材料的密度，单位是 g/cm³；A 是原子量；Z 是原子序数；E_0 是入射电子的能量，单位是 keV。

入射电子经过多次弹性和非弹性散射后，会有以下几种情况出现：

（1）部分入射电子所累积的总散射角大于 90°，这部分电子会重新返回试样表面而逸出，这些电子被称为背散射电子（由电子枪发出的，经加速和聚焦射入试样的电子称为原入射电子、一次电子或初次电子）。

（2）部分入射电子所累积的总散射角小于 90°，若试样的厚度小于入射电子的最大贯穿深度，则这些入射电子中就会有一部分穿透试样从另一面（如从底部）穿透试样而逸出，这部分电子被称为透射电子。

（3）若试样的厚度大于入射电子的最大贯穿深度，部分入射电子经过多次非弹性散射后，其原有的能量耗尽，最终被试样所吸收，这部分电子被称为吸收电子。

系统研究表明，入射电子的散射过程可以在不同的物质层次中进行，如果入射电子的能量较高，则可能存在以下几种情况。

1. 入射电子与原子核相互作用

当入射电子从原子核近距离经过时，由于受原子核库仑电场的作用，入射电子会被散射，这种散射过程可以分为弹性和非弹性散射两种情况。

1）弹性散射电子和卢瑟福散射

如果入射电子与原子核相互作用遵守库仑定律，则电子在库仑场作用下就会发生散射，散射后电子的能量几乎不改变，这种散射被称为弹性散射。弹性散射的运动轨迹将以一定的散射角 θ 偏离原来的入射方向，这种散射称为卢瑟福散射，相应被散射返回表面而逸出的电子称为弹性散射电子。试样的原子序数越大，入射电子的能量越小，入射轨道距原子核越近，则散射角越大。在电子显微分析术中，弹性散射电子是电子衍射及其成像的主要信号。

2）非弹性散射和韧致辐射

若入射电子在原子核势场中受到制动而减速，则电子将发生非弹性散射，其能量将连续不断地损失，这种能量损失除了以热的形式释放出来，也可能以 X 射线光子的形式释放出来，并有以下关系：

$$\Delta E = h\nu = hc/\lambda$$

式中，ΔE 是非弹性散射的能量损失；h 是普朗克常数；ν 是 X 射线的频率；c 是光速；λ 是 X 射线的波长。

因为 ΔE 是一个连续变量，其转变为相应 X 射线的波长也是连续可变的，结果就是会发射出无特征波长的连续 X 射线，这种现象称为韧致辐射或白色辐射。在能谱的分析中，它们是构成谱图中连续背底谱的主要来源，这些连续背底谱是影响能谱分析精度的一个主要干扰源。

2. 入射电子和原子中的核外电子相互作用

当入射电子与原子中价电子发生非弹性散射时，入射电子会损失掉一部分能量（30～50eV），这部分能量会激发价电子，而脱离了原子的价电子被称为二次电子。一般二次电子的能量为 0～50eV，平均能量约为 30eV，外来的能量激发价电子，而使价电子脱离了原子的这个过程称为价电子激发，它是产生二次电子的主要物理过程。在扫描电镜中，二次电子是最重要的成像信息，其所成的像被称为二次电子像（SEI），而二次电子像是扫描电镜中最常用，又是电子图像中几何分辨力最高的图像。

当入射电子与原子中内层电子发生非弹性散射时，入射电子也会损失几百电子伏特的能量，这部分能量将会激发内层电子，使原子发生电离，从而使原子失掉一个内层或较内层的电子而变成离子，这种过程称为芯电子激发。在芯电子激发过程中，除了能产生二次电子外，同时还会伴随有特征 X 射线和俄歇电子的产生等重要物理过程。在芯电子的激发过程中，原子为了回到稳定态，较外围的电子就会填补到内层的空穴里，如果电子跃迁复位过程中所放出的能量呈光量子形式，则会产生具有特征能量的 X 射线，简称为特征 X 射线。在能谱分析中，人们就是利用这种特征 X 射线的信息来进行化学组分分析的。如果电子在跃迁复位过程所放出的能量再次使试样中原子内的电子产生电离，变成具有特征能量的二次电子，则人们称这种具有特征能量的二次电子为俄歇电子。

在这种激发过程中，价电子的激发概率远大于内层电子的激发概率，所以扫描电镜中的二次电子绝大部分来自价电子，而特征 X 射线和俄歇电子则主要来自内层电子激发后的弛豫过程。

3. 入射电子与晶格的相互作用

试样中晶格对入射电子发生扩散作用的过程也是一种非弹性散射的过程。因此，入射电子被晶格散射后也会损失约 0.1eV 的能量，这部分能量会被晶格吸收，导致原子在晶格中的振动频率增加。当晶格恢复到原来的状态时，它将以声子发射的形式把这部分能量释放出去，这种现象称为声子激发。由于声子激发后入射电子所损失的能量很小，如果这种电子能逸出试样表面，则人们把这种电子称为低能损失电子（LLE），它是产生电子通道效应的主要衬度来源。

4. 入射电子和晶体空间中电子云的相互作用

原子在金属晶体中的分布是有序的，因此我们可以把金属晶体看作是一种等离子，即一些正离子基本上是处于晶体点阵的固定位置，而价电子构成流动的电子云，弥漫地分布在整个晶体空间中，并且使晶体空间中的正离子与电子的分布基本上能保持电荷中性。当入射电子通过晶体空间时，入射电子在它的轨道周围变化时会影响局部晶体的电中性，使电子受到排斥作用而在垂直于入射电子的轨道方向做径向发散运动。当这种径向发散运动超过电中性要求的平衡位置时，则在入射电子的轨道周围变成正电性，这又会使电子云受到吸引力的作用做相反方向的径向向心运动，当超过其平衡位置后，又再产生负电性，迫使入射电子周围的电子云再做一次径向发散运动，如此的往复运动，造成电子云相对晶格结点上的正离子位置发生集体振荡现象，这现象称为等离子激发。入射电子导致晶体的等离子激发也会伴随着几十电子伏特的能量损失，但这种能量损失具有一定的特征值，会随不同的元素而变化。

因为入射电子在晶体中的不同位置可以使电子云相对晶格结点上的正离子位置产生多于一次的集体振荡，因此其能量损失可能是特征能量的整数倍。如果入射电子引起等离子激发后能逸出试样表面，则这种电子被称为特征能量损失电子。如果对这种电子信息进行相应的能量检测，就可以进行成分分析，这就被称为能量分析电子显微术。如果利用这种电子信息来成像，则称该方法称为能量选择电子显微术。这两种技术已在透射电子显微镜中得到应用，从而扩大了透射电子显微镜的应用范围。

参 考 文 献

[1] 谷祝平. 光学显微镜[M]. 兰州：甘肃人民出版社，1985：2-4.

[2] 石顺祥等. 物理光学与应用光学[M]. 西安：西安电子科技大学出版社，2000：135-137.

[3] Microbeam analysis：Scanning electron microscopy：Methods of evaluating image sharpness ISO/TS 24597[S]. First edition (Annex E)：73.

[4] 西门纪业，葛肇生. 电子显微镜的原理和设计[M]. 北京：科学出版社. 1979：1-7.

[5] J.I.戈尔茨坦等. 扫描电子显微技术与X射线显微分析[M]. 张大同，译. 北京：科学出版社，1988：1-7.

[6] 西门纪业，弗·棱茨. 两位电子显微镜卓越的先驱者[J]. 电子显微学报，1995（3）：235-242.

[7] C.W.奥拓莱. 扫描电子显微镜：第一册仪器[M]. 葛肇生，刘诸平，谢信能，等译. 北京：机械工业出版社，1983：10.

[8] 汤高洪. 电子显微学新进展：钱临照教授九十华诞纪念文集[M]. 合肥：中国科学技术大学出版社，1996：298-305.

[9] 姚骏恩. 我国超显微镜的研制与发展[J]. 电子显微学报，1996（Z1）：353-370.

[10] 廖乾初，蓝芬兰. 扫描电镜分析技术与应用[M]. 北京：机械工业出版社，1990：6-21.

第 2 章

扫描电镜的原理和结构

2.1 扫描电镜的原理

2.1.1 镜筒概述

图 2.1.1 是钨阴极扫描电镜的原理示意图。电子束是从顶部电子枪中的阴极尖发射出来的，在加速电位的作用下，阴极尖发射出来的电子束经三个电磁透镜聚焦后汇聚成一束细微的电子探针到达试样表面。该入射束在物镜上方的扫描线圈驱动下，使入射的电子束能在试样表面做有序的光栅扫描。高能电子束射入试样后，会在试样的表面和亚表面激发出 SE、BSE 和 X 射线等。这些信息由相应的探测器探测，经放大后传送到显示屏来调制所显示的图像衬度。扫描电镜就是采用这种逐行扫描、逐点成像的方法把试样表面和亚表面发出的不同信息特征按顺序依次成比例地转换为视频信号的，从而使我们能在屏幕上观察到与试样表面相对应的、经过放大后的微观图像。

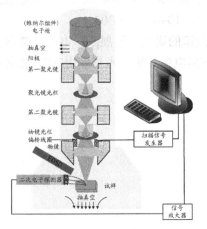

图 2.1.1 钨阴极扫描电镜的原理示意图

2.1.2　供电系统

扫描电镜的加速电压和各透镜的励磁电流不稳定都会给整个光学系统带来明显的像差，从而影响图像的成像质量，因此发射束流、加速电压和透镜电流是否能稳定是衡量 SEM 性能优劣的一个重要指标。SEM 的电源主要由电子枪灯丝的加热电源、高压直流加速电源、透镜励磁电源、扫描偏转线圈电源及各电子线路的工作电源等组成；此外，还有真空系统中的各种泵的驱动电源和一些外围辅助部件的电源，如空气压缩机和冷却循环水机的驱动电源等。另外，多数的 SEM 还配有能谱仪（EDS）、波谱仪（WDS）、EBSD、打印机等，他们也都需要有合适的工作电源。

扫描电镜都会同时用到几路不同的高、低压直流电源，其外围许多配套附件通常仍是使用一般的工业电源，所以扫描电镜的输入电源仍是取自市电电网。但扫描电镜对电源的电压和频率的稳定性有较严格的要求，整机功耗依电镜的型号和外围配套附件的多少而异，如配备油扩散泵的扫描电镜的主机功耗约为 2.3kW，若是配备涡轮分子泵的扫描电镜，主机功耗约为 2.2kW。若加上冷却循环水机和空气压缩机等功耗，这样的电镜的整机功耗约为 4kW。如果再加上能谱仪（约 600W）、波谱仪（约 500W）则整套系统的总功耗约为 5.1kW；有的扫描电镜配备了风冷式的涡轮分子泵，需加 2～3 台的小风扇对高压电源、分子泵等分别进行降温冷却，但可省掉冷却循环水机的功耗约 1.1kW，这样整套扫描电镜的总功耗（包括 EDS+WDS）约为 4kW。

供电电压：单相、交流（220±11）V；

频率：（50±1）Hz；

供电电流：25～35A。

从日本进口的电镜有的会随电镜附带一个从 220V 降为 100V 的交流电源变压器，专供它们 100V 的电镜配套使用。这样的电镜在供电时还须考虑该变压器的功率转换因子 0.8，像这种类型的扫描电镜再加上能谱仪和波谱仪，整套系统的功耗都会有所增大，总的功耗电流为 30～40A。

单相 220V 的交流电源输入之后，其中一部分供给循环水机、空压机和机械泵等外围附属设施，另一部分经电镜自身的电源系统进行降压、整流、滤波、稳压和稳流后，再分别输入电镜各系统作为工作电源。经降压、整流输出的低压直流电源通常有±5V 或±6V、±12V 或±15V、±24V、48V 或 60V 等，它们分别供至电镜中各电子线路、电磁阀门和电磁透镜等部件作为工作电源。

供给电磁透镜和电子枪阴极的电流不仅要求要有 10^{-5} 量级的稳定性，而且加速电压也须有 10^{-5} 量级的稳定性。电源是否稳定也是评判电镜性能好坏的一个极为重要的指标。因此，对电镜电源系统的主要要求是要能在一定的输入电压波动范围内产生多路高稳定性的稳压源和稳流源。

每台扫描电镜都要用到多路的直流高压，其中最高的是电子枪的加速阳极，商品电镜的最高加速电压一般为 30kV（个别机型有 25kV，极个别的机型也有 35kV）。其中，E-T SED 中的闪烁体电位为 10～12kV；E-T SED 中的光电倍增管常用的偏置电压为-1.2～-1.8kV；场发射电镜常用的激发极电压为 4.2～6.5kV，测试加速电压的耐压电位高达 35kV；离子泵的阳极电压为 4.5～6.5kV；用于测量高真空系统的潘宁真空计也需要有 600～800V 的电压等。这些高压电源都是用 220V 的市电经降压、整流和滤波输出成为低压直流电源，再经振荡、倍压整流成为几千和几十千伏不等的多路直流高压，分别供给电镜中需要直流高压的各系统和部件的。下面简要地介绍一种最常用的 C-W 倍压整流电路。

　　在 1932 年由考克洛夫（Cockcroft）和瓦耳顿（Walton）提出的高压倍压直流电路，通常简称为 C-W 倍压整流电路。它是由多个电容和整流二极管串接组成的，利用滤波电容的储存作用能获得几倍于变压器负边电压的输出值，这种电路被称为倍压整流电路。这种电路非常适用于电镜这种仅需高电压、小电流的设备使用。倍压整流电路的原理是把较低的交变电压用合适的整流二极管和电容进行适当连接组合，"整"出一个高的直流电压。倍压整流电路一般按输出电压与输入电压的比值可分为 2 倍压、3 倍压直到 n 倍压。电镜上使用的高压电源正是高电压、小电流的电源，所以常用到 C-W 倍压整流电路。图 2.1.2 为采用变压器、电容和整流二极管组成的高压倍压整流电路。

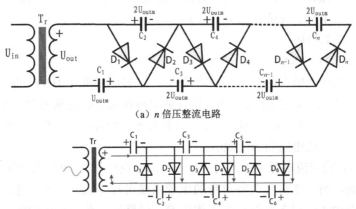

（a）n 倍压整流电路

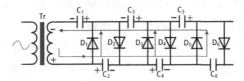

（b）当变压器次级输出为上正下负时，电流流向如图所示，变压器输出的正电位向上臂电容充电

（c）当变压器次级输出为上负下正时，电流流向如图所示，变压器输出的正电位向下臂电容充电

图 2.1.2　高压倍压整流电路原理图

通常称倍压整流电路每 2 倍为一阶。若输出电压是输入电压的 10 倍，阶数用 N 表示，则该电路是 5 阶，即 N=5。若希望输出电压极性不同，只要将所有的二极管反向连接就可以了，当输出为空载或电流小而稳定时，除了左边的第一个电容外，其他每个电容上的电压 C_u 均为变压器输出端最高电压的 2 倍，即 $C_u=2U_{outm}$。在分析这类电路时，为了简便起见，总是假设电路为空载，而且是稳态，当加上负载后，输出电压将不可能完全达到 U_{outm} 的 N 倍。在实际的应用电路中，由于高阶倍压整流电路输出的功率小，带负载的能力很差，只要负载电流稍大一点，就会导致输出电压下降。在设计这种电路时人们不仅要考虑其带负载的能力，留足余量，而且还要采取相应的稳压措施，使之能在一定负载范围内有一个稳定的工作区间。

2.2 电子枪的束斑和束流

扫描电镜和透射电镜的电子枪一样，通常都采用由阴极—控制栅极—阳极所构成的三极电子枪。加有负偏压的控制栅极把从阴极（普及型电镜的阴极常用钨丝作为电子的发射体）发出的电子束汇聚成直径为 20～40μm 的交叉斑之后，再由阳极加速，先后经 3 级（台式或简易型电镜一般为 2 级）的电磁透镜汇聚缩小，当到达试样表面上时就形成一束聚焦得很细的电子束——微细的电子探针束。钨阴极和 LaB$_6$ 阴极电子枪发出的电子束斑经聚焦缩小后照射到试样上的束斑直径可以由几百纳米到几纳米，束流范围一般会在 10^{-7}～10^{-11}A；热场发射电子枪发出的电子束斑经聚焦缩小后照射到试样上的束斑直径可以由几十纳米到零点几纳米，电流范围一般为 10^{-8}～10^{-12}A；而冷场发射电子枪发出的电子束斑经聚焦缩小后照射到试样上的束斑直径一般为几纳米到零点几纳米，电流范围在 10^{-9}～10^{-13}A。这样大的束流密度再加上小的束斑直径对提高扫描电镜的图像分辨力是非常有利的，所以高分辨力的扫描电镜图像都是采用场发射扫描电镜所拍摄而获得的。

多数商品扫描电镜设计的加速电压范围为 0.1～30kV，分挡或连续可调，当观察和采集图像时，对不同的机型、不同的试样和不同的分析目的，通常会选用不同的加速电压和束斑直径。

钨阴极扫描电镜常用的加速电压多数在 15～25kV 范围内；

LaB$_6$ 阴极扫描电镜常用的加速电压多数在 10～20kV 范围内；

场发射阴极扫描电镜常用的加速电压一般在 5～15kV 范围内。

当进行能谱和波谱分析时，应根据试样的化学组分和所要分析的元素谱线能量的不同而选取相应合适的加速电压。

2.3 扫描电镜的放大倍率

　　扫描电镜的图像放大倍率是所用显示屏中的实际成像区域边长与电子束在试样上偏转所扫过的同方向距离的长度之比，如图 2.3.1 所示。它基本上取决于显示器偏转线圈的电流与电镜扫描线圈的驱动电流之比。在实际应用中，一般维持显示器的图像偏转线圈的电流不变，而通过调节电镜扫描线圈的电流就能方便地改变电镜的放大倍率。

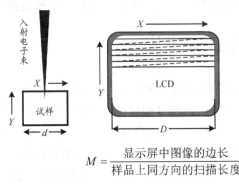

$$M = \frac{\text{显示屏中图像的边长}}{\text{样品上同方向的扫描长度}}$$

图 2.3.1　入射束在试样上扫描和与之对应的图像

　　屏幕上所看到的放大倍率 $M=D/d$，也就是显示屏中的图像在 X 方向的长度 D 与电子束在试样上同方向扫过的长度 d 之比。

　　扫描电镜放大倍率的变化范围很宽，多数普及型扫描电镜的放大倍率在 10 倍～20 万倍；热场发射电镜的放大倍率在 20 倍～40 万倍；冷热场发射电镜的放大倍率在 20 倍～60 万倍。放大倍率的调节有分挡可调，也有分挡连续可调，这可使操作人员能在低倍率下快速地浏览试样，寻找感兴趣的部位，又可在高倍率下对试样进行仔细观察、分析和采集感兴趣部位的图像。

　　扫描电镜比起光学显微镜来说，具有相当高的分辨力。目前普及型的钨阴极扫描电镜的最佳分辨力可达 3nm。但放大倍率并不是越大越好，而是要根据有效放大倍率和被分析试样的需要来进行选择。若扫描电镜的现有最佳分辨力为 3nm，则有效最高放大率约为 7 万倍；如果某场发射电镜的现有最佳分辨力为 0.8nm，则有效放大率为 25 万倍，电镜验收时拍摄的倍率会略高一些。如果没有考虑电镜的实际分辨能力而盲目地增大放大倍率，这并不会增加所放大的图像上的细节，而只能是虚放大，那样就没有真正的实际放大意义。真正的有效放大倍率是受仪器的分辨力所制约的，而请勿轻信某些电镜广告所标明的最高放大倍率可达××万倍，甚至上百万倍等夸大性的宣传。真正重要的是该仪器的实际分辨力，只有图像的实际分辨力高了，相应的有效放大倍率才能上得去。

分辨力的计算例子：如某钨阴极电镜的现有最佳分辨力只有 4nm，而人眼的分辨力为 0.2mm 则：

$$M_{有效} = \frac{0.2(mm)}{4(nm)} = 5 \times 10^4$$

2.4 扫描电镜的电子束斑

透射电子显微镜的放大倍率是物镜、中间镜和投影镜等几级透镜的逐级放大倍率的总乘积：

$$M = M_1 \times M_2 \times \cdots\cdots \times M_n$$

而扫描电镜电子束斑的缩小倍率却是聚光镜和物镜等几级透镜逐级缩小倍率的总乘积：

$$M' = \frac{1}{M_1} \times \frac{1}{M_2} \times \frac{1}{M_O}$$

这里的 M' 是扫描电镜的电子束斑缩小的总倍率；

$\frac{1}{M_1}$ 是扫描电镜的第 1 聚光镜的缩小倍率；

$\frac{1}{M_2}$ 是扫描电镜的第 2 聚光镜的缩小倍率；

$\frac{1}{M_O}$ 是扫描电镜的物镜的缩小倍率。

图 2.4.1 为扫描电镜的电子束斑缩小示意图。在调节放大倍率时，扫描电镜与透射电镜不同，扫描电镜不需要借助上下聚光镜等一系列放大透镜，也不会新增额外放大率的像差，只需改变扫描线圈中的驱动电流。扫描电镜调焦时也只需要改变物镜线圈中的电流值，所以其操作要比透射电镜更加简便、快捷、容易入手。但操作人员若要达到熟练程度并掌握一定的操作技能，还需要经过一段时间的实际操作和不断的学习、积累。

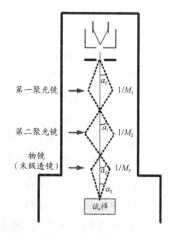

图 2.4.1 扫描电镜的电子束斑缩小示意图

2.5 镜筒

电子枪到样品仓的这段连接体称为扫描电镜的镜筒，其结构如图 2.5.1 所示。图 2.5.1（a）为普及型钨阴极扫描电镜的镜筒和样品仓的示意图；图 2.5.1（b）为 FEI 公司 Apreo 型热场发射扫描电镜镜筒结构示意图。由图 2.5.1 可见热场发射电镜的镜筒结构要比钨阴极电镜的镜筒复杂得多。

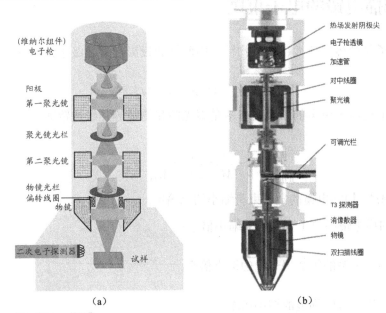

图 2.5.1　扫描电镜镜筒结构示意图

在图 2.5.1（a）的示意图中，镜筒的结构从上到下是：电子枪、阳极、第一聚光镜、聚光镜光栏、第二聚光镜、物镜光栏、偏转线圈、物镜。

在图 2.5.1（b）的热场发射扫描电镜示意图中，镜筒的结构从上到下是：热场发射阴极尖、电子枪透镜、加速管、对中线圈、聚光镜、可调光栏、T3 探测器、消像散器、物镜、双扫描线圈。为了保持这些部位的真空，除了把 3～4 个光栏置于衬管中的合适位置，其他相关部件都按需依次叠加、组装连接在一起。为维持镜筒的真空，连接部位常用铝、铜等较软的金属材料做成的密封垫圈，再用螺钉锁紧连成一体。为减少外部电磁场的干扰，并尽可能使外观达到整齐美观的目的，整个镜筒都用喷上油漆的金属外套包裹着，再加上电源控制柜、真空系统、显示屏、键盘、工作台面和计算机等外围控制与辅助设施，这样就可以组成一台完整的扫描电镜。

电子枪到样品仓之间这一段是扫描电镜中最精密、最重要和最关键的部位，其设计布局的优劣、零部件的加工精度与装配误差的大小，决定着该电镜的整机性能的高低。镜筒也是最容易受污染和需要定时清洗的区域，当要更换阴极或清洗镜筒内部电子束通路中被污染的零部件时，一般只需要拆开镜筒的上半部分，这时阴极、Wehnelt组件和衬管等需要清洗的零、部件都可以被取出。清洗镜筒的具体做法在设备随机携带的操作说明书中都会有详细的介绍，也可参考本书第 7 章中所介绍的维护事项去维护。现在的商品电镜都尽量设法简化这些维护操作，以便于用户能自行维护和保养。

2.6　电子枪阴极

电子枪的作用是发射出作为电镜照明源的电子束，电子枪发射的束流密度、稳定性、强弱和大小等性能的优劣决定着电镜图像清晰度和分辨力的高低。商品电镜的分辨力主要受电子枪的亮度所制约，然后才是电子枪零部件的加工精度和镜筒的装配误差，所以说电子枪的优劣影响了整台电镜的质量好坏，而电子枪中阴极所发射的束流密度更是决定电镜图像清晰度和分辨力的最关键参数之一。

普及型的扫描电镜用的是钨阴极电子枪，其阴极材料多数都是用直径 0.127～0.203mm 的钨（W）丝，一般将其制成发夹形（"V"形）或针尖形（"Y"形或点状）阴极，并通过电流直接加热来发射电子。相对来说"Y"形阴极比"V"形阴极发射束流密度更大、亮度更高，但发射的总束流比"V"形阴极要小，束流的稳定性也较差，寿命也较短，"Y"形阴极的正常使用寿命为30～40h，平均寿命约为"V"形阴极的 1/3～1/4。所以这几年来的商品电镜中很少采用"Y"形阴极。"V"形阴极比"Y"形阴极发射的总束流不仅大一些，而且稳定性也较好，寿命也较长，在扫描电镜中"V"形阴极正常使用寿命为100～150h；在透射电镜中"V"形阴极使用寿命会稍短一些，正常使用寿命为80～100h。"V"形阴极是现代普及型扫描电镜和电子探针分析仪中最常采用的一种阴极。灯丝的底座常用玻璃或陶瓷材料做成，灯丝的支架常用可伐合金材料做成。

还有一种阴极是用铱丝作基材，以氧化钇为电子发射涂层的氧化物阴极，这种阴极与发夹形钨阴极相比，其正常的发射电流比发夹形钨阴极的大且寿命更长，有的普及型扫描电镜就采用这种材料作为电子枪的阴极。

另一种亮度更高的阴极是采用碱土或稀土金属的硼化物来做发射体，它们的化学结构是硼化物，属六方晶系，如 LaB_6、CeB_6、YB_6 等。在硼化物阴极中，LaB_6 应用得最多，其次为 CeB_6。早期的 LaB_6 阴极多数采用旁热式的加热形式来激发电子，

而近年来的 LaB_6 阴极都改用直接加热的方式来激发电子，而有的厂家把电子枪中的阴极设计为钨和 LaB_6 两种阴极可以互换的结构，前提是电子枪内的真空度要达到 LaB_6 阴极能正常工作的高真空范围。这种硼化物阴极的亮度和正常使用的寿命约为发夹形钨阴极的十倍。

要提高电镜的图像分辨力，首先需要有高亮度的照明源，所以高分辨电镜用的电子源都是场发射电子枪。它是利用场致发射效应来发射电子的，阴极仍然选用钨材料来作为发射基体。场发射阴极又有冷场发射和热场发射之分，由于电子的逸出功与电子所离开的发射体的晶体取向有关，所以钨阴极必须是一个选定取向的晶体。其晶面轴向常用密勒指数又称为晶面指数（$h\,k\,l$）来表示。冷场选定的钨阴极晶体通常为（111）或（310）轴向，相对来说冷场发射的束流密度最大，但由于阴极的发射部位非常的尖而细小，所以总的束流和束斑相对最小，而且稳定性较差。热场选定的钨阴极晶体通常为（100）轴向，热场发射的束流密度虽比冷场略小一些，但发射的总束流和束斑都比冷场大，而且稳定性较好。现在热场和冷场发射阴极的正常点燃寿命都能达到 10 000h，有的冷场发射阴极的寿命甚至能达到 30 000h。这两种不同的场发射阴极各有优缺点，在市场上相互竞争，各有特色。

2.6.1 钨阴极

普及型扫描和透射电镜及电子探针最常用的发射阴极是发夹形钨阴极。它们多数都是采用 0.127mm（0.005in）～0.178mm（0.007in）直径的钨丝，经压模弯曲成发夹形，再经焊接、退火消除应力等多道工序加工而成的。它有一个曲率半径<150μm 的 "V" 形尖端。当电流流经灯丝时，阴极丝被直接加热，钨灯丝中的电子受热激发，在加速电场的作用下，电子定向朝阳极方向发射。钨阴极的典型工作温度为 2 700K 时，电子枪灯丝依靠热激发，得到的电流密度 J_c 可用理查森公式表示：

$$J_c = A_c T^2 \exp(-E_w / KT) \quad （A/cm^2）$$

式中，A_c 是与材料有关的发射常数，单位为 A/cm^2k^2；T 是发射温度，单位为 K；K 是玻尔兹曼常数；E_w 是钨阴极中电子的逸出功。

当公式中的 $A_c = 60A/cm^2\,K^2$ 时，E_w 约为 4.5eV，从上式可算出 J_c 等于 1.75A/cm²。

在正常的工作温度下，电子从大约 100μm×150μm 的面积上发射而离开 "V" 形阴极尖。在阴极的发射电流未到饱和点之前，若发射温度增加，其发射电流则以指数（T^2）的方式快速增长，使得束斑亮度大增。但由于钨阴极温度升高，使之蒸发加快，阴极丝直径随着蒸发量的加大和使用时间的增长而变得越来越小，其饱和点的数值也越来越小。随着电镜使用时间的增长，最终阴极丝会断开。灯丝达到工作温度及饱和度所必需的加热电流也随灯丝的变细而减少，其寿命也随加热温度的升高而缩短。

当电子枪的发射电流为 1.75A/cm² 左右，而电子枪中的真空度不大于 1×10⁻³Pa 时，在扫描电镜中正常使用的钨灯丝寿命在 120h 左右，而在电子枪的真空度远远小于 1×10⁻³Pa 和发射电流不大于 1.75A/cm² 的条件下，钨灯丝寿命为 120～150h，目前个别公司的钨阴极点燃寿命可达 250h。当阴极的发射电流到达临界饱和点时，若还继续提高灯丝的加热温度，即增大加热电流可以略微增大发射束流，提高一点亮度，但付出的代价是灯丝的寿命明显缩短；反之若适当地略微减少加热电流，则灯丝的工作寿命将会相应延长。正常的灯丝加热电流最好应调在临界饱和状态，这样既可稳定地发射电流，又能尽可能地延长其点燃寿命。图 2.6.1 是目前几种主要商品电镜所使用的发夹形钨阴极的外形照片。图 2.6.2 是发夹形钨阴极的微观形貌及其维纳尔组件图。

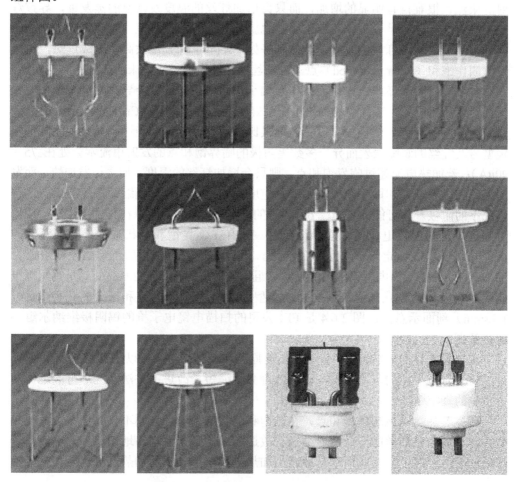

图 2.6.1　几种常用的发夹形钨阴极外形

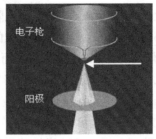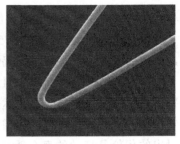

图 2.6.2 　发夹形钨阴极的微观形貌及维纳尔组件

这种直热式的钨阴极发射是通过电流对灯丝的直接加热，把电子从钨阴极的基材中激发出来的。若增加灯丝的加热电流，灯丝的温度就会随之上升，发射的束流会随之增大。当灯丝的发射束流达到其最高点，即使再加大灯丝的加热电流，其发射的束流也很难再有明显的增加，而只会增加灯丝的温度及灯丝的蒸发量，导致灯丝很快烧断。这就是说操作者应该小心地施加灯丝的加热电流，以获得既大又稳定的发射束流，而使灯丝的温度又能恰到好处，不至于因升温太高而造成过热，这个点就叫作饱和（Over-saturated）点。若灯丝的加热电流偏小，未能达到临界饱和点，则灯丝的温度会偏低，发射束流不仅会偏小，而且不稳定，会导致亮度不足、图像偏暗、信噪比下降；若灯丝的加热电流刚好能处在临界饱和（Critical-saturated）点，则发射的束流稳定、图像的亮度高、信噪比和清晰度相对都能达到最佳状态（依电镜型号及灯丝的装配误差而异，多数钨阴极的临界饱和点的发射束流常会处在 75～90μA）；若加热电流超过临界饱和点，则只会增加灯丝的温度，使之挥发加快，而发射束流增加不明显，即使电子枪中的真空度再高，也会明显地缩短灯丝寿命，这种情况下的阴极寿命可能只有 30～60h，短的甚至不到 20h。所以在正常工作时，操作者应把灯丝的加热电流调在临界饱和点，只有在临界饱和的状态下，阴极发射的束流才能连续、稳定地提供足够的亮度，而且灯丝也才能达到正常的预期寿命。图 2.6.3（a）是扫描电镜钨阴极的维纳尔组件的外形照片，图 2.6.3（b）是钨阴极电镜的阴极尖与栅极孔（简称栅孔）的典型间距（$h \approx 0.5\text{mm}$）和栅孔的孔径（$d_k \approx 1.78\text{mm}$）剖面示意图。图 2.6.4 是 FEI 公司的扫描电镜电子枪的钨阴极维纳尔组件的分解图。

综合起来看，影响钨阴极寿命的主要原因和改进的对策有以下几点。

（1）若电子枪的真空度差，则灯丝寿命会缩短，改进的方法是应尽可能地提高电子枪的真空度。

（2）若加热电流超越饱和点，在过饱和的状态下运行，则不仅亮度不会再明显增大，反而会使灯丝的寿命明显缩短。改进的方法是不要轻易地增大加热电流，若灯丝的温度过高，应及时而适当地减小加热电流，把灯丝的加热温度保持在临界饱和点。

激发电极
弹性装载珠
阳极体
陶瓷绝缘体
定位螺钉的槽孔

（a）

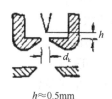 

$h\approx0.5$mm

$d_k\approx1.78$mm

（b）

图 2.6.3　钨阴极组件外形及阴极尖与栅极孔的间距和栅孔孔径

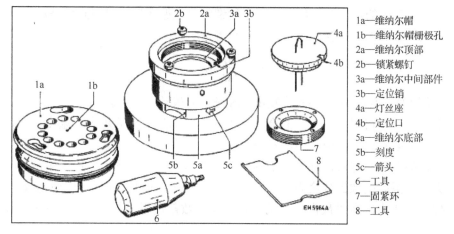

1a—维纳尔帽
1b—维纳尔帽栅极孔
2a—维纳尔顶部
2b—锁紧螺钉
3a—维纳尔中间部件
3b—定位销
4a—灯丝座
4b—定位口
5a—维纳尔底部
5b—刻度
5c—箭头
6—工具
7—固紧环
8—工具

图 2.6.4　钨阴极维纳尔组件及拆卸的专用工具

（3）若阴极尖的位置调节不当，即灯丝的尖端未能处于栅孔的中心或者虽处于栅孔的中心，但离栅孔端面的距离不小于 0.55mm，这样即使灯丝已处于饱和状态，但发射出来的束流可能仍会偏小，使图像偏暗。改进的方法是可把灯丝尖端调到栅孔的中心，距栅孔端面合适的距离，多数机型的阴极尖端到栅孔端面的间距 $h\approx$ 0.50mm，若在 $h\approx0.5$mm 的基础上再增大 0.05mm 一般会使发射束流在原有的基础上减少 10～15μA；反之若在 $h\approx0.50$mm 的基础上再减少 0.05mm，一般会使发射电流在原有的基础上增加 10～15μA。还有一种改进方法为改变发射束流，即在不调动 h 值的前提下，也可适当地提高栅偏压，如把栅偏压的负电位略微调高，即把绝对值适当调小，这也能增大发射束流，提高亮度。

（4）钨丝的原材料质量不好，可能存在有劈裂的微裂缝，这往往会导致灯丝寿命明显缩短；钨阴极有缺陷，如应力没有消除好，加热点燃后易变形；尖端弯折处可能存在由于过应力疲劳而出现的微裂纹等缺陷。为避免购买到这种有缺陷的阴极，对所购进的阴极应在光学体视显微镜下进行检查、筛选，剔除制造工艺有缺陷的阴极，再退还供货方进行更换。

与其他阴极相比，钨阴极电子枪的优点有：

（1）对真空度的要求不是很高，它可以在相对较低的真空度（不大于 10^{-3}Pa）下工作，电子光学和电镜的真空系统都较简单，整套真空系统的造价较低。

（2）总的发射束流和束斑都比较大，而且相对比较稳定，其抗振和抗干扰能力较强，特别适合作为专业电子探针分析仪和普及型电镜的电子源。

（3）结构简单、加工容易、维持费用较低，维护和保养也较简单、易行。

与其他阴极相比，钨灯丝的不足之处是：总的发射束流虽大，但束流密度偏小、发射效率低，信噪比较差，比较难满足拍摄超高分辨图像的需要；化学稳定性也较差，容易与空气中的水汽发生作用，产生所谓的"水循环"，而且寿命较短。

根据沃奥金等人的推算，钨阴极的估算寿命 τ 为：

$$\tau = \frac{0.1\rho}{2M} d_k$$

式中，ρ 是钨的密度；M 是钨的蒸发量；d_k 是钨阴极丝的直径。

从上式中可以得出，在一定的真空度下，阴极的加热电流越大，温度越高，灯丝的亮度虽会略有提高，但钨丝的蒸发量会加快，阴极的寿命会缩短；灯丝的线径越粗，阴极的寿命会越长，灯丝发射的束流和束斑也会有所增大，但因束流密度不会再增大，对提高图像的分辨力不仅没有促进的作用，而且大的束斑反而会影响到高倍图像的分辨力，所以最常见的钨阴极灯丝多数都选用 0.127～0.178mm 线径来制作。

虽然钨阴极电子枪的亮度和图像的信噪比还不是很理想，但多年来钨阴极仍被大量地用作普及型透射和扫描电镜的电子源。这是因为对于多数不需要很高亮度电子枪的电子探针和电镜来说，钨灯丝的性能也可达到要求，特别是它的总发射电流较大，且抗干扰能力和束流的热稳定性都比较好，使它更适合用作专业的电子探针分析仪的阴极。

2.6.2 氧化钇铱阴极

氧化钇铱(Y_2O_3-Ir)阴极是一种以金属铱丝为基材，以氧化钇为电子发射涂层的氧化物阴极，这种阴极与发夹形钨阴极相比，它的化学稳定性较好，抗中毒能力较强，不工作时可暴露于大气和水汽中，工作时其温度比钨阴极低，寿命为发夹形钨阴极的2～3倍。它常被做成丝状直热式阴极，被广泛地应用于各种真空计和真空测量仪器、仪表中，如在宽量程 DL-8（其量程为 10Pa～1×10^{-4}Pa）的真空计中使用，也可作为电子显微镜的电子枪阴极，如云南大学物理系所研制的透射和扫描电镜的电子枪都是采用这种氧化钇铱阴极，并且在放射医疗仪器中也有大量的应用。图2.6.5是Y_2O_3-Ir阴极结构示意图。

Y_2O_3-Ir阴极的主要制备过程：

（1）通常选用线径为0.127～0.152mm的铱丝做成与发夹形钨阴极相类似的发夹形状，如图2.6.5所示。

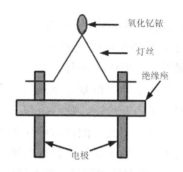

图2.6.5　Y_2O_3-Ir阴极结构示意图

（2）将纯度为99.9%的氧化钇（Y_2O_3）粉，即红色荧光粉（日产）和希火棉胶（醋酸戊脂加火棉胶形成的溶液）相混合，并搅拌均匀。

（3）将混合好的Y_2O_3-火棉胶溶液滴入螺旋圈内数滴，然后把它烘干。

有的采用电泳法，将氧化钇电泳涂敷在铱发射尖的顶端，其厚度为30～40μm，再经1 600℃左右的高温真空烧结后，阴极即可使用。

氧化钇铱阴极的主要物理参数如下。

工作温度：约2 000K。

发射束流密度：$10A/cm^2$。

亮度：$2×10^5 A/cm^2 \cdot Sr$。

逸出功：约2eV。

寿命：约300h。

与其他阴极相比，氧化钇铱阴极的优点有以下几点。

（1）电子的逸出功较低，还不到发夹形钨阴极的一半，因此在同样的工作温度下其亮度高，单位立体角的电流强度接近于LaB_6的强度。

（2）工作时对真空度的要求不是很高，与发夹形钨阴极的要求基本相同，正因为电子的逸出功较低，所以工作时灯丝的加热温度比发夹形钨阴极低约700K。

（3）由于其工作温度较低，所以蒸发量明显减少，寿命增长，为发夹形钨阴极的2～3倍。

与其他阴极相比，氧化钇铱阴极的缺点有以下几点。

（1）加工工艺和结构比发夹形钨阴极复杂一些，成本也贵一些。

（2）耐离子轰击的能力较差。

2.6.3 六硼化镧阴极

1. LaB$_6$阴极材料

碱土和稀土金属的硼化物都是良好的电子发射体，它们的化学结构都是硼化物，属六方晶系，如图2.6.6所示，其中小球代表硼(B)原子，大球代表镧(La)原子。立方体的每个角上包含了6个硼原子，形成8面体。每个硼原子均与5个相邻的硼原子构成非极性的键连，硼原子之间键连得很紧，使硼化物具有很高的熔点。金属原子镧位于立方体的中间，与硼原子间无价键，就好像包含在硼原子的结晶格子中。这种情况下金属原子镧的价电子是自由的，因此六硼化物具有良好的金属导电性，其导电率接近铅的电阻率。由于金属原子被结合紧密的硼原子所包围，因而六硼化物的化学性能比较稳定，常温下不怕潮湿和氧气，在大气中要加热到600℃才会开始氧化。用六硼化物做成的阴极抗中毒能力较强，当不工作时，即在室温下，它可反复、多次暴露于大气中，而对原有发射电子的性能和使用寿命的影响不大。

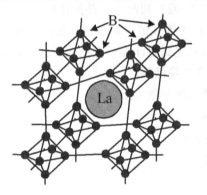

图2.6.6 硼化物的化学结构示意图

LaB$_6$阴极具有较高的热电子发射率，拉弗蒂在1951年就指出LaB$_6$是一种很好的阴极材料。但在高温下LaB$_6$的化学性能很活泼，在加热时除了碳和铼，LaB$_6$很容易与其他常见的金属元素发生反应，即硼原子易扩散到这些金属的晶格中，并与它们形成合金，致使电子的逸出功升高，形成"慢性中毒"，降低发射效率。这既会腐蚀夹持金属，又会破坏LaB$_6$的化学结构和发射电子的稳定性，从而降低电子的发射率，导致发射终结。

1967年，布罗尔斯（Broers）研制出LaB$_6$阴极。1970年，沃格尔（S.F. Vogel）

设计出可用于电镜上的夹持式 LaB_6 阴极，这种阴极是在 LaB_6 块的两边用两块热解的石墨块隔开，再用两根不锈钢支架夹紧，以解决 LaB_6 与常见金属之间的腐蚀问题，即用两根不锈钢支架，一根固定不动，另一根通过一颗螺钉把 LaB_6 块锁紧在两支架之间，加热功率约为 15W。由于这种结构只是一侧受力，所以易产生热漂移，易引起电子束流不稳定。1975 年，纳卡嘉瓦（S.Nakagawa）就把它改为用两颗螺钉由两侧锁紧，并且把加热功率从 15W 减少到 9.6W，以应用到电镜的电子枪上。由于这种结构仍比较复杂，体积较大，一旦损坏则电子枪中的某些部件都需要更换。后来，又经过各国科学家和设计师的不断研究、改进，才解决了夹持问题，又把功耗降到了 5～6W，解决了一系列的实际应用难题后，直到最近这三十多年 LaB_6 才开始广泛地用作商品电镜的电子枪阴极。LaB_6 阴极是目前得到使用的硼化物阴极中最为成熟和普及的一种阴极发射体。在 20 世纪 90 年代初中国科学院科学仪器厂的曾朝伟和李文恩等专家也研制出了既实用又能与发夹形钨阴极互换的 LaB_6 阴极而获得国家专利。LaB_6 阴极的外形尺寸、结构和加热功率基本上都与发夹形钨阴极相似，若 LaB_6 阴极的两电极的外形尺寸和间距与钨阴极相同，则可与原有的钨阴极互换。互换的关键是除了电极接口的几何尺寸应相同，更重要的是电子枪的真空度要高。发夹形钨阴极电子枪的真空度只要不大于 $10^{-3}Pa$ 就可正常发射。而 LaB_6 阴极必须在不大于 $10^{-5}Pa$ 的真空度下才能正常、稳定地发射，因而必须在电子枪的侧面加装一台离子泵才能提高两个数量级的真空度。

LaB_6 阴极在温度为 1 870K 时可支取 65A/cm² 的电流，在 1 950K 时可支取 100A/cm² 的电流，当只支取 10～20A/cm² 电流时，其寿命有几千小时；当支取 50～100A/cm² 电流时，其寿命有几百小时。当电流为 40A/cm²·K² 时，LaB_6 阴极的功函数约为 2.4eV。这意味着温度为 1 500K 时 LaB_6 阴极就能获得与普通钨阴极相同的束流密度，在 2 000K 时 LaB_6 阴极束流密度接近于 100A/cm²。也就是说 LaB_6 阴极在较低的温度下就能产生较高的发射电流密度，在支取相同的电流密度时，与发夹形钨阴极相比，其蒸发量也小得多，所以寿命也就比钨阴极长得多。

LaB_6 做成的阴极抗中毒能力较强，当温度在 1 770K，真空压力降至 $10^{-2}Pa$ 时还不易造成中毒，离子溅射作用也不明显。

制作 LaB_6 阴极时无论是使用多晶法还是使用单晶法，所用的原材料都是 LaB_6 粉，多晶 LaB_6 阴极常用的制造方法有下述三种。

（1）热压法：用石墨模将 LaB_6 粉热压成棒，压力为 1 200N/cm²，温度为 2 050～2 100℃，烧结时间约为 10min，然后借助电火花加工成所需尺寸。

（2）冷压法：将 LaB_6 粉加入适量的胶黏剂压成棒，压力为 1 000～1 300N/cm²，温度为 1 900～2 000℃，烧结时间约为 15min，然后借助电火花加工成所需尺寸。

（3）等离子喷涂法：用做过预防硼扩散处理的铼金属带做基底，经清洗、打毛后，再用等离子喷涂工艺将 LaB_6 粉喷涂在铼带上制成直热式阴极。

单晶 LaB_6 阴极制造方法是先用热压或冷压法制得多晶的 LaB_6 棒，再经区域熔炼工艺将其转变成单晶，然后再用电火花加工刻蚀成所需的尖端。需要强调的是不管是单晶或多晶，LaB_6 在常用的工作温度 1750～1850K 下，都易与钽、钼、钨等常见的耐高温金属材料发生化学反应，因此不能用这几种材料做支撑连接件。要防止或减轻向支撑部位扩散的方法有以下几种：

（1）层压直热式，采用过渡结构，即在金属底材上烧结一层二硫化钼（MoS_2）或采用如图 2.6.7（a）所示的层压式结构。

（2）单晶直热式，直接采用氮化硼或热解的石墨夹持，如图 2.6.7（b）所示。

（3）旁热式加热结构，采用旁热式的结构，通过热辐射进行间接加热，如图 2.6.7（c）所示。

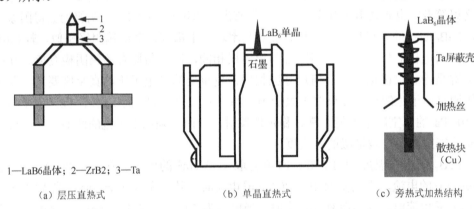

1—LaB_6晶体；2—ZrB_2；3—Ta

（a）层压直热式　　　　　　　（b）单晶直热式　　　　　　（c）旁热式加热结构

图 2.6.7　几种 LaB_6 阴极结构示意图

LaB_6 阴极的两大特点：

（1）由于工作时的温度较低，阴极蒸发率下降，因此与短寿命的发夹形钨阴极相比，LaB_6 阴极的工作寿命约为钨阴极的 10 倍。

（2）可以看到这两种电子源的阴极若分别工作在 1500K 和 3000K 的温度条件下，则温度为 1500K 时的 LaB_6 亮度将是温度为 3000K 时的钨阴极亮度的两倍，而且其总亮度和单位电流密度也都比钨阴极高出一个数量级。因此，LaB_6 电子枪的亮度等性能都比钨阴极电子枪要好得多。

早期电镜上使用的 LaB_6 阴极多数都是如图 2.6.7（c）所示的旁热式结构，而近几年的电镜几乎都采用图 2.6.7（a）和（b）所示或类似的直热式结构。它被设计成以直接插入式代替普通的发夹形钨阴极。阴极的发射体是一块单晶 LaB_6 小块，截面积约 $100\mu m^2$，长约 0.5mm，质量仅为几毫克，用氧化铝熔融技术制成。这个 LaB_6 小块装在两石墨条之间，当石墨条中流过 1～2A 的加热电流时就能产生足够的热量，

把 LaB_6 块的温度提升到所需要的值，仅需 2～3W 的加热功率。

现在常用的 LaB_6 阴极通常选用（110）这个晶向，可使电子的逸出功由多晶的平均 2.4eV 下降到约 2eV，因为在同一种材料中，其晶体的取向决定着功函数的数值大小。除此之外，由于材料是均匀的，因此其输出值比用烧结工艺制成的阴极更稳定。图 2.6.8 是目前各电镜厂家常用的 LaB_6 阴极的外形示意图。图 2.6.9 是直热式 LaB_6 阴极的微观形貌。图 2.6.10 是直热式 CeB_6 阴极的微观形貌。图 2.6.11 是三种不同发射锥角的 LaB_6 阴极尖的微观形貌，其中（a）图是锥角为 90°平钝头，曲率半径分别为 20μm、40μm、60μm 等的 LaB_6 阴极尖微观形貌；（b）图是锥角为 90°标准圆头，曲率半径为 15μm 的 LaB_6 阴极尖微观形貌；（c）图是锥角为 60°尖头，曲率半径为 10μm 的 LaB_6 阴极尖微观形貌。

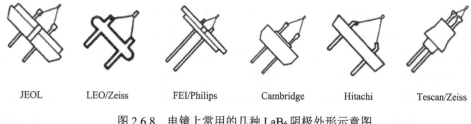

JEOL　　　LEO/Zeiss　　　FEI/Philips　　　Cambridge　　　Hitachi　　　Tescan/Zeiss

图 2.6.8　电镜上常用的几种 LaB_6 阴极外形示意图

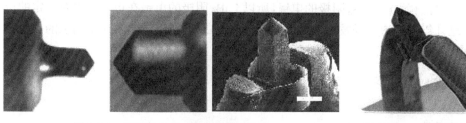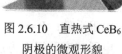

图 2.6.9　直热式 LaB_6 阴极的微观形貌　　　图 2.6.10　直热式 CeB_6

阴极的微观形貌

（a）　　　　　　　　　　（b）　　　　　　　　　　（c）

图 2.6.11　三种不同发射锥角的 LaB_6 阴极尖的微观形貌

LaB_6 阴极的优点：

（1）总的发射电流与发夹形钨阴极相差不多，但所发射的束流密度比钨阴极的

大，亮度较高。

（2）在与钨阴极产生相同的束流密度时，其束斑尺寸要比钨阴极小很多，即可在相同的束斑下得到比钨阴极更大的束流和更高的束流密度。

（3）抗振和抗干扰能力较强，寿命约为发夹形钨阴极的10倍。

LaB_6 阴极的不足：灯丝的加热电流没有像钨阴极那样会有一个比较明显可定的饱和点。

若 LaB_6 尖端存有一个高的电场，在调好偏压后，发射特性曲线将会上升到一个小的凸出部位，为求达到饱和状态，必须注意避免使阴极过热。另外，也应该注意 LaB_6 发射体在初次点燃或暴露在空气中又重新点燃时，都需要有几分钟的时间进行自我激活，通过慢慢地加热升温，使其表面上吸附的气体和污染物挥发掉，待气体挥发完成之后，电子的发射输出才能慢慢恢复正常并有稳定的输出值。若未经这个慢激活的过程就急于要达到正常的输出值，这将会导致阴极过热而烧毁。为防止这种现象出现，当停机时，电子枪的腔体也应一直保持在高真空状态。正常工作时，枪体内的真空度必须优于 $10^{-5}Pa$ 量级，这就需要在电子枪附近加装一台离子泵，并且这台离子泵应需长期运行，这将会增加电镜的造价和运行的成本。此外，由于 LaB_6 阴极本身的成本也较贵，也相应地增加了运行费用。其维护和保养也都比发夹形钨阴极麻烦一些，但与场发射阴极相比，还是显得简便一点，当前几家主要的扫描电镜制造厂也都有生产 LaB_6 阴极的电镜，所以 LaB_6 阴极的电镜在市场上占有一定的份额。但这几年来，随着场发射电镜的快速发展，LaB_6 阴极的电镜在市场上的占有量因受到场发射电镜的挤占，呈下降之势。

2. LaB_6 阴极参数

密度：$\rho=2.61g/cm^3$。

电阻系数：$P=57\times10^{-6}\Omega/cm$。

电子密度：每立方厘米 8.2×10^{21} 个电子。

晶格参数：$0.414\,5nm$。

熔点：$2\,210°C$。

多晶材料的电子逸出功：$2.5\sim2.9eV$。

单晶材料的电子逸出功（100）：$2.0\sim2.4eV$。

发射常数：$29A/cm^2\cdot K^2$。

晶系颜色：等轴晶系、紫色。

表 2.6.1 为 Denka 公司生产的 M-3 不同形状发射端头的 LaB_6 阴极的性能及物理参数一览表。

表 2.6.1　Denka 公司 M-3 不同形状发射端头的 LaB$_6$ 阴极性能和参数

形状	平钝	圆头（标准型）	尖头
亮度	约为钨灯丝的 5 倍 $(2\sim 5)\times 10^5$A/cm^2·Sr	约为钨灯丝的 10 倍 1×10^6A/cm^2·Sr	约为钨灯丝的 20 倍 2×10^6A/cm^2·Sr
饱和温度	单点约 1 400℃	单点约 1 500℃	单点约 1 500℃
交叉斑直径	较大（11～13μm）	较小（7～10μm）	较小（7～10μm）
角度分布	$(3.3\sim 4.2)\times 10^{-2}$rad	1.6×10^{-2}rad	1.6×10^{-2}rad
使用温度	较低	较高	较高
寿命	长命（用于低温和缓变的晶尖）	较长命，但比平钝头稍短	较短命，比圆头型还短
操作	容易（发射点大，合轴对中较容易）	较容易（发射点较大，合轴对中也较容易）	较难（由于发射点小，范围窄，合轴对中较难）
稳定性	高（抗热膨胀和抗振动干扰的能力强）	中等（抗热膨胀和抗振动干扰的能力一般）	较差（易受热膨胀和振动的干扰，有时需要重新对中）

2.6.4　场发射阴极

1. 提高扫描电镜分辨力的路径和方式

要提高电镜的分辨力主要有两条渠道：首先是解决照明源，只有在入射束流密度足够高的情况下，才能进一步缩小入射束斑，入射束斑足够小，分辨力才能高；其次是要尽量提高成像信息的采集效率和探测器的转换灵敏度，接收到的成像信息量越多，图像的信噪比越好，清晰度也就可以进一步得到提高，这又可以返回来进一步地缩小束斑，这样图像的分辨力也就越高。目前，为提高电镜图像的分辨力，常采用的途径和方式主要有下列几种。

（1）利用高亮度的场发射电子枪来做电子的发射源以增大束流密度，提高照射亮度。

（2）缩短工作距离，既可以相对增多信号量、提高信噪比，又可以减少像差，也就是把试样尽量移近物镜极靴，这类似于光学显微镜中的短焦距"浸没透镜"的方式，物镜的极靴区是获得高分辨图像的有效部位，但由于该处的空间很小，试样的移动范围会受到限制，操作起来需格外小心，如图 2.6.12 所示。这种模式由于焦距短，束斑受外界的影响小，像差也较小，并且能进入该区域的试样座也要小，小样品座的稳定性相对会好一些，所以在这区域拍摄的照片，其图像分辨力能得到明显提高。

（3）采用如图 2.6.13 所示的透镜内探测器（In-lens SED）或如图 2.6.14 所示的安装在物镜上方穿过透镜的二次电子探测器（TLD-SED），都能明显地改善低加速电压和短工作距离时的图像信噪比和分辨力。当试样与物镜下极靴之间的工作距离（WD）较小时，不仅可以减少物镜球差和消除传统 E-T 探测器前端栅网上的加速电位带来的影响，而且它接收到的几乎都是在入射束照射下直接产生的二次电子，可以大大地减少由于背散射电子等其他信号所产生的次生或间接的二次电子，因而也就能明显地提高图像的分辨力。

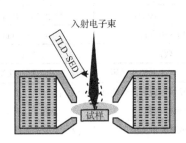

图 2.6.12　试样处于物镜极靴中的浸没透镜模式　　图 2.6.13　安装在透镜内的 In-lens SED

（4）使用强磁透镜。这种方法是在透射电镜中装上附加的扫描附件，使试样发出的二次电子在强磁场中被探测、收集成像，即利用透射电镜的扫描附件做出扫描电镜才能完成的二次电子像，而且这种二次电子像的分辨力往往能优于同类电子枪的专业扫描电镜。

（5）在物镜的极靴附近加设一个特殊的附加静电场，用来同时汇集一次电子并提取二次电子，再加上物镜顶部环形探测器的接收面积大、灵敏度高，在短工作距离下能明显的改善图像的信噪比和提高分辨力，它们分别如图 2.6.14 和图 2.6.15 所示。

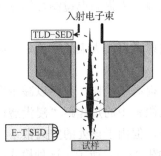
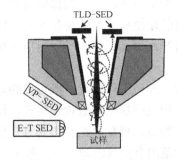

图 2.6.14　安装在物镜上方的 TLD-SED　　图 2.6.15　安装在物镜上方的环形 TLD-SED

（6）现在高分辨扫描电镜的物镜有的是由磁透镜和静电透镜组合成了一个复合的物镜，用这两种透镜组合成的复合镜可减少球差，使电子束斑能缩得更细，使束流密度增大，探测器能采集到更多的二次电子，特别有利于提高低加速电压下 SEI 的分辨力。

（7）最近，有些生产厂家还推出了有 3 个甚至 4 个的 SED 的扫描电镜。这 3 个 SED 分别称为顶部（Top）、透镜内（In-lens）（也称为较上部（Upper））和底部（Lower）的 E-T SED，如图 2.6.16 所示的 8200 系列机型就采用了这种形式。4 个的二次电子探测器分别称为顶部（Top）或穿过透镜（TLD）、中部（Middle）、下部（Lower）和传统的 E-T SED。而 FEI 公司 Apreo 机型的 4 个 SED 分别称为：顶部 T3（镜筒内探测器）、中部 T2（透镜内高位探测器）、下部 T1（分割式透镜内低位探测器）和传统的 E-T SED，其中的前 3 种如图 2.6.17 所示。不同的探测器对应于不同的加速电压、工作距离、束流和不同的物相角度的成像特征，能不同程度地提高 SE 的采集效率，有的能提高化学组分的衬度、有的能提高几何形貌的衬度，有的能增强立体感。各探测器既可以独立成像又可相互叠加混合成像，能改善图像的信噪比和对比度，能更明显地提高低加速电压时扫描电镜的图像分辨力。

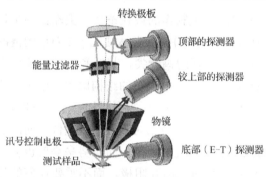

图 2.6.16　8200 系列机型

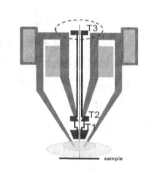

图 2.6.17　Apreo 机型的 3 种 SED

2. 冷场发射阴极

前面介绍的电子源都是利用高温使阴极受热而激发出电子，电子克服逸出功后离开阴极表面而发射出来的。然而，还有另一种产生发射电子的方法，它可以克服电子热发射的某些缺点与不足，这所指的就是场致发射（简称场发射）。场发射电子枪（FEG）的研制最早是由迪克（W. P. Dyke）与特洛兰（J. K. Trolan）于 1953 年开始的，后来由克鲁（A. V. Crewe）加以改进和完善，并于 1968 年完成，做出了实用的冷场发射电子枪。他采用针尖状的单晶钨尖端作为电子枪的阴极发射源，其发射的束流密度比发夹形钨阴极高出几个数量级，所以成为当前具有最高分辨力扫描电镜的电子枪阴极。日立公司最先（于 1972 年）推出了世界上首台商品的冷场发射枪扫描电镜。

场发射体的阴极仍采用 0.152～0.178mm 直径的钨丝弯折成发夹形状，但会再在其弯折的顶端处焊上一段直径为 0.102～0.127mm，长 0.5～0.7mm 的钨阴极尖。钨阴极尖常用的制作方法有电子轰击法和电化学腐蚀法两种。前者在 10^{-3}Pa 真空环境中，用直径为 0.102mm 的钨丝在能量为几千伏的电子轰击下制成非常锋利的针尖，使针尖尖端的曲率半径小于 1μm，制作所需的时间与电子束轰击的能量和最初截面积的形状有关，有的仅需几十分钟，有的需要几小时。而用电化学腐蚀法制作的钨阴极尖，就是把一段直径为 0.102～0.127mm 的钨丝端头浸入通有 12V 直流电的 1 当量的氢氧化钠（NaOH）溶液中进行电解腐蚀，时间约 3min。电化学腐蚀法采用一个高灵敏的电路来记录腐蚀时电流的变化，当浸入电解液的那一端钨丝被电解腐蚀成微细的针尖状时，控制系统能在 1 μs 内迅速地切断电解腐蚀液中的电路，针尖的尖锐程度取决于断电或针尖脱离电解液面的那一瞬间，这瞬间的用时越短，针尖就会越尖、越细、越锋利，否则就会使针尖变钝，经过挑选的锋利针尖才能被派上用场。在同一激发电场下，针尖越细、越锋利，其场强越强，发射的束流密度才会大，才能提高图像的分辨力和清晰度。

另外，在文献[6]中也给出了介绍有关钨阴极尖制作的最佳条件和尖端曲率半径的测量方法，即把已加工好的发射针尖放入扫描电镜中，在放大 1 万～2 万倍的情况下拍成照片再来测量、计算其针尖的曲率半径。好的钨针尖，其锋利尖端的曲率半径可小于 100nm，其微观形貌如图 2.6.18 所示。整个电子枪的结构原理和电子束能量发散如图 2.6.19 所示，在阴极的下方除了加速阳极外，还需要另加一个激发电极，这个可变的激发电极的电位一般是在 5～6.5kV。当阴极相对阳极为负电位，而阴极尖端的电场强度大于 10^7V/cm 时，其势垒宽度就会变得很窄，而且势垒高度也会下降。这样，电子就能够直接依靠隧道效应穿过势垒，离开阴极，而不需要任何的外来热激发，便可使电子能量提高并越过势垒发射出来，所以这种发射过程就称为冷场发射。用这种方法可以获得（$10^3～10^6$）A/cm^2 的电流密度，因此在相同的加速电压下，即使冷场发射阴极尖处在室温条件下，其发射的束流密度也比 LaB$_6$ 和发夹形钨阴极分别高出 2 和 3 个数量级。冷场发射的电流密度虽大，但束斑很小，其典型的交叉斑直径为 3～6nm，所以总的束流不大。

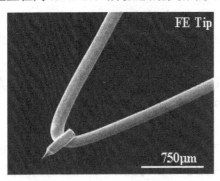

图 2.6.18　冷场发射电镜的钨阴极微观形貌

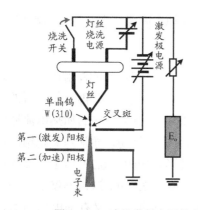
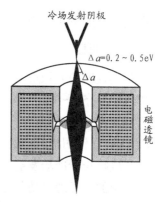

图 2.6.19 冷场发射电子枪的结构原理和电子束能量发散示意图

之所以选用钨作为场发射阴极的基材，是因为场发射阴极的尖端要承受很高的电场，而且还会产生很大的机械应力，目前最适合这种环境的阴极材料只有钨，因为钨的机械强度高，又耐高温而且不易氧化，所以它才能够在这种环境中正常工作而不易受损。由于电子的逸出功与所离开的表面晶体取向有关，因而阴极的发射尖必须是一个选定取向的单晶面，冷场发射阴极通常选用（111）或（310）轴向，热场发射阴极通常选用（100）轴向，以便能获得尽可能低的功函数及尽可能高的发射率。这么低的阴极功函数只能在高纯的钨材料中才能得到，如果该针尖表面上黏附一个其他原子或附有小分子团都会影响到该处电子的发射，进而降低整个阴极的发射束流。当真空度在 $10\mu Pa$ 时，只要 10s 就会在发射针尖的表面形成一层残余气体的单原子层，因此冷场发射需要在优于 $10^{-7}Pa$ 的极高真空环境下才能使其发射相对比较稳定，所以这种冷场发射体仅能在 10nPa 或更高的真空环境中使用。但即使是在这样高的真空条件下，真空腔内的残余气体分子也还有可能会飘附到阴极的发射尖上，引起发射电流下降，导致发射电流不稳定。因此，必须在几秒钟之内迅速地将阴极尖加热到 2 000℃左右进行烧洗，让针尖表面所黏附的空气离子等杂质在瞬间的高温下挥发掉。这种高温烧洗周期的长短视发射腔的真空度而定，一般是每隔 8h 就需要烧洗一次。另外一种抗污染的办法是对阴极针尖进行 800～1 000℃的保温，这样的环境使那些入侵到阴极尖端的残余空气离子或飘附在其表面的小原子团和分子团都能被及时地蒸发掉。这时，即使真空度处在 100nPa 左右，也可保持既合格又较稳定的发射电流。

近年，日立公司新推出了一款 8200 系列的冷场发射高分辨力的扫描电镜，该系列的电镜为提高束流发射的稳定性，电镜中会附带一个 Mild Flashing 模式，电镜会根据发射束流的变化情况，每隔 1～2h 就自动且柔性地提示操作者是否要进行阴极尖的烧洗，至于是立即执行还是推迟执行烧洗，可由操作人员依据当时的具体情况来决定，在这种方式下执行烧洗，一般不会明显地影响操作者对图像的观察。

3．热场发射阴极

肖特基热场发射的阴极形状有点像针尖状"Y"形钨灯丝的发射阴极，场致发射体的阴极仍采用 0.152～0.178mm 直径的钨丝弯折成发夹形状，再在其弯折的顶端处焊上一段直径约为 0.152mm，长 1.5～2.0mm 的钨阴极尖。它的加热电流通常处在 2.2～2.5A 之间，在钨阴极针尖的上端有一小团金属氧化物，通常是氧化锆。这段钨阴极针尖的长度略长于冷场发射的针尖，其外观形貌如图 2.6.20 所示。氧化锆的功用是使钨材料中的电子逸出功从原来的 4.5eV 下降到 2.5eV。这样不仅电子的逸出功减小，而且电子发射更容易，并且由于既有热激发的推动，又有强电场力的拉动，所以这种热场发射的束流比冷场发射的束流增大很多，而且激发阳极电位的要求也仅有 4～5kV，比冷场发射的激发电位低 1.0～1.5kV。FEI 阴极组件的激发极孔径约为 0.382mm，从抑制栅极到激发极之间的距离约是 0.765mm，发射尖超出抑制极表面约 0.254mm。当抑制栅极的电位是-240V 时，最佳的阴极尖发射温度约为 1 800K，这样既能弥补冷场发射稳定性较差的缺点，又能加大发射束流。阴极发射尖与激发极之间的电场强度主要取决于激发极上所施加的电位和发射尖的曲率半径及它们之间的距离。热场发射的总束流比冷场发射大 2～8 倍，束斑约比冷场的大 5 倍，其典型的交叉斑直径在 15nm～30nm。

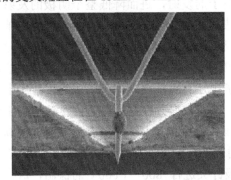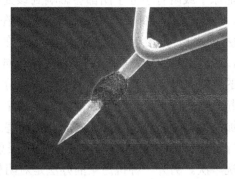

图 2.6.20　热场发射阴极尖的外观形貌

由于热场发射的阴极处在 1 800K 的温度下工作，即使有个别气体分子飘附到阴极上，也会马上被挥发掉。所以它不需要像冷场发射阴极那样每隔 8h 就要去烧洗一次灯丝，因而对真空度的要求也比冷场发射阴极低一个数量级，即真空度只要小于 $2×10^{-6}$Pa 就能长期正常的工作。当然，其真空度还是越高越好，即气压的压力越低越好，长期处在 10^{-6}Pa 量级附近工作的阴极寿命肯定会明显短于长期处在 10^{-7}Pa 量级附近工作的阴极寿命。因为电子枪中的真空度一旦变差，同样会促使阴极氧化加快、寿命缩短。为了延长阴极寿命，热场发射阴极腔中的真空度最好能长期维持在小于 $2×10^{-7}Pa$ 的范围内。要达到这样的超高真空度，热场电镜一般只要在镜筒的侧面加装两台离子泵，而冷场电镜对真空度的要求更高，要能长期维持在 $1×10^{-7}Pa$ 以下才能长时间的点燃。为了达到这样的超高真空度，所以就要在镜筒的侧面加装三台离子泵。现在的场发射电镜技术已相当成熟，热场发射扫描电镜的二次电子像分辨力最高已能达到 0.5nm；冷场发射扫描电镜的二次电子像分辨力最高已能达到 0.4nm，这已经赶上了普及型透射电镜的分辨力。

图 2.6.21 为热场发射电子枪的结构原理和电子束能量发散示意图。图 2.6.21 为肖特基热场发射电子枪的组件分解图，图 2.6.22（a）为 FEI 公司发运的带包装容器的热场发射电子枪外形图，就是把阴极组件装入一个密封的不锈钢圆柱形的容器中，并用螺钉锁紧，再抽掉里面的空气，让它在真空的状态下储存、运输。这样的密封包装既能经得起长途运输的颠簸和磕碰，又能经得起长时间的储存而不易导致阴极氧化。图 2.6.21（b）中顶部排列成六边形的 7 个连接孔是供加速电压、灯丝加热、内烘烤加热和栅偏压等连接电源的插口。图 2.6.22（c）和（d）是从真空密封罐中取出来的带有顶盖的阴极组件的外形。图 2.6.22（e）～（f）是阴极组件内部的结构示意图。图 2.6.23 是一张热场发射扫描电镜的高分辨力照片。图 2.6.24 是电镜常用的几种电子源束斑直径和温度的相对大小的示意图。表 2.6.2 是这几种不同阴极的性能和参数的对照表。

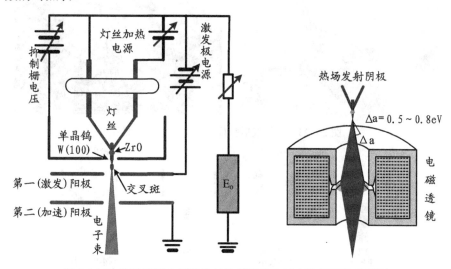

图 2.6.21　热场发射电子枪的结构原理和电子束能量发散示意图

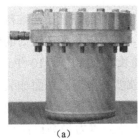
（a）

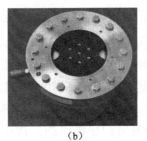
（b）

（c）

（d）

（e）

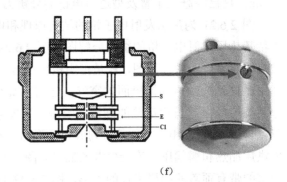
（f）

图 2.6.22　热场发射电子枪的组件的分解图

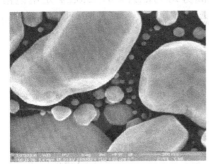

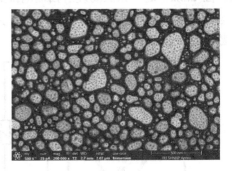

图 2.6.23　热场发射扫描电镜的高分辨力照片

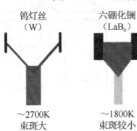

钨灯丝 （W）	六硼化镧 （LaB₆）	热场发射	冷场发射
～2700K 束斑大 束流密度小	～1800K 束斑较小 束流密度较小	～1800K 束斑小 束流密度大	～300K 束斑最小 束流密度最大

图 2.6.24　电镜常用的几种电子源束斑直径和温度的相对大小示意图

表 2.6.2　几种不同阴极的性能和参数的对照表

参数名称	阴极型号			
	发夹形钨丝	LaB$_6$	冷场发射	热场发射
亮度(A/cm^2·sr)	10^5	10^6	10^8～10^9	$5×10^8$
光源交叉斑直径（μm）	20～40	7～15	0.003～0.006	0.015～0.03
束斑ϕ=1nm 时的电流（pA）	0.1	1	100～1 000	500
能量发散（eV）	1.5～2	0.8～1	0.2～0.5	0.5～0.8
阴极尖端工作温度（K）	2 650～2 750	1 750～1 850	～300	1 750～1 850
阴极电子逸出功（eV）	4.4～4.5	2～2.9	～4.1	2.5～2.9
灯丝烧洗	不需要	不需要	约每隔 8h 一次	不需要
束流的稳定性（%/h）	≤0.1	≤0.2	≥5	≤0.5
束流的稳定性（长时间）	稳定	稳定	每小时>20%	每小时<1%
使用寿命（取决真空度）	≥100h	>1 000h	>10 000h	≥10 000h
工作环境的真空度（Pa）	～10^{-3}	10^{-4}～10^{-5}	<10^{-7}	<10^{-6}
电子束抗干扰能力	抗干扰力很强	抗干扰力较强	抗干扰力差	抗干扰力一般
最大束流（nA）	≤1 000	<1 000	≤20	≤200
对高分辨电镜的适用	不能用	可用	很好	很好
能谱的微区分析	很好用	很好用	配大面积晶体可用	好用
波谱的微区分析	很好用	好用	不能用	可用
EBSD 分析	很好用	很好用	在大束流时能用	好用

2.7　电磁透镜

　　电子束与可见光不同，电子束不能采用玻璃透镜汇聚成像，但是轴对称的非均匀电场或磁场则都可以让运动的电子产生偏折，改变其运动轨迹，从而可使电子束产生汇聚或发散，以达到成像的目的。人们就把用静电场构成的透镜称为静电透镜；把通电的线圈产生的磁场所构成的透镜称为电磁透镜。目前，在电镜上用得最多的是电磁透镜，钨和 LaB$_6$ 阴极扫描电镜的聚光镜和物镜都是采用电磁透镜；而场发射电镜的第一聚光镜通常是采用静电透镜，第二聚光镜和物镜仍采用电磁透镜有的高分辨物镜会用电磁加静电的复合镜。表 2.7.1 是最常用的短焦距电磁透镜和一般的静电透镜的基本性能比较表。本节简要地介绍一下扫描电镜上用得最多的短焦距电磁透镜的工作原理。

表 2.7.1　电磁透镜和静电透镜的基本性能比较

电 磁 透 镜	静 电 透 镜
（1）改变流经电透镜线圈的电流就能调控焦距，倍率的调节范围较大，可从几倍到几十倍	（1）焦距和放大率较难调控，需改变上千或几千伏的电位差值才能明显地改变焦距和倍率，倍率的调整范围小，一般只有几倍
（2）使用的电压多数都为几十伏，而且电流不大，不易引起打火/击穿或烧毁	（2）虽然工作时的电流很小，但电压很高，一旦真空度下降，易引起极间打火，甚至击穿、烧毁
（3）透镜的体积虽大，但成像的像差较小	（3）体积虽小（薄），但成像的像差较大

图 2.7.1 是电子经过电磁透镜横截面的示意图。从图中可以看出，由电子源发出的电子在加速电压的作用下经过电磁透镜时是呈圆锥螺旋形前进的，出了透镜的磁场区后会汇聚到轴的另一端的某一（焦）点上。光学显微镜中的玻璃透镜不能用于电子显微镜，因玻璃既不能让电子穿透，对电子也没有聚焦成像的能力，玻璃凸透镜只能对可见光产生偏折、汇聚。对电子束来说，玻璃不仅完全没有汇聚能力，而且玻璃是绝缘体，对电子是"不透明"的。电子在电磁透镜中运动时只有受到洛伦兹力和加速电压的双重作用才会螺旋前进，离开电磁透镜的磁场区之后，还是会改走直线，这一点在人们理解磁转角的时候很重要。

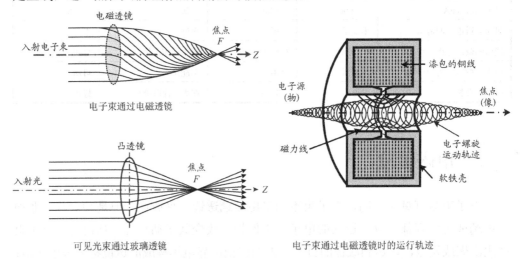

图 2.7.1　电子经过电磁透镜横截面的示意图

在扫描电镜的短线圈磁场中，电子的运动轨迹显示了电磁透镜聚焦成像的过程。在实际的电磁透镜中为了增强磁场的强度，通常将线圈置于一个由纯铁或铁钴等铁磁材料做成的、有内环形间隙的壳子里。选用这类材料是由于它们拥有适当的磁特性，如磁饱和、磁滞和磁导等特性。当线圈通过直流电时会产生局部的强磁场，会形成 N 和 S 的磁极。为了使磁场能集中在线包内部，透镜线包会采用软铁等铁磁材料做成的极靴，使透镜磁场中产生的磁力线几乎都被聚集在该极靴的小间隙内。对

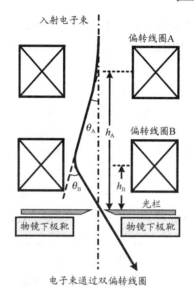

入射电子束

偏转线圈A

θ_A h_A

偏转线圈B

θ_B h_B

光栏

物镜下极靴   物镜下极靴

电子束通过双偏转线圈

图 2.8.1　双偏转线圈的示意图

这样电子束将随偏转信号的频率而围绕物镜中心来回往复摆动，若 $h_A=2h_B$，则 $N_A/N_B=1/2$，$N_B=2N_A$，这是扫描电镜生产厂家最常采用的设计构思。在实际操作应用中，电镜倍率的调节往往是通过改变扫描线圈中的驱动电流来改变电子束的偏转角度，这是一种非常实用又方便操作的设计。因为观察用屏幕中的图像显示区域的尺寸是固定的，在一定的工作距离下，若电子束的偏转角越小，则在试样上所扫过的面积就越小，其所对应的放大倍率也就越大；反之，若电子束的偏转角越大，在试样上所扫过的面积也就越大，其所对应的放大倍率也就越小。电子束的偏转角度除了与扫描线圈的驱动电流的大小有关，还与入射电子束的能量有关。扫描系统电路在设计时还要考虑入射电子的加速能量和工作距离的不同所产生的倍率也会不同，因电子束的偏转角还与有效加速电压的平方根成反比。这几个参数的改变也都会使实际的放大倍率跟着改变，所以才需要在扫描电路中加设倍率校准补偿电路才能使校正补偿后的放大倍率更准确，即更接近于实际的放大倍率。这就是扫描电镜用于调节放大倍率最主要的方式和方法。

此外，还可以通过调整 Z 轴的高低来改变倍率，即通过改变 WD 来实现小范围内的倍率变化，也就是调节试样位置，把试样升高或降低，在正焦的情况下，放大倍率将会随工作距离的增大而减小。仅从调整 Z 轴的高低来改变放大倍率的大小，这样的倍率变化范围是很小的。因为 Z 轴从上到下这一段的高差本来就不大，通常大样品仓的 WD 变化范围一般是 5～50mm，若是小样品仓的 WD 变化范围则更小，有的只有 3～25mm。另外在实际应用时，若试样离物镜太远，则物镜的像差会随之增大，信噪比也会变差，图像的分辨力也会随之下降。所以通过调节 Z 轴的距离来调节放大倍率的大小是很有限的，故只能做小范围内的倍率调整。

目前，商品扫描电镜所显示的标称放大倍率都经过了一定的校正，主要是针对工作距离和实际加速电压的变化来自动调节其放大倍率，这样最后显示在照片上的放大倍率的精度还是比较高的。多数机型的电镜放大倍率，在万倍范围的误差要小于 2%，千倍范围的误差要小于 3%，百倍范围的误差要小于 4%。对于电磁透镜来说，能达到这样的精度已经是很高了。因为实际的调焦过程都是从过焦到欠焦，又从欠焦回到过焦，这样来回反复多次的调节，直到正焦为止。在这种调焦过程所产生的磁场变化是非线性的，即使补偿电路能很好地补偿，但物镜磁场的剩磁影响和非线性变化也会给取样电路和模数转换带来一定的误差。在超低倍率的放大范围内误差就更大，如在 100 倍以下，其倍率的误差可能会超出 5%，50 倍时的误差可能会超出 6%，25 倍时的误差可能会超出 7%。因为放大倍率越低，电子束的偏转角度越大，在低倍率下的大角度偏转时，前面的假设条件 $\tan\theta \approx \theta$ 就会越来越偏离，当 $\tan\theta \neq \theta$ 时，即使有补偿电路补偿，低倍时的放大倍率误差还是会比高倍率时的误差大，图像的正、负和各向异性畸变也会比较明显。

通过改变加在扫描线圈上的直流电平，可以在微小区域内连续移动照射在试样上的电子束的扫描区域，这称为束移动。束移动常用在高放大倍率的情况下，对感兴趣的图像区域进行精细位移，而试样和样品台实际上都是原地不动的。电子束的实际移动若超过 10μm，一般需要重新聚焦和消像散，移动若在 10μm 以内，一般都不必重新调焦和消像散。

总之，对扫描电镜的整个扫描系统的基本要求是：

（1）在电子束所扫过的视场范围内束斑应都能保持良好聚焦。

（2）偏转线圈所产生的像差不应超过物镜球差或色差的极限。

（3）要有尽可能高的灵敏度，即用尽可能低的电压或安匝数来实现电子束的有效偏转。

（4）扫描器必须与屏幕的扫描始终保持完全同步。

扫描电镜在屏幕上显示的放大倍率通常会有几种不同的显示数值供用户选择，用户可以根据需要或习惯用法来选择合适的放大倍率显示模式，在图像下缘的数字条（data bar）上显示的放大倍率，依电镜型号的不同可能会出现以下几种模式。

（1）最常见的电镜显示倍率是屏幕的实时放大倍率，即所显示的倍率是呈现在屏幕上图像的边长与电子束在试样上同方向扫过的长度之比。

（2）有的机型可选择所显示的倍率是把所采集到的图像打印或拍摄成 4in×5in（即 102mm×127mm）照片面积时的倍数，图像的实际有效成像区域约为 92mm×117mm 时的面积所对应的放大倍率。

（3）有的机型还可选择所显示的倍率是通过视频拷贝机用热敏纸打印出来的3in×4in（即76mm×102mm）照片时的倍数，图像的实际有效成像区域约为68mm×92mm时的面积所对应的倍率。

同一个画面，可根据不同的输出方式和路径来选择其所对应的放大倍率。若选用不同形式的显示倍率，图像下缘数字条中显示的放大倍数的数值就会随所选用的不同形式而改变，显示出的倍数值有时可能会相差很大，使用时人们必须注意这倍率的变化，认清所显示倍率的实际含意。但图像下缘数字条中所显示的微米标尺的比例长度始终都会是准确的，除非是显示板中的模数转换电路产生自激、振荡等不正常的情况。在正常情况下，微米标尺的长度会依图像画面的倍率大小而成比例地伸缩。所以有些文稿中的照片为了避免所显示的放大倍率的数值造成混乱或误解，通常只要求显示微米标尺的比例长度，而不希望出现放大倍率的具体数值。

扫描电镜电子枪和镜筒的主要作用归纳如下。

（1）电子枪是电镜最重要的部件，从其阴极发射出来的电子束密度的大小对电镜图像分辨力的高低起到决定性的作用。

（2）镜筒中透镜的作用是把阴极发射出来的电子束斑逐级汇聚、缩小，使原来从阴极尖发射出来的电子束经两级聚光镜和一级物镜的压缩、汇聚、缩小形成纳米或亚纳米级直径的微细电子束。

（3）钨阴极和 LaB_6 阴极的扫描电镜一般有三个电磁透镜，从上往下数，第一和第二这两个透镜是专用于汇聚、缩小电子束斑的强磁透镜，分别称为第一聚光镜和第二聚光镜。

（4）有的场发射的扫描电镜虽然也有三个透镜，但第一个聚光镜通常是静电透镜，第二个透镜才是电磁透镜，同样都是用于汇聚和缩小电子束斑的透镜，也同样分别称为第一和第二聚光镜。

（5）第三个透镜相对于上面两个汇聚透镜来说是弱磁透镜，该透镜下方用于放置试样，所以要有较长的焦距，该透镜通常采用上下不同尺寸的极靴，且使用上下不对称的结构，这样既可以减小下极靴的圆孔直径又可减少该线圈的漏磁对试样表面的影响。这第三透镜通常被称为物镜或末级透镜。

（6）有的机型把扫描偏转线圈设置在第二聚光镜和物镜之间，而有的把它设置在物镜的中部空间内，以便于能更灵敏地控制电子束的偏转。

（7）镜筒中通常还设置有 3～4 个光栏以用于遮挡那些非旁轴的杂散电子，多数机型的物镜光栏是可通过镜筒外部手动调节的多孔可变光栏。若是环境扫描或低真空的电镜，在镜筒下部和物镜极靴附近还会增加 1～2 个压差光栏，以此分段增压，既可以保证电子枪的高真空，又能使样品仓中的气压达到上百帕或上千帕的压力。

2.9 样品仓的外形与内部

扫描电镜的样品仓位于物镜的下方，由于物镜的焦距较长，这里的空间也较大，所以扫描电镜的样品仓中可容纳的试样比透射电镜大得多。商品扫描电镜样品仓的内腔宽有几百毫米，对于一台扫描电镜除了要考评其图像分辨力，还要考评样品仓的有效容积与样品台的 X、Y、Z、T 和 R 五维的实际移动范围及其位移的精度。

对于不同厂家生产的同种型号电子枪的扫描电镜，其图像分辨力的差别一般都不会太大。但对于大小不同的样品仓，即使是同一厂家生产的同型号电子枪的扫描电镜，其价位的差别还是会比较大，一般来说样品仓的容积越大，造价就越高，售价也越贵，这是因为：

（1）样品仓的外壳材料是用优质的无磁性不锈钢材铸成的，并要求钢材内部组织要致密、光亮，无明显气泡和气孔，放气量要尽量少，并易于清洁。

（2）样品仓容积越大，对铸造和精加工工艺的要求也越高，一般样品仓的制作，除了要浇铸，还要经过刨、车、钻、镗、磨、洗等一系列的机械精加工，体积越大，其精加工过程中的尺寸及角度的精准定位和控制也就会越难。

（3）样品仓容积增大后，样品台的三维行程也要随之增大，对其相应的五维移动坐标的精度和稳定性的要求也就会越高、越难，特别是对样品台稳定性的控制越难。

（4）样品仓容积越大，与之配套的真空泵的排气量和配套电机的功率也要随之增大。

（5）样品仓容积增大，样品台的自重及其载荷量也会随之增大，与之配套的驱动电机的功率也要增大。

（6）有些场发射电镜的样品仓门外还加装了气锁装置和样品交换过渡仓，以此作为与样品仓的真空隔离装置，这样在更换试样时，可避免样品仓与大气直接相通，使样品仓能长期维持在一定的真空内；样品仓增大，交换仓也要随之增大，有交换仓的电镜通常还需加配一台机械泵，这也就增加了生产成本。样品交换仓装置多数配置于需要超高真空的冷场发射扫描电镜上，但有些热场发射扫描电镜也把气锁装置和交换仓当作选配件，供用户选购，有交换仓的电镜售价就会更贵。

1. 几种样品仓的典型外观

一台设计比较完好的 SEM，其样品仓预留的接口要多，还应备有与外界连接的多针接插口，以便必要时可以在试样上连接所需的电源、输入和输出信号等连接线，如做电压衬度像时就要通过输入线加接偏置电源或信号源。各探测器与接口间的密封要严密，不能有漏气，以免影响抽气速率。样品仓对 X 射线要有足够的防护，不允许有 X 射线泄漏，以免影响操作人员的身体健康。

不同厂家所生产的样品仓的形状和大小都不一样，其形状有圆柱形、半圆柱形、四边形、不等边的多边形等。同一生产厂家推出的电镜型号不同，其样品仓的形状一般也不同，有的厂家推出系列号的电镜，样品仓的形状虽然相似，但样品仓的大小也不同，以满足不同用户的需求。需要注意的是，有的厂家的样品仓备有罗兰圆波谱仪和 EBSD 这两种探测器的专用接口，而有的厂家的电镜就不一定都备有这两种接口，若需要配置传统罗兰圆波谱仪或 EBSD 的用户，在选购电镜时就应多加注意。图 2.9.1 是 6600 型扫描电镜样品仓和镜筒及相应探测器的外形鸟瞰图。图 2.9.2 是几种其他型号的扫描电镜样品仓的外形照片和示意图。

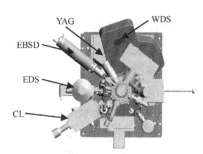

图 2.9.1　6600 型扫描电镜样品仓和镜筒及相应探测器的鸟瞰图

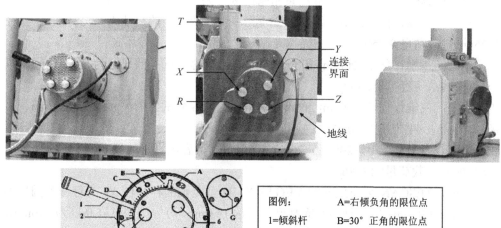

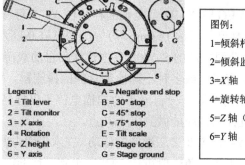

图例：	A=右倾负角的限位点
1=倾斜杆	B=30° 正角的限位点
2=倾斜监控器	C=45° 正角的限位点
3=X 轴	D=75° 正角的限位点
4=旋转轴	E=倾斜角的刻度
5=Z 轴（高度）	F=样品台锁定杆
6=Y 轴	G=样品台接地点

图 2.9.2　几种扫描电镜样品仓的外观照片和示意图

图2.9.2　几种扫描电镜样品仓的外观照片和示意图（续）

2．样品仓的内部

不同厂家和不同型号扫描电镜样品仓的容积大小不等，样品仓容积越大，其样品台X、Y和Z的三维行程范围也就越大，其载荷量往往也会随之增大。一般情况下带有交换仓的电镜可容纳试样的体积相对会小一些，因试样会受到样品仓与交换仓之间隔离阀接口的宽度和高度的限制。而对于那种大开门抽屉式的样品仓，可容纳试样的体积一般相对会大一些，因为它不会受到隔离阀接口的尺寸限制。目前的商品扫描电镜对样品仓的大小仍没有明确的等级划分，但在行业内，对日常使用的商品级扫描电镜样品仓的大小，通常都会有个大致的划分，即可把它们的X、Y、Z三维行程和可容纳的试样体积及载荷量粗略地划分为小、中、大、特大四个等级。

小仓：三维行程≤50mm×50mm×30mm，可容纳试样的尺寸为高≤35mm、直径≤75mm、载荷量≤250g。

中仓：三维行程≤100mm×100mm×40mm，可容纳试样的尺寸为高≤45mm、直径≤150mm、载荷量≤500g。

大仓：三维行程≤200mm×200mm×50mm，可容纳试样的尺寸为高≤55mm、直径≤300mm、载荷量≤1 000g。

特大仓：三维行程＞200mm×200mm×50mm，可容纳试样的尺寸为高>55mm、直径>300mm、载荷量>1 000g。

当前，TESCAN公司生产的VEGA3-XMU型电镜的样品台X、Y行程范围虽不太大，只有130mm，但Z轴的空间高度却可达143mm，可容纳的试样高度为140mm，样品台的载荷可达8kg。HITACHI公司生产的S-5000型电镜样品台的载荷可达5kg。

扫描电镜的样品仓内往往安装有多个或多种不同检测功能的探测器，如图2.9.3所示为配能谱仪、波谱仪的样品仓内布局。一台理想的扫描电镜不仅样品仓的容积要大、三维方向的行程要长，而且样品台应能做到以下几点。

（1）样品台可根据观察的需要沿X、Y及Z三维方向移动，在水平面内能n×360°旋转并可倾斜。多数型号的样品台正倾斜角一般可达70°，个别可达90°；多数机型的样品台负倾斜角一般可达-10°，个别可达-60°，甚至到-80°，而有的负倾斜角只有-5°，还有的根本就没有负倾斜角度。这种没有负倾斜角或仅有很小的负倾斜角度的电镜，当要调整试样的摆放角度时，有时会显得不方便。

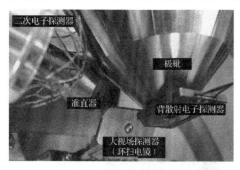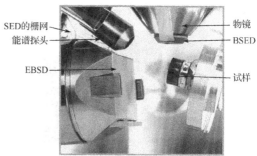

图 2.9.3　配能谱仪、波谱仪的样品仓内布局

（2）有的样品台的驱动全靠千分卡式的手动旋钮调节，这种方式移动速度很慢、效率低，找试样不方便，但电镜的造价较低，售价较便宜。现在的台式扫描电镜多数都还是使用这种千分卡式的手动旋钮调节样品台，而现在大型扫描电镜的样品台基本都由计算机控制，借助步进电机驱动，驱动轴数有二轴（X 和 Y）、三轴（X、Y 和 Z）、四轴（X、Y、Z 和 R）、五轴（X、Y、Z、R 和 T）。这种驱动通常是通过转动控制台的轨迹球或摇杆来操控样品台的移动位置和方向，这样找试样就很便捷，而且效率高。样品台的电驱动轴数越多效率越高，但造价也越高，售价也越贵。

（3）有些电镜还可以跟踪样品台的以往移动路径，不仅可以显示已观察过的测试点的顺序，而且还可以根据分析的需要重新找回原先所分析过的那些具体位置。当单击其临时存储的图像或原先移动过的轨迹坐标时，试样就能够自动返回到原先所观察过的视场。当样品台处在水平状态时，其往返移动的位移误差多数可不大于3μm，有些用压电陶瓷控制的样品台的往返位移误差可不大于 2μm。目前，最高精度的往返位移误差可达 1μm，样品台的步进电机的最小步长可达 20nm。

（4）有的样品台还有其他的导航功能，如人们在按住键盘上的 Shift 键的同时用鼠标单击某感兴趣区或者直接用鼠标双击某个感兴趣部位，该部位就会自动、快速地移到显示屏的中心；有的电镜还可用鼠标进行拖放、变焦等；有的电镜还具有蒙太奇的导航技术；有电镜还可以创建嵌入式图像拼接功能，创建的电子图像低至 1 倍，可用作自动样品导航。

（5）样品台的自动化程度越高，其在寻找试样上人们感兴趣部位的速度也会越快，特别是在使用中、大型样品台时，自动化则更显优势。中、大型以上的样品台往往还可以同时安装几个待测的试样和标样，图 2.9.4（a）是 FEI 公司的 Apreo S 的扫描电镜样品台，这种样品台最多可支持 18 个图钉式（φ=12.7mm）样品托的安装，其中有 3 个预先倾斜的插孔、切片试样和 2 个预先倾斜的横杆架（38°和 90°），而且不需要借用任何工具就可安装。这样在分析过程中可减少更换试样、重复放气与抽真空的时间，工作效率明显提高。

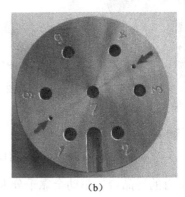

（a）   （b）

图 2.9.4　多插孔样品台与带法拉第杯的样品台

（6）有些电镜带有触碰报警装置，当试样与样品仓外壳（地电位）一旦触碰，所有的电动轴都会停止移动，并会发出报警的响声。但若在使用减速模式（BDM）、电子束感生电流（EBIC）及其他特殊样品台的情况下，触碰报警就会丧失作用。

（7）有的样品台上还带有法拉第杯，这种法拉第杯可用于测量束流或吸收电流。如 TESCAN 公司的扫描电镜样品台都会配备两个法拉第杯，它们分别位于标准样品台上的位置 6 和 1 以及 3 和 4 的插孔之间，如图 2.9.4（b）中箭头所指之处。

3．特殊超大样品仓

有些扫描电镜的样品仓做得很大，图 2.9.5 是 TESCAN 公司的 VEGA3 扫描电镜，其样品仓内的尺寸为 340mm×315mm，样品台的倾斜角为-80°～+90°，可观察的最大试样尺寸 φ=300mm。

这种配有大样品仓的扫描电镜非常适用于分析和检测半导体器件生产厂的大尺寸半导体硅片。图 2.9.6 中的 XXL 型的样品仓更大。图 2.9.7 是日立公司的 SU3900型扫描电镜，SU3900 可搭载最大样品的直径为 300mm、最大高度为 130mm、最大有效载荷量为 5kg。图 2.9.8 是捷高公司的扫描电镜，它是目前世界上最大样品仓的电镜，可容纳最大试样尺寸为宽 700mm、高 600mm、长 1 400mm，最大载荷量可达 300kg，仓内最大的三维尺寸为 L=1 400mm、W=1 100mm、H=1 200mm，最高分辨力可达 4nm，加速电压为 0.3～20kV。它的运行和检测都是通过计算机控制的，可用于工业品的生产检验、质量管理及微细机械加工和工艺品的质量检查及失效分析研究等。

图 2.9.5 VEGA3 特大样品仓扫描电镜

图 2.9.6 XXL 型超大样品仓扫描电镜

图 2.9.7 SU3900 型大样品仓扫描电镜

图 2.9.8 捷高公司超级大样品仓扫描电镜

4. 几种特殊的样品台

随着现代微观分析技术的发展，扫描电镜的组合分析功能越来越多，也可以在样品仓中加装一些特殊的专用样品台，如微型的加热台、冷却台、拉伸台、微注入装置和机械手等。

能加热到 1 500℃的高温台是一个微型烤炉，试样不仅能从底部得到加热，也能从侧面得到加热，这可使试样的温度更加均匀。使用时将试样置于一个用氧化镁做成的坩埚上，坩埚的表面有一层导电的铂镀层，周围还有一根铂导线，因此可以在试样下面施加一个偏置电压。高温样品台是通过电流对试样进行加热的，加热台的实物照片如图 2.9.9 所示。在环扫模式下可利用这种高温台对试样进行加热，在实时动态观察的同时还可采集图像。在 E-SEM 中配置的这种专用的陶瓷气体二次电子探测器（G-SED），可在 1 500℃的温度下正常观察试样的二次电子像。加热台的加热温度范围为室温到 1 500℃，升温速率依试样的体积和质量的大小而定，每分钟的升温速率为 1～300℃。E-SEM 的专用探测器可保证在采集二次电子信号时，检测系统能抑制热信号所诱发的多种噪声，并对试样在高温加热时产生的光辐射信号不敏感，因

为在传统的扫描电镜中有些信号会使 E-T SED 和 BSED 无法正常工作。对于多数常见的金属材料，1 500℃的高温都已经达到或接近它们的熔点，这种加热台可以用于观察被加热的材料组织在常温和不同高温下的转变过程与差异。E-SEM 用在材料的性能研究中可以直接观察组织形态随温度升高过程的实时变化。它弥补了传统电镜不能在高温下做实时动态观察，而只能采用间接观察所带来的不足。但如果 EDS 和 BSED 与这种高温台一起使用，可搭配 Octane Elite[H] 型的耐高温辐射的氮化硅密封窗探测器。这种探测器可与环境扫描电镜配套，当试样加热到 1 050℃时仍可正常地采集谱图，其峰背比与常温环境下采集到的谱图无明显差异。在环境扫描电镜中，当试样的最高温度超过 400℃时，聚合物窗的能谱仪探测器须将探头完全退出，但耐高温和耐红外辐射的氮化硅密封窗探测器却仍可照用无误，而且其可耐 1 000℃及以上的高温。

对 LV-SEM 或 E-SEM，有的电镜采用根据珀尔帖（Peltier）原理做成的冷却和加热台，其在高真空模式下最宽的温度范围为-50～+70℃，温控精度为±1.2℃，温度稳定性为±0.2℃，冷却介质为蒸馏水或去离子水；有的采用根据塞贝克效应（Seebeck Effect）做成的，既可以加热又可以冷却的热电台来维持样品仓内的试样温度，并能维持一定的湿度，它用热电模块来改变温度，并与样品仓的压力和气氛相互作用，使之可在试样上产生凝结水。E-SEM 上常用的有两种型号，一种是无水制冷型，另一种是有水制冷型。这种电镜试样热电台的实物照片如图 2.9.10 和图 2.9.11 所示。它带有液体循环进行二次冷却，通过 SEM 上的备用接口与外部的热交换单元相连，该热交换器处于真空中，完全与电镜隔离。这种冷却装置的降温速率也是依试样的体积和质量的大小而定的，控温器测量的准确性依试样温度的保温装置（RTD）和控温器的测量单元精度而定。

图 2.9.9　加热台

图 2.9.10　热电台

图 2.9.11 安装好的两种（湿润和凝露）热电样品台

其主要参数有以下几种。

（1）RTD 的精度：±0.5℃。

（2）正常的操作温度范围：环境温度±20℃。

（3）最大的升温范围：−5～+60℃。

（4）在样品台上加装这种可制冷的装置的目的是冷却那些对温度变化比较敏感的试样，以免它们在测试时受到热损伤，这种热电台可安装在多数的扫描电镜样品台上，特别是低真空扫描电镜或 E-SEM 的样品台上。

拉伸样品台的实物照片如图 2.9.12 所示，它主要用于观察和分析材料在受力过程中所发生的微观结构的应力变化。现在新的动态拉伸装置内部都配有步进电机、旋转译码器、线性位移传感器，它们都由计算机进行控制和数据采集，配合视频数据采集系统可实现动态观察和记录，也可观察被测材料在实时动态拉伸条件下的滑移、塑性变形、开裂的扩展路径和方向，以及直至断裂的整个实时变化过程等。该装置最大拉力为 2 000N，3 点弯曲最大压力为 660N。这种动态拉伸装置可装配在多种型号的扫描电镜上。使用拉伸样品台可研究在有隐形裂纹的情况下，材料对裂纹大小的敏感性及裂纹的扩展速度，这有利于对材料断裂性能的研究。采用该装置可在拉伸过程中直接观察夹杂物周围的基材变化。这为研究夹杂物的类型、形态、尺寸、分布及断裂瞬间的动态变化过程提供了实时变化的直观视频图像。另外，其还可用于研究线材形变跟夹杂物的关系，以及对其他材料形变行为的影响；还可将腐蚀过的试样装入该台去做拉伸实验，研究腐蚀条件对材料力学性能的影响。

微注入/微操控系统如图 2.9.13 和图 2.9.14 所示。微型机械手也被称为纳米操纵仪，如图 2.9.15～图 2.9.17 所示。如果把它装进扫描电镜的样品仓中，那么人们在外面就可操控样品仓中的试样，如可对试样进行拨动、搬迁、转移、旋转等操作，其空间移动范围为轴向 0～12mm，水平−120°～+120°，垂直−120°～+120°。通过该系统可获得力与时间、力与位移的曲线，达到实时测试试样力学性能的目的。此外，它还可以与其他微注入功能一起使用，在扫描电镜中进行微区反应的原位观察。

这种微型机械手既可单个使用，也可几个同时相互配合操作，如图 2.9.15 所示。它们若是安装在 FIB 或双束的扫描电镜中，可以高效和无污染地提取由 FIB 所制备的透射电镜的超薄试样，如图 2.9.16 和图 2.9.17 所示。如果将这几种特殊的样品台和操作附件都装备到扫描电镜的样品仓中，那么电镜的分析功能将更加齐全、完善，它大大地开拓了扫描电镜的用途，增加了人们的分析手段，为新材料、新工艺的探索和研究发挥了重要作用。它们适用于金属材料、非金属材料、半导体、超导体、电子元器件、地质矿物等材料的微观形貌研究和分析，特别是在半导体电子元器件的失效分析中具有明显优势。

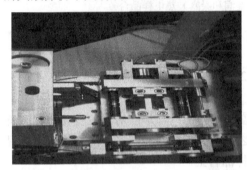

图 2.9.12　拉伸台

图 2.9.13　微注入/微操控系统

图 2.9.14　多个微注入/微操控系统

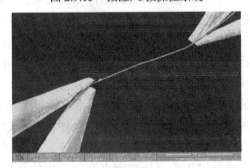

图 2.9.15　用微型机械手夹持细丝

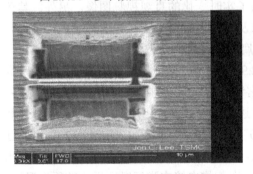

图 2.9.16　用 FIB 刻出的超薄片

图 2.9.17　用微型机械手夹取超薄片

5. 样品台光学导航

如果扫描电镜的 *X*、*Y* 和 *R* 这三轴都是电动的，则它们多数都可以配置全自动的光学样品台导航软件，这是一种高级选配工具，它可以使样品台的导航更加简便。样品台和试样的图像可以由安装在电镜样品室上的闭路电视（CCTV）获得，使光学图像可以很快与 SEM 图像实现关联。在电镜成像的同时，用户可以同时观察试样的宏观图像，通过单击宏观图像上感兴趣的点，再移动样品台到指定位置，这时此点附近的区域会在当前的放大倍率下移动到扫描窗口的中间。这种定位软件界面非常友好，其控制也很直观、快速。

除此之外，TESCAN 公司还有一款创新软件（Coral X-Positioner）可以将光学显微镜的数据与电子显微镜的超微数据联系起来。通过此软件，用户也可以轻易地将光学和荧光图像实时叠加到扫描窗口。此软件主要用于读取生命科学图像文件格式（如 ND2）。此软件允许用户根据模板来移动样品台。模板可以是电镜、光镜、数码相机或其他成像设备所获得的图像，也可以是包含位置坐标的表格。模板图像必须是 TIFF、JPGE、BMP、PNG 等格式中的一种。若选配高级和全自动样品台光学导航模块，样品台的导航操作会更加便捷。

2.10 真空压力单位

用来描述低于大气压力或大气质量密度的稀薄气体状态或基于该状态环境的通用术语称为真空。1643 年，意大利物理学家托里拆利（E.Torricelli）首创著名的大气压实验而获得真空。1654 年，德国物理学家葛利克（Guericke）发明了机械的抽气真空泵，做了著名的马德堡半球实验，这都说明了在我们生活的地球上有大气压力的存在。

在地球上的大自然界中，气压随海拔高度的增高而减小，当在大气层之外，就能获得真正而自然的高真空，而在远离地球的宇宙空间则就能获得自然的极高真空。在地球上的真空几乎都是人为用真空泵抽掉容器或腔体中的气体，使容器或腔体中的气压降低成为负压状态而得到的。容器或腔体中所谓的真空其实并不是真正的空，或多或少总会有些残余气体的存在。人为的真空技术在冶炼、镀膜、高压电气设备、电真空器件、电子显微镜和医药及食品包装等科学技术工程与日常生活中都得到了广泛的应用。

由于原国际单位制中对压力单位的定义是牛顿每平方米（N/m^2）。为了推广这个真空压力单位及纪念著名的物理学家帕斯卡（Pascal），1969 年国际计量委员会决定把这一真空压力单位命名为"帕斯卡（Pascal）"简称为"帕（Pa）"，并于 1971 年公布实行。现在电镜中多数都采用 Pa 来做真空压力的单位，但也有少数的电镜仍采用

"毫巴（mbar）"，有些早期出版的有关电镜和真空技术的文献多数使用"托（Torr）"或"毫米汞柱（mmHg）"作为真空压力的单位。它们之间的换算多数都非整数倍，而且还比较复杂，不太好记。下面是几种常用的新旧真空度的度量单位与它们之间的换算关系，详见附录 A；一些基本的真空术语和定义也可以参考附录 A。

1 标准大气压=760mmHg=760Torr=1.013×10^3 mbar=1.013×10^5 Pa

1Torr=133.3Pa　　　　　　1mbar=100Pa=0.75Torr

在《真空技术 术语》（GB/T 3163）中的真空区域划分如下。

低真空：10^5Pa～10^2Pa；

中真空：10^2Pa～10^{-1}Pa；

高真空：10^{-1}Pa～10^{-5}Pa；

超高真空：<10^{-5}Pa。

1. 电镜的真空系统

在大气环境中用来获得、改善和（或）维持真空的装置被称为真空泵。常用的真空泵按泵的工作原理，主要分为两大类型：一是气体传输泵，如旋片泵、定片泵、扩散泵和涡轮分子泵等；二是气体捕集泵，如离子吸附泵（IGP）和吸气剂泵等。随着真空技术在生产和科学研究领域中的应用越来越广，对其压力范围的要求越来越宽，也越来越往超高真空方向发展，这样就需要由几种不同形式的真空泵搭配组合成真空抽气系统，它们相互配合抽气后才能满足生产和科研设备的要求。钨阴极扫描电镜一般都需要配置两种不同极限压力的真空泵，而场发射扫描电镜需要配置三种不同极限压力的真空泵。下面简要地介绍一下电镜中常用的几种不同型号真空泵的工作原理和结构及其在使用中的一些注意事项。

为了保证扫描电镜的电子光学系统能正常、稳定地工作，电子枪和镜筒内部都需要有很高的真空度。真空度越高越能减少对入射电子的散射，并能延长电子枪阴极的寿命，还会减少高压电极间的放电、打火，也能减少电子束对镜筒通道和样品室的污染。钨阴极扫描电镜的电子枪内真空度一般要求为 10^{-3}～10^{-4}Pa，这种扫描电镜通常会配备机械泵与油扩散泵或涡轮分子泵组成的真空系统。目前，电镜真空系统最佳的搭配是采用无油机械泵与涡轮分子泵组成的真空系统，这种搭配可以大大地减少真空系统中的残余气体和反流的油蒸气形成的碳氢聚合物对试样表面的污染。如果电镜镜筒中的真空度低（差），不仅会明显地缩短电子枪阴极的寿命，严重的还会造成高压电极间打火，甚至造成击穿，还会导致试样表面的污染加快等多种不利情况。另外，若所用的油扩散泵或机械泵的油质量不好，其饱和蒸气压大，则镜筒和样品仓内的真空度就很难提高，这样不仅样品仓和电子枪通道易受到油蒸气污染，时间长了能谱探测器的密封窗膜表面也会由于污染物的黏附而变厚，进而会影响到低能段的峰强度和超轻元素的检测灵敏度。

钨阴极电子枪的腔内需要小于 10^{-3}Pa 的真空度，为此需用抽气能力大于 160L/min 的机械旋转泵和大于 450L/s 的油扩散泵或大于 250L/s 的涡轮分子泵串联组合抽气。不同型号的电镜，其样品仓的大小不同，因而其所配置的真空泵的排气量视样品仓的容积大小而定，通常是大样品仓配大的排气泵，小样品仓配小的排气泵。当起动抽真空程序时，机械旋转泵先启动，把真空系统的连接管道和样品仓的内腔先抽到几帕的量级，再启动油扩散泵或涡轮分子泵把它们抽到 $10^{-3}\sim10^{-4}$Pa。

场发射扫描电镜的电子枪腔内需要不大于 10^{-7}Pa 量级的超高真空，为此，除了要用抽气能力大的机械旋转泵再加油扩散泵或涡轮分子泵外，还需要在镜筒的侧面加装离子吸附泵，这样才能达到并维持这样的超高真空。现在扫描电镜几乎都能自动地执行抽真空的程序，真空系统中阀门的推动和转动既有用气压推动的，也有用电磁吸、放方式来进行开关的推动转换，它们相互配套、优化组合。除此之外，在运行期间也要考虑到一旦突发意外的停电、停水和真空异常等紧急关机情况下的各部位的保护问题。

真空度的检测按照真空的压力高低范围进行划分，低、中真空区域常用皮拉尼计（Pirani Gauge）来测量，这是皮拉尼（M. Pirani）在 1906 年发明的一种电阻式真空计，它主要由电阻式规管和测量线路两部分组成。这种电阻式真空计在管壳内封装着一条用电阻温度系数较大的钨或铂做成的电阻丝，测量时真空计与被测的腔体相连通，在一定的电压下，由流经电阻丝的电流对其进行加热，其表面温度由实时的电阻值来反映。电阻值与所包围的气体分子的热传导有关，而气体分子的热传导又与气压有关。当真空腔中的气压降低，即真空度升高时，被气体分子带走的热量就少，电阻丝表面的温度就会升高，电阻值就会随之增大；反之，当被测腔体内的气压上升，即真空度下降时，被气体分子带走的热量就会增多，电阻值就会随之减小。因此，人们根据电阻值的变化就可测量出腔体内的气压大小。

在电镜真空系统中的高和超高真空区域，常用潘宁计（Penning Gauge）来测量，潘宁计是潘宁（F. M. Penning）在 1937 年发明的冷阴极电离真空计。它适用于对有大量放气和经常暴露于大气的高真空设备进行测量，所以在电镜、FIB 和真空镀膜机等设备中都得到广泛应用。冷阴极潘宁真空计放电的原理和结构是：一个圆筒作为阳极，在其两端放两个接到同一电位的电极作为阴极，将整个放电系统置于轴向磁场中，电离时腔中的残存电子、离子在磁场的作用下产生轮滚线式的运动，使电子的运动轨迹增长，导致它与腔中残余气体分子的碰撞概率加大，提高了电离效率，使得这种结构在很低的气压下也能产生放电。在一定气压下，阳极电流随气压线性增加，这就是潘宁真空计的工作原理。

在抽真空的过程中一般用热导和电离真空计来测量电镜中不同部位的压力，加上相应电子线路的配合，这样既便于真空系统的自动控制和保护，经模数电路转换后又能直接显示出真空计所测部位的真空度读数。现在电镜真空系统的抽气程序都设计成全自动模式，有的电镜会在显示屏上直接显示出所测量到的具体真空度的读数，但有些电镜并没有直接在显示屏上显示出具体的真空度的读数，而只显示"Venting、Pumping、Pre-vacuum、OK"等简单的指示性英语词汇；也有的是采用红、绿、黄等不同颜色的发光二极管来作为真空状态的指示器，用不同光的颜色来表示不同的真空状态，即用红、绿和黄等颜色的发光二极管来指示所处部位的真空度。

2．电镜的真空压力范围

钨阴极电镜的真空系统所涉及的压力范围是从正常的大气环境开始，一直到小于 10^{-3}Pa；而在冷场发射电镜的真空系统中则要小于 10^{-7}Pa。在这样宽的压力范围内，一种真空泵是满足不了相差 12 个数量级的真空压力范围的需求的，而是需要借助多种不同类型的真空泵，然后根据设备对真空度的需求，将适合不同压力范围段的真空泵进行配套、优化组合，才能满足设备对不同压力范围的需要。在扫描电镜的真空系统中常用的真空泵是由有油或无油的机械泵、油扩散泵或涡轮分子泵和离子吸附泵等极限压力层次不同的真空泵搭配组合而成的。测量真空计则依其测量部位的气压高低，可分别采用皮拉尼真空计或潘宁真空计来进行测量。图 2.10.1 为传统钨阴极扫描电镜真空系统路径示意图，图中的虚线箭头所示的方向为排气时气流的流动方向。

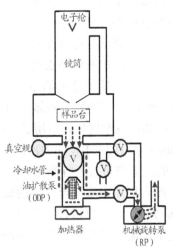

图 2.10.1　传统钨阴极扫描电镜真空系统路径示意图

3．旋片式机械泵

旋片式机械泵是真空应用领域中最常见和最基本的真空获得装置，特别适用于需要获得高真空低噪声环境的实验室、分析测试设备和真空镀膜等。它可以作为中低真空系统的主抽泵，也可以作为罗茨泵、油扩散泵、涡轮分子泵等高真空系统的前级泵。多数的扫描电镜和所有的真空镀膜机都会用到这类机械泵，其主要的区别在于有些用的是有油的机械泵，有些用的是无油的机械泵。本节中先讨论有油旋片式机械泵，后讨论无油机械泵（干泵）。

用机械转动的方法不断地改变泵内空腔的容积，使所抽容器内的气体被吸入泵腔内，再经压缩后排出泵腔的体外，这种真空泵被称为机械真空泵。机械真空泵再细分下去有旋片式、定片式和滑阀式泵等不同的结构形式的泵。这里仅简单地介绍一下电镜中常用的旋片式机械真空泵（简称旋片泵）的工作原理。旋片泵的结构除了驱动电机，主要是由定子、转子、旋片、定盖、弹簧等零部件组成的。它利用电机驱动装在泵腔内的偏心转子旋转，转子的外圆与泵腔的内圆表面相切，两者之间总是相互紧贴着。转子和转子槽内的滑动是借助转子中心两侧弹簧的张力和旋转时的离心力，使嵌入转子内的两片旋转滑片在弹簧张力的压迫下紧贴在定子内壁，当电机驱动转子旋转时，旋转滑片在弹簧张力和滑片旋转时产生的离心力的双重作用下，始终紧贴着泵腔的内壁滑动，如图 2.10.2 所示。腔内这两片旋转滑片就把转子和泵腔所围成的月牙形空间分隔成 A、B、C 三个部分。当转子按图示方向旋转时，与吸气口相通的 A 腔的容积不断地增大，A 腔内的压力不断地降低，当 A 腔内的压力低于被抽容器内的压力时，根据气体压力的平衡原理，被抽容器内的气体就会不断地被吸入 A 腔，此时 A 腔的容积正在增大，压力不断地减小，正处于吸气过程；B 腔的容积正逐渐被压缩减小，压力不断地增大；而与排气口相通的 C 腔的容积也在进一步地减小，腔内的气体被压缩，压力不断地升高，当气压大于排气阀压力时，被压缩的气体会顶开排气阀不断地穿过油箱内的油层而被排出到大气中。泵在运转时不断地进行着吸气、压缩、排气的反复循环过程，从而达到连续抽气的目的。为防止外部气体漏入泵腔中，泵中会加有工作液——泵油，泵油通过泵体上的间隙、油孔及排气阀等处进入泵腔内，使泵腔内所有与运动有关的部件表面都被油膜所覆盖，并对吸气、压缩和排气过程都起到润滑和密封的作用。泵油同时还充填了所有有关的连接缝隙和与真空腔相连的孔洞。泵油为增加泵的密封性和提高极限真空度，减少漏气，减少轴封与转轴、旋转片与泵腔内壁之间的摩擦力及加快泵体的散热都做出了全面的贡献。

当被抽容器的压力降低到经最终的压缩后仍然停留在某一个压力值时，被抽容器内的气体便再也不能被排出泵体外，此时泵的抽气速率为零，被抽容器内的压力被称为该泵的极限压力。排气口的压力与进气口的压力之比被称为该泵的压缩比。

只装有一套转子和一个泵腔的真空泵被称为单级泵。若有两个泵腔，每个泵腔内各装一套转子的真空泵被称为双级泵。若两个相同的单级泵并联使用，排气量可提高一倍，极限压力不变；若两个相同的单级泵串联使用，排气量不变，极限压力约可提高一个数量级。一般单级泵的极限压力为 10^{-1}Pa，串联使用的双级泵极限压力可达 10^{-2}Pa。图 2.10.3 中的双级串联旋片式真空泵由两个工作室组成，两室前后串联，同向等速旋转。Ⅰ室是相对低真空级，Ⅱ室是相对高真空级。被抽气体由进气口进入Ⅱ室，当进入的气体压力较高时，气体经Ⅱ室压缩后，压力急速升高，被压缩的气体不仅从高级排气阀排出，而且经过中间的连接通道进入Ⅰ室，进入Ⅰ室的气体又被再次压缩，然后从低级排气阀排出；当进入Ⅱ室的气体降低到一定的压力时，虽经过Ⅱ室的压缩，但再也推不开高级排气阀排出，气体全部经中间连接通道进入Ⅰ室，又经Ⅰ室的再次压缩，由低级排气阀排出。因此，两级串联旋片式真空泵比单级的旋片式真空泵的极限真空度约可提高一个数量级。

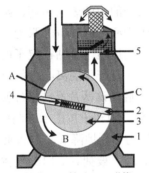

1—泵体；2—旋片；3—转子；4—弹簧；5—排气阀

图 2.10.2　旋片式真空泵的工作原理图

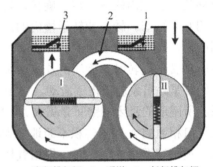

1—高级排气阀；2—通道；3—低级排气阀

图 2.10.3　双级串联旋片式真空泵的工作原理图

旋片式真空泵的旋转方向是一定的，使用时不允许反转，若反转，该泵不仅起不了抽气作用，而且泵腔中的油有可能还会被压入被抽的容器中，故新安装的泵在开机前都应认真地检查其转向是否与所规定的方向相一致。现在的电镜都采用自动控制，一般不会出现反转而造成泵油反流等问题，若真空泵的电机线圈被拆修之后重新安装投入使用，则需留意其旋转方向是否正确。

泵油的选用是很有讲究的，千万不能用一般的润滑油，而一定要加注专用的机械泵油，特别是电镜真空系统中用的泵油，不仅要求油的润滑性要好，化学性能要稳定，自燃点要高，更重要的是油的饱和蒸气压要小。目前，几家主要的电镜生产厂家常配用 Edwards RV 系列的旋转泵，图 2.10.4 是 RV-8 机械泵的外形和各部件名称示意图。图 2.10.5 是 RV-8 和 VRL 200-7.0 两种扫描电镜常用的小型机械泵的外形照片。表 2.10.1 是 RV-8 和 200-7.0 机械泵的主要参数。对这一类型的真空泵推荐使用的泵油是 Ultragrade 19，在 20℃ 的情况下这种泵油的饱和蒸气压可以达到 $1×10^{-6}$Pa。

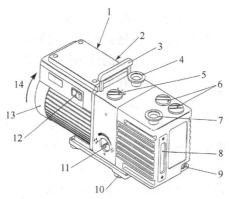

1—电源连接插口；2—电压指示；3—手提柄；4—进气口；5—气镇阀选择器；6—加油口；7—出气口；
8—油面观察窗；9—排油孔；10—橡胶脚垫；11—模式选择；12—电源开关；13—冷却风扇；14—马达转向

图 2.10.4　RV-8 小型机械泵的外形和各部件名称示意图

（a）Edwards　RV-8 机械泵

（b）VRL 200-7.0 机械泵

图 2.10.5　两种扫描电镜常用的小型机械泵的外形实物照片

表 2.10.1　RV-8 和 200-7.0 机械泵的主要参数

序号	参数	RV-8	VRL 200-7.0
1	（电源频率 50Hz 时）泵的抽速	$8.5m^3hr^{-1}$	$10m^3hr^{-1}$
2	极限压力（关闭气镇阀）	$2×10^{-1}Pa$	$6×10^{-2}Pa$
3	极限压力（开启气镇阀）	4.6Pa	6Pa
4	油量	750ml	600ml
5	电源	220～240V，50Hz	208～230V，50Hz
6	净重	26kg	24kg
7	工作环境温度	12～40℃	12～40℃

4．无油干式机械真空泵

无油干式机械真空泵（简称干泵）是指能从大气压力下开始抽气，然后将被抽的气体直接排到大气中去，泵腔内既无润滑油、密封油及其他的工作液体介质，而且泵的极限压力与上述油封真空泵基本接近的机械真空泵。

随着科学技术的发展及真空应用领域的扩展，普通的有油机械真空泵及其组成的抽气系统难免都会出现泵内工作液生成的油蒸气返流现象，油蒸气的返流或多或少都会污染到被抽的容器。这种泵装配在电镜上，其返流的油蒸气会进入样品仓，使用的时间长了不仅会影响样品仓的抽真空时间和极限真空度，还会污染试样的表面，影响试样的图像质量，使图像的分辨力降低，并且若对试样的表面成分进行分析，往往还会导致碳的含量增多，影响到碳和氧等其他超轻元素的定量分析。

对于那些配备有油真空系统的电镜，为了减少其油蒸气返流而带来的对试样及样品仓的污染，有的在油扩散泵的顶部加装一块挡板来减少油蒸气的返流量，但这种方法收效甚微；有的则在样品仓中增设一个用液氮制冷的冷阱装置，这种方法能起到吸附部分油蒸气的作用，但也很难完全解决油蒸气返流所带来的污染问题，而且还会增加购置成本和液氮的消耗。因此，最新推出的高分辨力场发射电镜几乎都采用干泵与涡轮分子泵组成的无油真空系统，这样的搭配能明显地减少油蒸气返流所造成的污染。最近几年，这种无油真空系统的应用日益广泛，目前不仅应用在电子显微镜、FIB 等分析测试设备领域，而且还广泛地应用在半导体晶片的薄膜制备、食品与药品的包装机器等设备中。

干式涡旋真空泵与油润滑真空泵的区别在于，干式涡旋真空泵的泵腔内不含任何油类和液体。因此，解决泵内的密封和冷却问题是干式涡旋真空泵研究的关键。干式涡旋真空泵起源于 1905 年的一项发明专利。法国人 Leno Creux 于 1905 年以"可逆转的涡旋膨胀机"为题目申请了美国专利，但由于当时的机械加工制造水平较低，涡旋盘中的涡旋齿形线的加工精度无法得到保证，实用的涡旋机很难加工制造出来，涡旋的概念也就逐渐被淡忘了。直到 20 世纪 70 年代，高精度数控机床的出现为涡旋真空泵的发展带来了机遇，1973 年美国理特咨询公司（A.D.L）首次提出了涡旋氮气压缩机的研究报告，展现出涡旋压缩机具有其他压缩机无法比拟的优点，从这时起涡旋压缩机就转入大规模的研制和开发阶段，开始走上了迅速发展的道路。

随着半导体、新材料、生物和制药等行业的飞速发展，以及涡旋理论的不断成熟和人们对真空环境清洁无油的要求，干式涡旋真空泵应运而生。20 世纪 80 年代早期，涡旋真空泵以其密封性好、返油率低的特性被 Coffin Do 应用在高真空系统中。1987 年，日本三菱电机公司首次成功开发出回转型涡旋真空泵，在结构和性能上显示出了绝对的优势。1988 年，立式回转型油润滑涡旋真空泵由日本东京大学的森下（Morishita E）研制成功。

20 世纪 90 年代初，世界上首台涡旋压缩机推向市场，涡旋技术由此开始作为一种新型真空获得技术而在世界范围内被推广应用。最近二十年，这种无油真空泵的制造技术得到了迅速发展，国内外已投放市场的商品涡旋真空泵的主要厂商有：

美国安捷伦（Agilent）公司的双面涡旋真空泵、英国爱德华（Edwards）公司的单面单头涡旋齿的涡旋真空泵、德国布什（Busch）公司生产的涡旋真空泵、中国科学院沈阳科学仪器研制中心有限公司的双面单头涡旋齿的涡旋真空泵等。除此之外，几家大的真空泵制造公司也都研制出了这种新型的干泵，知名度较高的有美国的瓦里安（Varian）、日本的 Anestta 等公司的产品，这些产品的排气量有 0.25L/s 到 10L/s 的系列机型。国内的沈阳真空技术研究所、上海真空泵厂和东北大学等单位也都在进行这类干泵的研制工作。目前，干泵主要分为接触型和非接触型。接触型的干泵有叶片式、凸轮式、往复活塞式、膜片式等类型，这类泵的抽速较低，噪声较小，适用于小排量高压缩比的排气；非接触型的干泵有涡旋型、罗茨型、爪型、螺杆型等类型，这类泵抽气速率较高，压缩比较低，适用于大的排气量。而在 SEM 和 FIB 上最常使用的是 10L/s 的干式涡旋真空泵，它们的外形如图 2.10.6 所示。

图 2.10.6　几种干式涡旋真空泵的外形照片

干式涡旋真空泵的工作原理如下。

涡旋真空泵按两涡旋盘运动方式的不同可分为两种类型：公转型和回转型。

（1）公转型涡旋真空泵中的一个涡旋盘固定不动，称为静涡旋盘，另一个涡旋盘称为动涡旋盘。电机带动曲轴旋转，曲轴推动动涡旋盘基圆的圆心绕静涡旋盘基圆的圆心做半径为 r（两涡旋盘之间的径向距离）的圆周运动，由防自转机构限制动涡旋盘不能自转。其中，电机转速接近于 1 500r/min，这种泵的极限真空度较高，而且它随电机转速的变化，其极限真空度的变化较小。

（2）回转型涡旋真空泵中的两个涡旋盘都是动涡旋盘，它们同步且同方向的各自绕自身基圆的圆心旋转，相对运动仍为公转平动。

公转型涡旋真空泵的结构简单、零件少，而回转型涡旋真空泵的结构复杂、零件多。目前多数厂家的涡旋真空泵产品为公转型。

回转型涡旋真空泵的工作原理是将一个涡旋盘套在另一个涡旋盘内部，其中一个是相对固定的，另一个是相对转动的。它是具有连续分离、连续闭合性能的"圆的渐开线"结构形式的一种旋转压缩机。这种干式涡旋真空泵就是从涡旋式压缩机演变而来的一种新型的干式真空泵。涡旋的形状被定义为绕固定的轴心展开的轨迹。

涡旋上任意一点的运动轨迹坐标为：

$$X=\alpha(\cos\theta+\theta\sin\theta) \qquad Y=\alpha(\sin\theta-\theta\cos\theta)$$

式中，常数 α 代表轴半径；θ 代表展开角。

涡旋真空泵中的涡旋盘是一端与平面相接的一个或几个渐开线螺旋形成的一种涡旋型盘状结构体。一个静涡旋盘与一个动涡旋盘相互交叉组装在一起，两者之间有防自转机构，从而可以保证 180° 的相位差，这样结合组成的一对涡旋盘就构成了涡旋真空泵的基本抽气主体机构。静涡旋盘与动涡旋盘彼此之间在几个段位上的接触形成了几对对称的月牙形气腔，动涡旋盘在电机带动的曲轴驱动下绕着静涡旋盘的中心运动，使静与动涡旋盘的接触点沿着涡旋曲面的移动而实现吸气、压缩与排气的循环。在双级涡旋真空泵中，是在两个方向相对应的静涡旋盘之间嵌入一个动涡旋盘在其中绕行。

无油涡旋真空泵的排气原理和涡旋体的结构如图 2.10.7 所示，构成涡旋式真空泵抽气用的涡旋体的曲线为圆的渐开线，固定的涡旋体称为定子，转动的涡旋体称为转子。转子无自转而是以一定的回转半径平动公转，随着转子的平动公转，在两个涡旋体之间形成了吸气腔和压缩腔。吸入气体后的工作腔的容积随着转子的绕行而缩小，从外圈向中心移动排出气体，连续运动就完成了吸气、压缩和排气的过程。为防止动、静两个涡旋盘相对运动，设计时通常在外圆周上安装几个偏心量相等的小曲轴来束缚动涡旋盘与静涡旋盘，保证动涡旋盘是相对静涡旋盘绕行，而不旋转。

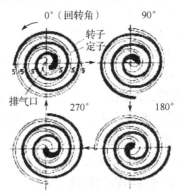

图 2.10.7　涡旋真空泵的排气原理和涡旋体的结构

涡旋体的基材多数是铝，其在经精加工之后又在表面上涂镀一层聚四氟乙烯，以增加其耐磨性、润滑性和抗腐蚀性。这种泵的涡旋体间相邻工作腔的压差小，故气体泄漏量少，泵的驱动转矩变化连续，而且相对变化值也小，因此泵的噪声较低，振动不大。

涡旋泵的特点是体积小、重量较轻，多为卧式结构，可以从一个大气压力一直抽到 10^{-1}Pa，它是一种目前较常见的、使用范围很宽的、常用于粗抽的干式前级真空泵。

无油涡旋真空泵的主要优点：

（1）密封性好，间隙小，泄漏量少，能在较宽的压力范围内有稳定的抽速。

（2）回转半径小，动静涡旋盘的相对滑动速度低于机械旋片泵的速度，有利于延长泵的使用寿命。

（3）压缩进程比较缓慢，几个压缩过程同时进行，压缩腔相对曲轴来说基本上呈对称状，这样泵的运转过程较平稳，驱动力矩和气体冲击的波动小，能降低泵的运行噪声和振动幅度。

（4）排气量大、抽气效率高，该结构与其他单级相同直径的有油机械旋片泵相比，排气量约增大 1 倍，相对来说较节能环保。

（5）结构较简单、零部件少、体积也较小、维修方便、维护费用较低。

（6）排出的废气可以直接排入周围的大气中，而不用加装尾气防污过滤器，可独立工作。

5. 油扩散泵

德国物理学家盖德（W.Gaeda）在研究射流原理的基础上得到启发，随后他于 1913 年 9 月在德国申请了一项专利，即一种用汞蒸气流来产生高真空的抽气装置。他指出：高真空是通过蒸气的扩散作用而得到的。因而，这种泵就被称为扩散泵（DP），也被称为盖德泵（Gaeda Pump）。1916 年，美国人朗缪尔（I. Langmuir）对盖德泵进行了一些改进，又在泵壁上加配冷却装置，使这种泵可获得 10^{-5}Pa 的高真空。在后来的使用中人们发现汞（Hg）的蒸气压不够理想，使扩散泵的真空度难以进一步提高，而且汞蒸气有毒，限制了它的使用范围。1928 年，英国人伯尔奇找到了高沸点的石油衍生物油。同年布什（C. R. Burch）在扩散泵上开始使用油做工作介质。1936 年，英国的希克曼等人制成了人工合成的扩散泵油。这两种物质在室温下的饱和蒸气压都非常的低，从而取代了汞作为扩散泵的工作液。从此，油扩散泵（ODP）在高真空领域的工业生产和科研中得到了广泛应用。1932 年何增禄教授又进一步研究了扩散泵的设计理论，分析了泵体的结构和各部件的尺寸与抽速的关系，而且还将泵的实际抽速与理想的最大抽速之比定义为"抽速系数"，并进行了多喷嘴的抽气试验。这一概念的提出，为扩散泵的理论研究奠定了坚实基础，对于高真空的扩散泵设计和制造也具有重要的指导意义，成为当时真空技术领域的杰出成就。何增禄教授改制的多喷嘴扩散泵被称为"何氏泵"，他提出的"抽速系数"被称为"何氏系数"。20 世纪 60 年代开始，油扩散泵又有了新的改进，主要的改进是：

（1）采用了放气量甚小的不锈钢材做泵体的外壳材料。

（2）选用饱和蒸气压低、热稳定性好的油作为泵的工作液。

（3）改进结构，新型油扩散泵在泵口法兰不变和泵体的外形尺寸不过分增大的条件下，在法兰下部突出地增大了泵腔的横截面，这可使其抽气速率增大约30%。

油扩散泵是最早用来获得高真空的一种泵，目前在电镜上它主要是用在普及型钨阴极电镜的真空系统中。在真空系统中油扩散泵是一种次级泵，该泵不能直接在大气压下启动或独立使用，通常需要用机械旋转泵作为它的前级，即先用机械旋转泵把系统的气压抽至几帕的量级，然后再让扩散泵开始工作。油扩散泵的正常工作压力为 $10^{-4} \sim 10^{-5}$Pa，优质的扩散泵若经过高温烘烤、除气后，有的可达到 10^{-6}Pa 的超高真空。油扩散泵的外形如图 2.10.8 和图 2.10.9。

图 2.10.8　真龙公司的 ODP

图 2.10.9　爱德华公司的 ODP

扩散泵的主体结构主要由泵体、扩散喷嘴、蒸气导管、油锅、加热器、扩散器和冷却系统等部件组成。现在的扩散泵外壳几乎都是用不锈钢材铸成的，内部有一铝制的空心圆筒，筒的上部通常有 3 级伞形的喷嘴，泵内底部有工作液体（泵油），泵的外壁上缠绕着许多圈冷却水管，泵底部有电加热器（电热丝），进气口在泵的顶部，出气口在泵的下侧。工作时进气口接到被抽的容器，出气口与前级泵的进气口相连。开机时前级机械泵开始抽与扩散泵相通的连接管道和样品仓等处的气体，而扩散泵底部的加热器开始对泵油进行预热，当达到预真空的压力时，被加热的泵油温度也逐渐升高，直到烧开沸腾。沸腾的油蒸气会从中部的空心铝管的内部往上升，到伞形喷嘴处形成蒸气流后拐弯向下喷射，油蒸气流的喷射速度可达 200m/s。因为油蒸气具有很强的运载气体分子的能力，热运动的气体分子会扩散到蒸气流中，与定向运动的油蒸气分子碰撞，气体分子因而获得动量，产生了和油蒸气分子运动方向相同的定向流动。油蒸气受到冷凝后，会释放出所携带的气体分子，气体分子在前级泵的抽吸下被带到出气口，再由机械旋转泵将这些气体排出泵体。油蒸气碰到被冷却的泵壁时又会被迅速冷凝成液体（油滴），然后回流到泵底的油锅中，在电热丝的加热下，油又会被重新加热，这样反复循环就能把所抽腔体内的气体源源不断地排出去。

单级喷嘴所能达到的压缩比很小，因此一般的小泵为 2～3 级，大泵则为 4～5 级。在电镜上实际使用的油扩散泵一般都采用 3 级相串联的喷嘴，这样的油扩散泵被称为 3 级泵，其工作原理如图 2.10.10 所示。从上到下，即从靠近进气口的那一级开始算起，依次分别称为第 1、2、3 级。设计上采用后级的排气量大于前级的形式，即第 3 级的排气量大于第 2 级，第 2 级大于第 1 级，这样才能保证前级喷嘴排下的气体都能从上往下被顺利抽走。泵的外壳需要用冷却水来冷却、降温，冷却水温一般设置在 20℃左右比较好，若水温高或水流量小，冷却效果差，油蒸气的反流量会增多；若水温太低或水流量大，冷却效果好，油蒸气反流量会减少，但其加热源和循环水制冷源的功耗会增大，会浪费能源。图 2.10.11 中的实物照片和三视图尺寸是爱德华公司生产的 C 系列小型油扩散泵的外形尺寸示意图。

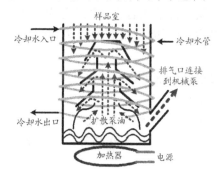

图 2.10.10　3 级泵工作原理

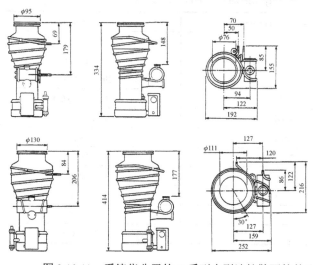

图 2.10.11　爱德华公司的 C 系列小型油扩散泵的外形尺寸示意图和照片

油扩散泵蒸气反流的主要来源有：

（1）第一级喷嘴顶部表面上的油膜和油滴的蒸发。

（2）由于热蒸气向上的惯性，喷嘴喷出的蒸气中有极少量的一部分蒸气会朝进气口方向运动而进入样品仓内。

（3）喷嘴喷出的蒸气中会有少量的油蒸气与进入的气体分子相碰撞，造成散射而进入样品仓内。

（4）少量的油分子也会沿着泵壁的表面迁移而进入样品仓内部。

在泵的大小和结构一定，又无漏气的前提下，油扩散泵的抽气特性和极限真空度主要取决于泵油的性能。可用作泵油的油的种类很多，目前最适合用于电镜扩散泵的油是 Santovac 5#，它在常温下的饱和蒸气压可以达到 $10^{-8}Pa$。其他常见的扩散泵油有石油烃类和硅树脂类，它们的饱和蒸气压有的虽然也能达到 $10^{-7}Pa$，极限真空也不错，但它们不适宜用在电镜的真空系统中，因为这种类型的油在电子束的轰击下容易裂解，会产生碳、氢和硅的化合物或聚合物从而污染电子光学通道及样品仓和试样的表面，所以在电镜中不能使用石油烃类和硅树脂类的油作为扩散泵的工作液。

对扩散泵油的基本要求是：油的饱和蒸气压要尽量低，抗氧化能力要强，热稳定性要好，着火点和自燃点要高。

表 2.10.2 为 Ultragrade19 机械泵油及 Santovac 5#扩散泵油的主要参数。图 2.10.12 是 1 升装的 Ultragrade19 机械泵油和 500 毫升装的 Santovac 5#扩散泵油的外包装照片。

表 2.10.2 Ultragrade19 和 Santovac 5#油的参数

参数	机械泵油 Ultragrade19	扩散泵油 Santovac 5#
蒸气压	$1 \times 10^{-5}Pa$（20℃） $1 \times 10^{-1}Pa$（100℃）	$2.6 \times 10^{-5}Pa$（20℃） $6.5 \times 10^{-4}Pa$（100℃）
沸点		295℃（100Pa）
比重	0.86（15℃）	1.198（25℃）
黏度	48.6cs（40℃）	363cs（38℃）
固化点	−20℃	5℃
闪点	230℃	288℃
着火点		349℃
自燃点	355℃	590℃
密度		1.204（20℃）
密度		1.187（38℃）

Ultragrade19 机械泵油（1L 装）

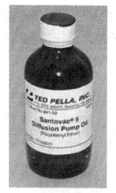

Santovac　5#扩散泵油（500mL 装）

图 2.10.12　爱德华公司的扩散泵和机械泵油

与其他同量级的泵相比，油扩散泵的优点有：

（1）原则上可以抽取任何不与泵油产生反应的气体，泵的抽速大，覆盖的真空压力范围大。

（2）结构简单，没有机械运动部件，所以故障率低、可靠性高、使用寿命长。

（3）泵的操作与维护都比较简单、方便，可长期连续使用而无须专门的维护，通常的要求是要按泵说明书规定的时间间隔进行定期的加油和换油。

（4）基本上无噪声、无振动，不影响扫描电镜对高倍率照片的拍摄。

（5）结构简单，因为无须特殊的控制系统，所以造价低，售价相对较便宜。

与其他同量级的泵比较，油扩散泵的缺点有：

（1）因为使用液态油，所以仅能垂直安装，不能倾斜，更不能倾倒，安装位置有局限性。

（2）需耗能对泵油进行加热，又要耗能用循环水机进行冷却，所以能耗较大，不节能、不环保。

（3）被抽系统（如样品仓）多少都会有由油蒸气的反流而带来的污染，反流的油蒸气在电子束的轰击下，会在试样的表面形成一层纳米量级的碳氢聚合物污染层，采集照片时，可能会在照片上留下一个矩形的黑色污染斑；当做成分分析时，有可能会在试样表面的电子束照射处留下一个照射的黑点或黑斑，也会影响能谱仪或波谱仪对碳和氧等超轻元素的定量分析。

6．涡轮分子泵

利用高速旋转的动叶轮将动量传递给气体分子，使气体产生定向流动而抽气的真空泵称为涡轮分子泵（TMP）。涡轮分子泵的优点是启动快，能抵御各种射线的照射，耐大气冲击，无气体存储和解吸效应，油蒸气的污染很少，能获得清洁的高真空的空腔。涡轮分子泵广泛地应用于高分辨电子显微镜、高能加速器、可控热核反应装置、重粒子加速器、FIB等既需要超净又需要高真空的腔体或设备中。图2.10.13～图2.10.15为不同厂家生产的涡轮分子泵的外形图。

图2.10.13　中科科仪公司生产的涡轮分子泵

图2.10.14　瓦里安公司生产的涡轮分子泵

图2.10.15　莱宝和普法公司生产的涡轮分子泵

涡轮分子泵的结构和工作原理如下。

1958年，德国普法（PFEIFFER）公司的真空专家贝克（W. Becker）首次研制出有实用价值的涡轮分子泵。此后相继出现了各种不同结构的分子泵以满足不同的需要，从安装方式上主要可分为立式和卧式两种；根据轴承的不同又可分为含油轴承式、混合轴承式和磁悬浮轴承式；从冷却方式的不同又可分为水冷式和风冷式。

1976年，德国的莱宝（LEYBOLD）公司首先开发出磁悬浮外环式旋转涡轮分子泵。1983年日本的专家改进了德国的技术，研发出了磁悬浮内环旋转轴承式涡轮分子泵。现在电镜上用的都是立式的内环旋转混合轴承或磁悬浮轴承的涡轮分子泵。图2.10.16和图2.10.17分别为涡轮分子泵的剖面原理示意图和剖面图。涡轮分子泵主要由泵体、带叶片的转子（动叶轮）、定子（静叶轮）和驱动电机等组成。动叶轮外缘的线速度能达到气体分子热运动的速度（几百米每秒）。单级叶轮的压缩比很小，因此一般设备上使用的涡轮分子泵都由多级的动叶轮和多级的静叶轮组成，动叶轮和静叶轮交替排列。动、静叶轮的几何尺寸基本相同，但叶片的倾斜角方向相反。压缩比的大小主要取决于泵的动叶轮和静叶轮级数的多少与转子的转速，而且还与被抽气体的种类有关。图 2.10.16 中的（a）图为十级动叶轮组成的转子。动叶轮和静叶轮相互交替排列，静叶轮外缘用环固定，动、静叶轮之间保持 1mm 左右的间隙，动叶轮可在静叶轮间自由旋转。图 2.10.16 的（b）图为一叶动叶片的工作示意图。在转动时，叶片两侧的气体分子会呈现漫散射状态。在叶轮左侧，当气体分子到达 A 点附近时，在角度 α_1 内反射的气体分子会回到左侧；在角度 β_1 内反射的气体分子一部分会回到左侧，另一部分会穿过叶片到达右侧；在角度 γ_1 内反射的气体分子绝大多数将直接穿过叶片到达右侧。同理，在图 2.10.16 的（c）图中，当叶轮右侧的气体分子入射到 B 点附近时，在 α_2 角度内反射的气体分子将会返回到右侧；在 β_2 角度内反射的气体分子一部分会到达左侧，另一部分仍会返回到右侧；在 γ_2 角度内反射的气体分子穿过叶片到达左侧。倾斜叶片的转动使气体分子从左侧穿过叶片到达右侧，这比其从右侧穿过叶片到达左侧的概率要大得多。在驱动电机的带动下，叶轮高速旋转，气体分子便由左侧流向右侧，从而产生连续又高效的排气。

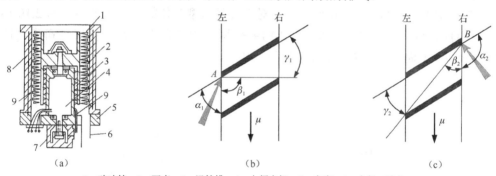

（a）　　　　　　　　　　（b）　　　　　　　　　　（c）

1—动叶轮；2—泵壳；3—涡轮排；4—中频电机；5—底座；6—出气口法兰；

7—润滑油池；8—静叶轮；9—电机冷却水管

图 2.10.16　涡轮分子泵的剖面和工作原理图

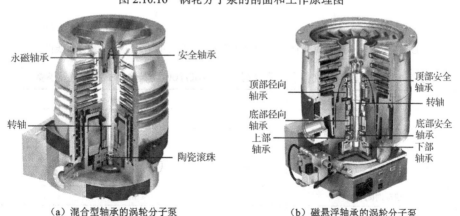

（a）混合型轴承的涡轮分子泵　　　　　（b）磁悬浮轴承的涡轮分子泵

图 2.10.17　普法公司生产的涡轮分子泵的剖面图

图 2.10.17 中的（a）图为德国普法公司生产的混合型轴承涡轮分子泵的剖面图，位于下部的陶瓷轴承与位于中部的径向轴承相结合，这种分子泵被称为混合轴承的涡轮分子泵。这种轴承技术不需要再加装电磁线圈，转速最高可达 6 万 r/min，噪声不大于 50dB。大约每隔 4 年就应对其轴承的润滑脂进行更换。图 2.10.17 中的（b）图为德国普法公司生产的磁悬浮涡轮分子泵的剖面图。这类分子泵采用了电磁轴承和永磁轴承的组合，以支撑转子悬浮，因此转子无须润滑。当通电后转子的转速达到一定的转数时，电磁轴承也就悬浮起来。转子的转动位置是受连续监控而且能随时进行修正调节的，由于其具有自动平衡补偿功能，使得它运转起来几乎无磨损，噪声和振动又比较小，保证了转子能连续、稳定的运行，转速为 6 万～9 万 r/min。泵中的这些轴承几乎免维护，也不用添加润滑剂，而且耐磨损、寿命长、无污染。

涡轮分子泵的性能和特点：对分子量大的气体有比较高的压缩比，如对氮气和普通空气的压缩比为 10^8～10^9；对氢气的压缩比为 10^2～10^4；对油蒸气的压缩比则大于 10^{10}。HiPace 300 TC100 型分子泵对于几种典型气体的压缩比可参见图 2.10.18 中的对应曲线。表 2.10.3 和图 2.10.19 分别是中国科学院科学仪器公司生产的FF-160/700 型涡轮分子泵的主要参数和外观照片。

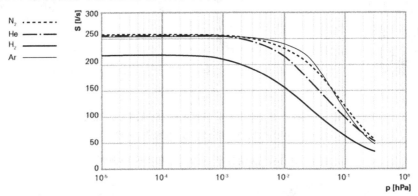

图 2.10.18　HiPace 300 TC110 型分子泵对各种不同气体的压缩比的曲线图

表 2.10.3　中国科学院科学仪器公司的 FF-160/700 型涡轮分子泵的主要参数

型号	FF160/700
抽气速率	700L/s
压缩比	N_2:10^9；H_2:$6×10^3$
极限压强	$6×10^{-7}$～$6×10^{-8}$Pa
额定转速	36000r/min
启动时间	≤5min
轴承	陶瓷脂润滑轴承
排气口法兰	KF40

续表

进气口法兰	LF160/CF160
振幅	≤0.1μm
建议前级泵	4～8L/s
冷却水温度	≤25℃
泵体烘烤温度	≤120℃
环境温度	5～40℃
润滑方式	脂润滑
安装方式	任意角度
重量	20kg

图 2.10.19　FF-1601700 型涡轮分子泵的外观照片

涡轮分子泵的理论极限真空压力可达 10^{-8}Pa，抽气速率的大小视泵的口径尺寸与叶轮转速的高低而定，可从几升每秒到几千升每秒。涡轮分子泵必须在分子流状态（气体分子的平均自由程远大于导管截面最大尺寸的流态）下工作才能显示出它的优越性，因此要求前级真空泵的工作压力应为 $10～10^{-1}$Pa 量级。分子泵本身由转速为几万转每分钟的中频电机直联驱动，驱动电源的频率有 1 000Hz、715Hz 和 400Hz等，依电源频率的不同，转子的转速为 2 万～8 万 r/min。目前，国外新型磁悬浮涡轮分子泵的转速最高可达 9 万 r/min，据说其连续运行无故障工作时间平均可达 5 年，如果能进行定期的维护和保养，则这种磁悬浮涡轮分子泵的无故障工作时间可达 10 年。

涡轮分子泵的优点如下。

（1）使用方便，启动比油扩散泵快。

（2）被抽的腔体干净、清洁，特别是配磁悬浮轴承的泵，它对试样和样品仓的污染极少，如果前级再配干泵，即无油机械泵，则对样品仓和试样的污染将会更少。

（3）使用方便，在使用涡轮分子泵的真空系统中，可以减少管道、阱和阀门控制器等常见的真空连接部件和隔离部件的使用，同时也会降低使用这些部件所带来的故障率，因此涡轮分子泵系统所用的辅助配件相对较少，占用的空间也较小，安装的方向和位置灵活多变。

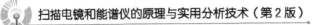

（4）特别适用于对集成电路生产线进行抽测、监控的扫描电镜和 FIB 的真空系统，也常用于高分辨力的质谱仪、半导体芯片的封装设备、高真空分析仪及超净的医药真空封装设备。

涡轮分子泵的缺点如下。

（1）对气体的抽速与被抽气体的分子量有关，气体的分子量越大则抽气效率越高，气体的分子量越小则抽气效率越低，所以连续运行后容易造成氢气和氦气等小分子量气体的残留。

（2）结构复杂，泵体对零配件的机械加工和装配精度要求很高、很严格，由于动叶轮是高速运转，所以对轴承的精度和耐磨程度的要求也很高。

（3）因金属叶片高速运转，所以只能在磁感应强度不大于 30Gs 的环境中使用，否则容易产生涡流，导致叶片发热、变形、卡壳等不良后果。

（4）由于动叶轮高速运转，分子泵多少都会产生振动。振动的来源：一是各组成零部件在制造中的加工误差，如转子的同心度、端面的平行度和转子基体的不完全对称；二是转子上下叶轮因装配不当产生的偏差、转子与电机转轴的重心和几何旋转中心不完全处在同一直线上，从而使分子泵产生振动并发出噪声。

（5）为减少分子泵的振动向样品仓传递及减少震动对高放大倍率图像的影响，除了在主轴轴承的外侧设置橡胶减振环，还应在分子泵的各支撑柱下加装橡胶垫以起到减振和隔振的作用。

（6）在选择与之配套的前级泵时，应考虑要使涡轮分子泵的前级泵能保持在分子流的状态下运行；

（7）如果在电磁激励线圈上用了有机绝缘材料，当线圈的温度升高，特别是过热时，该材料就有可能会成为样品仓和镜筒中的碳氢聚合物的一个污染源，所以分子泵也要采用冷却降温（风冷或水冷），以尽量减少碳氢聚合物的挥发。

（8）涡轮分子泵不能在低于额定的最低转速下运行。

（9）分子泵零部件的加工精度要求高，装配精密，而且还需要一套中高频的电源与之配套，所以整体造价高，售价贵。

7. 离子吸附泵

离子吸附泵（IGP）通常简称为离子泵，它主要由阳极、阴极、磁铁和电极四大部分组成。常见的吸气剂真空泵有蒸发（升华）离子泵和溅射离子泵两种。蒸发离子泵和溅射离子泵在可控热核反应装置、加速器、电子显微镜、FIB 和电子元器件的生产等方面都得到了广泛的应用。溅射离子泵是一种冷阴极泵，它的工作原理是泵内电子在正交电磁场的作用下沿阳极轴向做螺旋运动，沿阳极径向做滚轮线运动。钛溅射离子泵工作时气体分子与高速旋转的电子碰撞，这时气体分子便会被电离，所形成的离子在电场的作用下以极大的能量轰击阴极钛板，使钛溅射到阳极的内表面，在管壳内表面形成新鲜钛膜，把气体分子吸住或掩埋起来而达到抽气的目的。

钛溅射离子泵有二极型和三极型，三极型溅射离子泵是在二极型的基础上增加一个接地的收集电极专门收集惰性气体的离子。因为收集极接地，打到收集极上的离子能量小，所以惰性气体被收集极上的钛膜吸附、掩埋后一般就不会再被释放出来。下面就简单地介绍一下在电镜中最常用的二极型溅射离子泵，它是利用潘宁放电原理来进行除气的。溅射离子泵是目前污染程度最低的高真空泵，其原理和结构如图 2.10.20 所示。离子泵的阳极是由多个不锈钢圆筒或蜂窝状的四边或六边形结构所组成的，阳极置于由两块钛金属板组成的阴极之间。磁场方向与阴极板面垂直，当阳极加上适当的直流偏置高压时，在阳极的小腔内会产生放电，这种放电会在压力低于 1Pa 时发生。大量电子受磁场的作用力，以滚轮线的形式贴近阳极筒旋转，形成一层电子云，电子云的旋转频率约为 100MHz，电子云中的电子密度高达 10^{10} 个/cm³，这种现象称为潘宁放电。

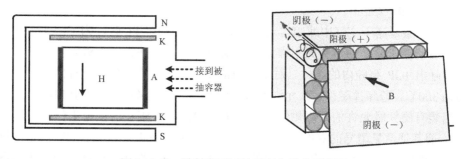

图 2.10.20 溅射离子泵的原理和结构示意图

1937 年潘宁发明了冷阴极电离真空计（潘宁真空计）。1958 年，霍耳从潘宁真空计中得到启发，将几个潘宁腔体组合成实用的离子泵。溅射离子泵就是根据潘宁真空计的放电原理而研制出来的一种高真空泵，所以这种溅射离子泵又称潘宁泵（Penning Pump），它是目前获得无油超高真空最常用和最有用的装置，在实际应用中的测量压力最低可达 10^{-8}Pa，其理论极限压力最低可达 10^{-9}Pa。泵内被电离的气体吸附在由阴极连续溅射而发散出来的吸气材料上，以实现抽气目的。溅射离子泵的工作原理如图 2.10.20 所示，实物外形照片如图 2.10.21 所示，实物内部照片如图 2.10.22 所示。图 2.10.22 中的小圆圈与潘宁计里面的圆圈一样，都是利用电离作用来实现各自的工作目的。那些蜂窝状的小圆圈，在离子泵里面做阳极，这么多的小圆圈单元（Cells）可以提高泵的抽气效率。圈的两侧是钛板，钛板上通常会加有 4 500～6 000V 的负高压。图中左侧伸出来带有白色瓷环的是高压线的连接头，右侧为连接到电子枪腔体的接口，连接的密封垫片常用 Cu 或 Al 等较软的金属材料制作而成。

图 2.10.21　溅射离子泵的外形　　　　图 2.10.22　溅射离子泵的内部结构

该泵用不锈钢制成的薄壁圆筒作为阳极，阳极上这几十个蜂窝状的小圆圈被称为阳极筒，阳极的两侧各有一块用钛或钛合金材料制成的阴极板，钛阴极接地。泵的外壳通常采用不锈钢材料制成，外壳的两侧有一对用铁氧体制成的永久磁铁，磁通密度为 0.1～0.2T，磁力线的方向与阳极筒的轴向平行。为了获得足够的磁场强度，两磁极间的距离不能相距太远，所以多数离子泵的两阴极间距离为 30～50mm，阳极筒的直径为 20～25mm。

当离子泵暴露于空气中或腔内气压升高到大于 $5×10^{-3}$Pa 时，为了防止泵发热过载，在启动离子泵前通常会先用卤素灯（碘钨灯）或红外加热管对泵体进行加热烘烤，驱赶出 IGP 泵腔内的气体。对于多数的 IGP，当带有磁铁时允许的最高烘烤温度约为 300℃，若卸掉磁铁，其允许的最高烘烤温度可达 450℃；对于 PI-3 型的离子泵，当装有磁铁时允许的最高烘烤温度只能到 150℃，阳极的额定工作电压为 3～3.5kV，而其他常见型号的 IGP 阳极额定工作电压多数是 4.5～5kV。溅射离子泵只能在高真空的状态下启动，有的电镜为了避免 IGP 过载，把允许启动的起始压力设置在不大于 $5×10^{-3}$Pa，以免因产生的离子电流过大而使泵体过热，导致原先吸附的气体被解吸，甚至会引起极间辉光放电和泵内压力升高，严重时还会影响泵的寿命，甚至导致泵损坏。通电启动后的 IGP 在强电场的作用下，泵腔中的残余气体被电离，阳离子被加速后飞向钛阴极，并撞击阴极而引起强热溅射，被溅射出来的钛离子沉积到阳极的内壁和阴极的表面上，形成新鲜的活性薄膜。气体离子轰击阴极时可被阴极捕获收集，活性薄膜吸附气体分子的能力很强，被吸附的气体分子又会被溅射的钛原子所掩埋，由于吸附和掩埋是不断交替进行的，所以泵腔内的气体分子会不断减少，从而达到吸气的目的。

气体电离时产生电子，电子在磁场的作用下产生洛伦兹力而做圆周运动，并绕阳极筒轴线旋转，这样就延长了电子的运动路径，增加了电子与气体分子的碰撞概率，使气体分子的电离数增多，提高了离子泵的抽气速率。在实际设计时为了有效提高抽气速率，有的将阳极做成网格状，相当于多个阳极并联工作，故泵的抽速大为提高。在有离子泵的真空系统中，也需要用机械旋转泵加配油扩散泵或分子泵作为该系统的预抽，来降低整个真空系统的内部气压，一旦进入正常的运行后离子泵就可独立抽气。离子泵的使用寿命取决于阴极钛板的消耗，钛的消耗与泵腔内的气压息息相关，泵腔内的气压越低，钛的消耗越慢，泵的使用寿命越长；泵腔内的气压越高，钛的消耗越快，泵的使用寿命越短，一旦钛金属板出现穿孔，IGP 的寿命即告终结。

溅射离子泵的优点：

（1）一般二极型的溅射离子泵仅需自然冷却，因此较为节能。

（2）可直接与被抽的真空腔体相连，根据需要可按任意角度安装，方便使用。

（3）无油污、无噪声、无振动，安全可靠，正常工作时无须加热，既环保又节能。

（4）钛的消耗随真空度的提高而减少，在正常的使用下，泵的寿命一般可达 10年，因此有些使用年限长的旧泵，只要泵腔内的钛板没有出现穿孔，经过适当的再生处理（化学刻蚀或高温烘烤）后，还能重获新生，又可再次投入使用，寿命长，使用成本低。

（5）工作时真空腔体与外界封闭隔离，无须特别的维护和保养，可靠性高，几乎免维护。

溅射离子泵的不足：

（1）对预真空的要求高，一般必须在不大于 $5×10^{-3}Pa$ 的压力下启动才安全，否则钛板损耗快而容易导致短命、失效。

（2）对所抽的气体有选择性，必须是与钛有反应的气体，对氮、氮氧化物、碳氧化物和水蒸气的抽速较高，但对氧气和惰性气体的抽速较差，即使有些惰性气体虽然可以被暂时吸收和掩埋，但仍有被重新轰击出来的可能，对有些气体会有记忆效应。

（3）由于钛的溅射量较少，形成的钛膜较薄，因而排气量较少，特别是在高真空时，泵内的放电会减弱，导致抽气速率下降。

（4）溶解的氢有可能会通过逆过程发生脱附，或与那些已经和钛产生结合的碳重新发生反应，会产生低质量数的气态碳氢化合物，故离子泵腔中的主要残余气体多数为氢气和甲烷。

（5）要提高对氢气的抽速，需要保持钛阴极板表面的清洁，因而常选用晶格常数较大的 β 钛合金（如用 Ti-3Al-8V-6Cr-4Mo-4Zr）作为阴极板，或引入与氢气含量可比拟的氩气含量，这是因为氩气的溅射产额高，有助于提高对氢气的抽吸速度。

（6）为了提高吸附能力，需加大磁场强度，故需在泵体外加装大块马蹄形磁铁，所以泵体就显得大而笨重。

（7）阴阳两电极间施加了几千伏的电离高压，操作人员在操作时应多加小心，若连接端头有漏电，人体一旦碰触就有可能会遭到电击。

（8）IGP 本身的结构简单，但它还需要有与之配套的专用直流高压电源和控制系统，所以整套系统的结构较复杂，造价高，售价贵。

2.11 低真空和环境扫描电镜

如果能人为地控制扫描电镜样品仓内的真空度或气氛及向样品仓内充入一定的气体，如空气等，使电镜样品仓内的压力能在略低于正常环境的气压下或在较低的真空状态下正常工作的扫描电镜分别被称为环境扫描电镜（E-SEM）或低真空扫描电镜（LV-SEM）。

现代传统扫描电镜具备的功能虽然很多，但由于传统电镜所能观察的试样往往仅限于能导电的和不散发出气体的试样。人们为了满足这两个条件，通常会对那些不导电的试样采取蒸镀导电膜层的办法进行处理，而对含水的试样往往会先采用脱水、干燥或冷冻等办法处理。这样，虽然可以把这种经过处理的试样再放入电镜中进行分析，但人们仍无法直接去观察那些含水生物试样的真实面目。因为传统电镜样品仓内的压力通常是要维持在不大于 10^{-3}Pa 的高真空量级，若能把真空度降低，使它能维持在 2 700Pa（这是水在 22℃时的饱和蒸气压）或以上，则样品仓里的含水试样就能保持原有的水分，就不会存在由于水分挥发而导致真空抽不上去的问题。环境扫描电镜、低真空扫描电镜或可变压力扫描电镜（VP-SEM）都是为了克服传统扫描电镜不能在低真空的模式下工作的问题而研制出来的。在如图 2.11.1 所示的水的温度-压力曲线中，在 E-SEM 模式下，若压力偏低或试样的温度偏高，含水的试样则会因水的表面张力增大而受到破坏。

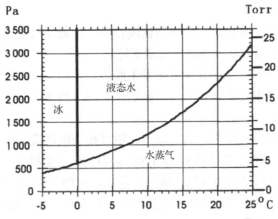

图 2.11.1　水（冰/液态水/水蒸气）的温度-压力曲线

1970 年，莱恩（W. C. Lane）制作了特殊的 SEM 试样杯，借此观察到了液体表面，并注意到了电子束与气体相互作用会产生气体放大现象。鲁滨孙（V. N. E. Robinson）使用特制的光栏改进了日本电子公司的一台 JEM2 扫描电镜，获得了约 133Pa 的样品仓气压，1978 年日本电子公司在这个基础上生产了商用的低真空扫描电镜。1979 年，蒙克利夫（Moncrieff）在用扫描电镜研究生物试样时，把气体注入样品仓中，提出了用电子电离气体分子，使电离后的气体正离子飘向试样表面，与试样表面上的负电荷中和的理论。随后丹尼拉特斯（G. D. Danilatos）设计了多级压差光栏，把电子枪中阴极发射腔到样品仓这段电子束经过的整个通道分隔成了几个不同压力的区段。这些区段用多个普通光栏和专用的压差光栏搭配来进行组合隔离，使每段的气压平均相差 2 个数量级以上，这样就能保证在这又长又细的狭小区段内，气压能从 10^{-3}Pa 的压力逐渐上升到千帕量级的压力，而且又能保证有足够的电子束流从这一连串狭窄的光栏孔中通过。这种环境扫描电镜与传统扫描电镜的区别就在于对镜筒和真空系统做了特殊的设计，它可以人为地精确控制样品仓中的真空度。随后丹尼拉特斯与美国的 Electron Scan 公司合作，在 1987 年研制出世界上第一台真空度能达到 2 700Pa 的环境扫描电镜（E-SEM）。因此，丹尼拉特斯被业界公认为环境扫描电镜的发明人。

1989 年，Electron Scan 公司开始出售商品化的环境扫描电镜。该公司的这项专利被当时的荷兰飞利浦公司买下，而飞利浦公司的电子光学部后来又并入 FEI 公司。因此，FEI 公司就能够生产和出售环境扫描电镜，从此开辟了扫描电镜应用的新领域。传统钨阴极扫描电镜的样品仓内真空度是要优于 10^{-3}Pa 的高真空，而与之相比这种环境扫描电镜可以在气压相对高一些，即能在接近自然环境的条件下正常工作。如图 2.11.2 和图 2.11.3 所示为环境扫描电镜样品仓的气体流向示意图。在这种低真空的模式中，绝缘试样即使在高加速电压下也不易呈现充、放电现象而导致无法观察；潮湿的试样基本上可保持其原来含水的自然状态，而不会产生明显的干瘪、形变。因此，环境扫描电镜可直接用于观察塑料、陶瓷、纸张、泥土，以及疏松又会散发出气体的或含水的试样，观测前无须蒸镀导电膜层或做冷冻干燥等预处理。

目前，电镜的其他主要厂家如日本电子、日立、泰思肯和蔡司等也都有类似的扫描电镜，但真正拥有环境扫描电镜（E-SEM）这个冠名权的只有 FEI（Philips 和 Electronscan）公司，而如今的 FEI 公司又并入塞默飞世尔科技公司。真正的环境扫描电镜是特指电镜的样品仓中的压力能在接近自然环境的条件下正常工作的扫描电镜，如钨阴极环境扫描电镜样品仓中的最高压力就不大于 2 700Pa，场发射环境扫描电镜样品仓中的最高气压可接近 4 000Pa，并配置了专用于气体检测的二次电子探测器的扫描电镜；而低真空（低气压）的扫描电镜（LV-SEM）主要指的是非塞默飞世尔科技（FEI/Philips/Electronscan）公司生产的扫描电镜，这种低真空扫描电镜样品仓中的最高气压通常不大于 600Pa；而可变压力扫描电镜（VP-SEM）样品仓中的最高气压通常不大于 270Pa，而且还不一定都能加注特殊气体（如空气、水蒸气）或配置专用的环境二次电子探测器。

图 2.11.2 为配置专用气体二次电子探测器的环扫电镜的真空通道示意图。而图 2.11.3 为 Nova-400 型电镜双压差光栏的气流通路图，该电镜的物镜下极靴处嵌入了一个既能用于低真空，又能够改进低真空状态下的二次电子像分辨力的 Helix 探测器，这种探测器中有上下两个压差光栏，压差光栏 1 与在其顶部的压差光栏 2 又隔成了一个新的压力区，该压力区在镜筒与样品仓的交界处，加上抽气的主气流经过该压力区并从物镜的侧面把气流抽出去。这路气流既起到了降低镜筒下半部压力的作用，又对增高样品仓中的压力起到了过渡和缓冲的作用。这个 Helix 探测器还可以减少入射电子的散射，为提高环境扫描模式下的二次电子像的分辨力也起了很大的作用。但由于该光栏的孔径较小，对于入射束在低倍率下的偏转会受到一定的限制，所以当安装上这种低真空高分辨的 Helix 探测器时，该电镜的最低放大倍率不能小于500 倍。

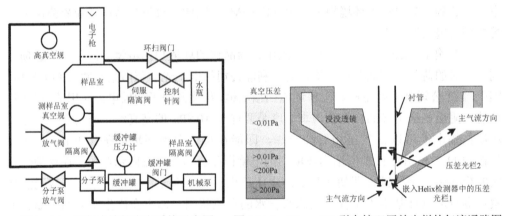

图 2.11.2　环扫电镜的真空系统示意图　　图 2.11.3　Nova-400 型电镜双压差光栏的气流通路图

图 2.11.4 为带 G-SED 环扫电镜的低真空气流流向示意图。环境扫描电镜的高真空模式如图 2.11.5 所示，在高真空模式下该电镜便像传统的扫描电镜一样，可以正常使用传统的 E-T SED 和半导体背散射电子探测器，也就是说在高真空模式下该环扫电镜与传统的扫描电镜完全一样，因而可以按照传统扫描电镜的方式进行观测和分析试样。环扫或低真空电镜在高低真空之间的转换也很方便，仅需单击屏幕上菜单中的相关按钮，电镜中的有关阀门就会自动进行切换。从高真空切换到低真空等待充气到位，或者从低真空切换到高真空等待排气抽到高真空状态，这种切换过程一般为几十秒，这不仅操作简单、方便，而且转换速度较快。

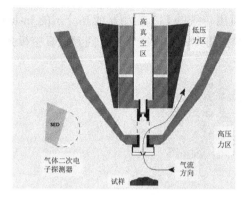

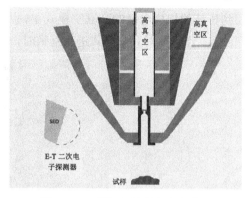

图 2.11.4　带 G-SED 环扫电镜的低真空气流流向　　图 2.11.5　环扫电镜的高真空模式

电镜在这种环扫模式下适用于检测下列几类试样：

（1）可消除或减少试样表面积累的负电荷，适宜于分析那种既不导电又不允许蒸镀导电膜的试样。

（2）可分析保持含水原始状态的试样，如生物试样。

（3）新型的低真空二次电子探测器可在环境扫描或低真空扫描条件下检测二次电子。

（4）特殊的压差光栏与物镜光栏的组合搭配能保证能谱分析的空间分辨力和准确度，有的能谱仪自身还带有专门用于校正低真空状态的分析软件。

图 2.11.6 为 SUPRA 55-VP 可变压力场发射电镜的真空系统图，样品仓和 GEMINI 镜筒被分成了四个不同的压力区，各段压力区之间进行梯度分段隔离。当操作者选择了 VP 模式后，系统将会关闭样品仓和分子泵之间的隔离阀，并自动调整样品仓内的压力，此外系统还会自动选用可变压力的二次电子探测器（VP-SED）。此电镜中有一个自动反馈回路来调整样品仓内的压力，确保压力能够得到准确控制。该机所配置的 VP-SED，可在 2～133Pa 的压力范围内采集二次电子。这种场发射 GEMINI 镜筒的可变压力模式能消除或减少试样表面的荷电现象，即为不导电试样的分析成像带来了方便，在低真空模式中可对不导电的试样进行无损、无假象的成像与成分分析，而又不需要复杂的试样制备，这样既节省了制样成本，又能提高制样效率和设备的利用率。在 VP 的模式下，采用增强型的 VP-SED，对绝缘试样的成像影响不大，因二次电子与气体分子的碰撞会产生电子和正离子，这些正离子将与试样表面上积累的负电子结合，从而使试样表面的负电荷得到中和。由于它的最高压力只有 133Pa，当要分析含水分的试样时，还需要加配冷却台对试样进行冷冻才能观察含水试样，否则仍会出现水气挥发、升华，真空抽不上去的问题。如果要返回传统的高真空模式，单击"HV"按钮，几十秒钟后电镜就可回到高真空状态，系统这时就返

回到传统的扫描电镜的高真空模式中，也就可用传统的 E-T 探测器或高分辨的 In-lens 探测器。当需要对真空模式进行互换时，只要点击"VP"按钮就又可回到低真空模式。

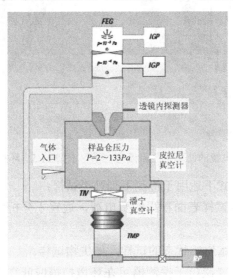

图 2.11.6　SUPRA55-VP 可变压力场发射电镜的真空系统

　　ULTRA plus 型扫描电镜还配有电荷中和器，如图 2.11.7 所示。这个电荷中和器在 GEMINI 镜筒下面。电荷中和器有一个气动伸缩机构，可以在电荷中和模式与传统的高真空操作模式之间实现快速的伸缩，电荷中和器有一个局部的气体喷嘴，用于喷射氮气。其工作时有一束很细的局部气流经过一个细针尖喷射到试样表面的电子束照射区。当不导电材料暴露在电子束下时，试样表面若出现荷电，将导致试样表面的电位降低，干扰入射电子并使二次电子图像出现扭曲变形。这时若启动电荷中和器，其功能就是向试样表面的照射区域喷射气体，对试样表面的负电子进行中和。试样表面发出的 SE 和 BSE 与喷射进来的气体分子碰撞产生离子，正离子将与表面的负电子进行中和，使试样的表面趋向于电中性，从而可采集到比较稳定和清晰的图像。

　　在通常情况下，对自身含水的试样应该在尽可能接近其自然状态的环扫电镜中进行观察。如观察含水的生物试样时，最需要考虑的一步是水分的蒸发和冷凝现象。试样表面的水分蒸发会导致含水试样出现收缩、皱褶等变形；除此之外，水分的低温冷凝会导致试样膨胀或试样表面水滴积累而掩盖其表面形貌。为了避免这些负面影响，可以在环扫或低真空的电镜中通过设置温度和压力的关系曲线来创造稳定的环境，再在接近平衡状态的稳定条件下进行观察。根据气体的动力学行为，降低温度可以减少蒸发。然而，采用冰点以下的温度虽然可以减缓水分的蒸发，但是冰晶的形成可能会导致试样的表面张力增大，出现膨胀、破裂等损伤。因此，人们应充分考虑每个含水试样的结构和特性，尽可能采用环扫或低真空模式的电镜配合珀尔帖（Peltier）冷却台的低温条件来观察试样，设法找到观察含水试样的合适条件，以获得接近自然状态的形貌。

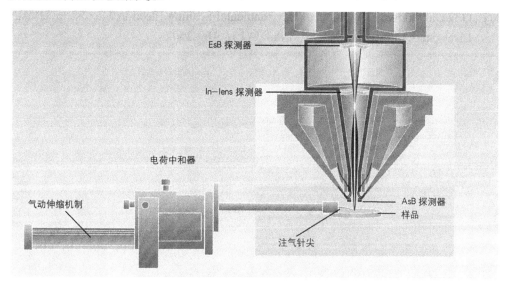

图 2.11.7　ULTRA plus 型扫描电镜中的电荷中和器

参 考 文 献

[1]　田中敬一，永谷隆. 图解扫描电子显微镜--生物试样制备[M]. 李文镇，应国华，等译. 北京：科学出版社，1984：5.

[2]　J.I.戈尔茨坦，等. 扫描电子显微技术与 X 射线显微分析[M]. 张大同，译. 北京：科学出版社，1988：17-18.

[3]　廖复疆. 真空电子技术—信息化武器装备的心脏[M]. 2 版. 北京：国防工业出版社，2008：174.

[4]　杨德清，庄伟. 电子发射原理与应用[M]. 昆明：云南大学出版社，1995：95-96.

[5]　曾朝伟，李文恩，钱天宇，等. 六硼化镧电子枪[J]. 电子显微学报，1990（1）：71-75.

[6]　C.W.奥拓莱. 扫描电子显微镜：第一册仪器[M]. 葛肇生，刘旭平，谢信能，等译. 北京：机械工业出版社，1983：81-88.

[7]　西门纪业，葛肇生. 电子显微镜的原理和设计[M]. 北京：科学出版社，1979：211-213.

[8] 木崇俊，潘尔达，陈尔钢. 电子光学仪器原理[M]. 昆明：云南大学出版社，1996:163-164.

[9] 达道安. 真空设计技术手册[M]. 3版. 北京：国防工业出版社，2006：265-266.

[10] 赵柏苓. 无线电元件工艺基础[M]. 上海：上海科学技术出版社，1987：103-105.

[11] G D Danilatos. Foundations of Environmental Scaning Electron Microscopy[J] Adv Electronics and Electron Phys，1988（71）：109-250.

第 3 章

扫描电镜的主要探测器及其成像

 3.1 二次电子和背散射电子信号的收集与显示

电子信号的收集和显示系统的组件包括信号探测器、前放、功放和显示器，它们的作用是探测试样在入射电子的激发下产生出来的多种电子信号，这些信号被相应的探测器收集后，经多级放大作为显示系统的调制信号，最后在荧屏上呈现出反映该试样表面特征的扫描图像。

二次电子和背散射电子在理论上都可以用闪烁体加光电倍增管所组成的传统 E-T SED 来进行探测、成像。因该探测器前端的栅网上都有一个-150～+300V（个别电镜为-250V～+400V）的可调电位。若栅网上加正电位，则探测器主要接收二次电子，当栅网上加+300V 时，吸引来的二次电子经闪烁体前面的 10kV 或 12kV 的高压加速后，入射到闪烁体的荧光层，荧光层受到被加速的二次电子的激发便会产生出光信号，光信号沿着光导管传送到光电倍增管，光电倍增管把光信号又转换成电信号并进行倍增放大，再输入预放大器，再经功率放大后就成为显示屏中的视频图像。若栅网上加的是负电位，如-50V 或-100V，则该负电位就会排斥入射的低能二次电子，但排斥不了高能的背散射电子，所以只能接收高能量的背散射电子。这些背散射电子入射到闪烁体上的荧光层，荧光层受激发会产生光信号，这些光信号经转换并由光电倍增管倍增放大，最后同样成为显示屏中的视频图像。这就是用传统的 E-T 探测器来分别对 SE 和 BSE 进行探测、采集成像的大致过程，它们所成的对应图像分别称为二次电子像（SEI）和背散射电子像（BSEI）。

3.2 二次电子探测器

传统的二次电子探测器（E-T SED）主要是用于收集从试样表面发射出来的二次电子，然后将它们转换成显示屏上的图像信号的重要部件。1956 年，英国的史密斯（Smith）在扫描电镜中首先采用光电倍增管的组合来探测二次电子，但是当时的二次电子探测器对 SE 的收集效率很低，得到的图像信噪比（S/N）很差。后来，埃弗哈特（Everhart）和索恩利（Thornley）两人对这种光电倍增管组合的探测器进行了改进，采取了先让入射进来的二次电子加速到 10kV 或 12kV 再打到闪烁体上，并将闪烁体直接贴到光导管的前端，然后再让光信号直接进入光电倍增管的方法。经这样的改进和组合之后，这种二次电子探测器的结构得到了完善和优化，显著地提高了二次电子的接收效率，图像的信噪比显著提高了。因此，现在的人们就把这种改进过的二次电子探测器称为 Everhart-Thornley 探测器（简称 E-T SED），它也就成为当今所有商品扫描电镜中必备的传统二次电子探测器。

近几年来，高分辨力的场发射扫描电镜中不仅都安装有这种二次电子探测器，而且还会加装透镜内（In-lens）或穿过透镜的二次电子探测器（TLD 或 TL-SED），这又是一种与光电倍增管结合的高效闪烁体的探测器。用这类探测器可以提高二次电子的收集率并能进一步改善图像的信噪比和分辨力，特别是低加速电压时的图像对比度和分辨力都能得到明显提高。环境扫描和低真空或可变真空的电镜一般还会加配专用于环境扫描或在低真空条件下作为采集二次和背散射电子信号的专用探测器。

3.3 二次电子像的性质

二次电子是相对入射电子的一种相对提法，它是指用高能入射(也称为一次或初次)电子束轰击试样后，而从试样表面和亚表面激发出来的核外电子。由于外层价电子与原子核之间的结合能很小，当原子的核外电子从入射电子那里获得了大于结合能的能量后，就可脱离原子核的约束而成为自由电子。如果这种脱离过程发生在试样的表面和亚表面层，那么这些能量大于材料逸出功的电子就可以从试样的表面逸出，而成为二次电子。二次电子主要是来自距试样表面 1～10nm 的亚表面（试样表面 0～1nm 范围内发出的电子主要为俄歇电子），二次电子的能量为 0～50eV，平均能量约 30eV，所以这些二次电子能很好地显示出试样表面的微观形貌。由于入射电子仅仅经过几纳米的路径，还没有被多次反射而导致明显的扩散，因此在入射电子照射的作用区内产生的二次电子区域与入射束的束斑直径差别不大，所以在同一台扫描电镜中二次电子像（SEI）的分辨力最高。二次电子像的分辨力优于背散射像（BSEI），背散射像的分辨力优于吸收电子像（AEI），吸收电子像的分辨力优于阴极荧光像（CLI）。在一般情况下，商品类扫描电镜的指标中所提及的图像分辨力，若没有特别说明，一般都是指二次电子像的分辨力。

二次电子的发射率随原子序数的变化不是很明显，它主要取决于试样的表面形貌。它是入射电子与试样中核外电子碰撞，使试样表面和亚表面中的核外电子被激发出来所产生的电子。当这些代表试样表面结构特征的电子被相应的探测器收集后就成为扫描电镜的成像信号，其所成的像就被称为二次电子像。SEI 的衬度主要取决于试样表面与入射电子束所构成的倾角。而对于表面有一定凹凸起伏等不平整的试样，其形貌被看成是由许许多多与入射电子束构成不同倾斜角度的微小形貌（如凸点、尖峰、台阶、平面、凹坑、裂纹和孔洞等细节）所组成的。这些细节中不同的起伏部位所发出的二次电子数各不相同，从而便产生出亮暗不一的衬度。由于二次电子的能量低，用 E-T SED 探测时，仅需在其前面的栅网上加几百伏的正电位，最常施加的电位为+280～+300V，即借助这样的直流电位就可把试样上发射出来的大部分二次电子吸引过来，所以二次电子像的阴影效应不明显。在二次电子探测器所对应的立体角内也能接收到相应的一小部分背散射电子，所以在二次电子像中也包含了一小部分的背散射电子的信息，图 3.3.2 中对应的背散射电子成分像的一些衬度信息也能在图 3.3.1 中的铅锡焊料二次像里反映出来，只不过 3.3.1 图中所显现的原子序数的衬度没有像 3.3.2 图中的铅锡焊料背散射像那么明显而已。

二次电子的能量低，受局部电场的影响变化大，图 3.3.3 是在电子束照射下电阻端头上的灰尘颗粒，其因充了负电荷而发白，在这发白颗粒的周围感应了正电荷，而感应了正电荷的区域导致二次电子的发射量相对减少，使灰尘颗粒的四周明显变暗。而与其相对应的图 3.3.4 的背散射像中的灰尘颗粒自身并不变白，其周围虽然也照样存在有感应的正电荷，但该颗粒的周围并没有明显变暗，这说明背散射电子的能量较高，它受局部电场变化的影响不明显。由于二次电子像分辨力高、阴影效应不明显、景深深、立体感强，所以它是扫描电镜中最主要和最常用的成像方式。它特别适用于观察和分析起伏较大的粗糙面，如金属、陶瓷和塑料等材料的断口，所以在材料学科中扫描电镜得到了广泛应用。

图 3.3.1　铅锡焊料二次电子像

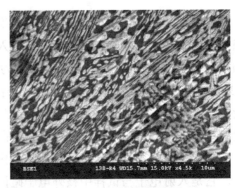

图 3.3.2　与图 3.3.1 对应的背散射电子成分像

图 3.3.3　在电子束照射下电阻端头上的灰尘颗粒

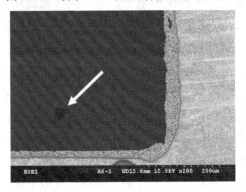

图 3.3.4　与图 3.3.3 对应的背散射电子像

3.4　传统的 E-T 型二次电子探测器

传统 E-T 型二次电子探测器除了前面介绍的栅网上加几百伏的正电位，硬件上还由三个主要的部件组成，如图 3.4.1 所示：

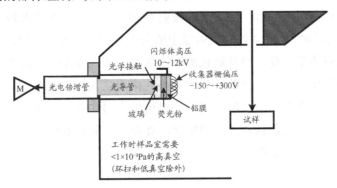

图 3.4.1　传统的 E-T 型二次电子探测器

（1）闪烁体。在洁净又无气泡的玻璃上涂覆一层 P47 的荧光粉（$YSi_2O_7：Ce^{3+}$），再在荧光粉的表面上镀一层 70～80nm 厚的铝膜作为电极。这层铝膜一方面用作 10kV 或 12kV 高压的电极，另一方面又可作为一面理想的反光层，它既可以降低入射杂散光的干扰，又可以提高对有用信号的接收效率。工作时二次电子在高压电位的吸引下加速打到闪烁体的荧光粉上，使荧光粉发光，闪烁体把电信号转换成光信号，再借助光导管把光信号传递到光电倍增管之后又将其转换成电信号。

（2）光导管。它是由一段无气泡、无明显杂质的洁净玻璃棒做成的，它的作用是将从荧光层发出的光信号传递到光电倍增管。

（3）光电倍增管。其把接收到的光信号转换成电信号，经倍增放大后的电流能达到 10μA，再经功率放大器放大后就可作为显示屏的图像调制信号。光电倍增管的增益一般在 10^4～10^7，在平时的使用中高增益的能达 10^8。

对传统 E-T 型二次电子探测器中的闪烁体要求是：

（1）要有合适的发光光谱，要求光谱的主峰值最好能在 400nm（蓝光）附近。

（2）发光效率要尽可能高。

（3）余辉时间要尽可能短、要求小于 10^{-8}s。

（4）响应速度要尽可能快，要能与扫描电镜成像的通频带相匹配。

（5）既要寿命长，又要能经得起电子的轰击而不至于过早老化。

3.5　光电倍增管

3.5.1　光电倍增管的结构

光电倍增管（PMT）是一种能把微弱光信号转换成电信号输出，并能获得很高电子倍增能力的光电探测器件。它是扫描电镜 E-T 探测器中最关键和最重要的部件之一。1934 年库别茨基（Kubetsky）提出了光电倍增管的雏形。1939 年兹沃雷金（V. K. Zworykin）制成了实用的光电倍增管。1942 年，兹沃雷金等人最先提出把光电倍增管应用到电镜上来采集信号电子。1956 年，史密斯首先采用光电倍增管的组合来探测二次电子，这为改善扫描电镜图像的信噪比和分辨力做出了重要贡献，并为加速扫描电镜的实用化和商品化起到了促进作用。我国是在 20 世纪 50 年代中期研制成功了实用的光电倍增管，经过数十年的发展，国产的光电倍增管产品系列化日臻完善，现已能研制出有效直径为 9～190mm，光谱响应波长范围从远紫外到远红外（115～1 200nm）的宽频带光电倍增管。

光电倍增管是一种理想的低噪声放大器，它具有很高的电子增益，一般能达到 10^6，高的可达到 10^7，最高的可超过 10^8，但增益太高的倍增管稳定性会比较差。倍增管的暗电流一般都比较小、信噪比高、可靠性好，广泛地应用于天文、地理、物理、化学、医疗、航天测控等方面的电子科学仪器上。光电倍增管按结构的不同，可分为打拿极形的光电倍增管和微通道板形的光电倍增管。打拿极形的光电倍增管按入射窗结构的不同，又可分为侧面窗和端面窗这两种形式，在扫描电镜的 E-T 探测器中采用的几乎都是端面窗的打拿极形的光电倍增管。

打拿极形的光电倍增管主要是由光电阴极、电子光学输入装置、电子倍增极和阳极这四个小部件组成的。倍增管内部除了光电阴极和阳极外，在这两电极之间还设置了多个倍增电极，使用时相邻的两个倍增电极之间均加有不同的、用于加速电子的阶梯电位。光电阴极受光照射后会释放出光电子，光电子在电场的作用下射向第一倍增电极，引起电子的二次发射，产生倍增，从而激发出更多的二次电子，然后在电场的作用下这些二次电子又飞向下一个倍增电极，再次产生倍增，激发出比之前更多的二次电子。逐级如此接连，使每个倍增电极上产生的电子数不断地成倍增加，到达阳极时的总增益通常可增加 10^7 倍。这使光电倍增管的灵敏度和增益都比普通光电管要高很多，它常被用来探测微弱的光信号。光电倍增管这种高灵敏度的特点使得它非常适合做扫描电镜中二次电子的光电转换。图 3.5.1 中的 K 是光电阴极，D_1、D_2、D_3……D_n 是由二次发射体做成的倍增极（也称之为打拿极），每个倍增极都做成瓦形曲面状，以便于能高效地接收从上一级发射出来的电子，这些电子经倍增后加速再打到下一级。A 是收集电子的阳极也称为收集极。这些电极的电位是由一路直流高压电流经电阻分压后供给的，从阴极到阳极之间的电位由低到高逐步上升，形成阶梯递增，每个相邻电极间的电位相差 100～200V。在闪烁体发出的微弱辐射光的照射下，从阴极 K 上发出的光电子会被加速汇聚到电极上，然后依次逐级倍增，每级的倍增率一般为 3～5 倍，高的为 6～8 倍。倍增管的总增益 $G=K\delta^n$，其中 K 为第一倍增电极的接收效率（约为 0.9）；δ 为倍增极的二次发射比率，估算时一般常取中间值 3 或 4；n 为倍增管电极的级数减去 1。最后的倍增结果由阳极收集后再经阳极后面的电子线路放大输出。

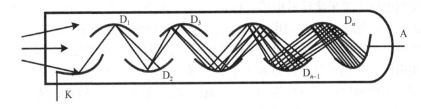

图 3.5.1　光电倍增管（PMT）原理示意图

光电倍增管的倍增性能与次级发射体的特性关系很大，它要求次级发射体的发射系数必须均衡、稳定，而且增益要尽可能高，暗电流要尽可能小，寿命要尽可能长。目前，可用作光电倍增管次级发射体的材料有：Sb-Cs、Ag-MgO-Cs、K_2CsSb、Ag-O-Cs、MgO、GaP-Cs、Cu-Be 合金等。

锑化铯（Sb-Cs）材料具有很好的二次电子发射功能，它可以在较低的电压下有较高的发射系数，当极间电压差高于 400V 时，δ 的值可达 10，但是在大的电流下，其增益的稳定性会变差。

Ag-MgO-Cs 是氧化银镁合金材料（含镁 2%～4%），它具有很好的二次电子发射功能，它与锑化铯（Sb-Cs）相比，二次发射能力虽稍弱一些，但它可在较大的电流和较高的温度（≤150℃）环境下工作，当极间电压差在 400V 时，δ 的值可达到 6，其增益稳定性较好。

Cu-Be 是铜铍合金材料（铍含量约 2%），它具有较好的二次电子发射功能。它与银镁合金相比，其二次发射能力虽稍差一些，但其二次发射系数 δ 的再现性好，工作的温度范围广（≤400℃），增益稳定性好。

GaP-Cs 是一种新发展起来的负电子亲和势材料。它具有更高的二次电子发射能力，当极间电压差为 1 000V 时，δ 值可大于 50。

3.5.2 光电倍增管的特性

对光电倍增管的要求是：

（1）稳定性要好，光电倍增管的稳定性是由器件本身的特性、工作状态和环境条件等因素决定的。

（2）使用时不要超过该管子的极限工作电压，这是指管子所允许施加的电压上限，若高于此电压，管子可能会产生放电，甚至有可能会打火、击穿，严重的会造成永久性失效。

（3）多数管子的总增益为 10^7 倍或以上。

（4）阴极对蓝光的接收灵敏度要高。

（5）光的反馈要小，有利于提高信号利用率并降低噪声。

（6）当阴极灵敏度为 2 000A/lm 时，所产生的暗电流及其统计噪声可忽略不计。

这里的暗电流指的是倍增管在无辐射时阳极的输出电流。在正常的情况下，其暗电流应是很小的，一般为 10^{-16}～10^{-10}A，这也是目前所有光电探测器中暗电流最低的器件。影响光电倍增管暗电流的因素很多，其中主要有：

（1）倍增管电极间的玻璃绝缘体受污染而造成漏电。

（2）光电阴极材料的发射阈值较低，在室温下也会有少量的热电子自由发射，并被倍增放大输出。

（3）倍增管内的残余气体被电离，产生出正离子和光子，被吸收后也会自动倍增。

（4）若倍增管中的个别电极的棱角较尖锐，则会形成局部的高电场，易产生局部的场致发射电流。

（5）潮湿的环境会造成引脚之间漏电，易引起暗电流增大或导致输出不稳定。

（6）放射性的影响，即在强电场下玻璃壳有时可能会产生放电现象或出现额外的玻璃荧光，当光电倍增管在负高压下使用时，金属屏蔽层与玻璃外壳之间的电场很强，在强电场下玻璃外壳可能会产生放电现象或出现玻璃荧光，放电和荧光也都会引起暗电流增大。

（7）云母陶瓷绝缘子中可能会含有微量的钾元素（^{40}K）等，这些也有可能会诱发噪声和暗电流增大。

国产的 GDB-53L 型光电倍增管的主要特点和参数如下。

（1）有 13 级百叶窗式的倍增极，总增益最高为 10^7 倍或以上，13 级的总增益为 $G=K\delta^n$，其中 K 为第一倍增极的接收效率约 0.9；δ 为二次发射率，这里取 3 和 4；n 为倍增极级数减去 1，即 13-1=12。

（2）阴极材料为锑铯钾（K_2CsSb），光谱响应频段范围为 300～650nm，响应主峰值为 420nm，蓝光灵敏度高，有利于降低统计噪声。

（3）当阳极灵敏度达到 2 000A/lm 时的高压要求较低，高压低的管子工作时内部发光较弱，可降低暗电流，提高信噪比。

（4）当阳极灵敏度达到 2 000A/lm 时，暗电流约为 1×10^{-9}A，但阳极输出电流已大于 10μA，所以该管子的暗电流可忽略不计。

（5）上升响应的时间快，约 2.5ns。

（6）典型的工作电压为 1.2kV。

（7）外形几何尺寸：外径 51mm、长度 140mm、光敏面直径 10mm。

3.5.3 光电倍增管的稳定性

光电倍增管的稳定性是由器件本身的特性、工作状态和环境条件等诸多因素决定的。有些光电倍增管在工作过程中有时会出现输出不稳定的情况，这除了暗电流增大，主要原因还有：

（1）管子内个别电极焊接不良、结构松动或阴极弹片接触不良、极间尖端放电、跳火等因素引起的不定期、间断性的不稳定现象都会造成信号忽大忽小，使输出不稳定。

（2）阳极输出电流太大或因受到强光的照射及照射时间过长，也会引起输出降低，停止照射后又会部分地恢复，这种现象被称为"疲乏"，当出现这种疲乏现象时倍增管会产生连续性和疲劳性的不稳定，过度的疲乏和疲劳就会影响到倍增管的寿命。

（3）环境条件对稳定性的影响，如环境温度升高或管子自身的灵敏度下降。

（4）环境中电磁场的干扰也会引起管子自身工作的不稳定。

（5）光阴极表面各点灵敏度不均匀。

（6）若施加的工作电压超出管子所允许的最高电压，则有可能会使管子内部产生放电、打火甚至击穿。

（7）为了提高 PMT 的信噪比，应防止接地回路出现，则 PMT 的外壳不能直接与样品仓外壳相连，以免构成接地回路，增大噪声，影响图像的信噪比。

3.5.4 光电倍增管的典型供电电路

光电倍增管的供电电路种类很多，可依应用的具体情况设计出各具特色的供电电路，以下以 FEI 公司的 XL-30 型扫描电镜中的 PMT 的外围连接电路为例来进行讨论，这也是最常见的、典型的 PMT 外围连接电阻分压型供电电路。该电路如图 3.5.2 所示。

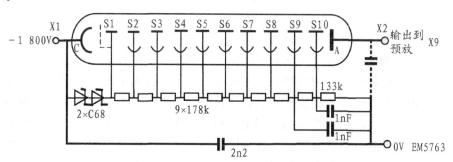

图 3.5.2 XL-30 型扫描电镜的 PMT 的具体连接线路

（1）该电路由 9 个 178k 的电阻和 1 个 133k 的电阻构成电阻链分压器，分别向 10 级打拿极提供偏置电压。

（2）左边有 2 个 XC68 的稳压二极管为稳定各打拿极电压起了重要的作用。

（3）PMT 的阴极电位可在-1 800～-400V 范围工作。

（4）光电倍增管的末两极，即 S9 和 S10 与接地端串接了 2 个小电容，那是为了使 PMT 的增益能更稳定，因为越到后面，其打拿极的电流越大，其瞬间的波动变化所带来的影响也会越明显，在打拿极的最后两极上接 2 个小的旁路电容就能够减少瞬间电流的波动及高频噪声所带来的干扰。

（5）到前置放大器的总电流的大小取决于倍增极的总级数和各级的转换倍增效

率（各倍增电极的倍增系数与阴极电位有关），如每级的平均倍增率是 4，则 10 级的总增益 $G \approx 1.02 \times 10^5$ 倍。

3.5.5　光电倍增管的疲劳与衰老

光电倍增管中的阴极和打拿极材料多数都含有铯元素，当入射的电子束较强时，电子束的碰撞和照射都会使阴极板和打拿极板的温度升高，加快铯的挥发，使极板中的铯含量逐渐降低，使电子的发射能力慢性下降，导致光电管的灵敏度下降，直至完全丧失。因此，在一些较大功率的光电管中，通常都会采用过电流保护措施，一旦阳极电流超过某一个设定值便会自动关断供电电源。在强光辐射作用下使倍增管的灵敏度下降的现象称为疲劳，这多数是一种暂时的现象，待管子避光存放一段时间后，其灵敏度将会全部或部分地恢复过来。当然，若长期或经常性的过度疲劳就有可能就会造成 PMT 完全失效。光电倍增管即使都在正常的状态下运作，随着工作时间的增长，其灵敏度也会逐渐下降，而且过后又不能完全恢复的现象称为衰老，这也是光电倍增管的一种正常老化现象。

为了尽量延长 PMT 和闪烁体的寿命，在使用能谱仪或波谱仪对试样进行成分分析时，应尽量少用高电压、大束流、大束斑来轰击试样，一般只要选择好合理的过压比，能达到一定的计数率就行。否则，太大的束流、束斑会导致大量的背散射电子和二次电子加速打到闪烁体的荧光粉上，使荧光粉发出强光，再由光导管把强光信号传递到光电倍增管的阴极和各倍增电极，这时会使光电倍增管遭遇到强烈的照射。这种状况有些操作人员往往不在意，甚至不知道，更不会去关注它。因为这时操作人员关注的是能谱或波谱的谱图采集和下一步的定性、定量分析。光电倍增管如果经常受到这种强烈的照射，会使灵敏度逐渐下降，经常性的过度疲劳，会影响到图像的信噪比，会明显地缩短倍增管和闪烁体的使用寿命。当扫描电镜使用了几年以后，若图像的信噪比明显下降，在更换了新灯丝、新物镜光栏和闪烁体后，若图像的分辨力和信噪比仍改善不大，就应考虑更换光电倍增管。

3.6　YAG 材料的二次电子探测器及背散射电子探测器

现在有些厂家的电镜配的是高发光效率的 YAG（Yttrium 钇、Aluminum 铝、Garnet Ce^{3+} 含铈钇铝石榴型的硅酸钙矿，分子式为 $Y_2Al_5O_{12}$）或 YAP（Yttrium 钇、Aluminum 铝、Perovskite Ce^{3+} 含铈的钇铝钙钛矿，分子式为 $YAlO_3$）材料做成的用于探测 SE 或 BSE 的探测器。

YAG 是一种较新型的闪烁体材料，用这种掺铈的 YAG 材料制成的闪烁体比用传统的 P 类荧光粉做成的闪烁体的发光效率更高、亮度更亮、更耐离子和电子的轰击，而且几乎不存在随使用时间的增长而导致其发光效率下降的问题。当电镜使用了几年之后，采用 YAG 材料做闪烁体的电镜图像质量与刚安装时的差异仍然不大，而采用传统 P 类荧光粉做闪烁体的电镜，P47 虽然比 P15 的余晖更短、发光效率更高，但半年后 P47 仍会逐渐退化，这不仅在实际应用中有这种现象，而且在理论上也有对它进行探讨和分析的报道。用 P47 做成的 E-T SED 在使用一段时间后，其所成的图像亮度会逐渐变暗，信噪比会慢慢变差，这种现象只有更换新的闪烁体才能解决。而选用 YAG 材料做成的闪烁体基本上可避免这一问题。图 3.6.1 为 YAG 背散射电子探测器的实物照片。

图 3.6.1　YAG 背散射电子探测器

这种掺铈的 YAG 材料的结构式为 $Y_3Al_5O_{12}:Ce^{3+}$，它是由 Y_2O_3 和 Al_2O_3 反应生成的一种复合氧化物，具有石榴石结构。它的发光特性是荧光粉在蓝光和稍长波长的紫外光激发下，部分蓝光被荧光体吸收，荧光体产生高效的黄色可见光，这种光转换效率高、流明效率也高，属于典型的下转换光。铈激活的钇铝石榴石荧光粉蓝光激发光谱与 InGaN 芯片的发光光谱能互相匹配，并转换成白光需要的黄光发射。这种掺铈的 YAG 闪烁晶体的最大优点是其发光的中心波长约在 550nm，这在黄绿光的范围内，它是人眼、光导管、老式的感光胶片都比较敏感的波段，它还可以与硅半导体的光电二极管等检测部件有效耦合。调整 YAG 中的 Ce^{3+} 的含量比例可以获得不同色温的白光。铈激活的钇铝石榴石具有良好、稳定的物理和化学性能，经得起电子的长期照射和轰击，也具有良好的温度猝灭特性。

这种掺铈的 YAG 闪烁晶体的衰减时间很短，而且闪烁晶体的抗潮湿、耐高温和热力学性能都很稳定，特别适合做电子探测器并方便成像。它与多种导光元件的匹配也很好，它常应用在 α 粒子和 γ 射线等多种粒子的探测领域。最近几年它还用在多种高档机型扫描电镜的探测器和发光二极管照明灯中的反射膜层及高分辨力显微成像的荧光屏中。用于制作扫描电镜探测器的 YAG 材料中的 Ce 含量通常为 1%～2%。在扫描电镜的探测器中 Ce^{3+} 作为其发光强度的主激活剂，光致发光光谱及色坐标值与 Ce^{3+} 的浓度密切相关，其 Ce^{3+} 有一个最佳的浓度值，若含量低，则发光效率不高；若含量高，则容易发生浓度猝灭。Ce^{3+} 浓度的稳定性也会对光转换效率产生直接的影响。该荧光粉的发光强度也受到多种因素的制约，如原材料的纯度，灼烧后是否

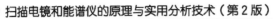

有杂相，晶体形貌是否吸收了水汽或是否会产生氧化性的气体等，这都会影响到 Ce^{3+} 的稳定。在荧光粉贮存、保管和使用过程中要避免产生氧化，采取措施尽量防止 Ce^{3+} 转化为 Ce^{4+}，这样才能提高 Ce^{3+} 的稳定性。

YAG 属于立方晶系，其折射率为 1.816，热膨胀系数为 $7.8×10^{-6}K$，密度为 $4.56g/cm^3$，洛氏（Mohs）硬度为 8.25，熔点在 1 950～1 970℃。

YAP 属于正交晶系，其折射率为 1.913～1.94，$a\backslash b\backslash c$ 的热膨胀系数分别为 $9.5×10^{-6}K\backslash 4.3×10^{-6}K\backslash 10.8×10^{-6}K$，密度为 $5.35g/cm^3$，洛氏（Mohs）硬度为 8.5。

YAG 和 YAP 这两种材料有许多相类似的地方，使用这两种材料做成的探测器的特点有：

（1）光电转换效率高、噪声低、信噪比好。

（2）YAP 和 YAG 都比 E-T SED 中的 P47 响应快，YAP 的响应最快。

（3）适用于高计数率和耐高能电子的轰击，YAG 的衰减时间约为 70ns。

（4）YAP 和 YAG 响应峰的主峰值分别为 360～378nm 和 550～560nm。

（5）寿命长，不易老化，基本上可使用电镜整个生命周期。

（6）用作 BSED 时图像的亮度和原子序数的分辨力也都比半导体型的探测器更亮、更高。

YAG 和 YAP 探测器的缺点有：

（1）造价费用比常规的 P 类闪烁体的 E-T SED 和半导体型的 BSED 高。

（2）用其作为 BSED 所挤占的 WD 间隙比半导体型的大。

（3）个别机型的扫描电镜安装了这种背散射电子探测器之后就不能与能谱仪同步使用。

3.7 透镜内二次电子探测器

随着人们对微观物质的研究不断地向纳米或亚纳米量级深入发展，扫描电镜的空间分辨力要求也越来越高。传统 E-T SED 的光电转换效率和信噪比还不是很高，即使是配备在场发射电镜上的 E-T SED 所能得到的图像分辨力基本上也被限制在 1.5nm 左右，最高的分辨力也只到 1.2nm，很难再有明显的突破。为了使场发射扫描电镜的二次像分辨力能达到或优于 1nm，特别是使低加速电压时的图像分辨力能得到进一步的改善，是广大用户的共同愿望，也是设计者的重要研究方向。因此，提高探测器对二次电子的采集效率和尽量减少各种像差都是非常必要的。现在，类似于光学显微镜的短焦距浸没式透镜的模式也开始应用到扫描电镜上来，这种透镜不仅可以减少图像的像差，而且还能明显地提高电镜的分辨力，特别是对低加速电压时分辨力的改善尤为明显。

在高分辨力的场发射扫描电镜中，为了能提高二次电子的采集率和图像的分辨力，一般采用提升样品台的 Z 轴，缩短工作距离，让试样能尽量靠近物镜的下极靴的方法。在下极靴的附近通常会加装一小静电场来提升二次电子；有时为获得更高分辨力的图像，甚至把试样放在物镜的下极靴附近。这几种设置模式都要在物镜中另外增设透镜内（IN-LENS）的 SED 来采集二次电子；有的扫描电镜把二次电子探测器置于物镜的上方称为穿过透镜的二次电子探测器（TLD）；有的电镜把这种二次电子探测器做成面积较大的圆环形而置于物镜的上方；有的电镜甚至把试样置入物镜的下极靴间隙附近，再在物镜上方设置二次电子探测器，这种电镜把试样置于极靴附近空间内，再加上采用能量发散小、束流密度大的冷场发射电子枪做光源，其最高的分辨力目前可达 0.4nm，但由于极靴间隙附近的空间小，可容纳的试样尺寸仅为毫米量级，样品台的 X 和 Y 移动范围也很小，一般不超过 10mm，所以使用时显得很不方便，因此移动试样时必须特别小心，以免"四面碰壁"，但其最大优点是能提高二次电子图像的分辨力。

为提高低加速电压下的图像分辨力，日立公司冷场发射的高分辨力电镜就采用高位的二次电子的探测器来采集二次电子和背散射电子这两种信号，二次电子和背散射电子既可分开独立成像，也可两种信号相互叠加同时混合成像，透镜内电极信号变换如图 3.7.1 所示。使用该电镜时应尽量缩短工作距离，让试样能尽量靠近物镜的下极靴，采用物镜上方的高位探测器来接收由试样发出的 SE 和 BSE。从试样发出的 BSE 经转换电极转换而成为 SE 信号，这两路信号相叠加可使入射信号得到增强，这时所成图像的信噪比会明显得到提高，特别有助于提高低加速电压时的图像分辨力。这种探测装置还采用了电场和磁场（E×B）的结构模式，如图 3.7.2 所示，即在物镜的上方分别增设了一对电磁线圈和一对直流电场。此电场的正电位做成网状又放置在高位二次电子探测器的前端，类似于传统的 E-T 探测器前面的收集栅网，由于这个正电位的存在，它对低能的二次电子有明显的加速和提高采集效率的作用，但它也会影响到从其对面侧旁路过的入射（一次）电子束，特别是对低加速电压的入射束流影响会比较明显，会使经过这一电场区的一次电子偏向于正电位方向。为了不让正电位影响一次电子的运行路径，又增设了一对磁场，使入射的一次电子经过磁场区时受到洛伦兹力的作用（左手定则），在洛伦兹力的作用下，入射电子束偏向静电场中的负电位方向。这样，电场产生的库仑力和磁场产生的洛伦兹力的方向刚好相反，如果设计合理又调节得当，受力中心又处在同一个平面上，那么它们所产生的电场力和洛伦兹力刚好大小相等，方向相反，则其对入射束的影响合力趋于零，洛伦兹力的方向如图 3.7.3（a）所示。这样的布局对由上往下运动的一次电子束来说是不受影响的，但对于由下往上运动的低能 SE 来说，由于该磁场的存在，所产生的洛伦兹力的方向与电场力的方向刚好一致，如图 3.7.3（b）所示，这也就增加了探测器对二次电子的双重收集能力。所以，E×B 这种结构模式提高了设备对二次电子的信号采集能力，特别是在用低加速电压来分析那些导电不良的试样时，能更明显地提高图像的衬度和信噪比，对改善低加速电压的二次电子图像的信噪比和分辨力都有很大的帮助。

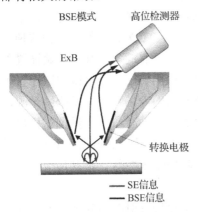

图 3.7.1　透镜内电极信号变换图

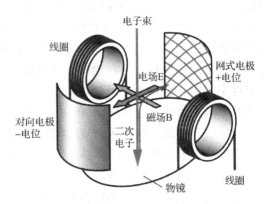

图 3.7.2　透镜内的 E×B 结构示意图

（a）入射电子向下，力的方向朝左

（b）二次电子向上，力的方向朝右

图 3.7.3　左手定则中的电流、磁场和力的方向

左手定则：将左手的食指、中指和拇指伸直，使其在空间内相互垂直，食指方向代表磁场的方向（从 N 极到 S 极），中指代表电流的方向(从正极到负极)，这时拇指所指的方向就是受力的方向。使用时可以记住，中指、食指和拇指各指的方向分别代表"电、磁、力"这三个方向。

3.8　环境扫描和低真空电镜的二次电子探测器

为了保证环境扫描电镜和低真空电镜样品仓内的气压能达到低的真空环境，除了电镜的真空系统需特殊考虑外，还需要另外设计一套低真空扫描电镜专用的二次电子的探测器。因传统电镜的 E-T SED 前端都有一个 10kV 或 12kV 的高电位，由于这个高电位的存在，E-T 型探测器在低真空的气氛中就容易产生放电、打火等电场击穿现象。因此，这种传统的 E-T 型探测器就不能用于环境扫描和低真空的环境中。现在许多电镜生产厂家也研制出多种适用于环境扫描电镜或低真空电镜的二次电子和背散射电子探测器。当年丹尼拉特斯在研制环境扫描电镜的同时，还研发出多种用在环境扫描电镜上的专用探测器。

目前，常见的、专用于环境扫描电镜的探测器有气体二次电子探测器（G-SED）、大视场低真空二次电子探测器（LFD）、高压气体背散射电子探测器（G-BSED）及高分辨力的 HELIX 探测器等。

3.8.1　气体二次电子探测器

环扫电镜中用的 G-SED 外形如图 3.8.1 所示，图 3.8.2 为环扫电镜专用的 HELIX 高分辨力的 SED。当电镜的样品仓中存有较高的气压时，入射的一次电子与气体相碰撞的概率就会增大，从试样上发出的二次电子与样品仓内的气体分子相碰撞的机会也就增多，这对传统的二次电子成像来说是很不利的。而环境扫描电镜中的 G-SED 正是利用了从试样上发出的二次电子与样品仓内的气体分子相碰撞所电离的正离子和带负电荷的电子与气体分子多次反复碰撞时，电子数和离子数都会成数量级倍增，这些倍增的电子被安装在物镜下方带有几百伏正电位的电极吸引并收集，再经电子线路放大作为成像信号，如图 3.8.3 所示；而带正电荷的离子会受到不导电试样表面所带负电场的吸引而飘向试样，与试样表面所积累的负电荷中和，如图 3.8.4 所示。如果样品仓中存在着足够多的正离子，就能使试样表面的电荷达到中和平衡，则试样表面就不易出现荷电现象。在实际的工作中，有时要消除试样表面严重的荷电现象，必要时操作者还可通过微型的注入装置，向样品仓中提供足够的气体以解决试样表面的荷电问题，常用的气体为空气或水蒸气，有的使用氮气。但由于空气和水蒸气这两种气体的来源广泛、经济、导电性又比氮气好，所以被经常使用。

图 3.8.1　环扫电镜中的 G-SED

图 3.8.2　环扫电镜专用的 HELIX 高分辨 SED

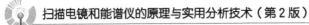

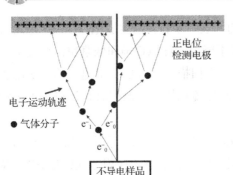

图 3.8.3 倍增电子朝
探测器的正电位移动

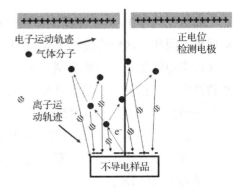

图 3.8.4 带正电荷的离子飘向试样

G-SED 探测的对象是由低能电子在与气体分子碰撞过程中所产生的大量次生二次电子的电流。因此，该探测器所探测到的信号为纯二次电子信号，所以在低真空状态下，这种气体二次电子探测器就可以直接用于探测各种导电不良的试样，而且它对加热台的高温和热辐射所产生的干扰不敏感，对分辨力的影响也不太大，还能对试样表面起到清洁的作用。改变物镜下方的 G-SED 中的正电位值就可以调节所产生的图像衬度，当对比度调到 100% 时，G-SED 的电位最高为 +550V，若超过这个最高值则容易导致探测器与试样（接近于地电位）之间的电场击穿而损坏试样（G-SED一般不易损坏），若发生这种情况则人们在图像中会看到白色杂乱的放电条纹。

导致探测器电压击穿的原因大致有以下几种：

（1）图像反差太大，即 G-SED 上的电位设置过高。

（2）试样距离探测器太近，即 WD 太小。

（3）样品仓中的气压太高，即真空度太低。

（4）样品仓中的气体净化不充分，即混有空气。

（5）试样没有粘贴好或与样品台卡口螺母连接头（BNC）的同轴电缆没有接插好。

G-SED 被整合在一个柔性计算机基片上，插在圆锥线圈后面的信号接线端口中。G-SED 带有一个 500μm 的光栏，这是 E-SEM 中的一个专用探测器，其工作时的最大允许压力可达 2 700Pa。当选择 "No Accessory" 时，系统会自动将压力限定在该范围内。

3.8.2 大视场低真空探测器

大视场低真空探测器（LFD）是一种适合在低真空和低电压模式下使用的探测器，是 FEI 公司用于 LV-SEM 的专用探测器，可用于大多数的试样分析。该探测器使用标准插件,最合适的压力范围为 13～133Pa。使用此探测器时,视场不会像使用 HELIX 探测器那样在低倍率时会受到限制, 最小的放大倍数与高真空模式时一致。LFD 可以得到比 G-SED 更多的电子信号。这使得它的成像效果更理想,它也是唯一可以同时与 BSED 一起使用的气态二次电子探测器,其实物外形如图 3.8.5 所示。LFD 也适用于低电压(≤5kV)下的图像观察,在低真空模式下使用 LFD 时,要在标准插件(INSERT)上安装一个标准的压差光栏锥体。当工作距离大于 9mm 时应使用 X 射线压差光栏锥体,小于 9mm 时应使用标准的低电压压差光栏。这些压差光栏锥体可以使入射电子束在低真空的样品仓中到达试样表面的裙散(发散)现象减少。裙散分布随样品仓内压力的增大和电子束在气体中穿过距离的增大而增加,这种影响可以通过减小气体压力或样品与压差光栏锥体末端之间的距离来解决。因此,E-SEM 电镜配备了一个与 LFD 协同使用的 X 射线压差光栏锥体,启用它不仅可减少入射束的发散,还可以减少对图像几何分辨力的影响。

图 3.8.5 大视场低真空探测器

3.8.3 改进型的低真空 E-T 二次电子探测器

传统的 E-T SED 的闪烁体上都会被施加 10kV(或 12kV)的高压,如图 3.8.6 所示,所以 E-T SED 不能用作低真空电镜中的二次电子探测器。这样 TESCAN 公司就对传统的 E-T SED 进行了改进,如增加一层微型透镜光栏的结构。这种改造过的 E-T SED 是在原探测器前面的栅网上加 150V 的正电位,如图 3.8.7(a)所示。当那些经由栅网引入的二次电子接近微透镜差动势垒区时,则被加速聚集到一个施加上 500V 电位并有许多小孔的金属盘孔中,如图 3.8.8 中的(a)和(b)所示。它就像差动泵的一面"墙",这面墙上排列了许多微型光栏孔,这些微型光栏小孔构成了显微静电透镜组,它将半球形栅网吸引来的二次电子聚集到圆盘的光栏孔里而加速前进,同时又对那些打在光栏边缘产生的二次电子起到了信号放大的作用。其中,有些不能被完全聚集入孔而撞击到圆盘两孔之间表面上的电子,又会从圆盘上激发出次生的二次电子,如图 3.8.8(c)所示。

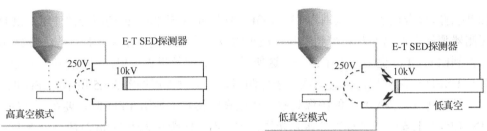

图 3.8.6　传统的 E-T SED 的闪烁体被施加 10kV 的高压

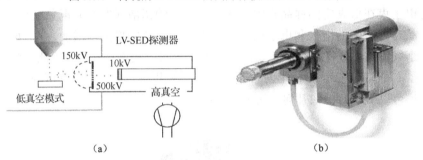

图 3.8.7　经改进后的 E-T SED 可用作低真空 SEM 的 SED

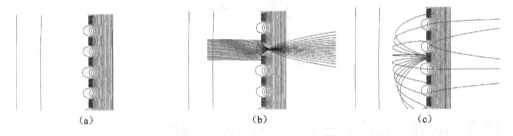

图 3.8.8　用于低真空的改进型 E-T SED 中的微型透镜光栏结构和工作原理图

　　随后通过这个显微透镜组把这些原生和次生的二次电子传送到专用的低真空探测器小腔里，这样它们又都成了有用的新信号源。在该探测器的小腔里装有传统的 E-T 型二次电子探测器，而且还另外加配了一台微型分子泵，在微型分子泵的吸附下，这里又变成了一个局部的高真空区，这样 E-T SED 又能像在传统电镜那样的高真空环境中正常地工作，其外形照片如图 3.8.7（b）所示。这种改进过的 LV-SED 既能很好地利用传统的 E-T SED 和 G-SED 的优点，又能克服传统型 E-T SED 不能用于低真空的缺点，能真正地接收 SE，而不必将 SE 转换为离子信号再分析，使得它能在低真空的条件下得到较好应用，并能获得质量较高的图像。

　　对于配置 LaB_6 阴极和改进真空系统的 VEGA 3 型电镜，当要做低真空分析时，还需插入低真空光栏；而对于配置钨阴极的 VELA 或 VEGA 电镜就不需要再插入低真空光栏。TESCAN 公司这种改进型的低真空二次电子探测器（LVSTD）是专门在低真空模式下检测二次电子的专用探测器，它有利于人们观察导电不良的试样。低真空二次电子探测器只能在中或低真空的模式下工作，使用时最佳的工作距离在4mm 左右。TESCAN 公司的 SEM 可提供三种不同程度的低真空的类型，其相关参数如表 3.8.1 所示。

表 3.8.1　TESCAN 公司的 SEM 的参数

低真空类型	可达 500Pa 的低真空	可达 1 000Pa 的低真空	可达 1000Pa 的低真空
工作环境	N$_2$	N$_2$	N$_2$ 或水蒸气
真空压力	可达 500Pa	可达 1000Pa	可达 1 000Pa
电镜的配置	配置的真空压力可达 500Pa 的低真空模式 SEM	真空压力可扩展至 2000Pa 的低真空模式 SEM	真空压力可扩展至 2 000Pa 的低真空模式，并可选配水蒸气注入的 SEM

该类电镜从高真空转到低真空约需 2min，这是因为探测器内部小分子泵的启动较慢。若启用水蒸气注入，当电镜的工作完成后应立即停止水蒸气的注入并关闭蒸气源，电镜的样品室会自动注入氮气进行清洗。清洗过程中，LVSTD 中的小分子泵会自动开启，运行约 90s，这能有效去除探测器内部的水蒸气。需要注意的是，在使用水蒸气注入系统的过程中，万一电镜碰到意外停电或出现故障而关机，一旦重新来电或排除故障后都应立即重启电镜，马上转到低真空并把样品仓中的真空压力设置为 500Pa 或 1 000Pa，然后运行低真空探测器 120s 进行自动清洗，否则长时间的水蒸气积蓄会对电镜的镜筒、探测器和真空系统造成损害，因此要在清洗完毕之后再转回到高真空。

 ## 3.9　与图像分辨力有关的几个主要因素

在微观形貌的分析研究中，要获得一张高分辨力的清晰照片，不仅要有一台性能优越的高分辨力扫描电镜，而且还要保证试样自身的特征合适和操作人员的工作经验丰富，即要考虑以下诸多因素：

（1）入射电子束的束流密度是否达标，其不仅要足够的大，而且要稳定，即电子源的发射问题。

（2）入射电子束的束斑是否足够的细、足够的旋转对称（圆），这涉及阴极的发射、电子透镜的设计、加工和装配水平及镜筒受污染的程度等，即电子探针的形成问题。

（3）二次电子的探测信号和光电转换的效率是否足够，此效率要高，即图像信号的接收和信噪比的问题。

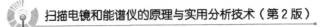

（4）试样表面的细节是否充足，表面的细节要足够多和细，不同的组分之间要有足够的反差，即试样表面及亚表面的信息、结构问题。

（5）试样的导电性是不是好，二次电子的产额是不是足够高，即试样的导电性和制备的问题。

（6）加速电压和束流的大小、束斑的对中、工作距离和图像的衬度等电镜参数的选择是不是合理，即操作人员的工作经验和对测试参数的选择等综合素质的问题。

（7）供电电压的波动、地面的振动、周围的磁场和噪声等干扰因素是否已经尽可能小，即环境条件的问题。

在实际的工作中以上这几个点都很难能同时个个具备，处处都能达到理想的要求，但是作为一个专业的扫描电镜使用人员来说，应从多方面入手、综合考虑，如选好电镜的安装环境，尽自己的职责维护好设备和制备好试样，这都是操作人员应该能做到的事。电镜参数的合理选择和熟练的操作是操作人员经过努力学习、不断探索、积累经验而应能实现的目标。至于扫描电镜的型号和某些指标的优劣，这已经超出了操作人员的管控范围，只要操作人员能发挥出现有电镜的最大潜能，一般都能得到比较好的成像效果。当然，如果能拥有一台高亮度、高分辨的扫描电镜，那将会更理想。

3.10 入射的电子束流与束斑直径

要获得一束既圆又细的探针束流就要在尽可能小的电子束斑下获得尽可能大的束流密度，而电子束的束流密度主要依赖所用电子枪的类型。若以普通的热发射钨阴极电子枪为例，其栅极下方的电子束交叉斑直径为 20～40μm，这几十微米直径的束斑又经三级磁透镜汇聚缩小之后使直径达到纳米级。若电镜的实际分辨力能达到4nm，则到达试样表面的束斑直径应小于4nm，因要考虑到衍射、球差和色差等其他像差的存在，束斑的尺寸大小可以根据透镜的几何光学之比来粗略估算，设计时一般会选用 $M_1=M_2=1/(15～25)$、$M_o=1/(5～15)$（这里的 M_1、M_2 和 M_o 分别代表第1、第2聚光镜和物镜的缩小倍率）。从阴极发射出来的电子束斑经三级透镜缩小后理论上可以在正焦的试样表面上得到直径 2～40nm 的束斑，如图 3.10.1 所示，这还与光栏的大小有关。但是实际上透镜中还存在着各种像差，其中影响最大的是球差，其次为色差，一般的低频像散可用消像散器消除或把它减到最小。考虑到后续的图像噪声和扫描图像时的时间关系，入射束流也不能太小，入射束流强度也需要在 $10^{-8}～10^{-12}A$ 的范围内，要把这些因素都包含在内，全盘考虑才能计算出真正有用的电子探针直径，最终的电子探针直径、入射角度和几种像差的关系如图 3.10.2 所示。

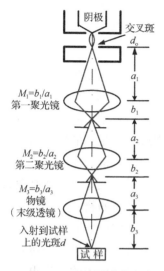

图 3.10.1 电子束斑

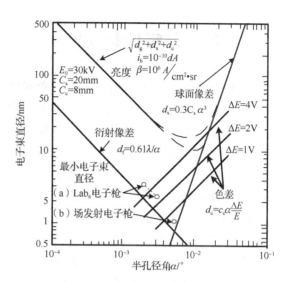

图 3.10.2 最终的电子探针直径、入射角和几种像差的关系

电子探针中所含的电流 i 可以按下式求得。

$$i = 0.25\pi^2 \beta d^2 \alpha^2$$

式中，β 是电子源的亮度（A·cm^{-2}·sr^{-1}）；d 是束斑直径；α 是电子探针的入射半角。

从这个公式可以看出，为了使电流 i 增大，必须选用高亮度的阴极，即尽可能采用 β 值大的场发射阴极，还要考虑到电子探针形成时，几个透镜的各种像差造成的影响，特别是物镜像差造成的影响最大，这样具体的入射束斑就可以按电子光学的成像原理和像差所造成的影响依下式计算出来。

$$d^2 = (0.3C_s \cdot \alpha^3)^2 \cdots\cdots\cdots\text{（球差引起的影响）}$$

$$+[C_c(\frac{\Delta E}{E_0}) \cdot \alpha]^2 \cdots\cdots\cdots\text{（色差引起的影响）}$$

$$+(0.61\lambda / \alpha)^2 \cdots\cdots\cdots\text{（衍射像差引起的影响）}$$

$$+(\frac{0.4i}{\beta\alpha^2})^2 \cdots\cdots\cdots\text{（高斯斑直径）}$$

式中，C_s 是物镜的球差系数；C_c 是色差系数；$\Delta E_0/E_0$ 是加速电压的波动及电子源能量的变化；λ 是入射束的波长，$\lambda = 1.226/E_0^{1/2}$，波长单位为 nm；$E_0$ 是加速电压，单位为 kV。

3.11 图像的信噪比和灰度

在 SEM 中试样表面凹凸不平的微观起伏呈现到显示屏上的二次电子图像中表现为明暗反差的不同，这是试样表面各点发射的二次电子信号的强弱差异所致的。二次电子发射产生变化的原因是入射电子束与各微区之间的倾斜角的不同。当在小光栏和小束斑下，而放大倍率又很高时，就很难获得足够的反差信号，图像上就会出现较多的麻点、噪声，影响图像的信噪比。扫描电镜图像的这种反差的减弱和噪声的混入会造成图像质量下降。扫描电镜信号变弱往往是因为在高放大倍率下，为了得到高分辨力的图像而把电子束斑缩得太小或选用的物镜光栏孔径太小，这样在没有足够大的束流密度支持时，就会导致图像的信噪比明显下降。

入射的电子束流中本身就含有来自阴极电子源的发射噪声，也就是所发射的电子数量具有统计涨落方面的波动，而且入射电子束激发出试样中的二次电子后，二次电子受到栅网上正电位的吸引而打到闪烁体上，使闪烁体发光。产生光电转换和在光电倍增管中进行倍增放大等一连串的传输、运行过程也都是导致统计噪声增大的主要来源。它决定了所显示图像的信噪比，还有放大电路中的各种电子元器件自身也会带来热噪声。图 3.11.1 和图 3.11.2 分别为信号传输系统和显示屏上换算一个图像单元的电子数，表示了入射电子到光电倍增管输入端的行程，其中产生二次电子的转换信号是整个信号传输链中量子数最少的一段，因而该段的信噪比也是最低的，这一段被称为噪声瓶颈，即信号水平最低之处为试样发出的二次电子到闪烁体这一段。这种非连接性的统计噪声对实际图像的影响最大，只要该点的信噪比能满足成像的要求，则其他点也就基本没有问题。

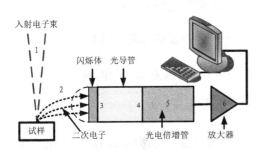

图 3.11.1　信号传输系统示意图

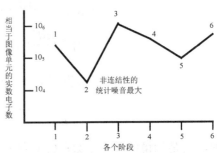

图 3.11.2　显示屏上换算一个图像单元的电子数

另外，显示屏图像上所需要的衬度是依据观察用，还是拍摄图像用或者根据允许的信噪比程度来决定的。从经验上来看，人的眼睛能识别的限度是 ΔS 大于 $5\Delta n$。

此处的 ΔS/S 为图像信号变化的衬度，Δn 为噪声的变化量；另一方面，如果图像上显示的灰度级数为 G，那么 Δ$S \geqslant (S/G) > 5$Δn。为了能得到优质的图像，必须使 G 尽可能大，最好能在 16～20 范围内。但在拍摄扫描电镜的高分辨力图像时，由于会选用小束斑、小孔径的光栏，这样探针的束流就会比较小，从而致使二次电子的数量明显减少，结果 G 只能在 7～9 范围内，这样 ΔS 就会增大，分辨力会降低。总之，图像上出现噪声从原理上来讲是客观存在的，也是不得已的。另外，为了能增强图像的衬度，提高图像的反差，图像信号中的直流成分可以尽量压低，但是这也很难从本质上改善信噪比，含有噪声的信号和衬度如图 3.11.3 所示。

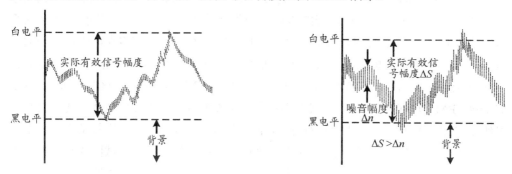

图 3.11.3　含有噪声的信号和衬度

要改善信噪比可从以下三种途径去考虑。

（1）增加从试样上发出的信号量，要增加信号量可以尽量采用高亮度的电子枪、提高加速电压、增大光栏孔径、提高 E-T SED 上的栅偏压、试样朝 E-T SED 倾斜或者在试样表面蒸镀一层二次电子产额高的金属膜等方法，即尽量改善和提高图 3.11.2 中的"1"和"2"这一段的信噪比。

（2）降低电子线路的杂散信号，除了电子线路中元器件的热噪声要尽量小，光电倍增管的放大倍增过程也是电子噪声的第二大主要来源，如图 3.11.2 中所示的"5"。光电倍增管的电压在加大的同时，电子噪声也会随试样的信号一起被放大。倍增管的电压过高或扫描速度过快也都会产生明显的噪声，所以选配一个灵敏度高、暗电流小、噪声低的光电倍增管对提高图像信噪比来说也是非常重要的一步。

（3）通过减慢扫描速度，延长采集信号的扫描时间，让电子束在每个扫描激发点上的驻留时间适当延长，这样也就会增加每一个扫描激发点的信息量，提高每个扫描激发点的信噪比，从而降低整幅图像的噪声。在采集图像时人们往往会采用慢扫描就是这个道理。但采集照片的时间也不能太长，若时间太长或每幅照片选择的行数过多，这样电子线路的工作点有可能会产生漂移，试样也有可能因电子束的不断注入，影响到试样表面电位的稳定而发生漂移，最终可能就会造成扫描的点或线重复、交叠，这样反而会影响到整幅图像的清晰度和分辨力。

屏幕中图像的灰度等级是由输入信号决定的，从屏幕中我们能看到的由黑到白的衬度变化被称为灰度级数的变化。一般正常人眼能分辨和觉察的由最黑（暗）到最白（亮）之间的灰度级数通常可达 20 级，个别人眼的灰度级数的分辨力可达 24 级。灰度等级是指在看黑白图像时，图像中由最黑到最白之间能够分清的层次等级，图像从黑到白的灰度层次越多，图像中的细节就会显得越丰富。

黑白电视机的灰度等级一般划分为 10 级，无线接收的黑白电视机在 10 级制中至少要能分清 7 个灰度等级，若能达到 8 级那就算比较令人满意，若能达到 9 级那就很令人满意了，而有线接收的黑白电视机要达到 10 级就比较容易，所得的画面也就会令人满意。电视机画面的灰度等级可以根据电视台播出的测试图中的灰度测试卡来进行测试。在电视台播出的测试图形如图 3.11.4 所示，这种图形适用于 YZ868E-PAL/NTSC/SECAM 制式的半彩条+10 条黑白的灰度条带测试。其黑白灰度等级是在该图的下半部，从左到右有 10 条由黑到白层次不同的灰度竖条带，这个测试条带按电信号幅度的不同分为 10 级；而彩色电视的彩条是在测试图的上半部，它含有 8 种不同颜色层次的彩条带，从左到右为白、黄、青、绿、粉红、大红、蓝和黑。电视图像可以区分的中间颜色层次越多，图像的中间色调和层次也就会越多，图像就会越鲜艳，色调的过渡就会越柔和、越逼真。

扫描电镜图像的黑白层次与黑白电视机的定义基本相同。但在具体操作时电镜图像的亮度和衬度与操作人员的调节也有一定的关系，在检查灰度等级时，也可以检查电镜的亮度和衬度的范围。多数型号的扫描电镜会自带一幅灰度测试图，有些钨阴极电镜的视频灰度测试图从左到右由黑到白分成 10 级；蔡司场发射电镜的视频灰度测试图由黑到白分成 20 级；FEI 场发射电镜的视频灰度测试图由黑到白分成 16 级，如图 3.11.5 所示。在平时的操作中，为了能得到一幅反差合适、层次丰富的优质图片，应先把扫描电镜屏幕的亮度和衬度调至该测试卡所显示的灰度层次都能清晰可见，然后就可以把屏幕的亮度和衬度的对应数值固定下来。在平时的使用中，当在采集电镜图像时，要改变图像的亮度和衬度，只能调动电镜成像时的相应滑块或旋钮来分别改变当前的亮度和衬度，图像亮度和衬度的调节要相互配合、反复调整，这样才能得到既清晰又多层次的图像。电镜图像的灰度等级若与电视屏幕图像相比，在 10 级制中即使达不到 10 级，也不能低于 8 级，在 16 级制中不能低于 13 级。这样所采集到的图像细节才能清晰、层次才能丰富，图像的亮度和反差才能适中。

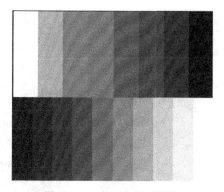

图 3.11.4 电视台测试图形

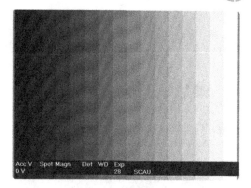

图 3.11.5 场发射电镜 16 级
黑白灰度高清测试卡

　　为了对所采集的照片都能有一致的衡量，以减少由于人眼的敏感度不同而对所采集的图像衬度产生差异，多数 SEM 会带有一幅视频波形发生器。操作者可借助所产生的波形曲线和幅度来调控所要采集的图像衬度。灰度测试卡是用于前期设置屏幕衬度的参照图，而视频波形则是用来作为实时调整图像衬度的参考曲线。把视频波形幅度的变化调在一个合适的范围，可为不同的记录媒体设置一个比较一致的图像衬度。波形就是被扫描线扫过时的图像像素值，示波器的波形是扫描线的一种图解表示法。调节图像衬度旋钮或滑块的数值就可以改变波形的幅度大小，即改变图像的黑白对比度；调节亮度旋钮或滑块的数值就可以改变整幅图像的亮暗程度。在视频示波器中有上下两条平行虚线对应着黑白电平的相应阈值，若视频波形高于上虚线或低于下虚线，则该对应部位的信号就会超出人眼视力的识别范围，即超越上虚线那一部分对应的部位就会太亮，而低于下虚线那一部分对应的部位就会太暗。太亮和太暗部位中的细节人眼都难以识别出来，若图像中的某些部位太亮或太暗，均称为过饱和。为了使图像能有合适的衬度，也让所采集到的图像能提供更多的层次和细节，采集照片时，最好应使屏幕中视频波形曲线的起伏变化幅度绝大部分都处在上下两条虚线之间，波峰与波谷都能分别接近上下两条虚线，而尽量不要超越上下两条虚线，如图 3.11.6 中的箭头所示。若波形曲线的变化幅度小，即整个波形曲线的变化幅度收窄，都比较趋近于中间部位，这样所采集到的图像反差会偏小，图像会显得平淡、立体感不强；反之，若波形曲线的变化幅度太大，有些部分超越或被上下两条平行虚线所"削平"，则所采集到的图像反差会偏大，会使图片显得生硬，"削平"部位所对应的地方会看不清细节。图 3.11.7 是在正常的反差下采集到的30 万倍的照片，图中的微细颗粒清晰可见。有时候在采集 BSE 的图像中需要有更大的对比度时，那也只能使图像的视频波形幅度稍微超越上下两条虚线范围，以得到较强的反差效果；反之，若适当减小两虚线间波形的幅度就可以降低画面的对比度，这样图像的对比度就会显得柔和些。

图 3.11.6　视频波形幅度在上下两虚线间变化

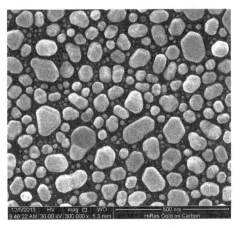

图 3.11.7　正常的反差下采集到的
30 万倍的照片

在扫描电镜中，调节亮度实际上是调节前置放大器输入信号的电平来改变图像的亮度，调节好图像的亮度和对比度是获得一幅优质照片的重要前提条件。如果试样表面较平滑，则应加大反差；如果试样表面的凹凸起伏变化较大，明暗对比分明，则应适当降低反差，以达到明暗对比合适的目的，使亮、暗区的细节也都能清晰可见；如果试样表面凹陷明显，亮、暗对比悬殊较大，若仅降低衬度，则图像有时会显得灰蒙，这种情况最好启用 γ 放大。

3.12　试样上电流的进出关系

1845 年古斯塔夫·基尔霍夫发现了基尔霍夫定律，该定律又称节点电流定律。其主要论点是在电路中任一个节点上，在某一时刻流入该节点的电流之和等于流出该节点的电流之和，即流出节点的电流等于流入节点的电流。基尔霍夫节点电流定律是电荷守恒定律在电路中的具体体现。这一定律也适用于扫描电镜中电子束流在试样上的进出关系，即取一导电良好而且既干燥、洁净、平整又有一定厚度的块状试样，当电子束对着该试样照射时，在试样上电流的进出关系也遵照直流电路中的基尔霍夫定律，其关系如图 3.12.1 所示。而图 3.12.2 是用法拉第杯测量入射电子束的电流示意图。在扫描电镜的厚试样中透射电子趋于零（即 $I_t \rightarrow 0$），依照基尔霍夫的节点电流定律，试样中电流的进出关系的计算公式如下：

$$I_p = I_s + I_r + I_a$$

式中，I_p 是入射电子束流；I_s 是二次电子电流；I_r 是背散射（反射）电子电流；I_a 是吸收电流。

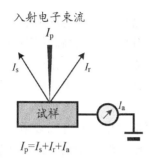

图 3.12.1　试样上电流的进出关系

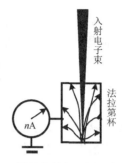

图 3.12.2　用法拉第杯测量入射电子束流

3.13 吸收电子像（AEI）

当高能的入射电子进入试样后，除了会激发出二次电子和背散射电子，其他的经多次非弹性散射的背散射电子能量损失殆尽，若试样的厚度远超出入射电子的贯穿深度，最后这些电子都会被试样吸收。若在试样和地之间接入一个高灵敏度的纳安表，就可以测得试样对地的电流信号，这个信号电流就来自吸收电子，即图 3.12.1 中的 I_a。

入射电子束和试样相互作用后，若逸出表面的背散射电子和二次电子的数量越少，则被吸收的电子就越多，吸收电子的信号就越强，若把吸收电子收集之后经放大调制成像，则它的衬度一般都能与背散射电子图像的衬度相反。当电子束入射到一个由多种元素组成的试样表面时，试样表面不同部位的原子序数所产生的二次电子的数量差别不是很明显，但背散射电子则不同，它们随试样原子序数的不同而不同，即原子序数高的部位，产生的背散射电子的数量就多，其对应的吸收电子的数量就少；反之原子序数低的部位，产生的背散射电子较少，其对应部位的吸收电子的数量就会较多。因此，吸收电子像也能像背散射电子像那样，能产生与原子序数相关的衬度，同样也可以用来进行区分试样表面不同化学组分的初步判定。但由于吸收电子的信息来源较深，所以吸收电子像的分辨力较差，其分辨力的大小依材料的密度和加速电压的不同而异，通常是几十至几百纳米。在实际的工作中，吸收电子像常用来分析试样中亚表面潜在的微裂缝与空洞等缺陷。

3.14 扫描电镜图像的几何分辨力与像素

图像的几何分辨力是扫描电镜中最重要的性能指标，对成像而言，它是指能清楚地分辨、识别图像中两个特征点之间最小间距的指标。其主要取决于入射电子束的束斑直径和束流密度，因为只有在足够大的束流密度下，才能选用小的束斑，在信噪比保证的前提下，电子束的束斑直径越小，其分辨能力越高。但图像能分辨的最小间距并不等于入射的束斑直径，因为入射电子束与试样相互作用时除了前面所提到的各种像差所带来的影响，还会使入射束在试样的激发作用区内的有效激发区域略大于入射束的直径。但电子束斑的直径越小，信噪比也就会越差，为了改善小束斑的信噪比，就必须要有足够大的束流密度，要增大束流密度就必须提高入射束的亮度，即增大所发射电子束的束流密度。为此，电镜的电子枪阴极就从最初的钨阴极发展到 LaB$_6$ 阴极，再发展到场发射阴极，这样做的目的是尽量提高电子枪的亮度，即提高入射束的束流密度。

俄歇电子的产额和能量也都比较低，平均自由程又很短，只能来自试样的表面层，而二次电子来自试样的表面和亚表面，因入射电子束刚进入试样的表面和亚表面层时，尚未明显地朝横向扩展开来，可以认为在试样上方检测到的俄歇和二次电子主要是来自与入射束斑直径相当的微小圆柱体内，所以二次电子所形成的图像分辨力最好。

高能入射电子照射在试样上时，试样表面受激发除了产生出俄歇和二次电子，还有其他的多种物理信号，若把这些信号分别采集、放大之后用来作为调制荧屏亮度的输入信号，则它们各自所成的相应图像的分辨力也就有所不同。入射电子进入试样表面以下的部位越深，它们的横向扩展就会越明显，激发区域就会变得越大，其所成的图像分辨力反而会变差。从试样较深处激发出来的背散射电子的能量较高，它们横向扩展后的作用体积大小基本上就是背散射电子的成像最小单元，所以背散射电子像的分辨力比二次电子像的分辨力差。其分辨力的大小也依材料的密度和加速电压的不同而变，通常与二次像的分辨力相比差 1.5～3 倍，在超轻元素中甚至超过 4 倍；吸收电流像和阴极荧光像的分辨力与二次电子像的分辨力相比会差 1～3 个数量级。总之，扫描电镜的图像分辨力除了受入射电子束斑直径和加速电压的大小、各种像差及调制信号的类型影响，还受到被测试样自身的化学组分和电镜间的杂散磁场、机械振动等因素的影响。组成试样的原子序数越小（轻元素），同能量的电子进入试样内部的扩展范围就会越大，所以其几何分辨力也就越差；组成试样的原子序数越大(重元素)，密度也会越大，同能量的电子进入试样内部的横向扩展范围就会越小，其几何分辨力一般也就会越高。磁场的存在会影响二次电子的运动轨迹，也会降低成像质量；机械振动和噪声干扰也都会引起电子束斑的偏移和试样颤动，从而有可能会使扫描线重复或使图像出现扭曲、变形、边界模糊，这些外来的干扰因素都会影响，甚至大大降低图像的几何分辨力。

另外，在采集图像时选择合适的扫描行数也很重要，扫描行数的多少决定着所组成的照片像素点的多少。像素点选得太少不仅会直接降低图像的像素分辨率，也会间接地降低图像的几何分辨力；像素点选多了，理论上可提高图像的像素分辨率，但实际上却不一定能提高图像的几何分辨力。因为在采集图像时，为了提高信噪比人们都会采用慢扫描，这时试样的导电性和电子线路的热稳定性就显得很重要。因为在慢扫描采集图像时难免会存在着电子线路中某个元器件的工作点不稳定或者试样的导电性不是很理想等问题引起的图像漂移，若所选的扫描行数太多，还有可能会出现扫描线行与行之间交叉重叠或重复扫描的情况，这样反而会导致图像的实际分辨力下降。若所采集的图像仅用于分析报告或作为论文中的图例，即实际的照片尺寸不大于 5 英寸时，一般每幅照片选用 640×480 的像素点就可以了；若实际的照片尺寸为 10 英寸时，每幅照片选用 1 024×768 的像素那就够了；若实际的照片尺寸为 12 英寸时，选用 1 280×960 的像素也就够了。若所采集的图像要用于制作展示牌或宣传广告等用途，即实际的照片尺寸要放大至大于 12 英寸时，则每幅照片在采集图片时扫描的行数还应增加，如选用 2 048×1 536 或 2 560×1 920 的像素。当然，这要根据所用电镜的计算机图像处理单元的格式来决定。多数扫描电镜的图像像素点可达 4k×3k 或 8k×6k 每帧，当前有个别机型的图像像素高达 32k×24k 每帧。若为了改善图像的清晰度和几何分辨力，最好应根据现场试样的实时情况来选好加速电压、束斑、束流、光栏及扫描行数和行扫时间，而请勿盲目地追加扫描行数。这是因为多数人眼的裸视分辨力一般是 0.2mm，再敏锐的人眼裸视分辨力也就是 0.15mm。也就是说，在采集扫描电镜的图像时，若只简单地增加扫描行数并不一定能真正地提高图像的分辨力，过多地追加扫描行数有时反而会影响图像的分辨力，这一点和日常生活中我们用数码相机照相还是有所区别的。

3.15 图像的立体效应和入射束与试样表面的角度关系

1. 图像的立体效应

当改变入射电子束与试样表面的夹角时，则人们观察试样的方向也会随之发生变化。若试样朝 E-T SED 方向倾斜，其图像的亮度将会比平放正交状态时的信号变得更强、信噪比更好，但图形会随之变形。用 E-T SED 采集图像，在相同的工作距离下，试样倾斜时拍下的照片比试样水平时拍下的照片的立体感更强，把试样的分析面朝 E-T SED 方向倾斜，在一定范围内倾斜角越大立体感越强。1969 年，韦尔斯（Wells）首先使用双图像立体技术拍摄了可以进行试样景深信息测量的显微图像，它标志着显微观察技术又进一步提高。这种技术与立体电影的原理相同，也和日常生活中用双眼观察近处的物体一样，即模拟两眼之间的夹角，对同一试样的视场依放大倍率和工作距离的不同，分别倾斜一定角度（6°～12°）各采集一张照片，再把倾斜前后所采集的两幅图片叠加在屏幕上合成一幅红和蓝绿色错位的伪彩色画面，这时人们戴上一副如图3.15.1（a）所示的红和蓝绿色的3D过滤眼镜观看。这样左眼镜片会滤掉画面的蓝绿色部分，只看到红色部分；右眼镜片会滤掉红色，只看到蓝绿色部分。当左右两眼同时共视，通过大脑的视觉皮层感知，照片会呈现出立体效果，从而就能看到一幅画面角度不同的合成照片，即在人的视觉脑海中合成一幅很逼真的3D立体图像。这就是扫描电镜的宏观斜角立体效应，这种图像有很好的3D效果，如图3.15.1（b）所示。这种两幅叠加的图像既可用E-T SED来采集SEI，也可用背散射探测器来采集BSE的纯形貌像。

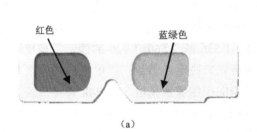

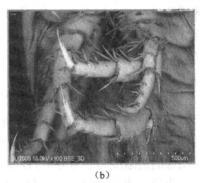

红色	蓝绿色
（a）	（b）

图3.15.1　3D过滤眼镜和伪彩色立体图像

用倾斜法拍摄双图像立体技术的难点是要使两张照片倾斜轴的中心位置保持基本不变，这样才能方便地进行样品台的倾斜调整，而且还应保持图像的中心位置不变，并且倾斜的时候景深也应能满足整幅图像都能聚焦清晰的要求。为能同时满足这几个条件，在拍摄图像前应先调好电子光路的合轴对中，确保光轴与机械轴合轴良好。这样在转动倾斜轴的前后都可以使观察区域的中心基本保持在原位，而且入射束不易出现散焦。一旦出现散焦，则人们只能通过微调 Z 轴的高低来使之聚焦，而千万不要轻易使用调焦旋钮，这时若使用调焦旋钮可能会造成前后两幅图像的放大倍率不完全一致。为了能有大的景深，增强立体感，较合适的 WD 约在 10mm，并要确保合轴良好。若电子光路和机械轴合轴不良，在低倍率下有时还可以勉强使用，但在高的倍率下，倾斜前后两幅图像的视场就会相差较远，有的部位甚至会超出荧屏的范围，若超出荧屏的范围，则要重新合轴，重新调整物镜光栏、束斑和试样的位置，否则就很难撮合在一块，也就难以达到逼真的立体效果。所以，适当的WD、良好的合轴、合适的倾斜角和相等的焦距是拍摄好立体图像的四大前提。

当前多数型号的扫描电镜都可做这种伪彩色的立体图像，其中日立公司US-3500型扫描电镜实时的三维图像采用的技术为JST，专利号为TP5183318；TESCAN公司的电镜也有一款可以获得并处理3D图像的软件模块，它通过调整电子束的倾斜角度也可以获得令人满意的3D图像。TESCAN公司的电镜若装有Mex Alicona软件，启用该软件则可以获得试样表面的数字高差模型。通过分析得到的一系列照片的特征和差异，用户不仅可以创建试样表面的 3D 形貌，还可以进行剖面、体积或粗糙度的测量等几何形貌和物理分析。

另外，有的透射电镜在其扫描线圈中设有专用的立体图像偏转线圈，在做三维的立体扫描图像时，其扫描的奇数行和偶数行会自动分开并相互倾斜成一定的角度，在试样的同一个扫描区域进行各自扫描，再把各自产生的两次电子视频信号按原扫描行数的顺序叠加合成在同一屏幕上显示出来，这样就能直接合成一幅立体图像。这种方法不需要再专门去进行倾斜试样和两次采集图像。用带有这种装置的电镜来拍摄立体图像就会更快捷、方便，但配有这种专用于三维重构的立体图像功能的扫描电镜极少，只有少数的透射电镜才有。

2. 入射电子束与试样之间的角度关系

试样表面的凹凸变化也给入射电子束带来微观局部的角度变化，由于 SE 的产生量与入射束的夹角关系明显，所以扫描电镜图像的反差主要就是来自入射电子束与试样表面的微观倾斜角度的不同。若把试样表面置于与入射电子束相垂直的水平状态，二次电子的产生量设为 1；当试样朝向 E-T SED 方向倾斜的角度越大，试样的同一部位产生的 SE 的数量就会越多，即大于 1 或远远大于 1，E-T SED 对 SE 的接收效率也会越高，其对应的图像也就会显得越亮；反之，试样背向 E-T SED 的方向所倾斜的角度越大，即负角方向的倾斜越大，产生的二次电子的数量虽然也会增多，即大于 1，但 E-T SED 接收到的二次电子的数量却会减少，即小于 1 或远远小于 1，因它背着 E-T SED，使 E-T SED 对二次电子的接收效率明显下降。探测器对二次电子的接收效率越低，对应的图像也就会显得越暗，信噪比也会越差，也就是说，一幅反映试样微观形貌细节的照片主要是来自试样表面和亚表面微观形貌的平、凹、凸和倾斜等各种不同倾角所产生的二次电子数量的差异所组成的。图 3.15.2 为放大了 8 000 倍的圆球状锡颗粒的二次电子像。图 3.15.3 为二次电子的产生量与入射束夹角的关系示意图。

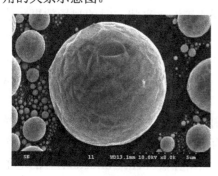

图 3.15.2 圆球状锡颗粒的二次电子像

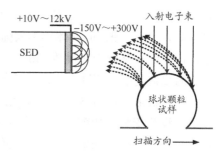

图 3.15.3 二次电子的产生量与入射束夹角的关系

3. 倾斜角与二次电子发射系数和倾斜补偿

如果入射电子束、试样和探测器间的几何位置关系如图 3.15.4 所示，则实际测得的二次电子产生量σ和试样倾斜角φ有以下关系：

$$\sigma = \sigma_0 \sec\varphi$$

式中，σ_0为$\varphi=0°$时的二次电子产生量，当φ角的取值范围为 0°到 90°时，$\sec\varphi$的值就从 1 到无穷。

图 3.15.5 是二次电子的产生量与试样表面几何形貌的关系示意图，在试样倾斜面和棱角处的二次电子的发射量会明显多于平面部位，这也就是倾斜效应和边缘效应的一种综合表现。

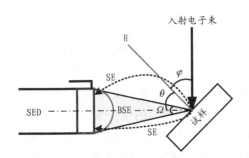

图 3.15.4　入射电子束、试样和探测器间的几何位置关系

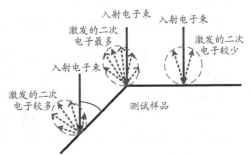

图 3.15.5　二次电子的产生量与试样表面几何形貌的关系

试样的倾角越大，同一试样中其相应二次电子的产生量也就会越多，在同一物镜光栏和同样的工作距离下，试样的倾角越大，其图像的立体感也会显得越强，但图像会变形，纵向的投影面会变小。为弥补由于试样的倾斜而产生的图像变形，多数的扫描电镜都带有"倾斜补偿"这种处理功能。在启用扫描电镜的倾斜补偿功能时，应先调好图像中心位置的焦距，再把试样的实际倾斜角度输入计算机，计算机会依据其倾角的大小和工作距离的不同来有序而自动地调整纵向的成像比例，若补偿得好，整个扫描区域的倾斜面基本上都能达到或接近水平状态时的视场效果，使所得到的图像看起来几乎不变形，如图 3.15.6（c）所示。在图 3.15.6（a）中，试样的倾斜角度为 0°，图像的立体感不太强，但图像的画面、线条不变形。在图 3.15.6（b）中，试样的实际倾斜角度为 30°，图像的立体感增强，但图像变形，横向（X轴方向）的线条变窄、变细；纵向（Y轴方向）的线条变短。在图 3.15.6（c）中，试样的实际倾斜角度仍为 30°，但启用了倾斜补偿，这既增强了立体感，图像中横向的线条又没有变窄、变细，纵向的线条也没有变短，这就是倾斜补偿功能起了作用。TESCAN 公司的扫描电镜的界面上有一个"倾斜补偿（Tilt Correction）"的电子

按钮，当勾选上该按钮时，计算机就会自动对所倾斜试样的角度，以及所成画面进行补偿校正，使画面看起来不变形，还能确保测量结果的准确性，即倾斜补偿就是把试样因倾斜而被变形的图形，沿着 Y 轴方向而重新把它拉伸开来。

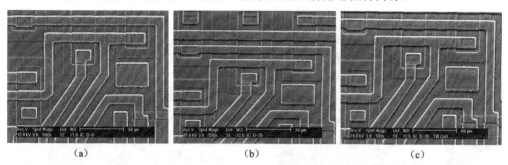

图 3.15.6　倾斜补偿功能的视觉效果

4. 边缘效应

若试样表面有微细的尖峰、突出的棱角或凸起的边缘，当入射电子束刚好切着棱角或边缘部位射入时，则该棱角或边缘部位产生的二次电子数量就会增多，产生的二次电子也就更容易逸出，二次电子脱离试样的表面也就会有表面积增大的效应。这两种效应结合在一起，使得尖、凸、棱角部位的二次电子产生量异常增多，在图像中对应的微区就会显得特别亮，形成明显的反差，这现象称为"边缘效应"。也就是入射电子束照射到试样的棱角、尖锋或凸起的边缘部位时，二次电子不仅可从试样的垂直微区面发射出来，还可从其周边或侧面发射出来。与平整部位相比，这种边缘或尖凸部位的二次电子产率明显增多，这会导致亮区部位表面上的细节减少，以致人们难以辨认出明亮微区中的细节。边缘效应实际上也是倾斜效应的一种特例，边缘效应也与加速电压有关，即加速电压越高，边缘效应会越明显，图像的反差会越大，如图 3.15.7 所示。若降低加速电压，也就是相对地减小产生二次电子的相应激发微区，就可以使边缘效应引起的反差相应减弱，图像的衬度就会显得相对柔和。如加速电压从 25kV 降到 5kV，其图像反差会相对减小，图像画面的衬度会变得相对柔和，即加速电压降低，边缘效应会相对减弱，图像的对比度会相应减小，如图 3.15.8 所示。另外，如果想要增加暗区或亮区中的某些细节，除了适当地降低加速电压和减少对比度，还可以考虑采用 γ 放大的方法。

试样的荷电、损伤和边缘效应都是扫描电镜成像中常见的几种成像缺陷，这类缺陷有些是人为因素造成的，而有些则是电镜成像过程中不可能完全避免的，但可通过采取某些有效的措施和方法来减少或弥补这类缺陷，如增加试样的导电性、降低入射束的加速电压、采用非线性放大等方法来减少和弥补这类图像缺陷。在实际的使用中，对于不同的图像缺陷，要采用相应方法进行弥补，并评估、分析相应方法所起的效果，以便在实际的工作中能够方便、快捷地采集到更好、更清晰和更真实的图像。

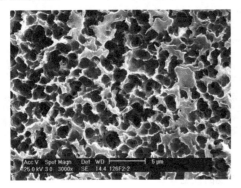

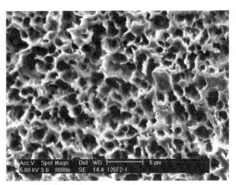

图 3.15.7　入射能量高，边缘
效应明显、反差大

图 3.15.8　入射能量低，边缘
效应减弱、反差减弱

5．试样的原子序数效应

背散射电子和吸收电子对于试样的不同化学组分的区域，所对应的电子产生量和原子序数的差异有明显的相关性，而 SE 与原子序数的相关性就没有背散射电子那么明显，特别是在原子序数 25 号之后的元素，其 SE 与原子序数相关性的差别就更小。但是若把硼、碳、氮等超轻元素和钠、镁、铝、硅等轻元素来与铂、金、铅等重金属元素相比较，显然重金属元素的 SE 的产生量会明显增多、产额也高，对应部位的图像也就最亮。所以说，在扫描电镜 SEI 的衬度中，实际上也存在一定程度的原子序数效应。也就是说，SEI 中除了反映试样表面的几何形貌外，还包含有一定的化学组分信息。这不仅仅是因为 SEI 中含有少量的 BSE，更主要的是 SE 的产生量也与试样中的原子序数也有一定的关系，只不过它与试样中的原子序数的相关性没有像 BSEI 那么明显而已。表 3.15.1 给出了 SEI、BSEI、AEI 所成图像与试样的原子序数和表面几何形貌等的相关性。

表 3.15.1　二次电子、背散射电子和吸收电子与试样的原子序数和表面几何形貌等的相关性

电子图像	原子序数	表面几何形貌	表面电位的变化	加速电压
二次电子像	不太明显	很明显	很明显	有关
背散射电子成分像	很明显	不太明显	不明显	一般
背散射电子形貌像	不明显	很明显	不明显	一般
吸收电流像	很明显	一般	不太明显	一般

3.16 二次电子的电压衬度像

前面说到试样电流的关系时，指的是试样上既没有荷电又没有任何外加电位或电场的影响，所以没有考虑 SE 受外来电场或其他能量影响的问题。当试样表面有电位分布时，如在试样荷电的情况下或者是人为地在试样的某个局部加上一定电位时，这样不同电位上 SE 的发射率就会有明显不同，在电位高的部位 SE 的发射量会降低，反映到图像上该部位会相对较暗。因为 SE 的能量低，其平均能量约为 30eV，所以其发射量和运动轨迹受试样表面电位的影响很明显。因此，从 SEI 中我们很容易看出试样表面存在电位分布时所产生的图像衬度的不同，这种效应称为表面电压衬度效应。对其扫描获得的图像称为电压衬度（VC）像，这种电压衬度像能真实又直观地反映出试样表面电位的相对分布情况。英国的奥托莱（Oatley）和埃弗哈特（Everhart）最先在扫描电镜上观察到这种电压衬度现象。

当人们在做半导体器件的分析时，如在某试样的 P-N 结上加 10V 的直流电压，并把 P 端接地，则 N 端对地的电位差为+10V，P 为地电位，在试样上施加合适的偏置电位如图 3.16.1 所示。当用 SE 像去观察该试样时，因 N 区所发射的二次电子数量比 P 区少，故 N 区相对 P 区就显得暗。这种由于试样表面电位不同而引起的图像明暗度差异就是电压衬度。在本例中，由于反向偏置电压为 10V，其产生衬度的机理是试样 N 区产生的 SE 能量要大于 10eV 才能被激发出来，而不大于 10eV 的电子逃逸不出试样，故高电位区（+10V）二次电子的产出量就会比低电位（0V）区的产出量少；除此之外，如果把 E-T SED 的栅极电位调到+100V，栅极电位对 N 和 P 区的电位差则分别为 90V 和 100V，其电场作用力前者弱于后者，假设 N 和 P 发射的电子一样多，但探测系统对 P 区发出的 SE 收集率要高于 N 区，也会产生 SEI 中的 P 区比 N 区亮的情况。这两种效应相互叠加的结果使最终的电压衬度表现得更为明显。图 3.16.2 中呈现的斑马条纹是在该三极管的基极上加脉冲方波信号调制的结果，而形成了的黑白相间的条纹。在拍摄电压衬度像时，通常会适当地调低 E-T SED 中的栅极电位，如从+300V 降到+150V 或+100V，这样可以提高对试样表面相对电位的探测灵敏度。图 3.16.3 为某电路中的振荡管起振，其输出动态脉冲信号，反映在照片中就会呈现为黑白间断的条纹。在图 3.16.4 的右下角引线上加+5V 电压，由于正电位的存在，使得该引线的衬度显得比其他引线暗得多。

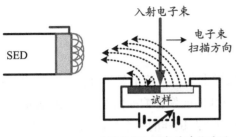

图 3.16.1　在试样上施加合适的偏置电压

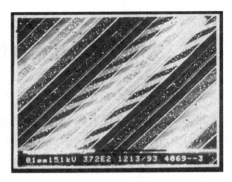

图 3.16.2　在三极管基极加脉冲信号，
呈现为黑白相间条纹

图 3.16.3　IC 中的振荡器起振，
图中呈现黑白相间的条纹

图 3.16.4　在左下角引线上加＋5V 电压，
该引线的衬度变暗

3.17 试样表面的形貌与图像的反差[11]

试样表面的图像信号强度取决于试样表面的微观形貌与入射束相互作用后各角度所发出的 SE 数量。由于 SE 是低能电子，它们的产生范围仅限于试样的表面至亚表面层。因此，SE 的产生数量主要是与试样受激发区域微观表面的倾斜、凹、凸和尖峰等微观几何形貌有关，如尖、凸的试样有突出的表面结构和边缘特征，这都会增大并影响 SE 发射的有效面积和数量。电子束垂直入射于表面形貌平整的试样时，产生的 SE 数量就会相对减少，因为平整的发射部位发射的有效表面积最小；而那种表面有尖、凸形貌的试样，产生的 SE 数量就会相对增多，因为有效的表面积会增大，这就是边缘效应的一种微观表现；若试样表面有凹陷和孔洞存在，产生于凹陷和孔洞中的 SE 有的就不易逸出，还有些在较深的孔洞中产生的 SE 根本就出不来，有的甚至还会被试样自身所吸收而变成吸收电子，所以该部位能被 SE 探测器探测到的电子数量和被试样自身吸收的电子数量的多少主要取决于该孔洞的孔径与深度之比，相关变化如图 3.17.1 和图 3.17.2 所示。由于凹陷部位的存在，其 SEI 的对应部位就会变暗，凹陷越深，对应的部位就会越暗，但是人们在此阴暗区有时还有可能会观察到少量的一些灰暗细节，这是因为可能还会有少量的 SE 从不太深的孔洞中逸出，这些逃逸出来的电子当中有些仍有机会被探测器采集而参与成像。

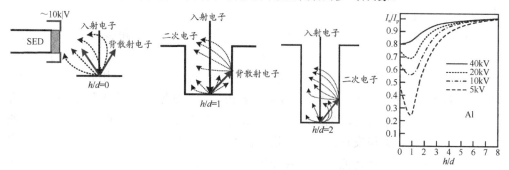

图 3.17.1　试样的凹陷形状和吸收电流的变化

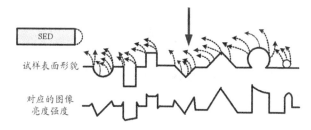

图 3.17.2　试样的几何形貌与二次电子产生量的变化

除此之外才是与发射试样表面的化学组分有关，SE 的产额和发射率与试样原子序数的相关性虽然没有像背散射电子那么强，但试样材料的密度大小也会影响到信号的强度。例如，碳是低密度的材料，铁是中密度材料，金是高密度材料，在同样平整的表面及同样的摆放角度上，使用同一个加速电压激发时，碳发射的 SE 数就比铁少，而铁发射的 SE 数就比金少，金发射的 SE 数最多，所以金就显得最亮，铁次之，而碳会显得最暗。

3.18 焦点深度（景深）

焦点的深度是指一个透镜对试样表面高低不平的各部位都能同时聚焦成像的纵向范围，也就是指焦点附近上下最清晰图像区域的那一段小区间，通常被称为景深或焦深。它是试样表面到物镜光栏距离的函数。在同样的放大倍率和同样的物镜光栏孔径下，试样离物镜下极靴越近，即工作距离越短，景深越浅，但像差会减小，并且图像的信噪比和分辨力能得到改善；反之，试样距离物镜下极靴越远，即工作距离越长，景深就越深，但像差会增大，并且图像的信噪比和分辨力会下降。在同样放大倍率的图像中，扫描电镜的景深比光学显微镜和透射电镜都深得多，所以扫描电镜拍摄得到的图像立体感就比较强。立体感强的图像是一种很有价值的信息，特别是在分析那种表面凹凸起伏较大的试样时（如金属、陶瓷、水泥和塑料断口等材料）十分有优势。

由于入射束的圆锥顶角取决于孔径角，孔径角越大，圆锥角越大，景深会相应变浅。因此，扫描电镜的末级透镜常采用小孔径角，长焦距，可以获得尽可能大的景深，如在 1 000 倍的情况下，SEM 的景深比 TEM 约大 10 倍，比金相显微镜大 200～300 倍。对于表面粗糙的断口试样，若采用金相显微镜观察，则因景深太浅而很难有好的效果，而透射电镜对常见的断口试样需蒸镀碳膜复形，这既麻烦又有可能会使图像产生附加的假象和失真，而且其景深也不如扫描电镜，因此用扫描电镜来观察和分析断口试样，具有其他常用微观分析手段难以比拟的优势。扫描电镜的景深如图 3.18.1 所示，景深 L 可以用下面的公式表示：

$$L = \pm \frac{\dfrac{r}{M} - d}{2\alpha}$$

式中，L 是景深；M 是放大倍率；d 是入射束的束斑直径；r 是人眼的分辨力约 0.2mm；2α 是物镜的孔径角。

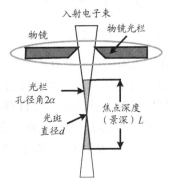

图 3.18.1　扫描电镜的景深示意图

从上式我们可得出：景深 L 主要取决于放大倍率和物镜光栏的孔径，若选用小孔径的光栏或低的放大倍率，景深就越深，立体感就越强。当忽略了入射束斑直径 d 之后，景深 L 的公式就可简化为：

$$L = \pm r / 2\alpha M$$

由此可见入射束的孔径角（物镜光栏）是决定扫描电镜景深的一个主要因素，

它取决于物镜的光栏孔径和 WD。图 3.18.2 为景深与工作距离和物镜光栏孔径大小的关系示意图。从图中我们也可以形象并直观地看出在同样的工作距离下，光栏的孔径越小，景深越深，光栏的孔径越大，景深越浅；在同样的光栏孔径下，工作距离越短，景深越浅，工作距离越长，景深越深。从图 3.18.3 可看到在 WD=5mm 时只有上表面聚焦，而在图 3.18.4 中当 WD=15mm 时上下表面几乎都能聚焦。目前 TECSAN 公司生产的扫描电镜带有一种"大景深模式"的成像功能，当启用这种功能时，通过其特有中间镜的调节，在低倍率下，其最大的有效景深可达 7mm。

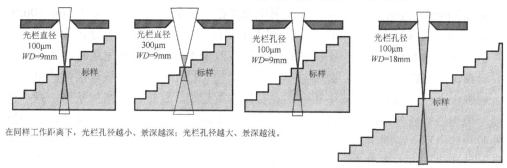

图 3.18.2　景深与工作距离和光栏孔径大小的关系

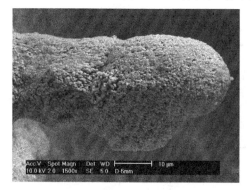

图 3.18.3　在 WD=5mm 时
只有上表面聚焦

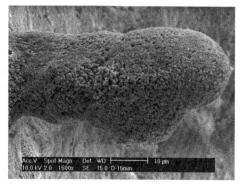

图 3.18.4　在 WD=15mm 时
上下表面几乎都能聚焦

3.19　物镜光栏的选择

在多数的扫描电镜光栏中一般都有固定和可调两种光栏，光栏的主要作用是遮挡那些非旁轴的杂散电子和限定聚焦电子束的发散角，并且其还有调控束斑大小的功能，以满足电子束的旁轴近似和相干性并改变束斑直径的需求。多数电镜的聚光镜光栏是固定的，少数电镜的第一聚光镜光栏是可调的，多数扫描电镜的物镜光栏都可从真空外通过手动或由电子功能键选择多挡可变（调）光栏。用作光栏的材料全都采用对磁性不敏感的贵金属，如铂、钼、金和无磁性的不锈钢等材料。

有的文献中又把物镜光栏称为末级光栏，它们多数被设置在物镜极靴的上部。可调型四个一组的光栏多数都制作在同一片光栏片（条）上并装在同一支架中，如图 3.19.1 所示，这种条状的物镜光栏孔径多数为 30μm、40μm、60μm、100μm 或 30μm、50μm、60μm、100μm。蔡司公司的场发射电镜可在一片金属圆片上做出 7.5μm、10μm、20μm、30μm、60μm、120μm 六个不同大小的孔径，这种光栏装在靠近聚光镜的衬管中。应注意的是每当改换不同孔径的光栏或改变电子枪的加速电压时，通常都需要对束斑与光栏的中心重新合轴对中。当选用的光栏孔径越小，被遮挡掉的电子就会越多，在一定的工作距离下相应的孔径角也就越小，这样虽能增加景深、减小像差，但光栏孔径若太小，图像的亮度会减弱、变暗，信噪比会变差；反之，若拍摄的照片倍率不太高或用能谱仪做微区的化学组分分析时，一般都会选用大孔径的光栏，以便增大束斑和束流、改善信噪比、提高图像亮度和能谱与波谱仪的计数率。图 3.19.2 为物镜光栏与入射束斑大小的关系示意图。

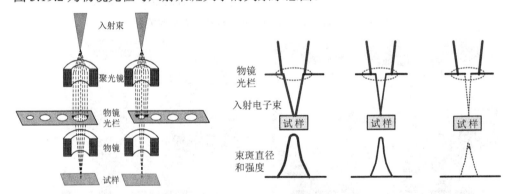

图 3.19.1　常见的物镜可调光栏　　　图 3.19.2　物镜光栏与入射束斑大小的关系示意图

总之，选择物镜光栏的大小需要考虑的要素有：

（1）为了拍摄高分辨的照片，通常会选用较小的孔径光栏、小束斑、短的工作距离。

（2）为了增加视场的景深，通常也会选用小孔径光栏、长的工作距离。

（3）为了增加亮度、改善信噪比需要大的探针束流，因此通常会选用较大孔径的光栏。

（4）在用能谱或波谱仪进行成分分析时，除非选用大面积的探测器或平行光的波谱仪，否则为了增加计数率，应选用大孔径的光栏。

TESCAN 公司的场发射电镜有的就采用中间镜（IML）取代了传统光栏的部分作用。独特的中间镜能起到大部分机械光栏所能起的作用，又可避免机械光栏使用一段时间后，因受到污染导致的机械光栏孔径的边缘不锋利、不整齐、不对称，以及孔径变小、入射信号变弱、像散增大、分辨力下降等缺点。这种可变束斑的中间镜不仅为用户节省了更换光栏所需的时间和费用，而且还可配合电子束执行实时追踪，可实现电镜的自动合轴对中的工作，简化了电镜的对中操作。为适应不同的分析目的，我们还可以通过调节中间镜的场强来改变束斑的大小，若加上与其他三物镜的优化组合，可针对不同的用户需求提供下列多种分析模式。

（1）高分辨模式：该模式通过超高分辨的浸没式物镜，在拍摄高倍率照片时能达到高清的分辨力。

（2）大景深模式：该模式通过中间镜能进一步缩小束流和束斑，能提供大的景深，在拍摄凹凸不平的试样时能使景深增大，当放大倍率不大于 10 倍时，最大的景深可达 7mm。

（3）大视野模式：通过中间镜可提供大的视野，最低的放大倍率可达 1 倍，最大的视场宽度可达 65mm。

（4）大束流模式：在用能谱仪和波谱仪分析试样时能使入射的束流增大，这一点对于小面积探测晶体的能谱仪或罗兰圆波谱仪的分析很有帮助。

（5）分析模式：通过无漏磁极靴的分析透镜，配合无交叉光路在保证分辨力的同时，还可以观察和分析某些弱磁性的试样，分析型物镜对菊池花样也没有影响，还能适用于 EBSD 分析。

3.20 加速电压效应

入射的电子探针激发试样的能量主要取决于入射束的加速电压。当高能量的电子束入射到同一试样中时，入射电子束与试样相互作用区域的大小随加速电压的升高而增大；在同一加速电压下，随试样组分密度的增大而减小。图 3.20.1 是激发深度与加速电压和试样密度的关系示意图。电镜图像的反差通常也会随加速电压的升高而增大，图像的表面细节也会随加速电压的升高而减少，如图 3.20.2 和图 3.20.3 所示。在实际的工作中要采集到一幅好的照片，除了要有好的仪器设备，选择合适的加速电压值也是很重要的一步。选择高低不同的加速电压各有不同的优缺点，通常人们应根据试样的组分和分析的目的不同来考虑，即金属试样一般会选择较高的加速电压，轻元素组成的试样一般会选择较低的加速电压。入射电子束的加速电压与对应各元素的最大激发深度可参考附录 A。

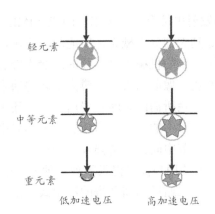

图 3.20.1　激发深度与加速电压和试样密度的关系示意图

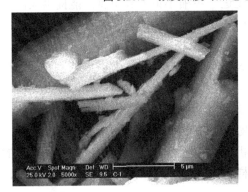

图 3.20.2　用 25kV 拍摄试样表面
细节少，而且反差大

图 3.20.3　用 5kV 拍摄试样表面
细节丰富，反差柔和

　　选择高加速电压的优点有：加速电压越高入射电子束的波长越短，也就越容易得到高分辨的图像，并且扫描电镜抗外部电磁场的干扰能力也会随着加速电压的升高而得到增强，所以高的加速电压比较适用于拍摄高倍率的图像。

　　选择高加速电压的缺点有：所获得的图像会缺少表面信息和细节，易呈现高反差，特别是会明显增大边缘效应，使得到的图像欠柔和，也会使图像容易呈现生硬的感觉；另外，高的加速电压、大的束斑对试样也容易造成损伤和图像漂移，增大试样的放电概率，若在高的加速电压下用能谱仪进行成分分析，会降低分析的空间分辨力。

　　选择低加速电压的优点有：电镜图像的成像信息来源越趋于表面，图像的表面细节往往会越显丰富、细腻，特别是会明显减少边缘效应，使得到的图像显得更协调、更柔和，如图 3.20.3 所示；另外，低的加速电压、小的束斑会使试样表面的损伤减少，还能减轻试样的荷电，不易造成图像漂移；当用能谱仪进行成分分析时，若能在合理的过压比情况下选用较低的加速电压将有助于提高空间分辨力。

选择低加速电压的缺点有：加速电压越低，入射电子束的波长越长，越不容易得到高分辨力的图像，所以低加速电压仅适用于拍摄放大倍率不太高的图像；除此之外，使用低加速电压时扫描电镜信噪比较差，抗外部电磁场干扰的能力也较弱，对试样表层所受的污染更为敏感，所以不易得到高清晰和高分辨力的图像。

总之，在采集照片时人们应根据试样的具体情况和现场的实时需求来进行综合考虑，要选择合适的加速电压，应考虑到高低加速电压各自的优缺点，全面衡量之后再做决定。选择较低的加速电压有可能会影响到图像的信噪比，但所获得的图像表面信息量往往会更多、更丰富，这一点是很可取的。

3.21 背散射电子的探测方式和图像

当入射电子与试样相互作用后，其中有一部分电子会返回试样的表面而逸出，则这部分返回到试样表面而逸出的原入射电子被称为背散射电子（BSE），有的文献称之为背反射电子。在实际成像过程中，人们通常根据能量的大小对电子进行分类，能量大于 50eV 而小于入射束能量 E_0 的电子称为背散射电子，大部分的背散射电子的能量为原入射能量 E_0 的 70%～90%。利用背散射电子来成像而所获得的图像称为背散射电子像（BSEI）。背散射电子像在电镜成像中的使用率和图像的分辨力也都是比较高的，它仅次于二次电子像（SEI）。目前，场发射扫描电镜的背散射像最高几何分辨力可达 1.5nm，原子序数的最高分辨力可达 0.1Z。图 3.21.1 是一张高分辨力的背散射电子像的照片。

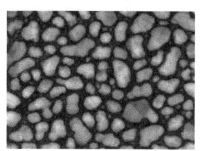

图 3.21.1　背散射电子像

背散射电子像的基本性质和特点：

（1）其成像信息主要是来自返回试样表面的原入射电子，大部分背散射电子的能量小于但又接近原入射电子的能量。

（2）由于入射电子在试样中产生背散射电子的激发区比起产生二次电子的激发

区范围更大，故背散射电子像的几何分辨力远不如二次电子像，对于中等元素，BSEI的分辨力与 SEI 相差约 2 倍。

（3）由于背散射电子的能量较大，故其出射方向基本上不受试样表面上弱电场的影响，而且是以类似点光源的形式以直线方式沿其径向轨迹散射开来，因此只有出射方向正对着探测器的背散射电子才可以被探测器所收集，并且在背散射探测器有效面积所覆盖区域内的立体角越大，其接收的效率越高，所成的图像分辨力和信噪比也会越好。

（4）背散射电子的空间角度分布与入射电子束和试样表面的入射角有关。

（5）高角度（>30°）的背散射像适用于显示原子序数衬度，低角度（≤30°）的背散射像适用于显示试样表面的几何形貌衬度。

蔡司公司的 ULTRA 和 HITACHI 公司 8000 系列的扫描电镜中都装有典型的高角度的 BSED，它们使用的那种高角度探测器对试样的半张角为 10°～15°。用这种环形的高角度的探测器来做 BSEI 可以增强图像的化学组分衬度，特别是对轻和超轻元素的组分探测更灵敏，不同元素之间的组分反差会更明显。

在扫描电镜中非弹性散射的背散射电子的能量分布范围很宽，从几十电子伏特到几十千电子伏特。从数量上看，弹性背散射电子所占的份额远比非弹性的背散射电子多。背散射电子的激发区随加速电压的升高而增大，对于中等原子序数的元素，背散射电子的产生深度主要来自距试样表面 1～2μm 的深度，轻元素和超轻元素试样的背散射电子的产生深度为试样表面以下 2～3μm。在一定的加速电压下，由于背散射电子的产额基本上随试样组分的原子序数的增高而增加，如图 3.21.2 中的曲线所示。因此，用背散射电子作为成像信号不仅能分析试样表面和亚表面的形貌特征（纯形貌像），而且还可用于显示试样表面和亚表面的化学组分的分布特征（原子序数衬度像），在一定的范围内能对试样表面的化学组分分布进行粗略的定性分析，图 3.21.3 中左上图的背散射电子成分像能很好地与其相应的能谱面分布图相对应。

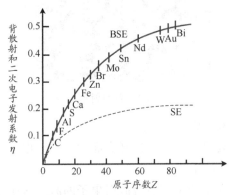

图 3.21.2　BSE 和 SE 的发射系数与原子序数的关系

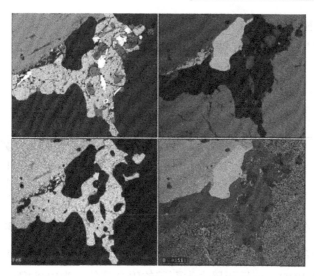

图 3.21.3　BSEI（左上角）与其对应的面分布图

1. 背散射电子的探测方式

由于不同厂商生产的扫描电镜的型号不同，其背散射电子探测器和探测方式的结构与布局也都有差异，常见的有下列几种模式。

（1）将试样朝 E-T SED 方向倾斜，这时把 E-T SED 的栅偏压从（+150～+300V）降到不大于-50V，就可以利用 E-T SED 来直接接收入射到 SED 中的 BSE，如图 3.21.4 所示。由于方向性的问题，E-T SED 中的闪烁体只能接收从试样一侧发出的小部分 BSE，所以会有很明显的阴影效应和很强的立体感，而且由于接收的立体角小，采集效率很低，当试样的分析表面处于水平状态时，探测器对 BSE 的采集效率只占从试样发射出来的 BSE 总数的 2%～3%，因而信噪比很差。若把试样的分析面朝探测器倾斜 15°～45° 则 BSE 的采集效率会有所提高，BSEI 的信噪比也会有所改善，但由于 E-T SED 的采集立体角不大，探测器对 BSE 的接收率也只占从试样发射出来总数的 4%～6%，总的探测效率还是很低。所以说用 E-T SED 来接收 BSE，得到的 BSEI 的信噪比和分辨力终究不是很理想。其唯一的优点是它借用 E-T SED 来接收背散射电子，而不必另外采购专门的 BSED，用起来既方便又经济。

（2）在物镜的下极靴底部（试样的正上方）插入一个环形的 YAG 或环形的半导体探测器（SS-BSED），环形探测器的中心有一个可让入射电子束穿过的圆孔（ϕ=5mm），如图 3.21.5 所示。在合适的工作距离时，其探测效率较高，被接收的 BSE 依探测器的面积大小和工作距离的不同而异，一般为 15%～30%。这种探测器通常使用的加速电压要在 10kV 以上时才能有比较好的信噪比和对比度。当工作在 30kV 的加速电压和大于 1nA 的束流下，且试样的原子序数在 20 以上时，其原子序数分辨力能达 0.1Z。当入射束流大于 10nA 时，它可以在电视的速率下成像，还可利用和信号、差信号在对角或相邻探测器之间进行加减组合，可分别获取试样的纯成分像或纯形貌像。

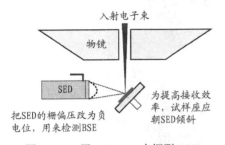

图 3.21.4　用 E-T SED 来探测 BSE　　　　图 3.21.5　用环形 YAG 或 SS-BSED 来探测 BSE

（3）使用大角度的鲁宾孙背散射电子探测器进行探测，这种探测器是由鲁宾孙于 1974 年最先推出的。该探测器由大面积的闪烁晶体与光电倍增管组成，其最大的接收面积可达 2 000mm²，中间也有一个能让电子束入射的圆孔，如图 3.21.6 所示。因它拥有更大的接收立体角，从而提高了接收效率，增强了信号强度，改善了信噪比，依探测器面积的大小和工作距离（接收立体角）的不同，其接收效率一般在 25%～50%，主要是视所对应探测器的面值大小而定的。这种探测器的接收立体角大，采集效率高，对于原子序数为 18 以上元素的试样可以在电视的速率下扫描成像。

（4）将四个小圆柱形的探测器置于试样上方四个相互对称的角落，如图 3.21.7 所示。为尽可能地增大接收立体角，探测器应尽量靠近所分析的试样上方，这样接收到的 BSE 一般能到背散射电子总发射量的 10%～20%，同样还可利用和信号、差信号进行对角或者相邻探测器之间的信号加减组合。其优点是图像的立体感较强，信噪比也还不错，而且这种探测器通常还可两用，既可作为 BSE 的探测器，又可作为 CL 的探测器。其缺点是这四个探测器体积虽小，但由于它们是倾斜安装的，所以挤占样品仓的空间也不算小，其图像的信噪比和分辨力不如环形的半导体探测器，更不如鲁滨孙探测器。

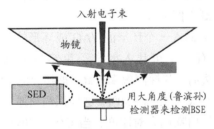

图 3.21.6　用鲁滨孙探测器来探测 BSE

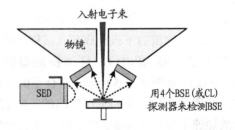

图 3.21.7　用四个 CL 探测器来探测 BSE

（5）蔡司公司的 ULTRA 系列场发射电镜在 Gemini 镜筒内还设置有高位圆盘形背散射电子探测器。该探测器位于 TLD-SED 的上方，与光轴对称。由于探测对象为背散射电子，探测器的采集器半张角在 8°～12°。人们把这种探测器称为能量与角度选择背散射电子探测器（EsB）。在入射电子束轰击点处产生的 SE 和 BSE 由附加的小静电场加速，又在物镜的激励下，低能 SE 电子将投射到 TLD 的高效环形 SED 上；而高角度的 BSE 会被 EsB 收集，并且 EsB 的下方还装了一个过滤栅网，以阻拦那些穿过 TLD 中心孔隙而上来的少数二次电子，使 EsB 只能接收到较纯的高角度 BSE。通过这种环形 SE 探测器和 EsB 的独特组合，可得到高清晰的 SE 电子形貌像和高反差的 BSE 成分像及这两种图像相互叠加所组成的混合像。其过滤网还有另一功能，那就是可以依照操作人员所设置的能量值来选择非弹性的 BSE 的阈值，以此来增强图像的衬度，其对轻元素的探测更灵敏，对超轻元素的组分反差也会更大。

（6）Hitachi 公司的 8000 型系列冷场发射扫描电镜在镜筒内也设置了这种高位的带有能量选择过滤系统的 BSED。人们通过它可以选择过滤非弹性的 BSE，也可以直接探测指定能量范围的 BSE，这种探测器不仅对试样化学组分像的采集灵敏度高，而且还能增强轻元素组分像的反差。这种机型的电镜还可以在其物镜的底部增配一个由四个分区组成的低角度环形 BSED，另外还在物镜的下侧面增加一个 BSED，放置在侧面的 BSED 能明显地增强 BSEI 的立体感。这种配置不仅能提高扫描电镜对 BSEI 信号的采集量、改善信噪比，也可以对它们各路探测到的信号进行任意的加减组合。还有 SU5000 机型的电镜在其物镜的底部配备了一个五分割（中心内环为一个区，外环分为对称的四个扇形区）的高灵敏度 BSED，对这五个区所探测到的信号进行加减组合，可以分别获取高清的几何形貌像和化学组分像。

（7）FEI 公司的 Apreo S 型电镜在物镜的底部配备了一个从内到外分为四个同心圆环形的 BSED，它可以分别对信号进行加减组合。QUANTA 和 NanoSEM 系列的电镜除了配备两分割的半导体 BSED 外，还配有低压的 BSED，它可在 1kV 电压下成像，其是一种适用于在低加速电压下观察背散射电子的探测器。该电镜还配有电视速率和低真空环境下的半导体 BSED/GAD。这两种探测器弥补了传统 BSED 不能在低加速电压和低真空条件下使用的缺点。

（8）北京聚束科技公司的 Navigator™-100 热场发射 SEM 中的低压 BSE 探测系统是目前所有 SEM 中唯一可以在 1kV 的加速电压下可实现视频级（30fps/s，1k×1k）高速 BSE 成像的 SEM。高效的 BSE 探测机构结合浸没式摇摆透镜（SORIL）成像系统，采用多通道直接电子探测技术和高速的 FPGA 采集模式，使该系统在世界上首次实现在 1kV 的低加速电压下做到 100M/s 级 BSE 的高速度、高分辨力和高信噪比成像。

有些扫描电镜会把上述第 2、3、4 和 7 项通常都是作为选购件，而不是标配件。用户需要时必须另外选购，这可能会增大投资。用鲁滨孙探测器采集的图像，其信噪比和分辨力最好，但它的成本比半导体型的高，挤占样品仓的空间也较大，使用时需要推进到位，用完之后，要拆下或缩回到专用的指定位置。而半导体型的探测器有的是固定在物镜的下极靴处，如蔡司公司 SEM 中的半导体型 BSED；而有的是可以随意拆卸的，如 FEI 公司的 SEM 中的 BSED，使用时需要安插到位，用完之后可拆卸下来，放回到专用的停放架上。多数扫描电镜都把第 5、6 和 8 项当作标配件，不同的是它们的安装位置高低不一样，探测器对应的采集立体角、图像放大器的带宽和采集速度也都不一样，不同的厂家各有不同的成像特点。

2．背散射电子信号的接收与组合

BSE 信号既可以用来显示试样表面和亚表面的化学组分分布衬度像，又可以用来显示它们的纯几何形貌的衬度像。对既要进行形貌观察又要进行成分分析的试样，可采用前文所介绍的探测器来检测，把探测器对称地装在试样的正上方，而试样的测试面应水平摆放，其安装位置、原理及信号加减组合如图 3.21.8、图 3.21.9 和图 3.21.10 所示。将二或四分割的探测器所探测到的电子信号进行加减处理，便能分别得到对应的纯组分或纯几何形貌像。对于原子序数信息来说，左右两个探测器所探测到的信息量大小相等、极性相同；而对于形貌信息，左右两个探测器所得到的信息量的绝对值相等，但亮暗度的衬度极性相反。依这种成像信息，若将各探测器所得到的信息相加，便能得到反映该试样表面的原子序数的分布图像，如图 3.21.11（a）和图 3.21.12 所示，图 3.21.12 中的试样为手表表带镀层的横截面，其中 Au、Pd、Ni 各镀层的厚度清晰可见。若将各探测器所得到的信息量相减便能得到试样表面的纯几何形貌像，如图 3.21.10（c）及图 3.21.11（b）所示。

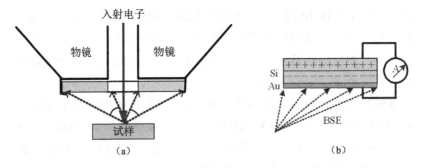

图 3.21.8　半导体 BSE 探测器的安装示意位置和原理图

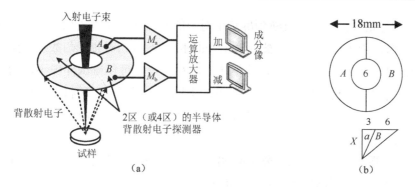

图 3.21.9　分割为 A/B 两区可加减组合的半导体 BSED 的原理图和尺寸大小

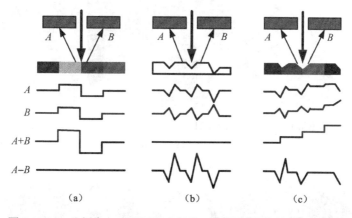

图 3.21.10　分割为 A/B 两区的半导体 BSE 探测器信号的加减组合

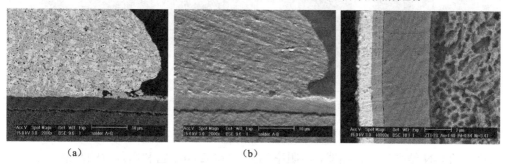

图 3.21.11　PCB 上焊料的背散射电子成分像
和纯形貌像

图 3.21.12　手表表带镀层的
背散射电子像

化学组分分布衬度也就是原子序数的分布衬度，从图 3.21.2 背散射电子的发射系数与原子序数的关系曲线中我们可以看出背散射电子信息随原子序数 Z 的变化比二次电子的变化要明显得多。试样中原子序数较高的微区，由于密度较大，被反射出来的 BSE 数量相对较多，故反映到屏幕上对应的图像部位相对较亮；试样中原子序数较低的微区，由于密度较小，被反射出来的 BSE 数量相对较少，故反映到屏幕上对应的图像部位相对较暗。因此，原子序数的衬度变化可以对试样中不同的化学组分进行粗略的定性分析，如图 3.21.3 中的左上图。为了减少形貌衬度与原子序数衬度两种信号的相互干扰，被分析的试样应尽量处于水平状态，而且表面要尽可能洁净，无外来的污染。

图 3.21.13～图 3.21.15 为 FEI 公司的 SEM 中的 BSED。低压背散射电子探测器和低真空背散射电子探测器如图 3.21.16 和图 3.21.17 所示。

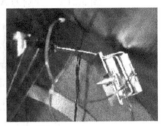

图 3.21.13 半导体 BSED 图 3.21.14 物镜下极靴 图 3.21.15 下极靴侧旁的
的实物照 BSED 的装卸 BSED 停放架

图 3.21.16 低压背散射电子探测器 图 3.21.17 低真空背散射电子探测器

安装在物镜下极靴的环形背散射电子探测器实际上是一个表面镀金，具有肖特基势垒的 P-N 结半导体探测器，电阻率约为 2 000Ω·cm。它利用入射的高能电子在半导体中电离产生电子-空穴对的原理来工作。当从试样发射出来的背散射电子穿过半导体探测器表面的金层而进入探测器中时，就会在耗尽区中引起硅原子的电离而失去原有能量，电离的电子被激发到导带，并在导带里自由运动，而在价带中留下空穴，空穴在外电场的作用下也能运动。在某个电势下，电子和空穴可分开朝相反方向运动，这个电势可由外电路或 P-N 结的自建电场提供，其原理图如图 3.21.8（b）所示。硅的禁带宽度是 1.12eV，它的平均电离能为 3.6eV，当一个加速能量为 20kV

的电子入射到有 P-N 结的半导体探测器中时，探测器中将会产生 5 556 个电子的电流量，这个电流量被探测器收集，就形成背散射电子的电流，这电流信号经放大、调制成像，就成为背散射电子像。

像这类安装在物镜下极靴的环形或鲁宾孙背散射电子探测器，它们都有一个最佳的探测距离。在使用时，若工作距离长了，接收的立体角就会变小，检测效率和图像的信噪比都会下降；若工作距离短了，接收的立体角也会变小，因而会有相当一部分的背散射电子从中间入射电子的圆孔中逃逸出去，这样实际能接收的有效立体角也就会变小，信噪比也会变差。例如，飞利浦公司 XL-30 型电镜的半导体 BSED 的外径为 18mm，中心孔直径约为 5mm，加上中心孔边缘的边界宽度约 0.5mm，这样其中心孔径加上边缘共占去了 6mm 直径，而探测器环形带真正有效的宽度也只剩 6mm，两个半环形的有效活性区总面积约为 225mm²，其外形照片如图 3.21.13 所示。经计算可得其最佳的探测距离，即试样上表面与探测器下表面的最佳间距为 5.2mm，再加上探测器自身的厚度约 1.3mm 和固定于下极靴接插槽的间隙约 0.5mm。这样其最佳的探测工作距离 WD≈7mm。其示意图如图 3.21.9（b）所示，具体的计算如下。

设试样的上表面与探测器下表面的最佳间距为 X，则

$$\text{tg}\,\alpha = \frac{3}{X}$$

$$\text{tg}(\alpha+\beta) = \frac{3+6}{X} = \frac{9}{X}$$

$$\text{tg}(\alpha+\beta) = \frac{\text{tg}\,\alpha + \text{tg}\,\beta}{1 - \text{tg}\,\alpha\,\text{tg}\,\beta} = \frac{\frac{3}{X} + \text{tg}\,\beta}{1 - \frac{3}{X}\,\text{tg}\,\beta} = \frac{9}{X}$$

$$(X^2 + 27)\text{tg}\,\beta = 6X$$

$$\text{tg}\,\beta = \frac{6X}{X^2 + 27}$$

设 $f(x) = \text{tg}\,\beta = \dfrac{6X}{X^2 + 27}$，令 $f(x)' = 0$ 即可求出 $\text{tg}\,\beta$ 的极大值，也就是 X 的最佳值：

$$\left(\frac{6X}{X^2 + 27}\right)' = \frac{6(X^2 + 27) - 12X^2}{(X^2 + 27)^2} = 0$$

$$X = 5.2\text{mm}$$

WD≈5.2+1.3+0.5=7mm，则这种规格的探测器最佳工作距离约为 7mm。

蔡司公司的场发射电镜在 Gemini 镜筒内除了设置有高位背散射电子探测器（EsB），它在物镜下极靴的底部还装有一个环形背散射电子探测器，如图 3.21.18（a）所示。

这个 BSED 是被固定在物镜下极靴的底部、试样分析面对的正上方的，这样使用起来就比较方便，而不像飞利浦公司的电镜那样是随时可装卸的探测器。正因为它是被固定安装于物镜极靴的底部，为了不影响 EDS 探测器的正常使用，所以该探测器的有效活性区的面积就做得比较小。这种半导体芯片活性区是由一个外圆直径约为 16mm 的内切正八边形所组成的，中心孔直径约为 5mm，加上中心孔边缘的边界宽度约为 1mm，再加上半导体芯片的中心圆孔边界的宽度约为 1mm，这样其中心孔径加上内圆的边框共占去了直径 5+2+2=9mm 的圆区，这样探测器内切正八边形所围成的环形带的最大有效宽度也只剩 3.5mm，整个探测器内切正八边形所围成的环形带的有效活性区总面积约为 $130mm^2$，其实物芯片及放大后的外形照片如图 3.21.18（b）所示。

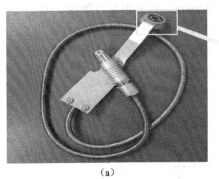 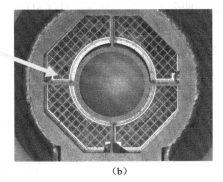

(a)　　　　　　　　　　　　　　　　(b)

图 3.21.18　蔡司公司的半导体背散射电子探测器

从图中我们可以清晰地看到，半导体芯片的有效探测活性区被平均分成四个区，每个区又由许多小二极管并联组成。每个区所检测到的电子信号都可进行随意的加减组合，四个区的信号相加便能得到以组分为主的衬度像；两个对角区所检测到的电子信号相减，便能得到较纯的几何形貌像。这种操作可依实际的需要进行选择，单击屏幕上相应电子按钮即可执行加减组合。

3．三透镜的背散射电子探测器

图 3.21.19 为 TESCAN 公司最新推出的三透镜 BSED，其中最顶端的 a 是高角度的轴向 BSED，它与 ZEISS 公司 ULTRA 系列 Gemini 镜筒内的高位 BSED 作用相似。该探测器位于三透镜物镜的上方，与光轴旋转对称。由于探测对象为 BSE，探测器能采集到的多数是 75° 以上的高角度 BSE。它能呈现较纯的 BSE 的化学元素组分像，特别对于试样表面的轻元素和超轻元素的反差很好，但对于试样表面几何形貌立体感的呈现就较差。使用时应注意的是在启用该探测器时，试样的工作距离应尽

可能短，工作距离 WD 要小于 5mm，这样其反应才能更灵敏，接收效率和图像的信噪比才能高。

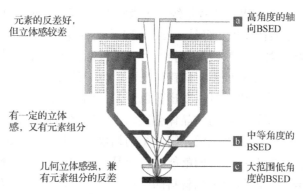

图 3.21.19　三透镜 BSED

图 3.21.19 中的 c 是相对大范围低角度的 BSED，它位于物镜下极靴的底部，它可以选配半导体型的，也可以选配 YAG 型的，半导体的探测器有的是固定在物镜下极靴的底部，也有的是可动的，如可移动四分区的半导体 BSED，要用时可以摇进去，不用时摇出来；而 YAG 型的 BSED 几乎都是可以动，如可移动的单/双闪烁体 BSED，也是要用时摇进去，不用时摇出来。这种大范围低角度 BSED 的成像特点是能增强图像几何形貌的立体感，同时还能展现化学组分的衬度。启用这种探测器时的工作距离应依据其外围的实际直径大小来选取最佳的工作距离，当其外围有效直径是 16mm、18mm、20mm 时，对应的最佳 WD 为 6mm、7mm、8mm，更精确的工作距离可依前文的方法进行计算。这样其对应的有效立体角才能达到最大，采集效率才能高，得到的图像信噪比和分辨力才会更好。

图 3.21.19 中的 b 是中等角度的 BSED，它位于物镜极靴内部的一侧，它是通过转换电极把 BSE 转换为 SE 再由 SED 来采集成像的。这种方法与日立公司的那种背散射转换装置类似，不同的是日立公司的转换电极是在探测器的下方，而 b 的转换电极是却在 In-lens 探测器的上方，它介于高角度的轴向 BSED 和大范围低角度的 BSED 之间，其所成的像既有良好的几何形貌的衬度，又兼有化学组分的衬度。在启用该探测器时，试样的工作距离也要尽量短，即工作距离 WD 小于 5mm，这样探测器的采集效率才能高，图像的信噪比和分辨力才会更好。

3.22 阴极荧光像

由于高能入射电子的照射、轰击等与物质的相互作用而导致的发光被称为阴极荧光（CL）。阴极荧光的发光机理应用在扫描电镜上可用于探测一些发光材料，如 3-5 族化合物半导体、矿物中的蓝锥矿、硅锌矿、磷灰石、钢铁中的非金属夹杂物和太阳能硅电池中的金属颗粒及某些有机物分子中的缺陷和夹杂物，它比用特征 X 射线的分析灵敏度至少高出 2 个数量级。阴极荧光像（CLI）的采集、连接和操作过程也比 EBIC 的操作显得简单、容易，因为 CLI 不需要像 EBIC 那样连接电极和在试样中产生内建电场。对于一些发光材料，当它们被高能电子照射时有的会产生近红外、可见光或紫外光，如蓝锥矿、硅锌矿在高能电子的轰击下会分别发出深蓝和深绿色的光；渗入钨中的氧化钍可以发出蓝色荧光；钢材中的氮化铝会发蓝光、氧化铝会发红光、氧化镁和氧化铝的结晶体会发绿光、氧化铝和氧化钙的结晶体会发蓝光。如果利用这些发光信息来成像，则所得的扫描像就是该试样的阴极荧光像。依据它们的发光点及光的颜色，人们就能比较容易地找到夹杂物所处的位置及对对应的组分进行定点分析。就阴极荧光材料的工业应用来说，常见的有老式电视机显像管的内涂层和透射电镜观察用的荧光板的发光涂层，扫描电镜的 E-T SED 中的闪烁体的发光涂层（P47），日光灯和节能灯管中的荧光粉及做指示灯用的发光二极管的芯片，还有当前正在大力推广的二极管照明灯中的反射膜层等，这些发光材料多数都是用无机的荧光材料做成的。

阴极荧光的发光机理可用电子能带理论来解释，当高能电子束在试样中受到非弹性散射时，充满价带的电子受激发、提升，跃过禁带，跳到导带上，就在价带中留下空穴，而导带多出电子，形成电子-空穴对，若未能得到固定能量的外电场维持，就会使分离的电子-空穴对随时重新复合。当它们复合时，多余的能量就会以不同波长（颜色）的光释放出来，其频率 V 为：

$$V = E_{gap}/h$$

式中，E_{gap} 为常数（如 Si 的 $E_{gap}=1.12eV$，Ge 的 $E_{gap}=0.66eV$，GaAs 的 $E_{gap}=1.42eV$，GaN 的 $E_{gap}=3.44eV$）；E_{gap} 是材料的禁带宽度；h 是普朗克常数。

为了能提高接收效率，改善信噪比，对阴极荧光探测器的要求主要有：

（1）若荧光探测器所用的反射碗是抛物面形或椭圆形的结构，则所分析试样的感兴趣部位必须准确定位于抛物面或椭圆面中的一个焦点上，反射的球面角要尽量大，所反射的光线应尽可能多地进入狭缝，因椭圆形的另一焦点往往位于狭缝中。

（2）若采用的是如图 3.21.7 所示的那种四个小圆柱形的可伸缩 CL 探测器，使用时应把这四个探测器尽可能对称地拢合在以光轴为中心的四周，所分析试样的感兴趣部位应尽量靠近探测器所围成的中心位置，即尽可能增大探测器的接收立体角，尽量提高接收效率，改善信噪比。

（3）若采用的是如图 3.22.1（a）图所示的那种阴极荧光探测器，其与所分析的试样感兴趣部位之间的距离应使它处于椭圆反射碗的一个焦点上。

（4）光电倍增管的增益要高，所以要求探测器光导管两端连接面的耦合要好，尽可能减少因接触面之间光通量的相互反射而导致的信号损失。

（5）阴极荧光像的衬度是同能够产生辐射的复合中心密度有关的，材料的复合中心都会导致发光强度改变而产生衬度效应。如 GaAs 材料中的位错在荧光像中呈亮点，而做成发光器件后，其缺陷部位在荧光像中通常会呈现暗点或暗线。

阴极荧光像的分辨力与电镜的加速电压、试样所发出的光的波长、探测器的灵敏度等参数都有密切的关系，其分辨力在 $0.2 \sim 2\mu m$ 之间。影响阴极荧光像分辨力的主要因素有：

（1）多数试样要在不小于 10nA 的束流和不小于 15kV 的电压下进行观察，S/N 才会比较好，但若使用较低的加速电压和较小的入射束斑，试样上受激发的作用区域就会比较浅和小，其几何分辨力一般会比较高，但 S/N 可能会变差。

（2）试样的平均原子序数越低入射束的扩散区域会越大，分辨力越差，反之则分辨力会越高。

（3）试样的基体温度越低，入射束的扩散区越小，发光的强度和波长也会相对稳定，其分辨力也会高一些。

（4）试样所发出的荧光波长越短，余辉时间越短，其分辨力也越好。

（5）探测器的灵敏度越高（特别是对短波段探测灵敏度高），其所采集到的图像分辨力也会越高。

阴极荧光成像主要用于：

（1）研究 3-5 族化合物半导体材料中的晶体缺陷、位错、自由电子和掺杂浓度的变化。

（2）根据荧光材料的发光情况，研究其材料的均匀性和夹杂物的分布及种类。

（3）研究矿物的生成条件，晶体的生长过程和矿床的成因及类型。

（4）确定试样中某些微量元素的存在，特别是那些浓度接近和低于能谱仪探测能力的元素。

不同波长范围的荧光探测器如下。

（1）可见光型的探测器：可探测的波长为 $350 \sim 650nm$，探测的波长范围较窄，只能在可见光的范围；这种探测器通常还可以一物两用，既可作为探测背散射电子的探测器又可作为探测阴极荧光的探测器，其外形如图 3.22.1（a）所示。图 3.22.2 和图 3.22.3 就是用这种探测器做出的阴极荧光像，以及与之相对应的背散射电子像。

（2）近红外到紫外型的探测器：这是一种单一的宽频带阴极荧光（石英）探测器，探测的波长范围很宽，可从红外探测到紫外，即可探测波长为 $185 \sim 850nm$，低频和高频两端都远超出可见光范围。

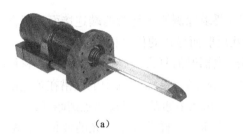

（a）

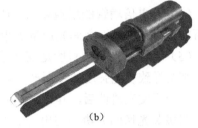

（b）

图 3.22.1　用于显示黑白图像和彩色图像的 CL-D

图 3.22.2　阴极荧光照片　　　　图 3.22.3　与图 3.22.2 相对应的背散射电子像

（3）彩色的阴极荧光探测器：其外形如图 3.22.1（b）所示，它可以采集试样发出的不同波长（颜色）的光，对应三个不同的红、绿、蓝基色信号，可以得到单独的通道或将三个通道合成为一张彩色照片，以形成相应颜色的荧光图像，操作者可以依据所发射光的不同颜色来对夹杂物进行定位和种类判断。

3.23 电子束感生电流像

电子束感生电流（EBIC）是指当一束被加速并被聚焦的高能电子束，在有势垒的半导体表面上进行扫描时，由于入射电子束对 P-N 结势垒区的轰击，半导体结区内会产生一定量的电子-空穴对，在势垒区两边一个扩散长度的范围内，产生的少数载流子会扩散到势垒区。其中的一部分未被复合的少数载流子在势垒场中漂移而被收集，空穴被拉向 P 区，电子被拉向 N 区，从而在势垒区的两边产生感生电动势（Electron Beam Induced Electromotance，EBIE）。它以短路电流或开路电压的形式，经外加的检测电路进行测量、放大，再用放大后的信号去调制与电子束同步扫描的显示屏，便能得到一幅电子束感生电流（EBIC）或电子束感生电动势（EBIE）像，它有 Z 调制和 Y 调制两种方式。

根据外电路放大器阻抗的不同通常会有下列三种情况。

（1）高阻抗放大器。

当外接放大器的输入阻抗相对试样内阻大很多时，其可以被看成呈开路状态，此时输出电流很小，趋近于零，而电动势很大。高阻抗放大器如图 3.23.1 所示。这时感生电动势相当于一个电压源，开路电流 I_{oc} 趋近于 0，而开路电压 V_{oc} 最大，即为：

$$V_{oc} = \frac{\beta KT}{q} \ln(\frac{I_{sc}}{I_0} + 1)$$

式中，β 是实验常数不小于 1；T 是绝对温度；I_{sc} 是短路电流；q 是电子电量；I_0 是反向饱和电流；K 是玻尔兹曼常数。

图 3.23.2 是有偏压的 EBIC 的一种连接方式，所加的偏压依扫描电镜型号和前置放大器的不同而异，其所允许的安全偏置电压多数为±5V，有的限制在±10V，有的会在前放的回路中串接一个限流电阻，一般为几十至上百欧姆的电阻，这时其偏置电压就可适当放宽到±15V，但这还应考虑到该试样中所测 P-N 的自身耐压能力；而为保护前置微电流放大器，绝大多数的电镜都把回路电流限在不大于 2mA 的范围。图 3.23.3 是无偏压的 EBIC 连接方式。图 3.23.4 是电子束感生电动势的能带原理图，在高阻的回路中费米能级（虚线）不在同一个水平线上，扩散电流与激发电流有一部分会相互抵消，输出的电流值很小，I_{oc} 趋近于 0。

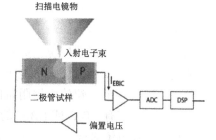

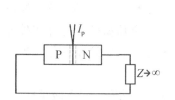

图 3.23.1　高阻抗放大器（无偏压连接方式）　　图 3.23.2　有偏压的 EBIC 连接方式

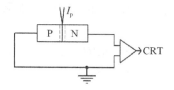

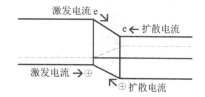

图 3.23.3　无偏压的 EBIC 连接方式　　图 3.23.4　电子束感生电动势的能带原理图（高阻抗放大器）

（2）低阻抗放大器。

当外接放大器的输入阻抗远小于试样的内阻时，可以看成趋近于短路状态，这是一种理想的电子束感生电流放大器。低阻抗放大器如图 3.23.5 所示。此时，感生电动势几乎为零，则 V 趋近于 0，而输出电流 I_{sc} 最大。图 3.23.6 是电子束感生电动势的能带原理图，此时的费米能级（虚线）几乎处在同一个水平线上，扩散的电流与激发的感生电流相互叠加，输出的电流信号得到增强，即为：

$$I_{sc} = I_g - I_0 \left[\exp\left(\frac{qV}{\beta KT} \right) - 1 \right]$$

式中，β 是实验常数，一般不小于 1；V 是正向电压；q 是电子电量；I_g 是入射电子束轰击势垒区时产生的电流。

当短路时输出电压趋近于零，即 V 趋近于 0，则 $I_{sc}=I_g$。

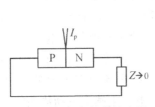

图 3.23.5　低阻抗的放大器
（无偏压连接方式）

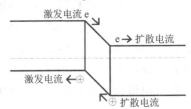

图 3.23.6　电子束感生电流（理想状态）
的能带原理图

（3）放大器阻抗非理想化的情况。

在实际应用的电路中，放大器的阻抗都会有一定的阻值，即其阻抗不可能是无穷大或无穷小这两种极端情况，而是会具有一定的数值，这种回路的输出电流和电压也都具有一定的大小数值。从能带理论来说，具有势垒的半导体在外界入射电子束的轰击下，其能带会随放大器阻抗的大小而变化。有了这个变化，当它与外电路构成回路时，就会有 EBIE 或 EBIC 的信号输出。

商品化扫描电镜多数会配有一个测量试样电流的纳安（nA）级试样电流放大器，即用于探测束流大小的纳安级电流表，这是一种高增益低阻抗的放大器，只要经适当的改接，就可以用来作为 EBIC 的放大器。改接后无偏压的 EBIC 连接示意图如图 3.23.5 所示，这种放大器的输入端阻抗一般都是低阻值的。

EBIC 的大小主要取决于入射电子束的能量，入射电子束的能量不同，激发所产生的电子-空穴对的数目也不同，每个入射电子所生产的电子-空穴对的数目可用倍增因子 G 表示：

$$G = \frac{E_{eff}}{e_i}$$

式中，E_{eff} 是入射电子的有效能量，E_{eff} 通常略低于 E_0；e_i 是半导体基材的电子-空穴对的平均激发能，它取决于被激发材料本身的平均激发能。

表 3.23.1 为几种常见的半导体材料的平均激发能，表中带 a 的数据表示在实验时用电子轰击所得到的值，其他的是用小粒子或光子轰击而得出的值。

表 3.23.1　几种常见的半导体材料的平均激发能

材料	Si	Ge	GaAs	GsP	CdTe
e_i	3.6/4.2a	4.6a/6.8a	4.6a/6.8a	7.8	5.0

采集 EBIC 图像时的加速电压与电子束流的选择如下。

EBIC 图像的成像信息与入射束的加速电压和试样的少数载流子的扩散长度有关，若所观察材料的缺陷较深，就要适当地提高入射束的加速电压，但分辨力和衬度却会随之变差。因此，在观察深度允许的条件下，应尽可能选择较低的加速电压，若加速电压高，入射束的激发深度就深，而且还会朝横向扩散、展宽，空间的几何分辨力就会变差。另外，束流的选择也与缺陷的活性有关，缺陷的活性大，入射束流可选小一点，可选在 $10^{-9}\sim10^{-10}$A；若缺陷的活性较弱，可适当增大入射束流，可选在 $10^{-8}\sim10^{-9}$A。若增大束斑，扫描电镜相应的空间几何分辨力会下降，所以在信噪比和衬度允许的条件下，也应尽量选择较低的加速电压和较小的束斑。但加速电压和束斑也不能太小，否则信噪比会变差，热场发射扫描电镜较常用的加速电压为 $5\sim15$kV。

德国 Kleindiek 公司推出了一种能对半导体器件进行多种分析的 EBIC 测量装置。这种测量装置一般与 1 个或 2 个 MM3A-EMs 微纳米操纵仪一起配合工作，配备微电流测量工具（LCMK）或者将 MM4 型的微纳米操纵仪集成到所配套的探针穿梭平台上，把它的信号输出端连接到扫描电镜的视频输入端之后其就具备了多种测量分析方法，主要是用于检测集成电路，其中包括电子束感生电流（EBIC）、电子束吸收电流（EBAC）、电阻衬度成像（RCI）、电子束感生电压（EBIV）、电子束感生电阻的变化（EBIRCH）等。其不仅有交流和直流的放大模式，而且还能够做定量的 EBIC 和 EBAC 测量分析。在用这个平台对集成电路进行分析时，为了更好地使用这种高增益和高灵敏的放大器，也为了改善 EBIC 的空间分辨力，在信噪比和衬度允许的条件下，应尽量选用低的加速电压和较小的束斑。热场发射扫描电镜常用的加速电压为 $5\sim10$kV，选用的物镜光栏以 30μm 为宜；钨阴极扫描电镜常用的加速电压为 $8\sim15$kV，选用的物镜光栏以 40μm 为宜。

1. EBIC 在半导体器件失效分析中的应用

（1）观察 P-N 结结区和集成电路的隔离条位置及其缺陷。

根据束感生电流的原理，可以用 EBIC 像来观察 P-N 结的结区形状、缺陷和非均匀性的掺杂等。通过 EBIC 像我们不仅能清楚地看到集成电路中的 P-N 结或隔离条所处的位置，而且还有助于判断 P-N 结、隔离条和衬底之间是否存在明显缺陷。当把 SE 像和 EBIC 像叠加在一起或相比对时，就能比较容易地找到该缺陷存在于器件中的具体位置。从图 3.23.7 的 EBIC 像中不仅可以看到扩散电阻和隐埋扩散的连接条，而且还可看到隔离区弯曲变形的形状，如图片中箭头所指之处，这弯曲畸形的突出虽还没有造成两隔离条之间的短路，但也形成了一个潜在的寄生三极管，会导致交流信号的自激等不稳定，而在与之所对应的二次电子像（图 3.23.8）中就看不到这种缺陷的存在。

（2）观察集成电路中的扩散电阻。

IC 中的扩散电阻和隐埋扩散区的连接线在二次电子形貌像中是很难看得到的，但若借助 EBIC 像就能比较清楚地看到它们的轮廓形貌和布局，从中人们还可以根据扩散条的宽长比的相对大小，对其阻值做一个相对大小量的估算。

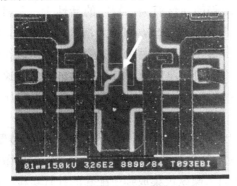

图 3.23.7　连接条和弯曲变形　　　　图 3.23.8　图 3.23.7 所对应的二次电子像

（3）利用 EBIC 来估算平面 P-N 结的结深。

在通常的情况下，半导体器件生产厂按传统的方法，要测量 P-N 结的结深大都采用磨角染色法，再借助干涉显微镜进行观测，然后再计算。用这种传统方法测量 P-N 结的结深既麻烦又费工时，而且还要破坏试样芯片。Jim-Yong Chi 提出了用 EBIC 响应峰的峰形变化来估算 P-N 结结深的方法。入射束能量与激发深度的关系如图 3.23.9 所示。

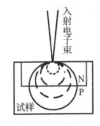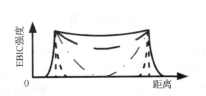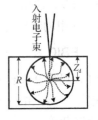

图 3.23.9　入射束能量与激发深度的关系

利用 EBIC 的强度来测 P-N 结结深或掺杂区厚度的原理是让电子束在 P-N 结的结区正交面上沿着一定的方向扫描，测量 EBIC 沿该方向的强度分布，当加速电压由低向高逐渐增加时，在垂直结的地方会出现亮或暗的峰值。当加速电压慢慢升高到某个值时，极大值处的尖峰会从尖锐慢慢变为平钝，最后使峰尖刚好消失，在这峰值消失之际，该电压正对应最大激发深度的一半。根据这时所施加的加速电压值人们就可以依材料的参数估算出 P-N 结或掺杂区的深度。器件表面如果有氧化层和钝化层都会影响到对结深的估算，若氧化层和钝化层比较厚，EBIC 像就很难看得到。

布雷斯（Bresse）在 Kanage 之后提出了一组在半导体材料中估算加速电压与激发深度 Z_d 的经验公式：

$$R = \frac{2.76}{\rho} \times 10^{-11} AZ^{-8/9} E_0^{5/3} \left(\frac{1 + \dfrac{E_0}{2m_0 c^2}}{1 + \dfrac{E_0}{m_0 c^2}} \right)^{5/3}$$

$$\frac{Z_d}{R} = \frac{1}{1+r}$$

式中，ρ 是半导体材料的密度；A 是半导体材料的原子量；c 是光速；Z 是半导体材料的原子序数；$r = 0.187Z^{2/3}$；E_0 是加速电压值。

该公式适用于 10～100kV 的加速电压，但扫描电镜的加速电压一般都不超过

30kV，所以为了简化计算，可以把相对修正因子 $\left(\dfrac{1 + E_0 / 2m_0 c^2}{1 + E_0 m_0 c^2} \right)^{5/3}$ 忽略掉。因为当

E_0 在 10～30kV 变化时，该修正因子的相应变化范围是 0.98～0.95，非常接近于 1，所以作为经验公式，在加速电压不大于 30kV 的情况下可以把该因子忽略掉。再把硅元素的相应参数代入，并把两式合并，则可得到一个非常简单而直观的加速电压与硅材料激发深度有关的经验公式：

$$Z_d = 1.52 \times 10^{-11} E_0^{5/3}$$

这样，Z_d 就成为仅与加速电压有关的一个变量，当选定某个 E_0 时，就可估算出在该电压下所对应的硅材料的激发深度 Z_d。图 3.23.7、图 3.23.10 至图 3.23.15 都是用 EBIC 成像技术来分析半导体器件失效情况的实例照片，具体的应用实例也可参阅文献[16、17、18]，有关于 EBIC 图像分辨力的讨论可参阅文献[19]。

（4）有的电镜可在试样和 EBIC 的探测器上加配偏压，又在样品台上加配有纳米操控器时，可以用作电流–电压的 IV 特性的测试。

（5）EBIC 的定量线扫描。

有的电镜在 EBIC 探测器上加配偏压就可实现 EBIC 的定量线扫描。测试过程中，

电子束在指定的感兴趣位置线上扫描就可测量到该位置的 EBIC 定量数值，这可用于对 P-N 结耗尽区宽度的测量。

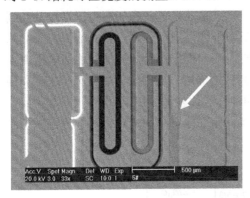

图 3.23.10　图中看不到右边管子
　　　　　　P-N 结区的 EBIC 像

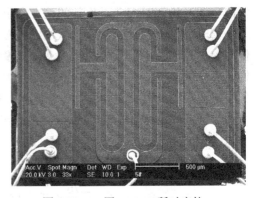

图 3.23.11　图 3.23.10 所对应的二
　　　　　　次电子像

图 3.23.12　四发射极晶体管的集电结
　　　　　　隔离区变形弯曲

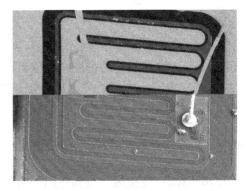

图 3.23.13　上半部为某三极管 EBIC 像，
　　　　　　下半部 SE 像

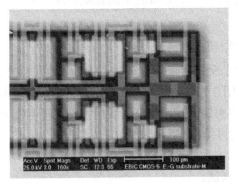

图 3.23.14　某 C-MOS 电路的 EBIC 像

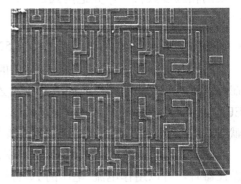

图 3.23.15　图 3.23.14 所对应的二次电子像

2．单引出端（SC）的 EBIC 成像原理

用传统的 EBIC 成像至少要有两个连接引出端，一端接试样电流放大器，另一端接地。而 V. K. S. Ong 等人提出用单引出端的电子束感生电流（SC-EBIC）连接方式来观测集成电路芯片中的反型层和结区。用这种新型的 SC-EBIC 能部分替代传统的双引出端 EBIC 的检测方式，这种 SC-EBIC 所成的像，所有层次的结都能呈现出来，且感生电流流向相同的 P-N 结的结区所呈现的衬度差别也不会太大。图 3.23.16（a）是采用单引出端做出来的 SC-EBIC 像，虽然信噪比较低，但能够同时显示出多个不同流向的 P-N 结，该芯片的输出端接样品电流的输入端，其余引出脚悬空。图 3.23.16（b）是相应部位的传统 EBIC 像，其信噪比虽然较高，但只能显示单个流向结的信息。

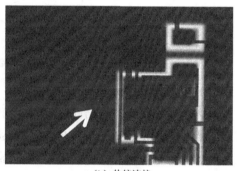

（a）单端连接   （b）传统连接

图 3.23.16　采用单端和传统的连接方法做出来的 EBIC 像

由于仅用单个输入端的连接方式，电子束感生电流的回路内阻大，其信号很弱，感生的电流有时会不太稳定，信噪比也比较差，为了提高图像的信噪比，通常会采用几十幅图像叠加的方式，这样瞬间信号所带来的干扰影响就会减少，而计算机所捕捉到的信号随图像的叠加次数增多可以抵消掉一部分随机的噪声，从而改善图像的信噪比。另外，选用的束斑不能太小，加速电压也不能太低，否则信噪比会很差。最关键的是要选取合适的扫描时间，若扫描的行时间短（快），微电流放大器的响应速度跟不上，图像的信噪比和分辨力都会很差；若扫描的行时间长（慢），集成电路中 P-N 结的容抗会变大，导致回路的阻抗增大，也会影响导通性能，较合适的扫描速率应是电子束扫过整个扩散区域的时间略长于芯片上绝大部分 P-N 结的结电容所形成的时间常数。这是一种对半导体器件和集成电路非常有效而实用的新型检测和分析技术，它对硬件设施的要求不高，在有试样电流放大器的扫描电镜中一般都能实现，具体的应用实例也可参阅文献[22]。

为了分析 SC-EBIC 成像理论的方便，笔者画了一个集成电路单端连接成像的

EBIC 示意图，如图 3.23.17 所示。当入射电子束扫过电路芯片上的晶体管时，它要经过三个 P-N 结区，它们是衬底-集电极、集电极-基极和基极-发射极，为了论述方便，在图中分别用字母 A、C 和 E 来表示这三个结。电子束扫过三个区，它们是集电区、基区和发射区，它们也分别用 B、D 和 F 表示。

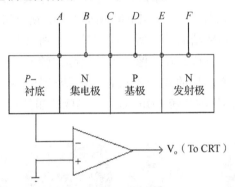

图 3.23.17　集成电路单端连接成像的 EBIC 示意图

（1）电子束扫到 A 点。

当入射束扫到第一层结即 A 点时，产生的感生电流中的电子被注入集电极，空穴被注入衬底经电流放大器放电。这是因为放大器提供了一个接地的回路。由于正电荷从放大器的反向端输入，导致放大器的输出电压为负，而所感生的电子积累在集电极，集电极的位能开始下降，这将使衬底-集电极所形成的结变为正偏，这时积累在集电极中的电子越过该结注入衬底。在起始状态，由于感生电流的影响淹没了结的正偏电流，所以这种效应一开始是看不到的，而只有当入射束扫离结区后，这种效应才明显。从集电极注入的电子将与衬底中的多数载流子复合，为了维持这种复合，正电流从地经放大器流入。当正电流流离了放大器的反向输入端，输出端的电位上升，这时图像中相应的微区呈现亮带，这亮带的强度与入射束的能量成正比，集电极放出的电子越多，集电极的位能就升得越高，电子流注入的强度就越少，当入射束移离该结时，亮带就变得更亮。

（2）电子束扫到 B 点。

当电子束扫到 B 点时，因它距离结区最少有几倍的扩散长度，所有产生的载流子在到达该结区前都已经被复合了，使得电子被堆积在集电极，束流很明显要比载流子所产生的电流低几个数量级，并且不会引起集电极位能有明显的降低，这时衬底-集电极结就不是正偏，因而没有电流注入衬底，在这种条件下，除了微不足道的电子束流，没有电流流经放大器，这时放大器的输出电压是零，因此在相应的区域上图像呈灰色，既不亮也不暗。

（3）电子束扫到 C 点。

当电子束扫到 C 点时，入射电子束轰击集电极-基极结区，产生的感生电子被扫到集电极，空穴被扫到基极，在基区和集电区分别产生了空穴和电子的堆积，则使基区位能上升，集电区位能下降，导致衬底-集电极结和集电极-基极这两个结处于正偏状态。在集电区中所堆积的电子将被分别注入衬底和基区，去与那里的多数载流子复合。从地端流入衬底复合的空穴电流流经放大器时，引起放大器的输出端电位上升，因而集电极-基极结区呈现亮带。当入射束扫离 C 点所对应的结时，进入集电区的感生电子流会突然截止，由于在基区堆积了空穴，集电极-基极结仍为正偏，这将使得所堆积的空穴被注入集电极去与那里的多数载流子进行复合。在复合之前，被注入集电区的一部分空穴可能到达衬底-集电极结区，并且到达衬底，这些电流将经放大器对地放电，使放大器的输出端电位下降，而对应的区域呈现暗带。

（4）电子束扫到 D 点。

当入射束扫到 D 点时，所产生的过量载流子的一小部分将被基区所建立的梯度电场分离出来，少量的电子将与入射电子一起到达基极-集电极结区的边沿，并被注入集电区，这将引起集电区电子的堆积，使集电区的位能下降，这时衬底-基极结变为正偏，使堆积的电子能够注入衬底，同时放出的电子流流经放大器到地，使放大器的输出电位上升，这时对应的基区边沿呈现亮带。

（5）电子束扫到 E 点。

当入射束扫到 E 点时，所产生的空穴被扫入基区，相应的电子就被堆积在发射区，在基区中堆积的空穴会抬高基极的位能，使得基极-集电极结成为正偏，这将使堆积在基区的空穴能够注入集电区，被注入集电区中的大部分空穴将该区的多数载流子复合，有一小部分在复合前将会到达衬底-集电极结。由于集电区的扩散长度较宽，在正常情况下集电区都不是高掺杂，有一小部分的空穴将被注入衬底，并通过放大器放电，使放大器的输出电位下降，引起对应的基极-发射极结区呈现暗带。

（6）电子束扫到 F 点。

因为 F 点远离结区，所有产生的载流子在到达结区前都被复合完，在发射区中入射的束流会引起电子的堆积，这时束流比起所产生的载流子要低几个数量级，所以它不会使发射区的位能有明显下降，这时相应的发射区在图像上呈现灰色。

这种新型的 SC-EBIC 技术也能够用于观测 CMOS 集成电路势垒区的情况。当把COMS 电路的衬底接放大器，其余引出脚悬空时，若器件是 P 衬底（即 N 阱型），则它的剖面示意图如图 3.23.18 所示。把图 3.23.18 中 P 衬底接入放大器，它与图 3.23.17 中的那种双极型管子起着相同的作用，图 3.23.18 中 N 沟道晶体管的漏-衬底与源-衬底形成的结和 N 阱-衬底所形成的结将构成第一层次的结。P 沟道晶体管中的漏-N 阱和源-N 阱所形成的结将构成第二层次的结，类似于图 3.23.17 中的第一和第二两个层次的结。

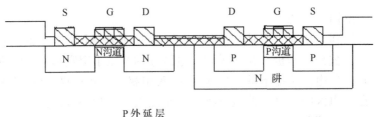

图 3.23.18　CMOS 电路剖面结构示意图

由于所有的 CMOS 集成电路中的晶体管都是由 N 和 P 两种沟道组成的，所以这两层的结在 SC-EBIC 方式中均能显现出来，也就是说在 CMOS 电路中所有的反型层和晶体管都能通过这种单端连接技术进行成像观察、分析。

3.24　图像处理功能

扫描电镜之所以具有多种成像功能，部分原因是信号处理技术对图像的某些性能的改进及提高有明显的效果。对扫描电镜来说常见的图像信号处理技术有微分、积分、非线性放大、伪彩色和 Y 调制等。接下来本节将简单地介绍一下微分、积分和非线性放大等基本概念。伪彩色常用于观察 3D 的合成立体视图。Y 调制有时是用于提高图像的反差和增强图像的立体感，其使用的概率不是很高，并且带有 Y 调制成像功能的扫描电镜也比较少。

1. 图像的微分

1963 年，兰德（Lander）等人首先在扫描电镜中引入了这种能增强局部细节的微分信号处理方法。把图像进行微分处理的目的就是要"突出图像中突变部位的变化量、压低恒定量"，图 3.24.1 是一幅微分电路及其输入、输出波形最简单的示意图，而实际的微分处理应用电路是非常复杂的。从图 3.24.1 中可见，当 $t=0^-$ 时，$U_{in}=0$；$U_{out}=0$，当 $t=0^+$ 时，$U_{out}=E$；当 t_{out} 趋向于 ∞，$U_{out}=0$ 时，$U_{in}=E$；（假设 $t_1 \gg 3\tau$），$\tau=RC$。同理当 $t = t_1$ 时幅度下降为零，$U_{out}(t_1^-)=0$、$U_{out}(t_1^+)=-E$，当 $t_{out} \to \infty$时、$U_{out}=0$ 时。

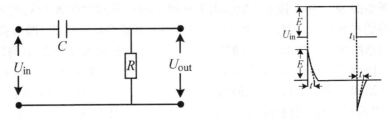

图 3.24.1　微分电路及其输入、输出波形

讨论：

若图 3.24.1 中的时间常数 RC 比较大，则"突出图像中突变部位的变化量、压低恒定量"的特征就会减弱；若时间常数 RC 更大些，则输出波形的形状将与输入波形的形状基本一致，即微分电容 C 就会变成所谓的"隔直电容"，如图 3.24.2 所示。所以说，起图像微分作用的微分电路中的 RC 数值应该很小。这种 RC 电路实际上是一个波形变换电路，即把矩形波变换成具有一定宽度的尖脉冲波。图 3.24.3 是微分之前的信号波形，该波形经微分之后就如图 3.24.4 所示。

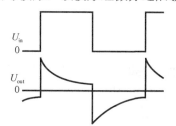
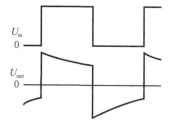

图 3.24.2　时间常数较大时 RC 电路的输出波形

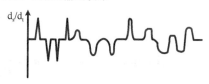

图 3.24.3　微分之前的信号波形　　　图 3.24.4　经微分之后的信号波形

图 3.24.5 是未经过微分处理的 IC 钝化层开裂形貌像，图中的集成电路芯片表面的钝化层开裂，下塌处显得比较光滑、平淡，而经过微分处理后，在同一图像中，钝化层开裂下塌处的裂纹边界就显得比较锋利，在裂缝处和钝化层表面附着的小颗粒也更突出，更富有立体感，如图 3.24.6 中所示。

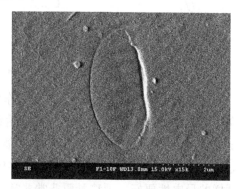

图 3.24.5　未经微分处理的 IC 钝化层开裂形貌像　图 3.24.6　图 3.24.5 经过微分处理后的形貌像

正常的微分变换最明显的一点是突出了图像中的高频分量，抑制或压低了过宽的低频分量，又能展现试样形貌的突变细节，这些优点在图像处理技术中都是十分可取的。不足的是图像中的电子热噪声和统计噪声也都难免存在高频分量，在启用微分处理功能时其中的高频分量也会被同时放大并凸显出来。所以微分处理只能在放大倍率不太高，图像的信噪比比较好的情况下进行处理，这样所展现出来的效果才会好。经微分处理过的视频信号，虽然存有上述的缺点，但通过具体的电子线路设计可加以补偿。微分处理技术能有效地提高图像的高频分量，压缩过宽的低频信号分量，又能在形貌上展现较多的细节差异，这些优点在图像信号处理技术中都是很难得的。

2．积分电路

图 3.24.7 是一幅最简单的积分电路示意图，而实际的积分电路也是非常复杂的。若把微分电路中两个阻容的位置对调，则变成一个积分电路，该电路的特点是时间常数很大，RC 远大于 t，C 上的电压变化很慢，输入信号大部分降在电阻 R 上。因此，该回路电流可以近似地看作由电阻 R 来决定：

$$i \approx \frac{U_{in}}{R}$$

电容的端电压为 $U_{out} = \frac{1}{C} \int i \, dt \approx \frac{1}{RC} \int U_{in} \, dt$，即输出电压是输入电压对时间的积分，所以该电路被称为积分电路。积分电路只有当时间常数 RC 比输入脉冲宽度大很多时，才能呈现出积分作用，当输入是一个幅度恒定的方波时，输出便是接近线性上升的锯齿波。

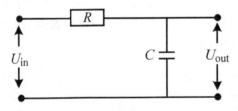

图 3.24.7　积分电路

如果 RC 不够大，在输入脉冲的作用期间，电容来得及充电，电容端电压 U_{out} 会呈指数曲线上升，因此输出波形到达稳态值的过程比输入延迟了一段时间。这个现象就是所谓的"积分延时"。这种功能在电镜的图像采集中可用做几幅图像的帧积分，帧积分之后的图像可以降噪，改善信噪比，提高清晰度。但前提是图像要稳定，试样的导电性要好，漂移量要非常非常的小，即基本上只能是在放大倍率不太高时，帧积分的效果才会比较理想，否则几幅图像连续积分之后的图像信噪比粗看起来好像能得到改善，但细看时会发现图像的细节和边角反而会变得模糊。现在，用来做这种多幅图像的帧积分一般都通过计算机的软件来执行，这样用起来更方便。

3．非线性放大

在实际的分析过程中，有时候会碰到某些试样在同一视场内由凸起的尖峰和深浅不一的孔洞、缝隙等组成凹凸很悬殊的形貌，这样在图像上对应凸起部位的信号会显得很亮，反之对应凹陷部位的信号会显得很暗，即处在明亮部位的表面信息量会被强信号所处位置的亮度所掩盖而减少，有时甚至分辨不出其白亮部位中的细节；而处在凹陷深处的表面信息会由于局部图像太暗，致使该处的细节被减弱，变得灰暗，甚至黑暗，导致黑暗处的细节被淹没。这时若只简单地采用降低对比度或提高亮度的方法，则对应图像的画面会显得灰蒙或太过明亮，而且还会影响到正常部位细节的清晰度，某些原有的细节可能也难于得到正常的显现。在这种情况下，可选用非线性的对数放大器，即把输入信号 S_{in} 按一个指数关系转换成输出信号 S_{out}，即

$$S_{out}=S_{in}^{1/\gamma}$$

式中，γ 一般在 0.2～5 范围内变化，最常用的 γ 在 0.5～3 范围内。

若把 γ 分别设为 2 和 0.5，则 S_{in} 和 S_{out} 的灰度响应曲线如图 3.24.8 所示。信号经 γ 变换放大后，能改善图像电平两端的衬度。当 $\gamma=2$ 时，$S_{out}^2=S_{in}$，这相当于 $y^2=2px$ 所描述的对称于 X 轴的抛物线方程，如图 3.24.8 中的粗虚线所示。当 S_{in} 继续增大时，S_{out} 亮区的信号输出会相对减缓，实现了暗区信号比亮区信号有更高的增益，使图像暗区部位的明亮度增加，而原亮区部位的明亮度增加缓慢，所以图像反差能得到改善。

当 $\gamma=0.5$ 时，$S_{out}=S_{in}^2$，这相当于 $x^2=2py$ 所描述的对称于 Y 轴的抛物线方程。当 S_{in} 继续增大时，S_{out} 亮区的信号以二次方的关系得到明显增强，而原暗区部位的亮度增加缓慢，如图 3.24.8 中的细虚线所示。这种输出模式易引起亮区幅度出现饱和，因此在实际的图像处理中，这种非线性 γ 被放大，选用 γ 大于 1 的机会较多，而选用 γ 小于 1 的机会较少。γ 大于 1 的主要作用是提升试样中的凹陷部位或某些超轻元素部位的细节亮度，使暗区信号的增益更明显，使试样中的凹陷或孔洞内部的视场亮度能得到明显提升，图 3.24.9 中 $\gamma=2$，其孔洞底部就比图 3.24.10 显得更亮一些，底部的细节也能看得比较清晰。

$\gamma=1$ 时线性放大，黑、白电平的放大量处处呈线性，如图 3.24.11 所示。$\gamma=2$ 时非线性放大，暗区（黑电平）的放大量大于白电平，如图 3.24.12 所示。$\gamma=0.5$ 时非线性放大，亮区（白电平）的放大量大于黑电平，如图 3.24.13 所示。

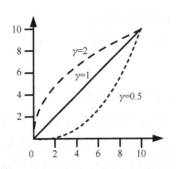

图 3.24.8　$\gamma=0.5$、1 和 2 时的放大响应曲线

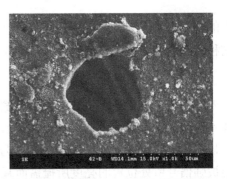

图 3.24.9　采用 $\gamma=2$ 放大之后的照片

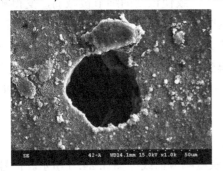

图 3.24.10　未采用 γ 放大的照片

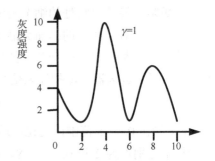

图 3.24.11　$\gamma=1$ 时的黑、白电平均为线性放大

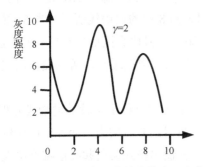

图 3.24.12　$\gamma=2$ 黑电平的放大量大于白电平

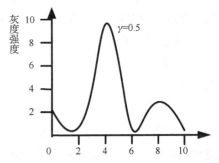

图 3.24.13　$\gamma=0.5$ 黑电平的放大量小于白电平

　　这种非线性 γ 放大器是英国的史密斯（K. C. A. Smith）于 1956 年最先采用的。以前这种非线性 γ 放大器是通过改变电子线路的硬件来实现的,而现在用来做这种非线性 γ 放大图像几乎都由计算机的软件来执行, 即用鼠标的光标来单击并拖动 $\gamma=1$ 时那条线性放大对角线的中下部,往左上角拉 γ 就能大于 1,使暗区信号比亮区信号有更高的增益,单击拉动的点越多,这条 γ 放大曲线就会越平滑,该曲线就会越接近于对称 X 轴的抛物线;反之,往右下角拉 γ 就会小于 1,就能使亮区的信号比暗区的信号有更高的增益,同样单击拉动的点越多,这条 γ 放大曲线也就会越平滑,该曲线就会越接近对称 Y 轴的抛物线, 这样的调节, 使用起来就显得很方便。

3.25 扫描透射电子探测器

扫描透射电子探测器如图 3.25.1 所示。在扫描电镜的分析过程中，若被分析的试样很薄，就会有一部分入射电子穿过试样而成为透射电子。这里的透射电子是指采用扫描透射电子探测器这种装置来成像时，那些穿过试样的原入射电子。这些透射电子是由直径很细的高能电子束照射在薄试样上产生的，因此透射电子的信号是由试样微区的厚度、组成成分及其晶体结构所决定的。由于多数 SEM 的加速电压最高仅为 30kV，所以在这样的加速电压下，电子束对试样的穿透能力很有限，因而对有机物等以超轻元素为主的超薄试样可以获得高反差的图像。透射电子中除了有能量与入射电子相接近的弹性散射电子，还有各种不同能量损失的非弹性散射电子，其中有些遭受特征能量损失ΔE 的非弹性散射电子，因其特征能量损失电子和所分析区域的成分有关，所以也可以利用其配合电子能量分析器来进行微区的成分分析。

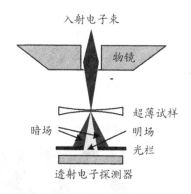

图 3.25.1　扫描透射电子探测器的示意图

图 3.25.2 和图 3.25.3（a）分别是 FEI、TESCAN 公司的扫描透射电子探测器的实物照片。一般的试样只要足够薄都可以进行透射电子像的观察和分析，并可做二次电子像和透射电子像的明场和暗场像的对比分析，如碳纳米管、微细的粉末和超薄的生物试样等。图 3.25.3（b）分别是两张同一部位的生物切片的明场像和暗场像。图 3.25.4 中的（a）、（b）两张照片和图 3.25.5 中左上及右下角的两张小照片分别是两根碳纳米管同一部位的明场像和暗场像。

对于不同型号的扫描电镜，STEM 探测器的最佳分析工作距离也都有所不同。STEM 探测器的分辨力在小工作距离下会比较好，随着 WD 的增大，透射电子的信号会变弱。在正常情况下，建议在 WD 不大于 5mm 的条件下使用，其信噪比和分辨力都会比较好。使用时严禁用机械方式旋转样品台，以免损坏 STEM 探测器。

图 3.25.2　扫描电镜透射电子探测器的实物照片

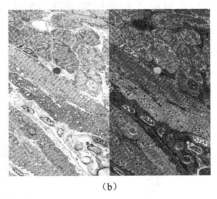

（a）　　　　　　　　　　　　　　　（b）

图 3.25.3　安装于样品台上的透射电子探测器及其所拍摄的明场/暗场像

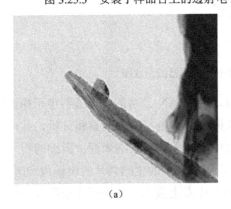
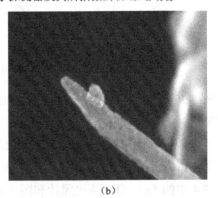

（a）　　　　　　　　　　　　　　　（b）

图 3.25.4　碳纳米管的明场和暗场的透射电子像

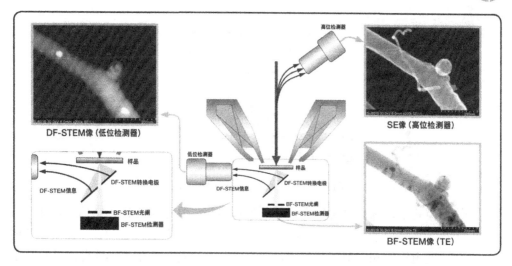

图 3.25.5　SEM 的透射电子探测器的示意图及其所成的明场、暗场像

　　入射电子束在穿过 STEM 探测器时，某一方向有很强的衍射，即直接穿透试样的那一部分电子束的强度分布就有了变化，若光栏能把衍射电子束挡住，只让透射电子束直接通过成像，这时形成的衬度就是明场的衍射衬度，像是明场像。此时，试样晶体中强衍射区对应图像上的暗区，背景是亮的，它适合于观察晶体的衬度；反之，若该晶面簇产生的强衍射电子束刚好通过透镜中心，而透射电子束被挡住，这时晶体试样中强衍射区对应像上的亮区，而背景是暗的，它相当于暗场的衍射衬度像，即暗场像。暗场像适用于观察不同的原子序数产生的衬度，因此在一个厚度均匀的多晶试样中，在同一电子束的照射下，不同的晶粒就可以呈现出不同的亮、暗衬度，这是因为它们相对入射电子束的取向不同。因此，通过变更暗场信号的检出角（转换电极）就可以观察到试样不同的原子序数所产生的衬度像。

3.26 电子束减速着陆方式

　　为了能尽量发挥高低加速电压各自的优点，特别是减少采用低加速电压分析试样时所带来的像差大、分辨力低的缺点，电镜生产厂家就研制出带有减速模式的扫描电镜。扫描电镜有了减速模式就可以在保持稍高的加速电压下能有相对高分辨力的同时，又能保持低加速电压带来的表面信息丰富和不易荷电等优点，其原理如图 3.26.1 所示。这种模式是在电子枪发射电子束时使用相对较高的加速电压，当被加速的电子束快要到达试样表面时突然减速的一种模式。该模式是在试样上加了一个负电位，以抵消掉一部入射电子束的加速电位，让登录到试样的入射电子束相对电位瞬间降低，使实际到达试样的着陆电压值相对减小。

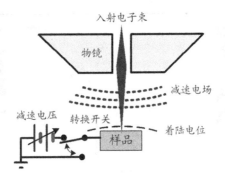

图 3.26.1　减速模式的原理示意图

　　在这种模式下，通常是选择几千伏的加速电压，让电子束以稍高的能量在镜筒中加速运行，当其出了物镜极靴在即将到达试样表面之前突然受到某一相反电位的抵抗，使加速电压的相对值突然下降，让最终到达试样上入射束的实际加速电压值能降到不大于 2kV 的低压范围，这样既有入射前有较高加速电压时的波长较短、像差较小、分辨力较高等一系列优点，又可减少导电不良试样的荷电和热损伤等问题。例如，选择 3kV 的加速电压与 2kV 的减速电压，结果实际到达试样的登陆电压仅为 1kV，图像清晰度和分辨力却能基本接近 3kV 加速电压时的图像质量。应用减速模式对改善低加速电压的分辨力是很明显的，如日立公司的 4800 型冷场发射电镜在正常的 1kV 加速电压下的最佳分辨力为 2nm，而在减速模式下，其 1kV 登陆电压的最佳分辨力可达 1.1nm，这样对于试样来说虽然同样都是 1kV 的加速电压，但分辨力却提高了 45%，可见这种减速模式对低加速电压下的图像分辨力的提高还是很明显的。

　　对于不同型号的 SEM，其样品台的减速偏压范围也不同，如 FEI 公司的 Apreo 2 SEM 电镜，其电子束减速模式具有很大的样品台偏压范围，在-4kV 到+600V 范围内可调，这为图像的优化提供了极大的灵活性。

　　减速功能的优点有：

　　（1）改善了低加速电压时的色差和像散，提高了图像的分辨力。

　　（2）超低的登陆电压便于人们观察试样浅表面的形貌，能使试样表面的细节呈现得更丰富、更细腻。

　　（3）观察导电不良的试样，在没有蒸镀导电膜时，可减少试样的荷电和热损伤。

　　应用减速模式功能时应注意：

　　（1）为减少像差，提高分辨力，应适当缩短工作距离，多数扫描电镜的最佳工作距离在 4mm 左右，若 WD 小于 3mm 易造成空间电场的击穿，若 WD>5mm 会影响图像的分辨力和信噪比。

　　（2）为保持减速空间电场的均匀，试样要尽可能薄。

　　（3）试样要尽可能平整、洁净，而且要水平摆放。

（4）试样要尽可能地摆放在样品座的中间位置。

（5）对厚试样或大块试样还是要求要有一定的导电性，这样减速电位才能明显地起作用。

参 考 文 献

[1] 西门纪业，葛肇生. 电子显微镜的原理和设计[M]. 北京：科学出版社，1979：217-219.

[2] 王庆有. 光电传感器应用技术[M]. 北京：国防工业出版社，2006：105-106.

[3] 唐承智，王琨. 扫描电镜闪烁体老化后的危害[J]. 电子显微学报，1998，17（5）：666-667.

[4] G D Danilatos. Theory of the Gaseous Detector Device in The ESEM [J] .Adv Electronics and Electron Phys. 1990（78）：1-102.

[5] 田中敬一，永谷隆. 图解扫描电子显微镜：生物试样制备[M]. 李文镇，应国华，等译. 北京：科学出版社，1984：8.

[6] 日本电子显微学会关东支部. 走查电子显微镜：基础与应用[M]. 东京：东京共立出版社，1976：7.

[7] 田中敬一，永谷隆. 图解扫描电子显微镜：生物试样制备[M]. 李文镇，应国华，等译. 东京：东京共立出版社，1984：8-9.

[8] O. C. Wells. Scanning Electron Microscopy[J]. Mc Graw Hill, New York, 1974：25.

[9] 田中敬一，永谷隆.图解扫描电子显微镜：生物试样制备[M]. 李文镇，应国华，等译. 北京：科学出版社，1984：15.

[10] 施明哲. 提高电压衬度像分辨力的研究[A]. 第八届全国可靠性物理学术讨论会1999[C]. 广州：中国电子学会电子产品可靠性与质量管理学会办公室出版，32-36.

[11] 田中敬一，永谷隆. 图解扫描电子显微镜：生物试样制备[M]. 李文镇，应国华，等译. 东京：东京共立出版社，1984：13-17.

[12] 田中敬一，永谷隆. 图解扫描电子显微镜：生物试样制备[M]. 李文镇，应国华，等译. 北京：科学出版社，1984：17-19.

[13] D.B. Holt, M. D. Muir, P. R. Grant and I. M. Boswarva. Quantitative Scanning Electron Microscopy[M]. England：1976：213-269.

[14] 中科院半导体所理化中心. 半导体的检测与分析[M]. 北京：科学出版社，1984：269-281.

[15] 施明哲. 扫描电镜在半导体器件失效分析中的应用[C]. 中国电子学会可靠性分

会第三届学术年会论文选，1985：141-145.

[16] Jim-yong Chi et al. IEEE.trans[J]. ED-24，1977(12)：1366.

[17] Holt D. B. In: Holt D. B. Joy D C. SEM Microcharacterization of Semiconductors[A]. Loodon, Academic Press, 1989：241-338.

[18] 中科院半导体所理化中心. 半导体的检测与分析[M]. 北京：科学出版社. 1984：269-281.

[19] C. Donolato. Journal of Appl. Phys.[J]1988, 63(5)：1569-1579.

[20] C. Donolato. Appl. Phys. Lett[J]. 1979，34(1)：80.

[21] V. K. S. Ong. Solid-State Electronics[J]Solid-State Electronics，1999(43)：41-50 .

[22] V. K. S. Ong. Proceedings of 20th International Symposium for Testing & Failure Analysis[J]. 第 20 届国际测试和失效分析讨论会论文集 13-18 Nove. 1994：49-56.

[23] 施明哲，费庆宇. 一种新型的单引出端 EBIC 成像技术[A]. 广州：中国电子学会可靠性分会第十届学术年会论文选，2000：223-229.

[24] 张铭诚，袁自强. 电子束扫描成像及微区分析[M]. 北京：原子能出版社，1987：175-177.

[25] 张铭诚，袁自强. 电子束扫描成像及微区分析[M]. 北京：原子能出版社，1987：169-175.

第4章

扫描电镜的实际操作

4.1 电镜的启动

不同型号的扫描电镜的具体开机步骤不完全相同，但基本的顺序和过程大同小异，常见的扫描电镜开机一般要经过以下几步。

（1）接通电镜的电源总开关，打开氮气的供气阀门，氮气的压力最好调在 0.03～0.06Mpa，若带有波谱仪，当使用波谱仪前还应打开 P10 气体的供气阀门。

（2）接通空气压缩机和冷却循环水机的电源，空压机的压力最好在 0.4～0.5Mpa；冷却循环水机的压力应在 0.2～0.4Mpa。有些扫描电镜的物镜、高压电源、油扩散泵和大功率或高转速的涡轮分子泵都需要用循环水来冷却；而有的扫描电镜的高压电源和功率较小或转速较低的涡轮分子泵会采用风冷，所以这类风冷的扫描电镜一般就不必配备冷却循环水机。

（3）接通电镜的主开关和真空系统中各抽气泵的电源，现在电镜的生产厂家多数都会把真空系统的这几种泵全都连接到电镜的主开关上，所以一般只需要接通电镜的主开关电源即可。

（4）启动控制计算机的运行程序。现在，绝大多数电镜的启动过程和步骤都是按照事先编好的程序，由控制计算机自动运行的，若是这样，人们则只要接通总开关，输入正确的密码，按下回车键，就能启动运行控制计算机，剩下就是等待运行程序的提示词汇或观察运行的指示灯。有的电镜会在荧屏上显示出"Pumping""Waiting""Ready""OK"等指示性的词汇，而有的则用红、黄和绿等不同颜色的发光二极管来表示，具体指示情况依电镜型号的不同而异。

4.2 试样的安装、更换及停机

1．对试样的体积和载荷量的要求

（1）待测试样的尺寸不能超出所用扫描电镜对试样规定的最大尺寸范围，若试样超高，应裁减试样的高度，若试样超长或超宽，也应裁减相应的长度或宽度，否则试样可能会无法被推进样品仓中，即使试样能被推进样品仓中，也有可能会碰坏试样或碰坏物镜下方的背散射电子探测器，甚至还有可能会碰到 E-T SED 前端的栅网。

（2）对于使用小型或中型样品仓的电镜，其对试样的质量要求一般是分别不能大于 250g 和 500g，若试样只处在水平状态进行分析，其最大载荷量一般可允许达到该电镜标称载荷量的 2 倍；若分析时试样需要处于倾斜状态，那试样一定不能超出该电镜所规定的最大标称载荷量，否则会影响整个样品台的运行精度，而且还有可能会造成驱动电机过载甚至烧毁，尤其是驱动 Z 轴升降和驱动 T 轴倾斜的步进电机更易受损。

（3）除了环境扫描或低真空的电镜，用于传统电镜分析的试样都应干净、干燥、无油污并能导电。对于导电不良的试样，最好用环境扫描或低真空的电镜做分析，若用传统的电镜做分析，事先应先做好导电处理，如蒸镀导电膜等。

2．试样的粘贴和安放

（1）把试样用双面导电（碳、铜、铝）胶带或银浆、碳浆粘贴在试样座上。

（2）对于带有交换仓的电镜，先把粘贴好的试样装到样品座上，拧进推杆，再慢慢地将试样推进样品仓中的装载台上。应注意样品仓与交换仓之间的隔离阀的高度，以免碰坏或碰掉粘贴好的试样；若是用银浆、碳浆粘贴的试样，应待银浆或碳浆干燥后才能装到样品座上，再送进样品仓中。

（3）对于那种如图 4.2.1 所示的大开门抽屉式样品仓门和样品仓，应先把粘贴好试样后的样品座插入或拧紧在样品台上，在将试样慢慢地推入样品仓的过程中人们也应注视着试样的高度，以免试样超高，导致碰触到物镜的下极靴及其底部的背散射探测器。

（4）关紧样品仓门，再启动抽真空系统进行抽真空，抽真空时间为 1.5～5min。抽真空时间的长短取决于样品仓的容积大小和所装入的试样数量、试样自身的放气量、房间的湿度及真空泵的抽气速率。

（5）当到达规定的真空度后 ，相应的指示灯会亮起或是加高压的"ON"键的颜色会由灰变黑，当真空显示"OK"之后，方可加高压。

（6）若电镜配有 CCD 相机，可先在 CCD 的 TV 视场下移动、寻找所要分析的试样及其大致的分析部位。

（7）若电镜的 X、Y 和 R 三轴都是电动的样品台，又配置了全自动的样品台光学导航软件，则该电镜寻找试样会更加快速、简便。

（8）若电镜没有配 CCD 相机，又没有配光学导航软件，则只有在加完高压之后，再在电子束斑的照射下，在最低的放大倍率下来寻找试样，找到试样后再进行放大→调焦→寻找感兴趣的部位→把试样的分析面调整到合适的 WD→再放大→再重新调焦→重新消像散→最后采集图像或进行下一步分析。

图 4.2.1　XL 系列扫描电镜的大开门抽屉式样品仓门和样品台

3．下班或过夜停止工作

下班或过夜停止工作前，应把电镜主机和真空系统设置在高真空的状态下运行，这时要尽量关闭外围设施和辅助部件的电源，让电镜尽可能处在既安全又最节能的状态下运行。

下班或过夜停止工作前应尽量做到以下几点。

（1）关闭电镜的高压电源，因高压电源易引起高压电子线路中元器件的击穿、烧毁，高压电源关闭后既能节能，又能减少设备的故障率，特别是减少高压发生器的故障率。

（2）分析完的试样被取出之后，样品仓和交换仓都应立即抽真空，让样品仓尽快回到高真空状态，而不要处于低真空或环扫状态，这样不仅可减少对样品仓和镜筒的污染及缩短下次做样时的抽真空时间，还可以减少水蒸气在机械泵中的积聚，使泵油尽可能保持透明、清澈，使转轴运转顺利，噪声小，并且尽可能延长泵油和轴封的使用寿命。

（3）如果在样品台上安装了热电效应的冷却台，当系统处于夜间模式或处于长时间的待机状态时，必须把样品台上的冷却部件撤下来。

（4）拉大物镜焦距，即增大 WD，可减少物镜的激励电流，这既节能又可减少物镜的发热量。

（5）把行扫描时间选长一点，让行扫描设备处于慢扫描状态，这样可减少行扫描发生器的充、放电次数。

（6）对于热场发射的电镜，最好选择大束流模式，该模式可减少聚光镜的激励电流，即该模式不仅可减少聚光镜的发热量，又可节能。

（7）选择高的放大倍率，可减少偏转线圈的激励电流，即不仅可减少偏转线圈的发热量，又可节能。

（8）降低样品台的 Z 轴或让样品台归零或回原位（Home），锁住摇杆或锁住 Z 轴，以防止误触发，使 Z 轴上升，导致样品台撞击到 BSED。

（9）把电镜退到主界面程序，除关闭高压电源，还应关闭显示屏、打印机和鼠标等一些暂时不用的外围辅助设施的电源。

（10）关紧氮气瓶和用于波谱仪的 P10 气瓶的阀门，以减少氮气和 P10 气体的泄漏。

（11）在春夏季，每天都要倾倒电镜实验室里的除湿机中的水，填写好实验室的工作记录，整理好试样及工作台面。

（12）最后关闭实验室的照明电源和门、窗（若有安装摄像监控仪，应留一盏供摄像监控用的灯）。

4．放长假停机

当节假日或放长假时，除了要做好下班和过夜停止工作时所提到的注意事项外，最好还要做到以下几点。

（1）钨灯丝电镜在周末和放长假时可整机关闭，到下周一要用时再提前半小时开机，这既安全又节能、降耗。

（2）若是配备油扩散泵的电镜，在关闭主机后应等待 35min 再关闭冷却循环水机的电源；若没有自动延时装置，则应人为延长，这样才能使 ODP 中的油和物镜线圈、高压电源等被冷却的部件都能得到充分冷却，还可减少油蒸气对样品仓的污染和减缓泵油的氧化。

（3）对于配置水冷式分子泵的电镜，在关闭主机后，也应再延长 15min 之后，再关闭冷却水源。

（4）场发射电镜在周末时，建议只关高压电源和外围的附件。放长假期间可考虑让电镜处在"stand by"状态，即只保留 IGP 在工作，让电子枪保持在高真空度状态，关闭其他电源，要用时再提前 15min 开机。

4.3 图像的采集

对于传统扫描电镜，从装入试样到采集照片一般需要经过以下几个步骤。

（1）样品仓的真空度达标之后才能加高压，找试样，在进行粗略的调焦之后，再进行电子束的对中调整，再对试样感兴趣的部位进一步放大、调焦和观测分析。

（2）在原预定要采集的放大倍率的基础上，用比其高出若干倍的视场认真、仔细地调准焦距，消好像散，即遵循"高倍聚焦，低倍拍照"的原则来采集照片。

（3）缩回到原预定要拍摄的倍率，调整好试样或图像的摆放角度及对比度和亮度。图像的摆放角度可通过旋转样品台来改变，也可以借助光栅扫描旋转功能来改变。旋转样品台是通过步进电机来驱动样品台的转轴转动的，以改变试样的实际摆放角度；而调节光栅旋转的旋钮或滑块，图像看起来是转动了，但样品台和试样并没有真正的转动，而仅仅是把电子图像的方向旋转了某一个角度或方向。

（4）如果试样导电性好，最好采用慢扫描一次完成采集图像，对用于发表在报告或论文中的照片，每幅照片的尺寸不大于 5 英寸时，其像素点可选 640×480 点；若要 10 英寸的照片，每幅的像素点可选 1 024×768 点；若需要 12 英寸的照片，每幅的像素点可选 1 280×960 点。对导电试样，若要采集一幅高分辨力的照片，帧扫时间范围为 40～60s。扫描时间相对长一些有利于改善图像的信噪比和提高分辨力。但并不是绝对的，对于导电性差的试样，为减少试样的荷电和图像的漂移，还可以把扫描时间相对缩短一些，有时反而有利于提高图像的分辨力。尤其对于导电不良的试样，应适当地缩短扫描时间，帧扫时间可选范围为 20～30s。若每幅照片的尺寸不大于 4 英寸，也可以适当减少扫描的像素点，如选用 512×384 点的像素点，以尽量减少因试样荷电和图像漂移所带来的影响。总之帧扫描时间的选择要依试样的导电性和电子线路的热稳定性来综合考虑。

（5）如果试样导电性差，在适当地缩短帧扫描时间和减少像素点的同时，建议选用小光栏、低的加速电压，如 1～5kV，也可在稍快扫描的速率下采用多帧图像的叠加或多幅图像的积分方式。

（6）若试样导电性差，而电镜又配备减速功能的模式，建议用减速功能来采集图像。

（7）若试样导电性差，而电镜带有环扫或低真空的模式，建议用环扫或低真空模式来采集图像。

（8）Navigator™-100 高通量场发射电镜是目前中外所有扫描电镜机型中唯一可以在 1kV 或更低的加速电压下实现 TV 速率的 BSEI 高清成像的电镜，这样的电压不仅会大大减少试样的荷电，而且它的瞬间式"摄像"功能更可以使图像的漂移忽略不计。

（9）现在的扫描电镜都是直接以数字形式保存电子图像的，每个像素点多为 8bit 或 16bit 的灰阶图像，且该图像格式至少应有一种为无压缩的图像文件。常见的图像存盘的格式有 BMP、TIFF 和 JPEG 这三种，而有些电镜的计算机还会支持 GIF、PGM

和 PNG 等图像格式。

BMP 是英文位图（Bitmap）的简写，它是 Windows 操作系统中的标准图像文件格式，能够被多种 Windows 应用程序支持。随着 Windows 操作系统的流行与丰富的 Windows 应用程序被开发出来，BMP 位图格式被广泛应用。这种格式的特点是包含的图像信息较丰富，几乎没有进行过压缩，但由此导致它占用磁盘的空间较大。目前，这种 BMP 图像格式在扫描电镜和一般的微型计算机上得到了一定的应用。

TIFF 图像文件是由 Aldus 和微软公司为桌上出版系统研制而开发的一种较为通用的图像文件格式。该格式有压缩和非压缩两种形式，其中压缩可采用 LZW 无损压缩方案存储。TIFF 格式灵活方便，它又定义了四类不同的子格式：TIFF-B 适用于二值图像，TIFF-G 适用于黑白灰度图像，TIFF-P 适用于带调色板的彩色图像，TIFF-R 适用于 RGB 真彩图像。目前在 Mac 和 PC 机上移植 TIFF 文件十分便捷，因而 TIFF 格式也是计算机上使用最广泛的图像文件格式之一。虽然，它占用磁盘的空间较大，但对这种格式的图像进行后期的处理就比较灵活、方便，因而在所有的扫描电镜中几乎都有支持这种图像格式的程序。

JPEG 是最常见的一种图像格式，它由联合照片专家组开发的。JPEG 文件的扩展名为 .jpg 或 .jpeg，其压缩技术十分先进，它用无损压缩方式去除冗余的图像和彩色数据，在获得极高压缩率的同时能展现十分丰富的信息图像，也就是可以用最少的磁盘空间来存储质量较好的图像。由于 JPEG 的优异品质和杰出的表现，它的应用非常广泛。目前各类浏览器均能支持 JPEG 这种图像格式，因为 JPEG 格式的文件信息量较小，下载速度快，使得 Web 网页有可能以较短的下载时间提供大量美观的图像，所以 JPEG 也就成为计算机中最受欢迎的图像格式之一。

BMP、TIFF 和 JPEG 这三种格式几乎每种机型的电镜都具备，用户可根据兴趣和爱好去选用。

4.4 电镜图像中几种常见的像差

电磁透镜也与普通光学玻璃透镜一样都存在着各种像差，这些像差与普通光学中的像差定义也基本相同，在电子光学中常见的像差主要有以下几种。

（1）几何像差，因物离中心对称轴较远或透镜的旁轴近似条件不满足而产生的像差，它们是折射媒质的几何形状（如等位线的形状）的函数，几何像差主要包括球差、彗差、像散、场曲及畸变等。

（2）彗差，因电磁轴对称性不理想而产生的像差，如所加工的磁透镜极靴的尺寸精度不够精确而导致束斑的旋转对称性不好、合轴不良及电子枪与镜筒的装配误差等原因。

（3）像散和畸变，在电子光学通道的空间中有某个不应有的或外来的电荷存在时，使电子的运动轨迹局部改变而引起的像差或图像放大率的差异。

（4）色差，由于电子光学媒质的折射率随电子的运动速度的不同所产生的像差，这个名称是从物理光学中沿袭而来的，因为电子的运动速度与加速电压有关，即与电子的波长和电子离开阴极时的初始速度的差异有关系，而在普通光学中，波长的不同决定着光颜色的差异。

像差的数学推导是很复杂的，而且这些繁杂的数学分析在实际的应用中还不一定能起到真正解决问题的效果。因此，本节不做数学推导，而主要是定性地介绍一下这几种像差所表现的现象、产生的原因和减少像差的一些主要途径及有效的实用方法。

1. 球差

物点虽位于中心对称轴上，但由于透镜的孔径较大，这时从物点出发通过透镜不同部位的各条射线并不是全部都会汇聚在同一点上的，在高斯平面 M 上将不能得到一个清晰的对应像点，而是一个有些模糊的弥散圆斑。在电子透镜中通常出现的情况是边缘射线与轴的交点出现在高斯平面的左方，即透镜边缘部位的折射能力强，而透镜中间部位的折射能力较弱，不论像平面处在什么位置，都得不到一个与之对应的清晰像点，而是一个边缘模糊的圆斑，这种现象称为球差。不过在某一适当的位置上时，弥散圆斑最小，且该点的图像最清晰，这个图像最清晰的圆斑所处的最小截面就被认作像平面 M，球差如图 4.4.1 所示。

球差弥散圆斑的半径为：

$$D_s = C_s D^3$$

式中，C_s 是球差系数；D 是光栏孔的半径。

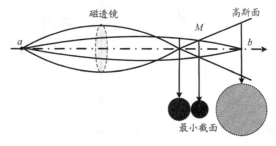

图 4.4.1 球差示意图

理论证明，在电磁透镜中的球差是不能消除的，但旋转透镜的球差是可以矫正的，而用球差矫正器矫正，可使球差相对减小，并减少了由于球差的存在而对图像清晰度的影响。克鲁（A.V. Crewe）曾提出用两个六级透镜和一个旋转对称透镜组所组成的系统来校正 STEM 物镜的方法。现在，在高档的透射电镜中有的就加装了球差矫正器，用于矫正球差系数，提高图像的分辨力。但在商品的扫描电镜中到目前还没有发现有加装球差矫正器的物镜，而通常是采用下列几种措施来减少球差。

（1）适当减小孔径角，但孔径又不能缩得太小，否则束流太小，亮度不足，信噪比会变差，甚至有可能会发生衍射现象。钨阴极扫描电镜的物镜孔径角约为 $5×10^{-3}$ 弧度，场发射扫描电镜的物镜孔径角一般都会略小于相应的钨阴极扫描电镜的物镜孔径角，有的可小到约为 $3×10^{-3}$ 弧度。

（2）增大电极系统或励磁线圈的半径，使旁轴的区域范围相对扩大，让尽可能多的射线满足旁轴条件。

（3）提高加速电压，因球差系数与加速电压的二次方近似成反比，而且提高了加速电压还可以使束流增大、亮度增强，从而又可允许进一步缩小光栏孔径。但要考虑到在高加速电压的照射下可能易引起试样表面荷电和灼伤等不良影响，也要考虑高加速电压可能会造成试样表面细节的减少或丢失。

（4）选取弥散圆斑最小的平面作为最终聚焦成像的像平面。

2. 彗差

物点 P_0 在中心对称轴外，而且入射的电子束斑较大，又采用较大孔径的光栏，于是电子束与轴线倾斜成一定角度，使透镜的对称性受到破坏，这时会产生出另一种像差：与光栏相切的一束空心电子束会在高斯像平面上形成一个圆，而对于从 P_0 点发出的一束实心电子束，会在高斯像平面上形成无数个圆，每个圆的圆心离理想像点 P_i 的距离等于这个圆的半径，彗差如图 4.4.2 所示。

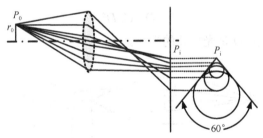

图 4.4.2　彗差示意图

所有圆都位于两条分切线相交约为 $60°$ 夹角范围的扇形之中，这个扇形的顶点就是旁轴轨迹高斯像点 P_i。这样，在轴外的某一点发出的所有电子在高斯面上都不能得到一个清晰的像点，而是会形成一个形状像彗星那样的模糊图像，即在高斯像点上有一个明亮的光点，拖着一条沿径向分布的、逐渐变暗的尾巴，这种现象称为彗差。彗差圆斑的半径 D_{co} 可从下式求得：

$$D_{co}=C_{co} D^2 r_0$$

式中，C_{co} 是彗差系数；r_0 是物点离轴的距离；D 是光栏孔的半径。

减少彗差的途径有：

（1）保证镜筒的机械装配精度较好，机械轴和光轴的合轴(对中)要良好。

（2）在光斑亮度允许的情况下，尽可能选用小束斑、小光栏。

（3）在条件允许的情况下，可适当提高加速电压，加速电压提高的同时又能进一步缩小光栏的孔径。

在电镜中，由于物面不大，旁轴近似条件一般会比较充分，只要电子光学系统的装配对中良好，系统所产生的彗差一般影响不大。为了保证机械轴和光轴能有良好的合轴，除了安装、拆卸和更换阴极时要用机械的方法调整对中，使机械轴和光轴的中心能有良好的合轴外，在日常的操作使用过程中，每当更换不同的物镜光栏、使用不同的加速电压和改变不同的束斑后，都要用电磁调对中的方法重新微调物镜光栏，使光轴与机械轴的中心能尽量达到精确重合，这样就能把彗差的影响减到最小。

3. 像散和场曲

当物点 P_0 中心离对称轴较远时，即使电子束很微细，也可能会产生另两种像差——像散和场曲。如果是实心电子束，则会在高斯像面上形成许多同心小椭圆的模糊图像，像散和场曲如图 4.4.3 所示。总的呈现结果是：与一个物点相对应，在高斯像面上显现的是一个小椭圆的斑点。这种现象就是像散，像散存在时，模糊椭圆的长短半轴可以用下式表示：

$$a=C_a' D r_0^2 \qquad b=C_a'' D r_0^2$$

式中，C_a' 和 C_a'' 是两个方向相互垂直的像散系数；D 是光栏孔半径；r_0 是 P 点到轴的距离。

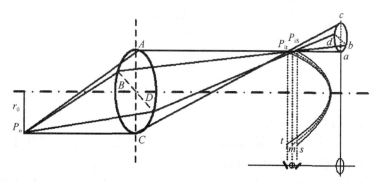

图 4.4.3　像散和场曲示意图

如果采取人工措施来消除像散，就会使曲面上的小椭圆变为一个点。换言之，能使从一点出发的一切射线都能在曲面 H 上汇聚到同一点成像，在此情况下，平面的物可在曲面 H 上观察到清晰的图像，但这时高斯面上看到的仍然是模糊的图像，这种现象称为场曲，也就是说，只能在一个曲面上才能得到一幅清晰的图像。像散和场曲往往是同时存在的，模糊圆斑的表达式也相同，而且只是在像散消除之后，场曲才会明显地显现出来。场曲一般是在大物面的电子束管中才会比较明显，而像散在钨阴极电镜的成像中一般在 3 000 倍以上，场发射电镜一般在 5 000 倍以上才会比较明显地显现出来。

图 4.4.4 中的（a）和（b）两幅图分别为消除像散前后的像点。图 4.4.4 中的（a）图为消除像散前的像斑，当焦距处在过焦和欠焦时，像斑都会呈现互为交错 90 度的椭圆像斑，在正焦的位置像斑虽未呈现出交错 90 度的椭圆，但像斑的边缘模糊不清。图 4.4.4 中的（b）图为消除了像散之后的像点，在低频像散基本消除了的情况下，当像点的焦距处在过焦、正焦和欠焦的不同位置时，焦斑不会呈现为椭圆形，而只是像点边缘由模糊→清晰→模糊→清晰，当调到正焦的位置时，像斑就能汇聚成为一个清晰的像点。

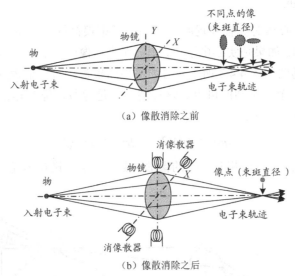

（a）像散消除之前

（b）像散消除之后

图 4.4.4　消像散前后的像点比较

减少像散与场曲的方法有：

（1）在电子束管中常把阴极面做成凹面，可减少像面场曲，这种方式在电子束管中有效、可行，但在电镜中不可行。

（2）提高透镜极靴的加工精度，选用均匀性好、结构致密、无气孔和夹杂物的软铁或其他纯净无缺陷的铁磁材料做极靴。

（3）提高光栏的加工精度，保证光栏能有很好的旋转对称性和锋利、整洁的边缘，若光栏的表面或孔的边缘受到污染，则应及时烧洗或更换。

（4）精准地调整好电镜中的消像散器，尽量把像散消除掉，但这往往只能消除低频的像散，高频像散一般很难被消除。

扫描电镜中，电子光学通道的主要污染物是真空系统中带来的碳氢聚合物，在长期的运行中碳氢聚合物会慢慢地沉积在电子光路通道内的零部件表面，形成一层不导电的有机膜层，致使照射到这些零配件表面的杂散电子难以流入大地，而成为局部堆积的负电荷。特别是那些在镜筒的电子通道内形成的局部负电荷会影响入射电子束的原定运行路径，这样入射电子束也就不再是一束完全旋转对称的圆形束斑，这时往往就会出现像散。由于像散的存在，其弥散斑的有效最小束斑尺寸不仅会变大，而且其边界会变得模糊，会降低电子光学图像的分辨力。在入射束的扫描作用下，过焦和欠焦时对应的图像会呈现相互交错 90 度的方向拉长，如图 4.4.5（a）和（b）所示。正焦时图像虽不拉长，但边界模糊，调节消像散器可以在一定的范围内起到减少和消除像散的作用。但是，当污染造成的像散超过消像散器的调节能力范围时，则需要对衬管和光栏表面进行清洗，尤其是物镜光栏受污染造成的影响最大，它需要定期清洗或更换，这样系统所产生的像散才能减到最小，图像才能清晰。

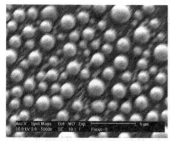  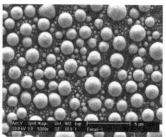

（a）像散流的方向是从右上到左下　　（b）像散流的方向是从左上到右下　　（c）消除了像散后的图像

图 4.4.5　消像散前后图像的比较

1947 年，美国的希尔最先采用了消像散器来消除图像的像散，以改善图像的清晰度和提高分辨力。消像散器可以是机械式，也可以是电磁式，早期的消像散器都是机械式，现在全都是电磁式。机械式的消像散器（永磁式八极消像散器）是在物镜上方的电子束通道的周围放置 8 块可以里外往返来回调节移动的小磁体，如图 4.4.6 所示，利用这几个小磁体来产生额外的附加磁场，把原来不完全是旋转对称的椭圆形束斑校正成旋转对称的圆形束斑。但由于调整起来不方便，而且精度较难控制等原因，这种机械式消像散器早已被电磁式消像散器所替代了。

现在电磁式的消像散器（电磁式八极消像散器）是通过调节流经 8 个消像散小

线圈电流的大小来改变电磁极间的附加磁场的强弱，用这附加的磁场来校正不对称的椭圆形束斑，如图 4.4.7 所示，使到达试样表面的电子束斑能成为一束旋转对称、边界清晰的理想圆斑。它是由两组四对电磁体排列在透镜磁场的外围，每对电磁体均采用同极性相对的排列方式。人们通过改变这两组电磁体的励磁电流的大小来改变磁场的强弱，用以消除或减小电磁透镜因材料缺陷、加工精度不够精准或装配误差及电子光学通道受污染等因素造成的像散。电磁消像散器能产生强度对称且方向可变的合成磁场，以补偿透镜中原有的不均匀磁场（图中用虚线围成的椭圆形），以达到消除或矫正透镜的轴上像散的目的。这样就可以把原有的椭圆形束斑校正成圆形的束斑，起到消除像散的作用，如图 4.4.5（c）所示。

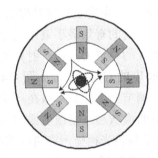
图 4.4.6　永磁式八极消像散器

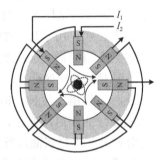
图 4.4.7　电磁式八极消像散器

　　电磁消像散器由于操作方便，调节灵活可靠，在现在所有型号电镜中均得到了应用。在扫描电镜中，消像散器有的装在第二聚光镜和物镜之间，而有的装在靠近物镜下极靴的上方。

4．畸变

　　当物面比较大时，还会产生另一类几何像差——畸变。在扫描电镜的成像中，当放大倍率较低时，即低于 100 倍，畸变就会比较明显，特别是低于 50 倍时畸变就会更为明显，也就是说成像的倍率越低，入射束在试样上扫描的范围越大，电子光学成像的旁轴近似条件也就会越来越偏离，图像的畸变也就会越明显。畸变产生的原因是系统对图像的放大率不是处处等同的，而是由于物的边缘部位发出的电子比中心部位发出的电子受到透镜磁场的作用更强，使其中有些电子受到不同的折射，出现折射率参差不齐的现象，导致在像平面上的图像不能按比例放大成像，而是随物高 r_o 的变化而变化。若对物的边缘部位的放大率小于对中心部位的放大率，这种畸变则称为桶形畸变或负畸变；若边缘部位的放大率大于中心部位的放大率，这种畸变则称为枕形畸变或正畸变；各向异性（旋转、扭曲）畸变是由于磁场的存在，有各向异性像差出现，像相对于物有 θ 角的旋转，不但使所成的像会产生旋转，而且还会出现不按比例的旋转，结果使图像出现既旋转又扭曲，使像在不同的方向出现大小不同的畸形变化。上述几种畸变的示意图如图 4.4.8 所示，图 4.4.8（a）中的实线表示理想的放大像；（b）中的虚线表示桶形畸变；（c）中的虚线表示枕形畸变；（d）图中的虚线表示旋转畸变即各向异性畸变，其旋转方向及扭曲程度皆由磁场的方向和大小及物点离轴的距离所决定。

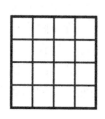 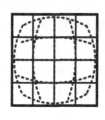 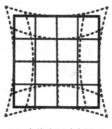 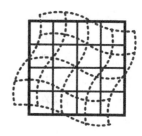

（a）没有畸变的图形　（b）虚线为负畸变图形　（c）虚线为正畸变图形　（d）虚线为各向异性畸变图形

图 4.4.8　图像畸变示意图

当畸变存在时，实际的像与高斯像尺寸的偏离 D_d 可用下式表示：

$$D_d = C_d r_o^3$$

式中，C_d 是畸变系数；r_o 是物点到中心轴的距离。

C_d 是畸变系数，它的大小与透镜结构和状态有关，由上式可见，畸变只与物点到中心轴线的距离 r_o 的三次方成正比，在 SEM 中倍率越低，即电子束扫描的范围越大，物点到中心轴线距离 r_o 就会越大，图像的畸变也就越大，而与光栏孔径张角无关。畸变与其他像差有不同之处，畸变时图像虽然失真，但图像通常仍会是清晰的，且与光栏的孔径大小无关，即使光栏的孔径已缩到很小，但畸变仍会存在。C_d 为负时会产生桶形畸变（如图 4.4.8（b）所示）；C_d 为正时会产生枕形畸变（如图 4.4.8（c）所示）；有磁场存在时，还会有各向异性像差出现，从而导致图像产生扭曲畸变，如图 4.4.8（d）所示。

在静电透镜中，一般容易引起枕形畸变；在电磁透镜中，一般容易引起各向异性畸变，这主要是由于杂散磁场的干扰所致的。

各种像差的参数量，即模糊圆的半径，椭圆的长、短轴，比例失真等的表达式如下：

球差　　　　　　$D_s = C_s D^3$

彗差　　　　　　$D_{co} = C_{co} D^2 r_o$

像散及场曲　　　$a = C_a{}' \ D r_o^2$　　　　$b = C_a{}'' \ D r_o^2$

畸变　　　　　　$D_d = C_d r_o^3$

以上四个式子中的 D 与 r_0 的幂次之和都是三次方，所以这几种像差统称为三级像差。这几种像差实际上是同时存在的，并不是某种单一像差导致的结果，不过是在某些时候，某种像差会呈现得较显著，而某种像差会呈现得较隐约，从而使总的综合展现程度有所不同。

5. 色差

色差产生的主要原因是阳极的加速电压不够稳定，其次是电子枪的加热阴极或栅极的电压不够稳定。因此导致入射的电子束随之出现波动、变化，致使阴极发射出来的电子能量略有不同，从而使电子束的波长出现长短不一的情况，导致电磁透镜的焦距随入射电子束能量的变化而改变。因此，能量不同的电子将沿不同的轨迹运动，聚焦后落在不同的焦平面上，色差如图 4.4.9 所示。导致在物面产生的弥散斑的半径为：

$$r_c = C_c \alpha \frac{\Delta E}{E_0}$$

式中，C_c 是透镜的色差系数，大致等于其焦距；α 是光栏的孔径角；ΔE 是电子能量的变化量；E_0 是加速电压。

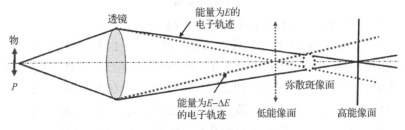

图 4.4.9　色差示意图

引起电子束能量变化的三个主要原因：

（1）供电的电源电压不够稳定，特别是电子枪的加速电压不稳定对入射束的能量波动影响最大。

（2）阴极发射电子的部位不同，使它们的初速度不一致，导致电子的初速度（起始能量）有差异。

（3）当电子束照射到试样表面，在与试样相互作用时，其中有一部分电子会发生非弹性散射，这也会导致电子的能量发生变化。

给供电电源加装稳压器或启用不间断电源（UPS），再采用小孔径的光栏将散射角大的非旁轴电子遮挡掉，可减小图像的色差。

除上述几种原因，导致成像缺陷的其他问题还有：

（1）镜筒装配不够精准或安装调整不到位，如机械轴或光轴有倾斜，使机械轴与光轴不能完全重合，导致合轴不良或入射束遭到多次折射或散射及带来其他偏差。

（2）光栏、极靴材料不均匀，如极靴基材中有气孔、杂质或机械加工精度不够精密，导致束斑光轴与机械轴不能完全重合。

（3）光栏孔径的边缘和表面受到碳氢聚合物的污染，这类沉积污染物在入射束的照射下容易造成局部荷电，从而导致光斑不圆，像散增大，因此需要定期清洗或更换光栏。

（4）镜筒的电磁屏蔽不良或者电子光学通道不干净，如栅极孔周围受到烧蚀，衬管的内壁有小灰尘或异物黏附等，这就需要清洗电子光学通道，排除异物。

（5）若栅极孔或光栏孔径不是足够的圆，也会带来额外像差，若椭圆度 η 大于 10^{-4}，即 $\eta=(a-b)/(a+b)$（其中的 a、b 为光栏孔径的椭圆长短轴）时，像差会比较明显。

4.5 图像的调焦、消像散和动态聚焦

1. 图像的调焦和消像散

扫描电镜最主要的功能是用来对试样的微观形貌进行观察和分析，那么获得一幅既清晰而又有实际意义的图像才是最终的目的。要获得一幅好图像，操作过程主要有以下几个步骤。

（1）借助 CCD 的视图或在低的扫描倍率下移动样品台，找到所要分析的试样，再对该试样进行放大、调焦。便捷的聚焦方式就是先在试样上找一处有明显的凹凸点、污染点或有其他典型特征形貌的微区，综合调整对比度、亮度、放大倍率和焦距，以尽最大的可能调清试样上的细节，人们再在看清试样细节的基础上去寻找或选择感兴趣的分析部位，再进一步消除像散和调整焦距。

（2）通过转动样品台或光栅，摆好图像的角度，选好合适的放大倍数。此外，一幅好的照片既要有能说明问题的学术价值，同时也要尽量考虑整幅照片的美观要求，尽量做到既有科学的应用价值又能兼顾美观和艺术性。

（3）在原选定的放大倍数的基础上再放大若干倍，进行更精准的调焦和消像散。这时可采用选区来调焦，在屏幕中会出现一个小方框的视频区。在这个小的视频区里的电子束的回扫速率更快，这有助于对入射束的欠焦或过焦进行判断。入射束的欠焦或过焦都会使图像模糊，如图 4.5.1 所示，只有把小方框的视频区对准最感兴趣的部位，调准焦距，并把像散消除到最小时，图像中的细节才能清晰、边界才能锐利，如图 4.5.2 所示。

（4）对感兴趣的分析部位进行衬度和亮度的调节，使整个视场的衬度既能做到黑白层次分明，又能保持适当的反差，使表面的层次和细节更丰富、细腻，如图 4.5.3

所示。若画面偏亮，浅色部位的细节会减少，如图 4.5.4 所示；反之，若画面偏暗，则深色部位的细节会减少，如图 4.5.5 所示。由于这种视图画面太亮或太暗而引起的过饱和都会造成灰度层次减少，有些细节就会被减弱或被淹没，甚至丢失。

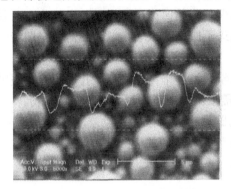

图 4.5.1　欠焦或过焦的模糊图像　　　　　图 4.5.2　正焦的清晰图像

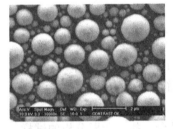

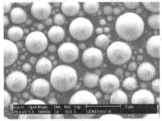

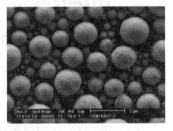

图 4.5.3　衬度合适的图片　　　图 4.5.4　偏亮的图片　　　图 4.5.5　偏暗的图片

　　以上的操作要点是调焦和消像散，在高倍率下调焦的同时，往往需要与相互垂直两方向的消像散交替进行。调焦时，焦距的变化如图 4.5.6 所示，（a）图为欠焦，（b）图为正焦，（c）图为过焦。

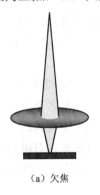

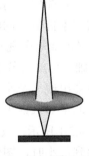

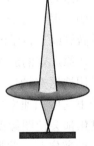

（a）欠焦　　　　　　　　　（b）正焦　　　　　　　　　（c）过焦

图 4.5.6　焦距的变化

　　当改变物镜线圈的电流，图像的聚焦点就会在正焦的像面附近上下变化，从过焦→正焦→欠焦来回循环调整，同时结合图像像散流向的变动来进行消像散，尽量做到既正焦而像散又最小，这样的图像才能达到最清晰。消像散的调节现在都通过电磁消像散器进行，其通过改变消像散线圈中的电位器阻值来改变线圈中的电流值，以达到改变小磁极中的磁场强度的目的。现代电镜都有自动和手动两种消像散方式，初学者多数会采用自动，而当有一定经验之后多数人会选用手动。

像散一般都是在高放大倍率时才会比较明显地显现出来，如果在低倍率下就有明显的像散或大幅度调节消像散器也未能明显地改变像散流向的幅度或方向，这就要考虑是否是电子通道合轴不良，光栏孔径是否受到严重污染，试样是否带有磁性或有明显的荷电，还是电子光学通道中是否存在着外来的杂质等原因。若确实存有某种干扰，应进行针对性处理，在排除了干扰源之后再进行正常的观察和分析。

2. 动态聚焦和自动调焦、亮度、反差的调节

在采集图像的过程中，有时为了增加图像的立体感或其他分析的需要，会把试样朝 E-T SED 倾斜一定的角度，若试样处在大角度（>30°）的倾斜时，视场中相对高（图像的下缘）和低（图像的上缘）的部位可能会超出有效聚焦的深度范围，造成高低部位出现散焦，使图像的上下部位中的细节模糊。要减轻这种现象，除了可选用小光栏和（或）增大工作距离（降低 Z 轴），再重新调焦和消像散，还可以启用电镜的动态聚焦功能。如果试样表面相对比较平整，为了使整个倾斜面都能达到有序而清晰的聚焦，这时就可以使用动态聚焦功能。多数机型的动态聚焦过程是先对着试样的中间部位调好焦距，再把试样的倾斜角度输入计算机，类似于倾斜补偿的做法；有的机型执行动态聚焦采用的是选区方式，分别对倾斜试样的上下缘部位进行精准调焦，这也等于把试样上扫描区域的最大高差的实际距离告诉计算机，计算机便能根据其高、低及工作距离的差异来有序而自动地调整焦距，使整个扫描区域的倾斜面都能自动调节，保证试样很好地处在有效的景深范围。图 4.5.7 为试样倾斜了 45°且未启用动态聚焦时的图片，从图中可看到上下边缘的部位是散焦的，而图 4.5.8 启用了动态聚焦功能，图中的上下边缘的部位都能聚焦清晰。

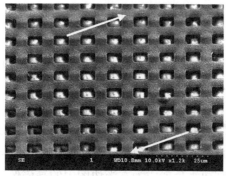

图 4.5.7　倾斜 45 度，未用动态聚焦，上下边缘模糊

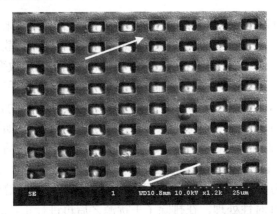

图 4.5.8　倾斜 45 度，启用动态聚焦，上下边缘清晰

在现代的扫描电镜中，几乎所有机型的电镜都会带有自动执行聚焦（F）、亮度（B）和反差（C）的调节功能，即自动的 Auto-FBC，这种 Auto-FBC 的作用不同于动态聚焦功能。因 Auto-FBC 是对整幅照片的画面进行折中性的聚焦和亮度控制，而不会像人为那样依具体的试样，对最感兴趣部位的细节进行精准地聚焦，让该部位的层次能尽可能清晰、丰富，反差应尽可能适中。所以选用这种 Auto-FBC 功能的机会不多，特别对有经验的操作人员来说，多数还是会采用手动的方式调焦距、调亮度和调对比度。

4.6　屏幕的分割与双放大功能

（1）在图 4.6.1（a）的低倍图像中能看到一个完整的五角星，左边小方框内的部分为要高倍放大的部位。在扫描图像时，1、3、5 等单数行的扫描线扫出的信息形成低倍图像如图 4.6.1（b）所示，而 2、4、6 等双数行的扫描线扫出的信息在低倍图像中消隐。

（2）当扫描到要局部放大的部位（小方框内）时，单数行的扫描线扫出的信息仍形成低倍像，双数行转到指定的小方框范围内进行扫描，扫描线扫出的信息形成高倍像，最终形成如图 4.6.1（c）所示的一个放大倍数更高的图像，即将小方框内的区域放大成一幅独立的、倍数更高的图像。

（3）通过隔行扫描，把单、双扫描行数扫过得到的信息分开独立成像，即单数行成低倍像，双数行成高倍像，这样就能在两个不同的屏幕或被分割成两半的屏幕上同时显示出两幅不同放大倍率的图像，实际应用照片如图 4.6.2 所示，每幅图左半边图中的小矩形区经局部放大后就成为右半边图中的高倍像。

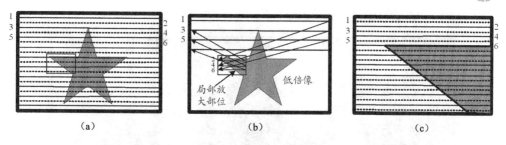

图 4.6.1　双放大（高倍和低倍）像同时显示的原理示意图

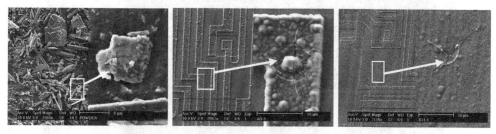

图 4.6.2　屏幕 2 分割，高低不同倍数的图像同时放大成像

（4）从低倍率的图像中人们能看到感兴趣颗粒或缺陷部位的具体位置，从放大后的高倍率的像中人们能看清感兴趣颗粒或缺陷部位的具体细节。这种从低倍率的像到高倍率的像，其局部放大倍率范围依电镜的具体型号的不同而异，多数扫描电镜的局部放大倍率在 2～12 倍，而且连续可调。

前面介绍的是采用隔行扫描的方式来执行双像放大，为了能达到一定的清晰度和足够像素的分辨力，采用这种隔行扫描的双像放大模式时，应比采集正常单个图像至少要增加一倍的扫描行数，否则会降低成像后构成图像的像素点，影响像素分辨力。有些厂家的电镜是采用两次扫描成像，即先扫描低倍像，再扫高倍像。若采用这种两次扫描成像的模式就不必增加扫描行数，因为它不会降低原有图像的像素点，但高倍图像往往会延迟出现。有些型号的扫描电镜还具有多种不同功能的照片同时成像功能，那是在采集照片时，启用不同的探测器，在各自的通道中独立扫描成像于同一屏幕的不同区域或不同的屏幕上。也有的是在采集照片时，依次激活不同的窗口，根据用户的需求，选择启用不同的探测器，在指定的窗口和通道中独立成像于同一屏幕的不同区域，如图 4.6.3 所示。图 4.6.3 中的左上为二次电子所成的像；右上为背散射电子所成的像；左下为二次电子像与背散射电子像的叠加所成的像，右下为样品仓中 CCD 所成的像。

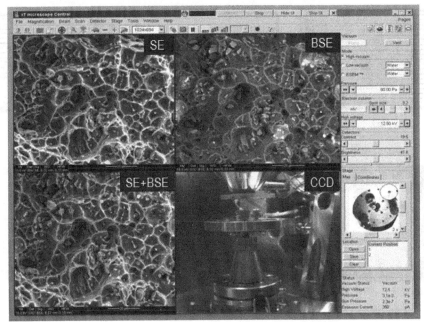

图 4.6.3　FEI 公司的扫描电镜具有屏幕 4 分割独立成像

 电镜图像的不正常现象

1. 振动干扰

绝大多数电镜的样品仓底部都设有气囊垫或弹簧垫等被动减振装置，这类的减震装置简单、安全，也都比较可靠，但是它们的防振能力也是很有限的，若外来振动冲击的振幅过大，超过气囊垫或弹簧垫的衰减能力，则所带来的振动波纹便会在照片上显现出来，如图 4.7.1（a）中的箭头所指之处。若在中、高倍图像上出现有规律的间断性锯齿波纹，很大的可能是四个减振气囊中的某个气囊的压力不一致，导致支撑面不稳定而出现晃动。如果在出现这种现象的时候，还出现空压机的起动比以前频繁的现象，那很大的可能是四个减振气囊中的某一个漏气从而导致气囊内部的气压不相等、不稳定，使整个支撑面不能很好地维持在一个稳定的水平面上而出现轻微的晃动，如图 4.7.1（b）中的箭头所指之处。

一般来说，电镜的分辨力越高，其有效放大倍率也会越高，对机械振动的干扰就会越敏感，所以对实验间地面的振幅要求也就越严格。电镜的样品台越大，对外来振幅的要求也会越严格，不同的机型和减振装置对地面振幅的要求也不同，这个振幅还与频率有关。例如，某型号的钨阴极扫描电镜对外来振动最大允许振幅峰的峰值为在 2Hz 时不超过 1μm，在 15Hz 时不超过 3μm。而该厂的场发射扫描电镜对外来振动最大允许振幅峰的峰值为在 1Hz 时不超过 3.5μm，在 10Hz 时不超过 1.5μm。透射电镜对振动干扰的要求更严格，当电镜间地面的实际振幅大于厂家提出的要求时应采取防振、隔振和减振措施，如采用增设减振基座、挖防振沟或添加减振垫等方法。

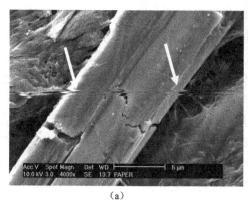 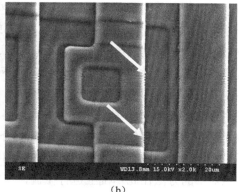

(a)　　　　　　　　　　　　　　　(b)

图 4.7.1　振动引起图像边界产生锯齿状的波纹

螺旋形弹簧减振器的型号多、载荷范围广、适应性强，对消极防振和抗冲击隔振都有明显的效果，是一种多功能通用性的减振装置。它的适用面广、工作环境温度范围宽，可在-20～80℃的范围内正常使用。从可靠性的角度出发，弹簧减振器比气囊减振器的结构简单、可靠，其使用寿命也明显长于气囊垫；从造价成本考虑，弹簧减振器比气囊减振器便宜，免维护、免保养。其缺点是当外界的振动频率与弹簧减振器的固有频率接近时易产生共振。

气囊减振器与螺旋形弹簧减振器的减振效果各有所长，若从单纯减振的效果出发，在几赫兹的超低频率时气囊减振器的减振效果会优于弹簧减振器，特别是对抗某一突发冲击波的衰减时，气囊减振器的消极防震和耐冲击波的能力会更好些。在十至几十赫兹的频率下，两者的减振效果相差不大；气囊减振器的工作环境温度范围相对要窄一些，但扫描电镜实验室一般都会安装空调机，室温大都在 20～25℃，因而不影响气囊减振器的使用。对扫描电镜的振动影响主要是来自超低频（<10Hz）的振动，所以在扫描电镜的防振效果上气囊的减振作用通常会优于弹簧减振器，但气囊减振器的结构比弹簧减振器复杂，且造价较高，气囊减振器的可靠性也不如弹簧减振器，其使用寿命也没有弹簧减振器长。目前，有的公司生产的扫描电镜配备有电磁装置的主动减振台，其在十至上百赫兹的频率范围内通常能把外来的振幅衰减 20%～25%，这种主动减振台的减震范围比较宽，对<10Hz 的超低频振幅的衰减也有一定优势。

2. 镜筒的合轴

镜筒对电子光束进行合轴对中是为了能获取高质量的图像，尽可能让阴极尖所发射的电子束大部分能通过镜筒的光轴，形成一束旋转对称的微细电子束，从而减小像差。最理想的电镜状态应该是使发射出来的束流与各级光栏的中心轴线完全重合为如图 4.7.2 所示的形式，但这是很难完全达到的。因为这些部件在机械加工过程中难免会带来一些误差，组装后的镜筒空间的几何位置也总会存在着一些偏差，这会使电子束的运行偏离光轴中心或与中心轴线不完全平行（即略有倾斜），这样像散就会增大，会影响图像的分辨力和信噪比，具体如图 4.7.3 所示。若在这种情况下进行能谱分析，计数率和峰背比都会有所下降；若与几何中心轴偏离稍大，会造成更多的入射电子到达不了试样表面，严重的会使电子束偏离中心轴，甚至找不到光点，即阴极所发射的电子束流不能顺利通过各级光栏孔而到达试样表面。所以，必须确保光轴和镜筒及各级光栏孔的中心都要合轴良好。为此，电镜的对中合轴往往先采用机械的方法调对中，使机械轴与光轴的中心尽可能达到重合（<10μm），然后再用电磁对中的方法在此基础上进行微调，使它们尽可能处在同一轴心上。

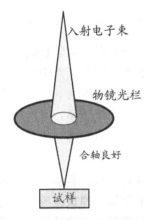

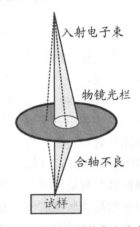

图 4.7.2 物镜光栏与中心轴合轴良好　　　图 4.7.3 物镜光栏偏离光路中心轴

调整电子束对中的方法有机械式和电磁式两种，调整步骤大致如下。

（1）每当更换电子枪的阴极或者场发射电镜做完烘烤之后，一般都需要先用机械的方法调整镜筒，这通常由维修工程师或熟练的操作人员来完成。首先把电磁（电子束倾斜和移动）对中线圈的电流置零，把聚光镜和物镜的光栏调到最大或无光栏挡，然后分别调整镜筒上、下半部各四个对中移位螺钉，让聚光镜和物镜的中心与光轴对准成一条直线。再把聚光镜和物镜的光栏调到正常使用的孔径挡，再次重调镜筒上、下半部各四个对中移位螺钉，使聚光镜和物镜光栏中心与光轴的对中更精确，其相对位移的机械误差应小于 10μm，这样才能使一个又亮又圆的光斑呈现在屏幕图像区的中心，但这种机械调节方法还很难达到足够的精确，只能称为粗调。

（2）当调好机械对中之后，再微调电子枪的束移动和倾斜旋钮，用电磁对中线圈所产生的附加磁场来进一步微调束斑，使之能更精确地处于中心轴的位置上，让光轴和机械轴重合得更理想。电磁对中调整分为倾斜和平移两部分，前者用来调整和校正从电子枪发出的电子束斑的倾斜角度，后者用于平移电子束斑。这时在电子束通道中加装一对小型电磁线圈，当慢慢调动与线圈串联的电位器时，就可改变流经线圈的电流，就会影响到线圈中磁场的强度和磁极的方位，就可以使电子束在小范围内达到精细的移位。

（3）机械合轴的操作较为复杂，不过在调整机械和电磁的对中之后，在平时的使用过程中一般不需要再经常调动机械合轴。而需要经常调整的是 X、Y 束平移这两个对中旋钮，这两个对中旋钮放在电镜的操作面板上，操作者在改变加速电压、更换可变光栏或改换不同的束斑后，一般都需要再用这两个旋钮将偏离之后的电子束斑重新调到光栏的中心，这两个对中旋钮有的人把它们称为"亮度对中或束斑对中"旋钮。

（4）移动 X 和 Y 的束斑对中旋钮可以将光斑移动到屏幕成像区的中心，这也可以减少或消除聚焦时图像的跑动。为了检验合轴的程度，可把图像倍率放大到不小于 5 000 倍，再启用 Wobble 功能来测试，当启用 Wobble 模式时，图像会出现左右或上下晃动，这时应前后、左右来回慢慢地调动物镜光栏，直到图像中心部位没有明显的变形、移位和晃动为止。有些电镜的物镜光栏是嵌入在电子束通道的衬管中的，外界无法用机械的方法进行调动，而只能利用 X、Y 这两个对中旋钮来改变电子束移动线圈中的电流，来对电子束进行移动合轴。总之，当电子束与镜筒机械轴的中心能比较理想地重合时，在 Wobble 模式下的图像中心部位应出现像人体心脏在张弛收缩那样的搏动，而不会在屏幕上出现明显的左右或上下晃动。调好对中之后，在聚焦时，入射的束斑焦距在过焦→正焦→欠焦→正焦之间来回变化，而图像都不会出现明显的移位、摇晃或扭曲，这表明合轴良好。

（5）为保持镜筒与电子光学通路的合轴良好，在平时的使用过程中，当调焦时，若出现图像有明显的位移，这说明物镜光栏与光轴合轴不良，应在 Wobble 模式下重新对物镜光栏进行对中调整，确保系统都能处在良好的合轴状态，这样才能尽量发挥出该电镜所具有的电子光学性能，加上精准的聚焦和充分的消除像散，才能采集到高清晰和高分辨的图像，如图 4.7.4 所示。而图 4.7.5 就因为合轴不良，所以不管如何调整焦距和消除像散，图中的锡球颗粒的边界总是模糊，达不到高清的效果。

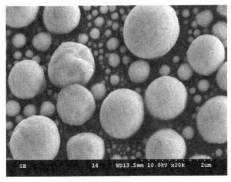
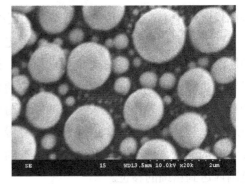

图 4.7.4　合轴良好、信噪比好、图像清晰　　图 4.7.5　合轴不良、像散大、信噪比差、图像模糊

3. 试样的损伤

试样在高能入射束的照射下，或多或少都会受到入射束的轰击而导致形变或损伤，常见的损伤有：真空（负压）造成的损伤和电子束轰击引起的局部升温而出现膨胀，图 4.7.6 为某造纸纤维的正常照片，这种纤维由于不耐热，经入射电子束的慢扫描之后就易呈现出如图 4.7.7 所示的膨胀受损状态。生物或高分子等有机物类的试样从大气环境中进入电镜的样品仓后，由于抽真空带来的负压会导致试样的体积膨胀、变形，甚至造成破裂。设法避免这种损伤已成为制作扫描电镜试样的一大难点，典型的处理方法有生物试样需经临界点冷冻干燥等。但经这样处理之后的试样，也都会由于制备不完善而带来其他的损伤，如收缩、干瘪和形变等。也有的损伤是在试样放入电镜样品仓之前就已经形成或潜伏了，也有的损伤是在试样放入电镜样品仓之后才发生，而且这种类型的损伤在放入电镜前往往是隐藏的。若使用环境扫描或低真空模式的电镜来观测这类试样，也不能完全杜绝此类问题的发生，而只能减轻这种由于负压所引发的形变或损伤。

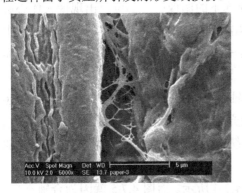
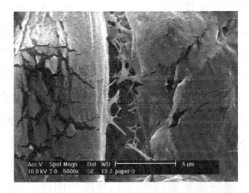

图 4.7.6　某造纸纤维的正常照片　　图 4.7.7　图 4.7.6 中的造纸纤维受热膨胀之后的照片

电子束轰击引起的损伤是指由于射入试样中的电子具有能量，而引起照射点的

局部升温，使试样原有的化学结合遭到破坏及放电等所导致的电气应力带来的损伤。半导体试样还有可能会有静电击穿、表面污染或辐射损伤。严格来说，生物试样遇到电子束的轰击会引起一定程度的损伤，但有些损伤在扫描电镜图像中还不一定都会明显地显现出来。实际上在试样制作（如清洗、固定、脱水、干燥、抛磨、镶嵌、蒸镀导电膜等）的过程中也都有可能会产生损伤，而这些损伤有可能比电子束照射所带来的损伤还严重。电子束的照射对于那些高挥发性、低熔点的材料来说，往往会出现表面形状改变，甚至熔融等不可逆的创伤。

为了尽量减小电子束照射所引起的损伤，可考虑采用：

（1）适当降低电镜的加速电压或采用有减速功能方式的电镜来成像（这多少都会影响信噪比）。

（2）采用较小的电子束流或束斑（这也会影响信噪比）。

（3）采用稍快的扫描速度、多帧图像叠加或多帧图像积分（要求试样的导电性要好、漂移量要小，放大倍率不能太高，否则反而会影响到图像的分辨力和清晰度）。

（4）用较低的倍率来观察和采集照片（增大扫描面积也就是增大散热面，可减小充电的电荷密度，也就能相应地降低试样的局部升温和减少荷电现象）。

（5）适当地减少扫描行数，使总的帧扫时间有所缩短（也会影响信噪比和图像的像素分辨力）。

（6）增加所蒸镀的金属膜层的厚度（会加大镀膜的成本和影响 BSEI 的反差，在高倍下也有可能会出现镀膜层表面的"小岛效应"）。

（7）使用环境扫描或低真空模式的电镜（除了会增加电镜的投资成本，也会影响到图像的几何分辨力）。

4. 试样的污染

一台对中良好的理想扫描电镜，其电子光学通道和样品仓中都应该保持绝对的洁净，没有任何的污染，这样电镜的原有像散应是很轻微的，但在实际的工作中，污染是不可避免的。为了把污染的程度尽量控制到最低，从实验间环境卫生开始，应尽量保持实验间的天花板、墙壁和地面干净整洁且不积尘。保持电镜样品仓和试样的清洁，不要用裸手去碰触样品仓中的部件，装卸试样都应采用专用镊子或佩戴干净的手套来操作，也不要用裸手去接触试样表面和对着试样说话，更不能对着试样打喷嚏。如果不注意、不严谨，就容易出现这类人为的污染，如手汗、口水及油脂等人体的分泌物都很容易黏附或溅射到试样的表面，图 4.7.8 中的污染斑为人体口水的溅射而留下的污迹。图 4.7.9 为图 4.7.8 的局部放大像，其污染斑中的氯化钠颗粒清晰可见，这些颗粒经能谱分析，它们不仅含有氯和钠，而且还含有少量的碳、氧、钾和钙等元素，可见这都是人体的分泌物（如口水、汗水），口水和汗水的微观相貌和成分都基本相同。在制备试样的过程中，人体身上的头屑也有可能会飘落到试样上，所以说人体带来的污染随时随地都在不知不觉地威胁着所要分析的试样。为了减少和预防人体带来的污染，操作人员最好都应穿戴好工作服、工作帽、口罩和手套等防护物品。

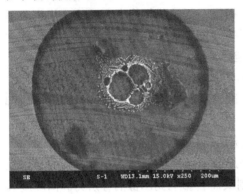

图4.7.8　口水溅射在试样表面上形成的污染斑　图4.7.9　图4.7.8的放大，氯化钠的颗粒清晰可见

　　另外，有些用环氧树脂或塑料包封、镶嵌的试样，由于镶嵌时没有在真空环境中灌封，在试样与灌封料之间存在个别的气孔或缝隙，当固化后再研磨抛光时，被磨破的气孔或空隙处会嵌入磨料的残渣，若把这种已嵌入磨料残渣的试样放入真空镀膜机、离子溅射仪或电镜的样品仓中进行抽真空，在负压的环境下孔隙中的残渣易被吸出，如图4.7.10和图4.7.11所示。这类污染物不仅会严重地污染试样表面，而且其挥发物也有可能会影响到整个样品仓。要减少这种污染，在试样放入真空镀膜机或离子溅射仪蒸镀导电膜之前，应先用超声波清洗机进行清洗，把所要分析的那一面朝下，待嵌入孔隙中的磨料或残渣在超声波溶液的振动冲击下清洗干净，并经干燥之后再镀导电膜，最后再放入电镜中去做分析，这样就可以大大地减少这类潜伏在缝隙中的残留物造成的污染。另一种最有效的方法是采用真空镶嵌技术，即把所要镶嵌的试样置于一个封闭的罐（如密闭的真空干燥瓶）中，再对干燥瓶抽真空，当抽到一定的真空度（如几十帕）之后，再利用大气压力的作用把包封镶嵌浆料挤压灌注入试样，待固化后，再进行研磨抛光。试样在研磨抛光之后同样也要经过超声清洗，蒸镀完导电膜后再放入电镜中去做分析。用这种真空镶嵌法来包封、罐装试样就能明显地减少镶嵌时造成的孔隙，即使有个别残存孔隙，但孔隙中出现残渣的概率也会大大减小。

　　还有一种对试样的污染是电镜自身的真空系统带来的，真空系统中泵油返流的微量蒸气在电子束的轰击下易分解为碳氢聚合物而污染试样表面、样品仓壁、物镜光栏和能谱探测器的密封窗膜等。电子束在试样上扫描时，返流的油蒸气会被电子束诱导而沉积在所扫过的微区表面，样品仓中的真空度越差，碳氢聚合物所产生的污染物就会越多；放大倍率越高，沉积物就会越集中，污染速率也就会越快；试样表面越光洁，对污迹的呈现就会越明显；加速电压越低，来自表面的信息量越多，这类污染物的痕迹也就会越明显。图 4.7.12 中的污染斑是残留在硬盘磁头表面上的碳氢聚合物。这种污染会影响到该部位的二次电子产额，从而降低图像的分辨力和影响超轻元素的定量分析。在电镜的实操分析过程中，有时候在某个区域刚消好了像散、调准了焦距，还来不及采集图像，该区域就已经被蒙上一层黑色的污染层，严重地影响了照片的采集工作。这样的操作降低了效率、浪费了时间。若要去除或减轻这类污染，可采用等离子清洗器来对试样进行短暂的清洗。另外，若 SEM 的真空系统配备了涡轮分子泵，则其真空洁净度会明显优于油扩散泵，有的学者认为混合轴承的涡轮分子泵的污染速率约为油扩散泵的十分之一；若是磁悬浮的涡轮分子泵，前级如果再配无油机械泵，则污染速率将会更低。表 4.7.1 为一些有关的注意事项及预防和减轻措施。

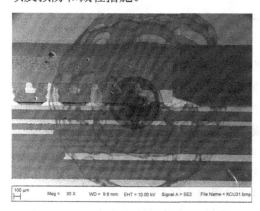

图 4.7.10 空隙中的液态物（水）被吸出

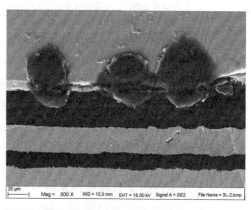

图 4.7.11 空隙中的磨料被吸出

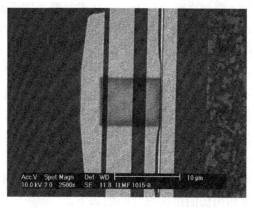

图 4.7.12 小长方形的黑斑是碳氢聚合物产生的污染斑

表 4.7.1　有关减轻样品仓内部带来的污染及预防的措施

电镜部位	注意事项和预防措施
镜筒	镜筒内壁、衬管、光栏和灯丝绝对不能用裸手去触摸，应使用加热退火过的灯丝
真空系统	不用或者尽量少用真空油脂来涂敷密封接口，若非要涂敷时，应尽量采用氟类的真空脂。最好尽量选用无油真空系统，若是有油的真空系统应按说明书规定的时间更换真空泵油，若是扩散泵应用 Santovac 5#的泵油，而不要用矿物类的油，扩散泵的冷却水温度最好设置在 20℃左右
试样	试样应干燥、洁净，若受到油脂污染，应先用有机溶剂清洗干净，待干燥后再放入样品仓中分析；若试样导电不良，而所用的电镜又没有低真空或环扫功能，则试样应先蒸镀导电膜后再放入电镜中去做分析
样品仓	样品仓的内壁和样品台都不能用裸手去触摸，还应经常用无水酒精或其他的有机溶剂擦拭，这样既可以减少油脂带来的污染，又可以缩短更换试样时的抽真空时间
操作人员	操作人员应穿好工作服，戴好工作帽、口罩和手套，进出实验间应更换工作鞋
环境	最佳的室温为 20～25℃，湿度为 50%～70%。有油机械泵抽出的废气一定要经排气口加装的尾气过滤器过滤再排到室外，以减少对环境的污染。为减少对试样的污染，应保持电镜间天花板、地面和墙面的洁净，使实验间里的灰尘尽可能少

5. 试样的放电

试样不导电或虽然导电但试样粘贴不牢靠，会使入射束流对地的放电通路不畅，未能及时导通到地。入射电子束的连续照射会导致试样表面不断地积累负电荷，这些负电荷会与入射束流相排斥，造成图像漂移、放电、打火，放电严重时会造成图像扭曲，影响形貌的观察，甚至使人无法看清图像。

试样荷电和放电的主要表现有：

（1）入射电子束会受到干扰，形成不规则的偏转，造成扫描电镜图像扭曲畸变或出现杂乱无序的突发性黑白条纹，如图 4.7.13 和 4.7.14 所示。

（2）二次电子的发射受到不规则的抑制或排斥，使发射的二次电子产生无规则的偏转，造成电镜的 SEI 局部亮暗变化无常，严重时整个图面都会变得很亮。

（3）试样表面荷电严重时会造成像散加重，甚至会导致入射束难于聚焦或消像散器起不了消像散的作用。

对于导电不良的试样，在入射电子束的连续照射下，试样表面上所充的负电位会变化无常，它与加速电压有关，有的试样表面的负电位为数十至数百伏，甚至上千伏。试样发生放电的现象与受电子束照射引起损伤的情况有些相似，减轻试样的荷电和放电与减轻试样损伤的情况也基本相同，即入射的加速电压越高或扫描的范围越小（也就是放大倍率越高，电子束注入越集中），试样的局部充放电也就会越严重；另外，入射的束流或束斑越大，扫描的速度越慢，其放电也会越严重。

现将减轻放电现象和损伤的措施综合归纳如下。

（1）采用尽可能低的加速电压，减少一次电子的入射量，使从试样中逸出的二次电子的数量相对增多，让试样中进出的电流量尽可能取得平衡，一个试样用 25kV 的加速电压拍摄，放电严重、图像扭曲变形，如图 4.7.13 所示。当对同一个试样改用 15kV 的加速电压拍摄，图像虽仍有扭曲、变形，但放电现象相比图 4.7.13 已经有所减轻，如图 4.7.14 所示。当改用 5kV 的加速电压拍摄，同一个试样就几乎看不到有明显的放电和图像扭曲变形现象，如图 4.7.15 所示。

图 4.7.13　严重放电、图像　　　图 4.7.14　有轻微放电、　　　图 4.7.15　无明显放电
　　　　　扭曲（25kV）　　　　　　　　扭曲（15kV）　　　　　　　现象（5kV）

（2）减少入射电子束的束流，即选用小光栏和小束斑，也就是减少入射的电流量，效果虽然不如降低加速电压那么明显、有效，但如果在采用低加速电压的同时再加上小束流，则减轻放电的效果就会更好，如图 4.7.16 和图 4.7.17 所示。这两张照片都是在 5kV 的加速电压下用小束流采集到的、未经任何导电处理的陶瓷试样表面的照片，它们虽然都是没有蒸镀导电膜的陶瓷绝缘材料，但由于采用了较低的电压和小的束流，所以图像中并未出现明显的放电迹象。

 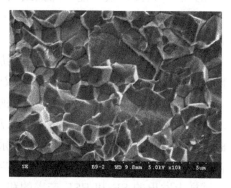

图 4.7.16　未经任何导电处理的 PzTi　　　图 4.7.17　未经任何导电处理的 BaTiO₃
　　　　　试样表面（5kV）　　　　　　　　　　　表面（5kV）

（3）在信噪比允许的情况下，可适当地加快扫描速度，减少电子束在试样的每个扫描点上的停留时间，这样可减少所扫之处的电荷积累，减轻放电现象。

（4）当拍摄的照片倍率不太高时，可在较快的扫描速率下采用多幅图像积分或叠加，这不仅可减轻放电现象，还可以改善图像的信噪比。

（5）在尽可能低的放大倍率下观察和采集照片，即增大扫描面积，减少电荷的积累密度。

（6）可改用背散射电子成像，因背散射电子的能量较大，受局部充放电场强的变化影响会小一些，如图 4.7.18 用 15kV 的加速电压采集二次电子像时放电严重，而用同样的 15kV 加速电压采集 BSEI 则放电就不太明显，如图 4.7.19 所示。

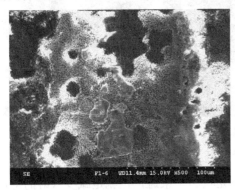
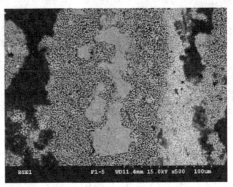

图 4.7.18　用 15kV 拍摄陶瓷电容的　　　　图 4.7.19　用 15kV 拍摄陶瓷电容的
　　　　　　二次电子像　　　　　　　　　　　　　　　背散射电子像

（7）若电镜的样品台有减速功能，则可使用电镜的减速模式来成像，这相对试样来说就等于是降低了加速电压，但成像效果会比同等的低加速电压的效果要好。

（8）若有条件，最好能在环扫或低真空电镜的模式下采集图像，用环扫或低真空模式进行拍摄是减少试样放电的最有效手段，但若在高的倍率下采集图片，可能会影响到图像的分辨力和信噪比。

另外，对于有些不允许蒸镀导电膜层的绝缘材料或导电不良的试样，如混合电路模块、PCB 板等电子零部件，在完成电镜分析之后，还需要再做其他的电性能测试，而不能在做电镜分析之前蒸镀导电膜。在没有环扫或低真空的电镜可用的情况下，可采用低加速电压进行分析。图 4.7.20 中的曲线为固体绝缘材料的电子发射特性曲线。横坐标为入射电子能量，纵坐标为试样的电子产率。图中在 $\delta=1$ 的分界线上下存在着 δ 小于 1 和 δ 大于 1 两个区域，$\delta=n_s+n_b$，n_s 和 n_b 分别是 SE 和 BSE 的产率，δ 是从试样上发出的 SE 和 BSE 产率的和，其值约等于 SE 的发射数加上 BSE 的发射数分别与入射电子总数之比的和。当忽略了吸收电流和透射电流（厚试样的透射电流趋近于 0）时，即试样上发出的电子总数与入射电子的总数之比约为 1 时，试样的发射是稳定的，即试样不会出现荷电，大于或小于 1 都是不稳定的，在 1 附近会相对稳定。

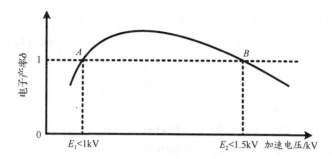

图 4.7.20　固体绝缘体次级发射曲线

当入射电子的加速电压 E_0 略小于 E_1 时，δ 小于 1，即当 δ 的总发射产率略小于 1 时，试样表面会积累负电荷，使试样表面的电位下降，试样表面呈负电位，这时其发射的电子会趋向增加，而且这时试样表面的负电位会起到排斥或抵御入射一次电子的作用，使入射到试样上的一次电子趋于减弱，这样有助于试样表面电位的上升，如此相互制约使试样表面电位趋向于一个相对比较稳定的值，结果使 δ 由小于 1，而趋向于等于 1。

当加速电压 E_0 略大于 E_1 或略小于 E_2 时，这时的 δ 大于 1，即从试样上发射出来的电子数可能会略大于入射的一次电子数，试样表面的电位会呈上升之势，从而使入射到试样上的一次电子趋向于增多，当试样电位继续上升，电位上升的结果会影响 SE 的发射量，使 SE 的发射趋向于减弱，如此相互制约会使试样表面电位在小范围内得到调节，趋向于一个相对较稳定的状态，使总的电子发射量的比值从略高于 1 趋向左边的 A 点或从略高于 1 而趋向右边的 B 点，结果使 δ 由略高于 1，而变为趋向于 1。

当加速电压 E_0 略大于 E_2 时，δ 小于 1，试样发射的电子数略小于入射的一次电子数，试样表面电位会下降，试样会呈负电位，从而导致发射的电子趋向于增多，而且试样表面的负电位也会起到排斥和抵御入射电子的作用，使入射到试样表面上的一次电子趋向于减弱，这样反过来也有助于试样表面电位的上升。如此的循环调节会使试样表面电位趋向于相对稳定，即使 δ 趋向于等于 1。

在 A 和 B 这两点的 δ 都等于 1，但 B 点的斜率比 A 点小，所以 B 点的发射要比 A 点稳定，故 B 点被称为稳定发射点；A 点的斜率比 B 点大，所以 A 点的发射不如 B 点稳定，故相对 B 点来说 A 点为非稳定发射点。因此，在选用 E_0 时最好能选用 E_1 或 E_2 点，或者接近这两点附近的加速电压值，以便观察导电不良或绝缘的试样，这时试样就不容易出现明显的荷电，而且还可以减少镀膜过程的麻烦和镀膜所带来的假象等副作用。若选用的加速电压偏离 E_1 或 E_2 较远，δ 也就会明显地偏离 1，试样表面的电位就很难取得稳定，这样其二次电子的发射也就会不稳定，试样就会出现杂乱的充、放电现象。最理想的是要能找到 E_2 点或接近于 E_2 点的电压值，E_2 对应的

B 点不仅比 E_1 对应的 A 点稳定，而且 E_2 点的加速电压略高于 E_1 点，其入射束流的波长比 E_1 点短，相应的图像分辨力也会比 E_1 点高。由于各绝缘材料的性能不同，E_1 和 E_2 所对应的具体电压值也不同，这是因为 E_1 和 E_2 对应的具体电压值与试样中的组成元素和电子束的入射角有关。实际使用时人们可凭经验估计或从低压慢慢升高往上试，多数绝缘材料对应的 E_1 点的电压为 0.4～0.8kV，高的也就在 1kV；对应 E_2 点的电压多数为 1～3kV，个别金属氧化物材料可以达到 4kV。表 4.7.2 列举了几种绝缘材料试样在水平放置时所对应的 E_2 点的电压值，供读者参考。

表 4.7.2　几种绝缘体材料的 E_2 值。

材料名称	感光树脂	尼龙	聚氯乙烯	涤纶	聚四氟乙烯	石英	氧化铝
E_2 值(kV)	0.6	1.12	1.65	1.82	1.9	3.0	3.0

降低入射束的加速电压对减少试样的荷电起到了关键性的作用，也对提高导电不良试样的图像分辨力有帮助，特别是对提高图像的灰度层次和清晰度尤为明显，但是低的加速电压会使试样总信号量减弱，使图像信噪比下降，从而影响电镜的正常分辨力。目前电镜厂家都把如何提高低加速电压的成像质量作为追求的目标。从理论和实际经验上来说，导电不良的试样在小束流下应尽量采用 1～2kV，最高不超过 5kV 的加速电压值，因为它一般可以在低电压下获得一个不太差的信噪比，如图 4.7.16 和图 4.7.17 所示。而对于某些较特殊的试样，应依具体情况来做相应的调整，从而能获得一个可接受的、较合适的测试条件。

有些对电子束不太敏感的非导电试样，也可以在高真空、低电压和小束流的条件下进行观察。后文的图 6.13.1～图 6.13.5 是几幅没有蒸镀导电膜的蚊子电镜照片。在图 6.13.5 中，即使被放大到 1 万倍，蚊子翅膀边缘上的羽毛仍清晰透彻，无明显的荷电。可见采用小束流和较低的加速电压相结合来拍摄绝缘物体或生物试样，也能得到信噪比和清晰度都较好的图像。

此外，对于一些表面有氧化层和钝化层的导体或半导体试样，如半导体器件中的二极管、三极管和成品的集成电路的芯片表面。在用传统的场发射扫描电镜分析这类成品的器件时，常用 10～15kV 的加速电压分析，如果其表面的氧化层和钝化层比较薄，一般都还可以顺利进行正常拍照；如果其表面的氧化层和钝化层比较厚，往往会出现表面荷电。这时即使把加速电压降到很低，仍很难消除其表面积累的电荷，有时即使消除了其表面电荷，但也很难看清试样中的细节，因其表面的钝化层是一层平整的玻璃保护层，没有什么细节。在这种情况下，若选用 5kV 的加速电压来分析，试样反而会出现明显的荷电，如图 4.7.21 所示；若把加速电压升高到 10kV，试样表面的荷电现象反而会减少，只出现轻微荷电，如图 4.7.22 所示；若把加速电压升高到 20kV，试样表面几乎不荷电了，反而能看清试样钝化层和氧化层底下的细节,如图 4.7.23 所示。因为这时的加速电压高了,入射束的激发深度超过了钝化层和氧化层这两者的总厚度,使入射电子能进入氧化层底下,这样入射电子就有了释放的通道,这时的试样反而不荷电。

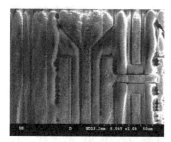 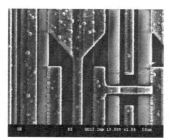 

图 4.7.21　试样表面严重　　　图 4.7.22　试样表面轻微　　　图 4.7.23　试样表面几乎
　　　荷电(5kV)　　　　　　　　荷电(10kV)　　　　　　　　无荷电(20kV)

若用扫描电镜分析那种用聚酰亚胺材料做钝化层的集成电路,应先去除这层表面的有机膜层,才能进行下一步的分析,若没有去除该有机膜层,不论采用高压还是低压,或者蒸镀导电膜层,其观察效果都不理想。

4.8 提高图像亮度的几种措施

在采集图片之前,特别是在拍摄高倍率、高分辨力的照片之前,操作人员应再次认真地查看镜筒的合轴程度,即束斑与物镜光栏的对中是否良好,是否已充分地利用了入射束的强度及发挥出该电镜当前电子光学系统的最佳性能。

要想提高图像亮度应着重考虑采取以下几种措施:

(1)对于钨阴极电子枪要让阴极的发射能处于临界饱和状态,这样既能使电子枪所发射的束流稳定又能使亮度尽可能高,但要注意阴极的发射一定不能处于过饱和。

(2)要保证电子束斑、物镜光栏和镜筒的机械中心三者之间的合轴良好,这样才能充分利用电子枪所发射的束流,尽可能地提高照射亮度。

(3)减少第一聚光镜的电流,使之成为弱磁透镜,即采用较大的束斑,但这样有可能会增大试样的放电概率。

(4)可选用稍大孔径的物镜光栏,这虽能提高图像亮度的信号量,但也会增大试样的放电概率,还会影响景深和高倍时的图像分辨力。

(5)不要轻易采用"大束流模式"或"分析模式",采用这类的模式来成像虽能提高图像的亮度,但这也会增大试样的放电概率及像差,还会影响高倍图像的几何分辨力。

（6）可适当地调高对比度，但图像的噪声信号可能也会随之增大。

（7）适当地提高加速电压，使入射的电子束能量增高，以便能激发出更多的二次电子，能增加试样的信息量，但这也会增大试样的放电概率，也有可能会加大图像的漂移。

（8）若采用 E-T SED 来采集 SEI，应适当地缩短 WD 并把试样朝 E-T SED 方向倾斜，这不仅可提高 SE 的发射量，而且还可以提高探测器对 SE 的采集效率，但这会带来图像的变形，所以应同时采用倾斜补偿功能来校正。

（9）在高放大倍率下，最好采用 In-Lens SED 来采集 SEI，更应缩短 WD 并把试样水平摆放，这可以提高探测器对 SE 的采集效率，还可以减少次生 SE 的干扰，还能提高图像的几何分辨力。

（10）加镀导电膜，如镀金、铂或金钯合金等 SE 发射系数高的膜层，以增大试样的 SE 发射量，但这会影响 EDS 和 WDS 对试样的组分分析。

上述几种方法并不是只采取某一种方法就能达到完美、理想的效果，而是要全盘衡量，根据侧重点来综合考虑，统筹解决。特别要检查所选择的束流和束斑的大小、光栏的孔径和工作距离这几个主要的参数是否合适，图像的聚焦是否调到最清晰，若图像的像散已消除了，焦距也调准了，这样就可以采集到比较理想的图像。

参 考 文 献

[1] 阎允杰，唐国翌，郑大力. 场发射电子显微镜实验间设计[J]. 电子显微镜学报，2000（5）：728-734.

[2] 田中敬一，永谷隆. 图解扫描电子显微镜：生物试样制备[M]. 李文镇，应国华，等译. 北京：科学出版社，1984：48-53.

[3] 田川高司. 走查电子显微镜：基础と应用[M]. 东京：共立出版社，1976：163.

第5章

试样的制备

扫描电镜的试样制备技术在显微分析中占有重要的地位，它关系到显微图像的观察效果和人们对图像的正确解释。如果所制备的试样不适用于电镜的观察条件，即使扫描电镜的性能再好也很难拍摄出好的照片和得出准确的分析结果。若把它与透射电镜相比，扫描电镜的试样制备就显得简单多了，特别对那些能导电的块状试样，在试样没有油污、粉尘、水分等污染物且洁净干燥的情况下，一般都可直接放入样品仓中去观察和分析试样表面的物理特征和化学组分，这是扫描电镜的最大优点。但对于导电不良或绝缘的试样，如生物、纸张、橡胶、塑料和陶瓷等，除非是用环境扫描、低真空模式的电镜或采用低的加速电压来做分析，否则在传统的电镜中进行图像观察和成分分析时试样若没有蒸镀导电膜层，则容易产生放电，造成图像漂移、热损伤等异常现象，使分析时难于聚焦和定位。当入射的电子束能量较大时，那些散热较差或熔点较低的试样在电子束的照射下有可能会产生起泡、灼伤，甚至熔融。为了使试样表面能有良好的导电性和散热功能，往往需要在试样表面蒸镀一层导电膜层。在蒸镀导电膜层之前，多数的试样都要先经超声清洗，干燥之后再进行后续的导电处理。

5.1 超声清洗和镀膜

1. 超声清洗

随着清洗行业的不断发展，越来越多的行业开始运用超声波清洗机，扫描电镜也不例外，而且它还是清洗试样和清洗电镜零配件必备而常用的小仪器，其外形如图 5.1.1 所示。

超声波清洗机的原理是由超声波发生器发出频率在 20k～40kHz 的超音频，并通过换能器转换成高频机械振荡而传播到清洗溶剂中。超音频的振荡波在清洗液中疏密相间依次向前传递，振荡波的传递依照正弦曲线纵向传播，即强弱相间，后波推前波依次传递，使传播介质的液体在超音频的驱动下产生无数个微小气泡而不断地向前推进。这些小气泡在超声波纵向传播的负压区形成，而在正压区，当声压达到一定值时，气泡迅速增大，然后突然闭合，并在气泡闭合时产生冲击波，从而去洗刷和冲击那些黏附在试样上的难溶污物，使它们能迅速地分散或溶解于清洗液中。当粉尘粒子被油污裹着而黏附在被清洗的试样表面时，油被乳化之后，油污所黏附的小颗粒即会受到冲击而分散、脱落，从而达到清洗、除污和净化试样的目的。

图 5.1.1　超声清洗机的外形

超声波清洗机广泛地应用于机械、电子、医疗、半导体、钟表、光学部件和首饰加工等行业的表面处理和清洗工作中。超声波清洗机的优点是清洗效果好，操作简单，穿透能力强，适用于清洗表面复杂兼有盲孔及表面有黏附污物的零部件。超声波清洗机具有结构简单、故障率低、耐用可靠、适应面广、投资少、成本低等优点。

超声波清洗在电镜的制样和维护中的应用主要有以下几方面。

（1）清洗试样表面上的附着物。

对于要分析的一些块状试样，如金属断口，其断口上通常会黏附油污、磨屑、铁屑、粉尘等，它们会覆盖在断口的表面，除了会影响观察部位，还容易污染电镜镜筒和样品仓，所以在分析有污染物黏附的试样之前，对于油渍类的污染，通常需要先用汽油浸泡，再用丙酮、酒精等不同的有机溶剂进行多遍的超声清洗。对于要进行金相分析的试样，经研磨、抛光、刻蚀之后，多数也都要经自来水冲洗，再用不同的有机溶剂和蒸馏水等进行多遍的超声清洗，并且经晾干或烘干后才能放入电镜中进行分析。

（2）研磨后的清洗。

对于那些经过研磨、抛光的试样，特别是经环氧树脂或用塑料米进行镶嵌、固化、抛磨后的试样，其表面都会黏附有研磨粉、抛光膏、砂纸颗粒和环氧树脂这一类型的磨渣和磨料，粘有这些污染物的试样在放入电镜样品仓之前，除了要用自来水冲洗干净，还要用蒸馏水及有机溶剂依次进行超声清洗，清洗时试样的分析面应朝下，清洗完经干燥后才能进行下一步的处理。

（3）镀膜前的清洗。

对一些需要蒸镀导电膜层的试样，如陶瓷、塑料、矿物等试样，即使用肉眼看不出试样表面附有的粉尘等污物，但在镀膜前往往也需要用洁净的自来水、蒸馏水和乙醇等溶剂进行超声清洗，因为这类试样的主要污染物是粉尘、手指纹和人体的分泌物（如口水、手汗和微量的油脂等）。

（4）电镜零部件的清洗。

扫描电镜在平时的维护、保养和维修中，有一些零部件、配件有时也需要用超声波清洗机清洗，如电子枪中的栅片，镜筒中的衬管、光栏、样品仓中的试样座和测量真空度的真空计及能谱仪探测器前端的准直器等容易受污染的零部件，它们也都要定期用不同的有机溶剂进行擦拭，再超声清洗。

某型号超声清洗机的主要参数如下。

① 容量：15L。

② 外形尺寸：360mm×325mm×285mm。

③ 内胆尺寸：330mm×300mm×150mm。

④ 超声功率：360W。

⑤ 电源：AC 220V～240V，50Hz。

⑥ 超声波清洗频率：40kHz。

⑦ 时间设定范围：0～30min。

2．镀膜

（1）真空镀膜法。

真空镀膜是采用真空镀膜仪进行蒸镀的方法。其原理是在高真空状态下，通过加热靶材，使之蒸发成极细小的颗粒或原子团而挥发出来，试样置于靶材的下方，然后通过挥发出来的靶材颗粒自身的重力，而降落到试样的表面上形成一层纳米级的导电膜层，使试样表面导电。蒸镀用的靶材应选择那些熔点较低，化学性能稳定，在高温下和钨不起化学反应并有较高的二次电子发射率的金属材料。现在多数的镀膜仪通常会选用金、铂和金钯合金等贵金属，蒸镀金属膜的厚度为15～25nm。同样的靶材用真空镀膜法与用离子溅射法相比，真空镀膜法所形成的金属膜层的颗粒相对较粗，而且膜层厚度的均匀性较差，抽真空的时间较长，既费时又耗能和耗材，所以成本比较高。目前真空镀膜法已经很少使用，而使用较多的是离子溅射法。

（2）离子溅射法。

在中真空的气氛下，在阳极与阴极之间加 1.5～2.5kV 的直流高压，使溅射仪样品仓中残留的空气或人为注入的氮气及惰性气体被电离，气体被电离成带正电的阳离子和带负电的电子，并在电场的作用下，阳离子被加速飞向阴极，而电子被加速飞向阳极。如果阴极用金属靶材作电极，那么在阳离子轰击其表面时会产生辉光放

电，即会把阴极靶材表面的原子或原子团轰击出来，并在试样的表面上沉积成膜，这种过程称为溅射。此时被溅射出来的金属原子是中性的，即不受电场力的作用，主要靠金属原子团或离子自身的重力作用和残余气体的碰撞而向下飘落。若将试样置于靶材下方，被溅射的金属原子团就会降落到试样表面，沉积形成一层金属化膜，这种给试样表面镀膜的方法被称为离子溅射镀膜法。

离子溅射镀膜法和真空镀膜法相比，离子溅射镀膜法具有以下特点：

（1）由于从阴极上飞溅出来的金属粒子的飞行方向是呈现漫散射而飘落的，因而微细的金属粒子能够比较容易地进入试样表面上的缝隙、凹陷和微孔里，使试样表面能形成一层较均匀的互连金属化膜，而且膜层中的颗粒比使用真空镀膜法得到的颗粒更细腻。

（2）溅射时所需的真空度较低，约在几帕的量级，所以抽真空的时间较短，通常仅需几分钟，因此离子溅射镀膜的方式使用起来方便，效率较高。

（3）消耗的靶材少，可减少贵金属的损耗，比较经济、实用。

（4）溅射电流一般在 20～40mA 范围内，溅射时间为 30～80s，省时、高效又节能。

（5）受热辐射的影响小，试样升温不高，通常只有一二十度的升温，具体的升温主要取决于溅射电流的大小和溅射时间的长短，因常用的溅射时间都在几十秒，所以升温不高，热损伤较小。

（6）溅射时若样品台既能自动倾斜又可以自动旋转（即行星旋转台），这不仅会使膜层厚度更均匀，而且还可以消除和减少由于凸点或圆球状颗粒的存在而造成的掩蔽死角。

（7）有些离子溅射仪还可加装膜厚监测器，以便控制所镀膜层的厚度，如果没有膜厚监测器，人们只能依据溅射电流的大小和溅射时间的长短，凭经验来估算所镀膜层的厚度。

5.2 粉体试样

对于不同的粉体试样，应采用不同的制备方式、方法，下面简单地介绍几种常用的制备方法。

（1）可以用镊子夹住导电胶带直接去黏附粉体，然后再用敲打、振动的办法或者用洗耳球从侧面对着粘贴在导电胶带上的粉末朝外吹，把那些黏结不牢或团聚、重叠的粉末颗粒振掉或吹掉，再把黏结牢固的粉体连同导电胶带粘贴到试样座上。

（2）如果是硬粉体试样可直接撒在试样座上的双面导电胶带表面，再在粉体上面垫一张光亮不起毛的洁净纸，如可用双面导电碳胶带上白色的隔层纸盖上，再用表面比较平坦的物体，如镊子的大头部位在所垫的隔层纸上轻微压一下，之后再用洗耳球或吹气枪吹掉黏结不牢靠的颗粒，也可以在木制或塑料等较硬的桌子边缘敲击几下，以振掉黏附不牢靠的颗粒。如果试样颗粒的粒径有微米量级以上，可以寻找粒径相对比较大的、表面平整的、呈水平状态的颗粒进行分析。

（3）可以将颗粒粉体用环氧树脂搅拌、混合、调匀并让它固化后，进行研磨、抛光、清洗、镀膜，再放入电镜中进行观察、分析。若要做化学组分含量的定量分析应选择那些处于水平状态的颗粒，而且要多分析几个，再把所得的定量结果求平均值，这样结果才能更接近试样的真实含量。

（4）在对那些容易构成团聚的微细粉末，在进行分析前，须将粉体放入装有分析纯的无水酒精玻璃烧杯或试管中，再在超声波清洗机中振动分散，待分散后再用滴管把含有粉体的混合液滴在干净而平整的金属箔或导电胶上，靠粉体表面的吸附力黏附在金属箔或导电胶表面，再把金属箔粘贴到试样座上，粉体若能导电，就可直接放入电镜的样品仓中进行测试、分析；若粉体不导电，就得蒸镀导电膜后再放入电镜进行测试、分析。

（5）也可用压片机将细粉体挤压成片状后再用洗耳球吹掉未结合牢靠的颗粒，同样粉体若能导电，挤压成片状后就可直接放入电镜中进行分析；粉体若导电不良，还得蒸镀导电膜后再放入电镜进行分析。用压片机将细粉体挤压成片的方法对形貌观察可能会有些影响，但很适用于对微细颗粒试样的成分分析。

（6）对粉体颗粒的蒸镀最好选用行星旋转镀膜台，若没有这种行星旋转镀膜台，则至少应分别采取两次人为相反方向的倾斜摆放进行镀膜，这样才能解决粉体颗粒由于自身的凸起所造成的掩蔽死角而带来的不利影响，而对于那些用环氧树脂镶嵌并经研磨、抛光、清洗后的试样，通常只要平放蒸镀一次就可以进行分析。

5.3 块状试样

扫描电镜非常适用于分析块状试样，对于一般能导电的块状试样只要其三维方向的尺寸和质量不超出所使用的电镜样品仓对试样的最大限制尺寸及样品座的最大载荷量，通常都可以直接把它用导电胶粘贴在试样台上，再放入样品仓中去抽真空做分析，这比起透射电镜的制作过程要简单方便得多。但有些试样可能还要经适当的加工、处理，在这个制备过程中，人们应当注意以下几点。

（1）金属断口和机械零部件的表面通常会含有油污、粉尘等污染物，这种试样在放进电镜分析之前，可先用汽油浸泡、摇晃，去除油渍之后，再改用丙酮、分析纯的酒精等有机溶剂分别进行超声清洗，以免影响分析结果和污染电镜的样品仓。

（2）有些要测量横截面的膜层或金属间化合物（IMC）厚度的块状试样往往需要

经过研磨、抛光和化学刻蚀等处理。研磨时为了避免边缘产生倾斜或形成圆钝角，从而影响表层膜厚及离子迁移深度等参数的测定，可用双面夹持片夹紧后，再进行研磨、抛光，然后还要进行化学刻蚀，再超声清洗，待干燥之后再进行下一步的处理和分析。

（3）对于要分析或测量表面膜层、中间夹层或合金化微小薄层的成分及测量薄试样横截面厚度的试样，可以用塑料米包埋、加热、加压进行固化或采用环氧树脂浆料把它包裹固化后再进行研磨、抛光和化学刻蚀，经超声清洗及干燥之后，再蒸镀导电膜层就可放入样品仓中去分析。

（4）对于多孔或较疏松的试样，最好采用真空灌浆、镶嵌的方法使之固化后再进行研磨、抛光，即先将试样放入真空容器内抽气，然后再利用大气的压力将调好的糊状环氧树脂进行灌注，最后让其慢慢自然固化或在 60~70℃ 的烘箱内烘烤几个小时，使之固化成为结实的块状试样。这既可以提高包封的牢固性，又可以避免抛磨时产生的磨料或者砂纸颗粒等次生杂物嵌入试样的孔隙中，以免引起次生污染，如图 4.7.10 和图 4.7.11 所示。为减少杂物嵌入试样孔隙内引起的次生污染，在镀膜前应把抛磨、刻蚀完之后的试样放入超声波清洗机中进行清洗。对于易氧化的试样，当抛磨完成后应立即进行超声清洗，清洗完立刻烘干，紧接着马上镀膜，蒸镀完成后应尽快将试样放入样品仓中进行抽真空、做分析，以免表面被氧化或吸潮，导致镀膜层与试样表面黏结不牢或造成局部松懈、脱落。

（5）对于硅酸盐、高分子、陶瓷和干燥的生物等非金属材料的试样，由于其表面凹凸起伏往往会比较严重，在溅射金属化膜层时，最好采用行星旋转镀膜台进行镀膜，否则必须采用人为的左右分别倾斜摆放，至少各蒸镀一次，以增加试样表面的导电性、导热性，以及减少凹、凸和空隙所带来的自掩蔽等导致膜层不连续所带来的影响。

（6）对于表面平整的试样做一般的形貌观察时，通常只需镀 15~25nm 的金属导电膜，而对于表面较粗糙的试样，蒸镀金属化膜层的厚度要大于 25nm。金和铂的膜层具有良好的导电性，而且它们的二次电子发射率高，在空气中不易氧化，膜厚易控制。镀金可以拍摄到质量好的照片，但如果需要拍摄 10 万倍以上的照片，最好镀 Au/Pd、Pt/Pd，若要拍摄 20 万倍以上的照片最好镀 Cr、Pt 或 W，因它们的颗粒都比黄金颗粒更微细，可以拍摄到细节更丰富、图像更细腻的照片。

（7）若要用能谱或波谱仪来做成分分析的试样，最好蒸镀碳膜。碳为超轻元素，碳膜对 X 射线的吸收少，而且增加的谱峰也仅有 C-K_α 峰，对定量分析结果的影响小。蒸碳时通常会用高真空的碳镀膜仪，这时要注意的是蒸碳时对镀膜仪的真空度要求较高，碳棒点燃时的温度也高，会有高温辐射，从而灼伤有机高分子和生物等不耐热的试样。所蒸的碳膜要均匀，膜厚最好控制在不小于 20nm，对于凹凸起伏严重的粗糙试样，所镀的碳膜厚度应大于 25nm，最好也选用行星旋转台蒸镀。

（8）为了减少对有机高分子和生物等不耐热试样的灼伤、烧伤，可以改用脉冲蒸镀法来镀碳，进行脉冲蒸镀，如选用 EM ACE200 的真空镀膜仪，则有碳绳脉冲蒸镀方式和离子溅射金属膜两种方式。它蒸镀的试样不仅能够满足 SEM 分析的需求，也可用于 X 射线能谱及波谱分析。脉冲碳绳蒸发的膜厚，可用预设脉冲数或用膜厚监控(石英片膜厚控制)法和独特的软件控制来保证。

（9）如果用标样来做有标样法的定量分析，一定要保证待测试样与标样所镀的导电膜的厚度相等，标样和试样应放在一起，蒸镀面的高度应尽量平齐，最好并列平放且紧挨在一起同时蒸镀。如果所要分析的试样中含有碳，而又要进行碳的定量分析，那么该试样最好采用 E-SEM 或 LV-SEM 做分析。如果没有 E-SEM 或 LV-SEM，可改镀其他金属膜，如可以考虑镀铝膜。铝的密度远小于黄金，吸收也比黄金少，但铝的颗粒比黄金大，不利于高倍率的观测和拍照，而且铝材易氧化，一旦镀完膜后应马上放入样品仓中去进行分析。硼、碳、氮、氧和氟为超轻元素，它们的特征 X 射线的能量都很低，易被所蒸镀的导电膜层吸收，所以镀有金属化膜的试样，超轻元素都会受到明显的衰减。即使镀的是碳膜，基材中的超轻元素也都会受到的明显衰减，如蒸镀了 20nm 厚的碳膜对 N-K_α 射线的吸收、衰减可达 10%。若蒸镀的是 10nm 厚的金膜，其对 N 峰的吸收将是 20nm 碳膜的 5.5 倍。在同样的蒸镀膜厚下，蒸镀的导电膜材料的密度越大，对基材发出的特征 X 射线的吸收就会越严重，对超轻元素的吸收会大于轻元素，而对轻元素的吸收又会大于重金属元素。当试样表面镀有导电膜，在做定量分析时应把所镀膜层的元素峰排除在外，即应让所蒸镀的元素谱峰只参与定性鉴别和谱峰剥离，而不参与定量计算，以尽量减少外来因素的影响，有条件还应做基材元素含量的镀层校正处理。

5.4 磁性材料

用 SEM 观察磁性材料时一般都需要先退磁，再做分析，其主要原因有以下几点。

（1）SEM 的透镜和扫描线圈都是通过有序地调控其流经线圈的电流来产生一定的磁场而进行工作的，若试样本身带有磁性，不仅会由于洛仑兹力的存在而干扰电子光学系统的正常运行，而且还会影响信号电子的正常发射，受影响最大的是二次电子的运行。

（2）若试样磁性强，入射电子和二次电子受洛仑兹力的影响就会增大，消像散器可能也起不了作用，则图像的像散就会无法消除，也会难于聚焦，图像就会模糊不清，衬度和分辨力都会变得很差。

（3）受磁性试样影响最大的是二次电子，磁场的干扰会使电子的轨迹产生变形、扭曲，而且还会影响放大倍率和微观测量的精度。但某些弱磁性的铁氧体材料还是可以直接放进样品仓中做分析，首先试样要粘牢、贴紧，试样最好使用螺纹夹具进行固定；其次依其磁场的强弱，工作距离应不小于 15mm，因铁氧体的导电性较差，所以同时还要采用中低的加速电压和较小的束流。

（4）试样座上个别粘贴不牢靠的磁性粉末颗粒易被吸附到物镜下极靴或者电子光学通路中，这些敏感部位一旦被污染，电子光学的性能会立即遭受破坏。要排除这种故障，只好对镜筒等可疑部位进行拆卸清理。对这种磁性粒子的清理相对一般的镜筒清洗要麻烦很多，因为这种带有磁性的小颗粒往往不易被发现并难以清除干净。若确实要做磁性试样的分析，建议先考虑退磁，然后可考虑把磁粉烧结成陶瓷块并经清洗后再做分析，否则会给电镜的镜筒带来灾难性的后果。

（5）磁性材料也会影响 EDS 和 WDS 分析，当要对磁性材料上的某个点或颗粒进行分析时，往往会造成打偏、打歪等难于定位的情况，也容易造成电镜参数的识别错误，从而导致定量分析误差加大。有的电镜厂家在产品的说明书中表明其物镜为无漏磁的物镜，可用于磁性试样的测试和 EBSD 的分析。这样的提法，有的是带有夸大性的宣传；有的是采用无外泄磁场的物镜设计，漏磁量比较少，但也仅限于观察铁氧化和一些弱磁性试样，若真的要做弱磁性试样的分析，WD 还是要尽可能大。

5.5 生物试样

生物试样最好应在 E-SEM 或 LV-SEM 中进行分析，这样对生物试样的制备就比较简单、容易，观察效果也会更接近试样活体时的实际状况，最理想的是采用 E-SEM 来分析。若是采用传统的电镜来分析生物试样，因多数的生物试样都是柔软体而且会含有水分，因此在进行扫描电镜观察前，必须对生物试样做相应的处理，依据各试样性质的不同，其处理方法和方式也不同。生物试样主要可分为两种类型：一类为含硅质、钙质、角质、珐琅质和纤维素较多而含水分又较少的硬组织试样，如毛发、牙齿、骨头、指甲、趾甲、花粉、孢子、种子等，这类试样一般经干燥后，用 E-SEM 或 LV-SEM 就可直接观察、分析，若用传统电镜也只要蒸镀导电膜等简单的制备就可进行观察、分析；另一类为大多数动植物的器官及细胞和肢体部位的切片等含水分较多的软组织，对于这类试样，在做导电处理前，一般都需要经过固定、脱水、干燥等处理。若未经处理或处理不当，就会造成试样损伤和变形，还有可能会出现多种假像。因此，在用传统电镜观察这类含水分较多的软组织生物试样之前，一般都必须进行干燥。干燥的方法有以下几种。

（1）空气干燥法，又称自然干燥法，就是将试样暴露在大气环境中，让试样中的水分逐渐挥发，达到干燥的目的。这种方法的最大优点是简单易行，缺点是在干燥过程中试样的组织会由于水分的挥发而产生收缩、变形。因此，这方法只适用于表面较为坚硬或含水分相对较少的试样。

（2）临界点干燥法是利用物质在临界点状态时，其表面张力等于零的特性，使试样中的液体完全气化，并以气体方式挥发掉，来达到干燥的目的。这样就可以大大地减少表面张力的影响，尽可能多地保存试样表面原有的微细结构的信息。此法操作较为方便，所用的时间也不算长，用 2~4h 即可完成，所以是比较常用的干燥方法。

（3）冷冻干燥法是将经过冷冻的试样置于真空中，通过升华去除试样中所含的水分的方法。冷冻干燥的基础是试样中的水分被冷冻成冰，冰从试样中升华，即冰从固态直接转化为气态，不经过中间的液态，不存在气相和液相之间表面张力对试样的作用，从而减少干燥过程对试样造成的损伤。

总之，人们对生物样品制备的每一步、每个过程的处理都应足够重视，在制备过程中应尽量做到：

（1）尽量保持试样活体时的形貌和结构，以尽可能地反映出试样本来的真实面目。

（2）在干燥过程中尽量减少试样的干瘪、变形。

（3）所蒸镀的金属化膜都应有良好的导电性能和高的二次电子发射率，以减少试样的荷电和尽可能提高图像的清晰度。

（4）所蒸镀的金属化膜层最好应大于 25nm，这不仅可增加二次电子的发射量，还有利于散热和减轻入射束造成的损伤。

（5）如果是要用于能谱或波谱分析的生物试样，若要蒸镀碳膜，最好采用脉冲碳绳蒸镀法，而不要用燃烧碳棒法，因为燃烧碳棒蒸镀是在高真空和高温下进行的，在这样的高真空环境中，生物试样容易膨胀、变形，在高温热辐射下也容易被灼伤、烧伤，甚至烤焦，失去原貌。

（6）不管用哪种方法蒸镀的碳膜，其所成膜层的导电性和导热性都没有金属化膜好，为提高其导电性，在微观形貌拍照时，蒸镀的碳膜厚度最好能不小于 20nm；若用于能谱或波谱分析时，蒸镀的碳膜厚度最好也都要大于 25nm，还有碳膜层的二次电子产额和图像的信噪比也不如金属化膜好。

（7）为了克服镀膜所带来的负面影响和减少假象，有的人会采用组织导电法（又称导电染色法），即利用某些金属溶液与生物试样中的蛋白质、脂类和糖类等成分的结合作用，使试样的表面形成离子化或能导电的金属盐类化合物，从而提高试样耐受电子束轰击的能力并有一定的导电率。

（8）采集生物试样的照片时，应尽量采用低的加速电压（如电压不大于 5kV），同时也要采用小光栏、小束流，这有助于减少试样的荷电、损伤或烧伤。

由于生物试样的多样性，具体的制备方法也有所不同，比较复杂、烦琐，而且对于不同的分析要求，制备方法也不完全相同，应具有针对性，具体的配方和处理步骤可参考日本国田中敬一和永谷隆编写的《图解　扫描电子显微镜——生物样品制备》；张清敏和徐濮编译的《扫描电子显微镜和 X 射线微区分析》；刘发义编写的《电子探针 X 射线微区分析技术在生物学中的应用》；戴大临和张清敏编著的《生物医学电镜样品制备方法》；由 G. A.米克撰写的《生物学工作者实用电子显微术》。这几本书中都较详细地描述了多种生物试样的具体处理、制备过程和分析方法，并带有大量的图表可供参考。

此外，还有一本专门讲述有关扫描电镜和 X 射线显微分析样品的制备书籍，即英国剑桥显微分析部 Patrick Echlin 编写的 *Handbook of Sample Preparation for Scanning Electron Microscopy and X-Ray Microanalysis*。该书全面而系统地介绍了金属，冶金，矿物，生物等样品的粘贴、镶嵌、研磨、抛光、刻蚀、脱水及蒸镀各种导电膜层的具体制备过程。该书的讲述面面俱到，而且图文并茂，很值得扫描电镜的操作应用人员学习和借鉴。

制样仪器与工具

1. 机械研磨抛光机、塑封半导体器件开封机等机型简介

以下简单介绍几种常用的制作扫描电镜试样的小仪器和工具。图 5.6.1 为机械研磨抛光机，抛光机两边转盘的转速和水流量的大小均可调、可变，研磨的砂纸型号和抛光的绒布也可随意更换，抛光膏的颗粒度大小依需要都可随意选择，该仪器具有结构简单、耐用、可靠等优点。

图 5.6.2 是塑封半导体器件开封机，它通过对硫酸的加热来去除芯片表面所包封的塑料，用它能够开出各种塑料封装的集成电路和二极管与三极管的芯片，去除塑料的过程又快又安全，并且能开出既干净又无腐蚀的芯片表面。整个腐蚀过程是在有一定压力的惰性气体中完成的，不但能减少对金属的氧化，而且还能降低产生的废气量。酸的加热温度可设置，酸的加热温度升、降速度都很快，也能自动精确地检测并实时显示出来。

IM-4000 等离子抛光机（如图 5.6.3 所示）和试样表面清洗仪（如图 5.6.4 所示）均可用以对要求精细的试样表面进行离子化的刻蚀和抛光，如制作 EBSD 的试样等。

IM-4000 等离子抛光机的主要参数如下。

（1）加工尺寸范围：φ=5mm。

（2）最大试样：φ=50mm，H=25mm。

（3）离子束的照射角度：0°～90°。

（4）离子束的加速电压：0～6kV。

（5）双重工作模式，截面切割适用于试样的高分辨截面结构观察，平面研磨可实现对试样进行无应力的平面抛光。

（6）加工快，截面功能最高加工速率可达 300μm/hr，平面功能最高加工速率可达 20μm/hr。

试样表面清洗仪的参数如下。

（1）时间设定：1～30min，每步 1min。

（2）主机体积：360mm×390mm×378mm。

（3）质量：17kg（不含真空泵）。

（4）适用环境温度：1～30℃。

（5）电源：240V、50Hz（100V、60Hz）。

（6）真空系统：无油隔膜泵。

图 5.6.1　机械研磨抛光机

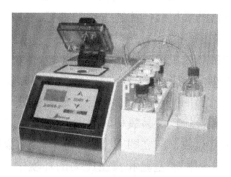

图 5.6.2　塑封半导体器件开封机

图 5.6.3　IM-4000 等离子抛光机

图 5.6.4　试样表面清洗仪

2．溅射过程

溅射过程如下：

（1）把待蒸镀的试样放入溅射仪的样品仓中，盖紧隔离外罩就可以接通电源，开始抽真空。

（2）当样品仓中的残余气压或注入的惰性气体的压力在 5Pa 左右时就可以加高压。

（3）在阴极（靶材）上加负高压，这时在阴极与阳极（地）之间就构成一个负高压电场区，腔内的残余空气或注入的惰性气体就会被电离，带正电的正离子被阴极吸引撞击靶材，产生辉光放电。

（4）靶材释放出来的原子或原子团，与腔内其他残余气体、离子相互碰撞，金属原子或原子团会四处发散，形成雾状，而降落并沉积在试样的表面形成一层较均匀而细腻的金属膜。

（5）溅射所形成的膜层厚度主要取决于溅射时间的长短和溅射电流的大小。

（6）溅射层的金属颗粒的细腻程度取决于靶材的成分、溅射的方式、试样的温度、溅射电流的大小和试样与靶材之间的距离，而且还与溅射前的预真空度有关，预真空度越高，充入的惰性气体越多、越纯，即惰性气体所占的比例就越多，溅射后形成的膜层颗粒往往也会越细腻。

在同样的溅射条件和方式下，用铂、钨和铬溅射所形成的膜层颗粒都会比黄金膜层的颗粒更细腻。图 5.6.5 和图 5.6.6 都是用透射电镜拍下来的离子溅射膜层的颗粒大小，镀膜前样品仓的预真空度约为 $1×10^{-3}$Pa，充入了氩气后的压力约为 2Pa。

常用的靶材有金、金钯、铂、铂钯、铬和钨等。当然还可选用铝、铜，但铝、铜的颗粒较粗，易氧化，只能在不大于 2 万倍的放大倍率下使用，而且蒸镀后的试样不宜久放，应立即观察、分析，否则金属化膜层的表面易被氧化。

在相同的室温和真空压力的环境中，在碳膜上溅射同一种靶材，低的试样温度可以降低膜材原子的运动和减少颗粒间的距离，故能改善膜层的颗粒度。

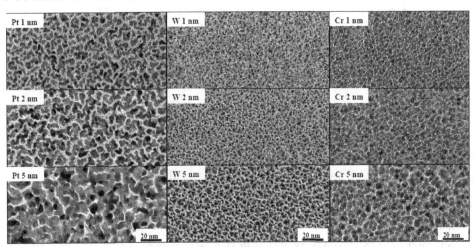

图 5.6.5　铂、钨、铬靶材的溅射膜厚与颗粒的比较

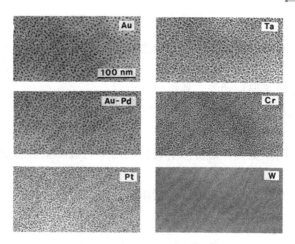

图 5.6.6　不同靶材溅射形成的颗粒

　　图 5.6.7 为 ACE 600 高真空镀膜仪的外形照片，它由触摸屏控制，使用起来简单方便。它的真空系统由隔膜泵和涡轮分子泵组成，能提供良好和干净的无油高真空镀膜环境，真空度高达 2×10^{-4}Pa。整套程序由计算机自动控制，只要一键操作就能将抽真空→镀膜→放气等全套过程自动完成。这仪器既可选离子溅射镀金属膜，其溅射膜可满足 FEG 电镜的要求；又可选用碳绳，采用脉冲蒸镀碳膜，可精确控制碳膜厚度；还可以加配石英膜厚监测器，精确控制所蒸镀的膜层厚度，精度可达 0.1nm，所蒸镀的试样也可用于能谱和波谱分析；甚至可以选择电子束蒸发方式镀膜。这些方式均能获得极细腻的金属膜与碳膜。

图 5.6.7　ACE 600 高真空镀膜仪

3. 离子溅射仪

1）GVC-2000 磁控离子溅射仪

GVC-2000 磁控离子溅射仪（如图 5.6.8 所示）适用于对场发射扫描电镜试样的

导电膜层进行处理，其主要特点有：

（1）仪器采用微处理器控制，自动化程度高，控制精确，扩展性能好，可实时显示真空度、溅射电流、溅射时间、设备运行时间、靶材已被使用的时间等，并备有过电流和真空失效等保护功能，整机安全可靠。

（2）可在低的电压下实现大电流溅射，可选用的溅射靶材有金、铂、银、铜、铬等常用金属。

（3）靶材的利用率更高，磁控溅射靶材利用率为直流溅射的 2 倍，可为用户节约靶材的费用。

（4）镀膜过程中基本没有温升，特适用于对温度敏感的试样，如过滤膜、生物、纸张和化纤等。

图 5.6.8　GVC-2000 磁控离子溅射仪

GVC-2000 磁控离子溅射仪的主要参数如下。

外形尺寸：424mm×271mm×255mm。

工作电源：AC 200～240V，50Hz。

溅射电压：DC 600V。

最大功率：450W。

溅射电流：5～45mA（每步 1mA）。

溅射时间：不大于 600s，每步 1s。

极限真空：不大于 1Pa。

工作真空：不大于 30Pa。

靶材尺寸：φ=57mm，H=0.2mm(Pt)。

抽气速率：1L/s。

2）SBC-12 小型离子溅射仪

这种小型离子溅射仪主要用于 SEM 的试样蒸镀金、铂等导电膜，仪器操作简单、方便，是 SEM 制样必备的小仪器，其外形如图 5.6.9 所示。

SBC-12 小型离子溅射仪的主要参数如下。

（1）玻璃真空室：$\varphi=100mm$，$H=130mm$。

（2）样品台尺寸：$\varphi=40mm$，可同时放 6 个试样。

（3）Au 靶尺寸：$\varphi=58mm\times0.1mm$（加厚的为 0.2mm）。

（4）真空系统：直联旋片真空泵，泵速 2L/s。

（5）检测真空计：皮拉尼真空计。

（6）充填气体：空气或氩气，配有氩气进气口和针状的充气阀。

（7）真空防护：20Pa（可通过微量充气阀调节工作时的真空度）。

图 5.6.9　SBC-12 小型离子溅射仪

3）E-1010、E-1020 和 E-1045 离子溅射仪

图 5.6.10 是日立公司生产的 E-1010 型和 E-1045 型离子溅射仪的外形照片。表 5.6.1 是 E-1010、E-1020、E-1045 离子溅射仪的主要参数。

表 5.6.1　E-1010、E-1020、E-1045 型离子溅射仪参数

离子溅射仪型号		E-1010	E-1020	E-1045
控制系统		手动	手动	自动
特殊功能	电子冷却	无	无	选配
	膜厚控制	无	无	选配
电压	电压（DC/kV）	2.5,0.5	2.5,0.5	0.4
电流	电流（DC/mA）	0～30	0～30	0～40
镀膜速率（Au）（nm/min）		10	6	12
机械泵抽率（L/min）		20	50	135
最大样品尺寸	直径（mm）	50	80	55
	高度（mm）	15	15	20
外形尺寸：长×宽×高（mm）		350×440×310	350×440×330	450×442×400
主机重量（kg）		29	31	25

图 5.6.10　E-1010 型和 E-1045 型离子溅射仪

4）108 型离子溅射仪

图 5.6.11 是英国生产的 108 型离子溅射仪的外形照片。图 5.6.12 是与 108 型离子溅射仪配套的行星旋转台，试样安放在这种旋转台上，整个样品座既可自动倾斜公转，各试样又可自动倾斜自转，就像地球本身在自转而同时又围绕着太阳公转一样，所以把图 5.6.12 这种与 108 型离子溅射仪配套的附件，称为行星旋转镀膜台，用这种镀膜台蒸镀出来的金属膜层既均匀又几乎不存在自掩蔽效应，是一种无死角的理想镀膜装置。

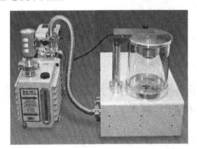

图 5.6.11　108 型离子溅射仪　　　　　　图 5.6.12　行星旋转台

108 型离子溅射仪的主要参数如下。

（1）样品仓尺寸：φ=120mm，H=120mm。

（2）可选用的靶材：Au、Au/Pd、Pt、Pt/Pd。

（3）靶材尺寸：57mm×0.1mm（加厚的为 0.2mm）。

（4）样品可调最大高度范围：60mm。

（5）最大溅射电流：40mA。

（6）溅射头：可快速更换为平面磁控型。

（7）膜厚监控仪：MTM-10（选购件）。

（8）控制方式：手动放气或电流控制。

（9）定时范围：0～30s，有暂停、手动放气功能。

（10）电源：100～120V 或 200～240V，50/60Hz。

（11）功耗：50W（不含真空泵）。

（12）充填气体：氩气，纯度 99.99%。

（13）最大工作压力：4×10^4 Pa。

（14）连接软管：$\varphi = 6mm$。

5）等离子磁控溅射仪

图 5.6.13 和图 5.6.14 这两款都是目前比较常见的等离子真空磁控溅射仪。这种磁控溅射仪与二极型的溅射仪相比，具有镀膜速度快、试样升温较低、沉积效率更高等优点。试样的升温低，这样蒸镀出来的金属膜层一般就会更细腻，非常适用于制备 FEG 电镜的样品。

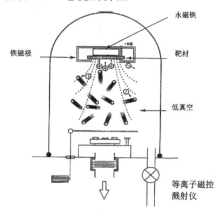

图 5.6.13　等离子磁控溅射仪

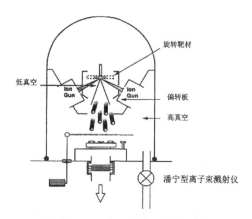

图 5.6.14　潘宁型离子束溅射仪

4.　真空蒸发源及其载体

将金属靶材置于真空腔中，通过蒸发源加热使其蒸发，气化的原子团或原子从蒸发源表面逸出，由于在高真空的氛围中进行，空间气体分子的平均自由程大于真空室的线性尺寸，因此很少与其他的分子或原子碰撞，一般可直达被蒸镀的样品表面，经沉积、凝结后即可形成一层能导电的金属化膜层。

镀膜机常用的蒸发源是电阻式加热蒸发源。它是利用发热体通电后产生的焦耳热而获得高温，以此来蒸发靶材，使其达到高温蒸发的目的。由于这种蒸发源的结构简单，操作方便。因此，在早期的镀膜技术中该类蒸发源曾得到广泛的应用，扫描电镜试样的蒸镀也多数采用这种方法，后来其逐渐被离子溅射法所取代。

蒸发源载体的形状主要有螺旋式、篮式、发夹式、浅舟式等，如图 5.6.15 所示。常用的加热源材料有钨、钽、钼、铌等耐高温和不易氧化的金属材料，最常用的是钨丝和钼舟。常用的蒸发材料有金、铂、铬等。

图 5.6.16 是目前常见的高真空蒸发镀膜仪，这种类型的镀膜仪既可用于蒸碳，

也可用于蒸镀其他金属材料如金、铂、铬等靶材。当要蒸镀金属材料时，在固定的加热电极上安装相应形状的蒸发源载体，再在载体中放置要蒸镀的金属材料，当达到工作的真空度之后，就可通电加热，高温使金属原子或原子团发散、气化，形成雾状的微细颗粒而降落在试样表面；当要镀碳时，在固定的加热电极上装上碳棒，当达到工作的真空度之后，即可通电加热，利用高温使之燃烧气化。

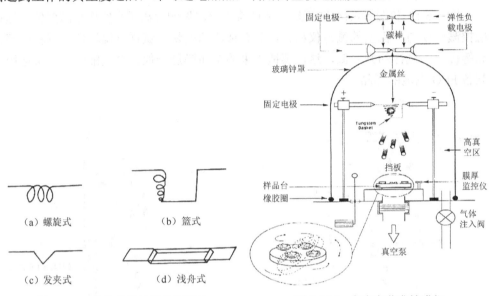

图 5.6.15　几种常用的蒸发源载体　　　　图 5.6.16　高真空蒸发镀膜仪

5．薄膜厚度的测量

为控制和测量所蒸镀的试样表面的膜层厚度，现在有些镀膜机会将膜厚监控仪作为选购附件来供用户选用，图 5.6.11 展示的 108 型离子溅射仪在自动模式下即可通过数字显示器控制得到可重现的蒸镀效果。

（1）可选用 MTM-20 高分辨膜厚控制仪在达到设定膜厚时会自动停止蒸镀过程。

（2）可选用 MTM-20 高分辨膜厚控制仪手动停止蒸镀过程。

（3）数字化蒸镀电流的控制不受样品仓内氩气压力的影响，可得到较一致的镀膜速率和较好的镀膜效果。

有些膜厚测量仪也可以从市场上直接选购现成的控制仪来配套使用。目前，市面上也有很多不同的测量膜厚的仪器出售，如 Filmetrics 光学膜厚测量仪中的 F 系列高级分光计系统可以简便快速地测量所镀膜层的厚度和光学参数 n。它可以在几秒钟内通过薄膜上下两面反射比的频谱分析得出所蒸镀的膜厚、折射率和消光系数。

测量和计算膜厚的方法还有传统的干涉显微镜法、称重量计算法、石英晶体振荡法和椭圆偏振光法等方法。

（1）反射式光谱测量仪。

这种光谱测量仪可测量的薄膜厚度为 1nm～1mm，测量精度最高可达 0.1nm，测量稳定性高达 0.07nm，测量时间只需几秒钟，并有手动及自动机型可选。其不仅可用于测量扫描电镜试样的镀层，还可用于测量液晶显示层、硬涂层、金属化膜层、眼镜增透膜的镀层、照相机镜头的增透膜的镀层、印制电路板的镀层、多孔硅镀层、半导体材料等真空镀膜层。

这种反射式光谱测量技术最多可测 4 层透明薄膜的厚度、折射率、消光系数及粗糙度，这几个参数能在数秒钟内测得。

（2）干涉显微镜法。

干涉显微镜法测量膜厚是半导体生产厂中普遍采用的测量氧化硅和氮化硅膜层厚度的传统测试方法，其优点是设施简单，操作方便，无须复杂的操作和计算。虽然该方法也可用来测试电镜试样的镀膜层，但由于电镜试样的镀膜层太薄，其测量精度和灵敏度就显得粗糙一些，误差会比较大，只能是估算。

图 5.6.17 是干涉显微镜测量法示意图，用干涉显微镜测量出膜层的干涉条纹间距 Δ_0 和条纹移动距离 Δ，就能算出台阶的高为 $t = \dfrac{\Delta}{\Delta_0}\dfrac{\lambda}{2}$，即测出 Δ_0 和 Δ 就可测得到膜层的厚度 t。

其中，λ 是单色光的波长，如用钠光灯照射，λ 取 589nm。

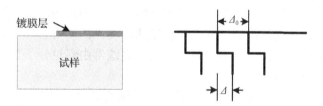

图 5.6.17　干涉显微镜测量法示意图

（3）称重法。

当薄膜的面积为 A 时，若材料密度 ρ 和质量 m 都能被精确测定的话，则膜厚 t 就可以按 $t = \dfrac{m}{A\rho}$ 来计算出膜层的厚度。若用这公式来测算电镜试样的镀膜层，按理论计算其精度应是很准确的，但由于电镜试样的镀膜层太薄，而且样品的表面积有时不规则，难于准确测量、计算，所以误差也就会比较大，实际上也只能是估算。

（4）石英晶体振荡法。

该方法广泛地应用于薄膜沉积过程中厚度的实时测量，主要应用于沉积速度和厚度的监测，还可以与电子技术结合反过来用它来控制镀膜基材的蒸发或溅射的速率，从而实现对沉积过程的自动控制。扫描电镜用的离子溅射仪所带的膜厚监控装置多数都采用这种石英晶体振荡法来测量和监控膜厚。

（5）椭圆偏振光法。

椭圆偏振光法是一种光学的测量方法，是一种可用于精确表征薄膜表面和界面之间厚度的无损测量技术。椭圆偏振光谱仪主要用于精确测量薄膜的厚度（0.1nm～30μm）和光学参数。这是目前测量膜层厚度最精确的方法之一。它比干涉法提高了一至两个数量级，精度能达到0.1nm，比称重量法简便、准确，是一种无损的测量方法。它常被用来鉴定单层或多层堆叠的薄膜厚度，在测量膜厚的同时也可测量光的折射率和吸收系数，是研究表面物理性质的一种常用测量方法。有些高档的大型商品离子溅射仪所配的膜厚测量装置中有相当一部分是采用这种椭圆偏振光法来测量和监控膜厚。

6. 高真空碳镀膜仪

高真空碳镀膜仪在使用碳棒蒸镀时可给出连续的碳膜，若所用排气泵为涡轮分子泵，则真空腔内更干净，几乎无污染。它可用于制作透射电镜的覆膜，以及制备扫描电镜中的导电膜层蒸镀。其最常用的蒸镀形式是直接加热碳纤维或石墨棒。除此之外，还有一种方法是利用两根相抵触的碳棒进行蒸镀，其中一根的端头为平坦的小截面，另一根的端头磨成像铅笔尖似的圆锥形状，它们借助弹簧的张力使圆锥形的笔尖与另一根的小截面相抵触，如图5.6.16中的局部放大图（顶部）所示。这样笔尖状的触点既能导电，又有一定的接触电阻值，当在两碳棒之间施加某一电压时，该触点能达到很大的电流密度，就会发热、发光，使得它具有足够的温度来点燃碳棒，使碳棒燃烧气化。这类镀膜仪的真空系统常由涡轮分子泵与机械泵组成，极限真空度最高为1×10^{-3}Pa。

图5.6.18中的镀膜仪也是一种扫描电镜专用的多功能高真空镀膜仪，可用于蒸镀碳或其他的金属材料。图5.6.19中的镀膜仪是专用于蒸镀碳的108型高真空镀膜仪，它使用高纯的碳棒点燃，由于真空腔较大，碳棒与试样放置的位置可调范围较大，相距可以稍远一些，所蒸镀的膜层会比较均匀，试样可以在高放大倍率的条件下得到高质量的图像效果。蒸镀时的电流和电压都可以通过磁控头的传感线监控，蒸发源作为反馈回路中被监控的一个部分。若要监控膜层厚度可选配MTM-10高分辨膜厚监控仪，用它可以精确地得到所需的碳膜厚度，分辨能力达到0.1nm。

图5.6.20中的Q150T是一款较新型的高真空镀膜仪，它是专供FEG扫描电镜制样用的高真空镀膜仪。这种高真空镀膜仪样品室较大，而且试样升降的可调范围也大，既适用于镀薄试样，也可用于镀厚试样，还有多种靶材可供选用，如碳、铝、铜、镍、铬、银、锡、钯、铂、铱、金、钨、金钯、铂钯等单质金属或合金材料。由于可用氮气和氩气充填保护，该仪器所镀出来的导电膜的颗粒非常细腻，特适用

于蒸镀高分辨力的场发射扫描电镜所用的试样。图 5.6.20 中的（a）图是其外形正面照片，（b）图是在安装试样的样品座上加接升高杆的照片，（c）图是其样品座下调节高低的微调旋钮和倾斜调节螺钉。它可使用高纯的碳棒点燃蒸镀，可以在高放大倍率的条件下得到很高质量的镀膜效果。靶材的选择、溅射电流和溅射时间都可以由人工设定，一旦选择好这几个参数，一按启动键，整个过程都能自动执行。其还可加配高分辨力的膜厚监控仪，用它可以精确地得到所需的膜层厚度，膜厚的控制误差能达到±0.1nm。

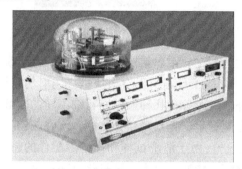

图 5.6.18　扫描电镜专用高真空镀膜仪

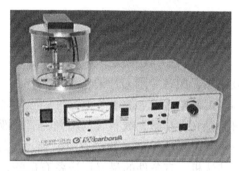

图 5.6.19　扫描电镜专用高真空碳镀膜仪

（a）

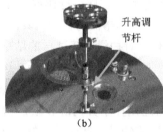

（b）

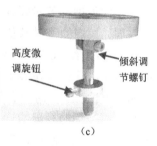

（c）

图 5.6.20　Q150T 高真空镀膜仪

5.7　制作和粘贴试样的主要工具和器材

扫描电镜用于制作和粘贴试样的主要工具比透射电镜所需的工具要简单得多，常用的工具主要有试样盒、洗（吹）耳球、牙签、棉签、单面的刀片和砂纸、长纤维纸、一套小什锦锉刀、几把不同形状的剪刀和镊子，有条件时最好配一盏带有放大镜的台灯。手持式数码显微镜如图 5.7.1 所示，这种数码显微镜主要用于观察试样的表面形貌和进行 Wehnelt 组件中钨阴极的对中调整。图 5.7.2 中的几件小工具也都是在制作和粘贴试样时不可缺少的用具。

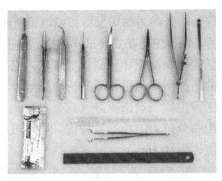

图 5.7.1　手持式数码显微镜 　　　　图 5.7.2　各种剪刀、镊子和锯片等制样工具。

　　另外，制样还需要手用钢锯和锯条、大剪刀、台钳、斜口钳、尖嘴钳、电烙铁、吸锡器、配备金刚刀片的慢锯等制样工具，这些工具可用于对大块试样的剪切、切割和拆卸电路板上的电子元器件。除此之外，还应备有几种颗粒度粗细不同的砂纸、研磨抛光膏和抛光绒布等。用到的清洗液有蒸馏水、无水酒精、丙酮、汽油、84 消毒液和家用洗涤剂（如洗衣液）等，再加上一台用于清洗试样和电镜零配件的超声波清洗机。有条件的最好还应备有硝酸、硫酸、磷酸、氨水、过氧化氢和去离子水，以及试管、小烧杯和小量筒，以便于对金属试样或合金层的边界和晶界进行必要的化学刻蚀处理。若对需要抛光的小试样进行镶嵌，还应准备环氧树脂和固化剂或用于包埋、镶嵌的塑料米及热压机等镶嵌材料和工具。

　　在 20 世纪 70 和 80 年代，对扫描电镜试样的粘贴几乎都采用瓶装的碳导电浆或银导电浆，其包装外形如图 5.7.3 和图 5.7.4 所示。这两种导电浆料具有良好的黏合性和导电性，不用时应存放在冰箱中，使用之前从冰箱取出，让它缓慢回升至室温。碳浆是用微细的石墨粉均匀地调拌于异丙醇和聚合物的粘胶中，在室温下能够快速干涸，其导电性能也不错。银浆的导电性比碳浆好，但银浆的售价比碳浆贵，图 5.7.4 中分别是银导电膏、银浆和银浆的稀释液。其中，银导电膏的含银量高，导电性很好。这两种导电浆料中也都含有有机胶，使之具有良好的导电性和黏合性。试样用这两种导电浆料粘贴之后，不能马上放入样品仓中抽气，而应先在红外灯或普通的台灯下照射几分钟，待浆料中的溶剂挥发干了之后才能放入样品仓中去抽真空。这两种导电浆料启封后，溶剂容易挥发，黏稠度会上升，时间稍长会结块，甚至固化，因而这两种导电浆料不宜长时间存放。对于固化的浆料，还可以用稀释液来再次稀释它，即可使用稀释液加入固化的浆料中，再把固化的浆料放入超声波清洗机中进行振动稀释（注意，不同导电浆使用的稀释液的配方略有不同，最好不要混用）。目前市场上有出售专用的碳导电浆稀释液和银导电浆稀释液，图 5.7.3 和图 5.7.4 右侧的瓶中分别为碳导电浆和银导电浆的稀释液。

　　20 世纪 90 年代初，市场上开始推出了碳双面导电粘胶带，现在绝大多数的电镜用户都采用这种碳导电胶带来粘贴试样，逐渐淘汰了银浆和碳浆。碳双面导电胶带等工具的外形如图 5.7.5 所示。后来市场上又推出了铜、铝的单面或双面导电胶带。现在还有夹铝层的双面碳导电胶带，那是在碳膜层的中间夹有一层约 30μm 厚铝箔或铜箔层的胶带，这样就增加了胶带的导电性，可减少试样的漂移，因为铝箔和铜箔的导电胶带的导电性更好，又不易变形，不易造成样品的漂移。铜、铝双面导电胶带的卷绕外形如图 5.7.6 所示，它们的导电性都比纯碳导电胶带好，但铜、铝双面导电胶带比纯碳导电胶带贵，而且柔软性和黏性没有纯碳胶带好，所以目前用得最多还是纯碳的双面导电粘胶带（包括夹铝箔的双面碳导电胶带）。

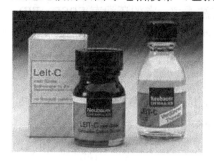

图 5.7.3　碳浆和碳浆的稀释液

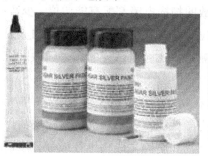

图 5.7.4　银导电膏、银浆及银浆稀释液

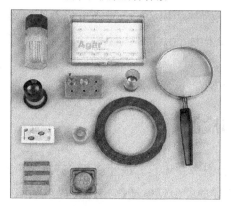

图 5.7.5　牙签和试样盒、碳双面导电胶、放大镜等

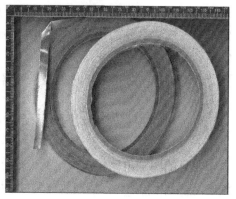

图 5.7.6　铜、铝双面导电胶

第6章

应用图例

大多数的扫描电镜都配有能谱仪，少数还配有波谱仪，有的还配有 EBSD、FIB，甚至还有拉曼及 X 荧光等。这样的 SEM 就成为一种不仅能对试样的表面形貌进行微观观察和测量，还能对试样的感兴趣微区进行化学组分分析的仪器，应用范围得到了扩展。

SEM 在材料学科获得了极为广泛的应用，如分析金属、塑料、水泥等材料的断裂失效和力学性能，以及对镀层、涂层的厚度进行微观测量，对材料表面的污染、磨损、夹杂物和腐蚀生成物进行成分分析，对电子元器件的工艺、结构缺陷和静电损伤及锈蚀等造成的失效进行分析。扫描电镜在各行各业的具体应用很广，对各种试样的具体测试和分析方式不完全相同。国家的某些相关行业及微束标委会也都制定了一些比较具体的执行标准、参考标准和推荐标准，其中与电镜分析有关的部分常用标准可参考附录 A。

以下列举了几种分析常见电子元器件的实例。

6.1 印制电路板的失效分析和检测

常见的印制电路板（PCB）失效分析项目有焊接不良、板面变色、开路、短路、漏电、表面异物沾污、板面氧化腐蚀、焊盘或导线间出现电迁移、BGA 焊点缺陷等。SEM 常用来分析和观察 PCB 表面的形貌结构，测量金属间化合物的成分、腐蚀部位的成分和分析可焊性镀层等。

图 6.1.1 是印制电路板上电阻端头上锡不良的横截面照片。其中右图是左图的放大，从放大的右图中可以明显地看到电阻端头与铜焊盘并没有焊接好，形成虚焊、开路。图 6.1.2 是焊锡渣溅射到两焊盘之间，造成两焊盘之间漏电的照片。图 6.1.3 是观测 IMC 层生长情况的照片，用背散射电子像观测 IMC 层的形状和边界，层次分明，边界清晰。图 6.1.4 是锡的电迁移造成印制电路板两焊盘之间漏电的照片。图 6.1.5

是锡迁移造成印制电路板表面与焊盘之间漏电的照片。图 6.1.6 是电容表面遭焊锡渣污染，造成电容两电极之间漏电的照片，左图为 SEI、右图为左图对应的 BSEI，白色的颗粒为锡。图 6.1.7 为电阻两端头之间的阻值下降的照片。经电镜结合能谱仪分析，是电阻的侧面受到焊锡渣污染，引起漏电，致使电阻两端头之间的阻值下降，如图 6.1.8 所示。图 6.1.9 也是电阻两端头之间的阻值下降的照片，但电阻的两侧面和上表面都没有发现有锡存在，当拆下电阻后，发现该电阻底下悬空部位所对应的电路板表面受到焊锡渣的污染，即图中长方形所围部位经能谱仪检测发现有焊锡渣存在，由于焊锡渣的污染，造成漏电，导致阻值下降，如图 6.1.10 所示。图 6.1.11 中的左上图为孔铜与内层铜在连接部位断裂的照片，余下三图为孔铜内壁断裂的照片，右上图的断裂处已被包封的环氧树脂所充填。

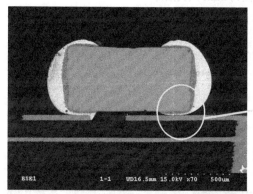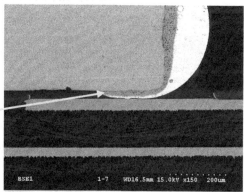

图 6.1.1　印制电路板上电阻端头上锡不良的横截面照片

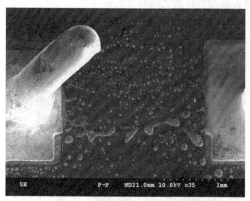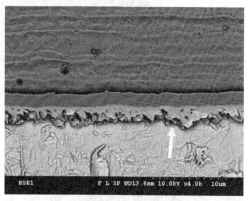

图 6.1.2　焊锡渣溅射到两焊盘之间，造成两焊盘之间漏电的照片

图 6.1.3　观测 IMC 层生长情况的照片

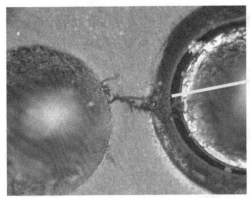

图 6.1.4　锡的电迁移造成印制电路板两焊盘之间漏电的照片

（左图为光学照片，右图为 SEM 放大照片）

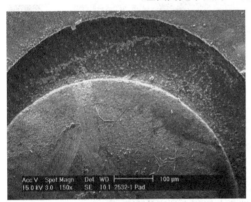
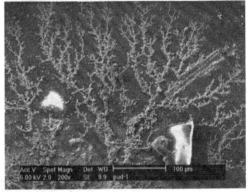

图 6.1.5　锡迁移造成印制电路板表面与焊盘之间漏电失效

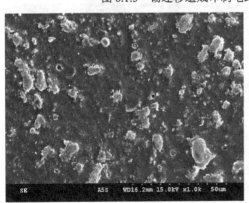
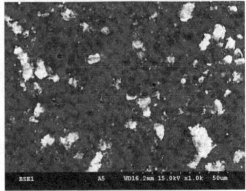

图 6.1.6　电容表面遭受焊锡渣污染，造成两极间漏电

（左图为 SEI，右图为 BSEI，白颗粒为锡）

图 6.1.7　电阻两端头之间的阻值下降　　图 6.1.8　电阻侧面受到焊锡渣污染，引起漏
　　　　　　　　　　　　　　　　　　　　　　　　电、阻值下降

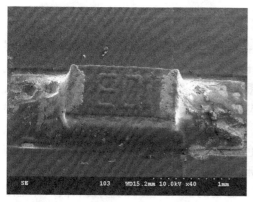

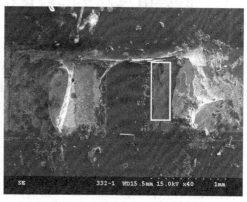

图 6.1.9　电阻两端头之间的阻值下降　　图 6.1.10　电阻底部对应部位受到焊锡渣
　　　　　　　　　　　　　　　　　　　　　　　　污染，造成漏电

图 6.1.11　左上图为孔铜与内层铜连接部位断裂，余下三图为孔铜断裂

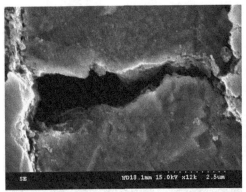 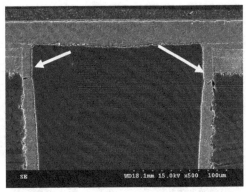

图 6.1.11　左上图为孔铜与内层铜连接部位断裂，余下三图为孔铜断裂（续）

6.2　陶瓷电容端头的硫化银

陶瓷电容和陶瓷电阻的两端电极多数都是由银做成的，其表面往往再覆盖一层锡，若锡层没有把银层完全覆盖，则裸露出来的银在高温、高湿的环境下容易被氧化或硫化，有的就会生长出结晶状的硫化银（Ag_2S）。硫化银是银的硫化物，在高温、高湿的环境条件下，氧化银容易与硫反应生成硫化银；当有水汽存在时，硫酸银（Ag_2SO_4）也会被过量的硫转化为硫化银；当银盐与可溶性硫化物反应也会产生硫化银；当银与硫化氢气体接触时也会生成黑色的硫化银。图 6.2.1 中的几张照片均为陶瓷电容端头长出的硫化银的微观形貌，其形状各异，有的像月季花，有的像牡丹花，有的像蘑菇，有的像地空导弹。硫化银随着温度的上升，生长速度会加快，体电阻会降低，即导电性会增强。在组装好的电子线路中，若电容或电阻的端头长有硫化银，则较长的硫化银一旦折断、脱落，掉到电路板上，就容易造成电子元器件引线间的短路。硫化银晶体在一般情况下为黑色的立方晶系，能溶于酸，难溶于水。

图 6.2.1　陶瓷电容端头的银电极上长出了各种形状的硫化银

图 6.2.1　陶瓷电容端头的银电极上长出了各种形状的硫化银（续）

6.3 微观尺寸的测量

　　扫描电镜也常用于测量微观尺寸，在高科技研究和国民经济的许多重要部门，如电子和化工工业、金属和非金属材料、航天与航空科学、生物科技、医学研究及地质学等部门都有着广泛的应用。以扫描电镜为代表的一类微束分析技术在微米、纳米级微观物质的二维形态观测与研究方面具有许多先天的优越性，如放大倍率可调、分辨力高、粒度形状直观、适用样品的范围广等。扫描电镜的功能不仅仅用作微区放大，而且还可以在画面上直接进行微米、纳米级尺度的测量。目前能用于测量纳米长度的仪器虽然有多种，但具备真正意义的纳米级、微米级计量与测量条件的仪器设备不多。扫描电镜在测量的同时又能直接显示微观物体的形态，再加上扫描电镜备有合理、合法的标准器，在计量检定的有效期内就可以进行微观测量。

　　用 SEM 来测量微观尺寸是通过从待测试样的指定部位，在垂直于覆盖层的方位切割一小块作为试样，此试样通常还要经过镶嵌、研磨、抛光和化学刻蚀等处理后，才能制成合适、可测量的试样，利用 SEM 进行放大成像，再测量感兴趣部位的厚度、长度、直径或颗粒度等。

测量基本适用于所有单层或多层的金属镀层、有机涂层及 IMC 层的厚度。如用于测量金属表面镀层时，可以把试样切割或磨制成垂直截面，再经适当的研磨、抛光和化学刻蚀后，利用所显现的边界进行测量。如果基材为非金属或有机涂层，则制样就会稍麻烦，取样时一般需在液氮下冷冻后，冲击脆断，可保持非金属层不易发生变形，从而尽量保持原始形貌和厚度。如果对成像的质量要求高，则可以蒸镀导电膜，再将其放进电镜中观测。如果用的是场发射扫描电镜，也可以采用低电压、小束流来直接观测。如果用的是 E-SEM 或 LV-SEM，则一般都可以直接放入电镜中去观测。

　　图 6.3.1 是利用扫描电镜的测量功能来检测锡膏中小锡球的粒径，每个颗粒的边界和直径尺寸清晰可见。图 6.3.2 是测量多层微观膜层的厚度，虽然都是有机膜层，但层间厚度仍然可辨。图 6.3.3 是测量金属镀层的厚度。该试样的基材为铁，在铁上先镀铜，再镀镍，最后镀银，三种镀层之间的边界明显直观。图 6.3.4 也是测量镀层和基材的厚度。图 6.3.2、图 6.3.3 和图 6.3.4 都是用背散射电子来成像的。背散射电子像对不同原子序数的分辨衬度好，反差较明显，层间边界清晰，数值明了直观。

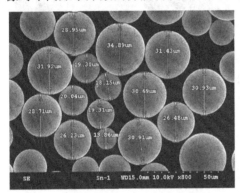

图 6.3.1　测量锡膏中小锡球的粒径

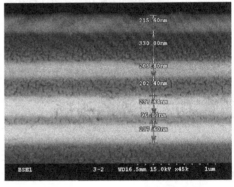

图 6.3.2　测量微观膜层的厚度

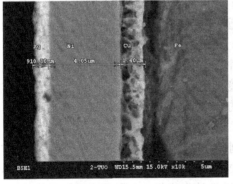

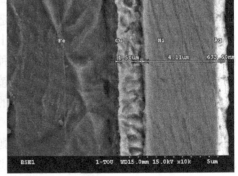

图 6.3.3　测量镀层的厚度（铁镀铜、镀镍、镀银）

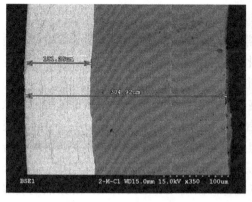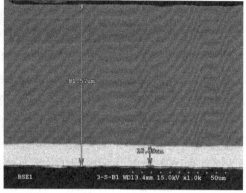

图 6.3.4　测量镀层和基材的厚度

6.4　半导体器件的失效分析

　　一般来说，半导体器件在研制、生产和使用过程中出现少量失效是很难避免的。随着人们对产品质量要求的不断提高，半导体器件的失效分析工作也越来越受到人们的重视。因为通过对具体的失效芯片进行分析，可以比较快捷而有效地帮助电路设计人员找到器件设计上的失误、缺陷，工艺参数不匹配，外围线路设计不合理或误操作等问题。半导体器件的失效分析主要表现在以下几个方面：

　　（1）失效分析是确定器件芯片失效机理的必要手段。

　　（2）失效分析为有效的故障诊断提供了必要的信息和依据。

　　（3）失效分析为设计工程师不断改进或修改芯片的设计，使之与设计规范更加合理提供了必要的参考依据和反馈信息。

　　（4）失效分析可以为生产测试提供必要的补充，为验证测试流程的优化提供必要的信息基础。

　　对于半导体二极管、三极管或集成电路的失效分析，都要先进行电参数的测试，在光学显微镜下做外观检查之后，再去除外封装，在保持芯片功能完整性的同时，要尽量保持内外引线、键合点和芯片表面不受损伤，为下一步分析做准备。用扫描电镜和能谱仪来做这方面的分析，包括微观形貌观察、失效点的寻找和定位、微观形貌的成分分析、精确测量器件的微观几何尺寸和大致的表面电位分布，以及用电压衬度像的方法对数字门电路进行逻辑翻转的验证和评判等。用能谱仪或波谱仪结合扫描电镜来做这方面的分析，除了微观形貌主要还有微区的基材和污染物的成分分析等。

1. 半导体器件的表面缺陷与烧毁

半导体器件的表面缺陷与烧毁都是最常见的失效模式。图 6.4.1 是集成电路表面钝化层的缺损。图 6.4.2 是集成电路金属化层的表面缺陷。图 6.4.3 是集成电路两金属条间的击穿通道。图 6.4.4 是微波器件中空气桥上的金属条倾斜、下塌。图 6.4.5 是微波管的栅极烧毁。图 6.4.6 是集成电路在塑封时，受到塑封料中氧化硅等硬颗粒的挤压而导致金属化条受损。图 6.4.7 是台面二极管芯片开裂、缺损。图 6.4.8 是集成电路输入端的保护二极管被击穿。图 6.4.9 是集成电路芯片晶体表面受到机械撞击而损伤。图 6.4.10 是集成电路芯片局部烧毁。图 6.4.11 是二极管芯片被击穿、烧毁，击穿点都被烧成熔融状态。图 6.4.12 是氮化镓微波功率管芯片烧毁，烧毁点呈现熔融的溅射状态。图 6.4.13 是集成电路外引脚之间受焊锡渣的黏附，造成连续三个引脚之间短路，右图为左图的放大。图 6.4.14 是整流二极管芯片两边的焊料受到挤压，沾污或攀爬到芯片边缘，使两电极间的实际爬电距离变短，耐压下降，导致击穿，放电通道如图中箭头所示，结果是两电极间呈电阻状态，右图为左图的放大。

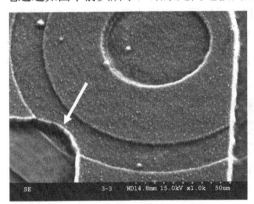

图 6.4.1　集成电路表面钝化层的缺损

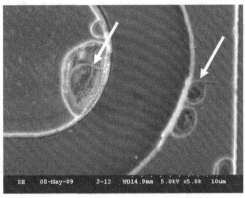

图 6.4.2　集成电路金属化层的表面缺陷

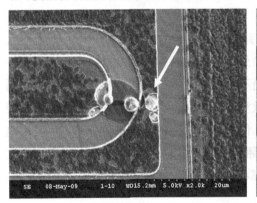

图 6.4.3　集成电路的击穿通道

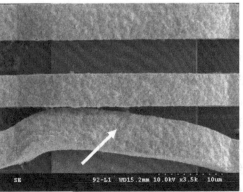

图 6.4.4　微波器件中空气桥上的金属条倾斜、下塌

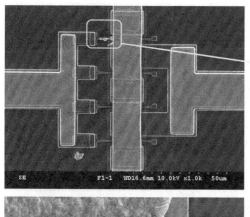
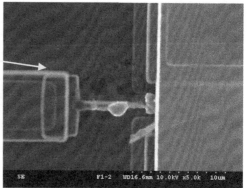

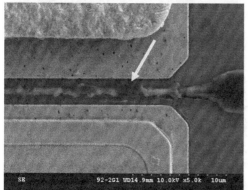
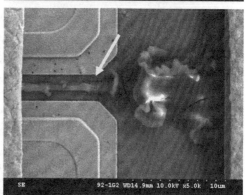

图 6.4.5　微波管的栅极烧毁

图 6.4.6　集成电路金属化条受到机械挤压而损伤　　图 6.4.7　台面二极管芯片开裂、缺损

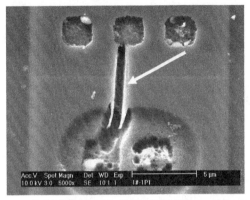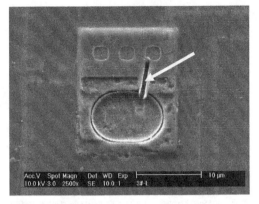

图 6.4.8　集成电路输入端的保护二极管被击穿

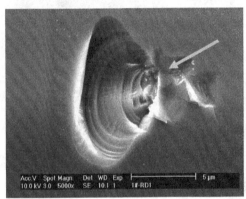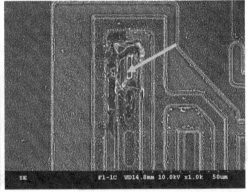

图 6.4.9　集成电路芯片晶体表面受到机械撞击损伤　　图 6.4.10　集成电路芯片局部烧毁

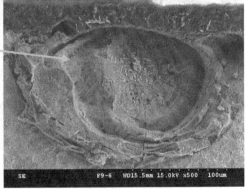

图 6.4.11　二极管芯片被击穿、烧毁，击穿点都被烧成熔融状态

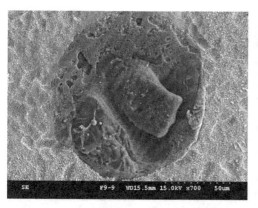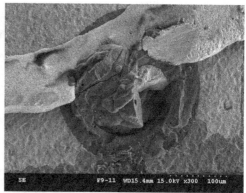

图 6.4.11　二极管芯片被击穿、烧毁，击穿点都被烧成熔融状态（续）

图 6.4.12　氮化镓微波功率管芯片烧毁，烧毁点呈现熔融的溅射状态

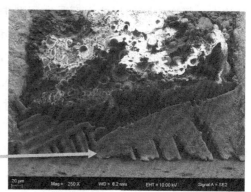

图 6.4.13　集成电路外引脚之间受焊锡渣的黏附，
造成连续三个引脚间短路（右图为左图的放大）

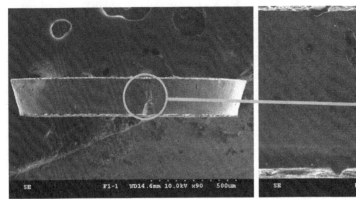

图 6.4.14　整流二极管芯片的边缘被击穿，
造成两电极间呈电阻状态（右图为左图的放大）

2. 静电击穿

半导体器件从制造、包装、运输直至在电路板上接插、装焊、整机组装等过程都是在静电的威胁之下进行的。在这个过程中，半导体器件因运输移动频繁，容易暴露在外界所产生的静电场中而受到威胁，所以传送与运输过程中都需要特别注意防止静电，以减少不必要的损失。在半导体器件中，单极型的 MOS 管和 MOS 集成电路对静电尤为敏感，因它本身的输入阻抗很高，栅-源极间的电容又非常小，所以极易受外界电磁场的干扰或静电的感应而带电。因 MOS 管的输入阻抗大，当产生静电时难以及时泄放，当所积累的静电荷达到一定的量时，就会对器件产生瞬时放电。静电击穿的形式主要是电压型击穿，即栅极的薄氧化层被击穿形成针孔，造成栅极与源极之间或栅极与漏极之间短路。而相对于 MOS 管来说，MOS 集成电路抗静电击穿的能力相对好一些，因 MOS 集成电路的输入端通常都设有保护二极管，一旦有大的静电电压或浪涌电压进入，多数都可以由保护二极管导通到地，但若电压太高或瞬间放电的电流太大，有时保护二极管也会来不及响应而导致自身难保，见图 6.4.8。图 6.4.15 所展示的几幅照片都是 MOS 集成电路的静电击穿部位所留下的形貌，有的击穿点小而深，有的呈现熔融溅射状态。这种静电击穿多数会导致器件的输入端或电源端对地短路。图 6.4.16 是计算机硬盘磁头受到静电击穿的溅射形状照片。

图 6.4.17 所展示的照片都是采用模仿传输线脉冲（TLP）的方法得到的。人们依据相关标准中的方法，通过不同的外部放电波形对器件进行试验，从而得到集成电路静电击穿部位的微观形貌像。图 6.4.18 是集成电路中的电容被静电击穿的微观形

貌照片，右图是左图的局部放大。图 6.4.19 是集成电路中某晶体管的 B-E 结被静电
击穿的微观形貌。

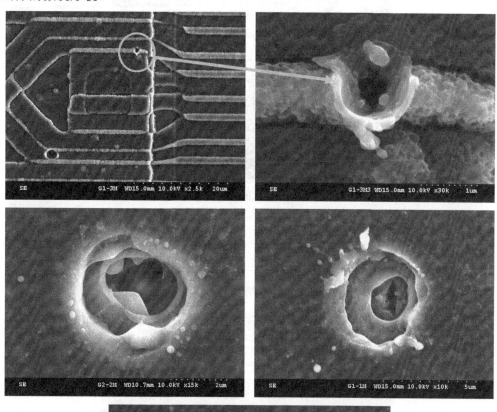

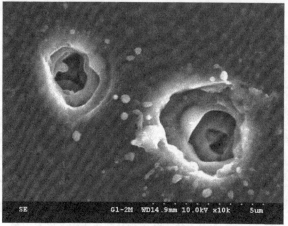

图 6.4.15　集成电路静电击穿点

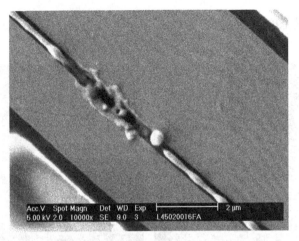

图 6.4.16　计算机硬盘磁头静电击穿

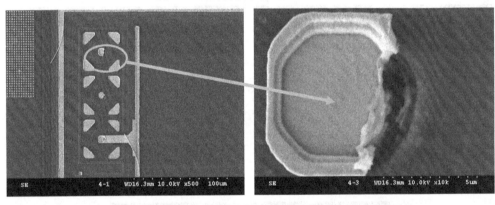

图 6.4.17　采用 TLP 方法试验而得到的静电击穿部位的微观形貌

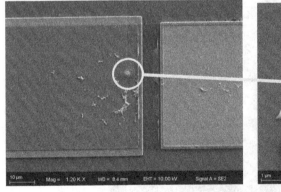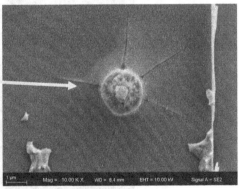

图 6.4.18　集成电路中的电容被静电击穿的微观形貌

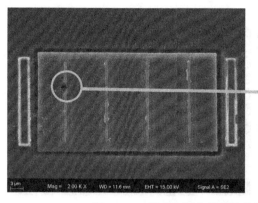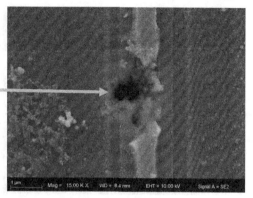

图 6.4.19　集成电路中某晶体管的 B-E 结被静电击穿的微观形貌

6.5　金属断口分析

　　金属断口往往是一个凹凸不平的粗糙面，通常要求观察断口所用的光学显微镜要有大的景深、宽范围的放大倍数和高清的图像分辨力。普通的金相显微镜由于成像的景深浅，很难满足这个需求，但扫描电镜成像的景深深，能满足这个要求，非常适用于断口分析。因金属断口都是良导体，制备试样较容易，而且 SEM 的样品仓大，试样在样品仓中可进行旋转、倾斜等多角度和多方位的观察，故对这类型的断口分析常选用扫描电镜。但需要注意的是金属断口往往会沾有油污、粉尘，在分析前都须经过适当的除油、清洗才能放入 SEM 中去分析。

　　对于不同断裂机制形成的断口，其微观结构各有不同的形貌特征。图 6.5.1～图 6.5.5 是分别属于不同断裂机制所造成的典型断口微观形貌。其中，图 6.5.1 是金属材料脆性断裂，从放大的图 6.5.2 中可以明显地看到裂纹是沿着试样的晶体边界开裂的。这种断裂是属于沿晶脆性断裂。沿晶脆性断裂是指断裂的路径沿着不同位向的晶界产生的一种断裂。根据断裂能量消耗最小原理，裂纹总会沿着原子键合力最薄弱的表面行进。在金属中，晶界的强度不一定最低，但若该金属的晶界面上存有 P、S、Si 和 Sn 等杂质偏聚或脆性相在晶界析出，则该材料将有可能会沿着晶界的脆性相裂开。当在电镜的高倍下观察时，沿晶界断裂的断口能清晰地看到每个晶粒的多面体形貌，类似于冰糖块的堆集，所以也被称为冰糖状断口。沿晶界脆性断裂的发生在很大程度上取决于晶界面的状态和性质。实践表明，若金属材料的纯度高，晶界的界面干净，杂质原子在界面上偏聚少，以及脆性第二相没有在晶界析出等，均能减少金属材料沿晶脆性断裂的概率。

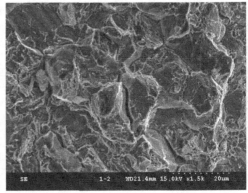

图 6.5.1　金属材料脆性断裂

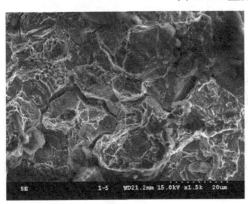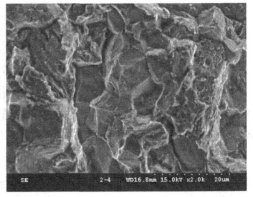

图 6.5.2　金属材料沿晶界面断裂

　　韧窝状的断裂如图 6.5.3 所示。韧窝状的断裂是金属材料过应力疲劳断裂的一种。韧窝状断裂属于一种高能吸收过程的韧性断裂。其断口特征为：宏观形貌呈纤维状，微观形态呈蜂窝状，断裂面由一些细小的韧窝状凹坑构成。韧窝状凹坑实际上是属于长大了的空洞核，通常被称为韧窝。它是韧窝断裂的最基本形貌特征和识别韧窝断裂机制的最基本依据。韧窝的尺寸和深度与材料的延展性有关。韧窝的形状也与受到的破坏应力的大小有关。应力状态不同，在相互匹配的断口耦合面上的韧窝形状和相互匹配关系也是不同的。由于韧窝的形状与应力状态密切相关，所以人们通过对断口面上吻合部位的韧窝几何形状、尺寸和深度进行分析，就可以确定断裂时所在部位的应力状态和裂纹扩展的方向，并可对材料的延展性进行评价。

　　图 6.5.4 是铜材受腐蚀生成氯化铜晶体而产生的断裂。无水氯化铜是二价铜的氯化物，化学分子式为 $CuCl_2$。无水氯化铜可通过干燥的氯气与金属铜在高温下直接化合得到棕黄色的固体，吸收水分后会变为蓝绿色的二水化合物。碱式氯化铜是绿色结晶体或结晶性粉末，不溶于水，能溶于酸和氨水。氯化铜有毒，溶液为绿色或蓝

绿色。氯化铜稀溶液是蓝色的，离子为绿色，固体也为绿色。无水氯化铜呈棕黄色，形状为斜方双锥体，在潮湿的空气中易潮解，在干燥的空气中易风化。图 6.5.5 是铜漆包线的漆皮破裂，使裸露的金属铜经氧化、氯化等应力腐蚀而导致的断裂。

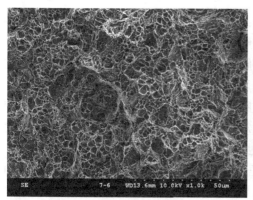 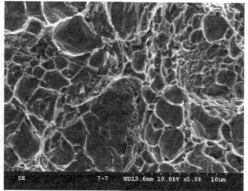

图 6.5.3　金属材料的过应力疲劳断裂

图 6.5.4　铜材表面受腐蚀，产生氯化铜晶体

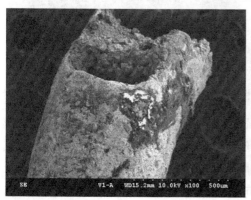 

图 6.5.5　铜漆包线的漆皮破裂，裸露的铜受腐蚀，产生断裂

6.6 继电器触点的表面分析

接触器式的继电器对触点的基本要求：在闭合时能可靠地接通电路，静、动触点之间的导电应良好，不应发生弹跳，接触面应尽可能大，接触电阻应尽可能小，这样电流才能顺利而可靠地从动、静两个触点的界面之间流过，而不发生拉弧和过热；在跳开时既能迅速灭弧，又能使电路可靠断开，断开时的电阻越大越好。动、静触点界面之间的接触电阻由收缩电阻和膜电阻组成。从宏观上看，继电器触点的接触面通常是圆弧形或接近于平面形，但从微观上看只有触点面上的局部区域能达到真正的接触，而且使用过的触点的接触面上往往会出现凹凸不平的微观形貌，如图 6.6.1 所示。当电流流过这局部的真正接触部位时，电流会发生收缩，使电流的流经路径增长，有效的导电截面会变小，导致收缩部位的电阻增大，这就是收缩电阻。在这些局部导电部位的微观表面存在一定电导率的膜层，电流流过接触面的触点时还会有膜层电阻。继电器造成的失效除了少数是触点熔融跳不开，多数的失效是触点接触不良，其中的原因有触点表面的膜层氧化和污染物的黏附，如图 6.6.2 所示。图中发白的部位主要是受到有机物的污染和金属膜层氧化。这些污染物和膜层氧化物都会导致接触面的接触电阻增大，使接触阻值不稳定、不可靠，甚至造成开路，严重地影响了继电器的正常运作。

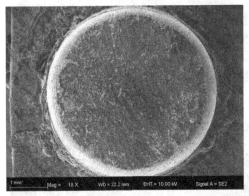

图 6.6.1 继电器触点表面的凹凸不平的形貌　图 6.6.2 触点表面膜层氧化和有机污染物的黏附

为了提高触点材料的抗氧化性、耐腐蚀性，最好选用导电性好、耐高温、耐腐蚀、化学性能稳定的金属材料。在常见的继电器触点的金属材料中最好的是铂，其次是金，但这两种材料的价格昂贵，除了航天、航空或军工个别特殊要求的场合，其他民用电子产品很少采用。除此之外，可选用银或银合金，银触点的导电性很好，但银的价格也较贵，银继电器的售价也不低。银的表面还会产生氧化、硫化和氯化等腐蚀现象。现在市面上用的继电器簧片多数都是由铍铜合金冲压而成的。铍铜是力学、物理、化学综合性能良好的一种合金材料，经过淬火调质后，具有高的强度，良好的弹性、耐磨性、耐疲劳性和耐热性。铍铜还有很好的导电性、导热性、耐寒性，更难得的是铍铜无磁性，所以它非常适用于做继电器的簧片和触点，有的是在簧片端头镶嵌白金等贵金属作为触点；有的是在簧片端头冲出一个凸点，再在凸点上镀镍再镀金作为触点；有的是在凸点表面镀镍，再镀银或镀银镉；有的是在凸点表面镀镍再镀银和氧化锡作为触点。这样既能降低成本，又能克服纯银易氧化、氯化和硫化的缺点，而且还具有良好的导电性及耐高温性和耐腐蚀性。最近几年，铜的价格也在飙升，银、金和铂的价格更贵。现在有些低档的继电器簧片就采用镁铝合金材料冲压而成，再在接触部位嵌入铍铜做成触点。铝的导电性虽好，但机械强度差，易变形，而且抗腐蚀能力也差，还容易氧化，所以这种用镁铝合金材料冲压而成再嵌入铍铜触点的继电器虽然价位较低，但可靠性较差。

图 6.6.3 是继电器触点的形貌及其镀层的能谱谱图。这是一种圆弧形的触点，常用作静触点，由铍铜冲压而成，表面镀镍再镀银和氧化锡。图 6.6.4 是与图 6.6.3 同类的继电器触点上的污染物形貌及能谱谱图，其触点表面受到污染，造成了接触不良，经能谱仪分析，其污染物主要为碳、氧、硅、硫、氯和钠，污染斑直径约 34μm，这类污染主要来自人体的分泌物。图 6.6.5 是继电器触点基材含有（氧化铁）夹杂物的形貌及能谱谱图，这个铁颗粒有可能来自铜基材中的夹杂物，也有可能是冲床活塞上的磨屑掉入模具的底部，而在冲压时被挤压嵌入触点的铜材中，由于这些铁颗粒的表面易氧化，致使该铁颗粒的表面很难镀上镍和银，所以铁颗粒就被裸露出来。

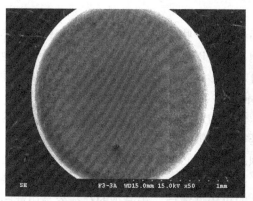 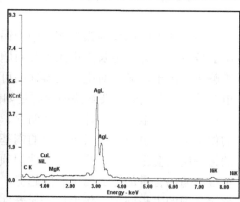

图 6.6.3　继电器触点的形貌及其镀层的能谱谱图

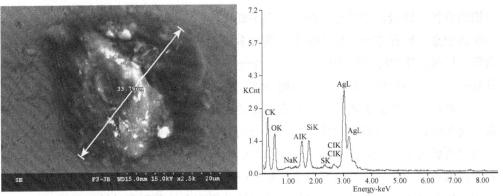

图 6.6.4　继电器触点上的污染物形貌及能谱谱图

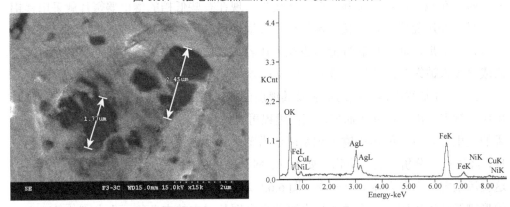

图 6.6.5　继电器触点基材含有（氧化铁）夹杂物的形貌及能谱谱图

6.7　锡晶须的生长

　　无铅焊料中的锡和纯锡电镀层中的锡都存在一些难题，除了焊接温度较高，还有结晶粒较粗及容易生长出锡晶须等问题。其中以锡晶须的生长问题影响最大，也较难解决。由于锡晶须对电子元器件的可靠性影响大，所以目前若开发无铅化的纯锡电镀技术，首先必须要解决的问题是如何减少锡晶须。

　　锡晶须是指电子零部件在长期储存、使用的过程中，由于在机械、温度、电应力的作用下，其引出线或引出脚上的铜基材或铜镀层对表面的镀锡层逐渐扩散后，有的镀锡层上会生长出一些类似男性胡须的晶须，它的主要成分是锡。锡晶须的生长呈现出随锡含量的增加而上升的趋势，因此在推行无铅焊接的过程中，特别需要注意锡晶须的生长问题。作为电子元器件的可焊性镀层，锡晶须的存在容易引起短路，如图 6.7.1 中的后面两张照片所示。锡晶须还会引发电路故障，会造成某个元器件引脚之间短路，引起烧毁等灾难性的后果。锡晶须越细、越长，危害性越大，尤其是在采用表面贴装（SMD）焊接的电路板中，更应得到重视。

锡晶须是从锡镀层表面自发生长出来的一种细长的锡结晶体，直径一般为 0.3～10μm，常见的长度多数都不大于 2mm。笔者曾拍摄到长达 2.5mm 的锡晶须。锡晶须会长成多种形状，有直线、弯曲、扭结和螺旋等形状，横截面呈现出不规则的形状，外表面有不规则的条纹，有的是圆形，有的就像是从某形状的模具中挤压出来的一样，见图 6.7.1。多数的锡晶须在其根部周围会存在下榻的凹坑，如图 6.7.1 所示的左上图。

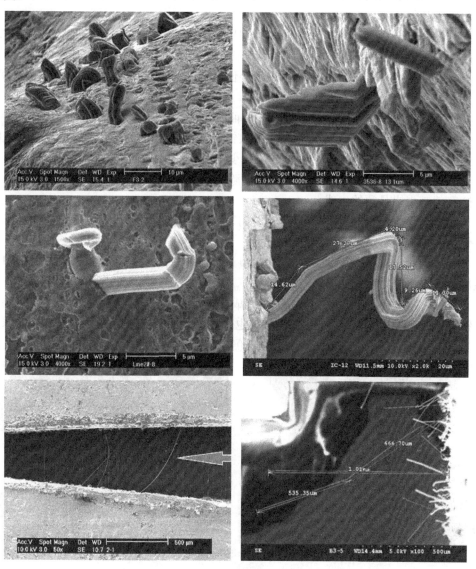

图 6.7.1　锡晶须的形貌及生长状况

探讨产生锡晶须的几个成因：

（1）锡镀层与铜镀层之间相互扩散，形成金属互化物，致使锡镀层的内部压应力迅速增长，导致锡原子沿着晶体边界扩散、生长，形成锡晶须。

（2）在基体与镀层之间的结合处产生某种金属间的化合物，使镀层中产生压应力，从而诱发锡晶须的生长。

（3）镀层与基体金属之间的热膨胀系数不匹配引发了锡晶须的生长。

（4）镀层表面的锡氧化层存有缺陷或缝隙，在压应力的作用下，锡受到挤压也会长出锡晶须。

（5）镀层表面受到划痕及刮伤等外部压应力的影响，镀层、镀件存放和工作环境的不同，如温度和湿度越高，越有利于锡晶须的生长。

（6）镀层越薄，越易产生锡晶须，而且还与结晶形态、晶粒尺寸和取向等条件有关。

探讨减少锡晶须生成的可能途径：

（1）电镀雾锡，改变晶粒的结构，从而减小晶粒之间的压应力。

（2）在纯锡镀层和基体金属之间引入镀镍层，镀镍层作为中间的阻挡层，能明显地阻止或减少铜锡镀层间的扩散，以减少锡晶须的生成。

（3）将纯锡镀层进行退火处理，以消除应力，如在150℃下烘烤，退火2h以上也能有效减少锡晶须的生成。

（4）用聚合物等材料作为纯锡镀层的表面保护层，以限制或减少锡、铜金属间互化物的生成。

（5）采用较厚的纯锡镀层，控制电镀工艺条件，避免镀层表面的机械损伤和在镀层上施加压应力等。

图6.7.2（a）是由于锡晶须的生长造成两个焊点之间短路的照片。图6.7.2（b）是锡晶须的主要化学组分。图6.7.3（a）也是由于锡晶须生长造成另外两个焊锡球之间短路的照片。图6.7.3（b）是锡晶须右侧端头的形貌放大。

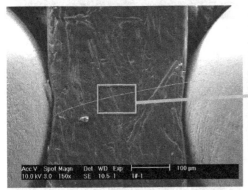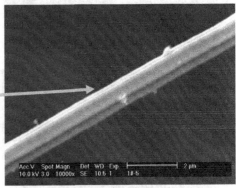

（a）由于锡晶须的生长造成两个焊点之间短路

图6.7.2 锡晶须生长造成两焊点短路及其主要化学组分

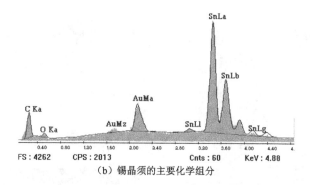

（b）锡晶须的主要化学组分

图 6.7.2　锡晶须生长造成两焊点短路及其主要化学组分（续）

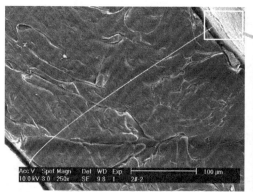

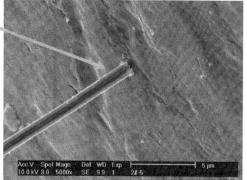

（a）由于锡晶须的生长造成焊点之间短路　　　　（b）是左图锡晶须右侧端头的形貌放大

图 6.7.3　锡晶须生长造成两焊点短路及其右侧端头

6.8　印制电路板上出现的黑镍现象和镍层腐蚀

化镍浸金工艺是当前印制电路板上普遍采用的表面处理方式之一，比电镀镍金工艺的成本低，但该工艺若处理不当，可能就会出现焊盘发黑的现象，如图 6.8.1（a）（光学照片）所示。这是由于在化学镀镍时工艺控制不当，引起镍层中的晶间受蚀、变黑导致的焊盘润湿不良。图 6.8.1（b）是用扫描电镜拍下来的高清晰照片，从中可见 Ni 层晶界间已出现氧化腐蚀的裂纹，这样的地方往往会造成虚焊。

图 6.8.2 中的几幅图像是这种镍层中晶间腐蚀、变黑的横截面照片。从图中可见，Ni 层截面存在着严重的晶界腐蚀裂纹，有的出现连续的或尖刺状的纵向腐蚀。Ni 层的严重腐蚀不仅会降低焊盘的可焊性，还会使 Ni 层与焊料生成质量很差的 IMC 层，从而降低了焊点界面的机械强度，易使焊点在界面处开裂、分层。

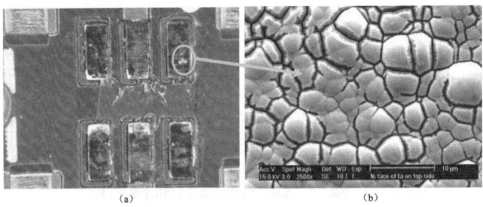

（a）   （b）

图 6.8.1　化学镀镍时工艺控制不当，引起镍层晶界间受蚀、变黑（左图为光学照片）

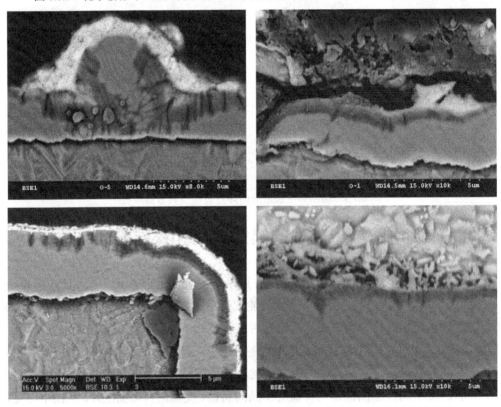

图 6.8.2　化学镀镍时工艺控制不当，引起镍层晶间腐蚀、变黑的尖刺状横截面

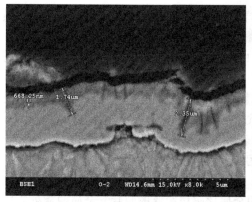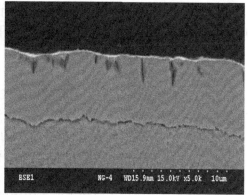

图 6.8.2　化学镀镍时工艺控制不当，引起镍层晶间腐蚀、变黑的尖刺状横截面照片（续）

6.9 金属膜电阻的失效分析

金属膜电阻的制作过程是先将陶瓷棒置于真空仓中转动，然后加热所要蒸镀的金属材料，使金属材料蒸发到陶瓷棒的表面，形成一层导电的金属膜层，再在陶瓷棒上刻制螺纹槽。改变金属膜的厚薄或改变螺纹槽的螺距就可以调控阻值，即在同样的陶瓷棒直径、螺距和长度时，金属膜越厚，电阻值越小，承受的耗散功率一般也会越大；金属膜越薄，电阻值越大，能承受的耗散功率一般会越小。在同样的陶瓷棒直径、长度和膜厚时，螺圈数越多，膜层的宽度越窄，电阻值就会越大；螺圈数越少，膜层的宽度越宽，电阻值也就越小。金属膜电阻与碳膜电阻相比，在同样的功率下，金属膜电阻的体积比碳膜电阻小，而且热噪声也比较低，阻值的稳定性较好，但成本比碳膜电阻高。

金属膜电阻的失效机理是多方面的，如生产制造工艺控制不当、配套的电路设计不合理和工作环境条件恶劣等都会引起阻值漂移、失效，甚至烧毁。导致失效的机理主要有以下几条。

（1）氧化。一般表面油漆层凸起、起泡或油漆层脱落造成的金属膜层裸露会导致金属膜慢性氧化，进而遭受腐蚀。氧化的结果是阻值增大，电阻的温度越高，氧化速度就会越快。在高温、高湿的环境下会加速油漆保护层的老化，也会加速金属膜层的氧化和腐蚀，使阻值增大，有的甚至会导致膜层开裂、脱落，严重的会造成膜层开路。

（2）引线断裂。引线断裂的主要失效机理是引线帽与电阻基体的焊接工艺有缺陷，如虚焊或焊点受污染。除此之外，若靠近端头部位的引线所弯折的曲率半径太小，机械应力会随弯折的曲率半径的减小而增大，并且曲率半径过小也容易导致引线弯曲部位受损、开裂，甚至出现断裂，严重的可导致整个引线帽脱落或瓷棒体断裂。

（3）瓷棒体的表面受污染。瓷棒体的表面受到污染会导致棒体的表面与金属膜层之间的粘贴不牢，易造成金属膜层鼓泡翘起或者脱落，使阻值增大，甚至开路。

（4）金属膜层受污染。金属膜层受到 Na、K、Cl 或 S 等碱金属离子的污染，使膜层腐蚀受损，阻值增大。

（5）功率的余量不足。电阻的耐压或耗散功率的余量不足，一旦受到外部稍高电压或稍大电流的冲击，易导致电阻膜因过电压或过电流而引起击穿、烧毁。

（6）陶瓷棒体的质量差。陶瓷基体的表面有局部崩脱或存在明显的凹陷坑，一旦升温受热不均或受到外应力的压迫，易引起金属膜开裂，也会使电阻的阻值增大，甚至导致开路失效。

图 6.9.1 是用扫描电镜拍下的电阻中的金属化膜层脱落的照片。金属脱落处露出了底下的陶瓷基体(泛白处)，因陶瓷基体不导电，在电子束的轰击下会产生荷电而出现泛白，如图 6.9.1（b）和（d）中的箭头所指处。金属化膜层的严重脱落会造成电阻膜开路，如图 6.9.1（a）、（c）和（d）所示。

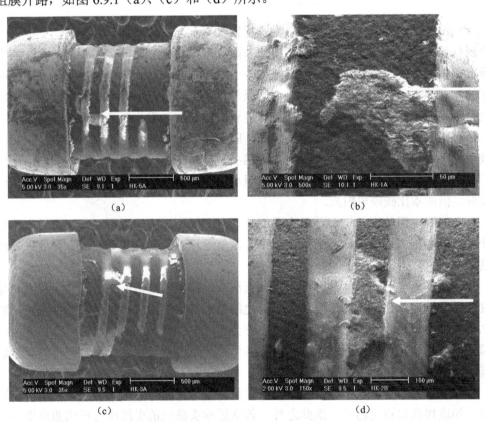

图 6.9.1　金属化膜电阻中的膜层脱落

6.10 陶瓷电容的容量漂移

陶瓷电容是以陶瓷材料为介质的电容的总称。陶瓷电容品种繁多，外形尺寸、形状相差甚大，按使用电压的不同，可分为高压、中压和低压三种；按温度系数的不同可分为负温度系数、正温度系数、零温度系数三种；按介电常数的不同可分为高介电常数、低介电常数两种。陶瓷电容的外形以长方形片式居多，圆柱等形状较少见。一般陶瓷电容和其他电容相比，具有使用温度较高、比容量大、耐潮湿性好、介质损耗较小、电容温度系数可在大范围内选择等优点。陶瓷电容广泛地用于各种电子线路中，用量十分可观。

所谓的陶瓷电容就是用陶瓷做介质，在陶瓷基体的两面喷涂银层后，将其烧结成银质薄膜体极板的电容，其优点是体积小、耐热性较好、损耗小、绝缘电阻高，但容量较小，非常适用于低压高频电路。铁电陶瓷的电容容量较大，但损耗和温度系数也较大，低频电路中用得较多。

独石电容是多层陶瓷电容（MLCC）的别称，简单的多层陶瓷电容的基本结构是一个绝缘的中间介质层加上外面两个导电的金属电极，因此多层片式陶瓷电容的结构主要包括陶瓷介质、金属内电极和外电极。而多层片式陶瓷电容是一个多层叠合的结构，由多个简单平行板电容并联堆叠、组合而成，典型外形如图 6.10.1（a）所示。这种电容具有较高的介电常数，常用于生产比容较大，标称容量较高的大容量电容。独石电容不仅可替代云母电容、纸介电容，还可取代某些钽电容，广泛应用在小型和微型的电子设备中，如手机、手提计算机、数码相机和电子手表等。它在电子线路中主要用作振荡、耦合、滤波及高频电路中的旁路。

正常的多层陶瓷电容本身的内在可靠性很好，通常可以长时间稳定工作，但如果电容本身存在缺陷或在组装过程中引入缺陷，则会对其可靠性产生严重影响。陶瓷多层电容常见的失效原因有下述几个方面。

（1）陶瓷介质内部存在孔洞。介质内部产生孔洞的主要原因为陶瓷粉料中含有污染物、烧结过程控制不当等。有些有机污染物在高温烧结过程中往往会被挥发掉，而在介质层内部留下孔洞，孔洞的存在极易导致漏电，而漏电又会导致电容内部局部发热，会进一步降低陶瓷介质的绝缘性能，从而引起漏电流进一步继续增大，严重时会导致多层陶瓷电容炸裂，如图 6.10.1 所示。

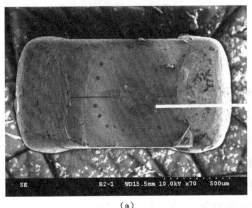

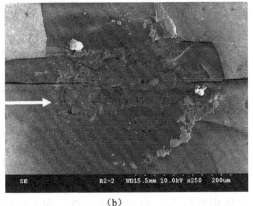

(a)　　　　　　　　　　　　　　　　(b)

图 6.10.1　陶瓷电容内部电极短路，引起开裂

（2）软焊接头或电容电极端头裂开。陶瓷电容存在的一个硬失效的问题是，当用在 PWB 时，由于 PWB 弯曲获得形变，电容和 PWB 之间存在的热膨胀系数（TCE）错配，这类型的外力都极易引起软焊接头或电容电极端头裂开，如图 6.10.2（a）所示。

（3）烧结裂纹。烧结裂纹常源于一端电极，沿垂直方向扩展。其生成的主要原因与烧结过程中的冷却速度有关，裂纹的危害与孔洞相仿，如图 6.10.2（b）和（c）所示。

（4）分层。多层陶瓷电容的烧结为多层材料堆叠共烧，烧结温度常为 1 000～1 100℃。层与层之间的结合力不是很强，在烧结过程中内部污染物挥发或烧结工艺控制不当等都可能会发生分层。分层与孔洞和裂纹的危害相仿，都是多层陶瓷电容的主要内在缺陷，如图 6.10.2（d）所示。

（5）温度冲击裂纹。其为器件在焊接特别是波峰焊时承受温度冲击导致的，不当的返修也是导致温度冲击造成裂纹的主要原因。

（6）机械应力裂纹。多层陶瓷电容的特点是能够承受较大的压应力，但抗弯曲的能力就比较差。在元件的组装过程中任何可能产生弯曲变形的操作都有可能会导致陶瓷体开裂。常见的应力源有：贴片对中过程的操作；流动转换过程中的人、设备、重力因素；通孔元器件插入；电路测试、单板分割；电路板的安装；电路板的定位铆接；安装螺钉的扭力和压力过大；等等。该类裂纹一般起源于器件上下金属化端头，沿 45°角向电容的内部扩展，是一种比较常见的应力裂纹失效模式。

（7）银迁移易引起边缘漏电或介质内部漏电。陶瓷电容的内层电极多数为 Ag，少数用 Ni，由于银的迁移易引起边缘漏电或介质内部漏电，轻则导致容量漂移，重则导致电容烧毁。

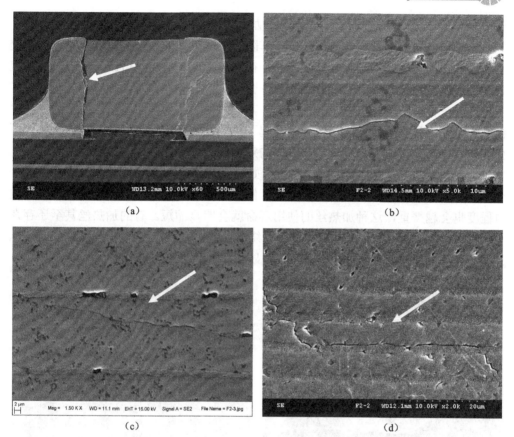

图 6.10.2 陶瓷电容内部开裂、分层，造成开路、漏电、容量漂移

6.11 电真空器件

　　工作在频率为 300～300 000MHz 波段的器件被称为微波器件。微波器件按功能可分为微波振荡器、功率放大器、混频器、检波器、微波天线、微波传输线等。可用于微波工作的器件主要有两大类，即电真空器件和半导体器件。电真空器件是利用电子在真空中的运动来完成能量交换的器件，俗称超高频电子管。在真空器件中能产生大功率微波能量的有磁控管，多腔速调管，微波三极管、四极管、五极管、行波管等。半导体器件在获得微波大功率方面与电真空器件相比至少相差三个数量级，如国外用于宽带大功率行波管的连续波功率可达 1kW，脉冲波功率可达 3.5kW，用在 S 波段的大功率行波管的脉冲输出功率有的可达 250kW，所以大功率的微波器件都为电真空器件。通过电路的设计，可将这些器件组合成各种有特定功能的微波电路，如利用这些器件组装成微波发射机、微波接收机、微波天线系统等，以及用

于电视台的广播、雷达探测与搜索和大功率的超高频无线电的发射通信系统中。

阴极是电真空器件的核心部件之一。阴极点燃时间的长短、所发射束流的稳定性和可靠性都对微波管具有重要的影响，在很大程度上决定了微波管的寿命。如连续波功率行波管的寿命指标通常要求不小于 1 000h，要达到这个指标还是有一定难度的，因在目前的电真空阴极的生产中，其加热丝（常用钨）材料的质量优劣对阴极的电子发射和整个器件的工作寿命都起了决定性的作用。有些加热丝的材料表面会存在与径向正交的深浅不一的沟痕。沟痕越深，抗弯折的能力越差。沟纹较深的加热丝经螺旋卷绕弯曲之后，就容易出现如图 6.11.1（a）所示的侧向开裂，对同一线径的加热丝，其卷绕的曲率半径越小，侧向和径向的卷绕扭应力就会越大，开裂的程度也会越严重，这种加热丝的使用寿命就会明显缩短。有的加热丝甚至还存在径向劈裂，有径向劈裂的加热丝经螺旋卷绕弯曲之后，易出现如图 6.11.1（b）所示的径向开裂，导致加热丝的点燃寿命会明显缩短。

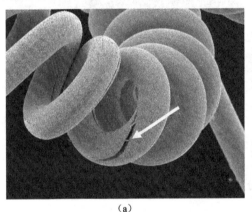 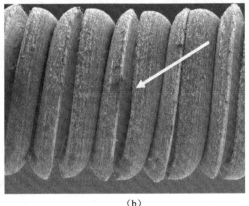

(a)　　　　　　　　　　　　　　　(b)

图 6.11.1　电真空器件内部加热丝开裂

螺旋线与引出线连接部位的焊接质量的优劣也是影响行波管使用寿命的一个关键因素。图 6.11.2 中的螺旋线与引出线焊接不完善，只有接插处的左上角部位被焊接，而侧面部位没有被焊接，右下部位的插槽也都没有被焊接，这样的焊接使得它们之间的连接强度变得很差，接触电阻也会增大。图 6.11.3 是螺旋线与输出内导体在接插焊接部位开裂，除了接插口的口子开偏了，螺旋线与引出线在焊接前又没有完全插接到位，焊接部位的卷绕应力也未能消除好，还存有一定的侧向应力，再加上使用时螺旋线的热膨胀应力等诸多因素的综合影响，即在内应力和热膨胀张力的共同作用下，螺旋线与引出线的焊接部位易开裂失效。

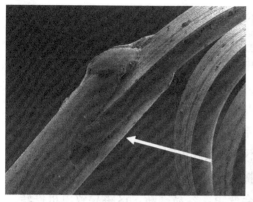 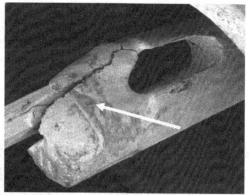

图 6.11.2 螺旋线与引出线焊接不完善　　　图 6.11.3 螺旋线与输出内导体在接插焊接处开裂

6.12 微型电机

微型电机（马达）是指那些体积和容量都很小、输出功率一般在 10W 以内的电机。电机是指依据电磁感应原理而实现电能的转换或传递的一种电磁装置，俗称马达，在电路中常用字母 M 表示。它的主要作用是产生驱动转矩，作为相关器械的动力源。这类微型电机常用于自动控制系统中或用于传动机械负载，如用于扫描电镜样品台的移动、升降和旋转驱动，还有手机的振动等。

微型电机是将电能转化为机械能的装置，当微型电机的转子绕组通过电流时，在电机的内部，转子电流流动的方向不同会产生不同的磁极，转子的磁极与定子的磁极相互作用，即同极性相斥，异极性相吸，从而产生转动，就是在这些吸引力和排斥力的共同作用下，转子产生了旋转运动，转子旋转过一定的角度后，通过换向器的换向功能可以使电流方向改变，从而使转子磁极产生变化，但维持了转子与定子的相互作用方向不变，这样电机就能不停地转动。

微型电机常见的失效有下述几种原因。

（1）环境温度高。电机的额定温升是指在设计规定的环境温度（通常≤40℃）下，电机绕组的最高允许温升取决于绕组的绝缘等级。若升温过高，易使绝缘老化，缩短电机的寿命。若超过规定的绝缘等级，会导致绝缘层被破坏而烧毁电机。为使绝缘漆不致老化而受损，电机上所标的绝缘等级温度就是电机允许的工作最高温度。在工作时，电机不允许超出最高的使用环境温度和最高的工作温度。

（2）合适的电压。电机的标称电压应与所接入电路中的供电电压相符，若电压过高，易造成绝缘层击穿、烧毁；电压过低，会使电机无法启动，转子无法运转，建立不起反电动势而因电流过大导致烧毁。

（3）功率余量不足。电机的输出功率余量太小或不足，或者超出额定的最高负载能力，转子无法启动、运转，机身的温度就会明显升高，造成绝缘层老化、丧失绝缘作用而烧毁。

（4）工作环境恶劣。若电机周边大气中的粉尘多，有些粉尘可能会被吸入，易造成轴承不润滑，转轴运转不灵，等于加大了电机的负载，粉尘多了也容易导致金属刷与换向器之间接触不良，或者转子无法运行而失效。

（5）换向器和金属刷之间的压力调节不当或安装的方位不正确。换向器和金属刷之间的压力如果太小，则容易造成接触不良和接触电阻变大，导致电机无法启动；换向器和金属刷之间的压力如果太大，摩擦力会增大，会造成电机的启动电流明显增大，加速它们之间的磨损，金属刷寿命会变短，容易磨断，这将导致电机停转。而且摩擦所产生的金属粉末有的还会被填进换向器的隔离槽中，造成换向器短路，导致电机停转，如图 6.12.1 所示。图 6.12.2 为金属刷与换向器摩擦所产生的金属粉末。这些金属粉末的主要组分有银、铜、铁、铬、铝、镁、硅、碳和氧。图 6.12.3 为填进换向器隔离槽中的粉末组分的能谱图。而图 6.12.4 为金属刷表面的金属粉末组分的能谱图。谱图中的银、铜、铁、铬是来自金属刷和换向器之间相互摩擦而产生的金属粉末，正是由于这些金属粉末的充填，会导致换向器之间短路，使电机失效停转。

（6）外壳装配不良或安装不到位（扭曲、变形）。转子的旋转中心与外壳的几何中心不在一条直线上，即几何中心与转轴的中心不重合，运转时噪声大，这无形中也会加大了电机的功耗，造成慢性过载，使机身的发热量增多、温度升高，这样的电机也会短命，容易失效。

图 6.12.1　摩擦产生的金属粉末被填进换向器的隔离槽中

图 6.12.2　金属刷摩擦产生的金属粉末

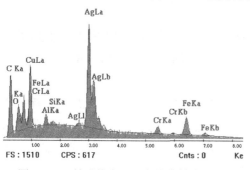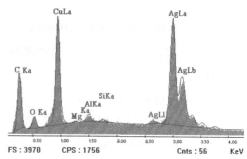

图 6.12.3　填进换向器隔离槽中粉末组分　　图 6.12.4　金属刷表面的金属粉末组分

（7）转子与定子绕组端部有摩擦造成绝缘层的损坏；在嵌入绕组线圈时，若不够细心，易造成绝缘损坏，端部和层间绝缘材料没垫好或整形时受损等，这些缺陷也都会造成电机短命甚至被烧毁。

（8）由于焊接不良或使用有腐蚀性的助焊剂，焊接后又未能及时清除干净，也有可能会造成焊接部位的腐蚀，导致虚焊或松脱，常见的有绕组端部断线、匝间短路等造成电机停转失效。

6.13 蚊子试样

蚊子是我们既熟识又比较讨厌的昆虫，是人类和家畜疾病的主要传播者。经历了几千年的人蚊大战，人类仍不能将其歼灭。

蚊子有雌、雄之分。雌蚊产卵于水中，其幼虫孑孓的出生和生长也都在水中，孑孓的幼年时期素食，等到成熟长翅，从水面蜕皮而变成飞蚊，就开始到处乱飞、乱闯，滋扰人类和家畜。蚊子的生长期与种类有关，多数的蚊子从卵到长成飞蚊只需一至两周。蚊子的寿命也与具体的种类有关，短者三四周，长者八九周，多数蚊子的寿命为五六周。几乎所有的积水都能成为蚊子的滋生地。所以说，倾倒积水、疏通下水道、清除污泥都是从源头上灭蚊的有效手段。

雄蚊食素，雌蚊因为要产卵繁殖后代，以吸取人、畜的血来补充营养，所以雌蚊会到处寻人吸血，尤其是在产卵期，特别猖獗，传播疾病，危害着人、畜的健康。它是疾病的主要传染渠道之一，所以蚊子被列为四害之首。它能传播的疾病有很多，最常见的有以下几种。

（1）疟疾。疟疾是经由埃及伊蚊或白纹伊蚊传播的，是全球被人们广泛关注的三大疾病之一，一只雌蚊子一生能够使一百多人次感染。目前还有许多国家和地区是疟疾的高发区，在疟疾多发的非洲平均不到 1min 就有一名儿童因疟疾而死亡。

（2）登革热。登革热是经由伊蚊（花斑纹）传播的急性发热性疾病，我国的广东、广西、福建、澳门和香港等地都属于登革热的高发区，发病对象以儿童和青少年为主。

（3）流行性乙型脑炎。流行性乙型脑炎也是经由蚊子传播的。此病主要流行于夏、秋两季。流行性乙型脑炎多发生于热带和亚热带地区的儿童身上。该病的临床表现以发高烧、意识障碍、惊厥昏迷、呼吸衰竭及脑膜刺激受损为特征。部分患者治愈后会留有严重的后遗症，重症者则有可能死亡。

（4）血丝虫病。血丝虫病也是通过雌蚊叮咬传播的。班氏血丝虫病的主要传播媒介是淡色库蚊、致乏库蚊。马来血丝虫病则以中华按蚊为主要媒介，病是蚊子吸了血丝虫病人的血之后，转而又吸健康人的血，从而把血丝虫传染给健康人，使健康人的淋巴、皮下组织或浆膜腔中寄生血丝虫，由此而引发血丝虫病。血丝虫病多发生于江河纵横、水资源丰富的沼泽地区的住民身上。

下面几幅图是用冷场发射扫描电镜拍摄下的蚊子照片。图 6.13.1 是蚊子的头部、触须和眼睛。图 6.13.2 是蚊子眼睛的放大照片。图 6.13.3 是蚊子腿上的趾甲和羽毛，右图是左图的放大。图 6.13.4 是蚊子翅膀上的羽毛和蚊子翅膀边缘上羽毛的放大像照片。

这几幅照片都是采用传统 SEM 拍摄的，由于采用小束流（3nA）和较低的加速电压（5kV），因此整只蚊子虽未经任何的导电处理，但从所拍摄的照片中也几乎看不到有明显的荷电迹象。由此可见，采用小束流和低加速电压来拍摄一些导电不良的试样，包括生物试样，也能得到不错的图像效果。

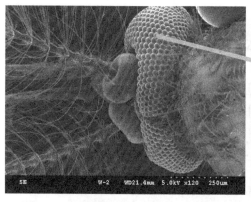

图 6.13.1　蚊子的头部、触须和眼睛

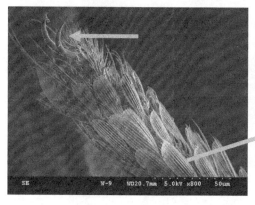

图 6.13.2 蚊子眼睛的放大照片

图 6.13.3　蚊子腿上的趾甲和羽毛

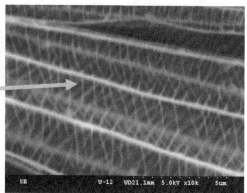

图 6.13.4　蚊子翅膀上的羽毛和蚊子翅膀边缘上羽毛的放大照片

6.14 VC 与 EBIC 像在半导体器件失效分析中的应用

请分别参见本篇 3.16 节二次电子的电压衬度像和 3.23 节中的 EBIC 在半导体器件失效分析中的应用相关内容，更多的应用请参阅文献[1]。

参 考 文 献

[1] 中科院半导体所理化中心. 半导体的检测与分析[M]. 北京：科学出版社，1984：257-297.

第 7 章

电镜的维护与保养

　　整套扫描电镜是由电子枪、电磁透镜、样品仓、控制电路及控制计算机和真空系统、空气压缩机、冷却循环水机等外围辅助设施组装而成的。用户在维护时通常要清洗和保养的主要部位是电子枪、镜筒和真空系统的抽气泵及测量真空度的真空计等。若是钨阴极电镜，则电子枪栅极到阳极这个区间是最易受钨阴极蒸气（氧化钨）污染的地方，应定时对栅极片的污染部位进行清洁，如在换灯丝时，栅极中的栅片可拆下来用研磨抛光膏擦拭，再用有机溶剂通过超声清洗。现代电镜的电子光学通道中的几个主要零部件几乎都装在一根无磁性的不锈钢衬管中，用户可以用随电镜一起带来的专用提取工具来提取镜筒中的衬管，再取出衬管中的光栏后，再分别清洗衬管和光栏。当打开镜筒上部的发射仓顶盖之后，应随手用铝箔或聚乙烯膜覆盖镜筒的敞开部位，以免落入灰尘。钨阴极的电镜最好每年清洗一次。场发射电子枪因在 10^{-7}Pa 的超高真空中使用，一般不易受到污染，若确实有必要清洗 FEG 的镜筒，应请专门学过超高真空清洗技术的专业工程师来帮忙。

7.1　衬管的拆卸与清洁

　　在打开镜筒上部的发射仓顶盖之前，若电镜是刚使用过的，则此时的电子枪还很热，在断开加速电压后至少要待其降温 15min 后再打开镜筒的发射仓顶盖，如图 7.1.1 所示，以免烫伤维护人员。用随电镜一起带来的专用工具（见图 7.1.2）来提取镜筒中的衬管，提取过程分别如图 7.1.3 和图 7.1.4 所示。衬管被取出之后，再用专用工具的另一端或另一根专用工具插入衬管中，慢慢地推出衬管中的那几个光栏。当衬管和光栏清洗完毕，经烘干后，趁热将光栏推出来的原顺序颠倒过来，按专用工具上规定的刻度距离依次将它们推到衬管中的原位置上，如图 7.1.5 所示。

发射仓顶盖

图 7.1.1　打开钨阴极电镜的发射仓

图 7.1.2　用于拆卸和装配衬管的专用工具

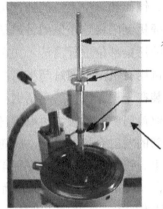

衬管提取工具

活塞调节螺母

衬管膨胀胶圈

发射仓顶盖

图 7.1.3　用专用工具插入镜筒中提取衬管

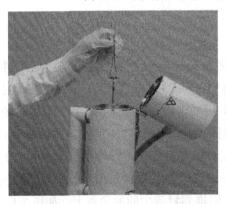

图 7.1.4　用专用镊子夹取镜筒中的衬管（图片来自 HITACHI 公司）

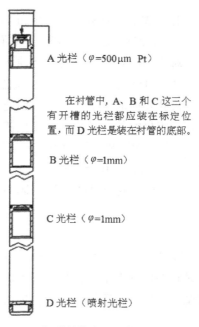

图 7.1.5　Quanta 机型衬管内部光栏的孔径和安装顺序图

　　衬管和光栏是最接近电子束和透镜磁场的部件。光栏还是电子枪至样品仓这段通道中最狭窄的关隘。衬管和聚光镜中的光栏多数都是用无磁性的不锈钢材料做成的，而物镜光栏通常是用铂、钼或黄金等无磁性的贵金属材料做成的，物镜光栏一定要用无磁性的金属材料，以免引入不必要的干扰磁场，这样才不会影响原设计的电子运动轨迹，电子束才能受控按原设计的预定轨道运动，也才能让电子束斑尽可能处于旋转对称状态。

　　对于电子枪和镜筒来说，最靠近灯丝的就是栅极片，而且栅极片的孔径和形状对于电子源交叉斑的尺寸大小、形状乃至亮度都有直接的影响。栅极片通常采用钽等耐高温又不易被氧化的材料制成，钨阴极电子枪中栅极片的中心孔直径 $\varphi \approx$ 1.78mm，场发射阴极电子枪中栅片的中心孔直径 $\varphi \approx 0.51$mm。钨阴极的加热温度高达 2 700K，阴极尖与栅极片中心孔边缘相距约有 0.6mm。由于负偏压的存在，入射的高能电子束虽然没有直接接触到栅极片，但是钨阴极的加热温度高达 2 700K，而且其阴极尖距离栅极片中心孔端面的距离约为 0.5mm，所以栅极片时刻都会受到从阴极尖挥发出来的钨和氧化钨蒸气的污染。因此，栅极片需要经常清洗或更换，否则时间久了，易造成钨阴极尖的两侧与栅片之间发生拉弧现象。要清除栅极片和阳极帽上的氧化钨及其他的污染，可用长纤维纸沾抛光膏对其正反两面进行擦拭，待擦拭光亮后用自来水漂洗，再放入 10% 氢氧化钾的酒精溶液或氨水与酒精混合液、过氧化氢与酒精混合液、丙酮、分析纯的酒精各分别进行 5～8min 的超声清洗，最后用红外灯照射 5～6min 或用 60W 台灯照射 10～12min 后，再趁热组装。

另外，在阴极的高温辐射下，时间长了，栅极片中心孔的边缘会受到高温烧蚀，使用一段时间后，原本中心对称的圆孔边缘在高温烧蚀下会受到损伤，如中心孔边缘会产生不规则的锯齿状缺口，如果锯齿状缺口明显，就应及时更换栅极片。

从钨阴极尖发出而经栅极孔发射的电子束，汇聚到交叉斑后的绝大部分电子都可以通过阳极帽中的阳极孔。阳极帽的孔径较大，在正常情况下，受入射电子的轰击较轻，受到的污染也较少，因此钨阴极电镜的阳极帽清洗周期较长，一般可 1～2 年清洗 1 次；聚光镜因为是强磁透镜，焦距较短，聚光镜光栏的孔径又相对略大一些，因此轰击到聚光镜光栏上的杂散电子相对也会较少，所以一般也可以 1～2 年清洗 1 次。

衬管的清洗：

（1）先用一根细管状的清洁器或者裹有长纤维纸的长竹签或硬质的细木棍等，沾抛光膏插入管内，顺着衬管的内壁上下、反复、旋转擦拭。擦拭完内壁之后，还需要用另一张长纤维纸沾抛光膏擦拭衬管的外表面，再用家用洗涤剂反复擦拭衬管的内壁和外表面。

（2）擦拭完之后用流动的自来水对衬管的内、外两面进行反复冲洗。

（3）置于盛有蒸馏水或去离子水的敞口烧杯中，再在超声波清洗机中清洗两遍，每遍 7～8min，若衬管高度超出烧杯中清洗液的液面，通常只能先超声清洗一端，7～8min 之后再掉转过来超声清洗另一端。

（4）用去离子水或蒸馏水从两个端口反复冲淋几次。

（5）重新将其置于盛有分析纯的酒精敞口烧杯中，在超声波清洗机中照样超声清洗 7～8min，也是先清洗一端，几分钟之后再转过来清洗另一端。

（6）用分析纯的酒精或异丙醇冲淋几次后，用红外线灯照射约 10min 或用 60W 的台灯照射 15min 以上，让衬管的内外壁彻底干燥，再趁热组装。

（7）为防止粉尘的黏附，在组装前最好用氟利昂喷雾剂分别向衬管的两个端口喷射两下，若没有氟利昂喷雾剂，也可用干净的罐装高纯氮气吹淋两下。

7.2 光栏的清洁

普通光学显微镜的光圈（光栏）不易受损和污染，所以光学显微镜上所用光圈的寿命几乎都是永久性的，即使是活动光圈，寿命一般也可陪伴该显微镜使用终生。但扫描电镜的物镜光栏不同，它需要经常清洗或更换。电子光学通道中的光栏在电子束的照射下，正是污染物最容易沉积的地方，光栏的污染是日积月累的。真空系统中的碳氢形成的聚合物慢慢地沉积于光栏的表面、衬管和样品仓的内壁。物镜光栏及物镜光栏孔周边的上表面是污染物最容易沉积和对沉积物最为敏感的部位，因为它是镜筒中孔径最小的光栏，也是电子束照射最为集中的地方。物镜光栏受到污染时，污染物主要沉积在光栏孔的周边，不仅会使孔径变小，而且原锋利的光栏边缘会变毛糙、不锋利、不整齐，严重的还会出现荷电。这样像散就会增大，分辨力会变差。在对中良好的情况下，用消像散器也难于消除图像中的像散，这时就应该考虑清洗或更换光栏。光栏的清洗或更换周期视实际使用时间的长短和电镜配套的真空泵类型及镜筒真空度的高低而定。光栏经清洗后，原锋利的圆孔边缘多少都会有些变钝，钨阴极电子枪的物镜光栏经 2～3 次的清洗后就得更换新光栏。因清洗的次数多了，不仅光栏孔的边缘不会像新光栏那么锋利，会变得越来越钝，而且光栏的孔径也会有所扩大。钨阴极电镜用的非加热型物镜光栏通常半年就需清洗或更换，若是加热型的物镜光栏，通常 1～2 年就需清洗或更换。因钨阴极电镜的真空度相对低一些，其发射的束流和束斑也都比较大，光栏受污染的速率会相对快一些。热场发射电镜用的加热型物镜光栏通常可用 2～3 年才需清洗或更换，因场发射电镜的真空度相对高一些，受污染的速率会慢一些。冷场发射电镜用的加热型光栏，一般可用 3～4 年才需清洗或更换，因冷场电镜的束流和束斑更小，真空度也更高，所以其受污染的速率会更慢一些。场发射枪的物镜光栏一般只能清洗 1 次，清洗后的光栏经重复使用 1 次之后就得更换新光栏。因场发射电镜用的物镜光栏孔径小（多数的孔径为 30μm），每清洗一次，其光栏孔径都会略微扩大，而且圆孔的边缘会变钝，成像效果就没有那么理想，也有的用户干脆就直接更换新光栏，所以说扫描电镜的光栏也是一种消耗品，特别是物镜光栏更是一种消耗品。

光栏的清洗通常有下述几种方法，可供大家参考。

（1）铂光栏可用铂金的镊子夹住，在约 800℃的酒精灯火焰上灼烧，直到它变为黄色，但仍要保持 25～30s，注意不要使光栏出现变形、被镊子黏住或熔化。

（2）铂、黄金和钼光栏都可以放置在钼舟上，在不大于 $2×10^{-3}$Pa 的高真空中加热，直到接近白炽状态为止，并维持这个白炽状态 15～20s 就能将绝大部分的污染物烧洗挥发掉。用高温的方法对光栏进行烧洗，如果温度和时间掌握不好，光栏就会变形受损。如果烧洗的温度偏低或时间偏短，则污染物可能不会完全被挥发掉；若烧洗的温度过高或时间过长，可能会导致光栏变形。注意不要使光栏变形、熔化或被钼舟黏住，这要有一定的经验才能掌控好。当光栏烧完之后，要让钼片和光栏彻底冷却，这个过程至少要 25min，才能将它们放气取出暴露在大气中。取出烧过的光栏后，最好还应在其上表面蒸镀一层几纳米厚的 Pt 或 Au，以增加其导电性。

（3）对于不锈钢、铂、钼和黄金光栏也都可用等离子刻蚀的方法来处理，对处理后的光栏表面也要在其上表面蒸镀一层几纳米厚的 Pt 或 Au，以增加其导电性。

（4）对于钨或 LaB_6 阴极用的不锈钢和铂金光栏也可采用长纤微纸沾细颗粒的抛光膏擦拭，再参照前面所述的用清洗栅片和阳极帽的方法进行超声清洗，最后用红外灯照射 5min 或用台灯照射 10min 后，趁热组装。

经上述介绍的擦拭法或刻蚀法清洁之后的光栏孔径会略有扩大，因多数光栏孔径的形状是上小下大的喇叭形状，如图 7.2.1 所示，一旦上表面被抛磨或刻蚀掉一小薄层，孔径一般都会略微扩大。特别是那种装在物镜上方的场发射电镜的 30μm 孔径光栏，经擦拭或刻蚀后增大的比例所带来的影响就比较明显。

另外，若要打开带有气锁装置的样品仓，为延长加热型物镜光栏的使用寿命，在打开前应先让光栏停止加热半小时，待半小时后，光栏的温度降下来才能对样品仓进行放气，以减少光栏的氧化，并且延长光栏的使用寿命。为了更好地延长光栏的使用寿命，还应尽量减少电镜真空系统所带来的污染，如真空系统中的机械泵和油扩散泵应定时换油，冷却循环水机要有足够的制冷量。另外，在选购扫描电镜时，尽可能选配涡轮分子泵加无油机械泵的真空系统，这是减少真空系统对电子光学通道污染的一种既有效又实用的方法，它可使物镜光栏的清洗周期明显延长，但购买电镜时的成本会有所增加。

不同型号或不同发射阴极的电镜其光栏孔径的尺寸和形状也都有差异，但它们的主要作用都是遮挡掉那些非旁轴的杂散电子和限定聚焦电子束的发散角，使旁轴的电子能更好地汇聚成细束，减少像差，让图像更清晰，如图 7.2.2 所示。图 7.2.1 是各种光栏的横截面的形状，图中最下面那两个薄片（0.1μm 厚）光栏通常是专供低加速电压（小于 5kV）使用的薄光栏。图 7.2.3～图 7.2.5 分别是几家主要的扫描电镜生产厂家常用的光栏实物图或示意图。

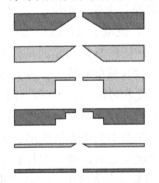

图 7.2.1　几种扫描电镜用的光栏横截面形状

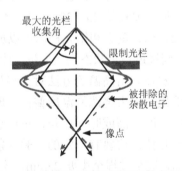

图 7.2.2　光栏的作用是遮挡杂散电子和限定电子束的发散角

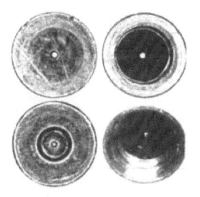

图 7.2.3　飞利浦公司用的栅片正反面的实物图　　图 7.2.4　FEI 公司的可调换的物镜光栏实物图

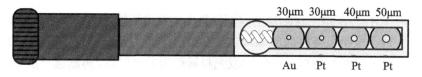

图 7.2.5　FEI 公司的场发射电镜用的可调物镜光栏的示意图

衬管中几个聚光镜光栏所用的材料多数为无磁性的不锈钢，多数的孔径为 0.5～1mm。

电镜的物镜光栏材料多数为 Pt、Mo 和 Au，常见的孔径有 100μm、60μm、50μm、40μm 和 30μm；蔡司公司在 FEG 上采用的六孔光栏有 120μm、60μm、30μm、20μm、10μm 和 7.5μm，可调多孔光栏如图 7.2.6 所示。图 7.2.7 为某机型的电镜物镜光栏的典型尺寸。

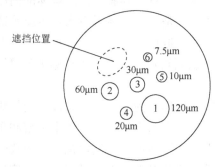

图 7.2.6　蔡司公司的可调多孔光栏示意图

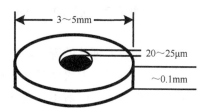

图 7.2.7　某机型的电镜物镜光栏的典型尺寸

表 7.2.1 列出的是目前扫描电镜上几种常使用的光栏尺寸，仅供参考。这里所指的仅仅是光栏片的外径和厚度的尺寸，而光栏的具体中心孔径的尺寸大小和型号太多，这里未能具体列出。表 7.2.1 中所列出的型号仅作为人们更换光栏时的参考，具体的配置和准确的尺寸，应按所拆下的旧光栏的外围尺寸和中心孔径的大小去选购。

表 7.2.1　几种常见扫描电镜上使用的光栏尺寸

光栏的外径和厚度	选用的电镜生产厂家
2mm×0.1mm（薄）	蔡司、LEO
2mm×0.6mm（厚）	Cambridge、日本电子、Siemens、LEO、Cameca、Leica、蔡司（EVO®）
3mm×0.1mm（薄）	LEO、蔡司、Nanolab、Novascan
3.04mm×0.25mm（厚）	AEI、AMRAY、Cambridge、日本电子、FEI、蔡司、Electroscan、Tescan
4mm×0.2mm（厚）	ISI、ABT、Topcon、Camscan
Au 3mm×0.25mm（厚）	蔡司、LEO、FEI、飞利浦

 7.3　闪烁体的保养

　　早期的 E-T 二次电子探测器的闪烁体是用塑料做基材，成本较低，寿命短，发光效率差。现在电镜上使用的闪烁体多数是用洁净而又无气泡的优质玻璃做基材，在其表面涂覆一层 P-47(YSi_2O_7: Ce^{3+})发光材料作为发光层后，再蒸镀一层 70～80nm 的铝膜作为电极和反光层，虽然寿命较长，性能良好，但在使用半年后，其发光效率仍会慢慢退化、变差，发光性能开始下降。尤其是经常使用高的加速电压和大的束流来分析试样，则闪烁体表面的铝膜就容易受到高能背散射电子的轰击，使用时间久了，铝膜表面就容易出现升温、膨胀、凸起，导致出现接触不良，甚至发生放电等现象。特别是经常用于对含有有机挥发物的试样进行成分分析时，有些挥发物会加快对铝膜表面的污染，如果再加上样品仓中的真空度不是很高，则铝膜不仅易受污染，还会导致慢性氧化，更会加速性能的退化，使转换效率下降，图像的信噪比变差，严重时会导致铝膜松懈甚至脱落。一旦铝膜脱落，闪烁体的高压就会加不上去，二次电子像就出不来。应急补救办法是把闪烁体拆下来，重新蒸镀一层铝膜，重装后投入使用。若闪烁体荧光层的性能退化严重，那就要重新涂敷发光层（P-47），再蒸镀一层 70～80nm 的铝膜作电极后再重装。有的用户则干脆更换新的闪烁体。

　　为尽可能延长闪烁体的寿命，应尽量提高冷却循环水的制冷效果和样品仓的真空度，以减少油蒸气的返流所带来的污染。平时尽量少用高的加速电压来观察和采集图像，以减少高能背散射电子对闪烁体的轰击。为了能保持扫描电镜图像的清晰度和高的分辨力，当发现闪烁体被油蒸气污染或被背散射电子轰击受损时，就应果断更换，不要因小失大，影响到整机性能。对于受污染或损伤的闪烁体，建议配油扩散泵的钨阴极电镜，最好每 5～6 年，场发射电镜每 7～8 年更换一次闪烁体；若是配备无油真空系统的钨阴极电镜，最好每 6～7 年，场发射电镜第 8～10 年更换一次闪烁体；若是用 YAG 或 YAP 材料做成的探测器，一般可陪伴电镜主机使用终生，中途不易出现明显的性能退化，不需要在中途更换闪烁体。

正常情况下，SEM 也会随使用时间的增长而出现图像的信噪比和分辨力呈慢性下降的问题，除了 P-47 闪烁体的发光性能退化，还有 E-T 探测器中光电倍增管的打拿极老化，其他的还有电子枪、镜筒也会受到真空系统和试样等发出来的有机物污染。电镜的使用时间越长，整个电子光学通道的污染就会越来越严重，包括电子枪的栅极和阳极，衬管、聚光镜光栏和物镜光栏及探测器表面等关键部位的污染最终都会影响到成像质量。若扫描电镜用了几年以后图像的信噪比不好，经清洗镜筒、更换物镜光栏等常规的维护后，SEI 的信噪比仍没有明显改善，则应考虑更换闪烁体。若更换闪烁体之后，SEI 的信噪比仍改善不大，则应考虑更换光电倍增管。因光电倍增管的阴极和打拿极中通常都含有铯，当入射电子束较强时，会使阴极板和打拿极板的温度升高，这会加快铯的挥发，使铯含量逐渐下降，造成电子的发射能力减弱，导致整个光电管的灵敏度降低，这也是光电倍增管的一种正常老化现象。这种情况就可考虑更换整个光电倍增管。

7.4 显示器的保养和维护

1. 液晶显示器的保养和维护

现在的扫描电镜几乎全都是配置液晶（LCD）显示器来作为图像和计算机的显示器。与阴极射线管（CRT）显示器相比，LCD 显示器的最大优势在于几乎没有明显的几何失真，即没有 CRT 显示器中常见的那种由于球面形屏幕而额外产生的枕形或桶形畸变等问题，但这种优势只是体现在显示器可以将线条横平竖直地表现出来。LCD 显示器几乎不需要做专门的保养，但在平时的使用中，有时由于 LCD 显示器的时钟与相位可能偶尔会出现短暂的输出不同步，因此也就有可能会产生字符虚幻、重影、画面闪烁、水波纹等小问题。为了让 LCD 显示器能安全、可靠、有更长的使用寿命，在平时使用中也要注意以下几点。

1）避免进水

尽量不要让水分进入 LCD 显示器中，如果在开机前发现屏幕表面有雾气，就要用柔软的干棉布轻轻擦拭。如果屏幕表面雾气严重，表明水分很可能已经进入显示器，这时除了先用柔软的干布轻轻擦拭，还可采用两个台灯（≥60W 的白炽灯泡）对显示器的前后两面进行照射，让显示器内部的水分逐渐挥发掉之后再开机。另外，平时也应尽量避免在潮湿的环境中使用 LCD 显示器，因此必须让电镜实验室内的相对湿度保持为 50%～70%。

2）避免长时间工作

LCD 显示器是由许许多多的小液晶体构成的，经长时间的连续使用后，易使晶体老化或烧坏，损害一旦发生那就是永久性的、不可修复的。为延长其寿命，若在工作中途暂停使用，最好设置屏幕保护程序或随手关闭显示器，以尽可能延长其使用寿命。现在市场上国产商品级的 LCD 显示器的标称使用寿命多数为 20 000～30 000h。也就是说，如果一天 24h 开机，则其正常的平均使用寿命只有 3 年多的时间；如果一天开机 8h，平均使用寿命约 10 年，而且在这使用过程中，其亮度会逐渐减弱，这与 CRT 显示器相比就显得寿命较短。目前，随电镜一起的某些国外高档原装 LCD 显示器有的使用寿命为 40 000～50 000h，这种 LCD 显示器的使用寿命就可与 CRT 显示器相媲美。即使 LCD 显示器的寿命为 40 000～50 000h，但为了延长其寿命和节能，减少无谓的损耗，一旦电镜在中途暂停使用，也应设置屏幕保护程序或随手关闭显示器，以尽量延长其使用寿命。

3）避免机械损伤

LCD 显示器比较脆弱，平时使用时应当注意不要被锋利的硬器挫伤或划伤，因 LCD 显示器不耐机械撞击，若遭受撞击，容易被划伤而受损。

4）屏幕清洁

污物一旦溅射到显示器上，如在 LCD 显示器上留下指纹、果汁、咖啡或油污，可用棉花、擦镜头纸或长纤维纸蘸点专用的屏幕清洁剂或无水酒精轻轻擦拭，这样既可轻松去除污迹，又不会损伤屏幕。在使用清洁剂清洁屏幕前，应关闭显示器电源，使用清洁剂时不要把清洁剂直接喷洒到屏幕上，以防止清洁剂往下流，渗透到屏幕内部影响电子线路和元器件的正常工作，正确的做法是用蘸有清洁剂的棉花或长纤维纸轻轻地擦拭。当清洁完毕后，必须等到屏幕完全干燥之后才能重新开机。

5）不要轻易拆分 LCD 显示器

若随意对 LCD 显示器进行拆分，就很容易引入杂质和静电，因 LCD 显示器内部电路板中有些元器件对静电是很敏感的，很容易遭受静电的损伤，在检修过程中，若维修人员没有采取防静电措施，则人体所携带的静电就有可能危及显示器内部的元器件的安全。另外，在 LCD 显示器的内部也有高压，轻易拆分 LCD 显示器也会有一定的危险性，即使在关闭电源几分钟以后，背景照明组件中的换流器有可能仍会带有大约 1kV 的高压，会对人身造成伤害，所以不要轻易拆卸 LCD 显示器，以免遭遇高压的电击，而且也容易将显示器的故障扩大，一旦确定显示器内部有故障，应请专业维修人员检修。

2. CRT 显示器的保养和维护

还有个别的老式旧扫描电镜或能谱仪配备的是 CRT 显示器，这种显示器使用的时间长了，小毛病出现较多，解决这些常见小毛病的办法有些较为简单，人们可根据不同的情况来处理。

（1）刚开机时，显示器出现模糊的图文或者画面跳动，几分钟后才慢慢恢复稳定、清晰，这是显示器的外围电路受潮所致。解决的方法是在电镜实验室里放置抽湿机，勤倒水，让房间内的相对湿度保持在70%以下；另外，还可以打开CRT显示器的后盖，在显像管的颈部挂上一包硅胶吸潮剂来降低显示器外围电路的湿度，若湿度太大，这包硅胶可能就需要经常取出烘烤或更换。

（2）开机约8min后显示器才慢慢地出现画面而且画面模糊，这是因为显示器的管座积尘，所积的灰尘易吸潮，从而导致管座尾部上那块小电路板漏电。解决的方法是除了把房间湿度降低，还要用专用的电路板清洗液或分析纯的无水酒精来清洗管座尾部上那块小电路板，再用电吹风机烘干，经这样的处理之后，该问题一般都可以得到解决。若还无法解决，那只好更换一块同型号的小电路板。在装回电路板之前，应把显像管的管脚用细砂纸擦拭光亮、干净，去除管脚表面的氧化层之后再装回小电路板，以免造成接触不良。

7.5 真空系统的维护

在扫描电镜中，真空系统是非常重要的，真空系统可靠，真空度才能高，阴极的寿命才会长，高压电源也才不易出问题，整机才会可靠、耐用。一台正常使用的扫描电镜，若真空系统没有维护好，其出现的故障率甚至会占到整台电镜故障率的三分之一。扫描电镜的真空系统中要检查的项目有机械泵的油面高度是否正常，测量真空度的真空计是否受污染，真空的连接管道是否畅通，连接管是否老化、开裂，连接口的卡环是否拧紧，整个真空系统是否密封良好，空气压缩机中的水是否经常排放。真空泵中最需要经常检查的是机械旋转泵和油扩散泵的油面，一旦发现油面下降应及时添加。旋转泵若缺油不仅会烧坏轴套上的轴封圈，而且对旋片端头和内腔壁也可能会造成永久性的刮伤，使极限真空度下降。

为了提高真空系统的可靠性，延长各部件的使用寿命，人们对以下各点应多加留意，以便有异常时能及时发现，随时做好维护和保养措施。

（1）电镜在正常的偏置电压和发射电流下工作，若灯丝的寿命变得越来越短，则很可能是真空度变差，改善的办法是检查各部件的运行情况，以便采取针对性的措施进行解决，如检查真空系统的连接部位是否松动、机械泵和扩散泵的油面是否处于正常位置、机械泵的运行声音和外壳的温度是否正常。查明原因，有的放矢，尽量提高电子枪和镜筒的真空度。

（2）橡胶密封圈的表面不允许有肉眼可见的划伤或黏附的粉尘，与样品仓门接触的密封圈表面在保持干净的基础上，每隔一年左右可用手指蘸上微量的专用真空脂，淡淡地涂覆在与样品仓门接触的密封圈表面上，以提高样品仓的真空密封性。

（3）若电子枪、衬管、光栏和样品仓等部位的污染加快且加重，则意味着冷却循环水的冷却效果变差，有可能是冷却水的压力下降、水温上升或管道内壁面上的水垢增厚，从而使水流量减少，这都会导致制冷效果变差。对这种情况要采取相应的解决办法，如调高循环水的压力或调低冷却水温、排除循环水管道中的障碍物或清除冷却管道中的水垢等。

（4）每个月都应查看空气压缩机的油面是否处在正常油位，声音是否异常，若缺油，应及时将油补充到正常的油面，若噪声大，应查明原因，排除故障。

（5）及时排出空气压缩机中的积水，根据不同的地区和实验间环境湿度的大小及用气量的不同，南方地区天气较为潮湿，在春季 3～4 周、夏季 4～5 周、秋和冬季 6～7 周排一次水；北方地区天气较为干燥，排水周期可以适当延长。

1. 机械泵的维护

为了使机械泵能稳定和可靠地运行，连接和安装机械泵时必须注意以下几点。

（1）使用的电源必须与该泵机身铭牌上所标识的电源相一致，从欧美进到中国市场的 SEM 所带的机械泵多数会使用 200～240V 的单相交流电源，而从日本进口的机械泵，有些是使用 100V 的单相交流电源，这要高度注意，千万不能粗心大意而接错电源，否则会烧毁电动机的绕组线圈。

（2）泵在运行前应先检查油位，新启用的机械泵在运行前应加注适量的泵油，而不能在缺油或少油的情况下通电运行，否则会造成泵的损坏，轻则烧毁轴封，重则烧毁电机的绕组线圈。

（3）机械泵的外壳一定要安全、有效接地，电机的转向要与电机外壳端头上所示的箭头方向相一致。随电镜来的原装机械泵几乎都是采用单相电机驱动，电机的转向与外壳所示的箭头方向一般是不会错的，但若电机的运行绕组经过拆修，就应该注意其运转方向是否与原方向相一致。

（4）机械泵必须水平摆放于室内，而且要通风良好，避免阳光直射，泵的启动环境温度最好应不小于 10℃，否则泵油的黏滞会增大，有碍于电机的启动；运行的环境温度为 5～40℃，湿度小于 80%，泵的运行环境温度不能超过 40℃，否则电机的绝缘性能会下降，甚至会烧毁。

（5）泵排出的废气最好引到户外，而且必须在排气口加装尾气过滤器，并且保持气体流动畅通，不得以任何方式限制排气口气流的流动。

（6）泵的周围应无硬颗粒的杂物和明显的粉尘，严禁在泵的周围堆积易燃、易爆的物品，以免引起爆炸或火灾。

（7）泵体应尽可能水平地摆放在平整、洁净的地面上运行，地面的倾斜应小于5°，以免产生慢性挪动，更不能倒置，也不能让泵体受到外来冲击，否则泵的运行噪声会增大，甚至会遭受损坏。

不管是用作扫描电镜的扩散泵、分子泵等中高真空系统配套的前级泵或是用作真空镀膜机的主泵还是配套的前级泵，下列几点注意事项都是通用可行的。

（1）泵在维护或维修前，必须先切断电源才能再进行下一步的操作，这样可以避免触电或泵的驱动电机突然启动而造成人员受伤。泵刚停止运转时，泵体和电机的温度都比较高，至少要等待 30min，然后再进行下一步的操作，以免人手被烫伤。

（2）建议每月都应查看旋转泵的油面是否低于正常的油位，是否有漏油、缺油，声音是否异常。若是漏油应查明原因，如拧紧排油孔的塞子或更换轴封等；若缺油应及时加油补充到正常的油面高度。多数机械泵的正常油面高度都要略高于玻璃观察窗的中线，最好是能处在观察窗范围高度的 1/2～2/3。若油量过多，则会影响泵的抽速；若油量不足，不仅会影响抽速，严重的还可能会烧毁轴封，轴封一旦锁死，电机的绕组线圈也可能会烧毁。

（3）为了尽可能延长泵油的使用寿命，应经常净化机械泵中的油，建议每月都应把机械泵的气镇阀打开，让泵油自身净化 4～6h，净化完成之后应及时关闭气镇阀。

（4）若噪声大，应检查气镇阀是否处于开启状态。若气镇阀处于开启状态，应及时把它关闭，待要净化泵油时再打开。每次净化泵油之后都应立即关闭气镇阀。

（5）若泵的极限真空度随运行时间明显下降，这时观察泵油的颜色，正常的泵油应是清澈、透明的，若泵油的颜色已经变成黑褐色或浑浊不清，且打开气镇阀净化 5h 之后仍无明显改善，就应考虑更换泵油。

（6）一般情况下，对于新启用扫描电镜的机械泵最好应在头 6 个月就进行第一次换油，以后再每隔 10～12 个月换一次油，因与扫描电镜配套的有油机械泵都是夜以继日不停地运行，泵内的油温高、磨损大，油中会混有水分、磨屑和尘埃颗粒，这些都会给泵腔和旋片带来伤害，所以要求泵油每隔 10～12 个月换一次油，至少每年也要更换一次。

（7）换油时从排油孔拧出排油塞子，把旧油排完之后，应拧回排油塞子，再加入少许的新油，接通电源，让真空泵运行 10～15s，即对真空腔进行瞬间的刷洗，再把刷洗之后的油排出，让它慢慢滴完，再拧紧排油塞子，最后加入正常适量的新油，新油的油面高度应处在观察窗范围高度的 1/2～2/3。

（8）目前，最适合电镜真空系统的机械泵用油是爱德华公司的 Ultragrade 19。

2．无油涡旋真空泵的注意事项

使用无油涡旋真空泵时应注意的事项：

（1）泵的外壳一定要有效安全接地，电机的转向要与电机外壳所示的箭头方向相一致。

（2）这种泵适用于抽比较洁净的气体，不能抽有毒、易燃、易爆、有腐蚀性及含有粉末的气体。

（3）安装的场所附近应没有易燃、易爆的物品，而应是干燥、无明显水蒸气的安全场地。

（4）尽量做到水平安装，支撑的地面要平整，地面的倾角应小于5°，以免产生慢性挪动，也不能让泵体受到外来机械冲击，否则泵的运行噪声会增大，甚至会遭受损坏。

（5）合适的工作环境：湿度小于80%，没有结露，温度在5～40℃，若长时间在40℃以上的环境中运行，容易引起电机的绝缘性能下降，甚至会烧毁。

（6）应按说明书的要求定期检查、维护，当要进行拆卸时，应先断开电源，让泵体自然冷却至少40min后才能拆卸，若断电后不久就开拆检修，可能会导致维修人员被烫伤、烧伤，而且拆卸应由专业的维修人员来做，非专业人员不能轻易拆卸，更不能随意改造。

（7）若涡旋泵的电机内部无热保护器，则一定要安装保护开关，推荐保护开关的额定电流应小于10A。

（8）涡旋泵的密封圈建议2～3年更换一次。

3．油扩散泵的维护

（1）油扩散泵若要停机加油及做真空系统的其他维护和检修，在关断油扩散泵的加热电源后，还应让冷却循环水机继续运行至少35min才能停机，即让泵内的油温降到70℃以下才能停止冷却并进行下一步的维护或检修。这样既可让泵油、泵体和高压电源等受冷却的部位都能得到充分的降温（尤其重要的是可以减少泵油的氧化），也可以避免拆卸时烫伤维修人员。

（2）对于具体的扩散泵最好应按电镜所带的说明书中规定的时间间隔进行加油和换油。

（3）对于新启用的扫描电镜，2年之后，每年都应加注一次扩散泵油，油面应加到略高于观察窗的中线位置。每隔5年都应彻底更换一次泵油，每次换油时在排完废旧的油之后，在未加入新油前，都应先用汽油或柴油刷洗扩散泵的内腔和油锅，再排出刷洗过的残油和残渣，这样的刷洗至少要两遍才能洗掉大部分的油污和排出残渣。残渣清理完之后，泵应搁置15min以上才能重新加注新的扩散泵油。

（4）新加注的油量应按说明书所规定的量来加注。若说明书中没有明确规定注油量，则油面应加到略高于观察窗的中线位置或达到指针所规定的刻度位置。

（5）目前最适合用于扫描电镜扩散泵的油是爱德华公司出品的 Santovac 5#。

4．涡轮分子泵的维护

（1）涡轮分子泵在工作时由于转子的转叶总是处于高速运转状态，对其外壳要小心保护，千万不能有外来的磕碰或撞击，否则会造成转子同心度偏离或轴承受损等难于修复的故障。

（2）涡轮分子泵对小颗粒的物体或沉积物都很敏感，若小螺钉、螺帽、垫片或试样的碎片一旦掉进正在高速运转的分子泵中，会损坏转子上的叶片，一旦出现这种情况，就得把整个分子泵拆下来返回原生产厂更换叶片和轴承，甚至更换整个泵，这不仅是一笔很贵的开支，而且会耽误工时。为了安全起见，应在泵的入口处装上筛网，以保护泵的正常运转。但若筛网的孔大，则对气体的流阻小，但所起的保护作用不大；若筛网的孔细小，则保护作用大，但对气体的流阻会增大。

（3）对于含油轴承或混合轴承的涡轮分子泵最好每隔 2～3 年就要加油或更换轴承的润滑脂；有的分子泵的油棉垫每隔 3～4 年就更换一次。经这样的定期维护，分子泵才能平稳、安全、可靠的长期运行。

（4）对于水冷的涡轮分子泵，冷却循环水机中的冷却水有一部分是用于冷却分子泵的电机和轴承，以免在对电子枪和镜筒进行烘烤及在长时间的运行中电机和轴承出现过热。多数的电机上还会装有一个热保护继电器，用来防止由于冷却水机或冷却风扇发生故障而停转，从而导致分子泵过热烧毁。当关闭电镜的主机或分子泵的电源后，为了安全起见，还应让循环水机继续运行 15min 后才能关闭循环水机的电源。若冷却循环水机没有自动延时装置，还应采用人工延时，这样才可让分子泵体中的电机和轴承、电镜中的物镜线圈和高压电源等受冷却的部位都能得到充分的降温。

5．离子泵的维护

（1）因离子泵的外壳两侧有一块大的马蹄形磁铁，烘烤温度一般不能超过该电镜说明书所规定的温度值。在烘烤时严禁撞击、敲打泵壳。因在高温下撞击、敲打，可能会引起磁铁的磁性衰退，影响抽气速率和极限真空，也有可能会振断卤素灯或红外加热管中的加热丝。

（2）当不在烘烤的时候，允许偶尔使用螺丝刀的木质或塑料端头去适当敲击其外壳，使沉积在阳极内壁和阴极表面上的粉尘颗粒脱落，这样做有助于提高抽气速率。

（3）若要检修离子泵，应先关断其高压电源，最好等 5min，让其内部元件充分放完电，再拆卸其高压连接部件，以免遭到电击。

（4）马蹄形磁铁的磁性很强，在拆卸时操作人员最好取下手上所戴的手表，也要取出上衣口袋里的手机，以免被磁化，影响手表或手机的正常使用。

（5）要定期检查高压电极的连接是否完好，连接端头的陶瓷绝缘子表面是否干净，若沾有油渍等污染物，应关掉电源，等待5min之后，再用棉花或棉布沾酒精把陶瓷绝缘子的表面擦拭干净，以免漏电造成跳闸或伤人。

6. 真空计的维护

皮拉尼真空计也被称为电阻式真空规，其一般是做成四臂的电桥，并用有温度补偿的电阻丝或电阻与之串联，即它是利用惠斯通电桥的补偿原理做成的，其中的热丝作为该电路中的一个电阻臂。常温的气体分子碰撞高温固体时，会从固体表面带走热量。通过被气体分子夺取的热量来计算压力的真空计被称为热传导真空计。代表性的热传导真空计主要有皮拉尼真空计和热电偶真空计。皮拉尼真空计的金属圆筒内部设有一根铂（Pt）金丝，两端连接着电极，通过电极给铂金丝提供电流时，铂金丝会发热，气体分子碰撞铂金丝或通过热辐射、热传导等方式把铂金丝上的热量带走。当铂丝周围的气体分子的密度改变，其热导率会随之改变。因此，铂丝所表现的温度也就不同，间接地影响着铂丝的电阻值大小。这种皮拉尼真空计常用于测量低中真空区的传感器，在扫描电镜中常用于测量预真空度。这种真空计使用的时间长了，会受到机械泵和扩散泵中的油蒸气和气体中粉尘的污染，当它受到的污染比较严重时，铂丝的表面温度与气压的关系就会变得不敏感，铂丝的电阻值会产生异常，会反应迟钝，测量灵敏度会下降，测量误差就会增大，所以需要定期的清洗。

潘宁真空计是依潘宁的放电现象做成的真空计。一般而言，冷阴极放出的电子比热阴极少，单纯在阴、阳两极间加电压，如果压力低于0.1Pa时则很难维持连续放电。为了增加电子的飞行距离，需要在外部加磁场，这样可使它能在更低的压力下也可持续放电。从阴极放出的电子受到磁场中洛仑兹力的作用而做螺旋运动，电子被控制在势阱内，并在两侧的阴极之间做往返运动。螺旋运动和往返运动使得电子的飞行距离大幅度增长。所以潘宁放电仍可在0.1Pa的压力下产生。

潘宁真空计是冷阴极电离真空计的一种，可用于测量高和超高真空区的真空度。因为是冷阴极方式，所以不必担心电极的烧毁损坏问题，但缺点是放电不是很稳定。潘宁冷阴极电离真空计在扫描电镜中常用于测量电子枪和镜筒部位的高真空区的传感器，使用的时间久了，也会受到油蒸气等的污染。真空计一旦受污染，从阴极放出的电子数量会受到影响，反应灵敏度会降低，测量误差就会增大，所以也需要定期清洗。其清洗间隔周期依电镜机型的真空系统而异，对于油扩散泵的真空系统一般为2～3年清洗一次，对于无油机械泵加涡轮分子泵的真空系统一般4～5年才需要清洗一次。

这两种真空计在清洗时最好都先用汽油浸泡几分钟，在浸泡过程中用手摇晃几下，待 5min 后倒掉汽油，再分别用洗衣液加水→84 消毒液加水→丙酮→无水酒精各进行约 5min 的超声清洗，烘干后即可装回使用。若真空计中的阴极丝表面氧化或污染严重，则需先用细砂纸轻轻地擦拭后，再按前述的过程一步一步进行清洗。清洗之后，待晾干或烘干完再装回去。

7.6 冷却循环水机的维护

（1）应经常检查冷却水管的连接是否安全、牢靠，冷却水的流量、温度和压力是否处于合理范围。当电镜间的室温在 23℃ 左右，循环水的水温处在 20℃ 附近时，对于配备分子泵的扫描电镜，视分子泵的具体功耗和排气量的大小，冷却水每分钟的流量为 2～2.5L；对于配备油扩散泵的扫描电镜，也视油扩散泵的加热功率和排气量的大小，冷却水每分钟的流量为 2.5～3L；对于配备涡轮分子泵的透射电镜也视其功耗和排气量的大小，冷却水每分钟的流量一般在 3～3.5L；对于配备油扩散泵的透射电镜也视其功耗和排气量的大小，冷却水每分钟的流量一般在 3.5～4L。透射电镜冷却水的流量还与电镜的加速电压有关，电镜的加速电压越高，高压电源所需的散热功耗也就会越大，对冷却水的流量需求就会越大，有的甚至要求每分钟的水流量要达到 4.5L。若循环水的水温在 25℃，对各型号电镜冷却水的流量都要相应加大，以免影响冷却效果。

（2）建议每个月都应检查水箱的水位，一旦水位下降都应及时补充蒸馏水或去离子水，若没有蒸馏水或去离子水，可以暂时用沉淀过后的冷开水代替；硬度小于 6D 的自来水也可用；硬度在 6～12D 的自来水要经沉积去除碳酸盐（如碳酸钙、碳酸镁）之后才能使用；硬度大于 12D 的自来水一定不要用，更不能用矿泉水，因矿泉水的硬度一般都比自来水大，硬度大的水流经水管会在冷却管的内壁沉淀形成水垢，时间久了会影响水的流动和制冷效果，使冷却效果变得更差（附注：1D=10ppm 的 CaO）。

（3）为防止水中生长微生物或游离性的有机杂质，从而妨碍水的流动，影响冷却效果，最好应在水中添加杀菌剂。水箱中的蒸馏水每年最好应更换 1～2 次。

（4）对压缩机的风冷过滤网和散热风扇的叶片建议每 6 个月清扫一次，清扫完成之后应在风扇的轴承上加两滴润滑油。

（5）为了减少管道中的水垢和微生物对水流量和制冷量的影响，若采用蒸馏水或去离子水冷却，建议每间隔 5 年就应清洗一次冷却水的管道；若采用冷开水来冷却，则每间隔 2 年就应清洗一次冷却水通道；若采用硬度不大于 6D 的自来水冷却，则每年都应清洗一次冷却水通道。若长时间没有清洗或者冷却水的流量不足，易导致制冷不良，并且会加重样品仓、镜筒、能谱探测器密封窗和试样表面的污染，严重的会导致高压电源烧毁。

冷却循环水机的常见故障如下。

（1）循环水机使用几年之后，若循环水机的水流量减少(流速减慢)，很可能是冷却水通道流阻增大，水流不畅，适当调高水压后，若水流量依然没有明显增大，建议清洗冷却水的管道。

（2）若循环水机的水温正常，但没有水压和水流量，扫描电镜还发出报警信号。这有很大可能是循环水管道严重阻塞或循环水机中的水泵驱动电机出故障，应查明原因，排除阻塞物或更换水泵的驱动电机，这样才能继续投入使用。

（3）若循环水机能正常启动，水压和水流量正常，但循环水的温度下降不明显，甚至不制冷。这有很大的可能是压缩机中的氟利昂泄漏，若是氟利昂泄漏，应重新抽真空，再加灌氟利昂，完成之后压缩机才能投入使用。

（4）若循环水机中的水压和流量正常，但水温降不下来或根本就没有制冷作用，而且循环水机的噪声明显减小。这很大可能是压缩机的电机开路或烧毁，应进行修复或更换同功率、同制冷量的压缩机。

7.7 电镜的控制计算机

随着计算机技术的发展，到了 20 世纪 90 年代中期，几乎所有的商品扫描和透射电镜，以及能谱仪、波谱仪都采用计算机控制，采用计算机控制一方面可使电镜的操作、调整实现高度自动化；另一方面一旦出现意外的停电或误操作等事项也能快速实现自动保护。除此之外，人们还可直接利用计算机对数据进行分析计算和对图像进行数字化处理、储存、转发等。电镜图像、能谱谱图和分析结果都可以方便地转存到光盘、移动硬盘或 U 盘中，也可以再转到其他的计算机上使用图像处理软件进行后续的处理或重新定量计算等。能谱、波谱、EBSD 和 X 射线微区分析等都可以共用一台计算机进行控制，这台计算机也可以与电镜的计算机互通共用，相互控制，相互联系，所以现在的电镜都离不开计算机，因此计算机对电镜的控制和管理显得特别的重要。为保证扫描电镜能正常、安全、可靠地运行，对配在 SEM 上的计算机必须做到：

（1）未经专门培训合格的人员不得擅自操作电镜。

（2）操作者不得随意改变电镜的各参数，禁止随意修改计算机的任何设置和安装无关的额外软件。

（3）禁止随意使用 USB 接口，即不要随便接插 U 盘，也不要轻易与外部的互联网连接，若要转存或输出图像及分析结果，最好采用刻光盘的方式或采用第二台计算机联网作为转存中介，以防止感染计算机病毒。

（4）计算机中的有些指令是用于驱动电镜中的某些阀门等机械部件的执行动作，对个别指令的运行有时反应可能会较慢，千万不要急于求成，若盲目地连续操作，容易造成死机。

（5）计算机主机柜后面的冷却风扇和风口的过滤网每年都应清洗一次，清洗完之后，应在风扇的轴承处加一两滴润滑油。一旦发现冷却风扇的运转声音不正常或损坏，应立即维修或更换。

7.8 与电镜配套的不间断电源

不间断电源（UPS）即将（多数为铅酸）蓄电池与逆变器主机相连接，通过逆变器主机的变换电路将蓄电池中的直流电变换成模拟市电的转换装置。当市电的输入电压正常时，UPS 将 220V 的交流市电稳压后直接供应给负载（电镜）使用，此时的 UPS 就是一台稳定性非常好的交流稳压电源，与此同时它还会向所带的蓄电池充电。当市电的电压出现大的波动或中断时，UPS 会立即（≤0.02s）将蓄电池中的直流电通过逆变器自动切换成 220V、50Hz 的交流电继续向负载（电镜）提供电力，使电镜能维持在正常的工作状态，并保护所带负载的软硬件不受外电网的大幅波动或停电的影响。如使场发射电镜的电子枪中的真空度和阴极发射都能照常运行，电镜的控制计算机不掉码，即电镜整机都不受外电网的停电和逆变器转换瞬间的影响。一台好的 UPS 只需要很少的维护，优质的铅酸蓄电池多数都为密封式、低维护型，只需要经常保持有规律的充放电，一般都能获得期望的使用寿命。UPS 在同市电连接时，市电始终保持着向蓄电池充电，并且能提供电压过高或过低、过充或过放电的自我保护，所以它确实是一台名副其实的高稳定性的稳压和稳频器。

现在的全封闭的铅酸蓄电池的充放电化学反应过程为：

铅酸蓄电池在充电时 $2PbSO_4+2H_2O=PbO_2+Pb+2H_2SO_4$；

铅酸蓄电池在放电时 $PbO_2+Pb+2H_2SO_4=2PbSO_4+2H_2O$。

为了能延长蓄电池的使用寿命，最好有时间性地充放电，UPS 电源中的浮充电压和放电电压在出厂时均已设定好一个额定的范围值，而放电电流的大小是随着负载电流的增大而增加，使用中应合理调控负载，比如控制所带电镜实际使用台数的总功耗。在理想的情况下，负载的总功耗最好不超过 UPS 额定输出功率的 70%，在这样的情况下，电池的放电电流一般就不会出现过度的放电。另外，UPS 因长期与市电相连，当市电的供电质量较高、较稳定，又很少出现停电的情况下，蓄电池会长期处于浮充状态，时间长了会导致电池的化学能与电能相互转化的活性降低，易使蓄电池处于惰性状态，这无形中也会加速蓄电池的老化而缩短使用寿命。因此，最好每隔 3 个月左右就应完全放电一次，在气温较高的地区最好每隔 2 个月就应完全放电一次，放电时间可根据蓄电池的安时量和负载电流的大小来确定。一次全负荷放电完毕后，依电池安时量的大小，按规定应再连续充电 10～12h。

在 UPS 的使用过程中，有的人会片面地认为蓄电池是低维护或免维护的，因而对其未有足够的重视，然而有资料显示，因蓄电池的故障而导致 UPS 不能正常运行的比例大约占 UPS 整机故障的 1/4。由此可见，加强对 UPS 电池的正确使用与维护，对延长蓄电池的使用寿命，降低 UPS 系统的故障率，提高 UPS 的可靠性和安全性起了很大的作用，也只有这样才能真正起到不间断供电的作用。

对蓄电池放电性能的判断，最好使用专用的蓄电池测量仪来测试，但是一般的电镜用户很少有这种专用仪表，多数用户的手中可能只有三用表及一些简单的安装、拆卸工具。下面是维修、甄别蓄电池性能的几点经验，以供参考。

（1）外观目测判断。观察蓄电池的外观有无变形、凸出、漏液、破裂、烧焦、螺丝连接处是否有烟雾、灰白色的结晶物、氧化物渗出等。

（2）带载测量。若外观无明显异常，UPS 在电池供电的模式下，带一定量的负载，观察放电时间是否明显短于正常的放电时间，充电 10～12h 以后，是否能恢复到正常的性能或参数，若恢复不了，则可判定该电池组中已有某节电池的性能有明显的退化、老化或失效。

（3）测量各节电池的端电压。在电池放电模式下用万用表测量电池组中各节电池的端电压，若其中某些电池的端电压明显高于或低于标称电压（12V/节），则可判定该节电池已老化（浮充时蓄电池的端电压通常在 13.6V 左右）。

（4）测量电池组的总电压。用万用表测量电池组的总电压，充电 12h 后仍不能恢复到正常值，若总电压明显低于标称值或者虽能恢复到正常值，但放电时间达不到正常的放电时间，则可判定电池组中有某些电池已老化或失效。

（5）清洁机柜和电池外壳。灰尘进入逆变器主机内沉积会影响电子元器件的散热，当遇到潮湿空气时会造成主机的电路板漏电、工作失常，引起主机控制紊乱，还可能会发出错误的报警。为此，每年都应彻底清洁一次主机柜和电池外壳；还有就是在除尘时，应检查各连接端头和插接件有无松动和接触不良。电池与电网和所带的负载之间的连接线都要确保拧紧、连接牢靠，以防止产生火花。电池的接法应正确无误，正、负极一定不能接反或出现短、断路。

（6）避免电池被逆向充电。应避免蓄电池在电源系统或用电环境中被逆向充电，以免造成电池内部极板弯曲变形和活性物质脱落，从而影响到蓄电池的正常使用寿命。

（7）存放和使用环境。为防止电池外壳与电极之间出现漏电，严禁把逆变器和蓄电池安装或存放在靠近高温或有火源的地方，以免缩短电池的使用寿命。蓄电池适合在低温、干燥通风的条件下和无明显粉尘的环境中存放及运行。

（8）避免过度放电。每节电池的理论标称电压为 12V，但电池的浮充电压通常在 13.5～13.8V。每节电池的放电终止电压不能低于 10.5V，最大的放电电流不能超出实际电流量的 40%，否则会明显影响电池的后续容量和使用寿命，若放电的终止电压低于 10V 或放电的电流超出实际电流量的 40%，则可能会导致蓄电池永久性损坏。

（9）及时更换损坏的电池。对于损坏的电池应及时更换，大功率 UPS 配备的蓄电池数量一般都有十几节至几十节(现在最新的单进/单出的 UPS 机型配备的蓄电池数量有的是 16 节，早期单进/单出的机型配备的蓄电池数量通常是 18 或 19 节；三进/单出的 UPS 机型配备的蓄电池数量通常是 29 或 30 节)，通过线路串接把这些蓄电池构成电池组，以满足 UPS 直流供电的需要。在 UPS 连续长期的运行中，每节电池各自的性能、电参数和电极板活性难免会存有差异，电池的使用时间一长，各电池内部的差异就会凸显，性能会有不同程度的退化，内阻会有不同程度的增大，输出的电流就会出现大小不一的情况。当某节电池的性能出现明显的异常，如出现电压反极、压降大、压差大、内阻大，甚至出现酸雾泄漏时，都应及时采用有效的办法进行修复，对那些放电量达不到要求又不能修复的电池就要及时更换。

（10）蓄电池的寿命。若长期处于 10～25℃，湿度小于 70%的洁净环境下，又未曾出现过过度放电，铅酸蓄电池一般正常的使用寿命为 5 年，长的可达 6 年。对寿命已到期的电池组要及时更换，以免影响到电镜正常运行。更换电池时应购买跟原先同牌号、同容量、同规格的电池，若随意更换不同品牌和不同尺寸的电池，原有的电池柜空间可能会容纳不下或带来其他的装配问题。

（11）排除故障后才能重启。当 UPS 出现故障时，如逆变器的主机出现烧保险丝或电路板上的元器件出现击穿、烧毁等现象，应先查明诱发的起因，分清是负载出问题，还是 UPS 的逆变器主机的电子线路出问题，或者是 UPS 主机电路中的元器件质量出问题，还是蓄电池的电极短路或连接出问题。现在 UPS 的主机一般都会带有故障自检功能，它是对面而不对点，只能为维修或更换配件提供大致的参考，但要找到具体的故障点，仍需要深入地做大量的分析和检测工作。另外，若自检部位发生故障，所提示的故障内容则有可能会出错，一定要查明诱发的起因并排除故障后才能重新启动，否则有可能会接二连三地发生相同的故障，后续的故障甚至会一次比一次严重。

（12）蓄电池要有一定的通风散热空间。逆变器主机柜和电池箱的外围都应留有一定的通风散热空间，逆变器主机柜顶部或后部的冷却风扇和风口的过滤网每年也应清扫一次，清扫完之后，应在风扇的轴承处加两滴润滑油。一旦发现冷却风扇的运转声音不正常或损坏，应立即维修或更换同型号的风扇。

（13）蓄电池存放环境。对长时间搁置或停用的UPS，必须将UPS主机和蓄电池存放于干燥和灰尘少的地方，存贮温度范围为-25～+30℃。但当要开机启用之前，必须先让环境温度回暖到0℃以上并维持2h以后才能开机。UPS主机和蓄电池的最佳运行环境温度为10～25℃。

（14）应由专业人员维修。更换电池或拆卸、维修UPS的工作都必须由具备蓄电池知识和电气线路维护资质的专业人员执行。

（15）若遇到火警，应使用干粉灭火器进行灭火，严禁使用液体灭火器，更不能使用消防自动喷淋装置，若轻易启用液体灭火器或自动喷淋装置，可能会带来触电的危险。这不仅是对UPS系统，对扫描电镜和一切带电的仪器设备都一样，若遇到火警，它们只能使用干粉灭火器。

第**8**章

电镜的安装环境和对实验室的要求

8.1 安装地点的选择

电子显微镜对地面振动和外来杂散磁场的干扰都比较敏感，所以人们在选择安装地点时最主要关注的有两点：首先为减少外来磁场的干扰，电镜实验室应尽量远离变电站、配电房及大功率的用电设备；其次为减少外来的振动干扰，电镜实验室也应尽量远离电梯间和装有冲床、拉伸机、空气锤、振动台、冲击试验台、离心加速器等振动幅度和冲击力比较大的设备的车间和场所，以及通行汽车的交通要道和停车库等，更要远离地面和地下的铁路线。

8.2 空间与地面

电镜实验室的面积随机型的不同而异，不同型号的电镜有不同的要求，具体型号的电镜平面布置图可向供货商索取或咨询，真正的电镜实验室的面积和门洞尺寸在参考所购买的电镜样本平面布置图的基础上，还应留有一定的余量。因供货商所提供的电镜实验室的面积布置图和门洞的尺寸往往是该型号电镜安装所需面积的最小值，除了加配能谱仪或（和）波谱仪，某些配套的辅助件如 UPS、离子溅射仪、干燥箱、写字台等附加仪器和装置，电镜的供应商是不会考虑进去的，所以对电镜实验室的整个布局都应统筹规划、全盘考虑。整个实验间的面积和空间都应大于供货商所提出的要求才有回旋和安装附加仪器与装置的余地。

若只用于安装一台扫描电镜的房间，其净面积一般要不小于 3.5m×4m；若带有能谱仪，其面积应略微增大一些，如不小于 3.5m×4.5m；若还带有非一体化的波谱仪，其面积还应再略微增大一些，如不小于 3.5m×5m。当加配 UPS、离子溅射仪、干燥箱、工作台等仪器与装置时，电镜间的净面积一般就要不小于 4m×6m。若有条件最好应在不小于 3.5m×5m 的实验间中放置电镜、能谱仪和波谱仪，再在相邻的房间找个地方放置空气压缩机、冷却循环水机、氮气瓶、离子溅射仪和 UPS。为了工作人员视野开阔和有较好的舒适感，建议扫描电镜间的净高度最好不小于 2.6m。

扫描电镜间的门洞也随机型的大小而异，即最小应能让所购买的电镜能搬得进去。多数型号的扫描电镜对门洞净宽的要求为不小于 1m×2m；个别型号的扫描电镜对门洞净宽的要求为不小于 1.2m×2m，如国产 KYKY 的钨阴极扫描电镜要求门洞的净宽度不小于 1.2m。

透射电镜实验室的面积也随机型的不同而异，具体型号的透射电镜平面布置图也应向供货商索取或咨询后再具体规划。安装普通透射电镜的实验间净面积应不小于 4m×4.5m，房间净高度应不小于 2.8m；200kV 的场发射透射电镜的实验间净面积应不小于 4.5m×5.5m，房间的净高度应不小于 3.2m；300kV 的场发射透射电镜间的净面积应不小于 5m×6.5m，房间的净高度应不小于 4.5m。

透射电镜对门洞净宽的要求也随机型的不同而异，普通透射电镜对门洞的要求多数是不小于 1.2m×2m；200kV 的透射电镜对门洞的要求是不小于 1.4m×2.3m；300kV 的透射电镜对门洞的要求是不小于 1.8m×2.6m。

电镜间地面的承载力应能支撑该电镜主机部位的总质量。扫描电镜主机部位的质量随机型的不同和样品仓的大小而异，对中等样品仓的机型，多数钨阴极扫描电镜主机部位的质量大都在（700±50）kg；多数场发射扫描电镜主机部位的质量大都在（780±50）kg；这不包括后续还会安装在样品仓上的能谱仪、波谱仪和 EBSD 等附件的探测器及 FIB 的离子源和气体等部件的质量，更不包括键盘、显示器、机械泵和空压机等外围设备。对小样品仓机型的电镜，相应机型主机部位的质量也会有所减少；但对大样品仓机型的电镜，相应机型主机部位的质量还会有所增加。电镜主机部位的质量都靠四个支撑脚承载，依机型的不同，每只支撑脚与地板的接触面积为 50mm×50mm～80mm×80mm。有些机型的支撑脚与地板的接触面积采用的是 80mm 或 100mm 直径的圆形支撑脚，而有些机型的支撑脚与地板的接触面积采用的是 40mm×100mm 的矩形支撑脚。每只支撑脚大约承载着（200±25）kg 的净压力，这四只支撑脚分布在一米见方范围的四个角上。所以，电镜间的地面应能承受所购买电镜的总质量的压力和支撑脚部位的压强。

楼板的地面应整洁、浅色调，最好能铺设有防静电功能的地板，千万不要铺地毯。若电镜用的不是循环冷却水，而是采用自来水冷却时，电镜间的地面一定要留有排水的地漏孔，以防止连接水管的接口松脱或水管开裂，造成灾难性的水浸，以免遭受额外的损失。

8.3 接地

理想的接地点应是一个与大地连接良好的接地端头，即当有电流流经该接地点时不会产生明显的压降。电镜和能谱仪等设备的外壳应与地线导体的端头连接良好，使它在正常运行时都能处在以地电位为"零"参考点的电位上，它为电源和信号电流提供回路和基准的"零"点电位。理想的地线本身的分布电容和电感都应该很小，接地桩和引入线的体电阻也应尽可能小，但实际上即使采用较粗的铜线或铜排作为引入线，每米也会有几毫欧的体电阻和接近于 $1\mu H$ 的电感量。为了减少地线的阻抗，地桩、连接排和引入线都应尽量选用截面积足够大、导电良好的低阻值金属材料，如铜排或铜桩，或者镀银、镀铜或镀锌的铁排等。接地线应能达到以下几点要求：

（1）地线的接地平面为零电位，是电镜系统中各电路所有电信号的公共电位参考点。

（2）理想的地线接地平面应是电阻为零的实体，整套电镜系统中各接地点之间应不存在电位差。

（3）良好的地线接地平面与布线之间应有很大的分布电容，而平面本身的引线电感应很小，理论上它可以吸收所有的信号，以保证电镜和能谱仪等设备的稳定运行，接地平面应由低阻抗的金属材料做成，并应有足够的厚度和宽度。

（4）理想的接地线应尽量避免形成接地回路，以降低多级电路公共接地阻抗上产生的干扰信号。

对于扫描电镜和能谱仪来说，应有一条专供电镜用的独立地线，良好的接地既可提高仪器设备的抗干扰能力，又可为设备在有电路故障或漏电流问题时提供一条最短的放电通道，这不仅可以保护操作人员的人身安全，而且还可以防止设备积累静电荷并能稳定电子线路的工作点。具体地说，一个低阻值的接地点能提高电镜照片和能谱谱图的信噪比与稳定性。从理论上讲，接地电阻越小越好，但要埋设一条低阻值的地线费用不少。依《扫描电子显微镜试验方法》（JB/T 6842）标准中的规定，扫描电镜专用的地线应<4Ω。但实际上设计一条好的电镜专用地线，其电阻值最好应能按电镜厂家提出的要求去做，并要留有余量，因不同厂家生产的电镜对地线阻值的要求不同，如国产 KYKY 的钨阴极扫描电镜要求地线阻值小于 5Ω；日本生产的扫描电镜对地线阻值的要求有的小于 100Ω，有的小于 40Ω，有的小于 15Ω；欧盟地区生产的电气设备对地线阻值的要求就很严格，所有欧洲生产的电镜，如蔡司、FEI和 TESCAN 等公司的电镜，其接地电阻提出的理论值都要求小于 0.1Ω，这么低的接

地电阻值是很难实现的，因地桩与连接排和引入线本身的体电阻往往都不止 0.1Ω，而真正能做到并能达到安全又实用的电镜地线阻值能不大于 1.6Ω 也就很好了，若能达到 1Ω 那就很理想了。有关地线的设计、施工和计算可参阅文献[1]。

8.4 照明

在电镜实验室里要有合适的照度，这对减少操作人员的眼睛疲劳和提高工作效率都有很大的好处，在过于明亮的强光下长时间工作，不仅对操作人员的眼睛有害，而且还会浪费能源；在过于暗淡的光线下长时间工作，操作人员会比较容易感到疲倦，而且还会影响视力。除此之外，在过于强烈或过于暗淡的光线下操作扫描电镜时人们对电镜图像的亮、暗度及衬度的调节也很难准确掌控好。

新型的扫描电镜不必采用全暗室的照明设计，但观察的屏幕不要朝向入射光，手边最好能有遥控或调控照明灯的装置，照明光源最好用普通的白炽灯、淡黄色的日光灯或节能灯，而尽量不用或少用白色的日光灯。为了做好电镜的维修和维护工作，扫描电镜间的照度最好应能明暗可调，当检修时需要明亮的光线，这时的照度要不小于 500 勒克斯（Lux，简称 lx）。在正常操作扫描电镜时为减少操作人员眼睛的疲劳并能看清和便于调节图像的衬度，这时扫描电镜间的照度最好应控制在 100～200Lux。

为了便于维修和清洁，透射电镜间的照度也应不小于 500Lux，而透射电镜在正常工作时经常采用 10～25Lux 的微弱照明，有时甚至是不开灯，所以透射电镜间要考虑采用全暗室设计。

8.5 室内温度、湿度、通风和排气

为了保证电镜及其附件的热稳定性，使电子线路能够可靠地运行，建议在电镜实验室内采用人工小气候。依《扫描电子显微镜实验方法》（JB/T 6842）标准中的规定，电镜实验室中的温度应控制在（20±5）℃范围，而且温度要保持相对稳定，不要有明显的急骤变化，即每小时的变化量应≤2℃。电镜间里应设有抽湿机以控制湿度，若湿度大，不仅会影响电镜的抽真空时间，还会使空气压缩机容易积水，使电路板的金属连接线和继电器的触点容易产生氧化和腐蚀，甚至易使显示器受潮，导致画面出现模糊不清，严重的还会出现高压部位打火、击穿等失效现象。但湿度也不能太小，若湿度太小，易造成电路板弯曲、变形，这不仅会导致电子线路出现接触不良，而且还会增大电子线路中半导体器件的静电损伤，影响到电镜的整机可靠性。相对湿度最好能控制在 50%～70%，并且保证不结露。

有油的机械泵排出的废气有碍身体健康，应尽量用管道把废气排出室外并要在出气口上加装尾部的废气过滤器。另外，电镜常会用到干氮、液氮，为避免造成室内氮气多、氧气少，建议在电镜辅助间和电镜实验室的墙壁或天花板上各增设一台5英寸或6英寸的排气扇，把电镜间中的部分气体排出去。这样既不用开窗，又能保证室内有一定的通风换气量，还能保持一定的隔音效果和稳定的温、湿度。若从外部输入冷气或安装分体的空调机时，要注意来自送风口的风向，千万不要让送风口正对着电镜的镜筒方向吹，以免影响高倍率图像的拍摄。

8.6 防振和防磁

电镜样品台的底部虽然都有气囊垫或弹簧垫等被动的减震装置，因其衰减量有限，特别是对抗10Hz以下的超低频振动时，气囊垫虽比弹簧垫略好一些，但即使再加一层橡胶垫，它的衰减量也很有限。依《扫描电子显微镜实验方法》（JB/T 6842）标准中的规定，扫描电镜实验室在5～20Hz振幅范围的峰，其峰值应不大于5μm。但实际上对于扫描电镜的振动干扰，不同型号的电镜对外来振动的最大振幅的限定也是不同的。钨阴极扫描电镜对振动所带来的干扰，一般要求在2Hz时振幅峰的峰值应不大于1μm；在15Hz时振幅峰的峰值应不大于3μm。国产KYKY的钨阴极扫描电镜要求振动频率在1～200Hz时振幅峰的峰值都应不大于3μm。场发射扫描电镜和透射电镜对超低频的振动幅度的要求更严格，不同的厂家和不同型号的电镜对可容许的振幅也不完全相同，一般在产品的样本或安装说明书中都会有具体的指标和要求。当电镜实验室的实际地面振幅大于电镜厂家提出的要求时，在安装扫描电镜前就应采取一定的防振、减振措施，如添加减振台、挖防振沟或设置减振基座等一些有效的减振措施。

现在市场上有专供扫描电镜使用的主动减振基座出售，如某公司的主动减振基座的主要参数为，适用的减振带宽1～200Hz；基座的载荷量为450～1 100kg；最大功耗为0.6kW。这种主动减振基座从1Hz开始就有一定的衰减作用，水平和垂直两个方向的减振幅度从2～200Hz都能达到-20dB的衰减量。

另一家主动减振基座的主要参数为，适用的减振带宽为0.7～150Hz；基座的载荷量为300～1 500kg；最大功耗为1.0kW，产生的磁场强度不大于$0.3mG_{p\rightarrow p}$；减振基座自重为190kg。这种减振基座从1Hz开始就有一定的衰减作用，水平和垂直两个方向的减振幅度从2～150Hz就能达到-20dB的衰减量。

另一家进口的主动减振基座的主要参数为，适用的减振带宽为0.5～100Hz；基座的载荷量由4个隔振模块分担，每个模块可承重100～300kg；4个模块可承重400～1 200kg；最大功耗为1.0kW。这种减振基座在水平和垂直两个方向的减振幅度在1Hz

时能达到-8dB 的衰减量，从 2～100Hz 就都能达到-20dB 的衰减量，稳定时间不大于 0.1s。

表 8.6.1 列出了日立公司 8000 系列的冷场发射扫描电镜对实验间地面振动的最大允许幅度，在不同的频率下，有不同的上限幅度。

表 8.6.1　日立 8000 系列冷场发射电镜对地面的最大允许限幅值

水 平 方 向		垂 直 方 向	
频率（Hz）	最大振幅（μm_{p-p}）	频率（Hz）	最大振幅（μm_{p-p}）
1	12	1	25
1.4	2	2	18
2	5.6	3	9
3	8.4	4	3.3
4	9	5	1.6
5	6	6	1.6
6	7	7	1.9
10	3.3	10	3

依《扫描电子显微镜实验方法》（JB/T 6842）标准中的规定，扫描电镜实验室的杂散干扰磁场应小于 5×10^{-7}T。但实际上对于扫描电镜的干扰磁场，不同的厂家和不同的机型提出的要求也不同，对钨阴极的电子枪，有的欧美公司的电镜要求电镜间中的残余交流磁场非同步频率小于 100nT（水平 X/Y 向），同步频率小于 300nT（水平 X/Y 方向）；而有的日本公司的电镜要求电镜间中的残余交流磁场小于 190nT（水平 X/Y 向）及小于 220nT（垂直 Z 方向）；国产 KYKY 的钨阴极扫描电镜要求电镜间中的交流磁场小于 300nT。场发射扫描电镜对干扰磁场的要求比钨阴极的更严格。若待安装的电镜间的空间磁场大于厂家所规定的要求时，电镜间应做磁屏蔽或消磁设计，安装主动式消磁系统可以改善或降低局部环境的交流和直流磁场。

现在市场上有主动消磁器出售，其主要参数为，消磁带宽为 1～1 000Hz；消磁响应时间不大于 50ms；零点的温度漂移不大于 0.1nT/K；动态补偿幅度范围不小于 60mG$_{p-p}$；内置源阻值不大于 2Ω，除此之外还具有显示线圈电流的功能。

市场上也有进口的主动消磁器出售，其主要参数为，消磁带宽为 1～5 000Hz；对外部 50Hz 的交流磁场的干扰可改善不小于 100 倍；对外部直流磁场的干扰可改善不小于 400 倍；消磁响应时间不大于 0.1ms；24h 内直流探头的漂移量不大于 20μT；环境直流磁场限制范围为-200～+200μT。

表 8.6.2 为日立公司的冷场发射扫描电镜对实验间的杂散磁场的最大限幅值。

表 8.6.2 日立公司的 8200 系列冷场电镜对实验间的杂散磁场的最大限幅值（供参考）

空间磁场的方向	交流磁场		直流磁场	
	水平方向	垂直方向	水平方向	垂直方向
磁场的数值应小于（nT）	100	230	150	260

注：磁场强度，$1A/m \approx 0.012\,5O_e$；磁感应强度，$1T=1Wb/m^2=10\,000G$。

 8.7 供电电源

1. 市电供电

为了保证电镜供电电压的稳定，建议从配电房引出一条专用 220V 的电源线到电镜实验室，作为专供电镜及其附件和辅助间中设施使用的电源。这条线一定要与电镜间的空调机分开使用。依《扫描电子显微镜实验方法》（JB/T 6842）标准中的规定，电源为单相交流（220±22）V；频率（50±1）Hz。但多数扫描电镜对供电电源的实际要求为，单相交流（220±11）V；频率（50±1）Hz；电流 30～40A。在当前大城市正常供电条件下，市电的电压比较稳定，电压的波动一般都不会超出 5%，频率一般也不会超出±1Hz。

扫描电镜的整机功耗也依电镜型号的不同而略有差异，配备油扩散泵的电镜主机功耗约为电镜主机 2.3kW+循环水机 1.2kW+空压机 0.5kW=4kW，若还加配有能谱仪 0.6kW，则总功耗约为 4.6kW。配涡轮分子泵的电镜功耗会比配油扩散泵的电镜功耗小约 100W。相应的冷却循环水机的功耗一般也会小 200W，即配涡轮分子泵的电镜主机约 2.2kW+循环水机 1kW+空压机 0.5kW=3.7kW。若还配有能谱仪，则配涡轮分子泵的电镜的总功耗约为 4.3kW。若还加有波谱仪和 EBSD，则一套配备比较完整的扫描电镜的总功耗为 5kW。

有些配备涡轮分子泵的扫描电镜是采用风扇冷却，而不用水冷，这就省掉了冷却循环水机 1kW 的功耗，这样电镜主机的总功耗为 2.7kW，即使再加上空气压缩机、能谱仪的功耗，整套系统的总功耗约为 3.3kW，若还加有波谱仪和 EBSD，则一台套配备比较完整的扫描电镜的总功耗为 4.5～5kW。

透射电镜的功耗比 SEM 的功耗大，加速电压越高，整机的总功耗会越大。透射电镜所配备的冷却循环水机中的压缩机和水泵的功耗也比较大，所以透射电镜的总功耗一般都会比扫描电镜大。

若把电镜实验室里的照明、除湿机、离子溅射仪、排气扇、电子干燥柜和台灯等设备的能耗都加起来，一般扫描电镜间的总供电功率约为 7kW，设计时最好依所采购电镜机型的具体功率再加上其所配置的附件来估算，并要留有适当的余量，然后才能决定所需的总功耗。若采用粗略的估算，一般扫描电镜实验室的总供电功率至少应按 7.5kW 来设计。另外，有的从日本进口的电镜若带有降压电源变压器，在设计供电的电源时还应把变压器的转换功率因数约 0.8 考虑进去，在这种情况下总功耗应按 9kW 来估算，这还不包括空调制冷机的功耗。条件允许时，建议加配 UPS 电源，以应对停电。

若电镜间设计为电磁屏蔽暗室，则一切进出屏蔽间的引线都应经滤波器过滤才能进入电镜间。

2. 不间断电源的选配

对于扫描电镜，特别是热场发射电镜，最好应配备不间断电源（UPS），以便能更好地保护电子枪阴极。若 FEG 电镜没有配 UPS，一旦碰到停电，电镜整机就会断电，昂贵的场发射阴极就容易受损，即使场发射阴极没有完全损坏，若要重新点燃阴极继续使用，也会明显地影响到其后续的寿命。离子泵因断电而停机时，真空系统会立即遭到破坏，要重新启动电镜，电子枪可能就要重新做烘烤。重启电子枪的离子泵和重新点燃阴极也是一件很麻烦、很费时的事。每遭遇一次突发的停电，对阴极的寿命都会有明显的影响，特别是肖特基热场发射阴极很容易因突然停电而导致永久失效。电镜若加配 UPS 电源，一般就不用担心 IGP 断电的问题，也就不会影响到电子枪的真空度和阴极的寿命。随着场发射电镜的市场占有率日益增多，加配不间断电源的电镜也越来越多，当前几乎所有的 FEG 电镜都会加配 UPS。

目前 UPS 所用的蓄电池多数都采用免维护的密封式铅酸蓄电池，优质电池的平均使用寿命一般可达 5 年，这要求电池逆变器都应在洁净的环境和约 25℃ 的室温下使用。若使用的环境温度高，会导致电池内部的化学活性增强，从而产生大量的热能，这些热能又会反过来促使周围环境温度升高，这样恶性循环会明显地缩短电池的寿命。

选配 UPS 时，应以扫描电镜的实际功耗来考虑 UPS 功率的大小，UPS 通常都是以 kVA 这种无功功率单位来表示其带负载的能力，在这种无功功率的基础上乘以 0.85 才是 UPS 的实际输出功率，而且还应略大于所带电镜的实际功耗，即要留有一定的余量，所以通常的估算值一般设为 0.8。若电镜主机的功耗约为 4kW，至少要选配不小于 5kVA 的 UPS，为留有一定的余量最好选配不小于 6kVA 的 UPS；若电镜还配有能谱仪和波谱仪，则总功耗约为 5kW，这样最好应选配 7kVA 或 8kVA 的 UPS。

多数扫描电镜对供电电源的要求一般都是单相 220V，而对于一般的 UPS 电源，可以选购单相输入和单相输出，即所谓的单进/单出型的 UPS；而对于大功率的 UPS，最好应选购三相输入单相输出，即所谓的三进/单出型的 UPS，特别是功率不小于 10kVA 的 UPS，一定要选购三进/单出型的，这样才能使电网各相供电尽可能平衡，以尽量减少对"左邻右舍"的其他用电设备的影响。

蓄电池的储存电量多少是以安时量来衡量的，要以扫描电镜的实际用电量和断电后想要延长的时间为出发点来选配蓄电池。断电后要延长供电的时间越长，所配套的蓄电池的安时量就要越大，若断电后仅供一台电镜的电子枪和 IGP 运转几个小时，则所选用的电池的安时量就可以相对小一些，通常会选用 65 安时的电池；若要供一台电镜加能谱仪和波谱仪在断电后还能继续工作维持运行几个小时或者是断电后想要电子枪和 IGP 能继续运转 8h 以上，通常就要选用 100 安时的电池；若要同时供两台电镜加能谱仪和波谱仪在断电后还能继续维持运行几个小时或者是断电后想要供两台电镜的电子枪和 IGP 运转 8h 以上，那就要选用 165 安时的电池。若要同时供三台电镜加能谱仪和波谱仪在断电后还能继续维持运行几个小时或者是断电后想要供三台电镜的电子枪和 IGP 运转 8h 以上；那就要选用 200 安时的电池。表 8.7.1 为 SANFOR 牌全封闭铅酸蓄电池的几个主要物理参数，以供读者选购蓄电池时参考。不同型号和不同品牌的蓄电池的外形尺寸、重量和接线端子的型号也都不同。这里要强调的是，不同品牌、不同规格的电池，不要混在一起使用，因它们的内阻、外壳尺寸、连接端子可能会有所不同，也有可能会使电池柜的空间容纳不下或带来其他的装配连接和影响使用寿命的问题。

表 8.7.1　SANFOR 牌铅酸蓄电池的几个主要技术参数

型　　号		12MF 200	12MF 165	12MF 100	12MF 65
标称电压（V）		12	12	12	12
标称容量（A·h）		200	165	100	65
浮充电压（V）		13.5～13.8	13.5～13.8	13.5～13.8	13.5～13.8
允许最大的放电电流(A)		80	66	40	26
外形尺寸（mm）	L	520	485	328	350
	W	240	171	172	166
	H	220	242	214	175
重量（kg）		70	45	32	24
接线端子型号		M8	M8	M6	M6

整套 UPS 必须安装在室内，严禁有阳光直射，因为 UPS 在较低的环境温度下运行不仅有利于逆变器中电子元器件的散热，提高可靠性，还能延长蓄电池的使用寿命。环境温度在 15～25℃时，电池的平均使用寿命一般可达 5 年；若长期处在室温 30℃以上的环境中运行，则蓄电池的寿命会大受影响，平均寿命可能不到四年；若长期处在室温 35℃以上的环境中运行，蓄电池的平均寿命可能都不到三年。

8.8 供水

扫描电镜最好加配冷却循环水机，循环水机的水箱中应加灌蒸馏水或去离子水，采用蒸馏水或去离子水来冷却电镜既可减少管道中水垢的生成和杂质的沉积，又可使水流畅通，提高制冷效果。一般情况下冷却循环水机都是与扫描电镜一起采购，但也可以另外选配，若用户自己另外选配，要注意其冷却功率和水流量都应能达到与所要配套的电镜对循环水的要求。依扫描电镜型号和样品仓的大小不同而异，也就是取决于真空系统中泵的类型与排气功率的大小。涡轮分子泵的机型对冷却水的流量要求为 2～3L/min，油扩散泵的机型对冷却水的流量为 2.5～3L/min。一般机型的最佳的水温应在 18～22℃，水压应在 0.2～0.4MPa。

若没有冷却循环水机，而改用自来水冷却，则要求自来水的水质要软、洁净、无浑浊、无肉眼可见的颗粒和杂质。水的硬度最好不大于 6D，若水的硬度在 6～12D，应经处理沉积去除碳酸盐之后才能使用，若水的硬度大于 12D 则不能采用。进出水管的接口、形状、排水口的口径都应与所购买的电镜相匹配。如果扫描电镜配备的是风冷的涡轮分子泵，则可以省掉冷却循环水机，而这样电镜的整机功耗约可减少 1kW。

透射电镜的冷却水流量也依具体的型号而定，多数机型为 3～3.5L/min，而其最佳的水温和水压与扫描电镜的要求基本相同。

8.9 环境噪声

为防止空气振动而影响高倍率时的图像采集，要求电镜间的环境噪声最好应不大于 60dB。在环境噪声较大的地方，实验间内的墙面最好采用有吸音效果的材料进行装饰，如采用轻钢龙骨加石膏板做隔墙，再在其表面上张贴带有明显花纹或小瓦楞形的墙纸；吊顶的天花板可采用穿孔铝板加上高效隔音的阻燃毡衬或加盖有阻燃功能的泡沫板，也可采用带有凹凸图案花纹的石膏板。

在采集高倍照片时请勿大声说话，以尽量减少噪声干扰。另外，为了减少冷却循环水机、空压机、机械泵及 UPS 电源等外围设施带来的振动和噪声干扰，建议将这几件外围设施都放置在与电镜相邻的辅助间，再通过相应的水、气管道和电线穿墙连接到电镜的主机上。若能做到这样的布局，前文所提到的电镜主机实验间的净面积就可适当减少。

电镜间的有线电话机不能摆放在电镜的工作台面上或电镜的镜筒附近，以免电话的振铃声影响到高倍图像的采集。

8.10 其他

为尽量减少电镜实验室中的氮气影响，液氮罐、瓶装的干氮气瓶和 P10 气瓶最好也都要放置于电镜实验室的辅助间，再用相应的管道把它们连接到电镜主机上。

电镜实验室总的设计思路除了要考虑尽量远离大的用电设备和振动源，还要考虑实验间整体布局的协调性和操作人员日常进出及制样间的出入是否方便等问题。

若电镜实验室的面积比较宽敞，建议除了要增设一张工作台，还应有文件柜、玻璃干燥瓶或电子干燥柜，分别用于存放说明书、专用工具和零备件等需要防潮、防氧化的配件。

对于每台扫描电镜还应设有一本专门用于记录电镜的主要运作参数和当天工作内容的扫描电镜运行日记本。在该日记本中，除了记录当天的温度、湿度，还应有用于记录电镜运行时出现的故障和处理结果的登记栏，把运行中出现的故障和不正常的现象记录下来，也可作为电镜生产厂家维修工程师维修时的参考依据。当维修完成之后，还应把排除故障的主要方式或方法也记录下来，这样既可总结经验，还可供其他的同事学习和参考，尽量能做到不断总结经验，以提高操作人员的实践和维护、维修的水平。

为了安全，电镜间的天花吊顶上应加装有烟雾报警器，但千万不要安装自动喷淋装置，最好应配备两罐适用于扑灭高压电器着火的干粉灭火器，作为应急物品。

参 考 文 献

[1] 刘丙江. 实用接地技术[M]. 北京：中国电力出版社，2012：144-167.
[2] 中国船舶工业总公司第九设计院. 隔震设计手册[M]. 北京：中国建筑工业出版社，1986：108+161-162.
[3] G 夏里克. 接地工程[M]. 侯景韩，译. 北京：人民邮电出版社，1988：198-235.

第 9 章

展望将来的扫描电镜

　　现在的扫描电镜已经从普及型的钨阴极电子枪朝场发射电子枪方向发展，当前商用的热场发射扫描电镜的分辨力最高已能达到 0.5nm；冷场发射枪的扫描电镜分辨力最高已能达到 0.4nm，这已接近于普及型透射电镜的水平。但目前场发射电镜尚不能分辨原子，将来如何进一步提高扫描电镜的图像质量和分辨力仍是各国科学家和电镜设计工程师继续追求的方向。乔伊（Joy）博士指出：由于电镜的分辨本领主要受到试样表面的二次电子扩散区大小的影响，为了尽可能减少二次电子的扩散，应采取适当的措施，如喷镀一层超薄金属层或采用布洛赫波隧穿等方法来限制入射电子束的扩散，这是提高二次电子像分辨力的两种有效途径。当前，场发射电子枪也已具有足够高的亮度，因其电子束斑的半高宽已能达到 0.3nm。在这一点上，与廖乾初在几十年前所推算和预测的结果基本相符。若再采取一些综合的改进措施，如目前已有厂家就在电镜镜筒上加装起单色作用的能量过滤器以减少色差，也有助于提高图像的分辨力。但要提高分辨力最主要的是需进一步减少球差，据相关文献，当采取包括电子学补偿方法等技术措施时，则有可能使球差系数在现有的基础上减少一个数量级，这样二次电子像的分辨力将有可能优于 0.32nm，如果再加装起单色作用的能量过滤器，这样场发射扫描电镜的图像要达到姚骏恩在几十年前所展望的0.2～0.3nm 的分辨力就不会太远了。

　　另外，当对试样表面的精细结构进行观察时，一般的表面沾污也会降低图像的分辨力，影响观察结果。如果在样品仓中加装等离子清洗装置，在采集照片之前能先对试样的表面进行几十秒钟的清洗，就可明显地去除试样表面的污染，也能增强图像的反差，提高图像的分辨力。现在，在 FEI 公司的几种型号的扫描电镜上已可配备这种等离子清洗器，如图 9.1.1 所示。图 9.1.2 为 PIE 公司的等离子清洗器。这类等离子清洗器都可以安装在扫描电镜的样品仓上，只需数十秒钟就可以有效地清除试样表面的碳氢化合物和聚合物，还可以清洗样品仓（样品仓中的能谱探测器若是聚合物窗，则应把探测器缩回去，并采取防护措施才能启动等离子清洗），而且无须破坏真空，还能缩短抽真空的时间。

图 9.1.1　装在 Apreo S 电镜上的等离子清洗器

图 9.1.2　PIE 公司的等离子清洗器

　　电子光学技术并不是影响二次电子像分辨力的全部限制因素。除此之外，扫描电镜的机械设计也还有改进的余地。因此，设计一个高稳定性的样品台和发展一个防振性能更好的电子枪及样品仓也是提高电子图像几何分辨力的重要一环，如再在电镜的主机座下加装一套主动减震装置等。

　　现在的场发射扫描电镜都加配有 In-lens 二次电子探测器，其虽然能有效地减少大部分次生二次电子的影响，其信噪比和反差也都比 E-T SED 有明显的改善和提高，但还不是很理想，现在有的电镜生产厂家将磁透镜和静电透镜组合成一个复合透镜，这两种透镜的组合能使入射的电子束斑聚成更微细的探针束，并能促使更多的第一代二次电子进入镜筒。这也有助于提高二次像的采集效率和分辨力，特别是对提高低电压下图像的分辨力尤为明显，而且还能增加信号的过滤选项。随着这些问题的逐步解决和综合改进，必将能进一步地提高扫描电镜的图像质量和分辨力。这样，在不久的将来人们就可以用扫描电镜来观测重金属的原子像了。

　　随着科学技术的不断发展，特别是微电子学和计算机技术的不断进步，将来的扫描电镜的图像处理功能及配套的附件也会越来越多，应用范围也会越来越广，图像处理功能将会更加健全，分辨力也将会进一步得到提高。扫描电镜和与之配套或连用的微观分析设备也会越来越多，一台配套较完整的扫描电镜也就能成为一套真正的综合性多功能微观分析、测试系统。

参 考 文 献

[1]　廖乾初. 改善场发射扫描电镜分辨本领的原理和展望[J]. 电子显微学报，2000，19（5）：769-716.

[2]　姚骏恩. 电子显微镜的现状与展望[J]. 电子显微学报，1998，17（6）：767-776.

下篇

能谱仪的原理与实用分析技术

第10章

X射线显微分析仪的发展概况及其定义和性质

10.1 国外X射线显微分析仪的发展概况

1895年11月8日德国物理学家伦琴（C. Rontgen）开始进行阴极射线的研究。在1895年12月28日，他完成了初步的实验，发现了一种新的射线，并把它发表在《Physical-Medical Society》杂志上。为了表明这是一种新的射线，伦琴采用了在数学中表示未知数的字母来命名该未知的射线，即X射线。由于发现了此射线，伦琴荣获1901年的诺贝尔奖。

1895年爱迪生（Thomas Alva Edison）研究了材料在X射线照射下发出荧光的能力，发现钨酸钙最为明显。1896年3月爱迪生发明了荧光观察管，后来被用在医学上做X射线的检查。

1911年，巴克来（C. G. Barkla）发现X射线发射线系及其能够被气体所散射，并且每一种元素都有其不同能级的特征X谱线，他就把它们分别命名为K、L、M、N、O、P和Q线系。

随后，原子物理和量子力学等近代物理学科的研究也都迅速地发展起来。由此，又推动了人们对物质的微观探测和微观分析仪器设备的不断研发与改进，使新的探测手段也随之不断发展。

1913年，英国的莫塞莱（Moseley）发现了特征X射线的波长与原子序数的关系，从而奠定了X射线谱化学定性和定量分析的基础。从他首次发表的X射线的谱线照片中可见X射线的谱线波长与原子序数的关系。当时他曾预言，人们可以根据预计的特征X射线的波长来发现新的元素。铬（Cr）元素就是科斯特（D. Coster）和赫维西（G. Von. Hevesy）在1923年通过特征X射线谱发现的。

1913 年，布拉格父子俩（W. L. Bragg 和 W. H. Bragg）研制出布拉格 X 射线光谱仪。

1948 年，费里德曼（Friedman）和伯里克斯（Briks）成功地研制了第一台 X 射线二次发射光谱仪样机。

1949 年，吉尼尔（Guinier）和卡斯坦（Castaing）师徒二人共同合作，用静电电子显微镜与 X 光谱仪结合改装成一台实验室用的电子探针分析仪。

此后，X 射线的光谱研究和分析技术得到了飞速发展。表 10.1.1 按大致的时间顺序列出了部分在 X 射线技术发展中有突出贡献的知名科学家和研制仪器的主要厂家，表中前半部分的信息主要来自 E.P.伯廷的《X 射线光谱分析的原理和应用》一书，表后半部分的信息主要是笔者依多年来市场的发展情况而总结出来的，仅供读者参考。

表 10.1.1　在 X 射线技术发展中部分有突出贡献的科学家和主要的研制厂家

年份	有突出贡献的科学家和主要的研制厂家及成就
1895	伦琴（Roentgen）发现 X 射线，获 1901 年诺贝尔奖
1896	泡里（J. Perrin）用空气电离室测量 X 射线强度
1896	爱迪生发明了医用 X 射线的荧光管
1911	巴克来发现 X 射线发射线系，并分别把它们命名为 K、L、M、N、O 等七个线系
1912	劳艾（M. Von Laue）、费里德里克(W. Friedrich)等人用晶体证实了 X 射线可产生衍射
1913	布拉格父子研制出布拉格 X 射线光谱仪
1913	莫塞莱发现特征 X 射线的波长与原子序数的关系，奠定了 X 射线的定性分析基础
1913	库利奇（W. D. Coolidge）发明了热灯丝高真空 X 射线管
1913	1913~1923 年，西格贝（M. Siegbahu）完成了关于测量化学元素 X 射线光谱波长的经典著作
1922	哈丁（A. Hadding）首次明确地将 X 射线光谱仪应用于矿物的化学组分分析
1923	科斯特（D. Coster）和赫维西（G. Von. Hevesy）最先应用 X 射线的方法发现了新元素——铪
1923	赫维西（G. Von. Hevesy）提出用 X 射线二次激发光谱进行定量分析
1923	格罗克尔（R.Glocker）和弗洛迈耶（W.Frohumeyer）提出 X 射线吸收限光谱测量技术
1924	梭拉（W. Soller）研制出采用平行准直器的 X 射线光谱仪
1928	格洛克尔（R. Glocker）和施赖伯（H. Schreiber）首先提出 X 射线二次发射（荧光）光谱技术
1928	盖革（H. Geiger）和密勒（W. Muller）研制成一种可靠性很好的充气型 X 射线探测器（盖革计数器）
1929	施赖伯（H. Schreiber）首次使用 X 射线"荧光"这一专业术语
1948	弗里德曼和伯里克斯制成第一台 X 射线二次发射光谱仪样机
1949	吉尼尔在卡斯坦教授指导下将静电电子显微镜与 X 光谱仪结合改装成第一台电子探针仪
1953	苏联的波罗夫斯基（Borovskii）研制了一台实验室用的电子探针
1956	卡斯列特（Cosslett）和邓库姆（Duncumb）在英国剑桥大学的卡迪文实验室改装了第一台实用显微探针
1956	英国剑桥仪器公司的奥拓莱（C.W.Oatley）及其同事们共同研制成实用的扫描电子探针和扫描电镜
1958	法国 CAMECA 公司推出了 MS-85 型的第一台商品电子探针分析仪

续表

年份	有突出贡献的科学家和主要的研制厂家及成就
1962	全球第一家能谱仪专业生产商 Nuclear Diodes 在美国成立，即 EDAX 公司的前身
1968	菲茨杰拉德（Fitzgerald）和海因里希（Heiprich）研制出 Si（Li）探测器，使扫描电镜与探针仪器开始融合
1983	意大利的艾末利奥（Emilio Gatti）和美国的帕维尔（Pavel Rehak）两人合作提出硅漂移 X 射线探测器原理这一概念
1987	美国的 KEVEX 公司开发出能承受一个大气压的超薄密封窗（ATW）材料
1989	Tracor Noethern 公司推出了一种可探测超轻元素的金刚石薄膜窗 Z-MAX30 探测器
1995	意大利的艾末利奥和美国的帕维尔试制硅漂移 X 射线探测器（SDD）芯片
1996	RONTEC 公司研制出了全球第一款商品化的探测 X 射线的硅漂移（SDD）探测器
1997	Bruker 公司研制出第一代 XFlash1000 型与 SEM 配套的 SDD 探测器的能谱仪
2000	Bruker 公司推出第二代 XFlash 2000 型与 SEM 配套的 SDD 探测器的能谱仪
2002	Oxford、Bruker 和 EDAX 公司都推出第三代水滴形的 SDD 探测器的能谱仪
2006	Bruker 和 EDAX 公司先后推出了与 SEM 配套的第四代 SDD 探测器的能谱仪
2008	Bruker 公司推出了第五代 XFlash 5010 型与 SEM 配套的 SDD 探测器的能谱仪
2009	Oxford 公司开始推出 40mm²、50mm²、60mm²、70mm²、80mm² 等大面积的 SDD 探测器的能谱仪
2012	EDAX 和 Bruker 公司也都推出大面积 SDD 探测器的能谱仪
2014	Bruker 公司推出了高角度平插式 SDD 探测器的能谱仪
2014	EDAX 公司推出了用 Si_3N_4 作密封窗膜的 SDD 探测器的能谱仪
2018	EDAX 公司推出了用于与环境扫描电镜配套的可耐 1 050℃高温辐射的能谱探测器

  所谓的专业电子探针都是用聚焦到微米或几十纳米量级直径的电子束来轰击试样，然后借用波谱仪或能谱仪来分析从试样中所激发出来的特征 X 射线的波长或能量，从而探测到组成该试样的化学组分。由于它们都是使用微细的电子束来探测试样上某一微区的化学组分，所以人们就形象地把此类设备称为电子探针分析仪。专业的电子探针分析设备以分析化学组分为主，观察图像为辅，所以它的加速电压比一般的商品扫描电镜高，入射电子束的束斑、束流和 X 射线的检出角也都比商品的扫描电镜大，谱仪的探测灵敏度也比用扫描电镜配套的谱仪更灵敏，但同一种电子枪的图像分辨力却会比同类型电子枪的扫描电镜差。20 世纪 50 年代初，根据卡斯坦提出的原理，卡斯列特和邓库姆利用扫描探针发展了显微探针这一概念，在英国剑桥大学的卡迪文实验室里改制了第一台实用的电子探针分析仪。在 1956 年英国剑桥仪器公司的奥拓莱和他的同事们一起合作，开始研制实用的扫描电子探针分析仪和扫描电镜。

  1958 年，法国 CAMECA 公司推出了 MS-85 型的第一台商品电子探针分析仪，随后在美国等地也推出了这种被称为电子探针分析仪的仪器。

  1962 年，美国 Nuclear Diodes 公司（EDAX 公司的前身）成立。

1964 年，美国 Nuclear Diodes 公司推出液氮制冷的用于与透射电镜配套的 Ge（Li）探测器。

1965 年，英国剑桥科学仪器公司的奥拓莱和他的同事们共同研制成第一台商品扫描电镜，人们就利用波谱仪来对扫描电镜试样中所产生的特征 X 射线进行采集、分析，使高清的形貌观察和微区组分分析可在同一系统中一起进行，即扫描电镜与组分分析这两类仪器开始融合。

1967 年，美国 Nuclear Diodes 公司推出最早的试用机——501 型能谱仪。

1968 年，菲茨杰拉德和海因希里提出在电子探针上使用 Si（Li）探测器。

1969 年，美国 Nuclear Diodes 公司推出第一台可与扫描电镜配套的商用 505 型能谱仪。

20 世纪 70 年代初期，随着 Si（Li）探测器的出现，商品的能谱仪（EDS）开始批量产生，它可以对扫描电镜中试样产生的特征 X 射线的能量进行分析，以确定组成该试样的化学组分。从此，能谱仪得到快速的发展，其分辨力、探测灵敏度不断得到改进和提高。

20 世纪 70 年代中期，EDAX 公司的产品开始进入中国市场。那时能谱仪尚处在初级阶段，Si（Li）探测器的分辨力很差，谱峰重叠严重，而且也没有配备微型计算机，多数谱仪只能做定性的分析。

1972 年，Link 公司也开始研发和生产能谱仪，在 20 世纪 70 年代后期，其产品也开始进入中国。当时的能谱仪还没有与计算机配套，而是用纸带打孔输出数据，每小时只能够分析几个元素，速度慢，而且不方便，这种机型到 20 世纪 80 年代初期就逐渐退出市场。

1972 年，EDAX 公司推出了 ECON 探测器，它是世界上第一台无窗能谱仪探测器，非常适用于分析超轻元素和轻元素。这种探测器没有密封窗，在探测器的前端加装一片活动旋转片，当要启用谱仪时旋转片偏转敞开；当要更换试样或需要打开样品室时，转动旋转片盖住谱仪探测器的端口，以防止与减少放气时空气和水汽对芯片的污染。有些机型的能谱仪是在探测器的前端加装回转头的机械装置，可改变不同的转向来改用不同的密封窗膜。用无密封窗的探测器来检测试样在理论上是最合适的，特别是对超轻元素可达到最理想、最灵敏的探测，但在那个年代无窗探测器也存在着以下几个难以克服的缺点。

（1）20 世纪 70 和 80 年代的 SEM 几乎都是采用有油机械泵和油扩散泵组成的真空系统，油蒸气造成的污染比较严重，再加上液氮制冷的探测器端头的温度处在 $-130\sim-165\,^{\circ}\mathrm{C}$ 的低温，无窗探测器芯片在这样的低温下，样品仓中的油气、水蒸气会被冷凝在芯片表面。这种探测器使用一段时间后，芯片晶体的表面就会受到污染，易导致漏电流增大，信噪比下降。

（2）由于没有密封窗膜，对一些发光试样，如会产生荧光的矿石、3-5族化合物的半导体材料和器件、硅酸盐或玻璃等都会带来干扰，易导致低能段的噪声峰升高，造成谱线峰的信噪比和峰背比降低。

（3）能谱仪在无窗模式下运行时，一旦发生漏气，若防护失灵，则易导致芯片受损。

在当时背景下，由于上述几种原因，导致后来的无窗探测器就逐渐被约 7.5μm 厚的铍箔密封窗膜所替代，直到 20 世纪 90 年代初，7.5μm 厚的铍箔窗才逐渐被有机聚合物超薄窗膜所取代。

20 世纪 70 年代后期，能谱仪虽还处在初步的定型阶段，但 Si（Li）探测器和处理电路已基本定型，其实测分辨力大多数都能从 20 世纪 70 年代中、后期的 160eV 逐步迈向或接近 155eV。随着计算机技术的发展，随后绝大部分的谱仪开始配备单板机或微型计算机，组分分析也都从最初期的定性分析开始朝无标样半定量分析方向发展。当时的代表机型为 EDAX 公司的 707 和 711 机型。

1979 年，英国牛津（Oxford）公司收购了 Link 公司，到 20 世纪 80 年代中期，牛津公司的产品也开始进入中国市场。

20 世纪 80 年代初，能谱仪已基本定型，Si（Li）探测器的分辨力也大有改进，基本上都能接近或达到 150eV。谱仪的运行速度和数据处理能力也随着计算机技术的发展而大有提高，当时的代表机型有：EDAX 公司的 PV-9100，Oxford 公司的 Link 860，PGT 公司的 3000，Kevex 公司的 7500 和 8000，Tracor Northern 公司的 TN－5400 和 TN－5500 等。这时能谱仪的组分分析也都从半定量开始朝无标样定量分析的方向发展。

1983 年，意大利的艾米利奥和美国的帕维尔提出了硅漂移探测器原理这个概念。

到了 20 世纪 80 年代中后期，Si（Li）探测器的稳定性和分辨力又有新的提高，多数谱仪的分辨力基本上能接近或达到 145eV，计算机的运行速度和数据处理的能力也有明显的进步，几乎都可进行稍微复杂的扣背底和图像处理，除了可以定性分析，有的还可以做无标样定量分析。这期间代表性的机型有：EDAX 公司的 PV-9800，Oxford 公司的 Link AN-1000，QX-2000，Kevex 公司的 Delta Class I-II 和 Tracor Northern 公司的 Series II 等机型。

1987 年，美国的 Kevex 公司开发出能承受一个大气压的超薄密封窗（ATW）材料，用这种材料做成的密封窗既可解决无窗探测器容易导致芯片受污染的问题，又可以克服那种用 7.5μm 厚的铍箔密封窗不能探测到超轻元素的难题，这为探测 C、N、O、F 等超轻元素创造了基本的必备条件。

1989 年，Tracor Northern 公司推出了一种可用于探测超轻元素的 Z-MAX30 探测器。所用的密封窗材料为金刚石薄膜，该膜可承受 4 个大气压的压力，分析元素的范围为 B5～U92。

1989 年，Kevex 公司推出了可不用液氮制冷的 Superdry 探测器。Tracor Northern 公司也生产了用温差电制冷的 Freedom 探测器（需附加小型冷却循环水机）和用压缩机制冷的 Cryocooled 探测器。这两种探测器都必须昼夜 24h 通电，在当时它非常适用于无液氮供应的用户。这期间代表性的机型有：EDAX 公司的 PV-9900 和 Tracor Northern 公司的 Series Ⅲ等 7 个系列档次的机型。

到了 20 世纪 90 年代初期，Si（Li）探测器的稳定性和可靠性大有改进，探测器的芯片及前置放大器不一定要长期地处在液氮制冷的低温环境下，其分辨力多数也都能达到 140eV。计算机的运算速度和数据处理的能力更加强大，可进行较复杂的扣背底和图像处理。多数公司开始推出了聚合物超薄窗探测器，使可分析的超轻元素能达到 B5。这期间代表性的机型主要有：EDAX 公司在 1992 年推出的 DX-4，这是世界上最先采用 Windows 操作平台的 X 射线能谱显微分析系统；Oxford 公司的 eXL；Kevex 公司的 Delta Class V；Tracor Northern 公司的 TN-5502N 和 Voyager Class V 等机型。

1995 年初，EDAX 公司推出 DX PRIME，其使用了基于 PC Windows-95 的 X 射线能谱显微分析系统并且无液氮制冷。同年 Oxford 公司推出 INCA 机型。

1995 年，EDAX 公司还推出 Phoenix 机型，它是世界上第一台基于 Windows-NT 的 X 射线能谱显微分析系统。

1996 年，RONTEC 公司推出了全球第一款商用的 X 射线的硅漂移（SDD）探测器。

1997 年，Bruker 公司采用 RONTEC 公司的芯片，推出了第一代 XFlash1000 型与 SEM 配套的 SDD 探测器的能谱仪。

2000 年，Bruker 公司推出第二代 XFlash 2000 型与 SEM 配套的 SDD 探测器的能谱仪。

2001 年，EDAX 公司推出了 Genesis 机型的能谱仪。

2002 年，EDAX 公司推出了无液氮制冷的 CryoSpec Si（Li）探测器、Lambda Spec 平行光波谱仪和 MegaSpec 硅漂移探测器，这里的 MegaSpec 意为百万数量级计数率的探测器。同年 Bruker 公司推出第三代 XFlash 3001 型与 SEM 配套的 SDD 探测器的能谱仪。Oxford 和 EDAX 公司也都推出水滴形的 30mm² 面积的 SDD 能谱探测器。在这一时期 IXRF 公司最先将 X 射线管安装在扫描电镜上，开创了在 SEM 上同时安装 X 荧光微区分析仪（XRF）和 EDS 的先例。结合了 EDS 和 XRF 两者各自的优势，使 XRF 分析过程具有对试样无破坏又可直接分析不导电的试样，而且灵敏度更高，能实现 ppm 量级的分析等优点。

2004 年，EDAX 公司首推可与扫描电镜相结合的能谱仪、EBSD 和平行光波谱仪等三元或四元一体化的分析系统。

2006 年 7 月，Bruker 公司推出第四代 XFlash 4010 型与 SEM 配套的 SDD 探测器的能谱仪。同年 Oxford 公司推出 INCA x-act 型号的 SDD 探测器能谱仪。

2007 年，Bruker 公司首先推出了与透射电镜配套的 SDD 探测器的能谱仪。同年 EDAX 公司推出 Apollo 系列第四代 SDD 能谱仪。

2008 年 7 月，Bruker 公司推出第五代 XFlash 5010 型与 SEM 配套的 SDD 探测器的能谱仪。

2009 年，Oxford 公司推出 50mm²、80mm² 和 100mm² 的 SDD 能谱仪探测器。EDAX 公司推出了 TEAM™ EDS 分析系统和 Apollo X 与 XL SDD 系列探测器。

2012 年 7 月，Bruker 公司推出了第六代 XFlash 6 型与 SEM 配套的大面积的 SDD 探测器的能谱仪。EDAX 公司也推出了大面积的与 SEM 配套的 SDD 探测器的能谱仪。

2014 年，EDAX 公司推出了用 0.1μm 厚的 Si_3N_4 陶瓷材料作为密封窗膜的 SDD 探测器。

2018 年，EDAX 公司推出了用于与环境扫描电镜配套，并且可耐 1 050℃高温辐射的能谱探测器。

目前，SDD 能谱仪探测器更新换代很快，现在已占领了与 SEM 配套的整个市场。目前，正在被使用的 Si（Li）探测器多数都是在多年前购置而使用至今的，其中有些是用于与 TEM 配套，将来用于配套 TEM 的能谱仪除了 SDD，可能还会有用 CdTe 芯片做成的探测器。

10.2 国内 X 射线微区分析仪器的研制简况

1958 年，长春光学精密仪器所开始研制 X 射线微区分析仪，1961 年调试成功。

1965 年，中国科学院科学仪器厂开始研制电子探针，在 1966 年的全国展览会上展出。

1976 年，南京江南光学仪器厂试制成功 XW-01 型电子探针分析仪，分析的元素范围为 B5～U92，主要指标已接近当时的国际水平，获 1978 年全国科技大会奖。

1977 年，上海新跃仪表厂研制成功 SMDX-1P 型微区分析扫描电镜，配有双道直进式全聚焦 X 射线波长谱仪，分析的元素范围为 F9～U92，获 1978 年全国科技大会奖。

1977 年，中国科学院科学仪器厂研制成功 X-3F 双道 X 射线光谱仪。此光谱仪和同轴光学显微镜一起与当时国产的 DX-3 扫描电镜配套，发展成为 DX-3A 分析扫描电镜，分析的元素范围为 B5～U92，获 1978～1979 年中国科学院重大科技成果一等奖。

1983 年，南京江南光学仪器厂试制成功 DXS-X2 型分析扫描电镜，其配有四晶体倾斜式直进光谱仪，分析的元素范围为 B5～U92，获南京市科技进步二等奖。

1989 年，南京江南光学仪器厂研制成功 DXS-3 型高性能分析扫描电镜，分析的元素范围为 F9～U92，基本性能达到 20 世纪 80 年代初的国际水平，获机电部科技进步一等奖。

1995 年，中国科学院上海原子核研究所研制成配有 Si（Li）探测器的能谱仪，探测器的实际有效面积为 20mm²，分辨力为 152eV。

1996 年，中国科学院科学仪器中心研制成功首台现代版的国产化 Finder-1000 型能谱仪。该谱仪使用了高性能的计算机做主机，硬件借鉴 Noran 公司的功能电路，配以该公司的探测器，采用 Windows 操作系统，开发了自己的图形化能谱分析系统程序。该谱仪性能稳定可靠，是国产能谱仪中最成功和商品化产量最多的能谱仪。

2008 年，中国科学院科学仪器中心又研发出 EDS 2100 型能谱仪，它拥有计算机的兼容性和 Windows 的操作系统，加上美国热电公司的智能化数据采集部件，构成了高性能的分析系统。其定量分析结果、线扫描、面分布图和谱峰图等均可直接以 Word 文档输出，可以与国内外任何型号的扫描电镜相配套。

10.3 X 射线的定义及性质

辐射是一种从放射源发出的，并以波动和微粒子的形式向空间以类似直线的轨迹传播的能量，但在电场或磁场的作用下，带电粒子的辐射会偏离正弦传播的方向。这些辐射都具有波动和粒子的双重性质，即有些性质最好用粒子性解释，而有些最好用波动性解释。

表现为粒子性的辐射有 α 射线、β⁻射线（负电子）、β⁺中子（正电子）及主要由高能质子 ρ^+（氢核 H⁺）构成的宇宙射线。表现为波动性的辐射构成了多次波的谱，如上篇中的图 1.6.1 所示。能为肉眼所察觉到的那一部分辐射区称为可见光，其波长范围为 380～760nm；由原子核放射性衰变引起的高能电磁辐射构成了 γ 区；一次宇宙射线粒子与大地物质相互作用时产生二次宇宙射线。

X 射线也是一种电磁辐射，它是由高能电子的减速或原子内不同层轨道电子的跃迁而产生的，其波长介于紫外线和 γ 射线之间。它们的波段没有一个严格和明确的界限，而且有些还是相互重叠、交连的。通常所指的 X 射线大都是指波长处在 1×10^{-4}～20nm 范围的电磁辐射。对 X 射线分析来说，人们最感兴趣的波段是 0.012 8～24nm，0.012 8nm 是 U-K_α 线的波长，24nm 则是最轻可跃迁的元素 Li-K_α 线的波长。在通常情况下，把波长大于 1nm 的 X 射线称为超软 X 射线；把波长在 0.1～1nm 的 X 射线称为软 X 射线；把波长在 0.01～0.1nm 的 X 射线称为硬 X 射线；波长小于 0.01nm 的 X 射线称为超硬 X 射线。硬 X 射线与长波长的 γ 射线范围相交叠，二者的主要区别在于辐射源，而不是仅限于波长的长短。X 射线光子主要来自高能电子加速，γ 射线则主要来自原子核衰变。在能谱和波谱仪的分析中所涉及的波长多数都处在 0.0128(U-K_α)～11.3nm(Be-K_α)。

在电镜、能谱和波谱的分析中，X 射线表现为粒子和波动双重性，粒子性包括光电吸收、非相干散射、气体电离、闪烁现象；波动性包括速度、反射、散射、衍射、偏振和相干散射。X 射线的波长色散和能量色散就分别建立在波动性和粒子性的基础上。若电离辐射呈现为粒子性时，则单个的粒子就称为光子或光量子。

10.4 X 射线的度量单位

对 X 射线进行探测、度量和分析时，主要涉及四个物理量：频率 ν、波长 λ、能量 E 及强度 I。频率表示每秒的振动次数，常用赫兹（Hz）表示，还有用菲涅耳表示的，1 菲涅耳等于 1 012Hz。在光谱中还常用到波数，它表示每厘米的振动次数。

在早期的 X 射线光谱学中，传统的相关文献、论著中微观的长度单位经常以埃（Å）来表示，Å 是一种非标准的微观长度单位，1Å=0.1nm，现在标准的微观长度国际单位是毫微米，也称为纳米，即

$$1nm=10^{-9}m=10Å \qquad 0.1\ nm=1Å$$

X 射线光子的能量通常以尔格作为单位。

$$E_{erg}=h\nu=hc/\lambda_{cm}$$

式中，E_{erg} 是以尔格为单位；h 是 6.625 6×10^{-27}erg·s；c 是光速 2.998×10^{10}cm/s。

在能谱和波谱的相关论述中用电子伏特为单位比较方便、实用。

$$E_{ev}=hc/\lambda_{cm}e$$

式中，E_{ev} 是以电子伏特为单位；e 是 4.8×10^{-10} 静电单位或等于 1.6×10^{-19} 库仑。代入上式，则得到 λ=1 239.6/E_{ev}（nm）。

物理学中的定义通常是以单位时间内单位面积上的能量来表示 X 射线束的强度，通常以 erg/cm^2 为单位。但是在 X 射线光谱分析中总是以单位时间内的计数来表示强度，即以单位时间内单位面积上的 X 射线光子数来表示强度。所谓单位面积是指探测器的有效面积，单位时间通常是指秒或分，有时也可以是某一预先设定的时间。在 X 射线特征谱线位置上测得的强度称为谱线峰位强度 I_P，它由谱线净强度 I_L 与背底的强度 I_B 叠加而组成，即

$$I_P=I_L+I_B$$

此外，在电子探针显微定量分析中常采用符号 K 和 k 来表示相对强度和归一化强度，所谓相对强度即从试样上测得的分析谱线强度与纯元素标样上的谱线强度之比。

参 考 文 献

[1]　E.P.伯廷. X 射线光谱分析的原理和应用[M]. 李瑞城，等译. 北京：国防工业出版社，1983：2-3.

[2]　章一鸣. X 射线能谱仪及能谱分析技术[A]. 北京：电子光学专业讨论会论文集，1991：95-98.

[3]　刘绪平，王岩，胡萍. 中国电子显微学会 1990−2000 大事记 会员名册[A]. 北京：电子显微学会，2000：53.

[4]　E.P.伯廷. X 射线光谱分析的原理和应用[M]. 李瑞城，等译. 北京：国防工业出版社出版，1983：4-7.

第 11 章

能谱仪的工作原理

11.1 锂漂移硅探测器

　　锂漂移探测器是一种高灵敏度的半导体探测器。锂漂移探测器可以用单晶硅材料制成，称为锂漂移硅（Si（Li））探测器；也可以用单晶锗材料制成，称为锂漂移锗（Ge（Li））探测器。早期的锂漂移探测器是由单晶锗或单晶硅材料做成的半导体探测器，在其 P 区和 N 区之间有一层补偿的本征区，因此它类似于一个 P-I-N 型的二极管。在锂漂移硅探测器中的硅芯片耗尽区厚度约为 3mm，锂漂移硅探测器可用于 β 射线、X 射线和低能的 γ 射线等检测工作。锂漂移硅探测器通常需要借助液氮冷却，最好能在不大于-130℃的温度下使用，这样既可以避免锂离子产生反漂移，又能得到尽可能低的噪声，同时才能有足够高的峰背比和信噪比。

　　这几十年来，在传统的商品能谱仪上用得最多是 Si（Li）探测器，锂漂移硅探测器是传统能谱仪的心脏。它由一个硅二极管芯片组成，其典型的活性区面积为 12.5mm²，厚度约为 3mm。当施加-750V（也有-500V 或-1 000V）的直流电压将二极管反偏时，其内部就会出现一个耗尽层，耗尽层内全部正常出现的电子和空穴都会被外加的电场所清除。如果一个 X 射线光子在耗尽层内被吸收，根据 X 射线光子能量的大小就会电离出相应能量的电子-空穴对。这些电荷载体将受到电场力的驱动，电子被驱向二极管的正极，空穴被驱向二极管的负极。于是在二极管的两端产生了电荷信号，电荷信号经过采集、放大、整形并转换为阶梯电压脉冲，再将其幅度和能量转换为数字信号量，最后人们就能得到所要的分析信息。

　　目前要想获得硅晶体，仅使用调整偏压的方法，其耗尽层很难达到 3mm 的厚度，使用最好的商品级别的单晶硅，耗尽层也只能达到 2mm 的厚度，若要达到 3mm 的厚度就需要施加几千伏的反向偏置电压。为了把耗尽层的厚度增大到接近 3mm，而又不用施加上千伏特的外电压，人们就发明了锂漂移技术。为利用这种性质，能谱仪探测器中的硅二极管是用高纯度并含有硼受主的 P 型单晶硅制成的，再把锂扩散入二极管后面的薄层（顺 X 射线的入射方向看）就构成了一个大面积的 P-N 结。然后将二极管在约 100℃的温度下反向偏置，在几百伏的电压下经几周时间，让锂（Li⁺）离子漂移遍布到整个硅晶体的内部，并与硼离子（B⁻）结合成中性复合体。结果在硅晶体内就会形成一个耗尽区，在此耗尽区内的硼受主被锂施主精确地一一对应地补偿。经过几周的漂移以后，其耗尽层的厚度就能接近或达到 3mm。在商品能谱仪中，用于制造探测器芯片的二极管就是 3mm 厚，所以锂漂移的区域几乎遍布于整个二极管的内部。漂移完成之后，在二极管的前后表面各镀上一层约 20nm 厚的金层作为电极就可以使用了。锂漂移硅通常缩写为"Si（Li）"或"Si-Li"，而有的文献和新的标准把 Si（Li）探测器简称为"硅锂探测器"。

　　用液氮制冷的 Si(Li)探测器必须带有一个用于装载液氮的真空保温罐。图 11.1.1 是传统带有可储存液氮真空保温罐（也称为杜瓦（Dewar）瓶）的锂漂移硅探测器的外形照片。图 11.1.1 是液氮制冷的 Si（Li）探测器安装在扫描电镜样品仓中的内部结构剖面示意图。图 11.1.2 中的（a）图和（c）图都是带有标准型 10L 杜瓦瓶的液氮制冷的 Si（Li）探测器；图 11.1.2 中的（b）图是带有 2.5L 杜瓦瓶的快冷式 CDU 型液氮制冷的 Si（Li）探测器。液氮罐的底部隐藏了一根用铜或铝棒做成的冷阱，冷阱的前端有用氮化硼包裹着的场效应晶体管、温度传感器和 Si（Li）芯片及它们的连接线。为了能尽量维持在尽可能低的温度环境，尽最大的可能去隔绝或减少低温的对外传递，即尽可能减少液氮的消耗，整个杜瓦瓶的内胆和冷阱与液氮罐的外壳之间都是借助高真空的腔体隔离开来的，并在杜瓦瓶的内胆与外壳之间还填有多层可用于吸附残余气体的分子筛。

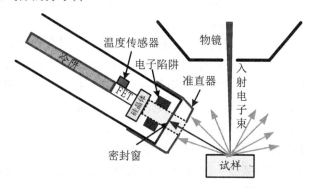

图 11.1.1　Si（Li）探测器的内部结构剖面示意图

 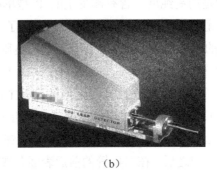 

（a） （b） （c）

图 11.1.2　带杜瓦瓶的 Si（Li）能谱仪探测器的外形照片

探测器内部各部件的主要作用如下。

（1）准直器。它位于探测器的最前端，其作用是限制 X 射线的入射角度，即既要让从试样上发出的特征 X 射线都能尽可能多地照射进来，又要阻挡那些经多次反射、折射、散射的 X 射线和一些杂散的背散射电子进入探测器，它的作用有点类似专业照相机上的遮光罩。

（2）密封窗（SATW 或 SUTW）。试样发出的特征 X 射线经准直器进来之后就会穿过超薄密封窗膜而进入探测芯片，超薄密封窗所起的作用如下。

① 起到了隔离真空的作用，使整个杜瓦瓶的内胆、冷阱与外壳之间都能隔离成为密封的高真空区。这样才能减少液氮的消耗，又可保证探测器内部各部件都能处在由冷阱传递过来的低温环境中。

② 可阻止探测器的芯片表面免受油蒸气、水汽等外来物的污染。

③ 既要能保证窗膜密封严紧，不能漏气，以阻止样品仓或大气中的气体进入及减少辐射的热量进入探测器内部，又要使密封膜层尽可能薄，让尽可能多的特征 X 射线能穿过密封窗膜进入探测器的芯片中。

④ 目前多数的能谱仪采用的密封窗膜材主要为有机聚合物的合成膜（简称聚合物膜或有机膜），多数聚合物膜的厚度约为 0.3μm，在聚合物膜层的表面和中间还各有一层 20nm 厚的铝膜，铝膜的主要作用是可反射和阻挡入射的可见光，以尽可能减少由于可见光的辐射造成的信号干扰。除此之外，还可增大聚合物膜的密度，提高它的真空密封性。多数的有机密封窗膜层最大可承受 1.3 个大气的压力。

⑤ 这层总厚度约为 0.34μm 的聚合物膜还可阻挡能量 10kV 以下的背散射电子（BSE）的进入，这样既可减少一部分 BSE 的入侵，还有利于延长探测器芯片的使用寿命，而早期那种 7.5μm 厚的铍箔密封窗膜可阻挡 25kV 能量以下 BSE 的进入。

⑥ 现在新型的能谱仪探测器的密封材料有的是用厚度为 0.1μm 的氮化硅（Si_3N_4）膜，氮化硅是一种机械强度高，既耐高温又耐低温的硬质陶瓷材料。其在室温和低

温下，又耐氧气和水蒸气的侵蚀，而且它比聚合物膜致密，所以它的密封性和机械强度也都比聚合物膜强，而且还能耐等离子的清洗。

（3）电子陷阱。电子陷阱是由一个磁环或由两块半圆弧形的小磁铁组成的，磁环陷阱可以阻挡大部分入射的 BSE，使入射进入准直器而经过这里的 BSE 在磁场的洛伦兹力作用下产生偏转，以减少 BSE 对芯片的轰击而导致其性能退化，而这种磁环做成的电子陷阱并不会影响 X 射线的入射路径，但却可以有效地阻挡和减少 BSE 的入侵。

（4）探测的芯片晶体。老式的探测器芯片的晶体材料为锂漂移硅[Si（Li）]，这个锂漂移硅晶体做成的芯片是能谱仪探测器的心脏，它对评价一台能谱仪指标性能的好坏起了极为关键的作用。探测器中的 Si（Li）芯片及其主要灵敏部件都聚集在这真空腔内部的冷阱端头处，因 Si（Li）芯片及场效应晶体管都需要处在小于-130℃的温度下，最低可达-165℃（液氮的温度虽为-196℃，但经冷阱和氮化硼的传递会损失掉一部分的冷量），低温的主要目的是尽量降低芯片的热噪声和减少 P-N 结的漏电流，以尽量提高谱图的峰背比，还能防止锂漂移硅晶体中锂离子的反向扩散。探测器芯片将接收到的 X 射线信号转换为电荷信号，产生的电荷信号输入后级的场效应管（FET），经放大整形转换为阶梯电压信号，再传输送给后级的放大器。探测器芯片的具体结构和性能详见 11.2 节锂漂移硅芯片的结构。

（5）场效应晶体管（FET）。它属于电压控制型的半导体器件，具有输入阻抗高（$10^8 \sim 10^9 \Omega$）、噪声小、功耗低、动态范围大、易于集成、没有二次击穿现象、安全工作区域宽等优点。由于场效应管的输入阻抗高、漏电流小，特别是在低温环境下管子的漏电流很小，灵敏度很高，所以它非常适合用在放大器的输入级和阻抗变换器的相关电路中。能谱探测器中的结型 FET 是将锂漂移硅芯片中产生的电荷信号转化成电压信号并输送到前置放大器。最近几年，有的能谱仪生产公司为了进一步提高能谱探测器在低能段的探测灵敏度，除了采用 $0.1 \mu m$ 厚的 Si_3N_4 膜作为密封窗，还采用了低噪声、高输入阻抗的 CMOS 管替代原有的结型场效应管，这样它接收信号的灵敏度更高，信噪比更好，因 CMOS 管的输入阻抗为 $10^{15} \sim 10^{16} \Omega$，约为结型场效应管的 2 倍，而且又把 SDD 与 CMOS 管都封装在同一个干燥而密闭的真空小盒子中（CUBE 封装），这不仅有利于制冷，还能提高探测器的热稳定性，减少了漏电流，增加了输出计数率，特别是能进一步改善低能段的信噪比和分辨力。

（6）前置放大器。前置放大器简称为前放或预放，它的作用是把来自场效应管或 CMOS 管的微弱电压脉冲信号进行预先的放大，把放大后的信号传送到脉冲处理器进行处理，以便得到合适的脉冲幅度和波形。经过多级放大后，电压脉冲高度仍然保持着与初始进入 FET 或 CMOS 管的电荷信号成正比的关系，也就是说，从放大器输出的电压脉冲高度与产生此脉冲的 X 射线能量成正比，然后把放大器输出的脉冲通过模数转换电路（ADC）转换为数字信号。

（7）温度传感器。温度传感器的作用是监控由冷阱传递到探测器端头部位的温度。当杜瓦瓶中的液氮即将耗尽时，冷阱端头的温度就会上升，温度传感器会发出报警信号。有的报警信号是用文字在屏幕上显示出来，有的是用蜂鸣器发出响声作为报警信号，而有的是用不同颜色的指示灯表示，即红灯亮意味着杜瓦瓶中液氮即将耗尽，随后会自动切断探测器的高压，使探测器暂停工作，以保护探测器；而杜瓦瓶中有液氮时，当冷阱端头的温度降到低于-130℃（有的谱仪设定低于-100℃）时，它也会发出信号，即绿灯亮意味着杜瓦瓶中有液氮并允许操作者接通探测器的高压，使探测器恢复正常工作；而采用两级珀尔帖制冷的SDD芯片和前置放大器只要冷却温度降到-30℃以下时，温度传感器也会发出信号，即绿灯亮意味着允许操作者接通探测器的高压，探测器就能正常工作。

（8）冷阱。所谓的冷阱是一根用于传递低温的铜或铝做成的长条金属棒，该棒的一端置于液氮罐的底部，另一端连接到用氮化硼包裹着的场效应管、温度传感器和Si（Li）芯片等相关的探测部件。它的作用是把杜瓦瓶中液氮的低温（-196℃）冷量传递到场效应管和Si（Li）芯片，使场效应管和Si（Li）芯片都能处在尽可能低的温度下工作，这不仅可以明显地降低探测芯片的漏电流和前放的热噪声，还有利于提高探测器的峰背比和探测灵敏度。

图11.1.3是传统的锂漂移硅能谱仪的部件及分析结果，其中左图为带有杜瓦瓶的锂漂移硅探测器，不同的机型其杜瓦瓶的外形和容量大小也不同，最常见有圆柱形，如图11.1.1中的（a）和（c）及11.1.3中的（a）所示，圆柱形液氮罐的容量有的为10L，有的为7.5L；也有球形液氮罐，其容量多数为5L；还有如图11.1.1（b）所示的斜插五边形，这种CDU型快速制冷式探测器的液氮罐容量为2.5L。图11.1.3（b）是把所探测到的X射线信号转换为电信号并按照其能量的大小和顺序进行分别处理的设备，图11.1.3（c）是把多道分析器分析处理后的信息转换为谱图和分析数据输出，即输出定性和定量结果。

能谱仪（EDS）整套系统的基本组成用方框图表示出来大致如图11.1.4所示，探测器芯片中的晶体每吸收一个入射的X射线光子，探测器芯片中的Si原子就会被电离，电离的速率是每消耗初始光子3.8eV的能量就会电离出一对电子-空穴对，3.8eV是半导体硅材料的电子-空穴对的平均激发能。这些电荷经收集后，再经前放中的场效应管放大处理之后转换为阶梯电压脉冲。此信号被整形、放大之后就输入主放大器。为了减少脉冲的传输距离和降低噪声，整个前放也都处于谱仪的探测器中，紧接在Si（Li）晶体的后面，以尽可能缩短它们之间的信号传输距离，并用一个热敏电阻作调节，使之达到最低的噪声温度（多数机型的最低温度可达到-165℃）。

（a）Si（Li）能谱仪探测器

（b）脉冲处理器

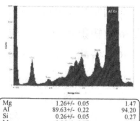

（c）定性和定量分析处理结果

图 11.1.3　锂漂移硅能谱仪的部件及分析结果

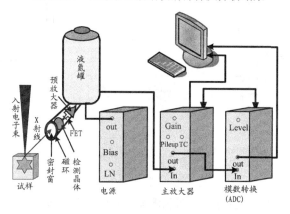

图 11.1.4　能谱仪系统方框图

　　入射的 X 射线光子所产生的信号转换为阶梯状的波形，阶梯波上的每一台阶的高度与入射的 X 射线光子的能量成正比。当前置放大器的输出堆积到某一预定电平时，一个发光二极管就会被导通、点亮，产生的导通电流会流向 FET，FET 的基线用脉冲光电反馈的方法恢复到起始工作点。因为反馈信号也会产生噪声，所以在产生漏电流时多道分析器（MCA）的门会关上。除了 Link 设计，这种脉冲光反馈前置放大器具有低噪声的特点，被大多数的能谱仪生产厂家所采用。

　　图 11.1.5 为能谱仪脉冲堆积排除电路的处理框图和各点的波形，Si（Li）探测器收集电荷的过程非常短暂，只有约 100ns，被电离的这些电荷输入前置放大器中，前放将这些电荷积分产生阶梯脉冲，然后分别送至快速放大器和线性放大器，快速放大器通道可以对输入的脉冲信号做出快速的反应。此脉冲经甄别器甄别，若超过其预设值，将向脉冲堆积器发出一个信号，以决定主放大器是否将信号继续输往其后面的电路。若一个脉冲在前面脉冲升到峰值之前到达，则前后两个脉冲都会被排除；若后面的脉冲在前面脉冲升到峰值但还未回落到基线或正在后面的电路中时处理，

则就会抑制后面的脉冲。甄别器的重要性在于其阈值的设置，若阈值设置太低，韧致和杂散辐射所产生的噪声信号涌入会增多，易导致谱图中的背底上升，还会产生所谓的系统峰；若阈值设置太高，则幅度较低的脉冲信号可能会被拦截，被排除在外而造成遗漏，导致探测限变差。

模数转换器可以处理一系列由脉冲处理器传送过来的脉冲，模数转换器将脉冲按其高度进行分类，并统计进入每个通道内的脉冲数。每个通道的能量间隔是均等的，它的排列编号与脉冲的高度有关，更与入射的 X 射线光子的能量大小有关。

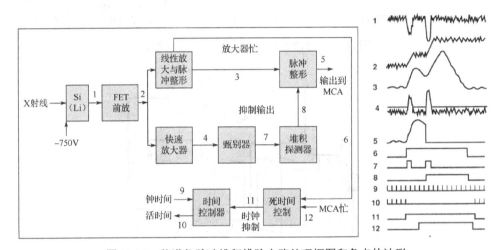

图 11.1.5　能谱仪脉冲堆积排除电路处理框图和各点的波形

11.2　锂漂移硅芯片的结构

老式的能谱仪多数都使用锂漂移硅探测器，整个探测器的外形如图 11.1.2 所示，剖面结构模拟图如图 11.1.1 所示，Si（Li）芯片的剖面模拟图如图 11.2.1 所示，整个探测芯片的结构如下。

（1）Si（Li）晶体的厚度约为 3mm，最常用的是面积约为 12.5mm² 的圆形硅芯片，它是在 P 型半导体单晶 Si 片上漂移进 Li 离子而制成的。

（2）从 Si（Li）的横截面看，晶片可分为三层，中间是活性区，由于 Li 离子对 P 型半导体起了补偿作用，在此区域内硼受主被锂施主精确地对应补偿。右边是一层约 0.1μm 厚的硅死层和 P 型半导体，在其外表面镀有 20nm 厚的金箔作为电极；左边是一层 N 型半导体，其外表面也镀有 20nm 厚的金箔作为电极。

（3）Si（Li）芯片实际上是一个 P-I-N 型的硅二极管，P 型 Si 的镀金面与负高压连接，N 型 Si 的镀金面与前置放大器的场效应管相连。

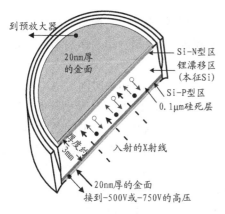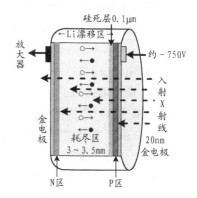

图 11.2.1　Si（Li）芯片的剖面模拟图

11.3 硅漂移 X 射线能谱探测器

　　硅漂移探测器（SDD）是最近几十年才发展起来的一种用于探测 X 射线的新型半导体探测器。目前，这种探测器被广泛地应用在能量色散型 X 射线荧光光谱仪（XRF）和能谱仪上。它是 20 世纪 90 年代中期研发出来的一种新型 X 射线探测器，经历了几十年的不断发展和技术改进，SDD 的技术性能日趋完善，而且越来越显示出其独特的优越性能，得到了各能谱仪生产厂商的采用和大力推介。

　　SDD 芯片的生产技术和珀尔帖（Peltier）半导体温差制冷技术都是成熟的工艺，早期的 SDD 并不被广大用户所接受，因为其不仅价格高，而且当时其能量分辨力和峰背比也都不如同期的 Si（Li）探测器。早期的 SDD 产品主要是用于航天、军工和携带式的 X 射线荧光光谱仪。从第三代产品开始，SDD 多项指标已经能与当时的 Si（Li）探测器相媲美。到了第四代产品，SDD 的多项指标已经赶上，有的甚至超过 Si（Li）探测器。现在 SDD 的能量分辨力和峰背比等主要参数都创造了行业内的新标准，还有由于用户购买了这种探测器之后，因其性能稳定、维护简易又没有后期的额外消耗等诸多优点，使得它越来越得到众多用户的青睐，使用量日益扩大，在与 SEM 配套上已全面取代 Si（Li）探测器。

　　SDD 芯片的结构要比 Si（Li）探测器复杂许多，技术含量也高，制造难度也大。但如今的 SDD 的性能比 Si（Li）探测器优越很多，不仅芯片的漏电流比 Si（Li）约小 3 个数量级，而且其阳极的结电容约小 2 个数量级，因而噪声很小，响应速度很快，可以快速地传递和接收电子信号。所以如今的 SDD 已成为探测 X 射线和带电粒子探测器的最佳选择。目前，SDD 最好的能量分辨力可达 118eV，明显优于传统的 Si（Li）探测器，采集谱图的速度也比 Si（Li）探测器快，死时间又很低，在一般的操作过程中，当输入计数率在 20kcps 以下时，死时间一般不超过 8%，所以使用 SDD

时人们基本上不用关注死时间的问题，而且不需要像 Si（Li）探测器那样长期地处在液氮制冷的低温环境中，它是当今与扫描电镜配套的 Si（Li）探测器的最佳换代产品。

传统 Si（Li）芯片的耗尽层是在制作过程中采用高温和长时间、高电压偏置并漂移进 Li 离子而做成的。为了避免在存放和使用过程中 Li 离子反漂而降低信噪比和灵敏度，Si（Li）芯片需要长期地处在小于-130℃的低温中。而 SDD 芯片本身的厚度只有 0.5mm，其耗尽层更薄，阳极的结电容更小，结电容越小，其响应速度越快、频带越宽、信噪比越高。由于它的响应速度快，所以它可以承受非常高的输入计数率，这样带来的最大好处是使元素面分布图的采集速度能明显地提高。SDD 后面的 FET 或 CMOS 管虽只处在约-30℃的温度下工作，但由于阳极的面积很小，整个芯片的反向漏电流也就很小，所以在谱仪的使用过程中，FET 的性能很稳定。现在有的能谱生产厂家采用 CMOS 来取代 FET，其输入阻抗更大、性能更稳定、低能段的灵敏度更高。

SDD 无需用液氮或复杂的制冷装置来冷却，而只要接上电源，用探测器自身所带的半导体制冷装置进行冷却就可以达到正常工作所需的温度。多数的谱仪采用两级珀尔帖的电制冷就可把 SDD 芯片和前置放大器从室温冷却到-30℃以下；有的公司采用三级珀尔帖制冷，则可轻易把 SDD 芯片和前放从室温冷却到-50℃左右。这种制冷方式不仅简单、方便，而且功耗低、无振动、制冷效果好。其分辨力受输入计数率高低变化的影响较小，现在在扫描电镜上这种 SDD 探测器已全面取代传统的 Si（Li）探测器。

SDD 能谱仪的典型参数和特点：

（1）由于所需的工作温度不是很低，只需用 2～3 级的珀尔帖半导体通电制冷，所以整个探测器的结构简单、功耗低、重量轻，而无须用液氮制冷，用户可免除储、运液氮和按时加灌液氮的麻烦。

（2）高计数率下能保持高的能量分辨力，10 万计数率下多数谱仪的分辨力能优于 127eV。

（3）最佳的能量分辨力的实测结果为 Mn-K_α 可达到 118eV；C-K_α 可达到 48eV；F-K_α 可达到 55eV。

（4）最佳的峰背比不小于 20 000∶1。

（5）最大输入计数率高达 1 850 000cps。

（6）最大输出计数率高达 850 000cps。

（7）图像的像素分辨力高达 8k×6k。

（8）X 射线面分布图的像素分辨力可达到 4k×3k。

（9）电子束的定位精度可达 16 位。

1. 硅漂移探测器的发展简介

SDD 能谱仪的核心关键技术是探测器中的硅漂移芯片，这是意大利的艾末利奥和美国的帕维尔这两位科学家（图 11.3.1）于 1983 年提出的硅漂移这个概念的基础上发展起来的。1995 年人们试制出这种芯片，1996 年该芯片在商品仪器上获得了成功应用。到目前为止，SDD 芯片的主要供应商是 PNsensor 和 Ketek 这两家生产厂。Bruker 和 EDAX 公司选用的是 PNsensor 的芯片；Oxford 公司选用的是 Ketek 公司生产的芯片。

硅漂移探测器早期叫作硅漂移室（SDC），它是由气体探测器中的漂移室类比得出的名字，所以也叫硅漂移室或者硅漂移室探测器。最初的硅漂移探测器是为了核科学的研究而研发的。图 11.3.2 为第一代 SDD 芯片的剖面示意图，其场效应管集成于圆形的 SDD 芯片的中心。目前，市场上的 SDD 芯片的形状主要有液滴形和圆盘形两种。

图 11.3.1　SDD 芯片的发明人艾末利奥和帕维尔

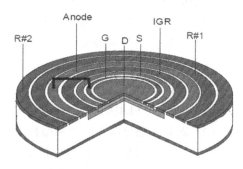

图 11.3.2　第一代 SDD 芯片的剖面示意图

（1）液滴形的芯片，其场效应管集成于液滴形的 SDD 芯片的一侧，如图 11.3.3 所示。

（2）大面积的圆盘形芯片，其场效应管外置，通过外引线与 SDD 芯片中的阳极连接，如图 11.3.4 所示。

SDD 的研发和生产过程大致如下。

（1）在 1995 年和 1996 年推出的第 1、2 代的 SDD 有六边形和圆形两种形状，圆盘形的如图 11.3.4 所示。当时 SDD 探测器的活性区面积很小，最初的产品有效面积仅为 5mm²。为了得到尽可能高的能量分辨力和采集效率，将 FET 集成在芯片的中心以减少分布电容，这样有利于改善信噪比，提高采集速度和能量分辨力。第 1 代 SDD 能得到的最好能量分辨力为 149eV，但最好的峰背比仅为 500：1。

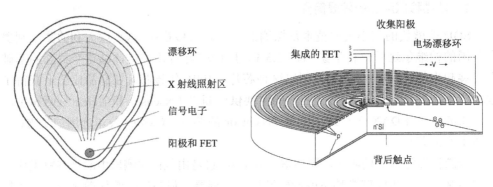

图 11.3.3　液滴形的 SDD 芯片　　　　图 11.3.4　圆盘形的 SDD 芯片

第 3 代 SDD 采用液滴型的设计，FET 虽然仍集成在半导体芯片上，但不同的是把它移到芯片的一侧，而不在 X 射线的辐照区域内，主要是解决了 FET 不耐 X 射线的长期照射问题；还解决了 FET 和 SDD 之间的过渡区问题。

在 2003 年 6 月 10 日发射的"勇气号"火星探测器和 2003 年 7 月 7 日发射的"机遇号"火星探测器，以及后来的几次探测火星的行动中，美国宇航局都是选用 SDD 这种探测芯片，并把它安装在火星探测车上，这种芯片在火星那种恶劣的环境中都能工作，拍了数千幅探测谱图。

第 3 代的 SDD 虽有显著的进步，但仍有不足之处：

（1）SDD 与 FET 的相互干扰问题并没有完全得到解决。

（2）芯片中部分电子的漂移路程增长了，所以液滴形的 SDD 面积不能做得太大。

（3）芯片中电荷的收集路程长短不一，较易产生或增大弹道亏损引起的噪声。

第 4 代及之后的 SDD 的特点是场效应管不集成在硅漂移芯片上，而是把 FET 接到探测器芯片的体外，这样带来的优点有：

（1）减少了场效应管与芯片之间的相互干扰。

（2）减少了体内集成的 FET 和探测器之间的过渡区电荷收集不完全而引起的低能尾问题。

（3）减少了体内集成的 FET 不耐 X 射线照射的问题，使 FET 和硅漂移芯片基本上都可以保持最佳状态。

（4）工作电压范围宽，工作时探测器的稳定性好。

美中的不足的是，由于 FET 改为外接，其输入的电抗会在原有的基础上有所增大，这些电抗的增大有可能会影响到放大器处理信号的速度，也会影响带宽和能量分辨力的进一步提高。

2．硅漂移探测器的外形及内部结构

图 11.3.5～图 11.3.9 是目前几家主要的能谱仪生产厂家推出的新型 SDD 探测器组件的外形照片，图 11.3.10 为图 11.3.9 中 SDD 探测器内部结构的模拟图，图 11.3.11 和图 11.3.12 分别是 Oxford 和 Bruker 公司的 SDD 芯片封装外观图。

从图 11.3.10 中的 SDD 探测器的剖面图来看，图中的 1～5 分别所指的是准直器、电子陷阱、密封窗、芯片晶体和场效应管。SDD 与 Si（Li）探测器的布局和结构总体上并无多大的差异，仅有的两点差异就在于芯片结构，SDD 的芯片结构要比 Si(Li) 的芯片结构复杂，设计技术和制造工艺的难度更大；Si（Li）芯片的工作温度要小于 $-130℃$，而 SDD 芯片只要小于 $-30℃$ 就可正常工作，所以它只要采用两级（个别机型采用三级）珀尔帖的电制冷就可以正常工作，不用背负着笨重的液氮罐，这样的新型探测器装在扫描电镜的样品仓上就能够真正做到减轻重量。

图 11.3.5　EDAX 公司的 SDD 探测器组件

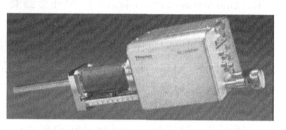

图 11.3.6　热电公司的 SDD 探测器组件

图 11.3.7　Bruker 公司的 SDD 斜插式探测器组件

图 11.3.8　Bruker 公司的平插式 SDD 探测器组件

图 11.3.9　Oxford 公司的 SDD 探测器组件

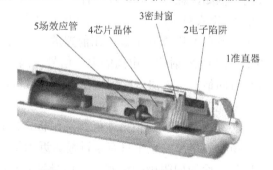

图 11.3.10　Oxford 公司的 SDD 探测器
内部结构的模拟图

图 11.3.11　Oxford 公司 SDD 芯片的封装外观　　　图 11.3.12　Bruker 公司 SDD 芯片的封装外观

3. 硅漂移探测器的工作原理

硅漂移探测器是在高纯的 N 型单晶硅片上朝向射线入射的这一面制备一个面积大而且均匀的突变型 P-N 结二极管；在另外一面的中心制备一个点状的 N 型阳极，在阳极的周围做成许多同心的 P 型环形圆圈组成的漂移环，漂移环上有加电位的偏置电极，SDD 芯片的工作原理和截面结构示如图 11.3.13 所示。在工作时，芯片两面的 P-N 结上加反向电压，从而在芯片体内产生一个势垒耗尽区。在每个漂移环电极上加脉冲阶梯电位，使之在芯片内产生一个横向漂移电场，它将使势阱弯曲，迫使那些被入射 X 射线所电离的信号电子在电场力的作用下先后漂向阳极，从而产生有用的电信号。硅漂移探测器中心的阳极面积很小，所以其接触电容和漏电流也都很小，因而可在更短的脉冲处理时间和高的计数率条件下仍然能够保证探测器具有高的分辨力。另外，小面积的阳极带来了小的接触电容，这意味着其不需要用更低的温度来减少漏电流，即只要用两级珀尔贴制冷就能维持正常工作，更不需要用液氮冷却。这样整个探测器的结构就变得简单、体积小、重量轻，其场效应晶体管就可以在低噪声下快速地读取和接收漂移过来的信号电子，所以它可灵敏地探测到 X 射线的信号，它早期主要用于 X 射线荧光（XRF）分析仪上。

图 11.3.14 中的细曲线代表不同耗尽区的界线，它与电子势能最小值的走向是一致的。例如，耗尽区同时吸收打在 3 个不同位置上的 X 射线光子时，这 3 处都会产生电子-空穴对组成的云，它们在电场的作用下被电离，空穴（红色）漂向阴极，而电子（蓝色）则漂向阳极。在前置放大器的输入处首先探测到的是来自靠近芯片中心①号位的 X 射线所电离的电子信号，因为该处所电离的电子距离阳极最近，漂移渡越时间最短，很快就能到达阳极；②号位的 X 射线所电离的电子距离阳极较远，电子要花较长的漂移时间才能到达阳极；③号位的 X 射线所电离的电子距离阳极最远，必须漂移更长的距离才能到达阳极，所以③号位的信号电子到达阳极的时间最长。所有被电离的电子只有越过最靠近阳极中心的那个漂移环（U_{IR}）之后才能产生电信号，而漂向阴极的空穴对电信号没有贡献。这三处产生的电子漂移时间关系为 $t_{Drift1} < t_{Drift2} < t_{Drift3}$。①号位的信号上升时间 τ_1 最快，t_{Drift1} 接近于 τ_1，即 $t_{Drift1} \approx \tau_1$。因为

它最靠近阳极，电子几乎不用漂移，电子云还没有来得及扩散就能到达阳极；②号位的信号上升时间 τ_2 要稍慢一些，因为它离阳极稍远，电子漂移路程较远，电子云会产生扩散，上升的时间也就较长；③号位的信号上升时间 τ_3 最长，因为它离阳极最远，电子漂移的路程也最远，电子云的形成和生存的时间如果不是足够的长，则会产生较严重的弹道亏损。这三处产生的电子信号的上升时间关系为 $\tau_1 < \tau_2 < \tau_3$。

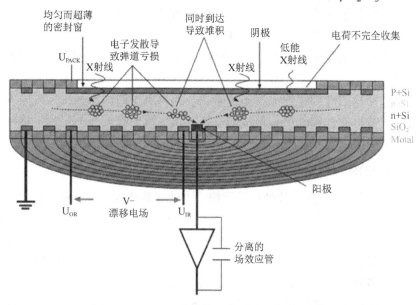

图 11.3.13　SDD 芯片的工作原理和截面结构图

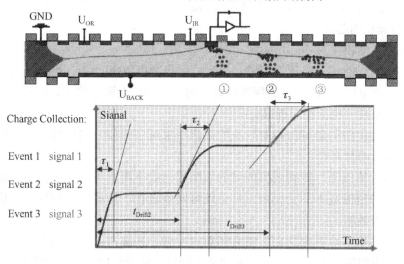

图 11.3.14　SDD 芯片的工作原理图

硅漂移探测器的特性如下：

（1）在漂移过程中电子云是被屏蔽的，只有当电子云进入最里面那一圈漂移环以后，它才能产生出电信号。

（2）由于信号电子在漂移至阳极的途中，电子云会发生扩散，所以信号的上升时间与耗尽区的电场强度和漂移路径的距离有关。

（3）当它们照射在芯片的不同位置，离阳极越近的地方，信号电子的漂移时间就越短，而离阳极越远的地方，产生的信号电子的漂移时间也就会越长。

（4）硅漂移探测器可同时探测到多处被吸收的 X 光子，而锂漂移硅探测器却没有这种能力。

（5）对大面积的硅漂移探测器芯片来说，如果电子的形成和生存时间太短，漂移时电荷的扩散可能会额外增加信号的亏损，使电荷的收集更不完全，这样会明显地影响到低能段谱线峰的分辨力，也会在相应的特征峰的左边出现低能尾现象。

4. 大面积的硅漂移探测器

为了能充分发挥 SDD 芯片处理速度快、可处理高计数率的优势，使用大面积的探测芯片也成为一种新趋势。大面积芯片的探测器不仅更适合与冷场扫描电镜相配套，而且也可以在钨灯丝和热场扫描电镜小束斑或小束流的条件下拍摄高分辨力照片的同时去采集能谱谱图，即在拍摄高分辨力照片的同时又能同步采集能谱的谱图，这样既能达到省时、高效的目的，对试样的热损伤也会相对减少。所以这几年来主要的能谱仪生产厂家也都纷纷推出大面积的 SDD 能谱探测器，其中的芯片面积不仅有较早的 $20mm^2$ 和 $30mm^2$，而且还有 $40mm^2$、$50mm^2$、$60mm^2$、$70mm^2$、$80mm^2$、$100mm^2$ 等面积的芯片。

斜插式大面积探测器芯片的优点：

（1）在同样的加速电压、束流、束斑、标尺刻度(S)和间距（准直器与试样测试面之间的距离 d）下，面积大的探测器对应的立体角也会随之增大，探测的灵敏度和 X 射线的接收效率也会相对提高。

（2）大面积探测器可在相对较小的束流、束斑下工作，这样对试样的辐射损伤和污染也都会明显减少。

（3）当从拍摄照片转到采集能谱的谱图时一般不需要再增大束流或束斑，所以对电镜图像的拍摄基本不受影响，甚至还可同步进行，这样可以节省采集谱图的时间，提高工作效率。

（4）大面积芯片对应的立体角会相对大一些，采集谱图的效率会相应提高，采集时间可相对缩短，特别是在做元素面分布图时，所花的时间会明显缩短。

斜插式大面积探测器芯片的不足之处：

（1）由于芯片面积大，X 射线所电离的信号电子的漂移路径长短不一，有的漂移路径长了，其响应速度较慢，需要稍长的信号处理时间，所以有些大面积的芯片只能工作在长的处理时间下。

（2）由于芯片大，有的型号的探测器外径会相对变粗，标尺刻度（S）有可能会拉得比较远，d 也会有所增大，所以有效的立体角并不一定都会随探测器面积的增大而成比例增大。

（3）早期大芯片的产品，其 FET 紧贴在芯片的中心，使整个芯片和 FET 同时受到 X 射线的照射，时间久了，这不仅会导致其增益和峰背比下降，分辨力也会随之下降。

5. 平插式高角度的硅漂移探测器

近几年 Bruker 公司推出了垂直安装（也称为平插式）的四分区高角度大立体角的硅漂移探测器，其外形照片如图 11.3.15 所示，图 11.3.16 为平插式 SDD 的伸出照片。这种平插式探测器的主要优点如下。

（1）作为平插式的探测器来说，这是一种革新性的改变，它像伸缩式的 YAG 背散射电子探测器那样，放置在扫描电镜物镜下极靴的底部，要用时把探测芯片伸向物镜下极靴正对着的底部中心位置，不用时就缩回原位。这样它就不影响 BSED 的使用和扫描电镜的其他动作。当探测器的密封窗面与试样表面的距离 $d \approx 3 \sim 4\text{mm}$（即 WD$\approx$11mm）时，如图 11.3.17（a）所示，这种探测器可接收从试样表面发出的出射角为 35°～70° 的环形圆锥立体角内的大部分 X 射线。这种平插式探测器对 X 射线的接收几乎不受试样表面的凹凸形貌所带来的阴影死角的影响，而且还能把试样对 X 射线的吸收减到最少，这样对 X 射线的采集效率才能达到最高，所得分析结果的相对误差也会更小。

（2）探测器的有效面积为 60mm^2。当探测器的密封窗面与试样表面距离 $d \approx 4\text{mm}$ 时，其最大的采集角 $\Omega \approx 1.2\text{Sr}$，约为斜插式 10mm^2 芯片面积的 100 倍，30mm^2 芯片面积的 33 倍或 60mm^2 芯片面积的 16 倍，平插式 SDD 采集立体角如图 11.3.18 所示。正因为平插式高角度探测器的采集立体角大、效率高、速度快，所以可在小束流和小束斑下快速地采集谱图，特别是对元素面分布图的采集尤为快捷，信噪比特好。

图 11.3.15　物镜极靴下的平插式 SDD 的近照　　　图 11.3.16　平插式 SDD 的伸出照片

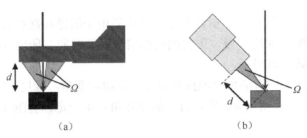

（a）   （b）

图 11.3.17　斜插式与平插式探测器的接收立体角的比较

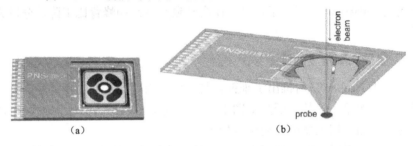

（a）   （b）

图 11.3.18　平插式 SDD 采集立体角示意图

（3）可在低加速电压和小束流下分析某些对束流敏感的试样，如生物、半导体和纤维等材料，特别适用于探测超薄或细小的颗粒和分析超轻元素试样，更适用于分析亚微米颗粒。

（4）采集谱图时，平插式探测器对 WD 的要求不像斜插式的那么严格，基本上都能有超大的采集立体角，能在一定的 WD 范围内高效地采集谱图，也可在短工作距离下拍摄高分辨力的二次电子像的同时去采集能谱图，即拍摄二次电子像的照片和采集能谱图两者可同时进行。

（5）目前，平插式探测器最佳的能量分辨力可达 121eV@Mn-K_α。

平插式的高角度探测器的其他特点如下。

（1）由于平插式探测器的探测芯片正对着试样表面，所以 X 射线的采集效率显著提高，但它也容易遭到从试样表面反射出来的背散射电子（BSE）的正面轰击。为了减少 BSE 对探测芯片带来的不良影响，生产厂家采取了加贴防护膜的办法来阻挡BSE。人们要在实际的使用中依所采用的加速电压的不同来加贴不同厚度的防护阻挡膜，以便既能灵敏地采集特征谱线又能尽量保护探测芯片免受 BSE 的入侵。

（2）这种平插式的探测器与某些型号的扫描电镜配套使用时，有的会暂时影响到 BSED 的使用，即有些型号电镜中的 BSED 可能会被平插式的探测器临时遮挡，造成能谱图与 BSEI 的采集工作一时难于同步进行，但不影响能谱图与 SEI 的同步采集，如图 11.3.15 所示。

（3）这种平插式的探测器的成本比斜插式的高，所以售价也比斜插式的贵。

6. 硅漂移探测器的综合优点

硅漂移探测器的综合优点如下。

（1）多数 SDD 芯片的工作温度约在-30℃，因此只需要两级珀尔贴制冷就能达到所需的工作温度，而 Si（Li）芯片的工作温度通常需要低于-130℃才能明显地降低噪声，才会有足够的信噪比，因而需要长期地处于液氮的冷却之中。若 Si（Li）的探测器也采用珀尔贴制冷，至少需用 5 级以上串联的珀尔帖制冷才能满足，为了提高探测器的可靠性，Si（Li）探测器几乎都是用液氮冷却（个别生产商曾采用过多级压缩机制冷，也有的曾采用微型高压气体的压缩膨胀电制冷技术）。

（2）若液氮制冷的 Si（Li）探测器使用的液氮挥发完了，重新加灌液氮后，如果是 CDU 型的杜瓦瓶要等待 1～1.5h 之后才能继续工作；如果是标准型的杜瓦瓶要等待 2h 之后才能继续工作。而采用珀尔帖制冷的 SDD 能谱仪开机仅需 3min 便可加高压正常使用，不存在为等待探测器的降温而延时待机的情况。

（3）SDD 基本免维护，节假日无须人员值班添加液氮。

（4）SDD 能谱仪采集谱图的速度快，特别是采集元素面分布图的时间只有 Si（Li）探测器谱仪的 1/4～1/8。

（5）Si（Li）探测器通常需要施加-750V（也有用-1 000V 或-500V）的高压，而 SDD 的工作电压一般为 24V（据说个别大面积的芯片为 150V），它的偏置电压相对低很多，所以比较安全、可靠。

（6）SDD 体积小、轻巧，大部分机型的质量在 2.5～5kg，约为 Si（Li）探测器的 1/9～1/7。

（7）SDD 在工作时完全没有振动，不会影响扫描电镜的高倍图像观察，更不会影响谱图的采集。

（8）SDD 在计数率为 1～100k 的范围内，其能量分辨力都很稳定，变化不大，一般不会超出 1eV。

（9）SDD 芯片里面不能像 Si（Li）芯片那样可以漂移进活性很强的锂离子，而且芯片外表面的抗污染能力也比 Si（Li）芯片强。当不处于工作状态时，SDD 芯片与场效应管即使都处在室温的环境下，其电参数和理化性能也不易受到影响，所以平时不需要像 Si（Li）探测器那样长期处在低温的环境中。

目前，SDD 存在的不足是，用在透射电镜上的还不够完善，由于 SDD 芯片的厚度只有 0.5mm，易被入射的高能 X 射线所贯穿，因而对于高能段（≥12keV）的探测效率会明显下降。

7. 可用于高温环境下的探测器

SDD 芯片的工作温度通常在 -30～-40℃，相对 Si（Li）探测器来说冷却温度提高了约 100℃，这样整个 SDD 探测器组件就比较不易发生结霜、污染，也就不必像 Si（Li）探测器那样频繁地加热除霜，谱仪的检测精度与灵敏度的变化波动也比较小，性能相对稳定。SDD 有较高的处理速度和转换效率，当它与 SEM 配套，可以在高计数率下得到高的信噪比和峰背比，以及高质量的元素面分布图。这种芯片与有机密封窗膜结合做成的探测器只适合与传统的 SEM 配套，但用在环境扫描电镜（E-SEM）上的还不够完善，这是因为聚合物密封窗膜做成的探测器不耐等离子清洗，更不能工作在高温的环境中。

现在 EDAX 公司采用了氮化硅密封窗这种既能耐高温又能耐低温且密封性好，机械强度高的方式，推出了可在试样温度高达 1 050℃时仍能正常采集谱图和进行定性、定量分析的探测器。Octane Elite[H] 型耐高温辐射的密封窗探测器外形如图 11.3.19（a）所示。图 11.3.19（b）是钢铁试样加热到 1 000℃时采集到的能谱谱图，从该谱图中可看到，在 1 000℃的高温下所采集到的特征峰的峰背比和信噪比仍然很高，其峰背比与正常室温环境下采集到的谱图几乎无明显的差异，而且其中的 C 峰和 Al 峰也都清晰可见。所以这种探测器非常适合与环境扫描电镜配套。

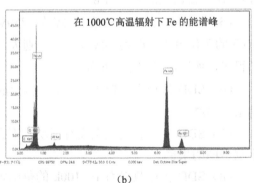
在 1000℃高温辐射下 Fe 的能谱峰

(a)   (b)

图 11.3.19　Octane Elite[H] 型的耐高温辐射的 SDD 探测器的外形和 1 000℃下的钢铁谱图

8. 对碲化镉探测器的展望

现在，还有个别高端的透射电镜仍配用 Si（Li）探测器，如果 SDD 芯片能够做得再厚一点，才能理想地配备到这些透射电镜上。到那时 SDD 的销售量还会大增，电制冷的 SDD 也才有希望全面取代液氮制冷的 Si（Li）探测器，但是在近期内用于与 TEM 配套的 Si（Li）探测器可能还很难完全被 SDD 取代。未来几年，如果 SDD 芯片的厚度无法做到不小于 2mm，那么与透射电镜配套的 SDD 芯片将有可能会被用碲化镉材料做成的芯片所取代，这样 SDD 和 Si（Li）探测器就有可能会慢慢被替代。虽然，Si（Li）探测器在高能段的探测效率比 SDD 明显地高出很多，但若与碲化镉探测器相比，Si（Li）探测器在高能段的探测效率则有所不如。

从理论上预测，用碲化镉材料做成的探测器将有可能会是一种比较适合与透射电镜配套的能谱仪探测芯片，碲化镉的分子式是 CdTe，分子量为 240.01。碲化镉不溶于水和常见的酸，但会在硝酸中分解。碲化镉的熔点为 1 047℃，禁带宽度为 1.46eV，密度为 6.2g/cm³，折射率为 2.72，热导率为 6.3（W/mk at 300K）。碲化镉早已大量地用于制作太阳能电池，目前用 CdTe 做成的太阳能电池在地面上的转换效率高达 18.5%，实验室中的最高转换效率可达 22%。这样的转换效率明显高于多晶硅或单晶硅的太阳能电池。另外，据最新的科技报道，若在建筑物的玻璃幕墙表面制作一层 CdTe 太阳能光电池层，其转换效率可达 17.8%。这样它既能采光又能发电，就能成为挂在墙上的"油田"。现在全国有玻璃幕墙的建筑物至少有 400 亿平方米，而且每年还在增加，若其中的 10% 改用 CdTe 做成的发电玻璃幕墙，则总的发电量就相当于 3 个三峡水电站的电量；若把 CdTe 制作在钢化玻璃上，再把它铺在公路的路面上就能成为电动汽车的"绿色充电宝"。现在碲化镉探测器已大量地用于 X 射线探测、红外调制、红外探测、核放射性探测等方面。

现在有的公司已开始在试制用于 TEM 的碲化镉探测器，从理论上分析碲化镉探测器的带宽很宽，发展前景很好。试制品的碲化镉探测芯片的厚度为 1mm，为 SDD 芯片厚度的 2 倍，而且它的密度为单晶硅的 2.6 倍，因而不易被高能射线所贯穿，所以其高能段的接收效率很高。CdTe 在高能段的探测范围远远超出传统的 Si（Li）和 GaAs 做成的探测器，更远远的超出当前的 SDD，即在探测效率同为 100% 的范围内，SDD 的高能段仅能到 8.1keV，而 CdTe 探测器的高能段可到 57keV，约为 SDD 的 7 倍。当探测采集效率降到 60% 时，Si 材料做成的 SDD 芯片的高能段也只能到 17keV；GaAs 材料做成的探测器高能段能到 47keV；CdTe 材料做成的探测器高能段可到 105keV，约为 SDD 的 6.2 倍。如果 CdTe 探测器能研发成功，且能成熟的配套在透射电镜上，就可以充分地利用高能段的谱峰来做分析，这不仅可以减少低能段的谱峰重叠，有利于提高重金属元素的定性和定量分析的准确度，甚至还能改善探测灵敏度、提高探测限，这是因为 K 线的荧光产额最高。希望在不久的将来，用 CdTe 材料做成的能谱探测器能成功地配备在 TEM 上。

图 11.3.20 是 Si、GaAs 和 CdTe 探测器对高能 X 射线的探测和穿透的关系曲线，左边那条曲线代表 SDD 的 Si 芯片、中间那条曲线代表 GaAs 芯片、右边那条曲线代表 CdTe 芯片。从图 11.3.20 中 Si、GaAs 和 CdTe 探测器对高能射线的穿透曲线看，CdTe 在高能段 60keV 时，探测效率仍接近于 100%，如重金属元素 Hf-K_α 峰位于

55.80keV；Ta-K_α 峰位于 57.45keV；Ir-K_α 峰位于 64.91keV；Pt-K_α 峰位于 66.83keV；Au-K_α 峰位于 68.80 keV。这几个常见的重金属元素的 K 线都能够被探测到，即使是位于 74.99 keV 的 Pb-K_α 峰也能被探测到，检测效率还能达到 90%。若是采用 SDD 探测器，则这几个重金属元素的 K 线都无法探测到，因为在这样高的能量范围，SDD 探测器的探测效率已降到 3%，这样低的检测效率早已探测不到这几种元素的 K 线峰。这意味着在 TEM 中用 CdTe 探测器比用 SDD 探测器对 Pt、Ir、Au、Hf、Pb 等重金属元素的探测效率能提高几十倍，甚至更多，即便是探测这几个重金属元素的 L 线，如 Au-L_α 峰位于 9.71keV 及 Pb-L_α 峰位于 10.55 keV，若是采用 SDD 探测器，对 Au-L_α 的探测效率下降到 90%，对 Pb-L_α 下降到 80%。所以说在未来几年 CdTe 芯片做成的探测器若能研制成功，对透射电镜来说将会是一种理想的能谱仪探测器。

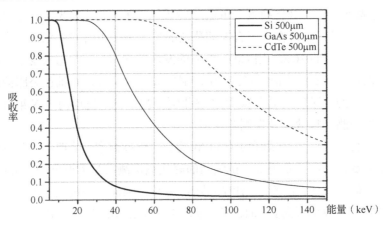

图 11.3.20　Si、GaAs 和 CdTe 探测器对高能射线的穿透曲线

11.4　X 射线的吸收和处理过程

Si（Li）或者 SDD 的芯片每吸收一个入射的 X 射线光子，就会把芯片中所产生的电离信号传送到前置放大器进行处理，整形成阶梯脉冲信号再进一步放大，再输送至后面的多道脉冲高度分析器（MCA）。多道脉冲高度分析器主要由模数转换器、存储器及放大器等组成，它将探测器传输进来的模拟电压信号转化为数字信号，方法是将电压脉冲幅度的整个范围划分为许多相等的小间隔，如 V_1、$V_2 \cdots V_n$，通常把这些 V_1、$V_2 \cdots V_n$ 小间隔称为通道（channel，ch），每个通道都依序编排代表其地址的编码，称为通道地址（简称道址），道址的编号是按照能量的大小顺序来编排的，能量低的脉冲对应到序号小的道址，能量高的脉冲对应到序号大的道址。每一道都有一定的能量宽度，称为道宽，道宽的单位为电子伏特每道（eV/ch）。一般来说，在一

个固定的能量范围内，多道分析器划分的道数越多，道宽的能量范围也就会越小，测量相应脉冲的能量分布也就越细。在 MCA 容量一定的情况下，改变道址的宽度实质上是线性放电过程在时间轴上截取的时间间隔。这个间隔越大，表明幅度差别较大的一些脉冲都会被计入同一道中，如 10eV/ch 对应的脉冲幅度间隔为 10mV，而 20eV/ch 对应的脉冲幅度间隔为 20mV。所以说，道宽越小，对脉冲幅度的划分也就越精细，相应的划分间隔就会越细。在现在的能谱系统中，最多的是采用 12 个二进制码来编排多道分析器的道数，其对应的道数高达 2^{12}（4 096）道，人们通常称之为 4k。与扫描电镜配套使用时，通常会选用 1k；与透射电镜配套使用时通常会选用 2k；多数的谱仪也可以选取自动挡，这样在使用时谱仪的计算机会根据所施加的加速电压的大小来自动选择能量标尺的范围，设置合适的道数和每道的能量宽度，最常用的道宽是 10eV/ch。

当道数定下之后，能量范围也按实际加速的激发范围来选择能量标尺的量程，它可分为 5keV、10keV、20keV、40keV 等，表现为谱图显示窗口的 X 轴的能量标尺范围，人们也可根据元素特征峰的具体能量位置，采用手动或者由计算机自动来选择能量标尺的量程范围。总之对于道数和道宽的选择应该结合当前电镜所使用的加速电压来选取合适的能量标尺范围，表 11.4.1 给出了一些能谱图坐标的能量范围、道数和道宽。在扫描电镜中最高的加速电压多数为 30kV，能谱分析时常采用的加速电压是 10～25kV，所以常选用的道数为 1k 或 2k，当每通道的能量宽度（道宽）选为 10eV 时，谱图显示的相对应能量范围为 0～10keV 或 0～20keV；当做超轻元素的分析时，若选用的加速电压为 5kV，选用的道数为 1k，若道宽为 5eV 时，谱图显示的相对应能量范围为 0～5keV；若选择轻元素的 K 线或重元素的 M 线作为分析主线，采用的加速电压为 10kV 或 15kV，选用的道数为 1k，道宽为 10eV，谱图显示的能量范围为 0～10keV；若选中等元素的 K 线或重金属元素的 L 线作为分析主线，采用的加速电压为 20～25kV，选用的道数为 2k，道宽为 10eV，谱图显示的相应能量范围为 0～20keV。

表 11.4.1　能谱图标尺显示的能量范围、道数和道宽

设置通道数（k）	道宽（eV/道）	谱图标尺的能量范围（keV）	电镜的选用范围
1	5	0～5	主要用于 SEM 的超轻元素分析
1	10	0～10	常用于 SEM 的超轻和轻元素分析
2	10	0～20	常用于 SEM 的轻元素和常见的金属元素
1	20		分析，在 TEM 上也经常选用

设置通道数（k）	道宽（eV/道）	谱图标尺的能量范围（keV）	电镜的选用范围
2	20	0～40	适用于 TEM 配 Si（Li）、Ge（Li）、GaAs 或 CdTe 探测器的分析
4	10		
4	20	0～80	适用于 TEM 配 CdTe 探测器的分析

在透射电镜中由于其加速电压高，有些透射电镜配置的还是老式的 Si（Li）探测器，为了减少重叠峰，通常会选用中等元素的 K 线或重金属元素的 L 线，若选用的道数为 2k，选用的道宽分别为 10eV 或 20eV，这样谱图标尺能显示的能量范围为 0～20keV 或 0～40keV。在 0～20keV 范围内，除了可以显示 Cm96 号元素之前的 L 线外，也能显示 Rh45 号元素之前的 K 线；而在 0～40keV 范围内，不仅可以显示 Cm96 号元素之前的 L 线，而且还能显示 Sm62 号元素之前的 K 线。在透射电镜中若配置的是 SDD 探测器，使用的加速电压就不能太高，因为 SDD 探测器所能采集到的最高能量范围也只能到 20keV，当能量在 20keV 时，SDD 探测器的采集效率已降到 40% 以下。将来的透射电镜上若能配上 CdTe 探测器，就可使用更高的加速电压，可选用 0～40keV 或更宽的能量范围。在探测器效率 100% 的范围内，CdTe 探测器的探测高能段可达 57keV；当探测器效率降到 80% 时，CdTe 探测器的探测高能段可达 85keV，这不仅可以显示 Cm96 号元素之前的 L 线，而且还能显示 Rn86 号元素之前的 K 线。

把每个通道内的脉冲个数计算出来，对应的光子数即为强度。每个通道内脉冲幅度对应的光子能量由存储器将输出的脉冲数存在对应的通道地址中，并由多道分析器控制且自动进行累计。在单位时间内所产生的某元素的特征 X 射线越多，则输入对应通道中的脉冲数也就会越多，这表明该试样中此元素的相对含量越高。

显示屏上显示出按脉冲高度分类计数的特征 X 射线谱峰，横坐标轴代表能量，纵坐标轴代表元素峰的强度。例如，一个 Cu-K_α 的 X 射线光子入射于探测器芯片内，Cu-K_α 光子的能量是 8 040eV，这样在半导体硅晶体内就能电离出 8 040/3.8=2116 个电子-空穴对。这些电荷量是非常少的，当把这些电荷收集起来，转换成电压脉冲，经过放大后，由模数转换器（ADC）转换为数字信号，从 ADC 输出的数字信号会命令 MCA 中的相应道址去执行一个加 1 的操作。若 MCA 设为 1024 道，每个通道的能量为 10eV，谱图显示的能量范围就能从 0 至 10keV，那么这样的探测器每吸收一个 Cu-K_α 射线光子，在第 804 道中就会自动存进一个计数。同样，若一个能量为 6 403eV 的 Fe-K_α 光子被吸收，就有一个计数会被加进第 640 道中。每吸收一个 X 射线光子，经过处理后，其相对应的通道上就会增加一个计数，用此方法便可获得全谱。为了使整个处理过程能准确而有序地进行下去，每一个 X 射线光子都必须在下一个光子到来之前被检测到并处理完毕。在计数率小于 2 000cps 的情况下，前一个脉冲在处理的瞬间又有一个脉冲到来的可能性很小。若计数率继续增大，对于 Si（Li）

探测器的谱仪，其中就有可能会出现脉冲堆积。如果在放大单元的基线还没有得到恢复之前又有一个脉冲到来，这时测量到的电压脉冲高度就会出现错误的偏离。这样就会使相应的峰形状发生形变，而偏离高斯分布，导致谱仪的能量分辨力下降，因为这时计数脉冲会存储到比实际能量通道更高的道址中去。若使用一个带有快速甄别器的堆积抑制器，出现脉冲堆积效应的现象就会有所减少，但不会完全被消除。堆积抑制器对于一个脉冲还没有处理完之前是否又有新脉冲的到来是很敏感的，一旦有新脉冲到来，ADC 的输入端口就会自动关闭，这样就不容易产生变异的脉冲和变形的谱峰。EDS 系统的电子单元必须同时对所有入射的 X 射线进行分选和计数，所以能够处理的总计数率比波谱仪（WDS）系统低得多。而 WDS 是用晶体对 X 射线分别进行衍射、分选，所以 WDS 可以承受高的计数率。若要提高 EDS 处理计数的能力，可以采用减小主放大器时间常数的方法，即加快主放大器对脉冲的处理时间，但是这样做却会牺牲能量分辨力。因为主放大器的处理时间短了，其相应的能量分辨力将会随之下降；反之若主放大器的处理时间常数适当增大，其相应的能量分辨力将会得到提高。这种情况对 Si（Li）探测器尤为明显，而对 SDD 就没有那么敏感，因 SDD 处理输入脉冲的速率本来就比 Si(Li) 至少高出一个数量级，所以 SDD 探测器能承受很高的输入和输出计数率。

死时间（DT）是系统不能接收脉冲的总时间。它是总的分析时间中的一部分，这段时间是系统在处理脉冲的期间或系统发生脉冲堆积而关闭的时间。在这一瞬间系统无暇顾及别的已经进入探测器或等待进入系统的其他脉冲信号，这样的瞬间相对于别的 X 射线来说谱仪的处理系统就像"死机"时那样运作不了，所以把这段时间称为死时间。死时间通常以百分比表示。死时间的长短与输入计数率和放大器的处理时间有关，当输入的计数率增高或放大器的处理时间增长时，死时间会随之增大；反之，当输入的计数率降低或放大器的处理时间缩短，死时间在一定范围内将会随之减小。在正常的定性和定量分析时，Si（Li）探测器谱仪的死时间通常控制在35%左右，不要超过40%。当在采集谱图时 ADC 正繁忙，若正好有脉冲到达，可以由实测时间校正器来补偿这段死时间，使分析时间延长，若为测量某一元素的真正计数率，就必须校正实测时间。SDD 能谱仪对输入计数率的处理能力比 Si（Li）强，处理速度很快，当输入计数率小于 200kcps 时，SDD 谱仪的死时间通常小于 8%，所以说在正常的计数率下不用去关注 SDD 谱仪的死时间问题。

脉冲处理器处理入射的 X 射线光子的时间称为活时间（LT），活时间通常以秒来表示。采集谱图时，若计数测量系统所用的测量时间太短，所采集到的脉冲基数太少，会导致统计基数太小及误差过大，应适当延长采集谱图的活时间或增大计数率（cps），这样才能获得有统计意义的峰强度总计数，如使总计数为 200～250k；但采集时间也不能太长，若采集的时间长了，就要考虑仪器自身的热稳定性、试样的导电性、电化学稳定性和工作效率等。活时间应根据以下几种情况来做适当改变。

（1）在电子束斑合轴良好的情况下，尽量把试样的测试面高度调整到最佳的分析工作距离位置上，使之在一定的加速电压和束流下能获得最高的计数率。再加上有合适的过压比，这样所采集到的图谱的背底就会比较低，也才能获得高的峰背比，也越容易满足微量元素峰的净计数能大于 $3(I_B)^{1/2}$ 的条件，I_B 为背底的计数，若谱图中微量元素峰的净计数都基本能满足这个条件，则采集谱图的活时间即使稍短一些，其定量分析结果的统计误差也不会明显增大。

（2）依采集谱图时的实际计数率的高低来考虑，若试样导电良好，谱仪的计数率较高，采集的活时间可以缩短一些；若试样的导电性较差、计数率较低，则采集的活时间就需增长一些。如果关注的是试样中的痕量元素，则采集谱图的活时间需要更长一些，如可为 120～150 活秒。

（3）在一定的计数率下，若采集的活时间太短，X 射线的总计数太少，易导致统计误差偏大；若采集谱图的活时间长，X 射线总计数虽多，但也要考虑电镜和谱仪的电子线路与试样的稳定性。

（4）若试样导电不良，为了减少试样漂移，可选用稍小的束流和稍短的采集时间，但这种情况下所得结果的统计误差会明显增大。

（5）在电子束的轰击下，试样（如聚合物、玻璃和某些矿物）容易出现不稳定、易分解或容易遭受污染等问题。为了减少试样发生漂移或离子迁移，则可适当缩短采集的活时间，但这种情况下所得结果的统计误差也会相对增大。

死时间加上活时间就等于实际所花的时间，也就是实时时间（RT），有的文献或谱仪把实时时间称为钟时间（CT）。

图 11.4.1 表明了在使用 Si(Li)探测器的谱仪中前置放大器的输入计数率和 MCA 输入计数率与主放大器时间常数的相互关系，每条曲线上都标明了系统在各时间常数下的分辨力。从该图中可以看出，当放大器的时间常数从 60μs 缩短到 20μs，系统处理计数率的性能提高了 3 倍，但能量分辨力却下降了 25eV，即从 165eV 下降到 190eV。在许多扫描电镜和透射电镜的实际应用中，因受电镜的束流和束斑等因素的制约，除非是采用大面积的探测芯片，否则计数率一般都不会太高，为了得到高的分辨力，放大器的时间常数通常会选的比较大，如 100μs 或 50μs，若时间常数超过 100μs，对能量分辨力的提高也就再不明显了。在做线扫描或面分布图时人们总是希望要有高的计数率，以提高采集效率和得到高的信噪比，通常人们在分析中宁可牺牲分辨力，而选择 25μs 或 12.5μs 甚至更低的放大器处理时间常数。

对给定的能谱仪，其能量分辨力的定义为能量在 5.898keV 位置上的 Mn-K_α 峰的半高宽（FWHM）。分辨力的大小是在指定的放大器时间常数下，由电荷产生的统计起伏、探测器和放大器的噪声、电荷收集不完全及其自身电抗的变化等诸多因素所决定的。单独由电荷的统计起伏产生的谱线宽度由下式给出：

$$\text{FWHM}_{(\text{统计})} = 2.35\sqrt{E \, \varepsilon \, F}$$

式中，E 是指某元素的特征 X 射线能量，单位是 eV，如 Mn-K_α 峰能量为 5 898eV；ε 是电离产生一对电子–空穴对所需的平均能量（在 Si 中 $\varepsilon \approx$ 3.8eV；在 Ge 中 $\varepsilon \approx$ 2.96eV）；F 是统计因子（Fano 因子）。

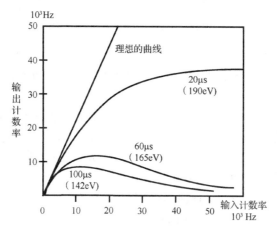

图 11.4.1　Si（Li）探测器的 MCA 输入计数率与主放大器时间常数的相互关系

Fano 因子的估算理论下限值为 0.05，对于现代的探测器更有代表性的数值是 0.12。从上式中可以看出，谱仪的分辨力随 X 射线能量的变化而改变，因此为了能相互比较，这里所说的分辨力必须是指定的某个元素特征峰处的能量，工业上都是采用 ^{55}Fe 放射源所发出的与 Mn-K_α 峰能量相同的 5.898keV 峰位上的半高宽为谱仪分辨力的代表值；低能段常用 C-K_α 峰（0.277keV）和 F-K_α 峰（0.677keV）位上所测得的半高宽作为该谱仪在超轻元素的分辨力代表值。统计起伏是影响探测器分辨力的第一个重要因素，而电子噪声是影响分辨力的第二个重要因素，对于统计起伏和电子噪声的影响必须用平方和的方法计算，才能求出探测器的实际分辨力。因此，假设电荷在完全被收集的情况下，计算探测器的分辨力应用下式表示：

$$\text{FWHM} = \sqrt{(\text{统计影响})^2 + (\text{噪音影响})^2}$$

在谱线宽度计算公式中，若 Fano 因子用最低的预计值 0.05 代入，计算出单独由统计起伏对分辨力造成的影响大约为 80eV，从目前可以获得的最低噪声电平的电子元件计算，噪声给分辨力带来的影响大约为 70eV，对这两个数值求平方和的根约等于 106eV。这一数值就是在噪声电平没有得到更明显改善之前用锂漂移硅晶体所能够获得的理论极限分辨力。目前，商品化能谱仪的分辨力由于电子线路的不断优化和集成化，而使其电抗和热噪声都得到了改善，使谱仪的理论分辨力可优于 104eV。随着电子线路的不断优化和科学技术的不断提高及电子线路中元器件质量的不断改善，谱仪的实测分辨力也会越来越好，如 20 世纪 80 年代初期，锂漂移硅能谱仪的实测分辨力约为 150eV，而现在的 Si（Li）探测器谱仪的分辨力则优于 129eV，在数十年的时间内约提高了 20eV，每年平均提高 0.5eV。

当谱仪的 Mn-K_α 峰的分辨力一旦确定之后，用实际的 Fano 因子 0.12 的值代入下式就能估算出该谱仪在任何能量为 E 的位置上的 FWHM 的值。

$$FWHM = \sqrt{R^2 + 2.49E - 14\,686}$$

式中，R 是探测器在 5.898keV 时的分辨力；E 是所要计算的某个元素的峰位能量（单位为 eV）；2.49E 是所要测试的该元素 X 射线能量的本征分布；14 686 这个常数是 Mn 元素的本征分布。

一台对 Mn-K_α 峰的分辨力为 129eV 的谱仪，用上式估算出其对 B-K_α 峰的分辨力约为 49eV；C-K_α 峰的分辨力约为 51eV；F-K_α 峰的分辨力约为 60eV；Al-K_α 峰的分辨力约为 75eV；Si-K_α 峰的分辨力约为 79eV；Zn-K_α 峰的分辨力约为 153eV。应用上式时应注意，有些轻元素的谱线有可能会由于存在着分辨不开的双线峰的重叠，而使得峰变宽，导致理论分辨力与实际分辨力不完全相符。

能量分辨力的指标仅仅是表明 EDS 性能的一个量度标准，除此之外，衡量能谱仪的其他参数还有：

（1）探测器密封窗的材料及所能探测的元素范围。

（2）谱仪分析器处理谱图和数据的能力及速度。

（3）操作界面的布局、谱图和数据的储存、读出及转换成 Word 格式是否便捷。

（4）与电镜和其他电子仪器的机械接口和参数的适配程度，如检出角的大小，谱仪与电镜之间的通信和对扫描电镜的镜筒及样品台参数的调控能力等。

为了使 EDS 能具有最佳的性能和方便的操作方式，采购时上述几点都必须全盘考虑。

参 考 文 献

[1] Philips Electron Optics Application Laboratory, Manual for Course. SEM-EDX MICROANALYSIS[R]. Philips Inc. September 1995, Version .1.0.

[2] 章一鸣. X 射线能谱仪及能谱分析技术[A]. 苏州：电子光学专业讨论会论文集，1991：104-106 .

[3] John J，Friel. X-Ray Microanalysis and Computer-aided Imaging[M].Second Edition. PGT, NJ. Springer Link, PGT Inc:20-21.

第12章

入射电子与物质的相互作用及X射线的产生

12.1 电子能级的跃迁和X射线的产生

当能量足够高的电磁辐射或高能的电子入射到试样中的原子时，会把所撞原子的一个较内层的电子击发出来，该原子为了稳定，就需要尽快地恢复到最低能态，这时一个具有较高能量的外层电子将会在 $10^{-12} \sim 10^{-17}$s 的瞬间充填到能量较低的这一内层中来，它们的能量差以X射线光量子的形式释放出来，其能量等于此电子在跃迁过程中相关壳层之间的临界激发能之差，即初始能态与最后能态的能量之差。在这瞬间的恢复过程中，多数的较外层电子都会跃迁至内层空穴的位置上，这一连串的跃迁结果将几乎同时产生出多条不同能量的特征X射线。例如，Fe原子的 K 层和 L 层的临界激发能分别为 7.111keV 和 0.708keV，若 K 层的电子被激发出来，L 层的电子会立即跃迁填补到 K 层电子所留下的空穴，这时会产生 Fe-K_α 特征X射线，其能量为 $[(-0.708) - (-7.111)] = 6.403$keV；$M$ 层的电子也会跃迁填补到 K 层留下的空穴，会产生 Fe-K_β 的特征X射线，其能量为 $[(-0.054) - (-7.111)] = 7.057$keV。由于不同元素的原子的核电荷数和外围的电子数不同，电子壳层之间的能级差也不同，所以它们所发出的谱线峰的能量也不同。如 Al-K_α 峰是 1.486keV，Ag-L_α 峰是 2.984keV，Au-M_α 峰是 2.120keV。因为这些电子的跃迁与原子的两个相关轨道间的能量差准确对应，因此所发射出来的X射线谱的光子能量就等于这能量差，这也就反映了该原子内部壳层结构的特征，因此其被称为特征X射线辐射。图 12.1.1 表明了这一跃迁的作用过程，假设一个高能电子撞击原子，释放出一个 K 层电子，如果一个 L 层的电子填充进入 K 层这个留下的空穴中，为了使原子的总能态降低，这一过程就会产生 K_α 射线；如果是一个 M 层的电子填充到 K 层所留下的空穴，就会发射出 K_β 射线。同理，若撞击出来的是 L 层的电子，来填充空穴的是 M 层电子，则发射出来的就是 L_α 射线。

如果是一个 N 层的电子填充到 L 层所留下的空穴，则就会发射出 L_β 射线。

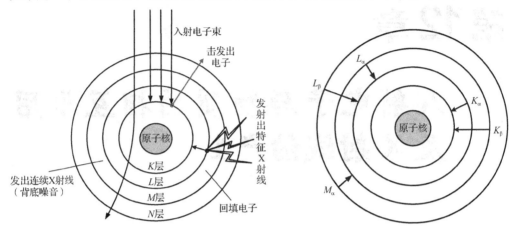

图 12.1.1　玻尔原子的结构模型及其能级层的示意图

不同元素的原子的核电荷数和核外电子数也都不同，而同一原子不同轨道的电子也具有不同的能级和不同的能态，每个电子的能态可用 n、i、j 和 m 这四个量子数来描述，主量子数 n 表示电子所处的壳层；轨道量子数 i 表示电子在某个壳层中的角动量；j 为总的角动量量子数（$j=|1+s|$，s 为电子的自旋角动量，可取值±1/2）；磁量子数 m 表示在磁场的影响下，角动量可取特定的方向，其可取值为 $m<|j|$。根据量子理论，并不是原子中所有轨道的电子都能参与跃迁，而只有满足 $\Delta i=\pm 1$，$\Delta j=0$ 或±1 的那些电子才能产生跃迁。还有根据泡利（Pauli）不相容原理，同一轨道层内的电子具有的能量并不完全相同，这就会使同名谱线产生的能量也略有差别，如同为 K_α 辐射，便会出现 $K_{\alpha 1}$ 和 $K_{\alpha 2}$ 的谱线，这些谱线互相紧靠，在 EDS 中是无法将它们分辨开的，所以 K_α 峰中的 1 和 2 双线谱峰会变成是一个单一的 K_α 峰而出现在两者能量之间。当 K 层电子被激发出来而留下空穴时，发生最大概率的跃迁是从 L 层到 K 层，因为这两层相邻而能量相近。因此，K_α 辐射的强度总比 K_β 辐射强。又因为 M 层与 K 层之间的能量之差（K_β 的辐射）大于 L 层与 K 层之间的能量之差（K_α 辐射），即 K_β 辐射的能量比 K_α 辐射高，所以 K_β 峰一定出现在 K_α 峰的右边。从 M 层到 K 层的跃迁发生的概率就比从 L 层到 K 层的跃迁发生的概率小很多，因为在这两层的中间还隔了一层 L 层，这也就导致 K_β 峰的高度总比 K_α 峰矮。图 12.1.1 为玻尔原子的结构模型及其能级层的示意图。图 12.1.2 为电子跃迁及其产生特征 X 射线的名称图。

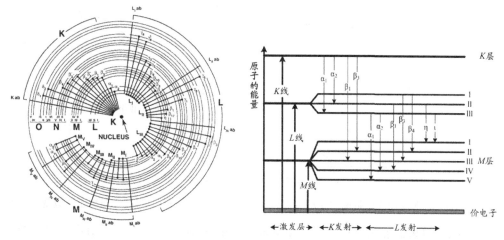

图 12.1.2 电子跃迁及其产生特征 X 射线的名称图

从特征 X 射线产生的模型可看出，若想通过高能入射电子把某原子的一个内层电子撞击出来，此电子须具有一定的最小能量，这个最小能量就是原子内层电子的束缚能或特征能。如 K 层电子受到原子核的束缚能要比 L 层大，这是由于 K 层电子比 L 层电子更加靠近原子核，受原子核的束缚更紧的缘故。当一个较外层电子跃迁回填到较内层的电子轨道的空穴中，放出的特征 X 射线也有可能会在该原子内被吸收，并释放出另一个外层的电子，该电子带有原子特征的能量，这就是俄歇电子（AE）。俄歇电子也是一种用于分析试样组分的信息，从 20 世纪 70 年代末期开始就出现了扫描俄歇显微镜（SAM）和俄歇电子谱仪（AES）的设备，前者类似于扫描电镜，后者类似于能谱仪。它们分别利用俄歇电子来成像并根据它们之间的能量不同来分析试样的表面组分。

对 K、L 和 M 线的 X 射线荧光产额与俄歇产额可分别用图 12.1.3 和图 12.1.4 来表示：从图 12.1.3 中可以看出，在某谱线系内，荧光产额 ω 随原子序数的增大而增大，而对于同一个原子，K 线的荧光产额最大，L 线次之，M 线更小。可以推断，俄歇产额（$1-\omega$）随着原子序数的减小而增大，如图 12.1.4 所示。例如，碳和氧这类的超轻元素，由于特征 X 射线产额低，而俄歇产额高，用俄歇谱仪来分析超轻元素比用能谱仪分析更为灵敏、有效。与 X 射线分析相比，俄歇电子分析更是一种单纯的表面分析。因为低能的俄歇电子不能从试样的深部逸出，而只能来自试样的表面，俄歇电子多数都来自距试样表层 0～1nm 的位置，这样的探测深度，特别适合分析试样表面的污染物，但不利于分析试样的基材组分，因为多数试样的表面易氧化、硫化或受其他外来物的污染等，所以说这种试样表面的分析结果在多数情况下是不能代表试样的基材成分的。

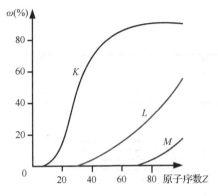

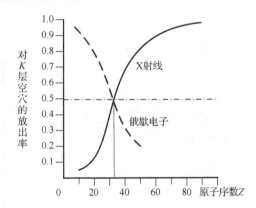

图 12.1.3　X 射线荧光产额随原子序数变化　　图 12.1.4　俄歇产额(1-ω)随原子序数变化

若某入射束的能量强度能激发出某原子中的 K 层电子，则该入射束也能够激发出该原子 L 层和 M 层中的电子。能激发出某一特征 X 射线谱线(某壳层中的电子)所必需的最低能量称为该谱线的吸收边能量（E_{ab}）或临界激发能（E_c），它略高于相应发射的特征 X 射线的能量，如 C-K_α 射线的能量是 0.277keV，而 C-K_{ab}=0.282keV；N-K_α 射线能量是 0.392keV，而 N-K_{ab}=0.399keV；O-K_α 射线能量是 0.525keV，而 O-K_{ab}=0.531keV；Al-K_α 射线能量是 1.486keV，而 Al-K_{ab}=1.559keV；Si-K_α 射线能量是 1.739keV，而 Si-K_{ab}=1.842keV；Cu-K_α 射线能量是 8.040keV，而 Cu-K_{ab}=8.981keV。这样就要求在进行试样的组分分析时，所选用的入射束的加速电压必须大于所要激发的该元素谱线的吸收边。入射电子束的能量与所激发原子的某一壳层的临界激发（吸收边）能之比称为过压比，即过压比 $U=E_0/E_c$ 或 $U=E_0/E_{ab}$。在实际的应用中，为了使入射电子束能有效地激发出足够的 X 射线，理论上所选用的加速电压必须在所激发谱线的临界激发能的 1.2 倍以上，为了能有一定的余量加速电压要不小于临界激发能的 1.5 倍（在标准《微束分析 能谱法定量分析》（GB/T 17359—2012）中专门指出过压比至少要大于 1.8 倍）。在实际的分析过程中，如果试样中含有多种的元素，加速电压无法使每个元素都能达到 2～3 倍的最佳过压比，折中的加速电压又不能低于被分析的那几个最感兴趣的元素吸收边的 1.8 倍。过压比的选择原则是：若所分析元素的谱线吸收边的能量较高，则过压比可稍微选小一些；若所分析元素的谱线吸收边的能量较低，为提高荧光产额和增大计数率，则过压比可选大一些。全谱中最感兴趣元素的过压比最好都应控制在 2～5 倍，其中的轻元素可放宽到 10 倍，对超轻元素甚至可放宽到 18 倍，但最大不能超过 20 倍。

从原子核向外，相邻电子层的间距越来越小，其相应的能量差也会变得越来越小，所以较外围相邻电子层的跃迁放射出来的能量要比内层电子跃迁所放射出来的能量小，也就是说，对于同一个原子各不同层次谱线的能量有 $M_\alpha < L_\alpha < K_\alpha$。

12.2 荧光产额与荧光激发

试样在高能入射电子束的激发下，衡量产生特征 X 射线的一个重要参数是荧光产额，所谓荧光产额就是在全部电离的原子中，实际上能够有 X 射线从原子中发射出来的比率。荧光产额之所以能产生出来，就是此入射电子须具有一定的最小能量，这最小能量就是原子内层电子的束缚能，特征 X 射线的激发源主要是入射的高能电子。在试样中不仅入射的高能电子能激发原子中的电子，使其产生跃迁，发出特征 X 射线，其他具有足够能量的 X 射线，也能激发原子中的电子，使原子电离而出现空穴，继而引起电子跃迁产生 X 射线。这种由于受到其他 X 射线的激发而非高能电子的激发而产生特征 X 射线的过程称为荧光激发，荧光激发会使分析过程复杂化，所以在做定量分析时必须给予相应的校正。

12.3 连续辐射谱的产生

上面讨论的是特征 X 射线，它的能量是由原子中不同电子能级的能量差所决定的，它代表了产生该射线的原子本身的特征。当入射的高能电子与物质相互作用时，还有第二种类型的 X 射线产生，此种 X 射线是由于入射的高能电子受原子核电场的作用而减速所产生的。这是一种非特征辐射，它的能量与试样的材料性质无关。因为这种方式产生的 X 射线的能量在从零到入射的最大电子能量范围内变化，所以这种类型的辐射被称为连续辐射或韧致辐射，有的文献也称之为制动辐射或白色辐射，它对应产生的谱图被称为连续辐射谱、韧致辐射谱或白色辐射谱。在电子束激发的 X 射线谱中所出现的背底隆起的主要来源就是连续谱的辐射造成的。图 12.3.1 是纯碳标样在用铍箔密封窗探测器的能谱仪上做出来的连续辐射谱，图中的连续谱存在着间断点，这几个间断点分别代表着 Si-K_{ab} 和 Au-M_{ab} 的能量位置，在硅和金的临界激发能的位置上出现高吸收而造成的。

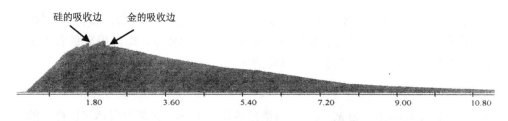

图 12.3.1　纯碳标样的连续辐射谱

要用 EDS 系统对所采集的谱图进行准确的定量分析，其中涉及一个最大的难点是如何精准地模拟谱图中的连续背底。因为谱图中所产生的背底并非线性的，用不同的加速电压轰击不同的试样都会产生出不同的连续辐射谱，它们之间的变化很大，还会带有间断点，并且还与试样的组分有关，即使是同一种试样，在不同加速电压的激发之下，也会产生出不同的连续辐射谱。这当中除了谱图的背底形状不同，其强度与试样的组分也有关系。正是由于连续辐射谱的存在，导致了谱峰背底的出现。若试样中含有痕量的元素，这些痕量元素所产生的弱、小的特征峰有些可能就会被连续的背底谱所淹没，导致该元素被遗漏，这就是能谱仪探测限不高的主要原因。当采集完谱图并做完定性甄别之后，在做定量分析之前，必须把这个连续的背底谱扣除掉才能再进行下一步的定量计算。

12.4 莫塞莱定律和 X 射线定性分析的依据

1887 年，英国物理学家莫塞莱（Moseley）诞生。莫塞莱先后就读于伊顿公学和牛津大学，后来他在卢瑟福导师的指导下进行原子物理的研究。1913 年莫塞莱研究了从铝到金共 38 种元素的 X 射线特征光谱中的 K 线和 L 线，得出了谱线频率的平方根与元素在周期表中排列的序号呈线性关系的结论。这实际上是验证了玻尔公式的一个实验结果。1914 年，第一次世界大战爆发，莫塞莱应征入伍，很不幸的是在 1915 年 8 月 10 日，献身于土耳其的格利博卢，年仅 27 岁。

莫塞莱定律是反映各元素 X 射线特征光谱规律的实验定律，确立了标识谱线与发射元素的原子序数间的关系。现在，这种方法已经发展成为专门的材料组分分析技术，可以非常有效地分析试样中物质的组分，已应用于能谱仪和 X 荧光等材料分析领域。对各线系而言有：

$$\sqrt{v} = k_1 (Z - k_2)$$

式中，v 是标识辐射（X 射线辐射谱线）的频率；Z 是原子序数；k_1、k_2 是依不同种类的谱线而设定的常数。

人们按此定律可从标识辐射的波长来确定组成物质的原子序数。特征 X 射线的产生过程有一个最为显著的与元素定性分析密切相关的特点，即可用能量表示在某谱线系内特征辐射的能量随原子序数单调的变化。这时莫塞莱定律表示为：

$$\sqrt{E} = c_1 (Z - c_2)$$

式中，E 是某 X 射线系（如 K_α 线）发射谱线的能量 $E=hv$；Z 是发射体（试样）的原子序数；c_1 和 c_2 为常数。

上式的含义是：K、L、M 这三者壳层中的某一谱线的能量被测出之后，那么产生出此谱线试样的原子序数就可以确定。特征 X 射线谱线的能量随原子序数（Z）变化的关系曲线如图 12.4.1 所示。能谱仪用的元素周期表见附录 A，表中标有各元素的主要 X 射线的谱线能量。若读者想要更加全面地了解有关的发射谱线及其能量，可查阅 ASTM 谱线表。

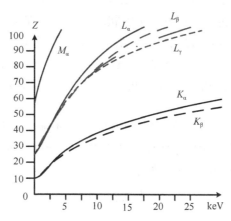

图 12.4.1　特征 X 射线谱线的能量随原子序数（Z）变化的关系曲线

由公式 $\sqrt{E} = c_1(Z - c_2)$ 可知，组成试样的元素（对应的原子序数 Z）与它所产生的特征 X 射线的波长（λ）有单值的对应关系，即每一种元素都有一个特定波长的特征 X 射线与之相对应，它不随入射电子的能量而变化。如果用 X 射线波谱仪来测量电子激发试样所产生的特征 X 射线的波长，即可确定试样中所存在的元素种类，这就是波谱仪定性分析的基本原理和依据。

莫塞莱定律是反映各元素 X 射线特征光谱规律的实验定律。莫塞莱认识到这些 X 射线特征光谱是由于原子内层电子的跃迁产生的，这表明所发射的特征 X 射线谱与原子序数有一一对应的关系，从而使 X 荧光分析技术成为定性分析方法中最可靠的方法之一。莫塞莱利用上述规律，并用实验测出的 X 射线标识谱线的频率来确定元素在周期表中排列的序数 Z，发现只有在 Co 与 Ni、Ar 与 K、Te 与 I 等元素所处的位置与原来门捷列夫按原子量大小排列的次序有些不符。人们按照莫塞莱提出的理论计算，重新修改、排列之后，使现在的化学元素周期表中元素的化学和物理性质的周期性和规律性更符合实际。因此，莫塞莱把按 X 射线谱排列的序号称为原子序数，认为这才是各元素的原子核所带的正电荷数，也是决定元素的化学和物理性质的最主要因素。

12.5 X 射线的吸收

比尔-朗伯定律是光吸收的基本定律,适用于所有的电磁辐射和所有的吸光物质,包括气体、固体、液体、分子、原子和离子。它是吸光光度法、比色分析法和光电比色法的定量基础。它也是反应试样吸收状况的定律,涉及理论 X 射线荧光相对强度的计算问题。当 X 射线穿过物质时,由于与物质产生光电效应、康普顿效应及热效应等, X 射线的强度都会受到衰减,表现为改变能量或者改变运动的方向,从而使向入射 X 射线方向运动的相同能量的 X 射线的光子数量减少,这个过程被称作吸收。

在 X 射线分析中,为了有效地选择参数和处理数据,人们必须了解 X 射线的吸收原理,比尔定律表示:当强度为 I_0 的 X 射线入射于厚度为 x 的物质中,透射强度 (I/I_0) 与所穿过物质厚度的函数关系如下

$$\frac{I}{I_o} = e^{-u_m \rho x}$$

式中, u_m 是质量衰减系数; ρ 是所穿过物质的密度; x 是所穿过物质的厚度; I 是出射光强度; e 是自然对数。

质量衰减系数 u_m 是吸收体的原子序数 Z 和入射 X 射线能量 E 的函数:

$$u_m = KZ^3/E^3$$

图 12.5.1 中曲线的突然间断点是 Fe 的 K 线的吸收边 K_{ab},曲线形状可做如下解释。

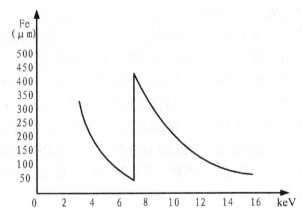

图 12.5.1　Fe 对不同能量 X 射线的质量衰减系数

在高能段吸收低是因为 X 射线的能量高，容易穿透原子，与原子互相作用的概率低，随着能量的减少，吸收会增大（随 K/E^3），当到了 K 线的吸收边时达到最大，即当到达吸收边 K_{ab} 时就会出现真吸收，Fe 原子发生电离的最多。当入射的 X 射线能量降到 K 线的吸收边 K_{ab} 以下，吸收突然下降，这是因为这时 X 射线所具有的能量已不足以撞击出 Fe 原子中的 K 层电子。当 X 射线能量从此再进一步减少时，吸收会再次增大（随 K'/E^3），直到下一个吸收边出现。

特征 X 射线在试样中穿过时，试样就会对 X 射线进行吸收，也就是说特征 X 射线产生的深度越深或检出角越小，X 射线在试样中穿过的路径就会越长，试样对其吸收就会越多。这吸收路径与 X 射线产生的深度和探测器的检出角有以下的关系：

$$L=z\times\csc(\psi)$$

式中，L 是吸收长度；z 是 X 射线产生的深度；ψ 是探测器对应的检出角。

某基体（与 X 射线相互作用的那一区域的组分）对 X 射线的吸收系数为基体中各元素吸收系数的浓度加权平均值，即

$$(u_m)_{基体}=\sum_i W_i(u_m)_i$$

式中，W_i 是基体中 i 元素的质量比；$(u_m)_i$ 是 i 元素对被测量的 X 射线的质量衰减系数。

在定量分析中，u_m 的准确值必须知道。但是，不同的编辑人员所编辑的质量衰减系数却会有些不同，这些偏差也是造成能谱仪定量计算出现误差的一个主要来源。

12.6　二次（荧光）发射

X 射线吸收的结果是会产生二次发射，即 X 射线荧光，它是由于入射的初始束流产生出特征 X 射线被吸收引起的。若试样中某原子产生的特征 X 射线有足够的能量，以至把该试样中的另一元素原子中的一个较内层电子击发出来，则此射线被该原子吸收并发射出相应的特征 X 射线。例如，在 Cu-Fe 的合金试样中，Cu-K_α 谱线辐射所具有的能量（8.04keV）足以击发出 Fe 的辐射（K_{ab}=7.111keV），结果就会使测量到的 Fe 射线的强度由于得到 Cu 的荧光辐射而增强，而 Cu 自身的谱线强度却因为受到了 Fe 的吸收而被减少，因此在定量分析方法中荧光辐射的互相作用就要做适当的校正。

参 考 文 献

[1] 章一鸣. X 射线能谱谱图和图像处理初步[M]. 北京：中国科学院科学仪器厂，1989：6-9.

[2] 周剑雄，毛水合. 电子探针分析[M]. 北京：地质出版社，1988：23-28.

[3] Philips Electron Optics Application Laboratory, Manual for Course, SEM-EDX MICROANALYSIS[R]. Philips Inc, Netherlands 3.9.3, September 1995, Version .1.0.

[4] John J, Friel.X-Ray Microanalysis and Computer-aided Imaging[M].Second edition. NJ. Springer Link, PGT Inc:13-15.

第13章

X射线的探测限和假峰

13.1 探测限

探测限 C_{dl} 的定义：在特定的分析条件下，能谱仪能探测到试样中某个元素或化合物含量的最小量值，即能够探测到某元素在试样中的最低含量。一台商用的能谱仪对试样中某元素的最小可探测极限 C_{dl} 随诸多因素的不同而变化，如所施加的加速电压、用来分析的 X 射线的谱线、试样的组分、探测器的效率、试样表面的平整度和导电性、采集谱图时的计数率和采集谱图的活时间及该特征峰所处位置的峰背比等。基体的影响有两方面：元素间的互相影响（X 射线的吸收与荧光效应）和谱峰的交连、重叠程度等。探测器效率是指所感兴趣的元素能量峰位是否处于该探测器对应的高效探测区范围内。它是谱仪特性参数的函数，它与密封窗和芯片晶体的厚度及材料的类型等参数有关。用聚合物超薄窗的探测器探测超轻元素理论上都可从 Be 开始，但由于 Be 的荧光产额低，其特征射线 K_α 的能量也很低（0.108keV），加上试样自身的吸收高，探测器的密封窗膜对 Be-K_α 射线的吸收也很严重，透过率不到 10%，所以当试样中 Be 的含量不是很高时就很难被检测到；而无窗的探测器理论上虽可从 Li 开始，但实际上也不是那么轻易就能检测到少量的 Li。一台无窗的探测器在理论上对中等原子序数的探测，在最佳条件下的理论探测限 C_{dl} 可达到 1 000ppm。但是，如果不满足一定探测试样的几何条件和激发条件，仅对某种类型的试样进行几次探测和计算就要正确估算出 C_{dl} 是非常困难的。Lieeal 曾提出用下式来估算探测限：

$$C_{dl} = \frac{3.29\alpha}{\left[nt\left(p^2/B\right)\right]^{1/2}}$$

式中，α 是对某基材的一个实验参数；n 是测量的重复次数；t 是采集谱图的活时间；p 是元素谱线峰的计数率；B 是被测元素谱线峰背底上的计数。

上式中包含着一个关于谱线峰的定义，在谱的一定区域内高出背底以上的计数所形成的谱峰，称为谱线峰，简称为峰。由于统计涨落的关系，谱线峰底部的背底通常会出现随意起伏，但是某一能量处的背底起伏高出 $3(I_B)^{1/2}$ 的概率仅为 0.14%（I_B 为背底强度）；起伏高出 $2(I_B)^{1/2}$ 的概率仅为 2.2%，如果在谱图的一定区域内的起伏高出 $2(I_B)^{1/2}$，那么在此区域内有峰存在的置信度相对于背底为 95.5%；如果在一定区域内的起伏高出背底 $3(I_B)^{1/2}$，则有峰存在的可信度为 99.7%。

　　如果要对某谱仪进行 C_{dL} 的估算，而不需要确切地计算既定条件下的 C_{dL}，则可以假设在某一计数时间 t 下，只进行一次测量（$n=1$），并设 $\alpha=1$，把方程简化，使 C_{dL} 只作为原子序数的函数，用纯元素标样，并设加速电压为 25kV，采集图谱的时间为 200s，计数率为 2 500cps。在这些条件下，用简化后的关系式就可估算出 C_{dL} 值。需注意的是，若采集谱图的时间提高一倍，即从 200s 增加到 400s，C_{dl} 值将会改善 $\sqrt{2}$ 倍，则 C_{dl} 值小了，探测灵敏度就提高了。

　　J. J. Friel 在 *X-Ray Microanalysis and Computer-aided Imaging* 的第2版和第3版中，提出了一个更为简便且物理意义更为明确的不等式方式。用这个不等式来计算可得出最小的探测限。这指的是在分析的试样中可探测到的某元素最低浓度的一个相对值，它除了试样要有良好的导电性、平整的表面和合适的峰位，还与特征峰及背底上的计数有关。因此，可由采集谱图的时间和入射的束流相互配合，在谱图的背底上得到这个可识别的谱峰，但对应的背底计数必须准确地测量出来。从下式可以看出，尽量提高谱线峰的净计数 I_p 或尽量降低背底的计数 I_B，即尽量提高峰背比，C_{dl} 的值才能减小，这就能明显地提高探测限，因为峰的计数总是高出背底的计数。

$$C_{dl} > \frac{3.29 \times \text{ZAF} \times \sqrt{I_B}}{I_{P+B}}$$

式中，C_{dl} 是最小探测限；I_B 是背底的计数；I_{p+B} 是谱峰的计数加上背底的计数；ZAF 为校正系数。

　　例如，将 I_B=2 000，I_p=100 000，I_{p+B}=102 000，ZAF≈1 代入上式中，则可估算出 C_{dl}>0.001 5 或 C_{dl}>0.15%。

　　图 13.1.1 为不同的加速电压（E_0）与分析谱线所对应着不同的探测限，从图中可看出，K 线的荧光效率最高，其对应的探测限也最高，其次为 L 线，再其次为 M 线。

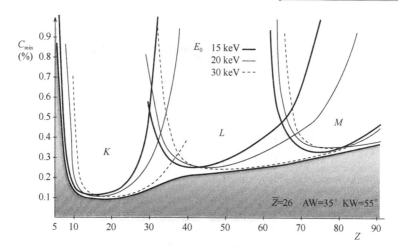

图 13.1.1　不同的 E_0 与分析谱线对应着不同的探测限

13.2 不同密封窗材料的探测范围

传统的 7.5μm 厚的铍箔密封窗探测器在能量为 2～18.0keV 的区间的探测、接收效率都很高，几乎都能在 85%以上。而在小于 2keV 的低能段，探测的效率就明显下降，这主要是由于 7.5μm 厚的铍箔密封窗对低能的 X 射线吸收明显，还有是由于 Si（Li）芯片表面的金镀层和非激活层对入射的低能 X 射线也有吸收，对小于 1.5keV 能量段的吸收明显，特别是对小于 1keV 能量段的 X 射线的吸收更是明显，几乎无法显示出来。这就直接导致了低能段的探测效率下降，在高能段探测器的探测效率也会下降，Si（Li）芯片的厚度虽有 3mm，但能量大于 18keV 的高能 X 射线仍会穿透探测器芯片，造成高能段特征射线的采集效率下降。

聚合物超薄窗（SUTW）的 SDD 芯片探测器在能量为 1.5～9keV 区间的探测效率也很高，基本上也都能在 85%以上。这主要是由于超薄密封窗膜的厚度只有 0.34μm，对入射的 X 射线的吸收比 7.5μm 厚的铍箔密封窗少，低能量的 X 射线相对比较容易穿过，所以它的有效探测范围就能往低能段扩展，但对小于 1keV 的低能 X 射线的吸收仍然较明显，特别是对小于 0.5keV 的超低能 X 射线的吸收尤为明显，在高能段探测器的探测效率下降就比 Si（Li）明显得多，这是由于 SDD 的芯片只有 0.5mm 厚，约为 Si（Li）芯片厚度的六分之一，所以入射的高能 X 射线更容易穿透芯片，使高能段的探测效率下降更快。当能量超过 9keV，其探测效率就开始下降，当能量达到 18keV 时，0.5mm 厚的 SDD 芯片探测器的探测效率就下降到 60%。图 13.2.1 是 Si（Li）和 SDD 这两种探测器用不同材料和厚度做成的密封窗所能探测的带宽随能量变化的曲线。高能段 X 射线的穿透曲线除可参考图 13.2.1，还可以参考图 11.3.20 中的曲线。

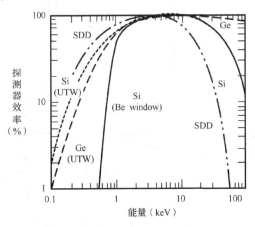

图 13.2.1　不同材料和厚度所做成的密封窗所能探测的带宽随能量变化的曲线

现在一般用具有聚合物超薄窗的探测器来探测超轻元素（Z<11），其所能探测到的元素范围理论上是从 Be4 到 Am95，若 Be 的含量不高时，一般难以探测到 Be，实际上多数的谱仪也只能从 B5 开始。谱仪中的 Si（Li）或 SDD 这两种探测器对 X 射线的吸收最关键是密封窗膜，若能在扫描电镜样品仓的真空环境中把密封窗打开，像无窗探测器那样，则谱仪对低能 X 射线的接收效率就会得到显著提高，理论上就可探测到 Li3。如早期的 ECON 无窗探测器在 20 世纪 70 年代就有生产，也曾流行过。这种无窗探测器在启用初期往往能得到满意的探测效果，但由于老式能谱仪几乎都用液氮制冷，Si（Li）探测器中的芯片温度很低，当它没有处在密封窗防护的环境下时，它在扫描电镜的样品仓里无形中就扮演了一个冷阱的作用，加上当时的电镜几乎都配置油扩散泵，时间稍长芯片的表面就容易沉积一层以有机物（油）和水汽为主的污染层，其表面的漏电流就会增大，低能段的背底就会上升，导致这种无窗探测器芯片的寿命大大缩短，在当时的条件下这种无窗探测器后来也就逐步退出了市场，而被铍箔密封窗所取代。

现在多数 SDD 能谱仪采用的有机超薄密封窗（SUTW）膜层的总厚度约为 0.34μm，其典型的膜层是由 Poly-Al-Poly-Al 组成的 4 层混合结构。由于密封窗非常薄，为了提高其机械强度，增加抗压能力，减少破损率，就把这种有机窗膜紧贴在一个百叶窗形的硅支架上，这个硅支架不仅撑起了膜层，而且还提高了密封窗膜层的抗压强度，最高可抵御 1.3 个大气压力，如图 13.2.2 所示。有了这个硅支架的支撑，当样品仓放气时，就不易造成密封窗膜破损。密封窗的主要作用是将谱仪的探测器与样品仓隔离开，使探测器内的芯片、场效应管或 CMOS 管及温度传感器等灵敏的元器件都能始终处在真空密闭的低温环境中，又能保护芯片，减少污染。除此之外，还要让尽可能多的特征 X 射线能顺利地穿过密封窗而进入探测器芯片中。探测器的密封窗膜层越薄，X 射线也就越容易穿过。那种 0.24μm 厚的有机超薄膜做成的密封窗在低能段的探测灵敏度就比同类的 0.34μm 略高一些，对超轻元素 Be 的探测也会更灵敏一些。

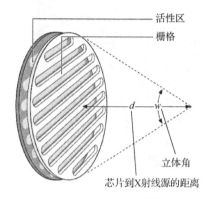

图 13.2.2　硅支架结构

2014 年，EDAX 公司推出了用氮化硅（Si$_3$N$_4$）作密封窗的 SDD 能谱探测器，其 SDD 和前放等整个模块的封装外形如图 13.2.3（a）所示。这种氮化硅密封窗的膜层厚度不大于 0.1μm，仅为聚合物超薄窗厚度的 30%，所以以用氮化硅膜做成的探测器有助于提高低能段的 X 射线的探测效率，这种氮化硅窗膜紧贴在六边形的蜂巢式硅支架上，如图 13.2.3（b）所示。在同样大小的芯片面积中，这种六边形的蜂巢式硅支架比百叶窗型的支架更为瘦小，硅支架所占的总阻挡面积也略小一些。六边形蜂巢式硅支架比百叶窗形硅支架的总透过面积约可增加 4%（蜂巢式栅条宽约 14μm、内切六边形的直径约 140μm；百叶窗型栅条宽约 50μm、栅条的净间距约 175μm），虽然氮化硅的密度约为聚合物膜的 2.5 倍，但它的厚度仅为聚合物超薄窗的 30%，这样 Si$_3$N$_4$ 窗与 0.34μm 厚的聚合物超薄窗相比，在同样的面积中，特征 X 射线的总透过率还是有所提高，特别是对低能段的超轻元素的探测效率更高。在 0.25～1.8keV 这段区间的透过率可提高 20%～40%，如 N-K_α 峰用聚合物超薄窗探测器的探测效率仅为 34%；当改用氮化硅窗探测器探测时，则 N-K_α 峰的探测效率就可提高到 58%。图 13.2.4 是 0.1μm 厚的 Si$_3$N$_4$ 窗与 0.34μm 厚的聚合物窗的理论透过率对比。氮化硅窗探测器在低能段的探测效率不仅更高，而且其密封性也更好，抗压能力更强，所以氮化硅窗探测器不仅能提高低能段的探测灵敏度，而且使用起来也会更可靠一些。

氮化硅是一种硬质的陶瓷材料，它不但具有一切超硬物质的共同特点，还有一定的润滑性和耐磨性，耐磨抗弯强度可与合金钢相比，而且还耐高温、抗氧化，硬度接近刚玉。最重要的是它能长期经受强烈的放射照射，其密度仅是钢铁的 2/5，密封性和电绝缘性也都很好。Si_3N_4 的分子量为 140.28，电子级的纯度可达 99.85%，线膨胀系数为 $2.75×10^{-6}/℃$，在室温下的密度为 $3.05～3.13g/cm^3$。而有机聚合物膜中的聚乙烯、铝和硅的密度分别为 $0.94～0.97g/cm^3$，$2.7g/cm^3$ 和 $2.3g/cm^3$。

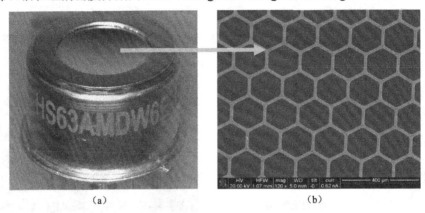

（a）　　　　　　　　　　　　　　　　（b）

图 13.2.3　EDAX 公司 SDD 的封装外观和 Si_3N_4 窗及蜂巢式硅支架

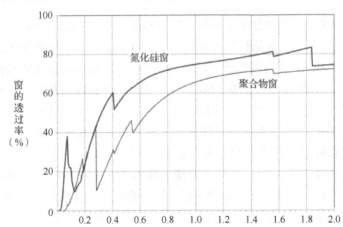

图 13.2.4　0.1μm 厚的 Si_3N_4 窗与 0.34μm 厚的聚合物窗的理论透过率对比

　　氮化硅的成形方法常见的有反应烧结法和热压烧结法。反应烧结法的操作过程是用硅粉或硅粉与氮化硅粉的混合料按一般陶瓷制品的生产方法制作成形，然后在 1 150～1 200℃的氮化炉内加热进行预先氮化，获得一定强度后，就可在机床上进行机械加工，接着再在 1 350～1 450℃的氮化炉内进行二次氮化，氮化时间通常为 18～36h，直到全部变为氮化硅(呈白色)为止。这样制得的成品氮化硅尺寸精确，体积稳定。热压烧结法的操作过程是将氮化硅粉与少量的添加剂（如 MgO、Al_2O_3、MgF 或 AlF_3 等）在 19.6MPa 以上的压力和 1 600～1 700℃的温度条件下热压成形。通常热压烧结法制得的产品比反应烧结法制得的产品密度更大，强度更好。氮化硅的抗压强度很高,尤其是热压氮化硅,堪称是世界上最坚硬的物质之一,其莫氏硬度为9~9.5,维氏硬度为 2 200。成材的氮化硅硬度高、熔点高、化学性能稳定,并有惊人的耐化学腐蚀性能,除了浓硫酸和氢氟酸,它不溶于常见的酸,也能耐浓度在 30%以下的 NaOH 溶液的腐蚀。纯硅的熔点是 1 420℃,而氮化硅更耐高温,其强度能在1 200℃的高温下不下降,受热后不会出现熔融,一直要到 1 900℃才会出现分解。它的密封性能特好,是当前最好的一种超薄密封窗材料。

这几年,几家主要的能谱仪生产厂家也都推出了新型的用在透射电镜上的无窗能谱探测器。无窗探测器在启用初期,因为它没有密封窗膜,也就不存在窗膜对 X 射线的吸收问题,所以其检测灵敏度极高,在低能段中对超轻元素的理论透过率基本上为85%~95%,与 SUTW 探测器相比其对超轻元素的探测灵敏度可提高 2~4 倍,对轻元素的探测灵敏度可提高 20%~50%。由于 SDD 芯片的工作环境温度比 Si(Li)芯片高出 100℃左右,其表面的抗污染能力也比传统的 Si(Li)芯片强一些,但使用一段时间后,由于没有密封窗膜的防护,其探测器芯片表面仍会受到电镜真空系统中的残余油蒸气或其他有机挥发物的污染。这种污染速率不仅与所分析的试样体积的大小和化学组分有关,而且还与其配套的电镜真空系统有关。对透射电镜来说,所用的试样有的是超薄切片,有的是碳膜的复样,体积往往都很小,所以受试样挥发物的污染影响不大,主要的污染源仍是电镜的真空系统。这种无窗探测器若与无油真空系统的电镜配套,则受污染的速率就会较慢,受到的影响就不太明显,使用的寿命也会比较长。但若与有油真空系统的电镜配套,其受污染的问题就必须引起人们重视,芯片的使用寿命也会受到明显影响。

对于那种加装了能伸缩闭合或旋转的遮盖板进行防护的无窗探测器,若是与冷场电镜搭配,因冷场电镜几乎都配有样品交换仓,则问题不是很大;若是与热场电镜搭配,因这种电镜多数都没有加配样品交换仓,则使用时应进行相应处理;若是与钨阴极电镜搭配,因钨阴极电镜全都没有样品交换仓,当要更换试样时,需要对样品仓进行放气,探测器虽然可以缩回并自动闭合或用旋转遮盖板进行防护,但使用的时间久了,其闭合装置的密封性可能存在问题,且对能谱仪整个使用过程也是一个考验。无窗探测器中的芯片若受到污染,用户自己很难清洗,多数都要由专业维修工程师进行清洗或更换污染的芯片。若探测器芯片的抗污染问题能得到有效解决,则采用无窗探测器来检测、分析试样,其不仅探测灵敏度更高,而且定量分析的误差也将会更小,尤其对超轻元素的探测更显优势,但对发光材料的分析却会带来一定的干扰。

由于能谱仪所采集到的分析信息是取自试样中的原子受激发后电子在能级轨道间产生跃迁所发出的特征 X 射线。其依所激发的特征 X 射线能量的不同来甄别存在的元素。氢和氦原子只有单层电子,不能产生跃迁,也就没有特征 X 射线发射,所以无法用能谱仪或波谱仪进行探测。锂原子虽然有两层电子，*K* 层电子受激发，*L* 层电子会跃迁到 *K* 层进行填补而发出特征 X 射线，但产生的特征 X 射线的波长太长、能量太低，所以除了无窗的能谱探测器，其他有窗的能谱仪就难以探测到 Li。现在有些波谱仪用大面间距的皂化膜作分光晶体可以探测到 Be，但也探测不到 Li。能谱探测器的密封窗膜层越厚，对 X 射线的吸收也就越明显。那种老式 7.5μm 厚的铍箔密封窗探测器所能探测到的轻元素，在理论上可以从 F10 开始，但实际上能有效检测到的也只能从 Na11 开始，而使用 0.34μm 厚的聚合物超薄窗能探测到的超轻元素理论上可以从 Be4 开始，但由于 Be 的荧光产额很低、穿透能力很差，对密封窗膜的透过率不大于 10%，所以对浓度较低的 Be 也就比较难，一般只能从 B 开始，对 B-*K*α 峰（0.185keV）的透过率约为 20%；而 0.1μm 厚的氮化硅窗在低能段的探测灵敏度比聚合物超薄窗高，图 13.2.5 中左边的 Be-*K*α 峰（0.108keV）和 Zr-*M*α 峰（0.151keV）及右边的 Zr-*L*α 峰（2.042keV）都清晰可见。在 2.5kV 的加速电压下还可以探测到能量只有 0.073keV 的 Al-*L*α 线峰，如图 13.2.6 所示。

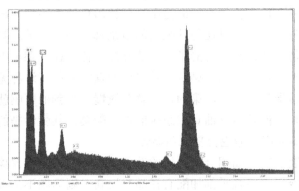

图 13.2.5　5kV 下的 Be-*K*α 峰、Zr-*M*α 峰和 Zr-*L*α 峰

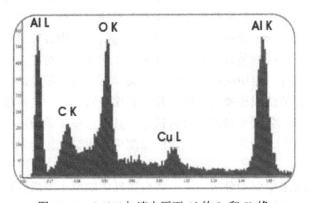

图 13.2.6　2.5kV 加速电压下 Al 的 *L*α 和 *K*α 峰

表 13.2.1 中列出了无窗探测器和另外三种不同密封窗材料对超轻和部分轻元素的特征 X 射线的理论透过率，由于数据来源路径不同，具体数值可能会略有差异，而且在实际的应用中不同型号探测器的实际透过率与理论值也还会有些出入，这里仅进行理论上的探讨和比较，供诸位读者参考。在当前，除了无窗探测器，从理论上来说，透过率最高的应是 $0.1\mu m$ 厚的氮化硅窗和 $0.24\mu m$ 厚的聚合物超薄窗探测器，但目前还收集不到 $0.24\mu m$ 厚的聚合物超薄窗膜的具体数据，然后才是 $0.34\mu m$ 的聚合物超薄窗，而 $7.5\mu m$ 厚的铍箔密封窗探测器除了用于 X 荧光探测器和与少数的透射电镜配套，现在在扫描电镜上已经很少使用了。

表 13.2.1　不同型号的密封窗材料对几种超轻和轻元素的特征 X 射线的理论透过率

元素	Li	Be	B	C	N	O	F	Ne	Na	Mg	Al	Si
无窗（%）	~85	~90	~95	100	100	100	100	100	100	100	100	100
$0.1\mu m$（Si_3N_4）（%）	20	12	18	44	58	62	68	72	75	7 9	80	82
$0.34\mu m$（聚合物）（%）	1	10	20	45	34	42	53	62	65	68	70	70
$7.5\mu m$（Be）（%）	0	0	0	0	0	0	4	20	40	59	73	82

13.3　空间几何分辨力

能谱仪与 SEM 配套可用来对试样的表面或亚表面的微区进行组分分析，在点激发的模式下，此微小的受激区基本上能与背散射电子像中某一构造的特征形貌相对应，但与二次电子像的构造形貌则会相差较远，因这两者的几何空间分辨力相差较大，不能完全等同。现代钨阴极 SEM 的二次电子像的最佳分辨力虽能优于 4nm（有的新电镜验收时能达到 3nm），但是 X 射线也不能在这样高的分辨力下对试样的某个对应微区或点进行组分分析，这是因为 X 射线的空间分辨力更接近 BSEI，但仍比 BSEI 的分辨力差，更远远不如 SEI。即使钨阴极电镜的 SEI 可达 3nm，但 X 射线的空间分辨力也许只有亚微米量级。若是用场发射电镜来分析，其 X 射线的空间分辨力也仅可达亚微米。对于薄片试样用小束斑和高密度的电子束流则可以显著地改善 X 射线的空间分辨力，而厚试样的 X 射线空间分辨力低的主要原因是电子束在贯穿进入试样时会发生图 13.3.1 和图 13.3.2 那样的横向扩散。成像的 SE 是低能的，它们的成像信息主要是来自试样表面下 1～10nm 深度的亚表面层所发射的 SE。在亚表面层内电子束的横向扩散尚不明显，当电子束朝更深层次贯穿时，虽然仍会相继产生出 SE，但由于 SE 的能量低，更深层次产生的 SE 很难从试样的深处逃逸出来，因而位于较深处的 SE 对 SEI 的成像贡献不大。但是能量较高的 BSE 却可从试样微米级的深处反射出来，所以 BSEI 的分辨力就不如 SEI。入射电子束不断地激发出 X 射线，X 射线在试样中的穿透能力比 BSE 还强，所以 X 射线从试样中出射的深度比 BSE 还深，因而其空间分辨力比较接近 BSEI，但仍比 BSEI 差。图 13.3.1 表明了二次电子、背散射电子和 X 射线各自的激发深度及横向扩散范围。图 13.3.2 是用计算机模拟加速电压为 15kV 的电子束分别入射到银、铁和碳试样中所产生的激发作用区。

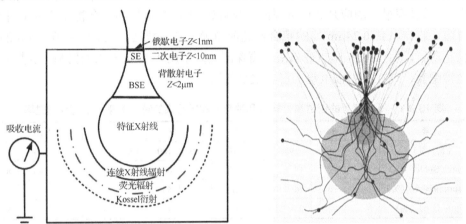

图 13.3.1　二次电子、背散射电子和 X 射线的模拟激发作用区

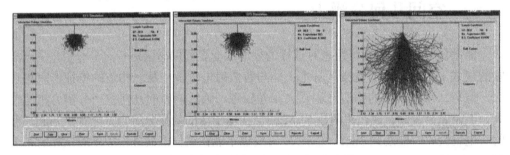

图 13.3.2　15kV 的电子束分别入射到银、铁和碳试样上的模拟散射作用区

从图 13.3.1 和图 13.3.2 可得到以下两个结论。

第一，在 SEI 中看到的特征形貌构造不能与用 X 射线得到的进行准确的、一一对应的比对分析。例如，试样表面有一颗直径为微米级的颗粒，但其厚度仅有几纳米，这颗微粒在二次电子像中是很容易看到的，但是在高能入射电子束的激发下，所探测到的特征 X 射线信息大部分却是来自此微粒底下的部位，我们得到的 X 射线分析结果就不完全属于图像中所看到的那颗微粒的化学组分。由此可见，我们必须要知道二次电子像分辨力与 X 射线空间分辨力的差异，这样才能得到并解释显微分析的结果。

第二，产生 BSEI 信息的单元体积与 X 射线信息的单元体积较为接近，所以 X 射线分析结果与 BSEI 的对应关系要比与 SEI 的对应关系更为接近。

改善 X 射线空间分辨力的一种办法是可以采用较低的加速电压，减少电子束的贯穿深度。但是用这种方法时要注意不能把加速电压降得太低，过压比最好能不小于 2（在《微束分析 能谱法定量分析》中专门指出过压比要大于 1.8）。在分析区域内，每束 X 射线都有它自己的作用区域和逸出体积，这是影响空间分辨力的另一个复杂因素。电子在贯穿试样期间会损失能量，随着能量的损失，余下的能量就不足以再激发出试样中的高能谱线，但是剩余的能量有些却仍足以激发出试样中的低能谱线。还有试样基体的吸收又会影响所产生的 X 射线的逸出深度，这就使 X 射线的产生和激发情况变得更为复杂。

1960 年，卡斯坦通过将韦斯特（Webster）的阻止本领表达式在 $E_0 \sim E_c$ 区间进行积分，得出了产生 X 射线的最大深度的表达式为：

$$R_m = 0.033 \frac{\left(E_0^{1.7} - E_c^{1.7}\right)}{\rho} \frac{A}{Z}$$

式中，R_m 是定量空间的激发深度；E_0 是入射的加速电压；E_c 是元素的临界激发能；ρ 是试样的平均密度；A 是原子量；Z 是原子序数。

卡斯坦认为 X 射线横向分布的范围 R_x 应等于深度范围 R_m 再加上入射束斑的直径 d_0，即 $R_x = R_m + d_0$。当入射束斑的直径小到几十纳米时就可忽略不计，这时 $R_x \approx R_m$。

里德（Reed）提出了定量分析空间分辨力的表达式，定量空间分辨力之值与这样的颗粒大小相当，这个颗粒产生出全部 X 射线信息的 99%。定性空间分辨力的数值比定量空间分辨力的尺寸小，即定性受激发的空间体积要比定量空间的体积小得多，即 $d_{(定性)} \approx d_{(定量)}/3$。

下式和图 13.3.3 表示了空间分辨力的简便估算公式及线解图法。

$$d = 0.231 \frac{\left(E_0^{1.5} - E_c^{1.5}\right)}{\rho}$$

式中，d 是定量空间分辨力；E_0 是入射电子束的加速电压；E_c 是元素的临界激发能；ρ 是试样的平均密度。

为了计算方便，里德把问题简化，他在上式的基础上，用线解图法来估算空间分辨力如图 13.3.3 所示。在 E_c 标尺上定出相当于临界激发能量值的一个点，由此点作一垂线，此垂线与 E_0 标尺上所选用的加速电压值对应的曲线相交于一点，又从这点引一水平线与右边 E_0 标尺相交于一点；根据试样密度值在 ρ 标尺上定出一点，然后过 E_0 标尺上的点作一连线，并延长此线与分辨力标尺 d 相交，从 d 标尺的交点上便能读出空间分辨力的大小。例如，Fe 的 $E_c = 7.11\text{keV}$，若加速电压选择为 20kV，Fe 的密度 $\rho = 7.8\text{g/cm}^3$，这样我们就可以从图 13.3.3 中估算出定量 X 射线空间分辨力约为 2.3μm；若加速电压改设为 15kV，预期的定量空间分辨力就可从 2.3μm 提高到 1.3μm。

估算 X 射线空间分辨力的图尺，如图 13.3.3 所示。入射电子束直径这个参数没有包含在图 13.3.3 中。图 13.3.3 是假定电子束在试样中的扩散只受自身能量的限制而不受电子束直径的影响，当入射束斑处在几十纳米量级时，改善对大块试样分析的空间分辨力的唯一办法只能是降低加速电压。

使用薄的试样能显著地改善空间分辨力，图 13.3.4 表明了减少试样的厚度对分析体积的影响。使用薄的试样测试时，电子束就没有太大的机会朝横向和纵深扩散。在这种情况下，继续减小探针的束斑直径，激发区的空间分辨力也就会随之得到改善。图 13.3.5 是加速电压下的电子束照射在硅材料上产生的模拟激发区。它们的加速电压分别为 20kV、10kV 和 5kV，它们在硅中所产生的空间激发区的大小及对应的激发区直径分别约为 4μm、1.5μm 和 0.4μm。这也进一步说明降低加速电压是提高分析厚试样空间分辨力的一种最有效途径，但要注意的是不能把过压比降得太低，以免影响高能段特征峰的发射强度。

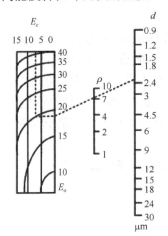

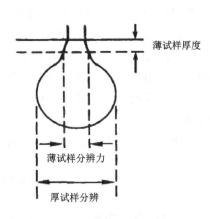

图 13.3.3　估算 X 射线空间分辨力的图尺　　图 13.3.4　薄试样与厚试样空间分辨力的比较

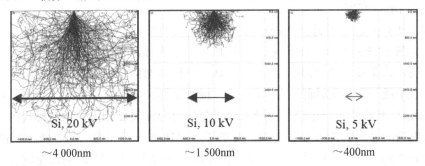

图 13.3.5　不同加速电压下的电子束照射在硅材料上产生的模拟激发区

13.4　重叠峰

　　谱仪的能量分辨力在定性、定量分析中都很重要，因为现在 SDD 能谱仪的 Mn-K_α 峰的分辨力多数都能优于 127eV，但这样的能谱仪往往还会遇到某些元素的特征峰隐藏于其他元素的特征峰之中，从而使峰与峰之间出现交连或重叠的现象。交连峰的识别相对来说一般还比较容易，但重叠峰的存在往往就不易被识别出来，这样就容易出现错、漏，即使能量分辨力能达到 121eV 的能谱仪也仍然还会存在着重叠的谱峰。在大多数情况下用计算机处理 X 射线谱是很方便、很有利的，但是对于重叠严重的峰，如 Br 与 Al、Ta 与 Si 、Si 与 W、W 与 Sr、Mo 与 S 、In 与 K 等，用能谱仪有时还是很难做出正确的判断，人们遇到这种情况往往只能凭借经验判断或采用高的加速电压来激发相应高能段中的谱峰，再根据该可疑元素所对应的高能段的峰位是否存在及峰位的能量大小是否相符来加以验证，帮助判断；或者改用波谱仪分析才能得到较好的定性分析结果。否则，即使操作者凭经验能做出正确的定性判断，但一转到定量分析时，其误差也会偏大，甚至有可能会严重地偏离实际含量，而有关于电子材料分析中的部分重叠峰的讨论可参阅文献[3]。

13.5　假峰

　　在能谱分析中"和峰""逃逸峰"和"硅内荧光峰"这三种常见的额外附加峰统称为假峰（artifact peaks），有的文献把它们称为"伪峰"或"非真实的谱峰"，另外有的谱图中还会出现不完全电荷收集的现象，而导致谱峰出现变形。

1. 和峰

　　在能谱的假峰中影响比较明显和讨论最多的是和峰。和峰高度的大小与计数率及放大器的处理时间有关，在高的计数率和较短的处理时间下，和峰的高度就会比较明显；在低的计数率和稍长的处理时间下，和峰的高度就不会那么明显。从定量计算的结果看，和峰的大小一般只有原母峰强度的 1%～3%。当输入的计数率较高时多道分析器一时无法区分开两个时间间隔很短的 X 射线光子，以至于它们被误认为是同时入射于探测器的、能量为 E 的 X 射线光子，则这两个能量为 E 的 X 射线光子的能量就会被叠加，使之在能量为 $2E$ 的位置上出现一个小峰，出现的这个小峰就被称为和峰。如果所分析的试样中有某一个元素的含量很高，则该元素谱线主峰的计数率也就会很高，这样就很容易出现和峰。例如，在钢铁试样中 Fe-K_α 峰（6.403keV）是很强的，两个 Fe-K_α 的 X 射线光子在相距很短的时间内入射于探测器的概率是很高的，这时在谱图的 12.806keV 处会出现一个小假峰；另外 Fe-K_α 峰也有可能会与 Fe-K_β 峰（7.057keV）相叠加，在谱图的 13.460keV 处构成另一个小假峰，这两个小假峰分别对应的是 Fe 的 K_α 峰的和峰，以及 Fe 的 K_α 峰与 K_β 峰的和峰，请勿把它们误判为 Kr-K_α（12.649keV）和 Rb-K_α（13.393keV）这两种元素的峰。当用能谱仪做生物或高分子材料的分析时，其主要成分为氢、碳、氧等，由于氢原子只有单个电子层，而不能产生跃迁，所以能谱仪也就探测不到氢，但可以探测到主元素碳和氧。C-K_α 峰（0.277keV）的和峰位于 0.554keV，请勿把 0.554keV 处的小假峰误判为 O-K_α 峰（0.523keV）或 Cr-L_α 峰（0.573keV）；另外 C-K_α 峰也有可能会与 O-K_α 峰（0.523keV）相叠加出现在谱图的 0.800keV 处构成另一个小假峰，请勿把这个 0.800keV 处的小假峰误判为 Co-L_α 峰（0.776keV）或 Ba-M_α 峰（0.779keV）。

2．逃逸峰

如果 X 射线在 Si 探测器中被吸收，则会导致硅原子电离而产生 Si-K_α 射线或激发出 Si 的俄歇电子。俄歇电子的能量很低，往往在不到 1μm 的行程内就会将自己的能量交出而产生其他的载流子，而 Si-K_α 射线在行进了 30μm 之后尚有一部分未被吸收。如果这种 Si-K_α 射线在探测器晶体的边缘产生，而 Si-K_α 射线的能量为 1.74keV，若该射线没有被基体吸收，就有可能会逃出 Si 晶体外，它的逃逸方向多数是与入射的 X 射线方向相反，则人们也就没有机会再使用其能量去激发晶体中的其他电子，从而产生新的电子-空穴对。此时探测到的入射能量就会变为一个位于 E_m-1.74keV 的小假峰而出现在谱图中：

$$E_{esc}=E_m-1.74$$

式中，E_m 是入射主峰的特征 X 射线的能量；1.740keV 为 Si-K_α 峰的能量。

在 E_{esc} 处产生的这个小假峰被称为对应某主峰的逃逸峰，如 Fe-K_α 峰会产生一个位于 6.403-1.74=4.663keV 处的小假峰，这个小假峰就叫 Fe-K_α 峰的逃逸峰，而千万不要把它误判为 La-L_α 峰，因 La 元素的 L_α 的峰位是在 4.65keV，这两个峰位靠得非常近，只相差 0.013keV。逃逸峰的产生概率随入射 X 射线能量的增大而减小，因为入射的 X 射线的能量一旦增高，这时产生 Si 的 X 射线的部位往往会在离探测器芯片边缘较深的地方，Si 的 X 射线从探测器芯片中逃逸出来的概率就会相对减少。另外，原子序数 15 以下的元素都不会出现逃逸峰，因为这些元素所发射的 X 射线的能量已不足以把芯片中硅原子的内层电子击发出来。逃逸峰的强度与原母峰的能量大小有关，可以看作是原母峰能量的函数，如 Zn-K_α 产生的逃逸峰约为 Zn 主峰强度的 1.3%。所以，谱图中在比主峰峰位的能量低 1.74keV 处出现无名小假峰时，首先应考虑其是否为逃逸峰。图 13.5.1 为假峰中的逃逸峰来源的示意图。在现代能谱仪的多道分析器中一般都会建立起逃逸峰的峰位判定标志来提醒操作者，以减少误判，有的谱仪中还带有逃逸峰剥离软件来减少由于逃逸峰出现而造成的影响。

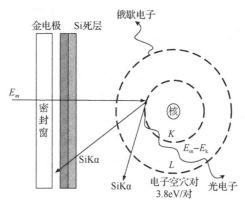

图 13.5.1　假峰中的逃逸峰的来源

3．硅内荧光峰

当 X 射线经过硅芯片的死层而进入 Si 晶体的活性区中，虽然芯片中硅死层的厚度只有 0.1μm 左右，但也有可能会在此区间内激发出 Si-$K_α$ 射线，此 Si-$K_α$ 射线一旦进入活性区后同样会被探测器探测到，而发出硅的荧光峰，该荧光峰即硅内荧光峰。在大多数的定量分析中，硅内荧光峰中的硅占总质量的 0.2%左右，所以说硅内荧光峰是由于硅探测器内本身的荧光效应所引起的，并非试样中所产生的硅峰。

4．不完全电荷收集

和峰、逃逸峰和硅内荧光峰都是由于 EDS 系统中探测芯片和处理器自身存在的缺点而产生的一些假峰，其他的一些假象还有因不完全电荷收集（ICC）而导致的低能尾（Tail）。这里所提到的不完全电荷收集指的是当入射的特征 X 射线进入探测器芯片中，电离产生的电子信号未能全部被探测器芯片的阳极所收集，那么 FET 或 COM 管接收到的电荷信号中就有一小部分会比预期的值少，即少于所有被电离的电荷量，这样所测到的电荷量就有部分会低于原入射的 X 射线的实际总量，这种现象就称为不完全电荷收集。不完全电荷收集会造成特征峰的左侧出现低能尾，使实际采集到的峰形轮廓变宽，而且不对称，偏离了高斯分布，即峰的左边缘的下降比较缓慢，不像右边缘那么陡峭，这种情况对低能段的元素峰影响较大，这会使低能段的元素峰分辨力下降。人们在设计探测器时应认真考虑该现象，但此现象很难完全杜绝。此现象常见于放大器的脉冲处理时间设置得太短或所用的探测器芯片的面积较大的情况。因为探测芯片的面积大了，电子漂移到阳极的路径长短的差距也就会比较大，那些漂移路径较远的电子云有的会在途中散开，有的甚至会在途中与空穴又重新复合而出现弹道亏损现象。特别是当计数率较高，而放大器的脉冲处理时间又设置得较短时，这种低能尾的现象会变得较为明显。为尽量减少和排除这些额外附加的假象，在采集谱图时，计数率不能太高，Si（Li）芯片的计数率最好不要超过 3 000cps，放大器的脉冲处理时间设置不能太短。特别是在做定量分析时，放大器的处理时间最好应不小于 50μs，这既能改善低能尾的现象，又能提高分辨力；SDD 芯片的阳极电容很小，放大器的脉冲处理能力很强，计数率只要不超过 9 000cps，一般情况下低能尾的现象都不会太明显，除非是 80mm² 或 100mm² 的大芯片。

总之在做能谱分析时，若遇到这类弱、小谱峰及低能段谱线峰出现低能尾的情况都应该认真判断，仔细地甄别，千万不要由此而造成误判。由于假峰而可能引起误判的有关元素谱线表可参阅附录 A 中的 A.6，而有关于电子材料分析中的部分重叠峰的讨论可参阅文献[3]。

参 考 文 献

[1] Nicholas C.barbi. Electron Probe microanalysis using Energy Disoersive X-ray[M]. 广东省地质中心实验室探针组，译. 广州：华南工学院测试中心电镜室校印，1982：13-17+37-38.

[2] Castaing R. Advances in Electronics and Electron Physics[M]. New York: Academic Press，1980:317.

[3] 施明哲. 电子材料分析中的能谱干扰峰[A]. EDAX 公司首届全国用户大会论文集，2007：1-6.

[4] Joseph I, Goldstein, et al. Scanning Electron Microscopy and X-Ray Microanalysis[M]. third edition. NJ. Springer Inc. 2007:320-322.

第 14 章

电镜参数的选择

　　要使最终得到的定量分析结果能尽可能地接近试样的真实含量，关键是应选择好电镜和能谱仪的参数，在电镜方面可供选择和改变的参数主要有：加速电压、束流和束斑、光栏孔径、工作距离、镜筒的合轴程度等参数。操作人员每次要做的是在采集谱图前首先要确保谱图的能量坐标轴是准确的，再去选择合适的加速电压，因测试时所选用的加速电压需依试样组分的不同而定，在选定好加速电压的情况下要重新对中合轴；其次是使试样的分析面处于该电镜最佳的分析工作距离；最后操作人员最好应把试样的测试面置于水平状态进行采谱、分析，若试样的测试面处在倾斜状态，应把实际的倾斜角度输入计算机，以便定量分析时能得到相应的校正。如果未能在正确的几何位置和电参数下采集谱图，则会使最终的定量分析误差增大。

　　试样的测试部位应尽可能平整，如果试样表面粗糙，凹凸不平，则 X 射线的检出角会不一致，而且其差异有时可能会很大。若在观察试样的视场中，测试的部位有明显的凹凸或含有不同的相，则吸收校正的误差也会增大。若试样的探测部位含有不同厚度的膜层或不同组分的多层结构，那么测试结果将会因选用不同的加速电压而出现不同，这是因为使用不同的加速电压会对应不同的激发深度，而使得受激发的膜层在不同的加速电压下受激部位所占的比例不同。所以说试样的待测部位相对电子束来说应是均匀的，对整个试样应是有代表性的，而且表面应尽可能平整、干燥、导电良好和有足够的厚度。如果这些条件都能基本满足，再加上所选用的电参数合适，这样定量分析的结果就会比较理想、准确。

　　能谱仪与扫描电镜之间的通信软件都是免费开放的，不同公司生产的扫描电镜与能谱仪之间的通信软件及连接方式不完全相同，常用的有两种连接方式：一种是 RS232 连接，另一种是借助网线的 Megalink 连接。它们通过 IP/TCP 将电镜和能谱仪的计算机由多端口集线器（Hub）连在同一个网络里，使彼此的计算机都有同一网段的 IP 地址。为了截取扫描电镜的图像，图像处理单元（Mics）会有独立的信号线连接到扫描电镜的视频输出口。这些设置和连接都由能谱仪的安装工程师在安装能谱仪时就完成，用户在平时的使用中不要轻易更改这些设置。表 14.1.1 列出了几家主要品牌的扫描电镜与能谱仪之间的通信连接方式。若连接错误或在使用前忘了打开通信接口，则电镜和能谱仪之间就会无法互联互通，更无法相互控制。

表 14.1.1　几种主要型号的扫描电镜与能谱仪之间的通讯连接方式

扫描电镜	程序	采用的连接方式	备注
HITACHI（钨灯丝）	Communication Interface	Megalink 网线连接	免费
HITACHI（场发射）	RS232C Interface	RS232C 串口线连接	免费
ZEISS	Remcon32 程序	RS232C 串口线连接	免费
JEOL	软件内部程序	Megalink 网线连接	免费
FEI	DCOM	Megalink 网线连接	免费
TESCAN	软件内部程序	Megalink 网线连接	免费

14.1　加速电压的选择

为了能得到好的定量分析结果，最好应选用各元素的 K 线作为分析的主线。因为从电子壳层中激发出的 K_α 谱线比其他系的谱线有更大的强度，产生的荧光效率最高、峰值最强、峰背比也最高。还有在多数情况下，各元素的 K 峰之间彼此的能量差别也比较明显，所以不仅易于对谱线峰进行甄别，还可以有效地提高谱仪的探测限。随着原子序数的增加，各元素的 K 层临界激发能也在增加，要激发出 K 层电子就必须要有更高的加速电压，但商用 SEM 最高加速电压一般只有 30kV，并且能谱仪探测器对高能段的探测效率也会随着特征 X 射线能量的提高而逐渐下降，所以对 Z 在 33 以上的元素就不能选用它们的 K 线作为分析主线，只好选用 L 线，有些重金属的元素就要选用 M 线，遇到这种情况，电镜也就不必使用更高的加速电压了。总之，对加速电压的选择要以试样中的主元素作为依据，特别是要按人们最感兴趣元素的临界激发能来考虑，使选用的加速电压能尽量是最感兴趣元素的临界激发能的 2～5 倍。

过压比是入射电子束的能量与某元素的原子特定壳层的吸收边或临界激发能的比值，即（E_0/E_{ab}）或（E_0/E_c）。从理论上探讨，过压比的比值必须大于 1.2 才能使该原子壳层产生的特征 X 射线能够被有效地激发出来，而实际使用时，为了使 X 射线有足够的强度及高的峰背比，又要兼顾到所分析试样的受激发部位有较高的空间分辨力，对中等元素最佳选取的过压比最好应在 2～3 倍。过压比并非越大越好，如果超轻元素用高的加速电压，则受激部位的平均深度较深，试样基体对 X 射线的吸收就会增大，尤其是低能段的 X 射线受到的衰减会更明显，从而导致低能段的峰强度下降。对于分析含有多种元素的试样而言，为了获得准确的分析结果，加速电压的大小最好按所要分析的试样中最感兴趣元素临界激发能的2~5倍选取。若选用的过压比（E_0/E_{ab}）太小，会影响高能段谱线的激发，导致高能段的峰强度下降，甚至会漏掉高能段中的某些微量或痕量元素；若选用的过压比太大，这不仅会降低空间分辨力，而且还会使所激发的X射线大部分来自试样的深部，加大了试样对特征射线的吸收，特别是对超轻元素的吸收都会明显增多，导致低能段的峰强度减弱（如图14.1.1所示），甚至有可能会把处于低能段中的某些微量或痕量元素遗漏掉。图14.1.1（a）是采用25kV加速电压采集的谱图，用它与图14.1.1（b）相比较，从中可以看到处于低能段的Cr、Fe、Ni的L峰都比较矮，而且Si峰也很小，Al峰不明显；而图14.1.1（b）是采用15kV的加速电压所采集的谱图，用它与图14.1.1（a）相比较，处于低能段的Cr、Mn、Fe、Ni的L峰都明显升高，而且Si和Al这两个小峰也都比图14.1.1（a）中相应的峰突出、明显。若过压比的比值太大或太小，超出计算机的校正范围，会导致定量分析误差明显增大。所以在实际的工作中遇到一个完全未知的试样时，应先在较高的E_0下进行试探性的采谱，以便我们能粗略地判定试样中存在的元素。当摸清该试样的基本组分之后，我们再综合考虑针对最感兴趣的几个主要元素来选择相对合适的加速电压。这样的定性分析一般就不易出现错漏，而随后的定量结果也才能更接近实际含量。

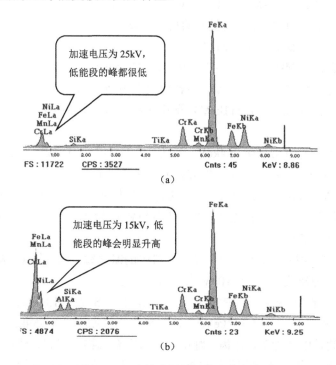

图14.1.1　定性分析结果的表示方法

若分析的试样中含有超轻元素、轻元素和过渡元素等，而应依据操作者所关注的几个主要元素的谱线吸收边的能量来选取合适的过压比。若所关注的是超轻元素和轻元素，那应选择相对较低的加速电压，因为低的加速电压对试样的激发深度较浅，基材对激发出来的特征 X 射线的吸收也会少一些，这不仅有利于超轻和轻元素的定量，还有利于对小颗粒、小夹杂物或厚度在亚微米级以下的薄膜进行分析，低的加速电压也有利于改善空间分辨力；若是中等或重金属元素，则应根据选取的分析谱线峰位能量的大小来选取合适的加速电压，若选择中等元素的 K 线进行分析，则应选用较高的加速电压。如分析可伐（含有 Si、Fe、Co 和 Ni）或不锈钢材料（含有 Si、Cr、Mn、Fe 和 Ni）建议选用 20kV，因 Ni-K_{ab}=8.331keV；若要分析钢铁中的 Si、P、S、Cl、Ca 和 Mn 等夹杂物的含量建议采用 15kV 来分析，因 Fe-K_{ab}=7.111keV；若所关注的是铁中的 C、O、Al、Si、P 和 S 等痕量的有害杂物，建议选用 7～10kV 的加速电压来分析 Fe-L_a 线和 O、Al、Si、P、S 的 K_a 线。这样一般都能获得比较满意的结果。

　　以笔者本人的经验，下面列举了几种不同的试样在分析时常采用的加速电压，以供同行们参考：

　　（1）分析砷化镓（As-K_{ab}=11.867keV、Ga-K_{ab}=10.395keV）、铜铅合金（Cu-K_{ab}=8.980keV、Pb-L_{ab}=13.039keV）及类似的材料建议选用 30kV。

　　（2）分析黄铜（铜锌合金、Zn-K_{ab}=9.66keV）等类似材料建议选用 25kV。

　　（3）分析青铜（铜锡合金、Cu-K_{ab}=8.980keV、Sn-L_{ab}=3.928keV）、可伐或不锈钢等类的镍基合金（Ni-K_{ab}=8.331keV）材料建议选用 20kV。

　　（4）分析钢铁（Fe-K_{ab}=7.111keV）及其基材中的 Al、Si、P、S 和 Mn 等夹杂物建议选用 15kV。

　　（5）分析钛酸钡（Ti-L_{ab}=4.964keV、Ba-L_{ab}=5.247keV）、钛酸锶（Sr-L_{ab}=1.941keV）等陶瓷材料，常见的硬质玻璃（Si-K_{ab}=1.842keV、Ca-K_{ab}=4.038keV），氧化铟锡（In-L_{ab}=3.729keV、Sn-L_{ab}=3.928keV）或硅酸盐等类的材料建议选用 10kV。

　　（6）分析铅锡焊料也建议选用 10kV 来分析铅的 M 线（Pb-M_{ab}=2.484keV）和锡的 L 线（Sn-L_{ab}=3.928 keV）。

　　（7）分析二氧化硫、氧化铅和半导体材料中的氮化镓、磷化镓（P-K_{ab}=2.142keV）等混合物或化合物建议选用 8～10kV 来分析。

　　（8）分析半导体芯片中的硅、氧化硅（Si-K_{ab}=1.842keV）和砷化镓（As-L_{ab}=1.324keV、Ga-L_{ab}=1.144keV），铝、氧化铝（Al-K_{ab}=1.559keV）和氧化镁等轻元素的氧化物，以及骨头、牙齿、趾甲和纸张等有机物类材料，建议选用 6～8kV。

　　（9）分析铁、镍、铜、锌等常见金属元素的 L 线和超轻元素的氧化物或含有超轻元素的化合物及混合物，建议用 5～7kV。

（10）分析氧化铍、氮化硼、橡胶、塑料、有机胶和人造纤维（C-K_{ab}=0.283keV、O-K_{ab}=0.531keV）等材料建议选用4～6kV。

另外，必须注意的是在考虑选择分析谱线的同时，还要考虑到重叠峰的问题，因低能段是常见金属元素的 L 线和重金属元素的 M、N 线的聚居地段，出现重叠峰及交连峰的概率很高。有时为了避开重叠峰，反而要改为分析高能段的谱峰，若要分析高能段的峰就应选用相对较高的加速电压。选择加速电压还要考虑的另一个因素是试样的空间分辨力，若要提高试样的空间分辨力，除了应根据所分析元素的谱线来考虑合理的加速电压，还应尽量减少激发深度和横向扩散范围。在某些情况下若选择低能谱峰作为被分析的主线峰，则应选用较低的加速电压，如为了在高的空间分辨力下分析 Mo 元素，若选择 Mo 的 K 线（Mo-K_{ab}=20.002keV）作为分析谱线，过压比定为 K 线吸收边的 1.5 倍（这个比值已经是非常的低），那么所选的加速电压应为 30kV（SEM 最高的加速电压通常也只有 30kV）。Mo 的密度 ρ=10.2g/cm³，这样通过空间分辨力的简便估算公式，则可算出这时对应的 Mo 材料的激发空间分辨力约为 2.5μm；如果选用 Mo 的 L 线（Mo-L_{ab}=2.524keV）作为分析谱线，由于 L_α 线与 K_α 线相比，L_α 的荧光产额较低，为了减少基材对特征 X 谱线的吸收，就要考虑到有一定的计数率，选择的过压比若定为 4 倍，这样加速电压值选为 10kV。在这种情况下，通过空间分辨力的简便估算公式，我们就可算出对应的 Mo 材料的空间分辨力约为 0.6μm。这表明若由用 30keV 的加速电压分析钼的 K 线，改为用 10keV 的加速电压来分析钼的 L 线，则钼的空间分辨力就能从 2.5μm 提高到 0.6μm。虽然这里列举的例子仅是个别情况，但却能有力地说明选择加速电压的一般原则，在能够合理地激发被分析元素所对应的 X 射线谱线的条件下，宜用较低的加速电压来分析试样，以换取高的空间分辨力，这也反映出选择加速电压与选择分析谱线的相互辩证关系。

在实际的分析过程中，人们应全面的权衡、考虑如何选择加速电压、分析谱线和空间分辨力这三种参数，因试样中所含的元素往往会是某类化合物或某些混合物等多种元素的组合，对加速电压的选择要有全盘性的考虑，然后再选用相对比较合理的加速电压，只有选择好合适的加速电压，才能取得理想的分析结果。

14.2　电子源的亮度

对于电子源考虑的要点是电子枪的亮度及束斑和束流的关系，在扫描电镜中最重要的参数是电子枪的亮度，其定义为在单位立体角内或在单位面积上通过的电流，D. B. Laugmuir 提出了一个用来描述电子枪亮度的计算式，公式具体如下：

$$\beta = \frac{J_0}{\pi}\left(1 + \frac{eE_0}{KT}\right) = \frac{J_0}{\pi}\left(1 + 11\,600\,\frac{E_0}{T}\right)$$

式中，J_0 是阴极电流密度；e 是电子电量；E_0 是加速电压；K 是波耳兹曼常数；T 是阴极的绝对温度，单位为 K。

电子枪的实际亮度是以通过电子枪交叉斑的电流除以交叉斑的截面积或者用发散孔径角所对应的立体角来表示的，电子枪的实际亮度通常会小于理论亮度。电子枪的亮度在电镜图像观察和显微分析中都是一个非常重要的参数，因为最有用的信息如 SE、BSE 和特征 X 射线的激发等都与束流密度相关，而探针的电流密度又与电子枪的亮度成正比。束流密度越大，电子枪的亮度越高，这样其才能够聚焦成更微细的束斑，也才可以在高的空间分辨力下得到足够的信息。LaB_6 和场发射电子枪的亮度都比发夹形钨阴极亮，如同为发射 1μm 直径的电子束斑，发夹形钨阴极的亮度约为 $5×10^4$，LaB_6 阴极的亮度约为 $1×10^6$，而热场发射枪阴极的亮度约为 $5×10^8$。若用热场发射枪阴极和 LaB_6 阴极来与发夹型的钨阴极相比，其亮度可分别高出 4 和 2 个数量级。把场发射电子枪与小束斑直径和薄的试样结合起来就可以既有高的空间分辨力，又有高灵敏度的成分分析。下式表示束斑电流与束斑直径的关系，从该公式我们可看出，探针电流随束斑直径的变化而变化。

$$i_p \propto C_s^{-2/3} \beta d_m^{8/3}$$

式中，i_p 是电子束斑电流；C_s 是末级透镜的球差系数；β 是电子枪亮度；d_m 是电子束斑末端的最小直径。

上式关系到在显微分析中如何选择最佳扫描电镜参数的问题。

（1）如果能用较大亮度的电子源（增大 β）就可以在不增大电子束斑的情况下，使束流和 X 射线的计数率成比例地增大。

（2）若以提高计数率为目的，在不注重空间分辨力对分析结果的影响时，只要略微增大束斑直径，计数率就能显著地增多，因束斑直径与束流的大小有 8/3 次方的关系。

（3）在一定的加速电压下，电磁透镜的球差系数 C_s 是随物镜激励电流的增大而减小的，从上式可知，若探针的束斑直径保持不变，减小球差系数 C_s，束流也会随之增大，即增大物镜的激励电流，C_s 将会减小。这样不仅束流密度将会随之增大，同时图像的分辨力也能得到一定的改善，最终的计数率能得以提高；另一方面，在一定的加速电压 E_0 下，增大透镜的激励电流，它的焦距会随之缩短，这一关系可通过下式表示。

$$F \propto E_0/(NI)^2$$

式中，F 为电磁透镜的焦距；N 为透镜线圈的绕组匝数；I 为流经透镜的激励电流。

虽然理论上可以用缩短 WD 的方法来间接增大束流密度，但是在进行能谱分析时该方法是行不通的。因为电镜的光轴与能谱探测器的中心轴的延长线交汇点所构成的检出角和分析工作距离在设计电镜时就基本固定下来，不同厂家生产的电镜型号不同，其供能谱分析用的 WD 的具体位置也不同，表 14.2.1 列出了部分 SEM 和电子探针的原设定分析的 WD，以供用户在实际应用中参考。在实际操作中采集谱图时，用户通常只能按照电镜厂家规定的 WD 来采集谱图，实际最佳接收的 WD 与原设计WD 的误差通常会在±1mm 范围内；而有的用户可以通过能谱仪探测器与电镜的接口法兰盘上那几个椭圆形的安装孔的位置来微调 WD，这种微调范围一般在原设计 WD 的±2mm 范围内；而有的能谱仪探测器的法兰盘接口上会留有几个高低不同位置的安装孔，通过选用不同的安装孔，这样改变的范围就会比较大，这种能谱仪的分析工作距离的调整范围通常在原设计 WD 的±4mm 范围内；而有的能谱仪探测器的法兰盘接口上会留有两条铣槽供不同的安装高度使用，这样 WD 改变范围就会更大，理论上可在槽的长度内连续可调。依用户的爱好或需求按上述这几种方法调整、安装后，才能把探测器的位置定下来，但人们还应重新验证和测试最佳 WD 的具体位置，然后记住这个最佳 WD 的具体位置，以便在以后的能谱分析时把试样的分析面高度调到这个新的最佳 WD 处再进行采谱分析。在最佳 WD 处进行采谱才能使试样发出的特征 X 射线沿着探测器的中心轴线顺利地进入探测器中，从而才能在一定的加速电压和束流下获得最高的计数率，得到最高的峰背比。若与实际的 WD 位置偏离太多，轻则降低计数率，影响峰背比、分辨力和探测限，严重的甚至会难以采集到相应的计数。探测器安装位置的调整，一般只会改变 WD 的相对高度，但不会影响检出角的变化。

表 14.2.1 部分扫描电镜与能谱仪和波谱仪原设计的分析工作距离

工作距离（WD）	扫描电镜或电子探针的型号
4mm	FEI 的 Magellan XHR SEM 系列、Helios NanoLab 系列
5mm	FEI 的 Sirion 系列、Nova 系列，TESCAN 的 MAIA3
7mm	SHIMAD 的 EPMA-1601/1600/1720
8mm	JEOL 的 JSM-7500F/7610F
8.5mm	ZEISS 的 LEO 系列、MERLIN 系列、EVO 系列、SUPRA 系列、ULTRA 系列，HITACHI 的 TM3030
10mm	FEI 的 XL 系列、Quanta 系列、Inspect 系列、SIRON 系列、Apreo 系列，HITACHI 的 S-3000 系列、4700，JEOL 的 JSM-6500F /6510/6610/7001F/7100F/7600F/7800F，TESCAN 的 MIRA3
11mm	JEOL 的 JXA-8100/8800/8230
15mm	HITACHI 的 S-4000 系列、SU8000 系列、Regulus8200 系列，TIMA，GM，JEOL 的 JSM-6360/6335/6340F、6700F、6701F
20mm	PHILIPS 的 SEM500 系列，JEOL 的 JSM-5600/5610，KYKY 的 2800B

（4）光栏孔径的选择。

束流与 $\sin^2\alpha$ 成正比，这里 α 是焦点的汇聚半角，此角度是物镜光栏孔径的函数。为了调控束流，多数机型的扫描电镜都可通过外部的操控来选择不同孔径的物镜光栏。不同的生产厂家或不同型号电子枪的物镜光栏的孔径也不同：

第一，装在物镜上极靴顶部的钨阴极电子枪的可变光栏孔径多数是在 50～120μm；

第二，装在物镜上极靴顶部的 LaB_6 电子枪的可变光栏孔径多数是在 40～120μm；

第三，装在物镜上极靴顶部的场发射电子枪的可变光栏孔径多数是在 30～100μm。

调整光栏孔径是兼顾图像观察和 X 射线分析的一种折中办法，若要拍摄高分辨的照片，往往会选用小孔径的光栏；若要做微区的组分分析，采集谱图时通常会用稍大孔径的光栏。特别是在做面分布谱图或线扫描时，一般会采用大的束流或稍大孔径的物镜光栏（大面积的 SDD 芯片除外）和较短的放大器时间常数。但必须注意的是，若分析的是试样里面的中间夹层或微细颗粒的夹杂物时，为了提高试样的空间分辨力应尽量少用大光栏，最好是采用大面积的 SDD 或者考虑采用增大立体角的办法，也就是拉近探测器与试样的距离，即缩短 S（Scale Setting）的量程，并要在最佳的 WD 上调准焦距，这样既能增大立体角、提高计数率，又能有高的空间分辨力。需要注意的是，每做完当次的测试后，就应立即把探测器退回到原先的 S 位置上，以免在后续的分析中出现碰触探测器的事故。

14.3 镜筒的合轴

为了充分利用阴极所发射的束流，使其利用率能尽可能高，首先必须保证镜筒合轴良好，如图 14.3.1 所示，而且整个电子光学通道内必须干净，没有外来的杂散磁场和电场。若镜筒合轴不良，当电镜用在低的放大倍率时，合轴程度的差异一般不易从图像中体现出来，正因为这样，合轴程度的良莠状况有时就会被忽略。但在做 EDS 分析时，若光轴与机械轴合轴不良，如图 14.3.2 那样则能谱的计数率就会由于束流的减弱而减少，采集谱图时，谱图中的背底会升高，峰背比和信噪比都会下降，特别是会使探测限变差，导致痕量元素丢失，定量结果误差增大。所以，当更换光栏或改变不同的加速电压后，都应重新合轴对中，这样才能使整个电子束入射系统都能处在最佳的工作状态，使电子枪发射的电子束流都能得到充分、有效的利用。

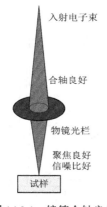

图 14.3.1　镜筒合轴良好，
信噪比和峰背比高

图 14.3.2　镜筒合轴不良，
信噪比和峰背比都会变差

 探测器与试样的相对几何位置

要确立探测器与试样的相对几何位置，首先需要考虑的是谱仪与电镜的接口条件；其次从分析的观点来看，涉及的是探测器所对应的立体角（Solid Angle）和 X 射线的检出角（Take-off Angle）。立体角（也称为采集角）Ω 是谱仪探测器对试样所张的三维空间角，单位为立体弧度，如图 14.4.1 所示。

在几何学中最大的立体角是 4π 弧度，即整个球面体所包围的空间角，这只有当探测器是一个完整的球体时才能达到。因为高能电子束与试样相互作用的结果所产生的 X 射线是分布在三维空间里的，探测器所对应的立体角大小就代表了有机会能被探测器采集到的那部分 X 射线。所以，对应的立体角越大，能被探测器接收到的X 射线也就会越多，即能采集到的信息量也就越多。对于特征 X 射线的计数率本来就比较低的试样，特别是要想在低的加速电压下采集超轻元素发出的谱线，就更应想办法尽可能地增大立体角，即尽可能地提高探测器对 X 射线的采集效率。

从试样的 X 射线出射点向探测器端面的中心看进去，检出角 Ψ 就是试样水平面与探测器中心轴线的延长线方向的夹角，如图 14.4.2 所示。

若在采集谱图的过程中遇到计数率偏低时，除了可适当增大束流或束斑外，增大立体角也是其中的一个重要的选项。现在能谱仪的探测器与试样之间的距离都是可以由用户自行调节的，以便尽可能使每一次的分析都能调到合适的立体角，以获得最佳的采集效果。若从单纯增大立体角的观点出发，人们在购置谱仪时除了可适当地选择探测器的芯片面积（如 20～100mm²）大小，同时还可以考虑缩短探测器到试样表面的交汇点的距离 d，因立体角与探测器的面积成正比，与探测器到试样表面和入射束交汇点距离的平方成反比。

$$\Omega=A/d^2$$

式中，A 为探测器芯片的面积；d 为探测器到试样表面的交汇点的距离。

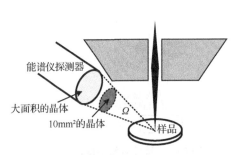

图 14.4.1　Ω 是探测器对试样
的三维空间角

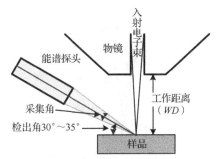

图 14.4.2　检出角 Ψ 是探测器
对试样水平面的夹角

　　例如，当 S 从 60mm 处推到 30mm 处时，d 缩短了 30mm，对应的立体角增大了 4 倍。此外，在 d 不变的情况下，探测器的面积增大，立体角通常也会随之增大，但由于探测器直径的粗细和安装条件等几何尺寸的不同，探测器面积增大，其对应的立体角就不一定能完全随之呈线性地增大。因此，若不能在高加速电压和大束流的条件下采集谱图，那就应考虑增大立体角，只有立体角大了，探测器接收到的计数率才能高。反过来，若只考虑增大探测器的面积，而立体角没有随之增大或增加不多，则探测器接收到的计数率也很难能得到明显地提高。图 14.4.3 为检出角 Ψ 的几何示意图，检出角与探测器的关系如下式：

$$\Psi=\mathrm{arctg}\ (W\!-\!V)/S$$

式中，V 是探测器窗口中心轴线与下极靴的垂直距离；W 是工作距离；S 是试样分析点至探测器密封窗端面中心的水平距离。

　　为了能尽量减少试样对 X 射线的吸收，应尽可能采用大的检出角（有的文献称之为出射角、飞出角或取出角）。在试样中产生的一个 X 射线光量子必须以一定的 Ψ 角在试样中穿过一段路程之后才能逃逸出试样表面，从 X 射线的产生点到穿出试样的整个贯穿过程中，这些射线中的一部分会被试样吸收掉，因此这些射线的强度就会受到一定的衰减，所以这段路程就称为吸收程，这段路程的长度就称为吸收长度。在同一组分的试样中，吸收程越长或射线的能量越低，被试样吸收的 X 射线也就会越多，射线的衰减也就会越严重，能进入探测器检测芯片的信息量就会随之减少。除此之外，小的检出角会造成吸收路程增长，如图 14.4.4 所示；检出角越小对试样表面的平整度要求越高，如图 14.4.5 所示。

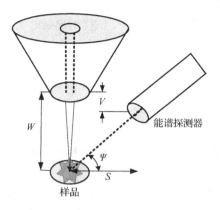

图 14.4.3 检出角 Ψ 的几何示意图

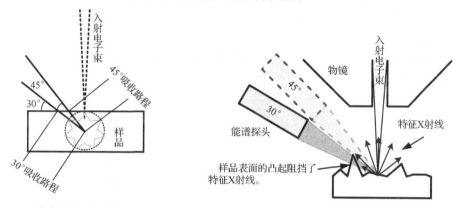

图 14.4.4 小的检出角会造成吸收路程增长

图 14.4.5 检出角越小对试样表面的平整度要求越高

在同样的加速电压下，检出角 Ψ 越小，试样中出射的 X 射线所穿过的路程就会越长，即吸收路程会随检出角余割的增大而增大。因此，这时的比尔定律方程应表示为：

$$I/I_o \propto e^{-\csc\Psi}$$

如果把 $e^{-\csc\Psi}$ 看作是 Ψ 的函数，从绘出的图 14.4.6 中我们可看出：曲线在小角度范围内上升是很陡的，当 Ψ 角大于 30° 以后曲线的上升就开始变得平缓了，也就是说，在 Ψ 小于 30° 的情况下，X 射线在试样中受到的吸收是严重的；特别是在 Ψ 不大于 25° 的小检出角情况下，X 射线在试样中受到的吸收是非常严重的；当 Ψ 大于 30° 的时，X 射线在试样中的吸收就没有那么严重。所以不管是定性还是定量分析，人们都希望能谱仪探测器的检出角 Ψ 不小于 30°，最好能不小于 35°，这样就可减少试样对 X 射线的吸收。在现在的扫描电镜中所应用的检出角大多数都是 30° 或 35°，而专业的电子探针分析仪中的能谱探测器的检出角 Ψ 有的是 45°，有的是

52.5°，在 Ψ 不小于 45°的大检出角情况下，试样对出射的 X 射线的吸收就会明显减少。

　　一个好的 X 射线探测系统应该有大的立体角和大的检出角，同时应装配有准直器以尽量减少外来杂散射线对探测器的干扰。在使用过程中用户可自动或手动调节探测器与试样之间的距离 S，在高的计数率下，用户可把谱仪探测器往后移以减小立体角；反之，在低的计数率下，用户可以把探测器往前推以增大立体角，提高计数率。

　　为了能达到这些需求，使能谱仪用起来更方便，谱仪的设计应能满足下面两点要求：

　　（1）探测器的位置应能够随时前后移动、调节，以便能根据需要在适当的范围内朝前推或向后移，从而按需要把它调节到合适的 S 位置上；

　　（2）探测器应尽量安装于样品仓的高处，最好在末级透镜极靴的下部，以便有最大的检出角和立体角。

　　现在平插式探测器已经可以像 BSED 那样安装在物镜下极靴底部，以便获得大的检出角和采集角。详见本篇第 11.3 节相关内容。

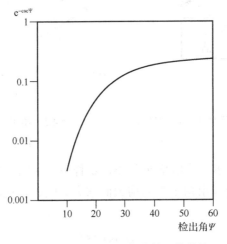

图 14.4.6　$e^{-\csc\Psi}$ 随 Ψ 变化的函数曲线

参 考 文 献

[1]　Bruker 公司．QUANTAX 能谱仪用户手册[R]．Bruker Inc., Version 1.2.1：17.

[2]　John J. Friel, Nicholas C. barbi. X-Ray Microanalysis and Computer-aided Imaging[M].NJ：PGT. Inc:52-55.

[3]　John J.Friel, Nicholas C. barbi. X-Ray Microanalysis and Computer-aided Imaging [M]. NJ：PGT. Inc：29-31.

第15章

能谱的定性和定量分析简述

15.1 定性分析简述

    采集谱图是能谱定性和定量分析的第一步，如果采集谱图的条件和参数设定不当，不但会影响定量分析结果，定性分析也有可能会出错。要想得到尽可能准确的定量结果，首先对谱线峰的定性甄别要准确。对此，人们在采集谱图前应先选定好电镜与能谱仪的有关参数。如果未能在合情、合理的条件下采集谱图，那么就会导致探测限变差，痕量元素可能会检测不到，定量结果的误差会偏大，并且当需要做谱线比对时，也很难比较来自不同试样的谱线。另外，若不在合适的几何条件下采集谱图，除了会增大离散辐射，还有可能会出现额外的干扰峰，有的文献称其为外来的系统峰。

    如果能谱仪与电镜之间有相互通信且镜筒具有参数的调控功能，则能谱仪将会自动读取电镜镜筒和样品台的有关参数，如试样的几何位置、所用的加速电压和图像的放大倍率等参数；若它们之间没有相互通信且镜筒没有参数的调控功能，则应人为地将加速电压、放大倍率等参数输入能谱仪中。

    通过采集由试样发出的特征 X 射线谱峰，从其峰位能量可以确定试样的组成元素，即定性分析。由各元素谱线峰的面积分净强度和参与定量分析的全部总谱线峰的面积分之间的比值经计算得出各自的 K 比值，再经相应的校正之后就可以得出参与计算的各元素的具体含量，即定量分析。由于在 X 射线激发和采集谱图的过程中多少都会存在着失真与杂散辐射，若不能正确地识别和判定它们，人们在做定性分析时就有可能会产生误判。定性分析一旦出现误判，则定量分析的精度就意义不大，所以保证定性分析正确是重要的前提，定性分析时应注意的要点有以下几个。

    （1）谱仪中的谱图能量坐标要校准好，虽然现在 SDD 和 Si（Li）探测器谱仪的热稳定性都很好，但操作人员对此也不能大意，在工作中一旦发现能量坐标有偏离就应立即校准。

（2）常见的中等元素的理想过压比应是 2～3 倍，这样能使试样中产生的特征 X 射线谱峰有高的峰背比。若试样中含有的元素较多，加速电压无法使每个元素都能满足 2～3 倍的理想比值时，操作人员应依试样中最感兴趣的几个主要元素的吸收边来选取合适的加速电压，使那几个主要元素的过压比能尽量控制在 2～5 倍，当含有轻元素时，其折中性的全谱过压比尽量控制在 1.8～10 倍，当含有超轻元素时，针对超轻元素的过压比有时可放宽到 18 倍，最高不要超过 20 倍。因超轻元素的荧光产额很低，但也要考虑有一定的计数率和有较高的峰背比，还要能达到一定的探测限，所以对超轻元素的过压比可以适当放宽，如分析碳化物和金属氧化物时可采用 8～10kV 的加速电压来分析碳的 *K* 线、氧的 *K* 线和金属元素的 *L* 线或重金属元素的 *M* 线。

（3）从统计学的观点来考虑，X 射线的产生具有随机性，若要做定量分析，为减少统计误差，必须要有一定的 cps 和足够的采集时间才能使绝大部分的特征峰的面积分达到有统计意义的计数，也才能有高的峰背比和探测限，还要考虑到谱仪分析进程的工作效率，三者都应兼顾。所以当用使用 Si（Li）探测器的谱仪采集谱图时，若计数率在 1 500～3 000cps，采集谱图的时间最好控制在 70～100 活秒，若为提高对试样中痕量元素的探测限，采集时间应适当地延长为 120～150 活秒；当用使用 SDD 探测器的谱仪采集谱图时，若计数率在 2 000～9 000cps，对应的采集时间最好控制在 50～100 活秒。不管是使用 Si（Li）探测器还是使用 SDD 探测器的谱仪，若是在低加速电压下进行超轻元素的分析，由于超轻元素的荧光产额低，吸收也会增加，计数率会有所下降，如计数率小于 1 500cps 时，就应适当地把采集时间延长到不小于 120 活秒；若计数率小于 1 000cps，则最好增大束斑或改用大孔径的光栏以提高计数率；若束斑或光栏孔径都无法再增大，则可适当地增大采集的立体角，尽可能把计数率提高到 1 000cps 以上。同样，若为提高试样中痕量元素的探测限，更应适当地提高计数率，并把采集时间延长到不小于 150 活秒。

（4）排除了假峰之后，要确认谱图中是否存在某一微小的弱峰，而保证此弱峰不是由背底噪声的统计涨落所导致的，则该谱峰处的计数强度 I_p 与对所应的背底计数强度 I_B 必须有 $I_p>3(I_B)^{1/2}$ 的关系。若适当的延长采集时间可能会使谱图中的某个弱峰、小峰的强度达到上述要求。但若试样中某元素的含量确实低于该谱仪的探测限，则采集时间再延长也会无济于事。对于那些一时难于甄别的弱峰、小峰，可以采用适当地改变加速电压再重新采谱的方式查看这些可疑的弱峰、小峰是否继续存在。当计数率较高或死时间太长时，有时是会出现几个疑难的弱峰、小峰。这些疑难峰通常是某几个主元素峰的和峰，Si（Li）探测器对于这种情况会更敏感一些。所以说，适当地减小束流或适当地降低加速电压，某些可疑的弱峰、小峰也许就会消失了。另外，我们也可采用适当改变加速电压并多次清除、重新采集谱图的方式来判断那些可疑的弱峰、小峰究竟是某痕量元素的特征峰还是随机出现的噪声峰。若经 3 次以上的反复采集—清除—采集—清除—采集之后这些可疑的弱峰、小峰若依然存在，当排除了和峰、逃逸峰和硅内荧光峰之后，则表明这些弱峰、小峰极有可能就是试样中存在的某微量或痕量元素的特征峰，而非随机的噪声峰。

对特征峰的定性甄别最好采用手动，少用自动，定性分析时手动甄别的步骤大致如下。

（1）依峰位所处的能量位置按由高到低的顺序依次逐个甄别，因高能段中峰位之间的间距一般都比较大，出现重叠峰的概率相对较小，不易出现误判，而且高能段的强峰一旦被确定，一般能比较容易而准确地找到其相对应的低能段的峰。因低能段中峰位之间的间距一般都比较小，出现重叠峰的概率会相对较大，易带来误判。

（2）若能在谱图的高能段中找到某元素的 K_α 峰，则人们随后应能在 K_α 峰的邻近右侧找到该元素所对应的 K_β 峰，其强度约为 K_α 峰的 10%～20%。

（3）若某峰位与各元素的 K 系谱线不符，则可试与 L 系谱线相比较，最强的几条 L 系谱线为 L_α、$L_{\beta1}$ 和 $L_{\beta3}$，它们的相对强度之比为 1∶0.7∶0.2。

（4）若某峰位与各元素的 L 系谱线不相符，则应考虑是否为 M 系谱线，重金属元素中 M 系谱线通常都会有好几条，其 M_α 与 M_β 峰既会重叠又会交连，所以 M 系谱峰的峰形状一般是不对称的，峰的左边往往会比右边陡，而且通常还会出现几个峰高低有序递减并依次相交连的情况。

（5）最好是同时根据 K 系谱线和 L 系谱线，或 L 系谱线和 M 系谱线来对所采集的峰进行比较、甄别，若各线系都能很好地对应，则这样定性分析的准确性就极高，误判出错的概率就会很小。

（6）在对全部强峰做出甄别后，再甄别谱图中余下的小峰、弱峰，同样也按能量由高到低的顺序，依次对余下的小峰、弱峰做出甄别，注意甄别时应排除和峰、逃逸峰等假峰所造成的干扰。

（7）现在 Bruker 公司的谱仪可采用不同的颜色来代表不同的元素峰。Co-K_α 峰和 Fe-K_β 峰交叠如图 15.1.1 所示。图中浅色的 Co-K_α 峰（6.924keV）位于 Fe-K_β 峰（7.057keV）的左侧，两者虽有 0.133keV 的能量差，但由于钴的含量少，痕量的 Co-K_α 峰就显得又低又矮，很容易被 Fe-K_β 峰所掩盖，而被遗漏掉。当谱仪有了这种不同元素的峰用不同的颜色表示的功能时，对重叠峰的识别既直观又明了，可减少误判，这有助于提高定性分析的准确性，所以说用这种方法来甄别元素及做定性分析是很有帮助的。

（8）多数公司的谱仪也都可采用包络线可视化重叠峰（HPD）的拟合技术，即用定性甄别过的元素峰的理论包络线与实际采集到的谱图中的峰形外轮廓做比较，如果某处的峰形外轮廓与所甄别过的元素峰的理论包络线的拟合不完整或匹配不完善，那么差异之处及其附近极有可能会存在错漏的谱峰，这就需要重新仔细甄别。这种功能对所有谱线的定性甄别都很直观，对减少峰的误判很有帮助。具体的例子如图 15.1.2 所示，图中箭头所指之处为定性甄别时被遗漏的 Mn-K_α 峰，由于把 Mn-K_α 峰遗漏了，所以包络线拟合就不完善。Mn-K_α 峰（5.898keV）位于 Cr-K_β 峰（5.924keV）的左侧，两者只相差 0.026keV，再加上不锈钢中 Mn 的含量低，峰很弱，就容易被遗漏，当启用了 HPD 的拟合曲线，就能明显地看出此处拟合不完善，这就需要重新甄别并纠正定性分析时的错误。其余类似的例子可参阅本书中的附录 A。

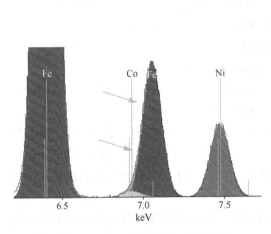

图 15.1.1　Co 峰与 Fe-K_β 峰交叠

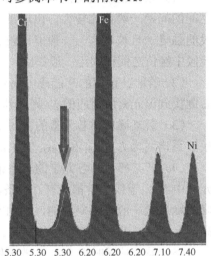

图 15.1.2　Mn 峰位包络拟合不完美

　　总之，在能谱谱图的定性分析中，建议最好采用手动甄别，尽量不用自动甄别，而且应遵循"先右边后左边，由高能到低能，先强峰后弱峰，先 K 线后 L 线最后再用 M 线"的甄别顺序和原则。按照这个甄别顺序即使是含有多种元素的复杂谱图，其定性甄别一般也都能做到准确无误，再加上有理论包络线的拟合状态作为参考，进行全面的综合判断一般都比较准确、可靠。

15.2　定性分析结果的主要表示方法

　　定性分析所需的数据往往是来自电子束激发的某一感兴趣区或点上所采集到的特征谱图，定性分析结果最常见的有三种表示方法，即采集特征 X 射线的谱图、线扫描图和元素的面分布图。

　　（1）EDS 屏幕上或谱仪的计算机存储器中所存的特征峰等数据，通过打印机打印或硬盘拷贝即可得到如图 15.2.1 所示的定性和定量分析结果。该图的上半部中，各个特征峰顶端都会带有对应的元素符号及其谱线名称，不同元素的特征峰有不同的能量，它们会出现在谱图能量坐标轴的相应位置上。图 15.2.1 的下半部从左到右第一列为试样中参与定量计算的各元素的名称与谱线，如硫（S）元素，分析的主线是 S-K_α；第二列为各元素的 K 比值，常用 K Ratio 表示，如 S 元素对应的 K 比值为 0.0316，另外也可以让它显示出 Z、A、F 各自对应的校正系数和统计误差等数值；第三列为各元素的质量百分比，常用 Weight %表示，如 S 的质量（重量）百分比为 3.156%（未经 Z、A、F 校正的比值）；第四列为各元素的原子个数百分比，常用 Atomic % 表示，如 S 元素的原子个数百分比为 2.08%（未经 Z、A、F 校正的比值），各原子的质量（重量）除以该元素的原子量就等于原子个数的百分比。有关定量分析的探讨，请参见下一节。

现在的能谱仪全都可以采用电子文档来储存特征峰的谱图和定量计算的结果，有的是图形格式，有的可直接转换成 Word 文档输出，这样更便于转存、发送和编辑成报告文本。

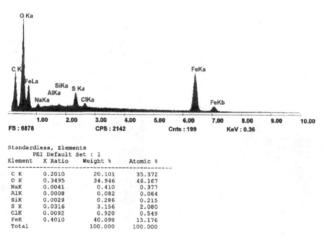

图 15.2.1 定性和定量分析结果

（2）如果要检测试样中某元素的浓度分布状况，如间断性、梯度性的浓度分布，可在试样感兴趣的区域对某感兴趣元素做线扫描，而显示屏上所对应的垂直偏转则由该元素的特征 X 射线信号的强弱来调制。如在某金属试样表面有几层不同组分的镀层，若要确定每层镀层的组分及分布，可在该试样的感兴趣区域的横截面上拉一条扫描的定位线。然后，让入射电子束沿该线从左到右依次逐点进行扫描，在这扫描的过程中，谱仪的探测器会依序采集各扫描点上激发出来的特征 X 射线的信息，将该元素在各扫描点上对应的计数率的变化以曲线高低（Y 调制）的形式在屏幕上显示出来。曲线的高低起伏反映了该元素沿着这条扫描线的相对浓度的高低，这就是镀层的线扫描所对应的元素组分曲线。在指定的扫描线上，一个元素对应一条曲线，这条曲线既可独立成一幅图像，也可以叠加在所对应的 SEI 或 BSEI 上，还可以把几个不同元素对应的几条不同曲线叠加综合组成一幅图像，甚至还可以把定位线和几条不同的扫描起伏曲线叠加在所对应的 SEI 或 BSEI 上，使扫描曲线的波动起伏与试样的表面几何形貌或组分衬度相对应，如图 15.2.2 和图 15.2.3 所示。

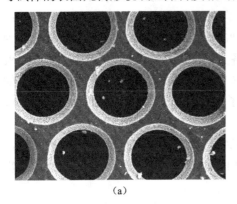
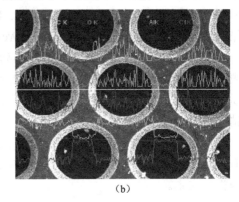

(a)　　　　　　　　　　　　　　　(b)

图 15.2.2　铜网的二次电子像与线扫描线的叠加

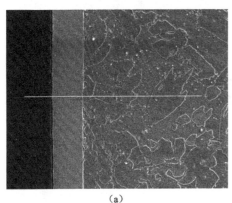
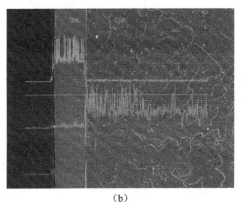

(a)　　　　　　　　　　　　　　　(b)

图 15.2.3　黄铜试样的二次电子像与线扫描曲线的叠加

现在的谱仪为了容易辨认，试样中不同元素的扫描曲线都会采用不同颜色的线条来表示，图 15.2.2 是在透射电镜用的铜载物网的 SEI 上叠加了扫描定位直线和沿其直线扫过而得到的各元素的波动起伏曲线，这样人们就能明显地看到在这条定位直线上各元素的相对分布强度。扫描线的高低起伏代表了该元素在对应的扫描线段中的含量高低不同，一条扫描曲线代表了一种元素。在这条扫描直线上，当扫到线段上的某一点时，若该点对应的某元素含量高，则此时的探测器接收到的该元素的计数率就会随之增多，对应该元素的曲线幅度就会随之上升；反之当扫到线段中的另一点上时，若该点对应的某元素含量低，则此时的探测器接收到的计数率就会随之减少，其对应的扫描曲线的幅度也就会随之下降。不同的元素若有不均匀的分布，则它们对应的扫描曲线的幅度变化也就会出现高低不同的曲线轨迹。由于不同元素的荧光产额、激发的线系和相应的过压比都不一样，而且不同元素发出的特征 X 射线的能量也不同，所以不能从各元素曲线变化幅度的高低来进行不同元素之间含量的比较。除非是试样的表面很平滑，扫描线的起伏幅度相差较大，而试样所含成分的原子序数又比较接近，才可以依幅度的高低变化做粗略的评判。另外，即使在同一条扫描直线上，其元素浓度分布均匀，但得到的扫描线也不会是一条平整的直线，也会展现出小幅度的波动起伏，因为这与试样表面的平整度、X 射线计数的统计涨落、背底噪声的干扰等因素都有一定的关系。

　　图 15.2.2（a）是铜网粘贴在铝台上的二次电子像，中部那条白色的直线是线扫描的定位直线。图 15.2.2（b）是该铜网的二次电子像与线扫描曲线的叠加照片，该视图里除了铜网中的 Cu，还有少量的 C、O，铜网的底下是 Mg、Al 合金的试样座，共五种元素。从上到下五条扫描曲线的高低变化分别代表这五种元素在这条定位的扫描线上各自相对含量高低不同的分布。照片中从上到下，第一条曲线代表 C 的分布；第二条曲线代表 O 的分布；第三条曲线代表 Mg 的分布；第四条曲线代表 Al 的分布；第五条曲线代表 Cu 的分布。这五条曲线由能量的低高从上到下依序呈现在照片上。

　　图 15.2.3（a）是一块侧面有镀层的黄铜试样的二次电子像，中部那条白色的直线是线扫描的定位线。图 15.2.3（b）是黄铜试样的二次电子像与线扫描曲线的叠加照片。这照片中从上到下三条扫描曲线的变化分别代表 Sn、Cu 和 Zn 这三种元素在这条定位的扫描线上各自对应含量高低的分布。照片中从上到下，第一条曲线代表 Sn 的分布，第二条曲线代表 Cu 的分布，第三条曲线代表 Zn 的分布。从这幅定性的线扫描图可直观地看出这是一块表面镀锡的黄铜，而且该锡镀层厚度均匀、轮廓和边界清晰可见。

　　现在多数能谱的分析系统不仅都能进行定性的线扫描分析，而且也都可以做定量的线扫描分析，定量的线扫描的分析结果通常会以 EXCEL 表格形式列出来，各个点或步长对应的含量、统计误差、校正系数等依用户需求都可在表中一一列出。但这种线扫描的定量分析的误差较大，只可作为一种相对量分布变化的大致参考，更无法与从正常的在固定的点或微区所采集到的谱图上获得的定量分析结果相提并论。扫描线的定位可依操作者感兴趣的区域来划定，而扫描线的步长或驻留点数和各点的驻留时间（Dwell Time）的长短，可依屏幕中实际视场的大小（放大倍率）在一定的范围内进行设定。若需要用定量分析的结果来做参考，除了应适当调高计数率，还应把放大器的时间常数和电子束的扫描驻留时间适当加长。

　　（3）如为了检测某元素在试样表面的某一感兴趣区的分布规律或分布趋势，可以用该元素的特征 X 射线信号来调制显示屏的亮度，探测该元素在试样表面的分布情况，用该元素的特征 X 射线信号来调制显示屏的亮度，得到该元素在试样上的面分布图。在面分布图中，所探测到的元素在浓度相对高的微区用高密度的亮点表示，而浓度相对低的微区则用低密度的亮点表示，低于探测限或没有该元素的微区，理论上应不会出现亮点，但实际上仍会有少量的噪声亮点出现。现在的谱仪为了容易辨认，不同的元素会选用不同颜色的亮点来表示，试样中探测到的不同元素各都可分别独立作图成像，也可把它们叠加起来，组成一幅综合的彩色图像，不同的元素用不同颜色的点来表示，图 15.2.4 是用 Si（Li）探测器做出来的、与 BSEI 相对应的各元素面分布图。图 15.2.5 是用 SDD 探测器做出来的发光二极管的元素面分布图。图中顶部是金丝键合引线，中间大方块是砷化镓，大方块下面的带状条是银浆，银浆的底下是铁支架。图 15.2.6 也是用 SDD 探测器做出来的半导体集成电路横截面对应的元素面分布图。

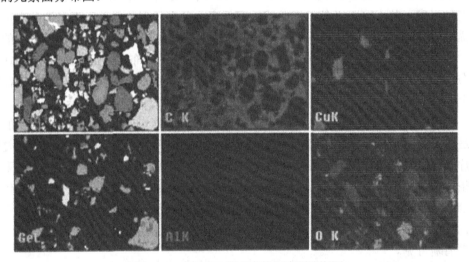

图 15.2.4 与 BSEI 相对应的元素面分布图

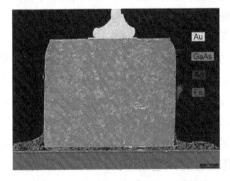
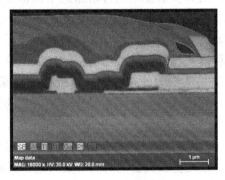

图 15.2.5 发光二极管的元素面分布图   图 15.2.6 半导体集成电路横截面的元素面分布图

现在的谱仪不仅都能够做这种定性的面分布图，而且有些型号的能谱仪也能做定量的面分布图的分析。这种面分布图的定量与线扫描的定量分析有相同的原理，但这种定量分析的误差会更大，信噪比也会更差，只可作为一种元素相对分布变化的参考，更无法与常规的用某固定的点或微区上所采集到的谱图进行的定量计算而得到的结果相提并论，甚至也比不上线扫描分析所得到的定量结果。

最近 EDAX 公司通过将能谱仪与定量背散射电子（Q-bse）成像的成分差异法相结合，可实现锂元素在 SEM 中的定量表征，可在相关软件中得到 Li 元素的定量分布图，也可以计算缺失的其他超轻元素（$Z=1\sim3$）所占的比例。

总之，由于点、线、面扫描各自的用途不同，谱图采集的方法也不同，检测灵密度也就不同。在同样的电参数下，定点或定位采集分析灵敏度最高，定量分析误差也最小；线扫描的分析灵敏度和定量分析误差次之；元素面分布图面扫描分析的灵敏度最低，定量分析误差也最大，但用元素面分布图观察元素的分布状态最直观。所以，人们要根据不同的分析目的来选择合适的分析方式和方法。

面扫描的视场可依操作者感兴趣的区域大小来选取不同的放大倍率，而扫描图的像素分辨力和各点驻留时间的长短可依照片的放大倍率在一定的范围内进行设定，拍摄普通元素面分布图的像素点可选 512×384 或 640×480，最多就用 1024×768。若是启用于 Q-bse 来做定量分析，则每帧的像素点最好应减半，如设为 256×192 或 320×240 会更合适。有些谱仪的面扫描像素点虽然可达 4k×3k，甚至高达 8k×6k，但在实际的应用中，一般不会选择这么多的像素，太高的像素点对元素面分布图的信噪比和像素分辨力的改善，所起的意义不大。因为每个点对应的特征 X 射线的激发空间分辨力一般都是在亚微米的量级，即使是采用低的加速电压和小的束斑，入射束流对应的每个激发点的空间分辨力也很少会小于直径 0.1μm。所以说如果把每幅图像的像素点设置的太多，对改善元素面分布图的信噪比和像素分辨力没有太大的意义。若是为了提高元素面分布图的信噪比和像素分辨力，除了适当调高计数率，还可把电子束的每点扫描驻留时间适当加长，也可采用多幅（帧）图像进行叠加，如采用 8 帧或 16 帧，甚至 32 帧进行叠加，这样得到的效果一般会更好；也可以双管齐下，既可适当地延长各点的驻留时间又能适当地增加图像的叠加帧数，那效果将会更好。

15.3　定量分析简述

当要做定量分析时，为了提高谱仪的能量分辨力，在采集特征 X 射线谱图之前，对于使用 Si（Li）探测器的谱仪要先选择一个合适的放大器时间常数，一般会选用较长的放大器时间常数，如 100μs 或 50μs；做线扫描或面分布图分析时，为增大计数率，提高信噪比，减少死时间的影响，通常会选用较短的放大器时间常数，如25μs、12.5μs。放大器时间常数的选择要合适，对于使用 Si（Li）探测器的谱仪在做定量分析时，采集谱图的死时间最好能控制在 35%左右，不要超过 40%。有的公司把使用 Si(Li)探测器的放大器时间常数分为6档，第1档为最短（2μs），第6档为最长（100μs），仪器的默认处理时间为第 5 档（50μs）。做定量分析时通常就选用第 6 档或 5 档，第 6 档为最长的处理时间，它有利于提高能量分辨力和探测限，能增强对重叠峰的剥离能力，但死时间会比较长；第 5 档为仪器自动默认的处理时间，这既有利于提高能量分辨力和对重叠峰的剥离能力，死时间又不会太长；做线扫描或面分布图时通常会选用第 3 档，这既可减少死时间，又有利于提高输出计数率和缩短采集时间；若做定量的线扫描或面扫描通会选第 4 档，这档的时间比较折中，既能兼顾到输出计数率和减少死时间，又能适当地兼顾分辨力，更重要的是还要选择入射的电子束在每个点上的驻留时间。

在正确定性分析的基础上，对每一种元素都要选择一条合适的分析主线（如 K_a、L_a 或 M_a）作为分析该元素含量的依据。然而单凭谱图中的峰强度比并不能完全反映该试样中各元素的真实含量。首先，必须扣除由于连续 X 射线谱的辐射所形成的背底；其次，如果遇到重叠峰时，还要将重叠峰剥离。在完成这两步骤之后，该元素的含量 C_i 与其所分析的峰强度 I_i 之间存在着以下关系：

$$C_i / C_{(i)} = (ZAF)_i I_i / I_{(i)}$$

式中，$I_{(i)}$ 为标样中该元素的峰强度，$C_{(i)}$ 为标样中该元素的含量。

若所用的标样为纯元素标样，则上式可简化为

$$C_i = (ZAF)_i I_i / I_{(i)}$$

式中的 ZAF 从数学意义上来讲是个比例系数，从物理意义上来讲是校正因子，产生校正的主要原因在于以下几点。

（1）原子序数 Z 校正。

入射电子在试样中会产生背散射电子而离开试样，因此入射电子并非个个都能与试样相互发生作用而发出特征 X 射线。背散射电子的数量是试样的平均原子序数的函数，入射电子在试样中损失能量的过程（用以产生特征 X 射线和俄歇电子）与试样的阻止本领（S）有关，而 S 又与试样的平均原子序数有关。由于上述两种因素均与试样的平均原子序数有关，所以称为原子序数 Z 校正。邓库姆和里德在 1968 年就指出 Z 校正是关于 E_0、E_c、Z、A、Q 和 J 的函数：

$$Z = f(E_0 、E_c 、Z 、A 、Q 、J)$$

式中，E_0 是加速电压；E_c 是临界激发能（吸收边能量）；括号中的 Z 是试样的平均原子序数；A 是原子量；Q 是电离横截面；J 是平均电离能。

（2）吸收效应 A 校正。

试样中产生的特征 X 射线在进入探测器之前，要在试样中穿过一段路程，特征 X 射线在贯穿这段路程的过程中会受到试样基材的吸收，吸收之后的特征 X 射线的强度会有所衰减，吸收的多少与射线经过的路程和试样的平均质量衰减系数（μ/ρ）有关，所以称为吸收效应 A 校正。菲利伯特在 1963 年就提出了 A 校正的因子是 E_0、E_c、Z、A、Ψ 和 μ/ρ 的函数：

$$A=f(E_0、E_c、Z、A、\Psi、\mu/\rho)$$

式中，括号中的 A 是原子量；Ψ 是检出角；μ/ρ 是质量衰减系数。

（3）荧光效应 F 校正。

如果试样中某个元素产生的 X 射线的能量足以激发出试样中其他元素的特征 X 射线，则会产生荧光辐射。实际上能谱图中所采集到的谱峰强度是一次激发和二次荧光激发之和，而荧光辐射的强弱则是试样化学组分的函数，这就是荧光效应 F 校正。里德在 1965 年就提出了 F 校正的因子是 E_0、E_c、A、Ψ、μ/ρ、ω、r 和 P 的函数：

$$F=f(E_0、E_c、A、\Psi、\mu/\rho、\omega、r、P)$$

式中，ω 是荧光产额；r 是吸收边的跳跃比；P 是荧光产生类型，如 K→K、K→L、L→L 等。

上述这三种校正简称为 ZAF 校正，它们都与分析时所施加的加速电压和试样的组分及它们的含量有关，而只有知道了这三个校正因子，才能正确地计算出试样中每个元素的具体含量。现在的仪器生产商都把这种校正过程交由计算机来自动执行，计算机会根据试样的组成元素和不同的含量，在分析程序中先算出 K 比值，再用迭代法进行多次循环计算来解决此问题。经过几遍循环迭代，直到在百分比含量中小数点后面第二位的数值不再有变化时为止。此值就作为组成该试样组分的最终定量分析结果。有关 ZAF 校正的更进一步讨论和计算详见文献[2]。

另外，还有一种被称为 Phi Rho ZAF 的校正方法，也称为深度分布函数校正，有的文献把它称为 $\varphi(\rho z)$ 程序。这种方法虽然还没有像 ZAF 方法那样广泛应用，但目前也有多家公司的谱仪都装有这种校正程序。$\varphi(\rho z)$ 是一个随 X 射线深度分布的函数，它表示在试样的某一深度 z 处的某一薄层发射的 X 射线强度与在空间中孤立存在的同一厚度的相同材料中发射的 X 射线强度之比。该方法的校正因子是通过经验公式计算出来的。在此基础上现在又发展了多种改进型的 $\varphi(\rho z)$ 校正程序，根据文献[2]，这些改进型 $\varphi(\rho z)$ 校正程序有的更适用于超轻和轻元素的定量分析。对大于 1keV 能量的特征峰用 ZAF 校正能得到较准确和可靠的分析结果，而对小于 1keV 能量的特征峰用 $\varphi(\rho z)$ 校正可能会得到比 ZAF 校正更准确的数值，特别是对于导电不良的试样，如氧化物和硅酸盐类的试样。

15.4 扣除背底

入射电子束与试样相互作用时除了产生特征 X 射线外，还会由于入射电子在试样原子的库仑场中减速而产生连续 X 射线辐射。当连续射线进入探测器时同样会产生计数而形成谱图中的背底，在进行定量分析之前，就必须扣除谱图中所隆起的背底。这隆起的背底并非线性，而且它不仅存在于特征峰附近，同时还分布在整个连续 X 射线所覆盖的量程范围内，比较典型的是从能量轴 0.3keV 之后开始上升，在 1.5～2.5keV 这区间呈现半流线型的隆起，之后再缓慢下降，逐渐回落到谱图中的底线。因此，若简单地应用线性内插法来扣除这流线型的隆起背底就不太合适，虽然也可以通过目测法来评测由于背底的隆起而对各谱峰所造成的影响，再把它扣除掉，但这种方法受到人为因素的影响会比较大，而且要在计算机的程序中自动执行也很难理想实现。为了便于在计算机的程序中实现较一致的扣背底，目前常用的扣背底的方法主要有以下三种。

1）两点内插法

利弗森（Lifshin）在克莱莫斯（Kramers）定律基础上提出了一个扣背底的关系式，它通过设置两个不同位置的点来计算整幅谱图的背底强度，这种方法有的文献称为两点内插法或两点模拟法。

$$N_{\mathrm{E}} = \frac{\overline{Z}}{E}\Big[a\big(E_0 - E\big) + b\big(E_0 - E\big)^2 \Big] P_{\mathrm{E}} f_{\mathrm{E}}$$

式中，N_{E} 是每一个入射电子在能量为 E 到 $E+\Delta E$ 间隔内的 X 射线光子数；$\overline{Z}$ 代表试样的平均原子序数；E_0 是入射电子束的加速电压；E 是 X 射线光子的能量；P_{E} 是能量为 E 时的探测器效率；f_{E} 是（连续谱的吸收因子）能量为 E 的光子在试样中的吸收概率；a 和 b 都是拟合系数。

菲奥里（Fiori）等人在 1976 年发现，通过在两个不同光子的能量处测定 N_{E}，并解这两个联立未知数的方程，就可测出拟合系数 a 和 b。这个方法假设 P_{E} 和 f_{E} 都是已知的。由于 N_{E} 的测定只来自所感兴趣的试样中，因此克莱莫斯定律与原子序数相关的误差对该方法没有影响。为测定 N_{E} 所选择的点的位置必须没有干扰峰和其他的假象存在，即必须没有不完全的电荷收集、脉冲堆积、双能峰、和峰与逃逸峰等假峰存在的地方。

在早期的定量分析程序中，多数能谱仪生产厂家都采用美国国家标准局在 20 世纪 70 年代末编写的 FRAME C 程序。为了便于在计算机程序中实现较一致的扣背底，人们采用该程序中的估算背底强度的 I_E 公式来扣除背底。该程序在利弗森提出的扣背底的关系式基础上做了一些简化，但还保持着一定的分析精度。该公式是菲奥里等人在 1976 年提出的，至今仍有个别老式的谱仪还在使用。以下是 FRAME C 程序中使用菲奥里等人提出的用两点法来扣背底的公式[5]：

$$I_E = \frac{1}{E}\left[K_1(E_0 - E) + K_2(E_0 - E)^2 \right] P_E F_E$$

式中，I_E 是能量为 E 时的背底强度；E_0 是电子束的加速电压；P_E 是能量为 E 时的探测器效率；F_E 是能量为 E 时的试样初始吸收因子；K_1 和 K_2 是背底曲线中的两个拟合系数。

　　例如：在谱图的低能段能量为 E_1 的背底上选定第一个窗口点，测得该点的背底强度为 I_{E1}，同时把 P_{E1} 和 F_{E1} 值计算出来，E_0 为已知，则公式中的未知数仅为 K_1 和 K_2；同样可以在谱图的高能段选定能量为 E_2 的第二个窗口点，测得第二窗口点的背底强度 I_{E2}，同时把 P_{E2} 和 F_{E2} 值计算出来，E_0 为已知。这样就可以建立一个未知数为 K_1 和 K_2 的联立方程，再解这两个联立方程便可以得到常数 K_1 和 K_2，然后由 K_1 和 K_2 便可以计算出不同能量处的背底强度。

　　采用两点法这个公式扣除背底既简单又方便，人们可直观地看到所要扣除的背底形状及整个谱图的拟合情况。这种方法在早期的能谱仪中曾得到广泛应用，因早期的能谱仪所带计算机的功能和运算能力都还比较差，所以大部分的能谱仪都采用这种方法来扣除背底。该方法的不足之处是存在着人为的因素而带来的差异。所以，这种方法要求操作人员要有一定的工作经验，若操作人员有经验，则由于所扣除的背底点设置的不同而带来的人为差异就会比较小，特别是选择这两个背底点的位置很关键，若这两点的位置选择得当，则所要扣除的背底与实际谱图中的背底就能吻合得好，所得结果的误差就会比较小。以笔者的经验，若整幅谱图的能量范围为 0～10keV，那么第一个点最好选在低能段的 1.5～3keV 区间内的某两个特征峰之间的峰谷位置中，但不能涉及该点两侧的谱峰；第二个点最好选在高能段的 7～8.5keV 区间内，最好也是选在某两个特征峰之间的峰谷位置或靠近某个特征峰的峰谷位置。所选取的这两个点一定要避开所有大大小小的谱峰，尽量使它能处在某两个峰的峰谷中间，而且又不能涉及两边的谱峰，并尽量减少背底的统计涨落带来的影响。设置完之后，人们可直观地看到所要扣除的背底形状及其与整幅谱图的拟合匹配情况。若这两个点设置不当，会导致背底线拟合不理想，若是如此，则可返回重新选好设置点，再进行扣除。只要掌握了这两个扣除点的基本设置准则，对同一谱图即使不同的操作人员对所设置点的位置可能会有些不同，但所得到的定量结果也能基本一致，一般不会相差太大，与试样的实际含量也就不会偏离太多，这样就可以把人为因素所造成的误差减到最小，最终得到的定量结果还是会让人比较满意的。

2）多点拟合法

现在的能谱仪所使用的计算机运算能力都很强，速度快，多数谱仪采用多点拟合法来扣除背底，此法可以进一步地减少由于使用两点法扣除背底公式中两个扣除点的位置设置不同而造成的人为差异。当设置的拟合点越多，背底的拟合曲线就会越趋于平滑，就会越接近实际的背底。这种方法明显优于两点内插法，近年来已成功地应用于许多分析程序当中，这种方法对痕量元素的探测更显优势，所以得到多数的谱仪生产厂家的采用。这种多点拟合法是在两点内插法的基础上增加拟合点而演变发展得来的，用这种多点拟合法扣除背底，在现代的谱仪中都由计算机在谱图的背底上自动选取两个以上的峰谷位置点来作为要扣除的基准点，具体的选取点和计算运作过程都由谱仪所带的计算机自动执行，使用起来既快捷又方便。在实际的使用过程中，这种自动扣除程序在绝大多数的情况下都会令人满意，若在个别的情况下，一旦出现某个区段或某个点的设置不够理想，则可在自动扣除的基础上对那个不理想的区段或点采用手动修改，直到满意为止。

这种多点拟合法比两点内插法优越得多，可以大大地减少人为主观因素而带来的差异。使用该方法时即使操作人员经验不多，但带来的误差也较小，也能得到较令人满意的结果。用多点拟合法扣除背底，既可展现一幅拟合得较理想的背底，又能让人看清所要扣除的背底轮廓，这种方法对痕量元素所形成的弱、小谱峰的定量检测很有帮助。

3）数字拟合（高帽滤波）法

有的谱仪采用数字拟合法，有的文献称之为"高帽"或"顶帽"滤波法，这是一种纯数学的处理方法，所以有的厂家就称之为数学处理法。它不必对X射线的产生和吸收等物理过程进行模拟推导或做一些特殊的假设，而只要把整幅谱图看作是由慢变组分组成的背底和由快变组分组成的特征峰叠加而成的即可，然后用数学滤波的方法对背底中的慢变组分进行处理。该方法是尚贝尔（Schamber）在1978年提出的，是一种用纯数学的方式来处理背底的方法。它的实质是用形状如同高帽的数字脉冲滤波器对能谱谱图中的一组组相邻通道，按经过滤波器滤波后的数值取平均值，然后将其赋予中心通道，再将滤波数值右移一个通道，再重复此过程，人们就能得到一幅经滤波过的谱图。整幅谱图经过滤波之后，原始谱的平直部位平均值为零，原始谱下凹的部位平均值为负，原始谱的上升部位平均值为正，峰形的外轮廓曲率变化越大，平均值也就越大。经过滤波后的谱图能显著抑制原始谱图中的背底幅度和减少统计涨落，如图15.4.1所示。若原始谱图在整个通道内曲率为零，滤波后通道内的均值就为零，但是背底上的高频噪声信号会被过滤掉。虽然滤波后的峰形会被严重扭曲，但是由于在最小二乘拟合之前标准峰形也是被滤波过的，所以拟合的结果基本不受影响，也就是说未知谱图和标准谱图都经过滤波后，再采用最小二乘法拟合峰形。滤波和拟合的技术结合起来就称为最小二乘滤波（FLS）方法。

用这种方法处理重叠峰时，由于它上升和下降的曲率会比独立的谱峰小，所以该处得到的背底计数可能会趋于增多，这样对重叠峰的计算也就会有些影响。另外，在处理一个独立的强峰时，可能会在该峰两侧的背底上出现两个附加的小假峰，还有该方法对处在 1.5～3keV 范围内的小峰、弱峰的甄别能力会有所减弱，因该区间的背底一般都比较高，所以对这段小区间内轻元素的定量分析在某些情况下误差可能会略微增大。但是这种数字拟合滤波法很实用，其最大的优点是使用时不需要事先给定任何参数，不依赖某一公式，更有普遍性，又可以减少人为因素而带来的差异，所以有的能谱仪就采用这种方法来扣除背底。

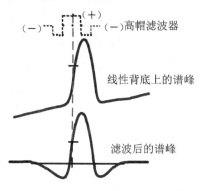

图 15.4.1　用数字滤波法扣除背底

上述三种扣背底的方法各有特点，除了早期两点法的精度稍差，多点拟合法和高帽滤波法各有优缺点，尤其是在多点拟合法中，所扣除的点既可自动设置，又可手动修改，若设置拟合得好，则对提高谱仪的探测限和痕量元素的分析精度都很有帮助。目前几家主流公司的能谱仪，有的采用多点拟合法，有的采用高帽滤波法，有的采用物理模型法，而有的谱仪同时具备多种扣背底的方法。

15.5　实际操作中的定量分析

要把经过正确的定性甄别和扣除了背底之后的净谱峰强度转换为元素的相对百分比含量，其准确度除了操作人员的经验，还取决于试样的类型、组分、表面的平整度和谱峰的重叠状况，以及计算机的校正程序和处理数据的合理性。对于金属或陶瓷等类的块状试样，它们被看作至少在被分析的体积内是均匀的。对此类均匀的固体试样的分析，多数机型的能谱仪都采用 ZAF 程序或改进型的 ZAF 校正程序进行校正，这两种方法都能获得较好的准确度。而对薄的试样用 Ceiff-Locinor，Phiburt 和 Hall 等方法也都能得到比较满意的结果。而最近几年新推出的 M-thin 更是专用于薄试样的校正程序，主要是针对 TEM 和 SEM 的扫描透射方式的能谱定量校正。对于微小颗粒试样，某些衬底上的表面薄膜或其他非薄片类型的试样，用蒙特卡罗（Monte-Corlo）的计算方法也能得到令人比较满意的定量结果。下面简单地讨论一下有关 ZAF 校正的具体应用例子。但是，在应用该校正程序做定量分析方法之前，需要先采集到足够的、具有统计意义的特征 X 射线信息和相关的谱图数据，才能对所采集到的数据进行定性和定量分析。在此之前先讨论一下 X 射线脉冲计数的统计起伏等有关数据问题。

1. 脉冲计数统计误差

当要对一个浓度为 C_i 的标样进行一系列完善的测量时，由于 X 射线产生的统计起伏，元素 I 的净强度会在其平均值附近变化。谱线脉冲计数的标准偏差 σ 等于 $\sqrt{\bar{I}}$，这里 $\bar{I}$ 是其净强度的平均值。从统计学的观点来看，对某强度 $\bar{I}$ 的测量，测量结果落在（$\bar{I} \pm 3\sqrt{\bar{I}}$）的概率为 99.7%，即 3σ；落在（$\bar{I} \pm 2\sqrt{\bar{I}}$）的概率为 95.4%，即 2σ；落在（$\bar{I} \pm \sqrt{\bar{I}}$）的概率为 68.3%，即 1σ。概率统计标准偏差 σ 的置信曲线如图 15.5.1 所示。它的规律是服从高斯分布（正态分布）的，这种分布是应用最广泛的连续概率分布，其特征图像是一条呈"钟"形的曲线，也称为高斯分布曲线。σ 越小，分布越集中在对称轴的附近，σ 越大，分布也就越分散。

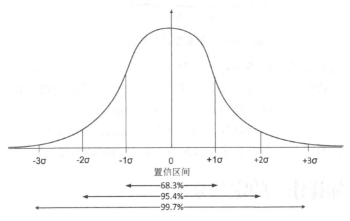

图 15.5.1　概率统计标准偏差 σ 的置信区

要获得准确的定量分析的结果，X 射线计数的统计误差就要尽可能小，因所有的定量分析都必须考虑计数统计误差给分析结果的精度和准确度所带来的影响。X 射线谱峰的分布强度 I 也服从于高斯分布，其标准偏差 σ 代表了置信区间。

$$\sigma = \sqrt{\dfrac{\sum_i \left(\bar{I} - I_i\right)^2}{n}}$$

式中，I_i为第i次测量到的 X 射线计数的强度；$\overline{I}$是n次测量的平均强度。

从上式中可以得出单次测量的强度不能代表真实的强度。因为定量分析结果的准确度不会超过分析的精度，所以用户要确认谱线峰的计数总强度是否能满足准确度的要求，为此就要做到：应尽量增加谱峰的净计数，使谱峰的净面积分能达到具有统计意义的数值，这样就需适当延长采集谱图的活时间。谱峰面积分中的净计数多了，不仅可以降低统计误差，得到更准确的分析结果，同时还可以提高探测限，如对一个较薄的试样（略去吸收不计），测到的强度I_i与浓度C_i成正比，其计数率为1 计数每秒。如果对平均浓度为 10%的标样中的元素i测量 50s，则测得的净强度为500 个计数，其标准偏差为±22.4 个计数。若用2σ作为判据，实际测量结果可以落在455 至 545 范围内（即 500±45），当把这强度换算为浓度，则对标样中的元素i测量的结果可能落在 9.1%～10.9%的概率为 95.4%；如果我们把计数的采集时间延长到200s，照样用2σ作为判据，那么测量结果有望落在1 911 至 2 089 范围内（即 2000±89），则计算出来的浓度将会落在 9.56%～10.44%这个更窄、更准确的范围内，概率同样为 95.4%。

2. 块状试样的定量分析

若要用上述讨论的方法进行 X 射线显微定量分析，试样在被分析的体积范围内应是平整的、均匀的，且干燥并有良好的导电性，相对入射电子束来说应是无限厚，而且还要使所分析元素的特征 X 射线的强度能拥有具有统计意义的数值，即在采集数据的过程中应保证有足够的计数率和采集时间。满足了上述条件后，接下来分析的准确度就取决于浓度范围和所分析的峰位能量，它的准确度随浓度含量的升高而提高；随浓度含量的降低、峰位能量的减小或重叠峰的存在而下降。现在的谱仪都采用有机聚合物超薄膜或氮化硅膜替代了早期铍箔做成的密封窗，这样的探测器的 X 射线透过率都有所提高。除此之外，多点拟合法或高帽滤波法替代了原来的两点内插法来扣除背底，使微量和痕量元素的检测精度又有所提高，再加上一些有针对性的新版校正软件的推广应用，使当前的 SEM+EDS 在微区定量分析中的准确度仅次于 SEM+WDS，是现代微区分析中使用最方便，操作最快捷，分析精度又比较高的微观分析设备。在《微束分析 能谱法定量分析》中规定了测量方法，该标准适用于利用参考物质或"无标样"程序对质量分数高于 1%的元素进行定量分析。该标准对原子序数大于 10 的元素的分析置信度更高，但也规定了对原子序数小于 11 的超轻元素的分析方法。在有标样定量分析的情况下，对原子序数不小于 11 的元素，不含水的、致密的、稳定的试样，且无重叠峰和干扰峰时，新标准对定量分析误差范围的要求见表 15.5.1。

表 15.5.1　扫描电镜-能谱仪定量分析误差要求

试样中的元素含量	允许的相对误差（%）	
	合金	矿物
含量>20%	2	5
3%<含量≤20%	5	10
1%<含量≤3%	15	20
0.5%<含量≤1%	20	30
0.1%<含量≤0.5%	30	50

　　对微量元素的检测，如果分析条件设置稍有不当，如过压比太高或太低、计数率不足、采集时间太短、峰位中存在有重叠峰等，其分析精度都会大打折扣，相对误差将会明显增大，甚至有可能会把含量不大于1%的弱峰、小峰给遗漏掉。对采集完成之后的数据进行计算、校正及背底的扣除也都有一定的要求，在采集过程中人们还应考虑到谱仪的热稳定性和试样自身的电化学稳定性，特别要注意到像玻璃、聚合物和一些常见的矿物类试样的稳定性问题。如果分析条件设置合适，采集谱图时的计数率和采集的时间都有保证。对一般的操作人员来说，在对合金类的且原子序数不小于11的元素进行有标样的定量分析时，所得定量分析结果的相对误差一般都不会超出《微束分析　能谱法定量分析》中规定的范围；若是由经验丰富的工程师来操作，分析结果的相对误差将会更小。对于能谱仪的定量分析，特征X射线的采集是一个统计规律的过程，从统计学的角度看，当采集到的谱峰中的净面积分计数越多，各元素的相对误差就会越小；元素所占的百分比含量越高，所得结果的相对误差也就会越小，反之所得结果的相对的误差也就会越大。特别是对处在低能段的超轻元素，因它们自身的荧光产额低，所发射的特征X射线的能量也低，试样自身吸收又较严重，再加上探测器对低能段的检测效率下降，所以会导致其分析结果的相对误差增大；用 SEM+EDS 来分析重金属元素，其探测限有时也会变差，相对误差也可能会增大。虽然金属元素的 K 线荧光产额高，特征X射线的能量也高，但在高能段探测器的检测效率会逐渐下降，特别是对原子序数在32（Ge）以上的元素的 K 线谱峰的检测效率下降尤为明显。正因为如此，所以操作时只能改为分析它们的 L 线。而对于检测原子序数更高的元素，如原子序数在77（Ir）以上的元素的 L 线谱峰的强度也都会明显下降，所以操作时也只能改为分析它们的 M 线。M 线的荧光产额不仅低于 K 线，也低于 L 线。因 M 系射线的能量低，试样自身的吸收也就更明显，谱仪对 M 线的探测限也会下降，再加上 M 系的谱线峰常会出现交连，所以选用 M 系的峰作为分析主峰，得到的探测限也会下降，分析结果的相对误差也会有所增大。所以说，分析精度最高的是把中等元素的 K 线谱峰作为分析的主线，在2～3倍的过压比下，其荧光产额高，峰背比也高，特征X射线的能量也较高，以这样的谱线作

为分析主峰，其探测极限才会高，定量分析结果的误差才会小。

3．超轻元素和轻元素的分析

对 X 射线显微分析来说，通常把化学元素周期表中的第一、二周期（即原子序数小于 11）的元素称为超轻元素，把第三周期的元素称为轻元素。超轻元素主要有 Li、Be、B、C、N、O 和 F。由于这些元素的固有特点，用能谱仪分析这些超轻元素，无论是在理论上，还是在实际的探测过程中，也不管是用 ZAF、$\varphi(\rho z)$ 或其他改进型的 ZAF 还是用 XPP 的定量分析程序进行校正，都还不能完全满足要求，还很难获得满意的校正结果。例如，在分析过程中，人体和真空系统对试样表面的污染，探测器密封窗膜对特征 X 射线的吸收，这种密封窗膜的吸收在目前的定量分析程序中还无法进行有效的校正。还有探测器对低能谱峰的检测效率也会下降，这种下降有的谱仪定量分析程序软件虽能进行相应校正、补偿，但校正的物理模型和计算过程也都还不够完善，这几方面的影响归纳起来主要有以下几点。

（1）超轻元素所激发的特征 X 射线的能量都很低，在采集谱图时，为了减少基体对低能特征 X 射线的吸收，通常会使用较低的加速电压，这样会使计数率偏低，峰的强度减弱，峰的幅度变矮，导致所采集到的净峰面积分总计数偏少，会使定量结果的误差增大。

（2）若为提高计数率，改善信噪比，有时会适当地提高过压比，如从常用的 5～7kV 提高到 8～10kV，这样所激发的特征 X 射线在试样基体内的吸收就会增多，吸收多了会导致大量的俄歇电子产生，反过来又可能会降低射线的荧光产额和谱峰的峰背比，导致信噪比和探测限变差。若试样是以超轻元素为主，依试样中的具体元素可选用 5～7kV 的加速电压。这样才不会增大试样基材对特征 X 射线的吸收，峰背比才会比较好，定量计算出来的超轻元素的含量才不会明显低于真实的含量，但碳的含量往往会增高。

（3）现在超薄窗的聚合物膜总厚度虽只有 0.34μm，但低能的 X 射线在穿过这样的窗膜时仍会受到一定的衰减，由于这些射线原有的能量本来就很低，所穿越的密封窗膜层虽很薄，但是它对低能射线的吸收还是不能被忽视，这种 0.34μm 的有机窗对 N、O 和 F 的理论透过率分别约为 34%、42% 和 53%，这也会带来额外的衰减；若是采用 0.1μm 的氮化硅窗，则这几个超轻元素的理论透过率分别能达到约 58%、62% 和 68%；若是采用 0.24μm 的超薄聚合物膜密封窗，其超轻元素的透过率也会高于 0.34μm 的密封窗，相对衰减量同样会小一些。

（4）若选用低的加速电压，入射电子束的激发深度会比较浅，这样虽然可以减少试样基材对特征 X 射线的吸收，但对试样表面的污染层会变得更为敏感，特别是对真空系统中的油蒸气、银浆、碳浆和导电胶带中挥发出来的碳蒸气和碳化物所产生的残留沉积层会特别敏感，会导致定量结果中碳的含量明显增高。关于碳化物或碳氢聚合物的残留沉积层可参见上篇中的图 4.7.12。

（5）在常见的大多数金属的表面都会有厚薄不匀的氧化膜层。用低的加速电压来对这类试样进行分析，不仅碳的强度会被增强，氧的强度往往也会被增强。因为在低的加速电压下，入射束激发的信息主要是来自试样的表面和亚表面，这样表面氧化膜层中的氧含量就会明显升高，所以在低加速电压下检测分析得到的超轻元素含量中的碳、氧含量往往会高于基材中真实的碳、氧含量，所以这种情况下测出的碳、氧不能代表试样基材中真实的碳、氧。

（6）在分析橡胶、塑料、树脂、纸浆或人造纤维等含碳量高的有机材料时，若 C 的计数率较高，则 C-K_α 峰（0.277keV）的和峰（0.554keV）会与 O-K_α 峰（0.523keV）重叠，这无形中会增加了氧的含量。C-K_α 峰（0.277keV）也会与 O-K_α 峰（0.523keV）在能量为 0.8keV 的位置上生成另一个小和峰，请勿把这个小和峰（0.8keV）误判为 Co-L_α 峰（0.776keV）或 Ba-M_α 峰（0.779keV）。

（7）在超轻元素的低能段中，常常会有中等元素的 L 线、重金属元素的 M 线或 N 线的峰位，它们当中有些会与某些超轻元素的 K_α 峰相交连或相重叠，特别是重金属元素中的 N 线在谱仪中有的还很难被甄别，有的谱仪甚至没有把 N 谱线收编进去，而使之成为盲线，更谈不上去识别它们。在定性分析时，有的操作者可能会把这些 M 和 N 谱线所形成的弱峰、小峰误判为能量与其相近的某个超轻元素的 K_α 峰。常遇到的如 Cl-L_α 峰（0.183keV）可能会被误判成 B-K_α 峰（0.185keV），如图 15.5.2 所示；K-L_α 峰（0.26keV）、Rh-M_α 峰（0.26keV）和 Pd-N_α 峰（0.284keV）这三个元素的峰都有可能会被误判成 C-K_α 峰（0.277keV）；常见的重金属元素 Pt、Au、Pb 和 Bi 的 N 线峰的能量分别为 0.251keV、0.258keV、0.284keV、0.291keV，这几个峰位分别位于 C 峰的左侧、中间和右侧，还有 Ag-M_α 峰（0.310keV）也位于 C-K_α 峰的右侧，也有可能会被误判成 C-K_α 峰；Sc-L_α 峰（0.395keV）和 Sn-M_α 峰（0.401keV）可能也会被误判成 N-K_α 峰（0.392keV）；I-M_α 峰（0.497keV）和 V-L_α 峰（0.511keV）也都有可能会被误判成 O-K_α 峰（0.523keV）。诸如此类的干扰问题也是影响超轻元素定量分析误差的又一大来源，从布鲁克公司提供的图（如图 15.5.3 所示）中可见低能段中谱线的复杂。有关金属元素的 M 线与超轻元素的重叠情况可参见本书中的附录 A。

（8）在第三周期或以上的元素里，K 层和 L 层的电子与化学键无关，而第二周期的超轻元素只有 2 层电子，其外围的 L 层电子既要参与能级跃迁产生荧光辐射，也还要参与化学键合反应，这样会使谱线的能量不稳定、易产生变化，如峰形变宽、不对称、偏离高斯分布、峰位漂移等。费舍尔（Fischer）和鲍恩（Baun）在 1967 年就指出，价电子受化学键的影响最大，发射波带常会反映出原子间化学键的变化。这种变化表现为波长的漂移，各条谱线或各个波带之间相对强度的改变和谱峰形状的变化。当进行定量分析时，这种漂移和变化也会带来一定的干扰和额外的误差。

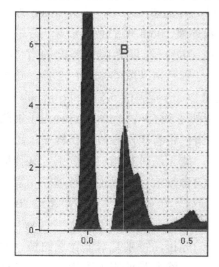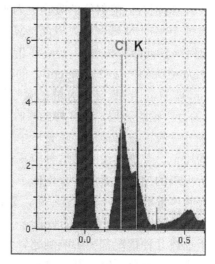

图 15.5.2　B-K_α 峰和 Cl-L_α 峰都位于 0.183keV

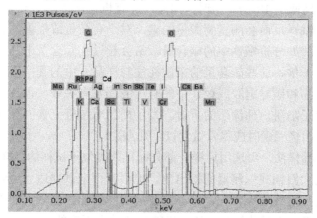

图 15.5.3　布鲁克公司提供的图

（9）当氧的计数率比较高时，O-K_α 峰（0.523keV）的和峰（1.046keV）可能会被误判为 Na-K_α 峰（1.040keV）、Pm-L_α 峰（1.032keV）、Zn-M_α 峰（1.012keV）或 Sm-M_α 峰（1.081keV）。

（10）谱图低能段的背景也较复杂且难估计，因这一区段中不仅存在的峰较多，相应的吸收边也多，平时所观察到的背底中可能还有因电荷的不完全收集而产生不连续、扭曲的背底。个别地方的背底起伏比较大，有的峰位会往低能方向漂移，探测限也会变差，所以对含量低的超轻元素的分析仍较为困难。

（11）为了提高超轻元素的峰强度和得到尽可能高的峰背比，对超轻元素试样的分析应尽量减少蒸镀导电膜，因为不管是蒸镀碳膜还是其他的金属膜，都会吸收特征 X 射线，特别对低能射线的吸收更为明显。有关研究表明，蒸镀 20nm 厚的碳膜约会吸收掉 10%的 N 峰强度；以此推算，若蒸镀 10nm 厚的金或铂（实际的蒸镀厚度往往都会>10nm），虽然 10nm 厚的金或铂的膜厚仅为碳膜厚度的 1/2，但金（$\rho=19.32g/cm^3$）和铂（$\rho=21.45g/cm^3$）的密度分别是碳密度的 11 和 12 倍，这样可估算出 10nm 厚的金、铂膜层对 N 峰的吸收将是 20nm 碳膜的 5.5 倍和 6 倍。也就是说，10nm 厚的金或铂的膜层，对 N 峰的吸收分别能达到 55%和 60%。这种由于镀膜层所产生的额外吸收，在目前的定量分析中个别谱仪带有膜层吸收校正程序，还可以进行相应的校正，若谱仪没有带这种校正程序，就无法进行相应的校正。这种情况下定量分析出来的超轻元素的含量均低于真实的含量值。所以说，对超轻元素的试样能不镀膜的尽量不要镀，若非镀不可，建议最好蒸镀碳膜，厚度不要超过 20nm，以尽量减少对超轻元素特征射线的吸收。

由于上述几种情况都会影响到超轻元素的分析，特别是对低含量的铍、硼和碳用能谱仪来做定量分析时，其精度还很不理想，除非是使用无窗探测器。当试样中的铍和硼含量分别低于 10%和 5%时，用超薄的有机窗探测器一般都还很难检测到；而有些不含碳的试样反而会测量到微量的碳，对于有微量或痕量的碳，则测到的碳含量往往会偏高，如分析钢铁中的碳含量，常会超过实际含量十几倍，有时甚至会超过实际含量几十倍，这些碳含量的来源往往与样品仓中的真空度有关，因它与真空系统中的有机物和碳导电胶或银浆中的有机胶挥发有关联，也有些碳的特征射线来自准直器或电子陷阱内部涂层的折射。为了提高对超轻元素的分析精度，尽量减少误差，在分析超轻元素时应尽量做到以下几点。

（1）采用有标样法，可选用标样、部分标样或类似于试样的标样。

（2）为了增大斜插式探测器的检出角，检测时可把试样适当地朝探测器倾斜，以减少试样对特征射线的吸收程，但一定要把所倾斜的角度输入能谱仪计算机的几何参数区中，以便在定量计算时，计算机能自动做出正确的校正。

（3）尽量选用合适的过压比，做到既可减少基材的吸收和俄歇电子的产生又能得到最佳的峰背比。

（4）适当地提高计数率，并延长采集谱图的活时间，以便尽可能减少统计误差和提高探测限。

（5）应尽可能选用面积较大、密封窗更薄或无密封窗的探测器，如采用 0.24μm 厚的聚合物超薄膜窗或用 0.1μm 厚的 Si_3N_4 膜做成的密封窗探测器，争取在较低的加速电压下能得到尽可能高的计数率和信噪比。

（6）准确地做好定性峰甄别，在定量计算前最好手动精准地扣除背底。

（7）尽可能选用无油真空系统的 SEM，这能明显地减少碳、氧的污染；若用的是有油真空系统的 SEM，则在样品仓内最好能有冷阱装置，使大部分的有机挥发物能被冷凝而聚集在冷阱表面上，以减少对试样表面的污染，这种方法对减轻碳、氧的外来污染能起到明显的作用。

（8）若使用的是 EDAX 公司的 Genesis 谱仪，可采用标样、部分标样或已知含量的试样来修改 SEC 因子系数，再用修改之后的 SEC 因子系数来分析未知的试样，这种方法看起来稍微有点麻烦，但可得到高精度的分析结果。

（9）如果试样是以氧化物形式存在的，为提高试样中氧元素的测量精度，这时改用氧化物分析方法会比较准确。这种方法不是直接去测氧的含量，而是按化学分子式计算配比氧的方法来测量其配对的正离子，因为氧为超轻元素，若直接检测试样中的氧含量，其误差往往会比较大，而应根据测量到的配比元素，按氧化物的化学比率算出氧的化合物含量。这种方法非常适用于分析金属氧化物、陶瓷、玻璃和矿物类的试样。这是一种氧化物分析计算程序，应用比较广泛，其定量的准确度比直接去测量氧含量的准确度更高。

（10）若改用波谱仪来进行分析，在总体上虽可明显地提高探测灵敏度和减少误差，但对这几个超轻元素的定量计算有时也不一定会很理想。而用俄歇谱仪分析超轻元素会比用能谱仪或波谱仪分析更有效、更准确，尤其是对表面污染物的探测灵敏度会更高。

有关超轻元素分析的讨论还可参见相关标准。

4．ZAF 校正与 K 比的定性应用讨论

在显微定量分析中，ZAF 校正程序是最常用的数据处理方法之一。ZAF 校正最早是在 1951 年被卡斯坦应用在 X 射线显微分析（波谱仪）中的，经大量的实验数据确认，对平整的试样，从 Na11～U92 元素的相对误差一般都不超出 2%。ZAF 校正程序在金属、合金的分析中最为常见，在陶瓷分析中的应用也很好。ZAF 校正程序适用于相对电子束的穿透深度为无限厚和在被分析的微区体积范围内是均匀的试样。在累积适当的数据以后，就可以计算被分析的试样因原子序数 Z 的不同、吸收 A 和荧光 F 的影响所引起的校正因子的变化，与这些因子有关的一些参数在 15.3 节中的定量分析简述里面已经简要的介绍过。这些因子计算的基本原理、方程式和具体的数学计算方法都比较复杂，具体的计算和校正过程在如今的能谱仪中都交由计算机来自动执行。

现在的能谱仪都采用聚合物超薄窗或氮化硅窗，也都能探测到大多数的超轻元素，也早已推出了多种改进型的 ZAF 校正程序，较知名有约翰·科尔比（John Colby）的 MAGIC 程序和雅科维茨（Yakowitz）等人的 FRAME 程序（NBS Tech Nate 796）。FRAME 程序已被用于能谱仪的数据处理，于是就有了 FRAME B、FRAME C 和 LIFT

等校正程序。

　　用 ZAF 校正程序计算需要先得到试样中每个元素的纯元素强度值,如要对 Fe-Cr 合金进行定量分析,选择在一定的 E_0 和入射束流下,对纯 Fe 标样、纯 Cr 标样和一个未知含量的 Fe-Cr 试样分别进行采谱,测出扣除背底后的各谱线特征峰的净强度。从未知试样中测量到扣除了背底之后的净强度与标样中纯 Fe 的净强度之比称为 Fe 的 K 比。用同样的方法可得到 Cr 的 K 比,这些 K 比值可以分别作为每个元素浓度的一级近似值。假设从纯 Fe 标样测量到 10 万个计数,用同一加速电压和束流,再测量试样中的 Fe 为 5 万个计数,那么 K 比值表示试样中 Fe 的浓度约为 50%。若分别在 Fe-Cr 合金和 Fe-Ni 合金的试样中,对 Fe 测量得到的净计数都是 5 万个,要是使用上述估算浓度的方法,就会判定两个试样中 Fe 的浓度是相同的。但实际上在 Fe-Cr 合金中 Fe 的强度会被 Cr 吸收而有所减弱;在 Fe-Ni 合金中由于荧光效应,Fe 会受到 Ni 的荧光辐射,其强度不但不会减弱反而会被增强。所以,Fe 的 K 比值 0.5 在 Fe-Cr 试样中的实际含量应大于 50%;而在 Fe-Ni 合金试样中,铁的实际含量应小于 50%,这就说明为什么要对所测量到的试样中的 K 比值进行荧光校正。仅用 K 比值不能准确地估算含量,这一事实还可以用下面的方法说明,在二元系的试样中,把某元素的强度对浓度作图,其关系曲线都不会呈直线,如在 Fe-Cr 二元系中,强度与浓度的关系曲线如图 15.5.4 所示。

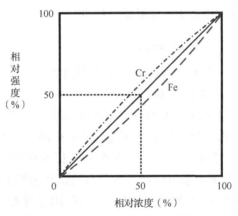

图 15.5.4　Fe-Cr 合金 K 比值与浓度关系

　　Fe 的曲线对于直线呈现负偏差,是因为 Fe 的 K_α 射线有一部分会被基体中的 Cr 原子吸收,使 Fe 的曲线对于直线呈现负偏差,而 Cr 的曲线对于直线呈现正偏差,这是因为 Cr 受到了 Fe 的特征 X 射线的荧光辐射而得到了增强。因此,人们必须考虑吸收和荧光效应所带来的影响,在考虑曲线与直线的偏差或考虑用 K 比值作为浓度计算时,其误差都会比较大,都必须进行校正。在 ZAF 中吸收和荧光的校正因子

分别是 A 和 F。Z 则为原子序数校正，Z 因子反映了从试样中产生背散射电子的数量，这些电子离开了试样，对激发 X 射线就不再有贡献，而试样对电子的阻止能力是随试样基材的组分而变化的，即背散射电子的数量与试样中的原子序数有关。所以测量相对强度（试样强度与纯元素标样强度之比）时，还必须进行 Z 校正。ZAF 程序中最后的计算，即浓度估算值 C' 表示为下式：

$$C'=K、Z、A、F$$

上式表示用 ZAF 因子来校正 K 比值得到的试样浓度，但是这些因子又取决于试样的浓度，而试样的浓度又是未知的，因此可以先用 K 比值作为试样的近似浓度值，即先用 K 比值来计算出一个近似的 ZAF 因子，再利用近似的 ZAF 因子来计算出一个经校正过的浓 C'，但 C' 还是有一定的误差，因为 ZAF 因子仅是初步的估算值，所以在经过再次校正的浓度 C' 的基础上，再重新计算新的校正因子。这个过程反复多次地进行下去，直到对浓度的估算值不再有明显的改善，即收敛时为止。大多数 ZAF 程序都使用克里斯（Criss）和伯克斯（Birks）提出的迭代法，这种计算方法经过 4～5 遍的计算就能基本收敛了，即经多遍迭代直到百分比中小数点后第二位的数值不再改变时为止。ZAF、Phi.ZAF-φZAF 和 φ（ρz）这几个校正方法都是比较传统、成熟和有效的校正程序，得到了大多数谱仪生产厂家的采用。

为了对测量到的数据进行 ZAF 校正，不仅对于感兴趣的元素，还必须得到试样中有影响的元素的 K 比值。用于确定 K 比值的原始强度必须是被测元素特征 X 射线的净强度。X 射线的净强度都必须要扣除背底再进行重叠峰的剥离，而扣除背底和重叠峰的剥离是否准确是关系到能谱仪定量分析精度的一个主要问题。

5. 其他的校正软件

1）Bencehe-Albee 校正

Bencehe-Albee 校正方法在当今的能谱仪中用的较少，但有些机型的谱仪也还都带有这种校正程序，这种校正程序是在 ZAF 校正尚未深入研究之前，根据 Bencehe 和 Albee 等人测得的一系列实验数据并把它应用到谱仪上进行基体校正的程序。在早期，这种程序主要是用在地质、矿物、氧化物等分析中，现在个别谱仪还保留有这种校正程序，具体可参考文献[12]。

2）φ（ρz）校正

为了进一步完善 ZAF 对轻元素的吸收校正，在 20 世纪 80 年代初有的专家就在此基础上发展了这种被称为深度分布函数 φ（ρz）的校正程序。这种方法考虑的物理过程比 ZAF 方法更全面一些，它是用指数描述试样表面以下原生 X 射线强度分布关系的函数，它是一个用线性距离（cm）与密度（g/cm³）的乘积来描述的物理量，量纲为 g/cm²。φ（ρz）表示在试样的某一质量深度 ρz 处的一个小薄层，d（ρz）发出的

X 射线与在空间中孤立存在的同一厚度的相同材料中发射的 X 射线的强度之比。它的函数形状可通过蒙特卡罗模拟计算，其积分表达式包含了原子序数效应和吸收效应的校正。据有关报道，在分析超轻元素时，采用 $\varphi(\rho z)$ 比用 ZAF 校正方法所得结果的误差会小一些，因为 $\varphi(\rho z)$ 的方法是以 X 射线的实验数据作为深度函数进行拟合求出的，它能较准确地反映超轻元素表面和亚表面的 X 射线强度的分布。除此之外，ZAF 校正方法中用到的质量吸收系数（μ/ρ）和平均电离能 J，这两个参数在超轻元素中有时会不太稳定，尤其是电离能 J 往往会随外围电子的化学键变化而出现波动，而超轻元素的外围电子既要参与能级跃迁，又要参与化学键合。所以，用 $\varphi(\rho z)$ 这种校正方法对超轻元素的分析通常会比 ZAF 校正更好一些。

3）XPP 校正

有的能谱仪采用了一种由法国人 Pouchou 和 Pichoir 在 1989 年开发的特定 ρz 校正方法，这种方法被称为 eXtended Pouchou & Pichoir（简称 XPP）的校正方法，这实际上也是一种改进扩展型的 $\varphi(\rho z)$ 校正方法。有关研究表明，用 XPP 这种校正方法对 Heinrich 提供的 1 400 个合金试样和 Bastin 提供的 750 个轻元素试样进行定量分析，其比传统的 ZAF 校正及 $\varphi(\rho z)$ 校正方法能得到更好的结果，特别是对吸收比较严重的轻元素试样，如对重元素与轻元素或超轻元素相结合的混合试样进行定量分析，所得结果的误差都比较小，一般会优于前面所述的其他几种校正，而且还可以自动对倾斜试样进行角度校正等。

4）eZAF 定量校正

有的能谱仪为了配合和支持大角度倾斜试样的定量分析，推出了一种被称为 eZAF 定量校正的程序，这种校正程序适用于在试样大角度倾斜时，对背散射电子增多带来的影响进行校正。它适用于试样表面比较平整而又处在大倾斜角度时的测试分析，试样的倾斜校正范围可以达到 70°，所以它十分适合支持 EBSD 分析条件下的能谱定量计算。

5）P/B-ZAF 定量校正

P/B-ZAF 也是一种改进型的 ZAF 校正。该方法主要是基于所分析的试样组分而产生的背底形状来进行扣除后再进行定量计算，它适用于分析表面粗糙的试样，如金属或陶瓷等试样的断口分析。P/B-ZAF 对于束流的波动和试样的倾斜、旋转所带来的影响较小，所以它更适合与冷场扫描电镜配套。当所分析的试样表面不平整，即呈现为粗糙、凹凸等起伏比较明显的形状时，在高能入射束的激发下，背散射电子的漫散射会增多、增强，会引起谱峰背底升高，导致谱线峰的峰背比下降。这些额外的干扰都会给定量计算带来影响，在分析这类表面粗糙或存有明显颗粒状的试样时，一般选用 P/B-ZAF 这种定量校正程序，特别是在重叠峰较严重的情况下，通过采用 P/B-ZAF 校正程序计算出来的定量结果将会更准确，相对误差会更小。eZAF 和

P/B-ZAF 这两种定量校正程序也都属于改进型的 ZAF 校正程序。

6）M-thin 和 B-Thin 定量校正

M-thin 是用于薄试样材料分析的一种校正程序，具有多种矩阵校正和对荧光及吸收效应的基本校正。其主要是用于对 TEM 和 SEM 中的扫描透射方式的能谱定量校正。

B-Thin 是专门用于生物高分子材料薄试样定量分析的一种校正程序。

从现有文献的报道和理论分析来说，ZAF 和 $\varphi(\rho z)$ 校正都比较传统，其物理模型的讨论比较充分，物理意义比较直观，校正依据也比较明确，得到多数谱仪生产厂家的采用。而对 XPP 校正程序的研究还不像 ZAF 和 $\varphi(\rho z)$ 校正的研究那么多，其物理模型等有关的讨论也没有像 ZAF 和 $\varphi(\rho z)$ 校正讨论的那么充分。总之，上述所介绍的这几种校正程序各有各的特点，有的适用于厚试样，有的适用于薄试样，有的适用于表面平整的试样，而有的适用于表面粗糙的试样。在大前提选定的情况下，具体的应由广大的用户通过实践来检验，实践是检验真理的标准，通过大量的实验与比对人们就能知道哪一类型的试样该用哪种校正方法才能获得更高、更好的分析精度。从元素范围上来区分：有的比较有利于超轻元素的定量分析，如对橡胶、塑料、树脂和纸张等含有机物较多的试样；有的比较有利于轻元素的定量分析，如对陶瓷、矿物和硅酸盐类的试样；而有的比较有利于重金属元素的定量分析，如金属合金类的试样。现在的能谱仪一般都会带有多种的定量校正软件或程序，操作者可依据不同的试样和不同的需求，结合无标样和有标样等分析校正方法进行选用。

7）ViP Quant 校正

EDAX 公司的能谱仪还带有一种被称为可变气压（或压力）的定量分析（ViP Quant）校正软件，它专门用于改善在低真空条件下的定量分析精度。它校正了电镜在低真空的模式下，入射电子束与样品仓中气体分子之间相互碰撞增多而出现的发散，发散的电子束会以裙散状态分布在原定入射束斑的周围，导致对应的周边也激发出相应的射线。这种入射束斑与样品仓中的残余气体相互作用所导致的散射分布，会随样品仓内气压的增高和电子束在样品仓中穿行距离的增长而增大。这种影响虽可以通过适当提高真空度或减小 WD 的方法来改善，但这时导电不良的试样可能就会出现荷电，而且电镜的分析工作距离又不能随意缩短。为解决这个难题，可以选用 ViP Quant 这个校正软件，使试样在低真空的条件下进行分析也能得到较准确的结果。使用可变气压这个软件进行校正，需要在两种不同的气压下采集 X 射线的数据，然后外推 X 射线的强度至零气压，计算得出试样的组分。为了能得到准确的结果，两种压力应当相差两倍，推荐的保持压力应在 0.1～931Pa，要求这两个真空度的压差至少应相差 30Pa，利用经验公式拟合到压力为零时的组分值，再归一化。由于强度与气压的关系并非线性，所以即使是在较高的气压下得到的结果也并不一定能更准确。

有的 E-SEM 就在物镜的下极靴底部接入一种带锥体的压力限制光栏（PLA，或称为带锥体的压差光栏）来减少和限制入射束的发散。如扫描电镜的分析工作距离为 10mm 时，这距离对于 G-SED 这种低真空探测器而言是大了一些，但为了能尽量减少入射电子束因散射所带来的影响，E-SEM 通常会配备几个与大视场探测器（LFD）配套使用的不同锥体长度的 PLA，如图 15.5.5 所示，以尽可能减少入射束的散射。供 X 射线用的 PLA 通常会有 2～3 种不同的长度，最长的锥体长达 8.5mm，可以在较长的工作距离下使用，特别适合用于 WD 在 10mm 时的分析位置，这是多数 SEM 与 EDS 探测器常用的分析工作距离；短锥体的 PLA，适用于短的工作距离。

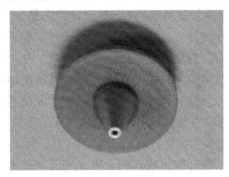

图 15.5.5 带锥体的 PLA

在分析过程中，依电镜 WD 的不同，可选用不同长度的锥体。长度合适的锥体可以减少入射电子束的发散，使外围的散射干扰更少，让采集到的信息更集中，若谱仪又启用了 ViP Quant 分析校正软件，使得在低真空的条件下进行的分析结果也能与高真空时的分析结果基本相符。

8）镀膜层的校正

为了使经蒸镀过导电膜的超轻元素试样的定量分析能获得准确的结果，有的能谱仪还带有一种可以对有镀膜层试样中的超轻元素进行补偿校正的方法。若要对蒸镀过导电膜层的试样进行校正，只要在定量展开的界面上单击 SEC 键，打开 SEC 的对话窗，如要做碳镀层的校正，单击 Advanced 键，输入一个相对的膜层厚度值，按回车键确认。这个数的设置范围为 0～20，即把设置范围分为 20 档。这个数值需要多次试设，在这过程中可以用已知的含有超轻元素的同类或相似的化合物，例如硅硼玻璃、碳化硅、氮化硅等样品来作为镀层校正的测试标样，多次修改所输入的试用校正值，直到获得最佳的已知结果。超轻元素的调整因子主要是针对 B、C、N 这三个元素的定量分析，其调整原理类似于调节 SEC 因子，但是调整的范围不同。在 SEC 窗的右下角单击 Advanced 键，把编辑框里的数值改换成新的数值，就可以改变这三个元素的校正值，要反复调整这三个值，直到获得满意的定量结果。然后，保存下这三个合适的值，再利用保存下来的这三个数值去校正同一批蒸镀盘上的不同试样，所得结果的精度都会很高，这样就能得到比校正前更准确的分析结果。

这种镀层校正的做法主要是对被吸收的低能 X 射线进行强度上的补偿，对于镀金、铂的试样按理也可以依此方法进行校正，但是由于金和铂膜层对低能的 X 射线不仅吸收严重，而且它们中的 M 系谱峰又多，还可能会有 N 系谱峰及相应的逃逸峰对超轻元素的分析带来额外的干扰，所以对用 Au、Pt 蒸镀的试样即使进行相应的校正，所得定量结果的精度可能也不会高。若是所分析的试样中本身就含有 C，而这个 C 也要参与定量，最好应选用 LV-SEM 或 E-SEM，若没有 LV-SEM 或 E-SEM，建议改镀铝膜。在常见的金属中铝的密度较小，它对超轻元素的吸收也相对比较少，除了 Al-K_a 峰外，也几乎没有额外的干扰峰（因 Al-L_a 峰能量很低，在加速电压 7kV 以上时，Al-L_a 不易出现）。但镀铝的一大缺点是铝膜表面易氧化，而且铝颗粒又较大，不宜于拍摄高倍率的照片。所以，镀铝膜的试样应在蒸镀完导电膜后就立即放入电镜中去进行分析。

9）其他的专业分析软件包

相群分析是把试样组分相同的相进行分类组成一个群，以指定的像素矩阵逐点分析谱图的差异，然后将相同组分作为相同的相而进行归纳，从而可以得到相的数量统计，以及定性、定量和面分布分析结果的方法。

多数的谱仪还带有颗粒度和相特征分析软件包，通过利用扫描电镜的 BSE 成像功能的特点和自动控制样品台，对颗粒状试样的相进行多视域的形态学和组分的分析与统计，即利用图像的直方图选择所需颗粒的灰度等级来计算选定的形态学参数。这种快速的智能面分布和元素侦探器能自动探测并储存试样的每个扫描位置的(x,y)地址并自动采集谱图，分析结果可以逐个地进行再现和再分析，并可将分析结果形成统计报告。

枪击残留物（GSR）分析软件包是用于刑侦方面的专业常用软件，它利用扫描电镜的 BSE 成像功能的特点和自动控制样品台，对枪击残留下来的颗粒进行不同的微观区域和相的自动分析，找出枪击之后从火药爆炸的烟雾中沉积而残留下来的颗粒进行形态学和组分的分析，以及分类统计，典型的枪击残留物的颗粒为熔融状的微米级圆球，这种圆球的直径多数处在 5～30μm。一般是先利用 BESI 对微小颗粒进行观察、筛选，将含有重金属元素的锑、钡、锡、铅、铜等高亮度的颗粒进行分类确认，再利用能谱仪对这些颗粒进行组分分析，确认其是否为枪机弹药里常见的元素组分。

射击残留物是指射击时从枪口或枪支的机件缝隙中喷射出的火药燃烧所生成的烟幕颗粒、未完全燃烧的火药颗粒和金属粉末等。射击残留物一部分会随子弹头沉积在中枪的目标上，一部分会散发在射击枪支的周边，其中一部分会沉积在射手的手背、手臂、前胸和肩膀等部位，通常以手背和手臂上居多。射击残留物主要含有Sb、Sn、Pb、S、Cl、K、Ba 和 Cu 等成分。通过检验射击残留物可以确定涉案嫌疑人是否进行过射击，这对嫌疑人的判定有很好的指导作用。

此外，还有钢铁（Steel）包裹物等一些专业性很强的特色分析软件包。

离线分析软件可以利用普通的个人计算机对 EDS 已经采集到的谱图和面、线等分布图进行再分析，也可以对以往的分析结果进行修改或重新分析，这样就可以减少占用扫描电镜和能谱仪的时间，即可大大地提高电镜和能谱仪的利用率。

15.6 提高定量分析准确度的要点小结

要提高能谱仪定量分析的精度可从电镜、谱仪和试样这三方面入手，弄清这些参数的选择和试样的制备是否合理、合适，这都会直接影响到分析结果的准确性。这些有关参数看起来好像不少，但实际上并不多。当操作人员对电镜和能谱仪的原理、结构有一定的认识，了解了这些参数的具体物理意义之后，随着工作经验的不断积累，在正常情况下对试样进行分析时一般都应能做到"应对自如"，这样对所得结果的误差也才能做到"心中有数"。当把这些参数归纳整理出来，就显得简单、好记。这些参数总体上可分为四类。

（1）一定要执行、必须要做到的：

① 电镜镜筒的几何中心轴与光轴的合轴程度应尽量好，确保光斑垂直并合轴良好。

② 打开电镜与能谱仪之间的通信连接口，让能谱仪能自动获取 SEM 镜筒和测角台的控制参数。

③ 依试样的大小及厚薄，调整好测角台的 Z 轴高度，确保试样的测试面能处于该扫描电镜的最佳分析工作距离上。试样应尽可能呈水平状态，若试样有人为的倾斜，应把所倾斜的角度输入能谱仪计算机的几何参数区，以便在定量计算时，能得到及时的校正。

（2）用户本身无法更改，但必须遵照执行的：

① 电子枪中的电子源发射模式和真空系统中泵的种类。

② 谱仪探测器的分辨力、探测器芯片面积的大小和密封窗膜的种类及厚度。

③ 试样的均匀性和表面的粗糙度，这些参数操作者一般也是不能改变的，如断口试样的分析等，若试样表面较粗糙，建议最好启用 P/B-ZAF 定量校正程序。

（3）在日常的维护、保养中必须要做到的：

① 一旦发现谱图的能量坐标位置有漂移，应及时标定校准。

② 保持样品仓内的洁净，尽量减少对样品仓和探测器中准直器、密封窗膜的

污染。

③ Si（Li）探测器应按时添加液氮，尽可能不让液氮中断，以减少不必要的高、低温循环和分子筛的反复吸放气，这样不仅可减少对芯片的污染，还可以减少杜瓦瓶中冰晶的形成。

④ 尽量减少电镜间的噪声和磁场干扰，磁场干扰严重的应做消磁或磁屏蔽防护，噪声超标应采取降噪措施，如让电镜的主机远离机械泵和空压机，电镜间的墙面应贴有凹凸花纹的墙纸，天花板可用有花纹的石膏板或带冲孔的铝板吊顶等。

⑤ 实验室的温度最好控制在 20～25℃，湿度应控制在 50%～70%，这样既可减少能量坐标位置的漂移，也可减少杜瓦瓶中冰晶的形成，更有利于提高 SEM+EDS 整机电子线路的稳定性和可靠性。

（4）依据试样的具体情况需要随时改变的：

① 根据试样所组成的元素种类的过压比来选择相对合适的加速电压。

② 当选定好加速电压之后，可选择不同的束斑或光栏孔径来调控 cps，依 cps 的大小来选择相应的采集时间，依据分析方式的不同来选择放大器的处理时间，适当增加放大器的时间常数有利于提高能量分辨力，但死时间会相应增大，这对 Si（Li）探测器尤为敏感，但对于 SDD 就没有那么敏感。

③ 定性分析时，最好采用手动鉴别，由高能到低能（即从右到左），由强峰到弱峰，依序判定。

④ 根据具体的谱图来扣除背底，最好先自动拟合，若有个别的点拟合不理想再采用手动进行修改。

⑤ 若试样不导电，则必须做相应的导电处理（LV-SEM 或 E-SEM 除外），试样若是以超轻元素为主，当蒸镀了导电膜层后，在定量分析时最好应做镀膜层的补偿校正，或采用标样法来分析，这样的定量结果会更准确。

⑥ 若采用 LV-SEM 或 E-SEM 与能谱仪配套做分析，由于入射电子束的散射会带来额外的影响，若能谱仪带有 ViP Quant 定量校正程序，则应启用 ViP Quant 定量校正，也可以启用 PLA 来减少和限制入射束的发散，这都有利于提高分析精度。

在操作时选好合适参数，一般都能够得到比较准确和满意的定量分析结果。

15.7　定量分析的实例

1. 可伐引线材料的分析

牌号为 4J29（FeNi29Co17）的可伐合金是电子元器件中常用的封装连接引线材料，其线膨胀系数为 $4.7×10^{-6}/℃$。该合金在 20～450℃ 范围内具有与硅硼硬质玻璃相近的线膨胀系数，它的居里点较高，并有良好的低温组织稳定性。合金表面的氧化膜致密，能很好地被硬质玻璃所浸润，适合在含汞放电的仪表中使用，也常用作玻壳密封结构的电真空器件的连接引线，如真空发射管、振荡管、磁控管、密封继电器、接触器，半导体集成电路的引脚和玻壳密封的三、二极管的引出线，空调机及冰箱温度传感器的连接引线等。

4J29 可伐的主要化学组分有：Ni28.5%～29.5%，Co16.8%～17.8%，Fe53%～54% 及痕量的 Si 等元素。当用 Si（Li）探测器的能谱仪分析这种材料时，选用 20kV 的加速电压；计数率在 1 500～2 500；采集时间为 100 活秒，这对减少统计误差有保证。定量分析结果得出的主成分的质量百分比是：Fe52.58%、Co17.85%、Ni28.68% 和 Si0.88%。该结果与该材料的标称含量相符，如图 15.7.1 所示。

由上述实例的分析结果可说明用能谱仪来做定量分析，只要参数选择合理，特别是过压比选择合理，即使是用无标样法也能得出准确的定量结果。选用 20kV 的加速电压，对于 Ni 的过压比是 20/8.33=2.4，Co 的过压比是 20/7.71=2.6，Fe 的过压比是 20/7.11=2.8，这三个主要元素的过压比在 2.4～2.8，而轻元素 Si 的过压比是 20/1.84=10.8。这样全谱几个主要元素的过压比在 2～3，轻元素 Si 的过压比约为 11，所以定量分析得到的精确度就高，误差就很小。图 15.7.1 为 4J29 可伐材料的定量分析的截图，从中我们可以了解到相应的其他参数。

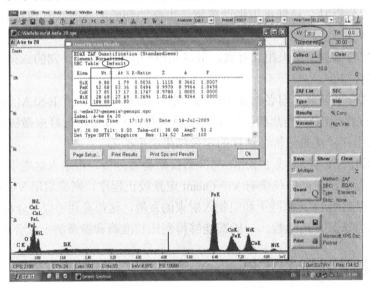

图 15.7.1　4J29 可伐材料的定量分析截图

2．磷酸钙的分析

另一个实例是磷酸钙的分析，磷酸钙是一种常见且十分重要的食品添加剂，拥有抗凝、缓冲、水分保持等多种功能，同时也是营养蛋白质粉的重要添加剂。在食品工业中常用作抗结剂、营养增补剂（强化钙）、pH 值调节剂、缓冲剂等。磷酸钙的分子式是 $Ca_3(PO_4)_2 \cdot H_2O$，分子量为 310.18，外观为白色的无定形粉末，无臭、无味，相对密度为 3.18，难溶于水，易溶于稀盐酸和硝酸，是在空气中比较稳定的一种盐。

用 Si（Li）探测器的能谱仪分析磷酸钙时，当选用 15kV 的加速电压，计数率为 1 140，采集时间为 90 活秒。定量分析结果得出的主成分的原子个数百分比为 O52.67%、P16.93%、Ca30.4%，即 O:P:Ca=6.2:2:3.6。这结果与理论标称的原子个数比 O:P:Ca=8:2:3 相差较远，其中氧含量明显偏低，钙含量明显偏高。这是由于过压比选择不合理导致的，15kV 的加速电压对于钙的过压比是 15/4.04=3.7，对于磷的过压比是 15/2.14=7，而对于氧的过压比是 15/0.53=28.3，这样总体的过压比就偏高，尤其氧的过压比就超出太多，基材对氧的特征 X 射线吸收很严重，使检测到的氧含量明显偏少。氧的含量少了，钙的含量就多了，导致定量分析结果与实际的含量偏离太大，如图 15.7.2 所示。

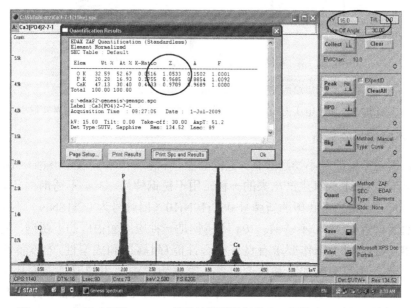

图 15.7.2　加速电压为 15kV，导致检测到的氧偏少、钙偏多，结果误差大

当把加速电压改为 10kV，计数率改为 1 295，采集时间改为 100 活秒时，定量结果得出的主成分的原子个数百分比 O:P:Ca=61.78:15.19:23.03，即 O:P:Ca=8.13:2:3.03，这结果与理论标称值的原子个数比 O:P:Ca=8:2:3 非常的接近，其中对超轻元素氧的最大误差也仅为 1.6%，钙的误差仅为 1%。这主要是过压比选择合理，10kV 的加速电压对于钙的过压比是 10/4.04≈2.5，对于磷的过压比是 10/2.14≈4.7，而

对于氧的过压比是 10/0.53≈18.8。这样对钙和磷的过压比很合理，对氧的过压比也不是太高，即超轻元素的全谱过压比可放宽为 10～18 倍，不超过 20 倍，这 10kV 的加速电压虽然仅为 15kV 的 2/3，但是氧的吸收就明显减少，即过压比选择合理，总的定量分析结果误差就很小，定量分析的结果与实际含量也就非常接近，如图 15.7.3 所示。这也是采用拷屏方式而截下的整个视图，定量结果和其他有关的参数在图中也都能查阅得到。

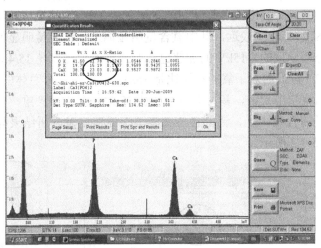

图 15.7.3　加速电压为 10kV，过压比的选择比较合理，定量结果误差很小

3. 不锈钢材的分析

不锈钢通常指的是不锈耐酸钢，它能耐空气、水蒸气和弱酸的腐蚀。304 不锈钢是按照美国 ASTM 标准生产出来的一种常用不锈钢牌号。304 不锈钢相当于日本标准 SUS-304，也相当于我国的新牌号 06Cr19Ni10（旧牌号为 0Cr18Ni9）不锈钢，这种牌号的钢材俗称 18-8 不锈钢。304 不锈钢是一种应用面很广的不锈钢，它作为不锈耐热钢广泛地用于制作要求有良好综合性能（耐腐蚀和成型性）的设备和机件，如用于制造食品和医药加工和生产设备，家庭厨房中使用的刀具、餐具和炊具，精密的电工仪器、仪表，具有一定耐腐蚀性要求的化工生产设备和原子能工业用的设备。

从金相学角度分析，不锈钢材中应含有足够的铬，才能使其表面形成一层很薄的氧化铬膜，这层氧化铬膜可以隔离氧和防止一些腐蚀性物质的后续入侵，使之提高抗腐蚀的能力，从而保护了钢材。为了保持不锈钢的耐腐蚀性，理论上钢材中必须含有 12%以上的铬，在冶炼时为了防止出现铬偏析而低于临界含量，所以实际钢材中铬的平均含量都应大于 14%，而且其分布还需要足够均匀，这样才能确保钢材的防锈能力。

304 不锈钢的主要物理参数：布氏硬度 HB≤187，洛氏硬度 HRB≤90，维氏硬度 HV≤200；密度为 7.93g·cm⁻³；电阻率为 0.73Ω·mm²·m⁻¹；熔点为 1 398℃～1 420℃。

304 不锈钢的化学组分有 C≤0.08%，Si≤1%，S≤0.03%，P≤0.045%，Cr 为 18%～20%，Mn≤2%，Ni 为 8%～11%，Fe 为余量。

图 15.7.4 为 304 不锈钢材的定量分析实例，这同样也是采用拷屏的方式而截下的视图，其定量结果和其他有关的参数在图中均可查阅得到。

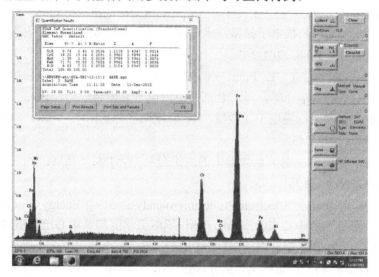

图 15.7.4　304 不锈钢材的定量分析

用能谱仪分析 304 不锈钢的化学组分，其中的 C（≤0.08%）、S（≤0.03%）和 P（≤0.05%）这三个痕量元素的含量都低于能谱仪的探测限，用能谱仪也很难准确地检测出来，所以就把 C、S 和 P 这三个痕量元素忽略掉。这样 304 不锈钢的主成分为 Cr、Ni、Fe 及少量的 Mn 和微量的 Si，分析时的加速电压选用 20kV，Si（Li）探测器的计数率在 1 500～2 000，采集时间为 100 活秒。定量分析结果得出的组分质量百分比是 Fe71.71%、Ni8.03%、Cr18.22%、Mn1.3% 和 Si0.74%，这结果与该材料的标称含量相符。这也再次表明用能谱仪来做定量分析，只要参数选择合理，即使是用无标样法也能得出准确的定量结果。

注意：有些其他牌号的不锈钢中，除了上述几种元素外，有的还会含有少量的铜，定性甄别时不要把铜遗漏掉；有的还会含有痕量的钛和钒，定性甄别时可不要把它们遗漏掉；而有的不锈钢材中会含有钼，定性甄别时请勿把钼（2.29keV）误判为硫（2.31keV），因为这两个元素的峰位仅相差 0.02keV。

参 考 文 献

[1] 章一鸣. X射线能谱仪及能谱分析技术[A]. 苏州：电子光学专业讨论会论文集，1991：107-109.

[2] E.利弗森. 材料的特征探测：第Ⅱ部分[M]. 叶恒强，等译. 北京：科学出版社，1998：342-351.

[3] Philips Electron Optics Application Laboratory. SEM-EDX MICROANALYSIS Manual for Course[R].5.3.3 Version. Philips Inc, Netherlands, 1995.

[4] J. I. 戈尔茨坦. 扫描电子显微技术与X射线显微分析[M]. 张大同，译. 北京：科学出版社，1988：261-263.

[5] R. L. Myklebust，C. E. Fioir，et al. 电子探针X光能谱定量分析简明程序—FRAME C[M]. 章一鸣，译. 北京：中国电子显微镜学会，1982：19.

[6] 张清敏，徐濮. 扫描电子显微镜和X射线微区分析[M]. 天津：南开大学出版社，1988：242-243.

[7] 王志琨，赵瑞玉. 电子显微镜中的能谱分析技术[M]. 北京：北京市理化分析测试技术学会，1981：98.

[8] Nicholas C. barbi. Electron Probe microanalysis using Energy Disoersive X-ray [M].广东省地质中心实验室,译.广州:华南工学院测试中心电镜室,1982:54-55.

[9] 周剑雄，毛水和，等. 电子探针分析[M]. 北京：地质出版社，1988：199-208.

[10] E.利弗森. 材料的特征探测：第Ⅱ部份[M]. 叶恒强，等译. 北京：科学出版社，1998:353.

[11] E.利弗森. 材料的特征探测：第Ⅱ部份[M]. 叶恒强，等译. 北京：科学出版社，1998：P338-339.

[12] 章一鸣. X射线能谱分析及图像处理初步[M]. 北京：中国科院科学仪器厂，1989:25-26.

第16章

谱线峰的失真与外来的干扰

16.1 谱线峰的失真

在谱图中看到的谱线峰宽度都会比其理论的谱峰宽，这是能谱仪谱图中一种无法避免而典型的失真，这种失真随着探测器和前置放大器的不断改进和优化而正在慢慢减小，使实际显示的谱线峰宽度逐步收窄，峰的半高宽也随之逐步减小，分辨力也逐步得到提高。对于 Mn-K_α 峰而言，它原有的理论自然宽度仅为 2.3eV，但实际上现在的能谱谱图中所显示的 Mn-K_α 峰的半高宽却有一百多个电子伏特，其主要原因有以下两点：

（1）在探测芯片晶体中电离产生的电子-空穴对数目有一定的离散性。

（2）电路中元器件的热噪声和电抗的增大都会导致谱线峰展宽。

谱线峰的展宽会造成峰背比下降，从而导致某些元素的特征峰出现相互交连、重叠的现象，另外有些弱峰、小峰也有可能会被其他的强峰覆盖或淹没。如一个半高宽原为 2.3eV，高度原为 1 000 个计数的谱峰，由于该峰的展宽，其半高宽变为 128eV，从而使该峰的高度变为只有 18 个计数，如图 16.1.1 所示。而图 16.1.2 是能谱峰的理论高斯分布示意图，其中 A_A 为 X 射线的最高强度（峰高）；E_A 为 X 射线的平均能量；σ_A 为此种分布的标准偏差，σ_A= FWHM/2.355。

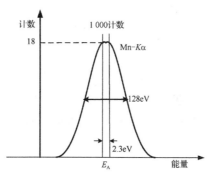

图 16.1.1　128eV 分辨力的 Mn-K_a 峰的再分布

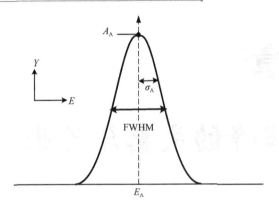

图 16.1.2　1keV 以上的 X 射线谱峰的理论高斯分布

 谱线峰偏离高斯分布

　　由于在 Si（Li）或 SDD 晶体的边缘和表面难免会存在着个别的小缺陷，这些小缺陷通常会俘获和复合少量的电子–空穴对，使实际收集到的有效电荷量减少，这称为不完全电荷收集（ICC）。其结果会导致少量的计数从高能处向低能处转移，会使峰的形状偏离正常的高斯分布，如图 16.2.1 中的实线箭头所指之处，峰的左侧部位会出现低能尾，导致该谱峰左侧的背底升高，右侧的背底相对较低，使谱峰的右侧与背底的交界处显得非常的陡，如该图中的虚线箭头所指之处。这是在铝的特征谱线临界激发能的位置上（Al-K_{ab}=1.559keV）出现高吸收造成的。而在能量为 2.98keV 处出现了一个小峰，该小峰是铝的和峰，而不是 Ag-L_a峰（2.98keV），更不是 Ar-K_a峰（2.96keV）。

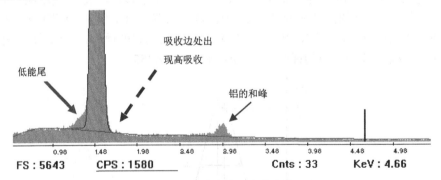

图 16.2.1　谱线峰偏离正常的高斯分布

16.3　振动与噪声干扰

由于能谱仪的脉冲处理器是一个灵敏度很高的部件，其探测器也非常的灵敏，外界的一些机械振动和杂散的电磁场变化、辐射及噪声干扰都有可能会经其引入，并经过放大，最终会影响到所采集的谱图，导致峰背比下降。为减少这种"天线"效应，探测器、前置放大器、主放大器之间的信号连接线都必须用带有屏蔽层的同轴线连接，而且必须尽可能短。否则，当外界有机械振动，如那种用压缩机运行制冷的老式能谱仪与罗兰圆波谱仪的机械传动、真空系统中的机械泵和涡轮分子泵的马达振动、操作人员之间的对话、电话的振铃声等，都会影响谱图的采集，导致谱仪的分辨力和探测限变差。干扰严重时有的还会在 0.1～1.5keV 的区域内出现异常高的背底，还会导致谱线峰变宽。实际上每个探测器都会对大的噪声和机械振动的干扰做出反应，所以需要对电镜实验间的噪声和振动干扰提出要求，电镜实验室对振动和噪声的具体要求详见上篇中第 8 章的 8.6 和 8.9 节。为减少外来的干扰，探测器要尽量与机械振动源隔离开，并尽量减少周围噪声的干扰。

磁场和强电场的干扰也会带来额外的噪声，也会使谱峰中的背底升高，所以从能谱仪探测器引出的信号线应尽量避开涡轮分子泵、机械泵和离子泵，还要远离电源变压器，也不要与供电的主电源线相互缠绕或并行捆绑。

16.4　独立接地

通常人们会认为电镜与能谱仪的外壳都同处于零电位，但实际上这些部件之间总会存在着"几十毫伏"或"伏"量级的电位差。如果将这些部件的外壳相互重复连接到地，则有可能会产生微安到毫安量级的电流。这种"接地电流"若在同轴电缆的屏蔽层中流过，便会调制或减弱通过该中心导线的低电平信号，还会引起谱图中的峰变宽、背底升高、能量分辨力下降或死时间校正增大等多种问题。若接地电阻大，还会引起计数率和谱图不稳定，使整幅谱图出现漂移。接地回路所造成的问题既复杂又隐蔽，因为它对信号通道的影响路径多、来源杂，它可以从探测器到多道分析器之间的任何一个接点进入信号链，不仅如此，它还有可能会间歇性地发生。由于有多种的来源和复杂性，所以人们很难具体地描述接地回路干扰的所有表现或找到一个能普遍适用的方法来确定它的位置并消除它。

要减少和消除接地回路的干扰，最有效的常规做法是避免各电子组件之间相互交叉、重复连接。正确的做法是把电镜和能谱仪各自拉一条线分别接到同一根独立的地线上，使之形成不了闭合循环回路，这称为单点独立接地。电镜和能谱仪所用的地线应专门埋设，接地电阻越小越好，千万不要使用楼房的公用建筑地线，更不要使用供电电源线的中性线作为电镜的接地线。因公用地线的对地电阻值较大，一般会有几欧姆到十几欧姆，而且各种杂散信号汇流其中，其对地的电位差一般会有几伏，有的甚至会超过十伏。要进一步了解电镜实验室的地线，请参见上篇第 8 章中的 8.3 节。能谱仪外壳的对地绝缘电阻值与扫描电镜一样，都应大于 20MΩ。

16.5 杜瓦瓶中的冰晶和底部结冰的处理

Si（Li）探测器上的杜瓦瓶在长期使用过程中难免会随空气混入一些水汽，水汽经积累会在液氮中凝结成冰晶，这些冰晶会浮在液氮的液面上跳动，从而引起颤噪、干扰，造成谱峰背底增高，导致谱仪的分辨力下降。要减缓冰晶的形成，最简单和最有效的办法是应长年保持实验室的湿度小于 70%，在加灌液氮时速度应尽量快一些，以便尽可能减少水汽的混入。如果液氮瓶中的冰晶多了，可用小网勺捞出来。若冰晶的粒径较小也可用一根弯成"η"形的空心塑料管插入杜瓦瓶中的漂浮冰晶处，让沸腾的液氮从塑料管中汽化、逸出，这时冰晶往往也会随汽化后的氮气排出。

对于使用 Si（Li）探测器的谱仪，当采集谱图时在谱图的能量为 0～0.6keV 区间出现一个消不掉的噪声峰（有的谱仪会在 0keV 处出现一个固有的"零峰"，该"零峰"除外），出现这种情况很大的可能是杜瓦瓶的底部结冰，导致制冷效果变差，致使低能段的背底严重凸起，可消除的办法如下。

（1）打开瓶盖，让液氮自然挥发干了之后，使瓶底所凝结的冰化成水，再让它慢慢自然挥发掉，用这方法处理最简单且安全可行，但耗时太长，若罐中的液氮存量多，可能就要耗时几天。

（2）用压缩空气、瓶装氮气或电吹风机朝结冰的杜瓦瓶中吹，促使液氮加快挥发，液氮挥发完之后，冰晶会融化成水，再用瓶装氮气或电吹风机对着瓶口继续往里吹，使水分尽快挥发。用这方法处理也很简单且安全可行，耗时稍短。

（3）若融化后瓶底的水分多，为了加快水分的挥发，可先用干净的纱布或棉布把水吸干，再用干的氮气或电吹风机对着瓶口继续往里吹，直到水分干涸，此过程麻烦一点，但相对来说耗时较短，安全可靠。

（4）为了更快化冰、排除水分，可把杜瓦瓶连同探测器一起从电镜的样品仓上卸下来，把杜瓦瓶的瓶口朝下，倒出杜瓦瓶中的液氮后，再用干的氮气或电吹风机对着杜瓦瓶口，从下朝上向杜瓦瓶内的底部结冰部位吹，使所凝结的冰层融化成水而自动流出，待水流完，且部位变干之后，再重新装回到电镜的样品仓上。用这种方法处理瓶底的结冰耗时最短，但在拆卸和重新安装探测器的整个过程中都要非常小心、谨慎，千万不要碰触到探测器的密封窗。

16.6 密封窗的污染和破损

电镜样品仓内的油蒸气与水汽等游离物容易凝聚在探测器的密封窗膜上，这会使密封窗膜层逐渐增厚，受污染的有机超薄膜密封窗如图 16.6.1 所示。这样变厚的密封窗膜层会增大对入射 X 射线的吸收，会使低能段的峰强度下降。如果密封窗是有机聚合物超薄膜，一旦凝聚物黏附多了，由于有机聚合物材料极其脆弱，所以用户不要自己清除，应由专业维修人员处理，一般也只能更换密封窗膜。探测器使用的时间久了，水气中的游离物有可能会慢性侵蚀聚合物窗膜，时间久了，可能会出现针孔；也有可能会受到从试样上溅射飞来的小颗粒的打击，使聚合物膜受损而造成慢性漏气，受损伤的有机超薄膜密封窗如图 16.6.2 所示。不管是受污染严重还是膜层破损都应送到专业公司维修。通常在更换有针孔的或污染严重的密封窗的同时还要更换被污染的芯片，当换好芯片和密封窗膜之后，再抽真空，才能重新装回电镜的样品仓上，再次投入使用。

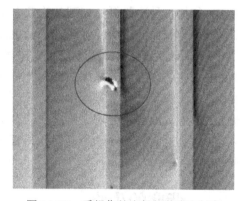

图 16.6.1　受污染的有机超薄膜密封窗　　　图 16.6.2　受损伤的有机超薄膜密封窗

若所用的密封窗是 Si_3N_4 膜，一旦凝聚物黏附积累多了，有经验的用户可自行把整个探测器卸下来，用滴管吸入分析纯的酒精，再慢慢地由上往下滴或用长纤维纸沾酒精轻轻地揉擦。Si_3N_4 材料虽然抗压能力强，又能耐常见的酸、碱和有机溶剂的腐蚀，但用于粘贴的密封胶易溶于常见的有机溶剂，特别是酮类溶剂，所以只可用分析纯的酒精，一定不能用丙酮。Si_3N_4 膜层耐腐蚀，受腐蚀而出现针孔的概率极小，一般情况下不用更换 Si_3N_4 膜。但 Si_3N_4 膜在热压烧结的制作过程中，有的还会在 Si_3N_4 粉里加进微量的添加剂（如 MgO、Al_2O_3、MgF 或 AlF_3），这些微量的添加剂若未能调匀、混有其他的低熔点杂质或是 Si_3N_4 粉的纯度不够高，则烧结出来的成品膜片中，个别片可能会出现瑕疵。为确保探测器的安全可靠，在组装前都应把成品的 Si_3N_4 膜片放置在光学显微镜下逐一筛查，合格的膜片才能组装到探测器上，这样才能确保 Si_3N_4 膜片能有严密的密封，也才能体现出 Si_3N_4 窗的坚固、抗潮、耐腐蚀和对低能段的 X 射线采集效率高的一系列优点。

在平时的使用中，应尽量提高电镜样品仓内的真空度并适当地降低冷却循环水的水温，特别是油扩散泵的冷却水温，以减缓油蒸气凝聚物的附着。最有效的预防方法是选用全无油真空系统，即采用涡轮分子泵与无油机械泵搭配的真空系统，这样既可减少对试样的污染，又可延长密封窗膜的使用寿命，但会增大电镜的采购成本。

16.7 减少探测器中晶体的污染

对于使用 Si（Li）芯片的探测器，其杜瓦瓶的内胆和外壳之间的真空隔热层中一般都会填有吸附气体用的分子筛，当杜瓦瓶中没有液氮时，杜瓦瓶的内胆连同整个探测器的温度都会升高，这时真空夹层中的分子筛由于升温会放出原先所吸附的气体，如果这种冷热循环出现的次数多了，分子筛放出的气体就有可能会污染到探测器的晶体表面，造成芯片表面的漏电流增大、峰形展宽、峰背比下降、分辨力变差。严重的还会在谱图的 0～0.6keV 区间出现一个消不掉的噪声峰，这种情况在排除杜瓦瓶瓶底结冰导致的原因，还有一种可能的原因是探测器芯片的表面受污染，导致芯片表面的漏电流增大。Si（Li）芯片表面的抗污染能力很差，一旦受污染，芯片表面的漏电流就会明显增大，解决的办法只有更换被污染的芯片。为了能有效地减少这种污染，最好的办法是确保杜瓦瓶中长期存有液氮，尽量减少因高低温循环出现的次数。

16.8 背底的失真

谱图中背底的失真除了与上述的杜瓦瓶的瓶底结冰、密封窗材料和探测器晶体受污染等因素有关，其他的原因还有：少数混入能谱探测器中的背散射电子对半导体芯片表面的轰击，也会引起谱峰背底升高，噪声增大，峰背比下降。

入射的 X 射线在进入 Si（Li）晶体的活性区前要先穿过密封窗膜层，再穿过金电极层和硅死层，从纯碳的谱图中可以明显地看到硅和金的吸收边，如图 12.3.1 所示。在能量标尺上稍大于吸收边处，其质量衰减系数陡然增大，使该处探测到的射线强度骤减。这个台阶的高度反映了硅死层的厚度。硅吸收边的理论宽度约 1eV，但在实际的谱图中观察到的宽度却有几十个电子伏特。

此外，由于 Si-K_a 线能量的逃逸，也会使大于 1.74keV 附近的背底计数从高能处转向低能处，导致所采集到的谱线峰会偏离高斯分布。

16.9 减少高能背散射电子进入探测器

现在多数探测器的有机聚合物超薄窗的膜厚约为 0.34μm，这样的厚度只能阻挡能量为 10keV 以下的 BSE。老式的 7.5μm 铍箔密封窗能阻挡能量为 25keV 以下的 BSE。为了能尽量减少 BSE 对探测芯片的入侵，谱仪的制造商往往会在探测器的前端加装磁屏蔽环和准直器。这样虽能有效地减少高能 BSE 对探测芯片的正面轰击和杂散 X 射线的入侵，有利于延长探测芯片的寿命，但不能完全杜绝，其中难免会有少量的高能 BSE 仍会穿过电子陷阱和密封窗膜而进入探测器中，易导致谱图低、中能量段的背底隆起。对于平插式探测器，为了减少 BSE 对芯片带来的不良影响，生产厂家采取了加贴阻挡膜的方法来遮挡 BSE，依选用的加速电压的高低不同，而选用不同厚度的阻挡膜。

16.10 减少外来的杂散辐射

若是用 0.34μm 的聚合物超薄窗的谱仪来采集纯碳样的谱图，在这个谱图中除了碳峰，可能还会有碳的和峰及硅的吸收边和硅内荧光峰，除此之外应再也没有任何的其他杂散谱线峰，若在谱图中还能观察到其他的谱线峰，很大的可能是由于杂散辐射所致。如果杂散辐射是由于电子束激发物镜光栏所致，则可改用无磁性的重金属材料，如铂或钼做成的光栏；如果是由于入射电子的散射所致，则要清洗或更换光栏并重新合轴，把它调至最佳的对中位置；如果是由于探测器的前端无准直器而导致背散射电子散射，且其击中样品仓中其他零部件的表面而造成杂散的 X 射线辐射干扰，如图 16.10.1 所示，则一定要在探测器的前端加装合适的准直器。现在的能谱探测器为了减少各种杂散辐射干扰，一般都会在探测器的前端装准直器，其外形照片如图 16.10.2 所示。准直器的作用是减少杂散的 X 射线进入探测器，这些杂散的射线可能会来自电镜样品仓内某些部位的二次激发，也可能是背散射电子折射而轰击到物镜的下极靴或样品台，而激发出次生的 X 射线。当用 E-SEM 和 LV-SEM 与能谱仪配套分析时，这类型的干扰峰出现的概率较大，形成的弱峰、小峰常见的有 Fe、Ni、Cr、Cu 和 Pt 等元素。这是由于样品仓中的真空度较差，并且入射的高能电子束和从试样发出的背散射电子的散射范围较大而引起的。图 16.10.3 是 EDAX 公司 ELECT SUPER 能谱仪探测器与准直器的照片，这种新型流线型的子弹头准直器，由于它的前端呈尖锥形，这样的准直器与试样碰撞的概率会低一些，用起来也会更安全。

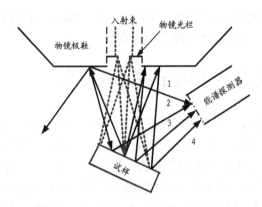

图 16.10.1   由于 BSE 的多次折射而激发出其他部件所形成的杂散辐射

图 16.10.2   EDAX 公司的能谱准直器实物照片（从左到右分别为俯视、前视、后视图）

图 16.10.3   EDAX 公司的 ELECT SUPER 能谱仪探测器与准直器的照片

参 考 文 献

[1]   章一鸣．X 射线能谱分析和图像处理初步[M]．北京：中国科院科学仪器厂，1989：26-30.

[2]   张清敏，徐濮．扫描电子显微镜和 X 射线微区分析[M]．天津：南开大学出版社，1988：67-74.

[3]   R.L.Myklebust，C.E.Fioir，et al.．电子探针 X 光能谱定量分析简明程序：FRAME C[M]．章一鸣，译．北京：中国电子显微镜学会，1982：55-59.

第17章

能谱仪的性能指标

判断一台能谱仪性能的优劣有许多的指标，如探测器的检出角、所能探测到的元素范围、能量分辨力、峰背比、峰位随计数率的变化而漂移、谱峰峰位（电子线路）的热稳定性、计算机内存量的大小等。

17.1 检出角

在购买扫描电镜时应尽量选购那种大检出角的机型，能谱仪探测器检出角的法兰接口是电镜生产厂家在设计电镜的样品仓时就定好的角度。在最佳的分析工作距离下，试样的水平面与谱仪探测器中心轴线延长线的夹角称为检出角。从理论上考虑，该角度越大越好，最好应能不小于 35°。因探测器的检出角越大，在某一加速电压下，试样的基体对所激发的特征 X 射线的吸收路程就会越短，而且由于试样表面凹凸所产生的粗糙不平整度带来的影响也会越小。因吸收长度随检出角余割的增大而增大，其吸收量与检出角的大小变化关系可参见本篇中的图 14.4.4、图 14.4.5 和图 14.4.6。

17.2 探测的元素范围

早期的能谱仪探测器密封窗膜多数是用 7.5μm 厚的 Be 箔做成的，其所能探测的元素范围理论上为 F9～U92，但在实际使用中也只能从 Na11～U92；而现在的能谱仪探测器的密封窗膜多数是用 0.34μm 厚的有机聚合物做成的，其实际所能检测到的元素范围理论上为 Be4～Am95，但对 Be4 的检测效率很低，多数谱仪在实际使用中也只能从 B5～Am95；而那种采用 0.24μm 厚的有机聚合物做成的密封窗探测器和采用 0.1μm 厚的氮化硅膜做成的密封窗探测器，在实际使用中对 Be 的探测效率就有所提高，如图 13.2.5 中的 Be 峰清晰可见。用 0.1μm 厚的氮化硅膜探测器不仅可探测到 Be-K_α（0.108keV）峰，还可检测到 Al-L_α（0.073keV）峰，如图 13.2.6 所示。

验收这几种不同型号的探测器对超轻元素的检测范围时，可依合同清单中的参数或彩页广告中提供的最低能检测到的超轻元素，按其对超轻元素的探测范围，选取相应的标样，如用 Be、B 等标样进行测试，依合同清单中的指标能探测到相应的 Be 或 B 峰即可。

17.3 能量分辨力

能量分辨力是能谱仪最重要的一个参数，是指谱仪能够分辨能量相近的特征 X 射线谱峰的能力。谱仪能分辨的能量数值越小，说明其分辨能力越好，谱仪的综合性能也就越好。能谱仪的能量分辨力几乎都采用 ^{55}Fe 这种天然放射源发射的谱线峰的半高宽来表示，^{55}Fe 能提供能量为 5.898keV 的天然放射源。对 Si（Li）探测器，可在计数率约为 3kcps 的条件下进行测试；对 SDD 探测器，可在计数率为 6~9kcps 的条件下进行测试。但现在的能谱仪安装工程师一般不会携带 ^{55}Fe 这种放射源到用户的安装现场来测试谱仪的分辨力，而是采用 Mn 标样来测试谱仪的分辨力。目前的锂漂移硅探测器的分辨力多数都能优于 129eV；而 SDD 的分辨力近年来提高得很快，一般都能优于 127eV，有的实测值能优于 123eV，个别的甚至能达到 121eV。

依照目前的常规做法，测试 Si（Li）的能谱仪分辨力时，用 Mn 做标样，在 15kV 的加速电压下激发出 Mn-K_a 线，10mm^2 面积的锂漂移硅探测器的计数率为 3kcps，选用的放大器时间常数约为 100μs，在道宽为 10eV 的情况下采集谱图，直到 5.898keV 通道中的峰强度高达 10k；而 SDD 探测器是在计数率为 6~9kcps，选用的放大器时间常数为 7~10μs，道宽为 10eV 的情况下采集谱图，直到 5.898keV 通道中的峰计数强度达到 50k 或 100k。然后，用目测法估算出该谱峰的半高宽所包含的道数，再将道数乘以增益 G（单位：eV/道），即为 Mn 元素的能量分辨力。若峰的半高宽含有非整数道时，如图 17.3.1 所示，就要把整数道 n 再加上两边的非整数道 X_1 和 X_2，然后再利用简单的几何关系式来计算：

$$X_1 = Y_1/Y_2$$

$$Y_1 = A - 5\,000$$

$$Y_2 = A - B$$

式中，A 和 B 分别为第 A 道和第 B 道的计数。

所以

$$X_1 = \frac{A - 5\,000}{A - B} \qquad X_2 = \frac{C - 5\,000}{C - D}$$

这样 Mn-K_a 线的能量分辨力为：

$$FWHM=G(n+X_1+X_2)$$

现在谱仪的能量分辨力都可通过自身所带的计算机直接计算并显示或打印出来，它与目测法测定的分辨力会稍有差别，从理论上讲经计算机计算并显示出来的值应会更准确。若用 ^{55}Fe 这种天然放射源来测谱仪的分辨力，则所得到的结果会比用 Mn 标样测出的值提高 2～3eV，如某谱仪用 Mn 标样测得分辨力为 127eV，若改用 ^{55}Fe 放射源，则测得的分辨力可能会达到或优于 125eV，因 ^{55}Fe 放射源的实际峰背比往往会优于 Mn 标样的峰背比。

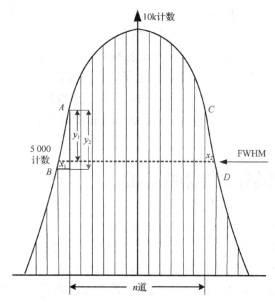

图 17.3.1　用目测法求算半高宽的示意图

依照相关标准，对探测低于 1keV 能量的 X 射线的分辨力，可在 10kV 的加速电压下激发 C 或 F 的 K_α 谱线峰的半高宽来标明。所标明的半高宽的值应是上限值，实际测量到的分辨力必须保证优于该指标。要测定超轻元素中的碳和氟的分辨力，可以分别用玻璃碳或含氟的矿物来替代聚四氟乙烯片，如用 CaF_2 来测定谱仪对氟元素的分辨力。若要确定谱仪的 Mn、C 和 F 这三个元素的能量分辨力的代表性数值，每个元素至少应连续测量 5 次，并取 5 次测量值的算术平均值才能代表 Mn、C 和 F 这三个元素各自对应的分辨力。

17.4　峰背比

谱线峰强度与背底强度的比值称为峰背比（P/B）。峰背比是衡量能谱仪探测器性能优劣的另一个主要参数。依照相关标准，它是 5.898keV 处 X 射线最大强度的峰

计数与处在 0.9～1.1keV 之间的每个通道中背底上的计数平均值的比值。测定时用
^{55}Fe 放射源作为采集 Mn-K_α 线的谱峰，累计采集计数达到 100kcps，再用 100kcps 除
以处在 0.9～1.1keV 共 20 个通道上的背底计数的平均值。现在的 Si（Li）探测器最
好的峰背比可达 18 000：1；而 SDD 探测器的峰背比不小于 20 000：1，目前最好的
峰背比可达 22 000：1。在扫描电镜中，由于锰标样受高能电子的轰击会失去能量，
所产生的背底强度会明显的高出仪器的固有背底，因此测量峰背比一定不能采用锰
标样，而只能用 ^{55}Fe 这种天然放射源。在放射性同位素中，由于原子核捕获轨道电
子而衰变，此时若有一个 K 或 L 层的电子落入原子核中，从而使一个质子转变成中
子（$P^+ + e^- \rightarrow n$），则其原子序数就会少 1。例如，26 号元素 ^{55}Fe 中的原子核中一个质
子捕获一个电子，就会辐射发出与 25 号元素 Mn 一样的特征 X 射线。所以用 ^{55}Fe 这
种天然放射源进行测试时，不必借用高能电子束来激发就能发出天然的特征 X 射线，
也就可以用谱仪的探测器直接进行测试。^{55}Fe 这种天然放射源发出的辐射的背底非常
低，能得到很高的峰背比，所以用它来对谱仪进行测试能得到更高的峰背比和更好
的分辨力。

17.5 谱峰位随计数率和时间的变化而漂移

谱图峰位随输入计数率的变化，多少也会产生一些变动，当计数在不同的范围
内变化时，其峰位的漂移量越小，表明谱仪的稳定性越好。它是衡量能谱仪放大器
和多道分析器等电子线路的增益和热稳定性优劣的一个主要指标。扫描电镜和能谱
仪都应在开机预热 30min 之后，让整机电子线路稳定之后再开始测试。对使用 Si(Li)
探测器的谱仪先用 1kcps 的计数率来采集 Mn-K_α 谱线做一幅谱图，然后加大束流或
束斑，再在 20kcps 的计数率下再重新采集 Mn-K_α 谱线做另一幅谱图，两幅谱图都应
在同样的 WD 位置，所用的加速电压和采集的活时间都应一致，如都把它们定在 70
或 80 活秒。采完之后，把前后采集到的两幅谱图的谱峰能量中心位置相对比，锂
漂移硅谱仪的 Mn-K_α 峰的位移量应不大于 5eV，若性能好的可不大于 3eV，分辨力
的变化不应超过 2eV；而对于使用 SDD 探测器的能谱仪先选用 3kcps 的计数率来采
集 Mn-K_α 谱线做一幅谱图，然后再在 100kcps 的计数率下再重新采集 Mn-K_α 谱线做
另一幅谱图，两幅谱图都应在同样的 WD 位置，所用的加速电压和采集的活时间也
都应一致，如把它们都定在 70 或 80 活秒。采完之后，把前后两幅谱图的谱峰能量
中心位置相对比，SDD 探测器谱仪的 Mn-K_α 峰的位移量应不大于 2eV，若性能好
的可不大于 1eV，分辨力的变化一般不大于 1.5eV，若性能好的分辨力变化则不大
于 1eV。

峰位随谱仪运行时间的长短不同，多少也都会产生一些漂移，其漂移量的大小

更是衡量能谱仪整套电子线路热稳定性的另一个重要指标。测试前，电镜和能谱仪要开机预热 30min，即让整机电子线路的热稳定性得到全面稳定之后再开始测试。Si（Li）探测器用约 3 000cps 来采集 Mn-K_α 谱线做一幅谱图，采集时间可设为 70 或 80 活秒；而 SDD 探测器要用约 6 000cps 来采集 Mn-K_α 谱线做一幅谱图，采集时间同样可设为 70 或 80 活秒，谱图采集完之后保存下来。等 24h 之后，仍在同样的 WD 和同样的加速电压、束流、cps 等条件下再重新采集 Mn-K_α 谱线做另一幅谱图，前后两幅谱图的谱线峰能量的中心位置相互对比，谱图中 Mn-K_α 峰的中心位移量都应不大于 2eV，若性能好的则不大于 1eV，分辨力的变化量也都应小于 1eV。在 24h 内，电镜和能谱仪都不关机，但可以关停电镜的高压，电镜实验间的空调也不能关机，室温保持相对稳定，对于 Si（Li）探测器谱仪还应保证杜瓦瓶中的液氮不能中断。

随着运行时间的变化，其谱图峰位与发热量会产生一些变化，在保证接地良好的情况下，主要取决于前置放大器，其次是取决于整个探测器系统中电子元器件的热稳定性；而谱线峰的中心峰位随输入计数率的变化所产生的漂移量和导致能量分辨力的变化，主要取决于探测器系统中的脉冲堆积校准电路的反应速度和脉冲甄别器所设定的阈值大小。一台优质的谱仪对这几个参数的不同变化所带来的影响都应该很小。

17.6 液氮消耗量

在室温为 20～25℃ 的环境中，一台新谱仪的液氮日耗量一般为 1～1.2L，如一罐 10L 的液氮正常可维持 9～8 天。随着使用时间的增长，杜瓦瓶的保温效果会慢慢变差，液氮的日耗量也会随之逐渐增多。三四年后一罐 10L 的液氮可能只维持 8～7 天。随着使用时间的不断增长，液氮的日消耗量还会随之增多。如果一台新谱仪的液氮日耗量大于 1.4L 或旧谱仪的液氮日耗量大于 1.8L，这表明外壳与内胆之间的真空度较差，杜瓦瓶保温不良。这有可能是密封窗的封口胶没有粘贴好或密封窗上有针孔，形成慢性漏气；也有可能是原杜瓦瓶的抽气口没有密封好或外壳与内胆之间的焊接处存在微裂缝等原因而造成的慢性漏气。解决的办法是重新检漏、修补微裂缝，重新抽真空后再投入使用。在日常使用中，为了减少液氮的日耗量，每次添加液氮时，都不要加得太满，免得液氮从加注口溢出，因为杜瓦瓶的外壳、内胆和焊料是由不同的材料组成的，当液氮的液面漫过焊接部位，焊接部位的温度会骤降，易导致焊接部位由于不同材料的膨胀和收缩系数不同产生微裂缝而慢性漏气。除此之外，可把电镜间的温度适当下调，在标准的室温附近，室温每下调一度，液氮的日消耗量将会随之下降约 4%。

现在很多扫描电镜的新用户都会选购使用 SDD 探测器的能谱仪，由于它所需的制冷温度不是很低，只要小于-30℃就能正常工作，所以仅需两级的珀尔帖串联制冷就可以达到-30～-40℃的低温，SDD 探测器也就可以正常工作，而不用液氮冷却，这样就可省去储运和添加液氮这件麻烦事。

17.7　X 射线的泄漏量

当一台新的电镜和能谱仪安装验收完成之后，为保证操作人员的人身安全，还应请当地的卫生防疫部门来检测谱仪的 X 射线的泄漏量。X 射线的泄漏量要符合国家规定的安全标准。检测能谱仪的 X 射线的泄漏量实际上是检验电镜样品仓的密封防护设计是否完善。一台设计合格的扫描电镜，其 X 射线的泄漏量应是非常少的，一般都不会明显的高出自然环境中的辐射量。依《电子探针分析仪》（JJG 901—1995）中的规定，在 30kV 的加速电压和 1×10^{-6}A 的束流下，其 X 射线的泄漏量应不大于 2.5μSv。在《电离辐射防护与辐射源安全基本标准》（GB 18871）中规定：应对任何工作人员的职业照射水平进行控制，使之不超过下述值。

（1）由审管部门决定的连续 5 年的年平均有效剂量为 20mSv。

（2）任何一年中的有效剂量为 50mSv。

（3）人眼晶体的年当量剂量为 150mSv。

（4）四肢（手和足）或皮肤的年当量剂量为 500mSv。

17.8　其他功能

（1）谱仪所带计算机的运行能力及输出、存储、打印等设备应随市场的发展而具有相匹配的性能。

（2）计算机的内存不小于 16G，硬盘不小于 2T，还应备有 CDRW 和 DVD 光驱刻录机，也应有 USB 和网络接口。谱图的存储、读取和打印输出等软硬件的功能都要正常，特别是谱图和数据要便于存储、转发和编辑成 WORD 格式的报告。

（3）计算机、图形处理器及外围设备应含有 22″或以上的平板液晶显示器和彩色打印机。

（4）在采集谱图和定性分析上，应具备有点、线、面扫描等分析功能，可自动和手动进行全谱的峰识别，并具有检验重叠峰剥离的有效方法，如可视化峰剥离等功能。

（5）具备全谱离线分析功能，一次采集谱图后，可以重建和再定量，并可以在其他的计算机上安装离线软件，进行相应的再分析和后续的数据处理。

（6）在能谱仪平台上采集电子图像，至少应能支持 BMP、TIF 和 JPG 等常用的图像格式，对视场中任选区域可进行常规的点、线、面扫描等模式的分析，可得到常规的元素线扫描、面分布图等，而且还能做相应的定量分析。电子数字图像的像素分辨率应不低于 4k×3k。

（7）线扫描图的点数、驻留时间和步长都应可调，扫描曲线既可独立成像，也应能与其对应的形貌像叠加成像；对不同元素的元素面分布图的扫描像素点和扫描速率都应分别可调，不同元素的元素面分布图应能以不同颜色的点独立成像，也应能相互叠加综合成像。

（8）能谱仪的探测器与 SEM 的安装法兰接口应能进行微调。探测器应能在一定的范围内进行前后伸缩。

（9）能谱仪与电镜联机的相关软件，应能互连、互通，可直接控制和读出电镜参数，如能控制测角台的移动和读出电镜所用的加速电压及显示截图图像的放大倍率或微米标尺等参数，而截取的电镜图像的亮暗衬度和对比度也应能分别独立可调。

17.9　谱仪的维护与保养小结

（1）在空调房里室温相对比较稳定、波动变化小，谱仪的各种参数一般也都会比较稳定。在工作中，一旦发现谱图中的能量标尺位置有漂移，就应立即校准能量标尺。校准前对使用 Si（Li）探测器的能谱仪的预热应不小于 30min，对使用 SDD 探测器的能谱仪的预热应不小于 15min，使电镜和能谱仪的电子线路都稳定下来才能进行能量标尺位置的校准。

（2）在平时的使用中，为确保峰位能量的准确，峰位能量的坐标位置建议每季度至少校准一次，特别是当 PHD 拟合线未能与谱线中的几个主要谱峰很好地拟合时，就应及时校准。校准有手动和自动两种方法，对于 EDAX 公司的能谱仪常用铝、铜作为校准标样，即可用透射电镜的载物铜网或用铜导电胶带粘贴在铝台上，铜面朝上，粘胶面朝下，台面呈水平状态并处于最佳的分析工作距离。选用 20kV 加速电压，调好束斑和焦距。使用 Si（Li）探测器的能谱仪可在 1.5～3kcps 的计数率下进行采谱，使用 SDD 探测器的能谱仪可在 6～9kcps 的计数率下进行采谱，并输入 Al-K_a峰（1.486keV）及 Cu-K_a峰（8.040keV）的能量值。采集谱图时，调节铜、铝各自在视场中所占的面积比例，铜的面积约占 3/4、铝的面积约占 1/4 的情况下采集谱图，采集时应保持这两个特征峰在上升的过程中基本能齐头并进地上升，若这两个峰的高度差异明显，可以移动铝、铜在视场中各自所占的面积比例，直至这两个元素的 K_a谱峰的高度能基本持平。多数的用户会选用自动校准程序来执行，在启动校准程序前，应设定采集谱图的方式，最常用的是定数设置方式，即预设采集 cps 的总计数，通常 Si（Li）探测器可设在 6～7kcps，SDD 探测器可设在 8～10kcps，当采集到的计数率累计达到预定的总计数后，第 1 遍的调整采集就算完成，能谱仪会自动进行第 2、3……遍的调整采集；这样进行几遍的反复自动调整采集，当调整过的峰位与所输入的铝和铜的理论能量标准值的误差在±2eV 之内时，校准就会自动停止。这时人们就可以把已校准完成的参数（零点、增益）存盘，再退出校准程序，然后进入下一个时间常数挡继续重复这样的校准，就这样进行下去，直到把几个常用的时间常数挡校准完毕。

而对于 Oxford 和 Bruker 公司的 Si（Li）能谱仪只需选用钴、镍或铜样品做标样，选用 20kV 的加速电压，计数率在 1.5k～3kcps 的条件下校准；而 SDD 能谱仪在选用 20kV 的加速电压时，计数率最好在 6k～9kcps 的条件下校准，并输入所用标样的 K_α 峰的能量值，如 Co-K_α（6.929keV）、Ni-K_α（7.477keV）或 Cu-K_α（8.040keV）。因 Oxford 公司的谱仪有一个"零峰"可作为能量坐标轴的零点，所以通常只要校准好高能段的坐标点就行，也就是说，零点已经被固定了，只要校准好增益就行，所以最好选用 Cu-K_α（8.040keV）来作为高能段坐标的参照点，因 Cu-K_α 的峰位较高，这样它对增益的调节会更灵敏、更精确。而 Bruker 公司谱仪的校准方法和过程与 Oxford 公司的谱仪校准基本相同。

（3）对几挡常用的不同放大器的时间常数挡都需要分别校准，如 EDAX 公司使用 Si（Li）探测器的能谱仪一般要校准 102.4μs、51.2μs、25.6μs、12.8μs 和自动挡这五个时间常数挡就可以了，使用 SDD 探测器的 Oactane 系列能谱仪一般要校准 7.68μs、3.84μs、1.92μs 和自动挡这四个时间常数挡，而对于那些不经常使用的时间常数挡可以暂时忽略不校。

（4）使用 Si（Li）探测器的能谱仪应按时添加液氮，尽量不要让液氮中断，若经常中断易造成杜瓦瓶内结冰，影响液氮的制冷效果，同时也会影响探测器芯片中晶体的电性能，使噪声增大，峰背比下降。若杜瓦瓶中有冰晶漂浮或瓶底结冰都应及时清除。

（5）有些型号使用 Si（Li）探测器的能谱仪，当液氮罐中的液氮少于 2L 时，液氮的液位传感器会发出警告。出现警告后，若及时添加液氮就可继续使用，若无法及时添加液氮，需重新启动 EMAX 程序，但一般最多只可以继续使用 1～2h，所以一旦液氮的液位传感器发出警告信号都应及时添加液氮。

（6）有些型号的谱仪没有附带液氮的液位传感器，在正常的使用时，若突然出现计数率增大，这往往是杜瓦罐中的液氮即将干涸的前兆。这种情况一旦出现，就应立即添加液氮，否则约过 15min 之后，高压就会自动断开。

（7）对于长时间停用的 Si（Li）探测器的能谱仪，最好每隔 1～2 个月加灌一次液氮；而有的能谱仪在长期停用前，须先运行"Warm up"，以预防和减少锂漂移硅晶体长时间的处在室温环境中可能会导致的晶体电参数退化。

（8）一旦杜瓦瓶中的液氮中断，重新加灌之后，依液氮中断时间的长短，一般还要等 1.5～2h 之后才能继续投入使用；CDU 型的探测器重新加灌之后，也依液氮中断时间的长短，一般也要等 1～1.5h 之后才能继续投入使用，否则采集到的谱图背底会升高，峰背比会变得很差，能量分辨力也会明显下降。

（9）加灌液氮时不要加到使液氮溢出瓶口，由于杜瓦瓶的内胆、外壳及焊料三者之间的材料不同，当浸泡在骤冷的液氮温度下，它们的收缩系数不一样，若液氮经常溢出，对瓶口的焊接处会造成冷热冲击，时间长了或次数多了，有可能会使焊接处出现微裂纹，导致慢性漏气，增加了液氮的消耗量。

（10）如果杜瓦瓶的瓶口出现明显结霜或液氮的消耗明显增多，这表明杜瓦瓶的保温能力很差，液氮的冷量外传明显。导致这种情况的原因有可能是瓶口的焊接处出现微裂缝，这种情况要查明具体的原因，维修、补漏之后，重新抽真空才能再次投入使用。

（11）如果杜瓦瓶的外壳上出现冷凝水珠（俗称外壳冒汗），而且液氮的消耗明显增多，这也表明杜瓦瓶的保温能力很差。导致这种情况的原因有可能是探测器的密封窗出现针孔或杜瓦瓶的抽气口漏气等，这种也要查明具体原因，维修、补漏之后，重新抽真空才能再次投入使用。

（12）电镜启用了几年之后，样品仓的内壁和准直器、密封窗的表面都会受到真空系统中的油蒸气、水汽等挥发物的污染，使用的时间越久，附着的污染物也就会越多，受到污染的探测器前端的准直器如图 17.9.1 所示。其污染速率依真空系统中泵型号的不同而异，若电镜的真空系统是由油扩散泵和有油的机械泵组成的，则污染速率就会比较快、比较严重；若真空系统是由普通的分子泵和有油的机械泵组成的，则污染会稍慢一些；若真空系统是由磁悬浮分子泵和无油的机械泵组成的，则污染速率就会比较慢。污染严重的准直器表面会有一层黄黑色的油膜，有的还能看到油珠，严重的还会往下滴油珠，这种情况就应拆下来清洗。拆卸准直器时应非常小心，千万不能损伤到密封窗膜，这通常应由专业的维修工程师来执行，拆下的准直器最好先用汽油浸泡 5min，在浸泡期间要多次摇晃，去除油脂之后，倒出汽油，再分别用丙酮、酒精、蒸馏水依次进行超声清洗，清洗干净后须烘干或晾干再装回去。超声清洗后的准直器表面应光亮、洁净、无油污，如图 16.10.2 所示。

（13）重要的参数要有备份。一旦计算机出故障，可采取系统恢复的办法，使之快速恢复正常。

由于探测器的聚合物超薄窗膜层既薄又娇气，一旦有机械碰触、大的机械振动和瞬间的气压波动都有可能会导致密封窗膜的破损。所以，在平时的工作中，为了聚合物超薄窗膜和样品仓中其他配件的安全，人们在操作电镜和能谱仪时应尽量做到以下几点。

图 17.9.1　受到污染的探测器前端的准直器

（1）对抽屉式的大样品仓门，在推进试样时，应注视着试样的高度，以防止试样碰触到物镜下极靴底部的 BSED 和谱仪探测器前端的准直器，而造成 BSED 或密封窗膜层受损。

（2）为防止样品仓内气压骤然升高冲击到密封窗膜，抽屉式的样品仓门在关闭仓门的过程中应该慢慢地匀速推进，直到完全闭合，请勿快速推进。

（3）电镜在启动抽真空之前，对于使用钨阴极电子枪的电镜最好应先把样品台的高度适当降低后再启动抽气，以免在启动抽气的那一瞬间，镜筒和衬管中的气流会瞬间向下冲击，经样品台反射后，可能会威胁到密封窗膜的安全。

（4）试样要粘贴牢靠，特别是颗粒状和粉末状的试样都要确保能粘牢在试样台上，以防止在启动抽气的那一瞬间，受到来自镜筒中气流的冲击，致使未粘牢的颗粒飞溅出来打到密封窗膜上，造成密封窗膜破损漏气，如图 16.6.2 所示。

（5）对抽屉式的大样品仓门的扫描电镜，样品仓的放气速度不能太快，气压不能骤然升高，最好应把充气的干氮气压调至不大于 0.05MPa，对样品仓的充气时间应延长到大于 90s，以减缓充气气压对密封窗的冲击。而对于有样品交换仓的扫描电镜，一般就不存在这个问题。

（6）对抽屉式的大样品仓门的扫描电镜进行放气时，要等到样品仓内完全充满气体之后，再慢慢拉开仓门，严禁强行用力硬拉，以减少样品仓内的压力波动，防止密封窗膜遭到负压的瞬间冲击而造成爆炸性的破裂。

（7）有时为了增大采集的立体角，有的操作人员会把谱仪的探测器朝镜筒的中心轴位推进，一旦当次所用的分析完成后，都应立即把探测器退回到原来的位置，否则其易受到机械磕碰而受损。

（8）样品仓内的气压除了在更换试样期间外，其他时间都应尽量维持在高真空的状态，对于环境扫描和低真空模式的电镜，在完成环境扫描或低真空模式的分析工作后，也都应该尽快把它转到高真空模式，严禁样品仓长时间处在环境扫描或低真空的模式下运行或待机。

参 考 文 献

[1] 章一鸣. X 射线能谱仪及能谱分析技术[A]. 苏州：电子光学专业研讨会论文集，1991：99.

第18章

X 射线波长的探测与波谱仪

　　波长色散 X 射线谱仪（WDS）简称为波谱仪。用波谱仪来分析试样的组分是电子探针显微分析中最传统和最悠久的方法。X 射线波谱仪的构造原理与 X 射线荧光谱仪基本相同，不同的是波谱仪用电子束而不是用 X 射线束来作为激发源。X 射线波谱仪的特点是能量分辨力高，对多数元素的能量分辨力可达到 10eV，且可在室温下工作，还有它的定量分析精度和探测灵敏度等指标也都优于能谱仪。在许多的微观分析方面可与能谱分析取长补短，相互补充，充分发挥各自的优势，如为了减少各元素特征峰的重叠和提高探测限，以及弥补 EDS 对超轻元素的定量分析精度不高等问题，有的用户就会选用波谱仪。因 WDS 更有利于探测试样中的痕量元素，它既可用于定性分析，当有标样时也可用于定量分析。

　　能谱仪和波谱仪这两种谱仪的主要区别是对 X 射线的探测方法不同，在 EDS 系统里，探测器所对应立体角中的 X 射线几乎全都会入射于探测器中，后面的多道分析器再根据入射能量的不同进行分析甄别。而在 WDS 系统中是由相应的晶体对入射的特征 X 射线进行分选，一次只能选择某一个元素所发射的波长，用 WDS 对多种元素进行分析时，除非装有多个衍射通道，否则就要逐个元素依序进行。波谱仪还有其他局限性，如传统罗兰圆波谱仪的分光晶体接收 X 射线的立体角约比能谱仪小一个数量级（约 0.2%），X 射线的利用率很低。另外，波谱仪对试样表面的起伏和工作距离的要求也都比能谱仪严格，所以要求被测的试样表面要平整、光滑，对于表面起伏较大的试样不易得到理想的分析结果。而用 EDS 进行分析则是多种元素可同时进行，而且对试样表面的平整度和工作距离的要求也不像波谱仪那么严格。EDS 的基本原理和应用，在前面几章已经讨论过，本章扼要地介绍一下罗兰圆波谱仪（有的文献称之为聚焦圆波谱仪）和平行光波谱仪这两种谱仪的主要工作原理及它们各自的特点等。

18.1 波长衍射

布拉格定律是由物理学家威廉·劳伦斯·布拉格（William Lawrence Bragg）爵士于 1912 年推导出来的，并于 1912 年 11 月 11 日首次在英国剑桥哲学会议上发表。尽管其内容简单，但布拉格定律确立了粒子在原子大小下的存在，同时亦为晶体研究提供了有效的新工具——X 射线及中子衍射。布拉格父子俩还开创了用 X 射线分析晶体结构的先河，这项技术的应用为后来的 DNA 双螺旋结构的发现奠定了基础。正是由于这项成就，1915 年布拉格父子俩同获诺贝尔物理学奖。

波谱仪是基于布拉格定律（Bragg Law）进行工作的，图 18.1.1 为 X 射线布拉格衍射模型，而下式是布拉格定律的表达式。

$$n\lambda = 2d\ \sin\ \theta$$

式中，n 是正整数；λ 是 X 射线的波长；d 是分光晶体的晶面间距；θ 是入射 X 射线与晶面的夹角。

能量与波长之间的关系用下式表示：

$$\lambda = 1239.6/E_{\mathrm{ev}}$$

式中，E_{ev} 是能量（eV）。

分光晶体是决定波谱仪分辨力的关键性部件，WDS 分光晶体接收的立体角很小、效率很低。因为在 WDS 里大部分的特征 X 射线在衍射过程中都被损失掉了，只有小部分的入射电子束能被衍射进入计数器，所以用 WDS 进行分析时，不仅需要用大的入射束流来激发特征 X 射线信号，而且还必须提高 WDS 系统的接收效率。弯曲的晶体能把入射于晶面各点上的 X 射线大部分都汇聚进入计数器，整个过程需要 X 射线源（即发出 X 射线的试样表面的那一点）、衍射晶面和计数器的入口三者都必须位于同一个罗兰（聚焦）圆的圆周上，衍射晶体和计数器沿罗兰圆做圆周运动，如图 18.1.2 所示。人们为此设计出了全聚焦式和半聚焦式的分光晶体。全聚焦式分光晶体是把晶体的衍射面弯成与罗兰圆相等的曲率半径，如图 18.1.3（a）所示，因经其衍射后的 X 射线束几乎都能汇聚而经可变狭缝进入探测器中，故也称为约翰逊型全聚焦法；另一种半聚焦式的分光晶体是把晶体的衍射面弯成两倍于罗兰圆的曲率半径，这种聚焦方式称为约翰型半聚焦方式，如图 18.1.3（b）所示，因经其衍射后的光束只有中间那一部分衍射束才有可能被汇聚经可变狭缝而进入探测器中，这是一种近似的聚焦法，故也称为约翰型半聚焦法。为此，波谱仪的整个罗兰圆内部的机械设计不但精密复杂，而且在使用时必须精确地满足试样位置的高度要求。当试样产生的特征 X 射线入射到衍射晶面上时可改变晶体与试样的相对距离，也就是改变 θ 角，当

θ 角满足布拉格定律时，就有一束波长为 λ 的强衍射束产生，其余波长的 X 射线会明显衰减，多数的射线都会被衰减到趋于零。

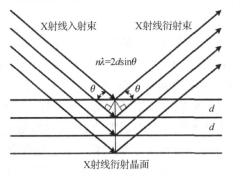

图 18.1.1　X 射线的布拉格衍射模型

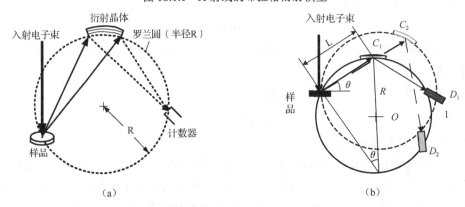

图 18.1.2　衍射晶体和计数器沿罗兰圆做圆周运动

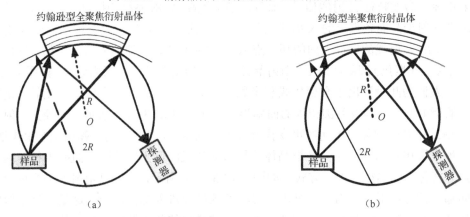

图 18.1.3　约翰逊型全聚焦和约翰型半聚焦分光晶体的比较

波谱仪的罗兰圆衍射装置有回旋式和直进式两种结构。

回转式波谱仪的工作原理是聚焦圆的圆心 O 不动，其分光晶体和探测器在聚焦圆的圆周上以 1∶2 的角速度运动，以保证满足布拉格方程。这种回转式的谱仪结构要比直进式的简单，但 X 射线出射方向的角度变化范围很大，在试样表面起伏较明显的情况下，由于 X 射线在试样内行进的路线不同，往往会因吸收条件的变化而造成分析时相对误差的变化增大。这种回转式波谱仪与扫描电镜样品仓的连接口也要相应增大。

直进式波谱仪的优点是 X 射线入射到分光晶体的方向是固定的，即试样检出角 Ψ 保持不变，这样可以使 X 射线在穿出试样表面的过程中所走的路径相同，也就是使吸收路程尽可能相等，这样定量分析结果的相对误差会比较小。目前市场上的商用罗兰圆波谱仪采用得最多的是直进式的结构，它的机械构造精密、复杂。它除了要满足上述几何条件外，X 射线的检出角 Ψ 也必须保持固定，分光晶体沿着检出角方向移动，以改变 X 射线对晶面的入射角度，从而检出对应的波长。晶体移动时，整个聚焦圆周以试样的测试点为中心而绕动，探测器在同一聚焦圆上同时进行动作。从图 18.1.2（b）中可以看出，晶体和计数器沿罗兰圆的运动轨迹为 $\sin\theta=L/2R$，代入布拉格公式中，经衍射测出的第一级衍射束的波长为：

$$\lambda=2d\sin\theta=2dL/2R=L(d/R)$$

上式中的（d/R）为常数，所以特征 X 射线的波长与 L 成正比，因罗兰圆的半径是固定的，如 $R=105\text{mm}$，当选用的分光晶体定下之后，就能查到所选用的分光晶体的间距 d，依据 d 与 R 的比值再乘以 L，就是所衍射的特征 X 射线的波长，即 $\lambda=L(d/R)$。

当满足布拉格定律的条件时，就有一束强衍射束产生，如为了探测 Fe-K_{α} 线的波长，就必须选用合适的晶体，如 LiF，并将晶体正确地置于布拉格定律规定的角度上。这时只有 Fe-K_{α} 线的波长（0.1937nm）及其 n 倍（n 为正整数）的 X 射线能被衍射进入计数器，使该计数器开始计数。能量转换为波长并依公式 $\lambda=1\,239.6/E_{ev}$ 计算。由于 $\sin\theta$ 值的变化范围为 0～1，所以 λ 只能不大于 $2d$。而不同元素的特征 X 射线的波长变化却很大，如从 Be-K_{α}～U-K_{α} 的 X 射线的波长覆盖范围是 0.012 8～11.3nm；而 WDS 常用的 B-K_{α}～U-L_{α} 的 X 射线波长范围是 0.091 1～6.76nm。此外，罗兰圆中的 θ 角也不能做得太小，θ 角越小，分光晶体对入射的 X 射线的吸收路程就会越长，对入射的射线的吸收就会越多。为了便于衍射和减少分光晶体对特征 X 射线的吸收，θ 角的设计值通常会大于 15°。因此，为使可分析的元素能覆盖周期表中尽可能多的元素，这就需要在分光晶体架上多配备几块不同面间距的分光晶体。

18.2 传统的罗兰圆波谱仪的主要特点

1. 传统的罗兰圆波谱仪的主要参数

（1）罗兰圆的典型尺寸：罗兰圆的典型直径多数为 210mm 或 200mm，2θ 角的范围为 33°～135°。

（2）分光晶体：4～6 个分光晶体分别安装在计算机控制的六面晶体架上。

（3）探测的元素范围：B5～U92。

（4）探测的能量范围：170～10 840eV。

（5）能量分辨力：绝大部分元素的能量分辨力为 5～20eV，如对 Si 的能量分辨力不小于 5eV。

（6）探测器：通常配备流气正比计数器和惰性气体密封正比计数器各一个。

（7）驱动系统：衍射晶体和计数器始终沿罗兰圆做圆周运动。

（8）晶体交换：通过控制步进电机直接带动衍射晶体支架转动完成晶体交换。

（9）狭缝与计数器之间的位置：狭缝始终对准由晶体衍射出来的 X 射线，并保证所衍射出来的射线都能处于最佳的接收状态。

（10）狭缝控制：在计数器前方有一个由步进电机控制的、接收 X 射线的、大小可变的狭缝，该狭缝的宽度一般可在 0.1～2.5mm 之间调节。

（11）可重复的定量精度：轻元素的分析灵敏度高达 100ppm 量级，重现率不小于 99.9%，探测极限一般能达到 0.05%。

（12）定量分析：在配备专用的高精度皮安表的前提下，若有标样则可以做元素含量的定量分析。

波谱仪的结构原理框图如图 18.2.1 所示，波谱仪的衍射装置外形和内部结构分别如图 18.2.2 和图 18.2.3 所示。波谱仪中几种最常用分光晶体的名称、晶间距离及常用的能量范围见表 18.2.1。

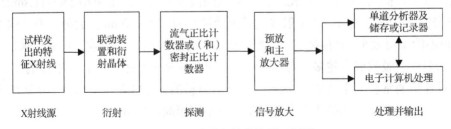

图 18.2.1　波谱仪的结构原理框图

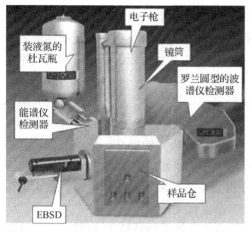

图 18.2.2　安装于 SEM 上的罗兰圆衍射装置

图 18.2.3　直进式罗兰圆衍射装置的内部结构

表 18.2.1　波谱仪中几种最常用的分光晶体的晶间距离及可覆盖的能量范围

Crystal（晶体）	分子式	2d 间距（nm）	可覆盖的能量范围（keV）	型号
LiF200（氟化锂）	LiF	0.402 7	10.84～3.33	Johansson
PET（季戊四醇）	$C_3H_{12}O_4$	0.874 2	4.99～1.54	Johansson
TAP（邻苯二甲酸氢铊）	$C_8H_{11}O_4Tl$	2.575	1.70～0.52	Johansson
LSM80N	Ni-C	7.8	0.56～0.17	Johann

2. 罗兰圆波谱仪探测装置的安装方式

罗兰圆波谱仪的探测装置有三种安装方式：卧式、立式和倾斜式。在 SEM 上一般很少采用卧式安装，因为它占用样品仓外围的空间太大；立式和倾斜式的安装得到的计数率几乎是一样的，因为狭缝在 X 射线反射曲面上所占的面积基本上是一样的；倾斜式安装与立式安装相比，它对试样表面的起伏兼容性较好，它介于立式和卧式之间，其接收到的信号强度差异不大，几乎没有额外的性能损失，误差可以忽略，其表面起伏的兼容性可适应表面高差在±100μm 范围内的试样。所以在 SEM 上配备的罗兰圆波谱的探测装置几乎都是倾斜式安装，如图 18.2.2 所示；而在专业的电子探针上，通常会装有 3～4 个衍射通道，这样为了节省空间，探测装置只好采用立式的安装方式。

衡量一台波谱仪的性能可从下列几方面考虑。

（1）探测灵敏度。谱仪的灵敏度通常以特定实验条件下对试样中某元素测定所得到的计数率来计量，所有的计数率均归一化为 1μA 的试样电流。影响探测灵敏度的主要因素是晶体衍射的峰值强度、背底、谱仪结构和调试情况及探测器和计数器配套的电子线路的性能。

（2）峰背比。衍射峰值的背底幅度主要受到连续 X 射线的影响，它与试样元素的组分、入射电子的能量和谱仪的分辨力有关。电子线路的噪声及进入探测器的杂散 X 射线和杂散电子的影响一般都不会太大，但在探测短波段的射线时对此也不能忽视。

（3）分辨力。波长的分辨力主要由晶体的晶面间距所决定的，同时与分光晶体的完整性和探测器的狭缝宽窄度有关。狭缝宽，信噪比高，但分辨力会有所下降；反之狭缝收窄，信噪比可能会有所下降，但有利于分辨力的提高。分辨力也与罗兰圆的半径有关，罗兰圆的半径越大，波长的分辨力会越高，但 X 射线的衍射信号强度会有所损失，探测灵敏度会减弱；另外分辨力还与探测器的工作电压、放大器的增益、脉冲高度分析器的基线和道宽的合理选择也有关系。

（4）罗兰圆的大小与接收灵敏度。罗兰圆的半径越大对特征 X 射线的传播衰减越大，分光晶体接收的立体角会减小，接收灵敏度会降低，但波长的分辨力会得到提高；反之罗兰圆的半径越小，特征 X 射线的传播衰减越小，分光晶体接收的立体角会增大，接收灵敏度会有所提高，但波长的分辨力会有所下降。

（5）测量的重复性。为了得到标样及所测试样的 X 射线的正确强度值，分析中需反复驱动探测机构（其中涉及更换晶体或交换试样），为了保证分析的精度，往往要求在某一微区测得的强度再现性能在统计涨落的允许偏差范围之内，其重现率通常要求能达到 99.9%。

3. 对分光晶体和光栅的要求

（1）波长范围应适用于所要测量的分析线，所以在同一个罗兰圆中一般要设置4～6 块不同间距的分光晶体，以满足 B5～U92 的所有元素的分析需要。

（2）晶体对入射的 X 射线的吸收要尽量少，光栅的衍射面要有较强的衍射能力，衍射峰值要高，背底的噪声应尽可能低，即 P/B 比的比值要尽可能大。

（3）要使衍射峰有高的分辨力，又要满足高的色散能力、窄的衍射峰宽度和一定的强度要求。

（4）晶体在大气和真空中的稳定性要好，不易吸潮，不易变形，能经受得起日常的温湿度变化。

（5）晶体的热膨胀系数要尽可能小，并能经受住 X 射线的长时间照射。

（6）晶体的熔点要大于 50℃，蒸气压力要尽可能低。

（7）晶体要有良好的弹性和机械稳定性，可以做成薄片，并容易进行弹性和塑性弯曲，兼有良好的完整性，便于加工定型。

（8）约翰型半聚焦分光晶体的灵敏度和分辨力相对都较低，但选择性较好；而约翰逊型全聚焦分光晶体的灵敏度和分辨力相对较高，但选择性相对较差。

表 18.2.2 是罗兰圆波谱仪中几块常用分光晶体对几个典型元素的检测数据。

表 18.2.2　罗兰圆波谱仪分光晶体对几个典型元素的检测数据

晶体名称	谱线	元素	分辨力（eV）	峰强度（cps/μA）	P/B	灵敏度（ppm）
LSM-80	B-K_α	B	9	5.7×10^4	60	180
	C-K_α	Vitreo C	14	4.7×10^5	50	68
	N-K_α	BN	16	9.5×10^3	3	1 950
TAP	O-K_α	SiO_2	3	5.4×10^3	350	240
	Al-K_α	Al	9	2.7×10^6	800	7
PET	Si-K_α	Si	2	5.4×10^5	2 600	9
	Ti-K_α	Ti	20	2.7×10^6	500	9
LiF	Fe-K_α	Fe	25	1×10^6	525	15
	Cu-K_α	Cu	40	1.1×10^3	315	18

4．计数器及其连接方式

罗兰圆波谱仪常采用流气正比计数器（FPC）和密封惰性计数器（SPC）相结合的探测方式，与流气正比计数器相比，密封惰性计数器使用方便，稳定性好，但是其寿命比较短，需要周期性更换工作气体，该计数器适用于波长较短的重元素；而流气正比计数器通常使用的工作气体为 P10 气体（即 10%甲烷和 90%氩气），这种探测器灵敏度高，适用于波长较长的轻元素。P10 气体多数都采用钢瓶容器装运，既笨重又麻烦，而且这种气源有的地方来源较少，不易买到，因而有些地方的供应就会显得比较困难。

多数的波谱仪都采用密封惰性计数器和流气正比计数器相串联的方式，FPC 在前，SPC 在后，如图 18.2.4 所示，对于轻元素或者重元素可以选择使用其中一个，对于过渡元素或未知元素可以两个计数器同时启用。流气正比计数器是一种用气体作为工作介质，输出信号的脉冲幅度与入射 X 射线的能量成正比的探测器，可以对单个粒子进行计数，其能量分辨力和线性响应度都比较好，探测效率高、寿命长。它不仅适用于波谱仪，而且还广泛地应用于粒子物理学、X 射线和天文学等探测领域。

流气正比计数器主要用来探测波长在 0.2～1.5nm 的 X 射线，通常用厚度为 2～6μm 并喷镀有铝膜层的聚酯薄膜作为窗口的密封材料，里面充有 90%的氩气和 10%甲烷的混合气体。由于窗口很薄，探测器容易漏气，故需不断地补充新鲜气体，气体的流量一般为 1.6～3.2L/min。近年来，为了能探测波长在 1～10nm 的超软 X 射线，有的窗口会采用 1μm 厚的聚丙烯或聚碳酸酯薄膜。它的计数分辨时间与闪烁计数器相仿，可用 10^5～10^6cps 的计数。充氩气或充氪气的流气正比计数器会有较大的逸出峰，当流气正比计数器的窗膜破损或阳极金属丝受到污染时可更换或进行清洗。

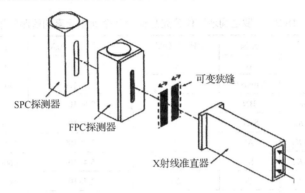

图 18.2.4　密封惰性计数器和流气正比计数器的连接

　　流气正比计数器通常采用圆筒形的结构，其工作原理如图 18.2.5 所示，计数器圆筒中间是一根细的金属（钨）丝，它与电源正极相连，金属丝上加有 1～3kV 的正电位，圆筒的外壳与负极相连，中间形成一个非均匀的电场，圆筒内充有气体，通常是惰性气体和少量负电性气体的混合物。它的工作原理与盖革计数器相似，粒子入射后与圆筒内气体中的原子发生碰撞，使其电离。若用的是 P10 气体，则每电离一个电子约吸收 27eV 的能量，在电场的作用下，电子向中心阳极丝运动，正离子则以比电子慢得多的速度向阴极筒壁运动。电子在运动过程中受到电场的加速，促使更多的原子被电离，这些被电离产生的次级电子又会加速产生更多的次级电离。电子越接近阳极，电场越强，电离的可能性越大，这种电离过程源源不断地重复进行，这个过程被称为电子雪崩，人们最终能够在阳极丝上得到较大的脉冲幅度。

　　密封惰性计数器依填充的惰性气体不同，可探测波长在 0.03～0.4nm 的 X 射线。1～50keV 的 X 射线经常用密封惰性计数器进行探测，要求是要有尽可能薄的入射窗口，以获得尽可能低的低能段探测下限，较大的观测面积，以及良好的气密性。常用的窗膜材料是铍窗膜或聚酯膜，厚度为零点几至几微米。

　　图 18.2.6 说明了计数管上所施加的偏压对气体放大因子的影响。图中左下角曲线的起始部分相当于初始电荷的收集量随电压的增加而增加，直到初始电荷被全部收集为止（即气体的放大因子为1），然后曲线在电离区保持水平。电位增加到超过二次电离区的起始点后，收集到的电荷总量急剧增加，计数管进入正比区，之所以叫正比区是因为被收集的电荷量仍然正比于入射光子的能量。进一步增高电压将会使计数管进入盖革区，这时每一个光子引起的放电所产生的脉冲大小固定不变，而且与光子的初始能量无关，因而丢失了脉冲高度分析所需的信息。这时的另一个缺点是计数器的死时间会明显增大，会从几毫秒增加到几百毫秒，当外加电压超出盖革区的放大范围，就会使计数管造成永久性的损坏。最好的工作区应处于正比区

的中下半部,这样可减少增益随计数率的变化而造成的影响。

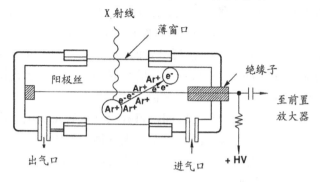

图 18.2.5 流气正比计数器的工作原理

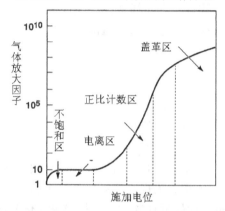

图 18.2.6 计数管外加偏压对气体放大因子的影响

有的波谱仪采用闪烁计数器,它主要用来探测波长在 0.01~0.3nm 的 X 射线,可记录 10^6~10^7cps 的计数。它是由一块用铊激活的密封于铍窗内的碘化钠〔Na I (Tl)〕晶体和一个光电倍增管所组成的。它对高能 X 射线具有比较完全的吸收能力,而对 6keV 以下的低能 X 射线的探测效率则较差,这正好同流气正比计数器的探测效率形成互补。因此,有些波谱仪生产厂商会在流气正比计数器的后面串联一个闪烁计数器,低能的软 X 射线主要由流气正比计数器接收,而未被接收的高能硬 X 射线则由闪烁计数器接收,这种串联装置可有效地提高测定时 Cr 至 Cu 之间元素的计数能力。

计数管性能的主要指标有:

(1)量子效率,它是指 X 射线进入计数管后产生可测量脉冲的概率。

(2)能量分辨力,它是表示探测器可区分两种不同 X 射线光子能量的能力,常用扣除了背底之后的脉冲高度分布的半宽度 ΔV 表示,以 eV 为单位,它与阳极丝的质量和气体的性质有关。

（3）气体放大倍数 G，它表示入射一个 X 射线光量子后，在阳极丝上能收集到的电子数，G 的数值与所充的气体种类、压力，阳极丝与阴极筒的半径和阳极的工作电压等有关，它决定了探测器的输出脉冲幅度和信噪比。

（4）死时间，它是指具有一定幅度的脉冲开始产生后，计数管对后继入射的 X 射线不予响应的那段时间间隔，一般计数管的死时间为零点几至几微秒，整个计数系统的死时间主要由系统的计数线路所决定。

（5）寿命，指计数管的有效使用时间，自猝灭计数管每放电一次就要解离大量的猝灭气体，一个密封计数管内约含 10^{20} 个猝灭气体，每放电一次约损失 10^{10} 个，因此一个计数管的放电次数为 $10^8 \sim 10^{11}$ 次，当要接近寿终时，该管的伪计数会增加，坪区会变窄，坪的斜率会增加。

（6）坪的特性，指计数管特性曲线（强度随计数管电压变化曲线）中的水平部分，实际使用电压一般选择在坪区中部，通常人们总希望坪区尽量宽一些，坪的斜率小一些。

5. 相关的电子线路

波谱仪中电子线路的任务和作用是要准确地显示和记录由 X 射线探测器所测得的 X 射线的脉冲信号，它必须具备低噪声、宽频带、高增益和高分辨力等特点。相关的电子线路主要由下列几部分组成。

（1）前置放大器。它通过阻容耦合电路来接收由计数管输入的幅度在 $0.2 \sim 30\text{mV}$ 的信号，放大倍率在 $1 \sim 10$ 倍。为提高信噪比和减少脉冲信号的损失，前放一般都采用场效应晶体管并尽可能地接近计数管，以尽量减少信号的传输损失。

（2）主放大器。它的作用是把前放输出的脉冲幅度进一步放大，以达到脉冲高度分析器能处理的幅度，其放大倍率通常为几百倍。它还有脉冲整形功能，以增大信噪比，并减少高计数率时出现脉冲重叠现象。

（3）脉冲高度分析器。通过其内部的基线，道宽的选择，可以阻止杂乱和无用的低能脉冲进入，并将信号脉冲转换成标准形式的脉冲，它有微分和积分两种工作方式。

（4）速率计。它会产生一个与输入计数率成正比的电压，它分为直线型和对数型两种，直线型速率计连接着记录器、显示器的偏转线圈或调制装置，用于显示曲线；对数型速率计通常是与音响电路或定性分析线路的输入端相连，根据音响的频率高低用于帮助人们判断计数率的大致高低。

（5）定标器和定时器。定标器是把脉冲高度分析器输出的信号进行计数显示的器件，它的基本单元是双稳态多谐振荡器和数码电路。定标器可预先设置固定的时间，这样即可在预设的时间内显示累计的脉冲数，也可以预先设置一定的计数量，即预设累计收集到脉冲的计数，当累计收集到预定的脉冲数后，记录所需的时间。

（6）显示记录输出单元。这包括显示器、储存和记录、发送媒体和打印机等输出装置。

6. 自动读取试样电流和对试样的要求

现在，自动化程度高的波谱仪都能自动读取试样电流，可以实时测试到试样电流的大小，同时还可以外接法拉第杯，实时测量 SEM 束流的大小及其稳定性，这样的数据就很可靠。

波谱仪的工作距离和能谱仪一样，依不同的电镜型号而定，但波谱仪对工作距离的定位精度要求比能谱仪更严格，通常只能分析表面平整或经抛光并清洗过的洁净试样。若试样表面粗糙，而又不能进行研磨、抛光，这将会影响分析精度。为测试方便和节省机时，试样最好应先制成小块（片），若试样较大必须先标记好待测的部位，再在扫描电镜的视场中寻找做好标记的待测部位进行测试；而对于无专门指定测试部位的试样，测试时只能选择有代表性的、较平整的位置测试。要分析的试样必须是能导电或做过导电处理的，在高能电子的轰击下物理和化学性能都比较稳定的固体，而且试样要不易分解、不爆炸、不挥发、无放射性和磁性。对于不导电试样最好先喷涂一层碳膜，若要进行定量分析，则对所要分析的试样和标样都应同时喷涂。若蒸镀的是金属膜，则对超轻和轻元素峰的干扰会比较大，特别对低能 X 射线的吸收会很严重，衰减就会增大。

18.3 波谱仪对试样的探测和输出

如果试样中有三种元素，当用波谱仪探测这三种元素时，若所用的波谱仪只有单个衍射通道，则分光晶体和探测器至少要分别探测三次，逐次检出这三个元素的特征波长，按先后次序送入探测器，转换为脉冲计数，再在输出的谱图中显示特征 X 射线强度与波长的关系。分光晶体是波谱仪的关键部件，通常需用 4～6 块晶间距离不同的晶体才能覆盖周期表中的绝大部分元素。当晶体移动时，为保证上述三者都能同时处于同一个外切圆周上，探测器也要随之而动，而且试样测试面的高度必须事先准确地调到指定的工作距离位置上。所以传统的罗兰圆波谱仪的传动需要用一套很精密的机械联动系统来控制分光晶体和探测器的移动，使其在改变布拉格衍射角时能保证三者始终都处在同一聚焦圆。

根据莫塞莱定律可从标识辐射的频率或波长来确定组成该物质的元素。由莫塞莱公式可知，组成试样的元素与它产生的特征 X 射线的波长有着单值的对应关系，也就是说每一种元素都有一个特定的特征 X 射线的波长与之相对应，它不随入射电子的能量而变化，即用 X 射线波谱仪来测量试样所产生的特征 X 射线的波长便可确定试样中所存在的元素，这就是波谱仪定性分析的基本依据。定性的谱仪扫描结果是显示 X 光强度作为布拉格角或波长（能量）的函数。一旦测出有谱峰存在，可用计算机自动进行甄别或手动甄别出它是什么元素的谱峰。若进行定量分析时，将分光晶体设置在某一元素的谱线位置上，然后再分别测量试样和标样的计数，再把这些信息用不同的定量分析方法将相应的 X 射线的强度转换成元素的浓度。

18.4 能谱仪与罗兰圆波谱仪的比较

在专业的电子探针分析仪中一般都会同时安装使用 3～4 道衍射通道进行探测，测量时间也可根据其计数率来确定，因此在专业的电子探针中用 WDS 来分析试样并不比能谱仪慢太多。但在扫描电镜中的波谱仪通常只会配一个衍射通道，分析元素的速度慢是其主要缺点。但在分析超轻元素和痕量元素时，WDS 比起 EDS 确实有几个突出的优点，如峰背比高，对痕量元素的分析明显优于 EDS，还有 WDS 对浓度的探测极限也比 EDS 提高了一个数量级，还有最重要的指标是能量分辨力，WDS 的能量分辨力也比 EDS 提高了一个数量级。从图 18.4.1 波谱仪峰形与能谱仪峰形的对比中，可见 WDS 的能量分辨力比 EDS 高得多，有时候在能谱的某一谱峰中可能还包含有若干个弱峰、小峰，而对于这些，用 EDS 已无法再区分开，若改用 WDS 则完全可再分开，而且清晰可辨。如图 18.4.1（a）所示，S-K_α 峰（2.31keV）与 Mo-L_α 峰（2.29keV）在能谱谱图中是分不开的，而用波谱谱图则可明显地分开；图 18.4.1（b）中的 S-K_α 峰（2.31keV）与 Hg-M_α 峰（2.20keV）在能谱谱图中是交连的，也很难完全分开，若用波谱仪则可明显地分开。同理，在平时的分析中常见的还有 Zn-L_α 峰（1.02keV）与 Na-K_α 峰（1.04keV）、Br-L_α 峰（1.48keV）与 Al-K_α 峰（1.49keV）、Ta-L_α 峰（1.71keV）与 Si-K_α 峰（1.74keV）、Si-K_α 峰（1.74keV）与 W-M_α 峰（1.78keV）等相互交连重叠或紧靠的谱峰，它们用 EDS 都是很难分辨开的，若改用 WDS 则可以很容易地把它们区分开来。能谱仪与波谱仪各有优缺点，它们之间各参数的比较见表 18.4.1。

表 18.4.1　能谱仪与罗兰圆波谱仪的性能比较

项　目	能　谱　仪	传统的罗兰圆波谱仪
能量分辨力（eV）	低（Mn-K_α≤129）	高（Mn-K_α≤15）
分析速度	快（一幅谱图 3～4min）	慢（一个元素 10～15min）
收集效率	高（所需的入射束流相对较小）	低（所需的入射束流相对较大）
对试样的损伤	束流在 10^{-9}～10^{-10}A，损伤较小	束流在 10^{-7}～10^{-8}A，损伤较大
理论探测限（Wt）	相对含量≥0.15%	相对含量≥0.05%
试样的空间分辨力	束流相对较小，空间分辨力较高	束流相对较大，空间分辨力较差

续表

项　目	能　谱　仪	传统的罗兰圆波谱仪
几何接收角度	接收角相对较大（≤2%）	接收角相对较小（≤0.2%）
探测元素范围	Be4～Am95	B5～U92
谱峰的假象	重叠峰、逃逸峰、和峰、硅内荧光峰	假峰和重叠峰都很少
操作	对操作技巧性的要求较低，操作相对比较简单、容易	对操作技巧性要求较高，操作相对复杂、麻烦
消耗品	SDD 用电制冷；而 Si（Li）需用液氮制冷	需用 P10 或其他惰性气体
工作距离和试样的平整度	对工作距离和试样表面平整度的要求相对没有那么严格	对工作距离和试样表面平整度的要求很严格
机械传动部件	基本无可动的机械传动机构	有复杂而精密的机械传动机构
适用电镜机型	电子探针分析仪、扫描电镜、透射电镜	电子探针分析仪、扫描电镜
价格	相对较低	为能谱仪的 1.5～2 倍

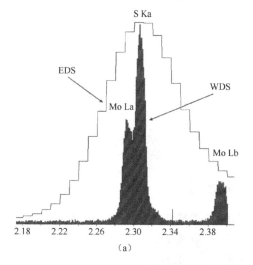

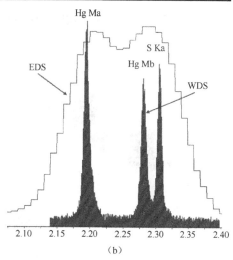

（a）　　　　　　　　　　　　　　　　　（b）

图 18.4.1　波谱仪峰形与能谱仪峰形的对比

18.5　平行光波谱仪

1. 全能量平行光波谱仪

　　罗兰圆波谱仪的接收角相对较小（≤0.2%），为了增大波谱仪的接收立体角和提高采集效率，21 世纪以来，先后有几家生产能谱仪的公司推出了 X 射线平行光波谱仪（PBS），如图 18.5.1～图 18.5.4 所示。这种 X 射线平行光波谱仪将 X 射线光的采集透镜置于靠近试样的 X 射线发射点的侧上方，这样能提高接收 X 射线的立体角，此法与传统罗兰圆波谱仪相比接收效率可提高数倍，可分析能量在 10～90keV 的 K、

L、M 线的波长，特别有利于低加速电压和小束流的分析，对超轻元素的分辨力为 5～15eV，它既有 WDS 的高分辨力的特点，更有 EDS 的高采集效率优点。目前，这种新型 X 射线平行光波谱仪的市场占有率正在逐步上升。

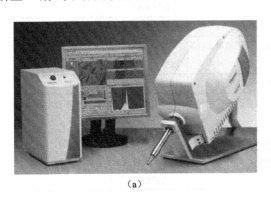

(a)

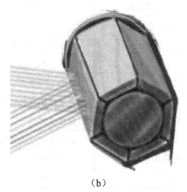

(b)

图 18.5.1　平行光波谱仪的外观形貌和安装分光晶体的六边形转鼓示意图

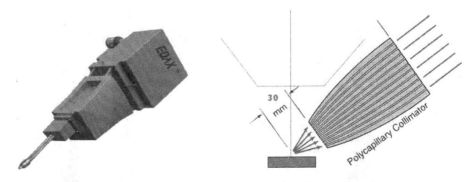

图 18.5.2　平行光波谱仪的探测装置和光纤束端头的准直器外观形貌示意图

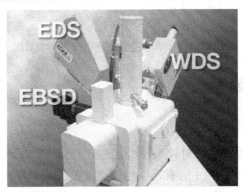

图 18.5.3　安装在扫描电镜样品仓侧上方的平行光波谱仪

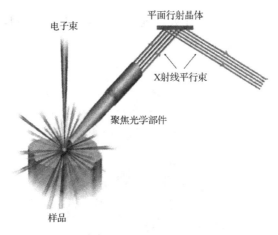

图18.5.4 部分X射线经采集之后转换为集束形的平行光束

这种 X 射线平行光束波谱仪与罗兰圆波谱仪在结构上的主要区别在于：

（1）平行光束的波谱仪采用高效采集光管（HCO）或多极毛细管（POLYCAPILARY）做采集传输"透镜"，如图 18.5.2 所示，在高、低能段均可得到高的采集率。

（2）其同能谱仪一样安装在扫描电镜的样品仓的侧上方，如图 18.5.3 所示，采集 X 射线光学部件延伸至样品仓中，最佳的采集间距在试样分析表面的侧上方 25～30mm。

（3）X 射线路径采用聚焦光学设计，X 射线经高效采集光管（HCO）与嵌套型的抛物面能够将试样上受激发区的径向点光源中的部分 X 射线经采集之后转换为集束形的平行光束，如图 18.5.4 所示，随后再依测试的波长或能量范围，选取其中某一个合适的分光晶体进行布拉格衍射。

（4）依靠五或六边形转鼓和 X 射线探测器的转动产生衍射，如图 18.5.1（b）、图 18.5.4 和图 18.5.5 所示。

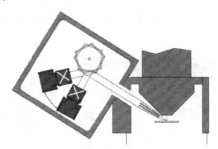

图18.5.5 依靠五边或六边形转鼓和 X 射线探测器的转动产生衍射

（5）该分光晶体分别安装在可以自行旋动的五边或六边形的转鼓上，如图 18.5.1（b）和图 18.5.6 所示。

（6）衍射之后接下来的信号计数、统计、检测、处理等过程都与传统的罗兰圆波谱仪的处理过程完全一样。

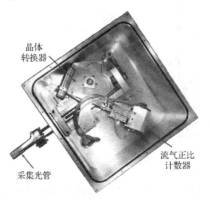

图 18.5.6　分光晶体安装在五边形的转鼓上

2. 低能量的平行光波谱仪

目前，市场上除了全能段的平行光波谱仪，有的公司为了解决 EDS 在检测超轻元素时灵敏度不够高和低能段谱峰重叠问题，并且更好地分离低能段的重叠峰，揭示痕量的超轻元素，使低能段的探测灵敏度和分辨力都能得到改善，专门推出了用于低能段的平行光波谱仪（LEXS）。LEXS 专门为检测低能量的 X 射线而设计，它能提供高的计数率和峰背比，并且可以在低能段范围内能获得优于 20eV 的能量分辨力，如 PV7000/10LambdaSpec 和 XSense 的波谱仪，这两种波谱仪的外形如图 18.5.7 所示。它们使用了精密光学系统，包括晶体和探测器之间的次级光学装置，将分辨力、峰背比和灵敏度推向更高，非磁性的光学装置避免了光束偏移和图像畸变。这种低能段的波谱仪采用高效采集光管（HCO）来接收从试样上发出的径向特征 X 射线，其最佳的距离是在试样表面的侧上方相距约 20mm，低能段的平行光波谱仪光纤束端头及准直器的实物照片如图 18.5.8 所示，这种低能段的波谱仪既可用于定性分析也可用于定量分析。

图 18.5.7　低能段平行光波谱仪的外形

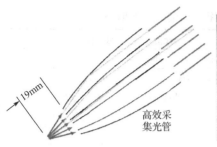

19mm

高效采
集光管

图 18.5.8　低能段的平行光波谱仪光纤束端头及准直器的实物照片

低能段的波谱仪特点如下。

（1）使用高效的采集光管，将径向发出的 X 射线光束中的一部分射线采集后转变成平行的 X 射线束，对轻元素具有卓越的分析性能。LEXS 的工作能量范围为 80～2 400eV（Be-K_a～S-K_a）；XSense 波谱仪的工作能量范围为 100～3 600eV（Be-K_a～K-K_a 或 Sn-L_a）。

（2）可配 5～6 块的分光晶体，针对性地解决用户对超轻和轻元素的检测需求，它们适合在低加速电压下探测超轻和轻元素。

（3）设计紧凑，可以安装在接口直径大于 26mm 的扫描电镜样品仓的接口上。由于没有试样到探测端头距离和安装方位角度的限定，因此几乎可以安装在除了台式扫描电镜的其他扫描电镜上使用。这种探测器体积更小、重量更轻，给了用户更大的配置自由度。

（4）内部精密的 3 轴马达驱动装置能确保平行光光学部件可以进行快速移动和微米级的精确定位。移动时只需单击电子菜单，系统即可自动完成精确的光学中心对准和定位，并自动选择合适的分析晶体和计数器及所用的气体流量等，以保证所分析的超轻元素都能获得最大的 X 射线强度。

（5）使用同一个软件界面即可对试样的同一测试点分别进行 EDS 和 WDS 的探测，用鼠标单击相关电子菜单，就可实现测量模式的切换并可将两种分析方法的结果组合在一起。

18.6　平行光波谱仪的特点

表 18.6.1 是传统的罗兰圆波谱仪与全能段平行光波谱仪的特点比较，从中可以看出平行光波谱仪对轻元素的探测灵敏度又比传统的罗兰圆波谱仪高，由于平行光波谱仪的采集立体角比罗兰圆的大，所以其所需的入射束流和束斑也相对小一些，因而平行光波谱仪不仅可以装在钨和 LaB_6 阴极的扫描电镜上使用，也可装在热场发射的扫描电镜上使用。其缺点是全能段平行光波谱仪的售价比罗兰圆波谱仪贵。

表 18.6.1　罗兰圆波谱仪与全能段平行光波谱仪的特点比较

传统的罗兰圆波谱仪	全能段平行光波谱仪
探测能量范围为 0.16~10keV	探测能量范围为 0.10~10keV
因所需的入射束流较大，所以一般只能在钨和 LaB₆ 阴极的扫描电镜上配套使用	所需束流相对较小，不仅可以装在钨和 LaB₆ 阴极的扫描电镜上，也可在热场发射的扫描电镜上使用
采用弯晶作为分光晶体，以便符合罗兰圆的聚焦条件	所有的分光晶体都是平面晶体，不会因像差而降低信号强度
X 射线的强度除了取决于入射的束流和束斑，还取决于试样与分光晶体之间的距离	由于入射的 X 射线已转变为平行光束，并由光纤传送，所以试样与分光晶体之间的距离关系影响不太大
采用可变狭缝，用改变衍射束的强度来改善分辨力	不需要调节狭缝，不必为了分辨力而改变强度
罗兰圆波谱仪对轻元素的探测灵敏度比 EDS 约提高一个量级	平行光波谱仪对轻元素的探测灵敏度比罗兰圆波谱仪还高出几倍
对试样位置高度的变化与试样表面的起伏变化相对于平行光波谱仪不太敏感	对试样位置高度的变化与试样表面的起伏变化比罗兰圆波谱仪敏感
要求扫描电镜要有较大的样品仓，并需要有专门的波谱仪接口，否则安装位置有可能会受到限制	由于使用平行 X 射线束，平行光谱仪可以安装在 EDS 的接口上，安装自由度较高、较灵活、方便

除了表 18.6.1 中列出的特点，平行光波谱仪与罗兰圆波谱仪相比还有下列优点：

（1）结构简单、重量轻；

（2）接口小，所占用的扫描电镜样品仓外围的空间也较小；

（3）使用方便，类似于用能谱仪；

（4）采集立体角大。

采集立体角大，可以带来诸多的优势：

第一，能改善信噪比，可以提高探测极限；

第二，所需的入射束流比传统的罗兰圆波谱仪的小，小束流对试样的损伤小；

第三，所需的束斑也比传统的罗兰圆波谱仪的小，小束斑可以提高试样的空间分辨力。

平行光波谱仪的不足之处是：

（1）低能段的波谱仪售价比传统的罗兰圆波谱仪便宜一些，但全能段波谱仪售价比传统的罗兰圆波谱仪贵；

（2）在低放大倍率的情况下做线扫描和面作图会有些极限性。

表 18.6.2 是几种常用于探测超轻元素的晶体及这几种晶体处在平面状态与弯曲状态时的峰背比和探测限的比较一览表。从表中的参数可以看出，用这几种晶体来探测超轻元素，平面晶体比曲面晶体更显优势。

表 18.6.2　超轻元素对平面晶体波谱仪与曲面晶体波谱仪的净峰强度、峰背比和探测限的比较

分光晶体	覆盖能量范围（eV）	元素名称	分光晶体2d（nm）	峰强度（cps/nA）		峰背比（P/B）		探测极限（ppm）	
				平晶	弯晶	平晶	弯晶	平晶	弯晶
MoB₄C	100～360	Be-K_α	19.7	330	30	158	40	100	300
MoB₄C	100～360	B-K_α	19.7	3 000	1 000	60	30	20	60
MoB₄C	220～320	C-K_α	12	4500	500	80	50	14	65
CrSc	200～420	C-K_α	8	760	160	80	60	25	100
CrSc	200～420	N-K_α	8	416	43	36	14	130	425
WSi	420～1 100	O-K_α	6	375	34	80	20	60	400

18.7　能谱仪、波谱仪和 EBSD 等与扫描电镜的一体化

　　能谱仪和波谱仪这两种特征 X 射线分析仪各有优缺点，如果安装在同一台扫描电镜上，则可以取长补短，充分发挥各自的优势。用能谱仪来对试样进行化学组分的探测，操作快捷、方便、效率高；用波谱仪来对试样进行化学组分的分析，其探测灵敏度和分辨力更高，尤其是分析痕量和超轻元素。现在谱仪生产厂家一般都可提供一体化的能谱仪和波谱仪，能谱仪、平行光波谱仪、EBSD 和扫描电镜四位一体化分析电镜如图 18.7.1 所示。它们的运行全由同一台计算机控制，同一块键盘操作，界面直观易于操作应用，对于不同级别的用户，均可得到理想的数据采集、快速的分析和灵活的综合报告。扫描电镜不仅可以与波谱仪、能谱仪组成一体，还可以与 EBSD 和微区 X 荧光谱仪等组成一台材料微观分析电镜，如图 18.7.2 所示。

图 18.7.1　能谱仪、平行光波谱仪、EBSD 和扫描电镜四位一体化分析电镜

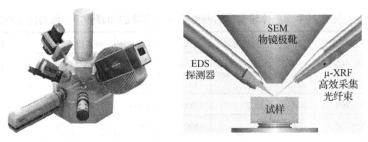

图 18.7.2　SEM 与 EDS、WDS、EBSD 和微区 X 荧光谱仪组成的五位一体化分析电镜

最近有的扫描电镜的生产厂家不但把能谱仪、波谱仪、EBSD 组装在一起，还与拉曼光谱仪组成一体化的超级微观分析系统。这种组合也已经成为常规商品在市场上销售，如图 18.7.3 所示。扫描电镜与拉曼光谱仪配套，它们的图像既可分别独立成像，也可叠加组合成像，它们的组合在功能上无任何缺失。拉曼光谱仪的横向分辨力约为 360nm，扫描的区域为 250μm×250μm×250μm，最快的拉曼成像速率每秒可达 1 000 光谱。拉曼光谱数据可以对 EDS 起到很好的补充作用，因 EDS 对超轻、轻元素的探测灵敏度和分析精度较差，对物相的判断也较难，但拉曼图像可以在 EDS 受到元素干扰而不能进行准确的相鉴定时做出较准确的判断，如金刚石与石墨、Al_2SiO_5 与 SiO_2 等的分析。图 18.7.4 为扫描电镜与拉曼光谱仪所采集的石墨烯的表征图。现在的扫描电镜只要样品仓足够大，有足够的空间和接口，则还可以配置拉伸台、加热台、冷却台、微观机械操作手、光学显微镜、原子力显微镜、离子清洗仪等分析附件和专用工具，这样其就成为一台手段较齐全的综合性多功能微观分析系统，如图 18.7.5 所示。

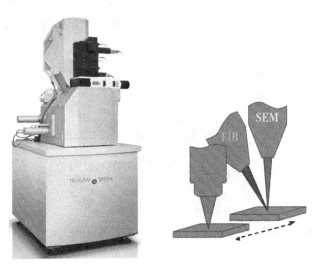

图 18.7.3　扫描电镜与 FIB、拉曼光谱仪并行组成一体化的示意图

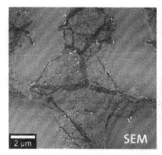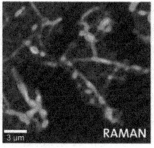

图 18.7.4　扫描电镜与拉曼谱光谱仪所采集的石墨烯的表征图

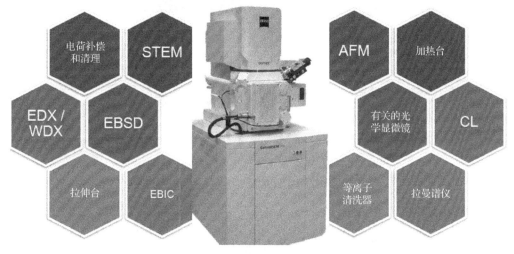

图 18.7.5　SEM 可与众多的微观分析仪器组合成一套综合性多功能分析系统

　　在扫描电镜上安装一体化的谱仪是最佳的搭配，而且采购一体化的谱仪比起各部分分开采购也会相对便宜一些。这是由于减去了它们之间的一些重复控制部件和外围连接件的成本及运费和手续费等，而使最后的总价能明显低于分别采购价的总和。

　　对能谱仪、波谱仪、X 荧光、拉曼光谱仪、FIB 和 EBSD 与扫描电镜的组合，采购时最好应选购有一体化控制软件的组合，这样操作起来就会显得更简单、方便。一般情况下，对常规元素的探测用能谱分析，碰到痕量元素或者出现重叠峰时用波谱仪或 X 荧光仪分析，而且在能谱仪界面中就可以直接控制波谱仪或 X 荧光仪，也可以在某段能谱谱峰上用波谱仪直接展开，再定性探测该区间所覆盖或重叠在其中的弱峰、小峰，它们所得的定量结果也可以有效衔接，拉曼光谱仪的数据又可以对 EDS 起很好的补充作用。

参 考 文 献

[1]　周剑雄，毛水和等. 电子探针分析[M]. 北京：地质址出版社，1988：70-74.

[2]　徐乐英，刘志东，尚玉华. 波谱仪与能谱仪性能的比较[J]. 分析测试技术与仪器，1999，5（2）：115-118.

[3]　张清敏，徐濮. 扫描电子显微镜和 X 射线微区分析[M]. 天津：南开大学出版社，1988：86-97.

附录 A

 ## 压力单位换算表

表 A.1.1　压力单位换算表

单位	帕斯卡	托	微巴	毫巴	标准大气压	工程大气压	英寸汞柱	普西
帕斯卡	1	$7.500\ 62 \times 10^{-3}$	10	10^{-2}	$9.689\ 23 \times 10^{-6}$	$1.019\ 7 \times 10^{-5}$	2.953×10^{-4}	1.450×10^{-4}
托	$1.333\ 22 \times 10^{2}$	1	$1.333\ 22 \times 10^{3}$	$1.333\ 22$	$1.315\ 79 \times 10^{-3}$	$1.359\ 5 \times 10^{-3}$	3.937×10^{-2}	1.934×10^{-2}
微巴	10^{-1}	$7.500\ 62 \times 10^{-4}$	1	10^{-3}	$9.869\ 23 \times 10^{-7}$	$1.019\ 7 \times 10^{-6}$	2.953×10^{-5}	1.450×10^{-5}
毫巴	10^{2}	$7.500\ 62 \times 10^{-1}$	10^{3}	1	$9.869\ 23 \times 10^{-4}$	$1.019\ 7 \times 10^{-3}$	2.953×10^{-2}	1.450×10^{-2}
标准大气压	$1.013\ 25 \times 10^{5}$	7.6×10^{2}	$1.013\ 25 \times 10^{6}$	$1.013\ 25 \times 10^{3}$	1	$1.033\ 3$	$2.992\ 1 \times 10$	$1.469\ 6 \times 10^{-2}$
工程大气压	$9.806\ 63 \times 10^{4}$	$7.355\ 6 \times 10^{2}$	$9.806\ 63 \times 10^{5}$	$9.806\ 63 \times 10^{2}$	$9.678\ 39 \times 10^{-1}$	1	$2.895\ 9 \times 10$	$1.422\ 3 \times 10$
英寸汞柱	3.386×10^{3}	2.54×10	3.386×10^{4}	3.386×10	3.342×10^{-2}	3.453×10^{-2}	1	4.912×10^{-1}
普西	6.895×10^{3}	$5.171\ 5 \times 10$	6.895×10^{4}	6.895×10	6.805×10^{-2}	7.031×10^{-2}	2.086	1

 ## 真空技术主要术语和含义

（1）泵的极限压力。泵的极限压力的国际单位是 Pa，是指泵在能正常工作且没有引进气体的情况下，标准实验罩内逐渐接近极限的压力值。

（2）泵的体积流率。泵的体积流率单位是 m³/s 或 L/s，是指真空泵从抽空室所抽走气体的体积流率。实际上按惯例，在规定的工作条件下，对给定气体，泵的体积流率为连接到泵上的标准试验罩流过的气流量与试验罩上规定位置所测得平衡压力之比。

（3）泵的抽气量。泵的抽气量单位是 m³/s 或 L/s，是指流过泵入口的气体流量。

（4）泵的启动压力。泵的起动压力单位为 Pa，它是指泵能够无损坏启动并能获得抽气作用的压力。

（5）泵的前级压力。泵的前级压力单位是 Pa，它是指低于大气压力的前级泵的出口排气压力。

（6）泵的最大前级压力。泵口最大前级压力单位是 Pa，它是指超过了该压力，泵会被损坏的前级压力。

（7）泵的最大工作压力。泵的最大工作压力单位是 Pa，它是指与最大气体流量对应的入口压力。在此压力下，泵能够连续工作而不致恶化或损坏。

（8）压缩比。压缩比是指对给定气体泵的出口压力与入口压力之比。

（9）何氏系数。何增禄教授为了评价扩散泵各种喷嘴结构的抽气效率，最先提出了"抽速系数"的定义和表达式。扩散泵入口喷嘴间隙面积上的实际抽速与该处按分子泻流计算的理论抽速之比就是何氏系数。

（10）抽速系数。蒸气喷射泵或扩散泵的实际抽速与泵入口处按分子泻流计算的理论抽速之比为抽速系数。

（11）返流率。泵返流率的单位是 $g/cm^2 \cdot s$，它是指泵按规定条件工作时，通过泵入口单位面积的泵液质量流率。

（12）水蒸气允许量。水蒸气允许量的单位是 kg/h，它是指在气镇真空泵中，若被抽气体为水蒸气时，泵在正常的环境条件下连续工作抽出水蒸气的质量流率。

（13）最大允许水蒸气入口压力。最大允许水蒸气入口的压力单位是 Pa。它是指在正常环境条件下，气镇真空泵能够连续工作并排除水蒸气的最大水蒸气入口的压力。

更详细和更严谨的真空术语和定义请参见《真空技术 术语》（GB/T 3163—2007）。

A.3 与电镜分析有关的部分常用标准

《扫描电子显微镜放大倍率校准方法》（DB 31/T 297—2003）

《油漆物证检测电子探针和扫描电镜 X 射线能谱仪分析方法》（DB 35/T 110—2000）

《海水养殖鱼类指状拟舟虫病诊断规程 第二部分：扫描电镜诊断法》（DB 37/T 420.2—2004）

《电子显微镜 X 射线泄漏剂量》（GB 7667—2003）

《山羊绒、绵阳毛及其混合纤微定量分析方法，扫描电镜法》（GB/T 14593—2008）

《电子探针分析仪的检测方法》（GB/T 15075—1994）

《微米级长度的扫描电镜测量方法通则》（GB/T 16594—2008）

《金覆盖层厚度的扫描电镜测量方法》（GB/T 17722—1999）

《分析电镜（AEM/EDS）纳米薄标样通用规范》（GB/T 18735—2002）

《刑事技术微量物证的理化检验 第 6 部分:扫描电子显微镜法》（GB/T 19267—2003）

《电子背散射衍射分析方法通则》（GB/T 19501—2004）

《纳米级长度的扫描电镜测量方法通则》（GB/T 20307—2006）

《钢铁材料缺陷电子束显微分析方法通则》（GB/T 21638—2008）

《微束分析 扫描电子显微术 术语》（GB/T 23414—2009）

《微束分析——扫描电镜图像放大倍率校准导则》（GB/T 27788—2011）

《钢中非金属夹杂物的评定和统计 扫描电镜法》（GB/T 30834—2014）

《金属覆盖层 厚度测量 扫描电镜法》（GB/T 31563—2015）

《真空技术 术语》（GB/T 3163—2007）

《化学纤维 微观形貌及直径的测定 扫描电镜法》（GB/T 36422—2018）

《火工品药剂试验方法 第6部分：粒度测定 扫描电镜法》（GJB 5891.6—2006）

《航空工作液中磨损金属含量检测 第 4 部份：扫描电镜和能谱仪检测法》（HB 20094.4—2012）

《纳米技术——使用扫描电镜与 X 射线能谱仪分析的单臂碳纳米管的特征描述》（ISO/TS 10798—2011）

《金属和氧化物覆盖层. 覆盖层厚度的测定. 显微镜法》（ISO 1463—2003）

《金属镀层——镀层厚度的测量——扫描电子显微镜法》（ISO 9220—1988）

《微束分析——电子扫描显微镜——用于校准影像放大倍率的指南》（ISO 16700—2004）

《实验资格及校准实验间认证的一般要求》（ISO/IEC 17025—2005）

《Microbeam analysis-Scanning electron microscopy-Methods of evaluating image sharpness》（ISO/TS 24597—2011）

《透射电子显微镜技术条件》（JB/T 5383—1991）

《扫描电子显微镜技术条件》（JB/T 5384—1991）

《电子显微镜用光栏》（JB/T 5480—1991）

《电子显微镜用灯丝》（JB/T 5481—1991）

《透射电子显微镜分辨力测试方法》（JB/T 5585—1991）

《电子光学仪器 术语》（JB/T 6841—1993）

《扫描电子显微镜 试验方法》（JB/T 6842—1993）

《金属覆盖层横截面厚度. 扫描电镜测量方法》（JB/T 7503—1994）

《电子光学仪器包装通用技术条件》（JB/T 9351—1999）

《扫描电子显微镜试行检定规程》（JJG 550—1988）

《电子探针分析仪》（JJG 901—1995）

《分析型扫描电子显微镜方法通则》（JY/T 010—1996）

《透射电子显微镜方法通则》（JY/T 011—1996）

《微电子束分析.扫描电子显微镜.校准图像放大指南》（NF X21—005—2006）

《金属表面海水腐蚀扫描电镜鉴定方法》（SN/T 3009—2011）

《皮革鉴定 扫描电镜和光学显微镜法》（SN/T 4388—2015）

附注　部分国内外标准组织的代号

1. 国内标准组织的代号

DA 档案行业标准；

（DB） 地方标准；

DB 地震行业标准；

DL 电力行业标准；

DZ 地质矿业行业标准；

GB 强制性国家标准；

GBJ 工程建设国家标准；

GBn 国家内部标准；

GB/T 推荐性国家标准；

GB/Z 国家标准指导性技术文件；

GJB 国家军用标准；

JB 机械行业标准；

JC 建材行业标准；

JG 建筑工业行业标准；

JGJ 建筑行业工程建设规程；

JJF 国家计量技术规范；

JJG 国家计量检定规程；

JR 金融行业标准；

JT 交通行业标准；

JY 教育行业标准；

SN 进出口商品检验行业标准；

SY 石油天然气行业标准；

SZ 中国生产力促进中心协会；

WJ 兵工民品行业标准；

YS 有色金属行业标准。

YZ 邮政行业标准。

2. 国外标准组织的代号

ANSI 美国国家标准协会标准；

ASTM 美国材料和实验协会标准；

BS 英国标准协会标准；

CAC 国际食品法典委员会；

CECC 欧洲电工标准化委员会电子元器件规范；

DIN 德国标准；

EN 欧洲标准；

EIA 美国电子工业协会标准；

ETSI 欧洲电信标准协会；

IPPC 国际植物保护公约；

IEC 国际电工委员会；

IEEE 美国电气与电子工程师协会标准；

ISO 国际标准化组织；

JIS 日本工业标准；

NF 法国标准；

OIE 世界动物卫生组织；

UL 美国保险商实验室。

 # A.4 可视化重叠峰剥离功能

当对能谱图的特征峰进行定性分析时，可以依重叠峰的剥离功能（HPD）及包络线的拟合程度来判断谱峰中所存在的元素，这是一种很好的、有助于定性分析的判断方法。如图 A.4.1 中金峰的左右两侧拟合不完整，这说明定性甄别时两边都存有被遗漏的元素，如图中的箭头所示。当金峰的左侧加进 P 之后，则原金峰的左侧拟合完好，如图 A.4.2 中的虚箭头所示，这说明原先的定性甄别把 P 峰给遗漏了。在金峰的右侧加进 S 之后，则整个谱峰的外轮廓与包络线拟合完好，这表明这个以 Au 为主的谱峰中不仅有 Au 而且其左右两边还分别含有 P 和 S 这两个元素的谱峰，如图 A.4.3 所示。这例子说明了这种包络线的拟合匹配程度，对交连和重叠峰的定性分析判断是否正确是非常有帮助的。

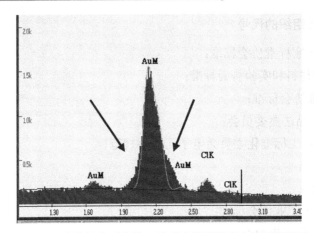

图 A.4.1 金峰拟合不完整，说明定性甄别存有遗漏的元素

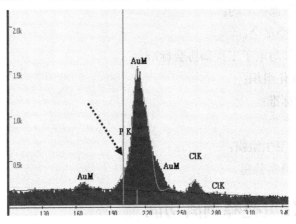

图 A.4.2 金峰的左侧加进 P 之后，峰的左侧拟合完美

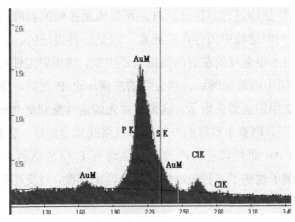

图 A.4.3 金峰的右侧加进 S 之后，整个谱图拟合完好

入射电子束的加速电压与对应元素的最大激发深度

附表 A.5.1　入射电子束的加速电压与对应元素的最大激发深度　　　单位：μm

Z	符号	元素	10kV	15kV	20kV	25kV	30kV
4	Be	铍	1.5	2.9	4.9	7.2	9.9
6	C	碳	1.2	2.4	4.0	5.9	8.1
11	Na	钠	2.9	5.6	9.3	13.6	18.8
12	Mg	镁	1.6	3.1	5.2	7.5	10.4
13	Al	铝	1.0	2.0	3.4	4.9	6.7
14	Si	硅	1.2	2.2	3.7	5.5	7.5
15	P	磷	1.5	3.0	5.0	7.2	10.0
16	S	硫	1.4	2.8	4.7	6.9	9.5
19	K	钾	3.2	6.2	10.4	15.2	20.9
20	Ca	钙	1.8	3.5	5.8	8.5	11.7
22	Ti	钛	0.6	1.2	2.0	2.9	4.0
24	Cr	铬	0.4	0.8	1.3	1.8	2.6
25	Mn	锰	0.4	0.7	1.2	1.8	2.5
26	Fe	铁	0.4	0.7	1.2	1.7	2.3
27	Co	钴	0.3	0.6	1.0	1.5	2.1
28	Ni	镍	0.3	0.6	1.0	1.5	2.0
29	Cu	铜	0.3	0.6	1.0	1.5	2.0
30	Zn	锌	0.4	0.8	1.3	1.8	2.6
32	Ge	锗	0.5	1.0	1.7	2.4	3.4
38	Sr	锶	1.1	2.2	3.6	5.3	7.3
40	Zr	锆	0.4	0.8	1.4	2.0	2.8
42	Mo	钼	0.3	0.5	0.9	1.3	1.8
46	Pd	钯	0.2	0.4	0.7	1.1	1.5
47	Ag	银	0.3	0.5	0.9	1.3	1.7
48	Cd	镉	0.3	0.6	1.0	1.5	2.1
50	Sn	锡	0.4	0.7	1.2	1.8	2.5
56	Ba	钡	0.8	1.5	2.6	3.8	5.2
74	W	钨	0.1	0.3	0.5	0.7	0.9
76	Os	锇	0.1	0.2	0.4	0.6	0.8
78	Pt	铂	0.1	0.2	0.4	0.6	0.9
79	Au	金	0.1	0.3	0.5	0.8	0.9

续表

Z	符号	元素	10kV	15kV	20kV	25kV	30kV
80	Hg	汞	0.2	0.4	0.7	1.0	1.3
82	Pb	铅	0.2	0.5	0.8	1.2	1.6
92	U	铀	0.1	0.3	0.5	0.7	1.0

 A.6 由于假峰而可能会引起误判的有关元素谱线表

附表 A.6.1　由于逃逸峰的出现而可能会被误判为其他元素的元素表

元素	线系	主峰能量（keV）	逃逸峰能量（keV）	可能误判元素	线系	能量（keV）
Au	L_α	9.71	7.97	Hf	K_α	7.90
				Cu	K_α	8.04
Zn	K_α	8.63	6.89	Co	K_α	6.93
Cu	K_α	8.04	6.30	Tb	L_α	6.27
Co	K_α	6.93	5.19	Nd	L_α	5.23
Fe	K_α	6.40	4.66	La	L_α	4.65
Mn	K_α	5.90	4.16	Xe	L_α	4.11
Cr	K_α	5.41	3.67	Ca	K_α	3.69
				Sb	L_α	3.61
V	K_α	4.95	3.21	U	M_α	3.17
Ti	K_α	4.51	2.77	Fr	M_α	2.75
Sc	K_α	4.09	2.35	S	K_α	2.31
				Pb	M_α	2.35
Ca	K_α	3.69	1.95	Os	M_α	1.91
				Ir	M_α	1.98
Sn	L_α	3.44	1.70	Rb	L_α	1.69
K	K_α	3.31	1.57	Kr	L_α	1.59
				Lu	M_α	1.58
Ag	L_α	2.98	1.24	Mg	K_α	1.25
Cl	K_α	2.62	0.88	Ni	L_α	0.87
				Ce	M_α	0.88
				Pr	M_α	0.93
S	K_α	2.31	0.57	O	K_α	0.52
				Xe	M_α	0.53
				Cr	L_α	0.57

续表

元素	线系	主峰能量（keV）	逃逸峰能量（keV）	可能误判元素	线系	能量（keV）
Au	M_α	2.12	0.38	N	K_α	0.39
				Sn	M_α	0.40
				Sc	L_α	0.40
P	K_α	2.01	0.27	C	K_α	0.28
				K	M_α	0.26

附表 A.6.2 由于和峰的出现而可能会被误判为其他元素的元素表

主元素	线系	主峰能量（keV）	和峰能量（keV）	可能误判元素	线系	能量（keV）
B	K_α	0.19	0.38	In	M_α	0.37
				N	K_α	0.39
				Sn	M_α	0.40
C	K_α	0.28	0.56	O	K_α	0.52
				Xe	L_α	0.53
				Cr	L_α	0.57
Ca	L_α	0.34	0.68	F	K_α	0.68
				Fe	L_α	0.71
N	K_α	0.39	0.78	Co	L_α	0.78
				Ba	M_α	0.78
O	K_α	0.52	1.04	Zn	L_α	1.01
				Pm	M_α	1.03
				Na	K_α	1.04
				Sm	M_α	1.08
F	K_α	0.68	1.36	Ho	M_α	1.35
				Se	L_α	1.38
Al	K_α	1.49	2.98	Ar	K_α	2.96
				Ag	L_α	2.98
Si	K_α	1.74	3.48	Sn	L_α	3.44
				Am	M_α	3.44
S	K_α	2.31	4.62	La	L_α	4.65
Cl	K_α	2.62	5.24	Nd	L_α	5.23
Ca	K_α	3.69	7.38	Yb	L_α	7.41
V	K_α	4.95	9.90	Ge	K_α	9.89
Cr	K_α	5.41	10.82	Bi	L_α	10.84
Mn	K_α	5.90	11.80	Rn	L_α	11.73

续表

主元素	线系	主峰能量（keV）	和峰能量（keV）	可能误判元素	线系	能量（keV）
Fe	K_α	6.40	12.80	Kr	K_α	12.65
				Th	L_α	12.97
Ni	K_α	7.47	14.94	Y	K_α	14.96
				Cm	L_α	14.96

附表 A.6.3　常见低原子序数元素与某些高原子序数元素的 L_α 或 M_α 的重叠峰表

低能段元素	谱峰线系	谱峰能量（keV）	高能段元素	谱峰线系	谱峰能量（keV）
Be	K_α	0.11	Rb	M_α	0.10
			Sr	M_α	0.11
			Y	M_α	0.13
B	K_α	0.19	Cl	L_α	0.18
			Mo	M_α	0.19
			Tc	M_α	0.21
C	K_α	0.28	Pt	N_α	0.25
			Au	N_α	0.26
			K	L_α	0.26
			Rh	M_α	0.26
			Pd	M_α	0.28
			Pb	N_α	0.28
			Bi	N_α	0.29
			Ag	M_α	0.31
N	K_α	0.39	In	M_α	0.37
			Sc	M_α	0.40
			Sn	M_α	0.40
			Sb	M_α	0.43
O	K_α	0.52	I	M_α	0.50
			V	L_α	0.51
			Xe	M_α	0.53
F	K_α	0.68	Mn	L_α	0.64
			Fe	L_α	0.71
Co	L_α	0.78	Ba	M_α	0.78
Ne	K_α	0.85	La	M_α	0.83
			Ni	L_α	0.85
			Ce	M_α	0.88

低能段元素	谱峰线系	谱峰能量（keV）	高能段元素	谱峰线系	谱峰能量（keV）
Na	K_α	1.04	Zn	L_α	1.01
			Pm	M_α	1.03
			Sm	M_α	1.08
Ga	L_α	1.10	Sm	M_α	1.08
			Eu	M_α	1.14
Mg	K_α	1.25	Tb	M_α	1.24
			As	L_α	1.28
Al	K_α	1.49	Tm	M_α	1.46
			Br	L_α	1.48
			Yb	M_α	1.52
Si	K_α	1.74	Ta	M_α	1.71
			W	M_α	1.78
P	K_α	2.01	Ir	M_α	1.98
			Zr	L_α	2.04
			Pt	M_α	2.05
S	K_α	2.31	Tl	M_α	2.27
			Mo	L_α	2.29
			Pb	M_α	2.34
Cl	K_α	2.62	Ru	L_α	2.56
			Rn	M_α	2.67
Ar	K_α	2.96	Ac	M_α	2.92
			Ag	L_α	2.98
			Th	M_α	2.99
K	K_α	3.31	In	L_α	3.29
			Pu	M_α	3.34
Sc	K_α	4.09	Xe	L_α	4.11
Ti	K_α	4.51	Ba	L_α	4.47
	L_α	0.45	Sb	M_α	0.43
			Te	M_α	0.47
Cr	K_α	5.41	Pm	L_α	5.43
Mn	K_α	5.90	Eu	L_α	5.85
Co	K_α	6.93	Er	L_α	6.95
Zn	K_α	8.64	Re	L_α	8.65
Ga	L_α	1.10	Sm	M_α	1.08
			Eu	M_α	1.14

低能段元素	谱峰线系	谱峰能量（keV）	高能段元素	谱峰线系	谱峰能量（keV）
Ge	L_α	1.19	Gd	M_α	1.19
As	K_α	10.54	Pb	L_α	10.55
			Mg	K_α	1.25
	L_α	1.28	Dy	M_α	1.29
Br	L_α	1.48	Tm	M_α	1.46
			Al	K_α	1.49
			Yb	M_α	1.52
Sr	L_α	1.81	W	M_α	1.78
			Re	M_α	1.84
Zr	L_α	2.04	P	K_α	2.01
			Pt	M_α	2.05
Nb	L_α	2.17	Au	M_α	2.12
			Hg	M_α	2.19
Tc	L_α	2.42	Bi	M_α	2.42
Ag	L_α	2.98	Ar	K_α	2.96
			Th	M_α	2.99
Cd	L_α	3.13	Pa	M_α	3.08
			U	M_α	3.17
In	L_α	3.29	Np	M_α	3.25
			K	K_α	3.31
Sn	L_α	3.44	Am	M_α	3.44

A.7 能谱、波谱分析中常用的部分标准

《油漆物证检测电子探针和扫描电镜 X 射线能谱分析方法》（DB35/T　110）

《法庭科学　射击残留物检验　扫描电子显微镜/X 射线能谱法》（GA/T　1522）

《电子探针分析标准样品技术条件导则》（GB/T　4930）

《山羊绒、绵羊毛及其混合纤维定量分析方法　扫描电镜法》（GB/T　14593）

《电子探针定量分析方法通则》（GB/T　15074）

《电子探针分析仪的检定方法》（GB/T　15075）

《微束分析　硅酸盐玻璃的定量分析　波谱法及能谱法》（GB/T　15244）

《稀土氧化物的电子探针定量分析方法》（GB/T　15245）

《硫化物矿物的电子探针定量分析方法》（GB/T　15246）

《微束分析 电子探针显微分析 测定钢中碳含量的校正曲线法》（GB/T 15247）

《金属及合金的电子探针定量分析方法》（GB/T 15616）

《硅酸盐矿物的电子探针定量分析方法》（GB/T 15617）

《微束分析 能谱法定量分析》（GB/T 17359）

《钢中低含量 Si、Mn 的电子探针定量分析方法》（GB/T 17360）

《沉积岩中自生粘土矿物扫描电子显微镜及 X 射线能谱鉴定方法》（GB/T 17361）

《黄金制品的扫描电镜 X 射线能谱分析方法》（GB/T 17363）

《黄金制品的电子探针定量测定方法》（GB/T 17363）

《黄金制品金含量无损测定方法第 1 部分:电子探针微分析法》（GB/T 17364.1）

《金属与合金电子探针定量分析样品的制备方法》（GB/T 17365）

《矿物岩石的电子探针分析试样的制备方法》（GB/T 17366）

《船舶黑色金属腐蚀层的电子探针分析方法》（GB/T 17506）

《电子显微镜-X 射线能谱分析生物薄标样通用技术条件（TEM)》（GB/T 17507）

《黄金饰品的扫描电镜 X 射线能谱分析方法》（GB/T 17362）

《金覆盖层厚度的扫描电镜测量方法》（GB/T 17722）

《黄金制品镀层成分的 X 射线能谱测量方法》（GB/T 17723）

《油气储层砂岩样品扫描电子显微镜分析法》（GB/T 18295）

《分析电镜(AEM/EDS)纳米薄标样通用规范》（GB/T 18735）

《生物薄试样的透射电子显微镜-X 射线能谱定量分析通则》（GB/T 18873）

《射线光电子能谱分析方法通则》（GB/T 19500 X）

《微束分析 电子背散射衍射分析方法通则》（GB/T 19501）

《表面化学分析 溅射深度剖析 用层状膜系为参考物质的优化方法》（GB/T 20175）

《表面化学分析 二次离子质谱 用均匀掺杂物质测定硅中硼的原子浓度》（GB/T 20176）

《波谱法定性点分析电子探针显微分析导则》（GB/T 20725）

《微束分析---半导体探测器 X 射线能谱仪通则》（GB/T 20726）

《微束分析 电子探针显微分析（EPMA）术语》（GB/T 21636）

《钢铁材料缺陷电子束显微分析方法通则》（GB/T 21638）

《表面化学分析词汇》（GB/T 22461）

《表面化学分析 X 射线光电子能谱仪能量标尺的校准》（GB/T 22571）

《微束分析 扫描电镜能谱仪定量分析参数的测定方法》（GB/T 25189）

《微束分析 电子探针显微分析 块状试样波谱法定量点分析》（GB/T 28634）

《微束分析 电子探针显微分析 波谱法实验参数测定导则》（GB/T　30705）

《航空工作液中磨损金属含量检测　第 4 部分：扫描电镜和能谱仪检测法》（HB 20094.4）

《纳米技术.使用扫描电镜与 X 射线能谱分析的单臂碳纳米管的特征描述》（ISO/TS　10798）

能谱仪用的元素周期表

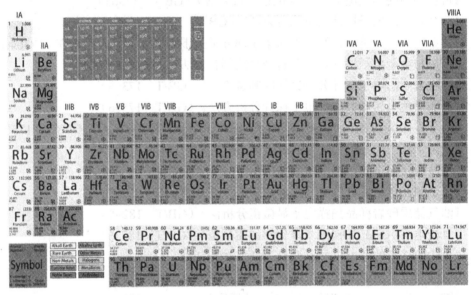

本周期表来自 EDAX 公司

参考文献

[1]　Philips Electron Optics Application Laboratory.Manual for Course. SEM-EDX MICROANALYSIS [R]3.8 September, Philips Inc, Netherlands, 1995. Version .1.0.

致谢

再次感谢 EDAX、BRUKER、OXFORD、NORAN 等能谱仪和波谱仪生产厂家的大力支持，并为本书提供了部分图片和数据！

反侵权盗版声明

电子工业出版社依法对本作品享有专有出版权。任何未经权利人书面许可，复制、销售或通过信息网络传播本作品的行为；歪曲、篡改、剽窃本作品的行为，均违反《中华人民共和国著作权法》，其行为人应承担相应的民事责任和行政责任，构成犯罪的，将被依法追究刑事责任。

为了维护市场秩序，保护权利人的合法权益，我社将依法查处和打击侵权盗版的单位和个人。欢迎社会各界人士积极举报侵权盗版行为，本社将奖励举报有功人员，并保证举报人的信息不被泄露。

举报电话：（010）88254396；（010）88258888

传　　真：（010）88254397

E-mail：dbqq@phei.com.cn

通信地址：北京市万寿路 173 信箱

　　　　　电子工业出版社总编办公室

邮　　编：100036